HEIDELBERGER JAHRBÜCHER

2001
XLV

Herausgegeben
von der
Universitätsgesellschaft
Heidelberg

Springer-Verlag Berlin Heidelberg GmbH

MICHAEL WINK
Herausgeber

VERERBUNG UND MILIEU

Mit Beiträgen von
Claus R. Bartram · Uta Gerhardt · Dieter Dölling · Rainer Hegselmann
Dieter Hermann · Helmuth Kiesel · Sandra Kluwe · Goat Koei Lang-Tan
Huber Markl · Eva Möhler · Franz Resch · Friedrich Vogel
Franz Emanuel Weinert · Michael Wink

Springer

IM AUFTRAG DER UNIVERSITÄTSGESELLSCHAFT HEIDELBERG
herausgegeben von Prof. Dr. Helmuth Kiesel
Universität Heidelberg, Germanistisches Seminar
Hauptstraße 207-209, 69117 Heidelberg
E-MAIL: kiesel@uni-hd.de

WISSENSCHAFTLICHER BEIRAT
Martin Bopp · Hermann Josef Dörpinghaus · Reinhard Mußgnug
Stefan Maul · Arnold Rothe · Friedrich Vogel · Michael Wink

SCHRIFTLEITUNG
Dr. Knut Eming E-MAIL: Knut.Eming@urz.uni-heidelberg.de

BANDHERAUSGEBER
Prof. Dr. Michael Wink, Universität Heidelberg, Inst. für Pharmazeutische
Biologie, Im Neuenheimer Feld 364, 69120 Heidelberg
E-MAIL: wink@uni-hd.de

Die Heidelberger Jahrbücher erschienen seit 1808 unter den folgenden Titeln:
Heidelbergische Jahrbücher der Literatur. Jg. 1-10. 1808-1817
Heidelberger Jahrbücher der Literatur. Jg. 11-65. 1818-1872
Neue Heidelberger Jahrbücher. Jg. 1-21. 1891-1919
Neue Heidelberger Jahrbücher. Neue Folge. 1924-1941. 1950-1955/56
Heidelberger Jahrbücher. I ff. 1957 ff.
Die Verleger waren bis 1814 Mohr & Zimmer, bis 1820 Mohr & Winter, 1821-1828 Oswald,
1829-1839 Winter, 1840-1872 Mohr, 1891-1956 Koester, seit 1957 Springer, alle in Heidelberg

Mit 62 Abbildungen, davon 33 in Farbe

Die Deutsche Bibliothek – CIP-Einheitsaufnahme
Vererbung und Milieu/Michael Wink Hrsg. – Berlin; Heidelberg; New York;
Barcelona; Hongkong; London; Mailand; Paris; Tokio: Springer, 2001
(Heidelberger Jahrbücher; Bd. 45) ISBN 978-3-540-42573-1

ISBN 978-3-540-42573-1   ISBN 978-3-642-56780-3 (eBook)
DOI 10.1007/978-3-642-56780-3

Dieses Werk ist urheberrechtlich geschützt. Die dadurch begründeten Rechte, insbesondere die der Übersetzung, des Nachdrucks, des Vortrags, der Entnahme von Abbildungen und Tabellen, der Funksendung, der Mikroverfilmung oder der Vervielfältigung auf anderen Wegen und der Speicherung in Datenverarbeitungsanlagen, bleiben, auch bei nur auszugsweiser Verwertung, vorbehalten. Eine Vervielfältigung dieses Werkes oder von Teilen dieses Werkes ist auch im Einzelfall nur in den Grenzen der gesetzlichen Bestimmungen des Urheberrechtsgesetzes der Bundesrepublik Deutschland vom 9. September 1965 in der jeweils geltenden Fassung zulässig. Sie ist grundsätzlich vergütungspflichtig. Zuwiderhandlungen unterliegen den Strafbestimmungen des Urheberrechtsgesetzes.

© Springer-Verlag Berlin Heidelberg 2001
Ursprünglich erschienen bei Springer-Verlag Berlin Heidelberg New York 2001
SATZ UND DATENKONVERTIERUNG: Ulrich Kunkel Textservice, Reichartshausen
UMSCHLAG: Erich Kirchner, Heidelberg

Gedruckt auf säurefreiem Papier   SPIN: 10850936   08/3142PS – 5 4 3 2 1 0

Vorwort

Kaum ein Thema belebt die natur- und geisteswissenschaftliche Diskussion so nachhaltig und vehement wie die Frage: Sind wir Menschen hauptsächlich das Produkt unserer Gene (unserer Anlagen) oder das Produkt unserer Umwelt, unseres Milieus? Im Angelsächsischen spricht man von der „*Nature or nurture*"-Debatte. Abb. 1 fasst die möglichen Standpunkte vereinfacht zusammen. Werden auch vielfach noch die Extrempositionen des vollständigen genetischen Determinismus oder des vollständigen Umweltdeterminismus vertreten, so weisen ethologische, evolutionäre, psychologische und soziologische Forschungen darauf hin, dass die menschliche Natur sowohl durch unsere Gene als auch durch unsere Umwelt bestimmt wird. Das Verhalten der Erwachsenen ist demnach eine Mischung aus ererbten Merkmalen und Erfahrung und Lernen. Unser Verhalten ist weder komplett genetisch gesteuert noch gänzlich unabhängig von unseren Genen.

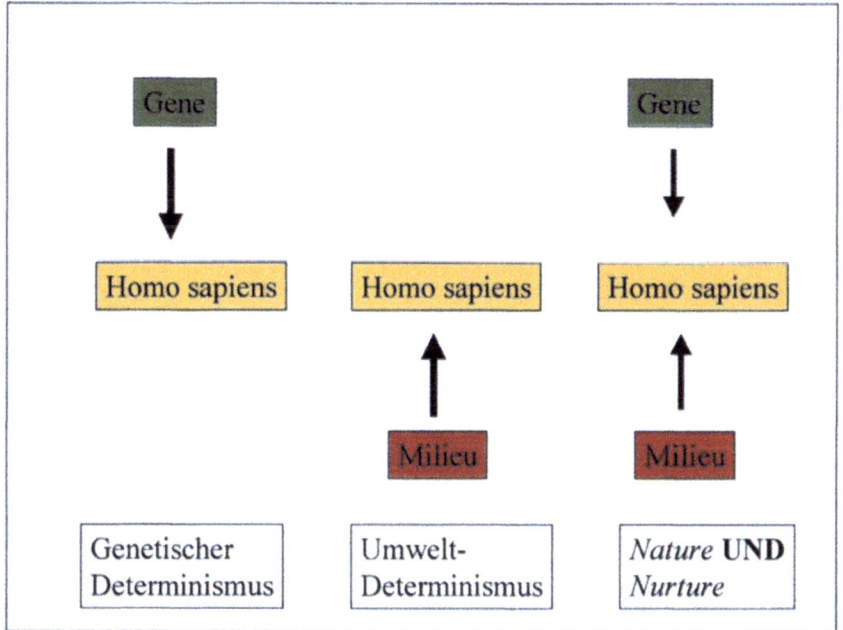

Abb. 1. Positionen in der *Nature or nurture*-Debatte

Der vorliegende Themenband versucht, die *Nature or nurture*-Debatte interdisziplinär und von verschiedenen Positionen heraus zu behandeln. 15 Kolleginnen und Kollegen der Universität Heidelberg sowie mehrere externe Fachleute (u.a. Hubert Markl, Präsident der Max-Planck-Gesellschaft; Franz Emanuel Weinert, Max-Planck-Institut für Psychologie München)[1] konnten als Autoren gewonnen werden.

Die ersten vier Beiträge dieses Bandes stammen aus dem biologisch-medizinischen Bereich, die nächsten drei aus der Psychologie, Psychiatrie und Kriminologie und sechs weitere aus den Gebieten der Kulturwissenschaften (z.B. Soziologie, Literatur- und Religionswissenschaften).

In meinem eigenen Beitrag führe ich in die Grundthematik ein und zeichne eine evolutionsbiologische und soziobiologische Perspektive auf, aus der hervorgeht, dass der Mensch mit seiner Morphologie, Biochemie und Verhalten keine Sonderstellung im Tierreich einnimmt, sondern sich nahezu nahtlos in die Entwicklungsreihe des Lebens einfügt. Bei Tieren (insbesondere bei Primaten) konnte eindeutig gezeigt werden, dass viele Verhaltensweisen eine genetische Komponente aufweisen. Aufgrund der nahen Verwandtschaft zwischen Mensch und Menschenaffen kann kein Zweifel daran bestehen, dass selbst die menschliche Natur wichtige, genetisch bedingte Eigenschaften aufweist, die im Wechselspiel mit der Umwelt stehen. Die Rolle von Genen für das Verhalten des Menschen wird im Beitrag von Hubert Markl weiter vertieft. Markl diskutiert eloquent, wie und ob die Vorstellung von genetisch bedingten Verhaltensweisen in der Öffentlichkeit, in den Zeitungsredaktionen oder bei den Geistes- und Sozialwissenschaftlern akzeptiert bzw. umgesetzt wird. Claus Bartram wendet sich als Humangenetiker der komplexen Frage zu, inwieweit Krebserkrankungen genetisch und/ oder durch Umwelteinflüsse bedingt sind. Ein verwandtes Thema greift Friedrich Vogel auf, der multifaktoriell verursachte Krankheiten untersucht. Am Beispiel der Lepra als einer Infektionskrankheit, dem Diabetes mellitus als einer Stoffwechselkrankheit und der Schizophrenie als einer psychischen Erkrankung wird der Einfluss von Umwelt und Genetik exemplarisch abgehandelt. Franz Emanuel Weinert analysiert als Psychologe die Bedeutung von Begabung und Lernen, die man als weitere Komponenten der „Nature or nurture"-Frage betrachten kann. F.E. Weinert belegt, dass 50 % der geistigen Unterschiede zwischen Menschen offenbar genetisch determiniert sind. Ein Viertel der Unterschiede ist durch die kollektive Umwelt und ein weiteres Viertel durch die individuelle, zum Teil selbst geschaffene Umwelt erklärbar. Franz Resch und Eva Möhler beschreiben die Entwicklung der kindlichen Persönlichkeit aus dem Gesichtswinkel der Psychiatrie und Psy-

---

[1] Prof. Weinert verstarb leider im Februar 2001 vor Drucklegung dieses Bandes

chotherapie. Die diese Disziplinen Grenzgänger zwischen Natur- und Kulturwissenschaften darstellen, sind sie besonders in der Lage, die Bedeutung von Anlagen und Milieu herauszuarbeiten. Für den Kriminologen ist unsere Fragestellung nicht nur von theoretischer, sondern auch praktischer Bedeutung. Zu den Grundproblemen der Kriminologie als empirischer Wissenschaft vom Verbrechen und dem Umgang mit dem Verbrechen gehört die Frage nach den Grundlagen kriminellen Verhaltens. Dieter Dölling und Dieter Hermann referieren in ihrem Beitrag frühere und aktuelle Kriminalitätstheorien.

Die Soziologin Uta Gerhardt schildert die Entwicklung des Konzepts des Sozialdarwinismus und seine gesellschaftlichen Auswirkungen. Insbesondere wird die Rolle von Herbert Spencer als Begründer dieser Idee und die Rolle von Max Weber, der die Idee des Sozialdarwinismus aus der Soziologie verbannte, ausführlich erörtert. Sandra Kluwe analysiert Drama und Roman des literarischen Naturalismus aus der Sicht der Literaturwissenschaft. In den Werken von Zola, Hauptmann und anderen Schriftstellern geht Sandra Kluwe der Frage nach, ob und wie die Milieutheorie die Autoren beeinflusst hat. Der Germanist Helmuth Kiesel analysiert das Phänomen, dass das Judentum zu Beginn der Moderne (also seit dem letzten Viertel des 19. Jahrhunderts) eine außerordentliche kulturelle und wissenschaftliche Leistung erbracht hat. Auch hier stellt sich die unmittelbare Frage nach der Rolle von Umwelt und Vererbung. Die Funktion der kulturellen Evolution wird in dem Beitrag der Sinologin Goat Koei Lang-Tan abgehandelt. Frau Lang-Tan beschreibt das Erbe und die Auswirkung der alten chinesischen Lyriktradition auf die „Poetic Prose" des 20. Jahrhunderts.

Gregor Ahn untersucht die Bedeutung von Vererbung und Anlage aus der Sicht der vergleichenden Religionswissenschaft. Seit der frühchristlichen Zeit wird diskutiert, dass alle Menschen über eine zumindest rudimentäre Gotteserkenntnis verfügen, also über eine allgemein religiöse Veranlagung. Säkularisierung und Modernisierung in der europäischen Religionsgeschichte haben nicht zu einer fortschreitenden Verdrängung von Religionen geführt. Gregor Ahn sieht vielmehr Verlagerungsprozesse zu konkurrierenden (neuen) Religionen und komplexen Mustern von sog. „Patchwork-Religionen".

Der Philosoph Rainer Hegselmann nähert sich dem Thema „Milieu" und Umwelt von der Seite der Simulation und des Modellierens. Er zeigt auf, wie Struktur- und Musterbildung, insbesondere soziale Strukturbildung über einfache Modelle erklärt und modelliert werden können.

An dieser Stelle möchte ich allen Beiträgern danken, dass sie bereit waren, einen wichtigen Artikel für diesen Themenband zu erstellen. Herr Dr. K. Eming übernahm dankenswerterweise die notwendige Redigierung der Arbeiten für die Drucklegung. Auch wenn sich einige Autoren in ihren Interpretationen widersprechen oder unterschiedliche Standpunkte vertreten, so wurde nicht versucht, diese Positionen zu beeinflussen, um eine stringente Argumentation in diesem Themenband zu gewährleisten. Im Gegenteil, eine fachübergreifende Abhandlung eines so komplexen Themas gewinnt eher, wenn die verschiedenen Standpunkte gleichberechtigt zu Wort kommen. So kann der Leser für sich selbst eine Synthese vornehmen und die eigene Position erarbeiten.

Heidelberg, im Oktober 2001   M. Wink

Inhaltsverzeichnis

MICHAEL WINK
Die Natur des Menschen: Eine evolutionsbiologische Perspektive 1

HUBERT MARKL
Wider die Gen-Zwangsneurose 19

CLAUS R. BARTRAM
Vererbung und Umwelt bei Krebserkrankungen 29

FRIEDRICH VOGEL
Vererbung und Milieu bei komplex (multifaktoriell)
verursachten Krankheiten 45

FRANZ EMANUEL WEINERT
Begabung und Lernen:
Zur Entwicklung geistiger Leistungsunterschiede 77

FRANZ RESCH UND EVA MÖHLER
Wie entwickelt sich die kindliche Persönlichkeit?
Beiträge zur Diskussion um Vererbung und Umwelt 95

DIETER DÖLLING UND DIETER HERMANN
Anlage und Umwelt aus der Sicht der Kriminologie
– Theoretische, empirische und kriminalpolitische Aspekte – 153

UTA GERHARDT
Darwinismus und Soziologie –
Zur Frühgeschichte eines langen Abschieds 183

SANDRA KLUWE
Gespenst der Vererbung, Moira des Milieus – Über Schicksalsphobien
im Drama und Roman des literarischen Naturalismus 217

HELMUTH KIESEL
Woraus resultiert die außerordentliche kulturelle Leistung
des Judentums zu Beginn der Moderne? 267

GOAT KOEI LANG-TAN
Das Erbe der chinesischen Lyriktradition in neuer „*Poetic Prose*"
(*shuqing sanwen*) der Republikzeit (1911–1942) 297

GREGOR AHN
Homo religiosus oder künstliche Unsterblichkeit?
Vererbung und Anlage in der neueren europäischen
Religionsgeschichte 331

RAINER HEGSELMANN
Verstehen sozialer Strukturbildungen – Zu Reichweite
und Brauchbarkeit radikal vereinfachender Modelle 355

Namen- und Sachverzeichnis 381

Mitarbeiter dieses Bandes

PROF. DR. PHIL. GREGOR AHN, Institut für Religionswissenschaft, Universität Heidelberg, Akademiestraße 4–8, 69117 Heidelberg

PROF. DR. MED. KLAUS R. BARTRAM, Institut für Humangenetik, Universitätversitätsklinikum Heidelberg, Im Neuenheimer Feld 328, 69120 Heidelberg

PROF. DR. UTA GERHARDT, Lehrstuhl für Soziologie II, Universität Heidelberg, Sandgasse 7/9, 69117 Heidelberg

PROF. DR. IUR. DIETER DÖLLING, Institut für Kriminologie, Universität Heidelberg, Friedrich-Ebert-Anlage 6–7, 69117 Heidelberg

PROF. DR. RAINER HEGSELMANN, Institut für Philosophie, Universität Bayreuth, Postfach, 95440 Bayreuth

DIETER HERMANN, Institut für Kriminologie, Universität Heidelberg, Friedrich-Ebert-Anlage 6–10, 69117 Heidelberg

PROF. DR. HELMUTH KIESEL, Germanistisches Seminar, Universität Heidelberg, Hauptstraße 207–209, 69117 Heidelberg

DR. SANDRA KLUWE, Germanistisches Seminar, Universität Heidelberg, Hauptstraße 207–209, 69117 Heidelberg

DR. PHIL. HABIL. GOAT KOEI LANG-TAN, Sinologisches Seminar, Universität Heidelberg, Akademiestraße 4–6, 69117 Heidelberg

PROF. DR. HUBERT MARKL, Max-Planck-Gesellschaft zur Förderung der Wissenschaften, Hofgartenstraße 8, 80539 München

DR. MED. EVA MÖHLER, Psychiatrische Klinik, Abt. Kinder- und Jugendpsychiatrie, Universitätsklinikum Heidelberg, Blumenstraße 8, 69115 Heidelberg

PROF. DR. FRANZ RESCH, Psychiatrische Klinik, Abt. Kinder- und Jugendpsychiatrie, Universitätsklinikum Heidelberg, Blumenstraße 8, 69115 Heidelberg

PROF. DR. MED. FRIEDRICH VOGEL, Institut für Humangenetik, Universität Heidelberg, Im Neuenheimer Feld 328, 69120 Heidelberg

EMANUELL WEINERT †

PROF. DR. MICHAEL WINK, Institut für Pharmazeutische Biologie, Universität Heidelberg, Im Neuenheimer Feld 364, 69120 Heidelberg

Die Natur des Menschen: Eine evolutionsbiologische Perspektive

VON MICHAEL WINK

Kurzzusammenfassung

In dieser kurzen Übersicht wird eine evolutionsbiologische und soziobiologische Perspektive dargestellt, die Teilfragen der „Nature or nurture"-Debatte zu beantworten versucht. Die Genetik, insbesondere die molekulare Phylogenieforschung, lässt ebenso wenig wie die morphologischen und physiologischen Analysen eine Sonderstellung des Menschen erkennen. Im Gegenteil, sie ordnen den Menschen nahezu nahtlos in die Entwicklungslinien des Lebens ein und platzieren ihn als sehr nahen Verwandten von Schimpanse und Bonobo. Auch viele Verhaltensweisen bei Mensch und Tier sind offensichtlich genetisch gesteuert und beruhen auf gemeinsamer Evolution. Vergleichende Untersuchungen belegen aber, dass die menschliche Natur weder vollständig genetisch determiniert ist, noch alleine durch das Milieu oder Lernen erklärt werden kann. Nature und Nurture sind wichtige Partner, die sich wechselseitig beeinflussen.

Über die Frage: „Wo kommen wir her?" oder „Was sind wir Menschen eigentlich für Lebewesen?" denken Menschen vermutlich schon so lange nach, wie Menschen existieren. Erklärungen reichen von der Genesis im Alten Testament über diverse Schöpfungsmythen in fast allen andern nichtchristlichen Kulturen bis hin zur modernen Evolutionsbiologie.

Für die Thematik dieses Themenbandes „Milieu und Vererbung" oder „Nature or nurture", wie diese Debatte im Englischen thematisiert wird, ist eine Positionsbestimmung des Menschen notwendig. Es ist jedoch nicht beabsichtigt, weder die biologischen noch die soziologischen und philosophischen Diskussionen, die es um die Thematik bereits gegeben hat, vollständig zu referieren. Dazu würde der Umfang eines einzelnen Buches bei weitem nicht reichen. In dieser kurzen Übersicht wird eine evolutionsbiologische und soziobiologische Perspektive dargestellt, die Teilfragen der „Nature or nurture"-Debatte zu beantworten versucht.

Stellung des Menschen innerhalb der Organismen und des Tierreichs

Aus Sicht der Zoologie kann es keinen Zweifel geben, dass der Mensch, *Homo sapiens*, zur Klasse der Säugetiere und zur Ordnung der Primaten zählt und größte morphologische Ähnlichkeiten mit den Menschenaffen, insbesondere Schimpanse (*Pan troglodytes*) und Bonobo (*Pan paniscus*), aber auch zu Gorilla (*Gorilla gorilla*) und Orang Utan (*Pongo pygmaeus*) aufweist. Primaten teilen mit dem Mensch nicht nur eine ähnliche Morphologie sondern auch eine sehr enge Verwandtschaft in ihrer Physiologie und Biochemie.

Wie jede andere Tierart auch kann man *Homo sapiens* in das systematische Ordnungssystem der Tierwelt einfügen (Abb. 1). *Homo sapiens* wird darin als monotypische Gattung *Homo* geführt. Interessanterweise sah bereits Linné (1735) die enge Verwandtschaft zwischen Mensch und Menschenaffen. Er schreibt 1747 in einem Brief an J.G. Gmelin in Tübingen (Mägdefrau 1992) *„Es erregt Anstoß, dass ich den Menschen unter die Anthropomorphen gestellt habe; aber der Mensch erkennt sich selbst. Verzichten wir auf das*

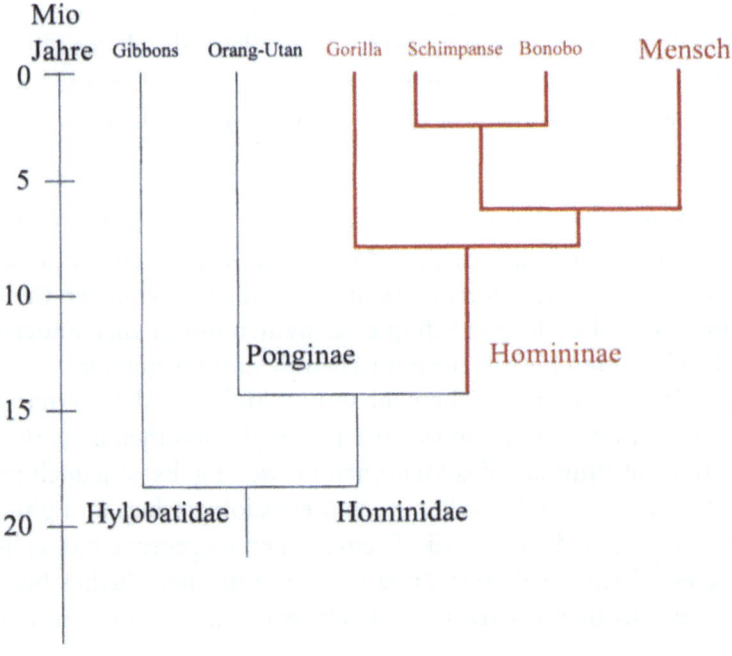

Abb. 1. Phylogenie der Menschenaffen und des Menschen

Wort, mir ist es einerlei, welches Namens wir uns bedienen; doch frage ich Sie und die ganze Welt nach einem Gattungsunterschiede zwischen dem Menschen und dem Affen, d.h. wie ihn die Grundgesetze der Naturwissenschaft fordern. Ich kenne wahrlich keinen und wünsche mir, dass mir jemand nur einen einzigen nennen möchte. Hätte ich den Menschen einen Affen genannt oder umgekehrt, so hätte ich sämtliche Theologen hinter mir her; nach kunstgerechter Methode hätte ich es wohl eigentlich gemusst." Wie wir nachfolgend sehen, hatte Linné damit bereits die außergewöhnlich enge Verwandtschaft zwischen Menschen und Schimpansen und den taxonomischen Konflikt, der bis heute vorhanden ist, erkannt.

Die systematische Platzierung des Menschen innerhalb der Tiere beruhte bisher auf morphologische und physiologische Ähnlichkeiten mit den Primaten und übrigen Säugetieren. In den letzten 20 bis 30 Jahren konnte die Genetik, insbesondere die molekulare Phylogenieforschung (Phylogenie = Stammesgeschichte), große Fortschritte machen und die Position des Menschen weiter präzisieren. Auch die genetischen Daten lassen keine Sonderstellung des Menschen erkennen, sondern sie ordnen den Menschen nahezu nahtlos in die Entwicklungslinien des Lebens ein. Da diese Erkenntnisse für unser Weltbild wichtig sind, soll nachfolgend ein kurzer Abriss unserer Evolutionsgeschichte aufgezeigt werden (ausführliche Darstellung in Storch, Welsch und Wink 2001).

In der Evolutionsforschung lassen sich zwei wichtige Meilensteine erkennen:

- Charles Darwin legte 1859 mit seinem Hauptwerk „*The origin of species*" eine bis heute immer wieder bestätigte Theorie zur Evolution vor, die den Menschen einschließt. Darwin erkannte, dass Arten nicht konstant sind, sondern dass ständig neue Arten und Entwicklungslinien aus gemeinsamen Vorfahren entstehen. Als Basis für diese Fortentwicklung erkannte er die große Variabilität innerhalb von Arten und Populationen und die „*natural selection*", die natürliche Auslese, als Selektionsmechanismus. In jeder Art sind nicht alle Individuen identisch, sondern für nahezu alle Merkmale kann man eine gewisse Variationsbreite erkennen. Unter den Bedingungen der natürlichen Auslese werden solche Individuen eine bessere Überlebenschance und höheren Fortpflanzungserfolg aufweisen, die durch ihre Merkmalskombination am besten an die jeweiligen Lebensbedingungen (Milieu) angepasst sind. Mit dieser Erklärung lieferte Darwin eine plausible Erklärung für das Entstehen neuer Arten. Damit war die Annahme eines Schöpfergottes, der individuell konstante Arten geschaffen hat, nicht länger notwendig. Diese Übersicht ist nicht der Ort um darzulegen, wie die Zeitgenossen Darwins auf die „*Origin of species*" reagierten und wie die Evolutionslehre bis heute immer wieder angegriffen oder ignoriert wurde (Näheres z.B. in Storch et al. 2001).

- Bereits Charles Darwin wusste, das viele unserer Merkmale von einer Generation zur nächsten vererbt werden; er kannte aber noch nicht die biochemischen und molekularen Grundlagen der Vererbung. Nach Gregor Mendel, der 1865 die Vererbungsregeln fand, kommt James Watson und Francis Crick der historische Verdienst zu, 1953 als erste die Struktur der Erbsubstanz als DNA, bestehend aus den vier Basen Adenin (A), Thymin (T), Guanin (G) und Cytosin (C) erkannt zu haben (Watson und Crick 1953). Die DNA besteht aus 2 antiparallelen Strängen, deren Basensequenz komplementär angeordnet ist (Abb. 2). Die Komplementarität resultiert aus molekularen Erkennungsreaktionen, indem A und T jeweils zwei sowie G und C jeweils drei Wasserstoffbrücken ausbilden können (Abb. 2).

Wir wissen heute, dass die Erbsubstanz von einfachen Bakterien angefangen über Pilze, Pflanzen und Tieren bis hin zu *H. sapiens* nach demselben Organisationsschema aufgebaut ist. Lediglich die Komplexität des Genoms

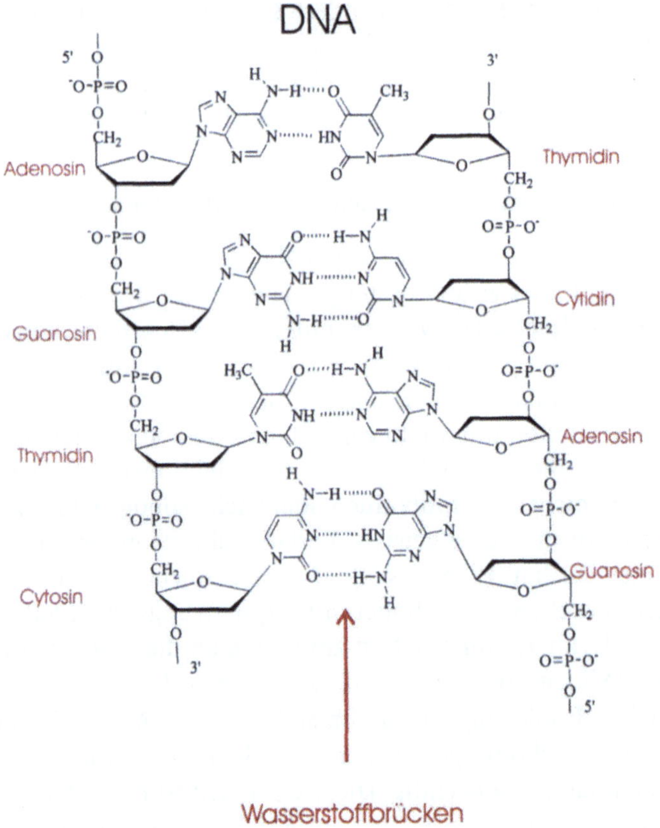

Abb. 2. Schematischer Aufbau der DNA

Die Natur des Menschen: Eine evolutionsbiologische Perspektive

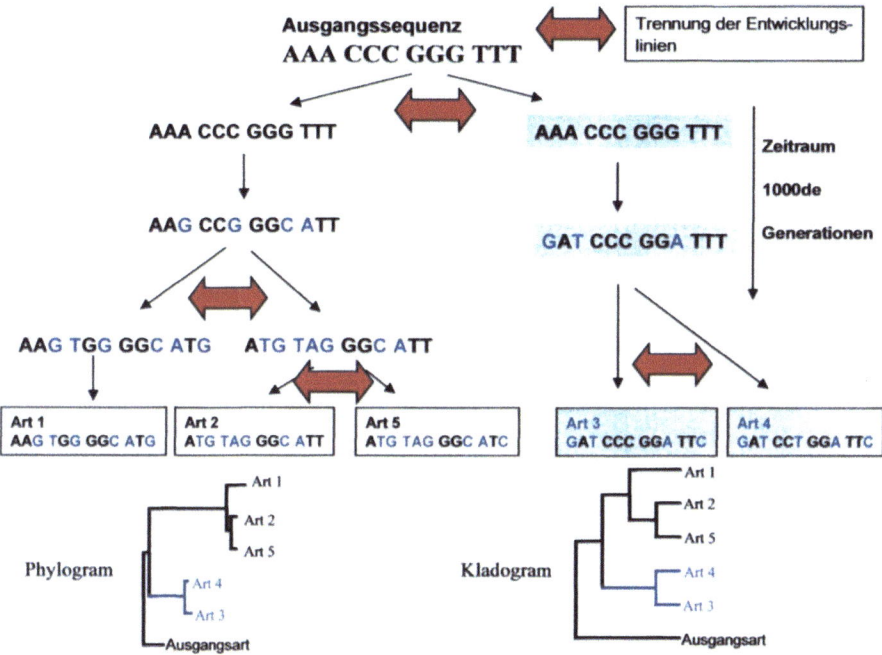

Abb. 3. Schematische Darstellung der Evolution auf der Ebene von Nucleotidsequenzen (nach Storch, Welsch und Wink 2001)

(die Gesamtheit der genetischen Information einer Zelle) und die Anzahl und Regulation der Gene unterscheiden uns auf der DNA-Ebene von den einfachsten Lebensformen. So verfügt das Darmbakterium *Escherichia coli* über ein Genom mit 4,7 Millionen Basenpaaren und 4288 Genen; die Bierhefe, *Saccharomyces cerevisieae* hat 12 Millionen Basenpaare und 5885 Gene. Der Fadenwurm *Caenorhabditis elegans* verfügt als einfacher tierischer Organismus bereits über 100 Millionen Basenpaare und 13 000 Gene. Das Genom von Maus und Mensch enthält ca. 3 Milliarden Basenpaare und zwischen 30 000 und 40 000 Gene, deren Funktion in sehr vielen Fällen noch unbekannt ist.

Die genetische Information wird durch die Reihenfolge, also der Sequenz von A, T, G und C festgelegt. Jeweils drei aufeinanderfolgende Basen bilden bei proteinkodierenden Genen ein Kodon. Diese Triplettkodons übersetzen die genetische Information in der Proteinbiosynthese (Translation) in die zugehörigen Proteine, die die diversen Aufgaben und Funktionen aller Zellen, Gewebe und Organe ausführen und regulieren.

Jedes Gen ist durch eine spezifische Abfolge der Nucleotidbasen A, T, G und C charakterisiert. Innerhalb einer Art ist die Basensequenz eines Gens in der Regel konstant; in einigen Fällen werden SNPs (single nucleotide polymorphisms) beobachtet, auf die wir an dieser Stelle aber nicht eingehen müssen. Viele Gene sind bereits in der frühen Evolutionsphase vor etlichen 100 Millionen Jahren entstanden. Sie wurden dann von Generation zu Generation in den verschiedenen Lebenszweigen weitergegeben. Einzelne Basenpositionen werden im Verlauf der Evolution durch Punktmutationen ausgetauscht. Wird durch eine solche Mutation die Funktion des zugehörigen Proteins gravierend gestört, so wird ihr Träger eine verminderte Fitness aufweisen und vermutlich aussterben. Träger neutraler oder positiver Mutationen werden dagegen erhalten bleiben oder sogar vermehrt zur Fortpflanzung kommen. Abb. 3 illustriert den Vorgang der Evolution auf Sequenzebene schematisch.

Durch die Fortschritte der Molekularbiologie und Computertechnologie (insbesondere durch die Entwicklung der Polymerasekettenreaktion, PCR, der schnellen DNA-Sequenzierung und der Entwicklung leistungsfähiger Computer und Auswertungsprogramme) ist es heute möglich, ein spezifisches Gen in allen Lebensformen vergleichend zu untersuchen. Für phyloge-

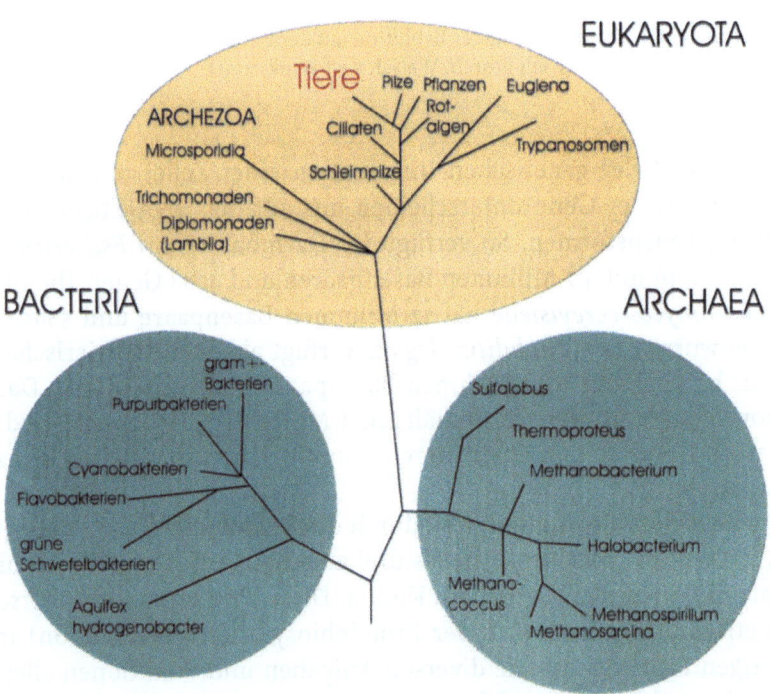

Abb. 4. „*Tree of life*"- der Stammbaum des Lebens, rekonstruiert über Nucleotidsequenzen der 16S rDNA (nach Storch, Welsch und Wink 2001)

netische Analysen werden Gene gewählt, die nicht die Morphologie eines Organismus steuern, sondern eher rDNA-Gene oder proteinkodierende Gene („Markergene"). Nimmt man z.B. die Sequenzen der in allen Organismen vorhandenen 16S rDNA, so kann man einen Stammbaum des Lebens erstellen, der die Evolution von den einfachen Mirkoorganismen bis hin zum Menschen beschreibt. Solche Markergene stellen homologe Merkmale dar und erlauben deshalb eine Analyse über Organismenreiche hinweg. In den letzten Jahren entwickelte PC-Programme ermöglichen es im nächsten Schritt, die homologen DNA-Sequenzen zu analysieren und den „*tree of life*" zu rekonstruieren. So wie der Archäologe aus den Scherben auf alte Kulturen zurückschließt, so helfen uns die DNA-Sequenzen die Abfolge weit entfernter evolutionärer Schritte zu entziffern.

In Abb. 4 ist ein „*tree of life*" dargestellt, in dem die Entwicklung zu den drei großen Domänen des Lebens, den Archaeen, Eubakterien und Eukaryoten zu erkennen ist. *H. sapiens* würde in einer solchen Analyse eindeutig in die Gruppe der Vertebraten fallen. Innerhalb der Vertebraten lässt sich durch die Sequenzierung des mitochondrialen Genoms eine verlässliche Phylogenie erstellen (Abb. 5). Am Anfang des Säugerbaumes zweigen die frühe Äste ab, die zu den Schnabeltieren und Beuteltieren führen. Innerhalb der Eutheria führt eine Entwicklungslinie zu den Fledermäusen und Primaten. Die Primaten lassen sich weiter aufgliedern (Abb. 1). Alle genetischen Untersuchungen stimmen darin überein, dass *H. sapiens* mit Schimpanse und Bonobo einen gemeinsamen Vorfahren teilen, der vor etwa 5–7 Millionen Jahre lebte.

Über die letzten 7 Millionen Jahre unserer Entwicklungsgeschichte geben Fossilien einen gewissen Aufschluss. Fossilfunde belegen, dass es mehrere Entwicklungslinien gab, von denen mehrere wieder ausstarben (Abb. 6). Die Fossilien, die paläoanthropologischen vor allem aber die genetischen Daten machen es sehr wahrscheinlich, dass der moderne Mensch vor ca. 150 000 Jahren in Afrika entstand („*African Eve*") und sich von dort über alle Kontinente ausbreitete. Abb. 7 illustriert ein wahrscheinliches Ausbreitungsszenario. In Europa und Kleinasien traf der moderne Mensch auf den Neandertaler (*H. neanderthalensis*), der vor ca. 30 000 Jahren von der Weltbühne verschwand. Zwei Hypothesen deuten das Verschwinden des Neandertalers:

- Der Neandertaler war dem modernen Menschen unterlegen und wurde von diesem verdrängt und möglicherweise vernichtet.
- Der Neandertaler war für den modernen Menschen so interessant, dass es zur Verpaarung kam und er auf diese Weise in der genetischen Linie zu *H. sapiens* aufging.

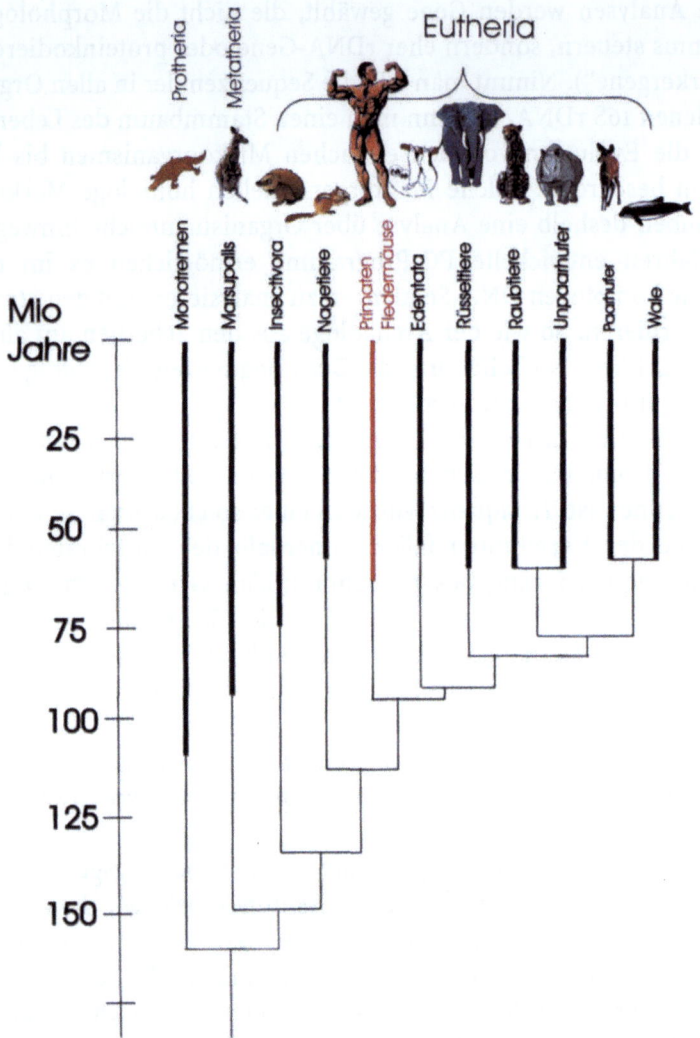

Abb. 5. Molekulare Phylogenie der Säugetiere, rekonstruiert über die Aminosäuresequenzen mitochondrialer proteinkodierender Gene (nach Storch, Welsch und Wink 2001)

Eine Sequenzierung mitochondrialer Gene zeigte, dass der Neandertaler und *H. sapiens* aus unterschiedlichen Entwicklungslinien abstammen. Demnach wäre der Neandertaler, zumindest in der weiblichen Linie (die mtDNA wird hauptsächlich maternal vererbt) ausgestorben. Es wird jedoch diskutiert, ob vielleicht die männliche Linie des Neandertaler noch vorhanden ist, indem sich Neandertalermänner mit *H. sapiens*-Frauen paarten. Eine eindeutige Entscheidung darüber, welches Szenario stimmt, ist heute noch nicht möglich.

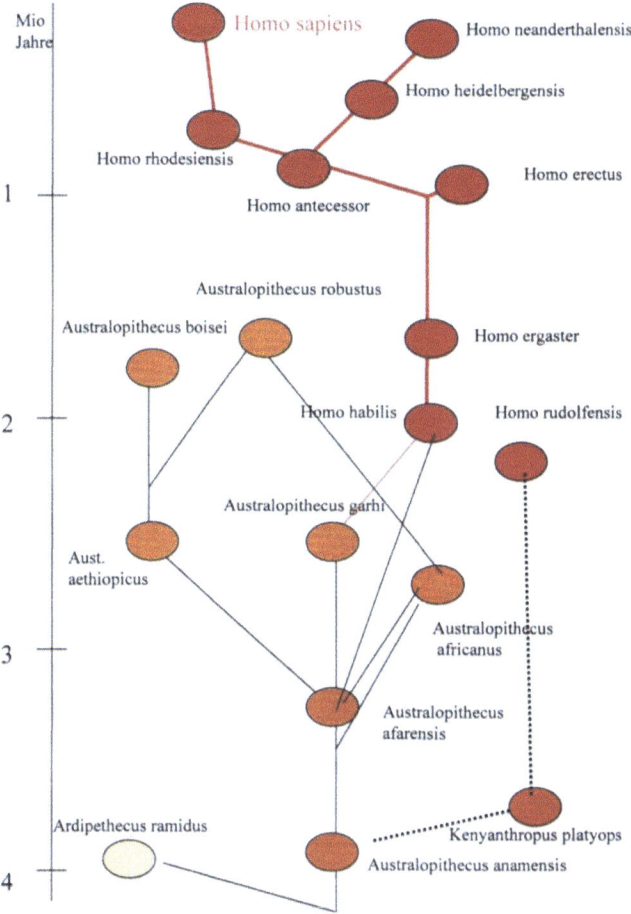

Abb. 6. Der hypothetische Stammbaum des Menschen rekonstruiert aus Fossilfunden (nach Storch, Welsch und Wink 2001)

Die Sequenzierung kompletter mitochondrialer Genome von über 50 modernen Menschen aller großen ethnischen Gruppen hat frühere Ergebnisse bestätigt, dass der moderne Mensch in Afrika entstand. Dort findet man mehrere getrennte Entwicklungslinien, wie z.B. die der Buschmänner und Pygmäen, während die Populationen außerhalb Afrikas sich auf eine gemeinsame Wurzel zurückführen lassen (Abb. 8).

Evolutionäre Wurzeln des menschlichen Verhaltens

Fasst man die vorstehend aufgeführten genetischen Daten zusammen, so können die Ähnlichkeiten in der Morphologie, Physiologie und Biochemie zwischen Mensch und Menschenaffen nicht zufällig entstanden sein, son-

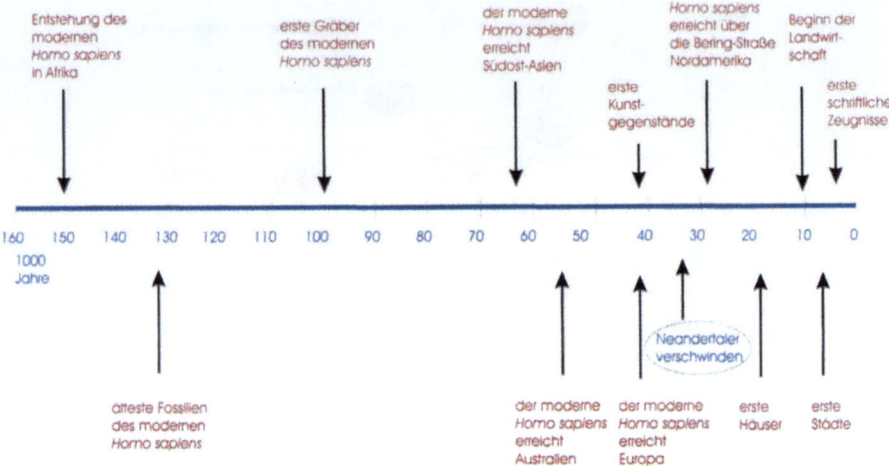

Abb. 7. Meilensteine in der Evolution des modernen Menschen (nach Storch, Welsch und Wink 2001)

dern sie beruhen auf einer gemeinsamen Phylogenie und gemeinsamen Vorfahren (ausführliche Darstellung in Storch, Welsch und Wink 2001). Damit ist klar, dass *H. sapiens* aus genetischer Sicht keine Sonderstellung einnimmt. Solange es sich um morphologische und biochemische Merkmale handelt, werden die meisten Menschen sich vermutlich mit der Erkenntnis anfreunden können, dass wir aus evolutionärer Sicht lediglich eine weitere Primatenart darstellen.

Wie sieht es aber mit unserem Intellekt, Geist und unseren Verhaltensweisen aus? Sind wir in dieser Hinsicht auch lediglich ein weiteres Säugetier?

In der Zoologie analysiert eine eigene Forschungsrichtung das tierische Verhalten, die Ethologie oder Vergleichende Verhaltensforschung, die von Karl von Frisch, Niko Tinbergen (1953) und Konrad Lorenz entwickelt und geprägt wurde. Die ethologische Forschung hat klar gezeigt, dass viele Verhaltensweisen der Tiere plastisch sind, erlernt und verändert werden können. Andererseits weisen auch sehr viele Verhaltensweisen eine art- oder gattungsspezifische Komponente auf. Es besteht gute Evidenz, dass solche Verhaltensweisen vererbbar sind und oft in engen, kaum durch Umweltbedingungen gesteuerten Bahnen verlaufen (z.B. Instinkte; angeborene Auslösemechanismen). Werden Tiere ohne Kontakt zur Umwelt aufgezogen (so genannte Kaspar-Hauser-Versuche), so lassen sich solche Verhaltenskomponenten deutlich erkennen. Insbesondere Verhaltensweisen in den Bereichen der Kommunikation, Ernährung, Verteidigung und Fortpflanzung haben häufig eine klar erkennbare genetische Komponente (Übersicht z.B. in

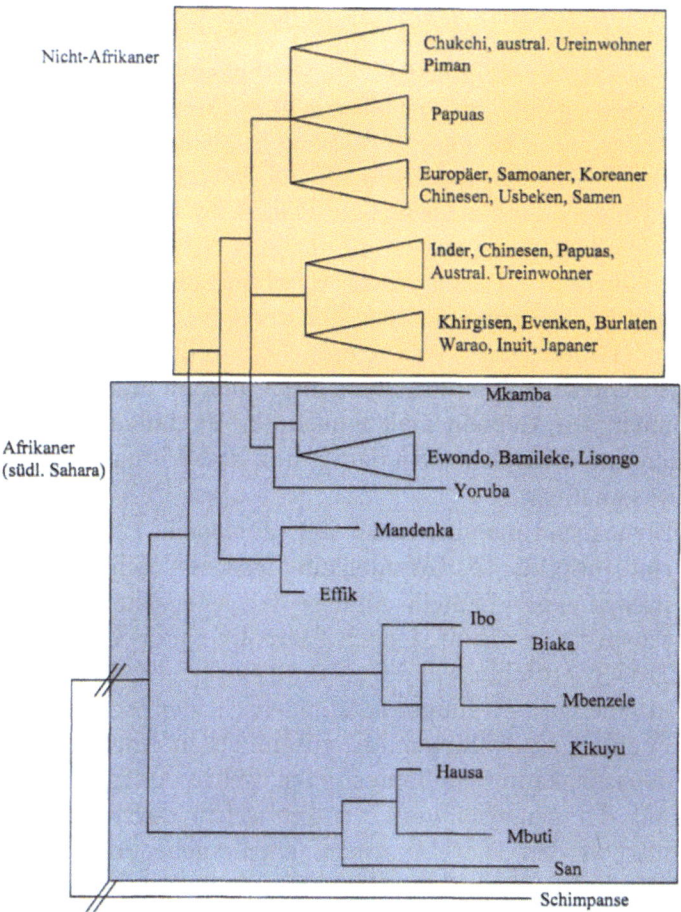

Abb. 8. Molekulare Phylogeographie des Menschen, rekonstruiert über die Nucleotidsequenzen vollständiger mitochondrialer Genome (vereinfacht nach Ingman, Kaessmann, Pääbo und Gyllensten 2000)

Eibl-Eibesfeldt 1972; Hinde 1974). Wie die zugehörigen Gene aussehen und wie die Genprodukte Verhaltensweisen steuern können, ist aber auch heute im Zeitalter der Genomik noch weitgehend unbekannt. Auch wenn diese Einzelheiten ungeklärt sind, besteht doch kaum ein Zweifel daran, dass viele Verhaltensweisen der Tiere genetisch gesteuert werden.

Viele Verhaltensweisen laufen jedoch nicht starr und ohne Rückkopplung zur Umwelt ab. In vielen Fällen besteht offenbar eine genetisch angelegte Prädisposition, die durch Umweltreize oder Lernen maßgeblich modifiziert werden kann.

Gelten diese Befunde auch für uns Menschen?

Die langjährigen Untersuchungen an freilebenden Menschenaffen können in dieser Frage einen gewissen Aufschluss liefern (Wilson 1978; Eibl-Eibesfeldt 1984; Goodall 2000). Schimpansen weisen ein großes Repertoire an Gesten, Haltungen und Lautäußerungen auf, das mit dem der Menschen (unabhängig von jeweiligen Ethnien) große Ähnlichkeit hat. Darunter fallen Küsse, Umarmen, Händehalten, einander auf die Schulter klopfen, Kitzeln, Treten oder Kneifen. Diese Verhaltensweisen treten im selben Kontext wie bei uns Menschen auf und scheinen dieselbe Bedeutung zu haben. Jane Goodall hat ferner zeigen können, dass Schimpansen eine individuelle Persönlichkeit haben, dass sie nachdenken, Probleme lösen und die unmittelbare Zukunft planen können. Die Gemeinsamkeiten dieser Verhaltensweisen zwischen Schimpansen und Mensch weisen darauf hin, dass Verhalten z.T. genetisch determiniert sein muss.

Die meisten Experimentalansätze der Zoologen, z.B. Kaspar-Hauser-Versuche, sind aus ethischen Gründen am Menschen nicht durchführbar, so dass eine strenge experimentelle Analyse der genetischen Verhaltenskomponenten schwierig erscheint. Jedoch führt die Natur selbst Experimente durch, die großen Aufschluss in der *„Nature or nurture"*-Debatte geben: Die Bildung von eineiigen Zwillingen, die genetisch identisch sind. Durch die Analyse von eineiigen Zwillingen, die zusammen in einer Familie oder getrennt aufwuchsen, kann man herausfinden, welche Anlagen und Merkmale konstant sind, d.h. genetisch gesteuert und welche durch das jeweilige Milieu beeinflusst werden. Diese Analysen haben ergeben, dass die genetische Bestimmtheit unseres Verhaltens sich offenbar ähnlich verhält wie bei den Tieren, mit denen wir eine unmittelbare Phylogenie teilen. Etliche, aber natürlich nicht alle unsere Merkmale und Verhaltensweisen sind genetisch determiniert. Andere lassen uns mehrere Optionen zu und sind sehr stark durch Milieu und Lernen zu beeinflussen (Übersicht in Plomin und DeFries 1999; Plomin et al. 1997). Demnach heißt das Thema nicht *„nature or nurture"* sondern *„nature and nurture"*.

Sichtweise der Soziobiologie

In den ersten Jahren der Verhaltensforschung stand das Individuum und der individuelle Fortpflanzungserfolg im Mittelpunkt der Betrachtung. Die Soziobiologie erkannte jedoch, das dabei eine wichtige Ebene übersehen wird, nämlich die Ebene der Population.

Im Sinne des *„survival of the fittest"* ist es schwer zu erklären, wieso altruistisches Verhalten, das sogar zum Tode des Helfenden führen kann, einen positiven Selektionswert haben kann. Hilft ein Altruist jedoch Nahverwandten, dann fördert er indirekt auch seinen eigenen Gene, denn Eltern und

Kinder oder Geschwister teilen einen großen Anteil gemeinsamer Gene. William Hamilton hat diese Zusammenhänge als erster erkannt und 1964 die „*Theory of kin selection*" publiziert. Er gilt damit als einer der Begründer der Soziobiologie. Richard Dawkins hat in diesem Zusammenhang den Begriff der „*selfish genes*" eingeführt.

Zunächst wurde diese Theorie von E.O. Wilson auf soziale Insekten (Ameisen, Bienen) übertragen. Sie lieferte ihm eine plausible Erklärung für die Aufrechterhaltung der Arbeitsteilung bei sozialen Insekten. Wilson erkannte jedoch, dass dieses Konzept nicht nur im Tierreich sondern auch für das menschliche Verhalten gilt. Im letzten Abschnitt der „*The insect societies*" schreibt E.O. Wilson (1971) „*The optimistic prospect for sociobiology can be summarised briefly as follows. In spite of the phylogenetic remoteness of vertebrates and insects and the basic distinction between their respective personal and impersonal systems of communication, these two groups of animals have evolved social behaviours that are similar in degree of complexity and convergent in many important details. This fact conveys a special promise that sociobiology can be eventually be derived from the first principles of population and behavioural biology and developed into a single, mature science. The discipline can be expected to increase our understanding of the unique qualities of social behaviour in animals as opposed to those of man.*"

Ausgehend von diesem ersten Durchbruch sammelte E.O. Wilson alle Daten aus der Verhaltensforschung, um sie aus populationsbiologischer und evolutionärer Sicht zu deuten. 1975 publizierte er die „*Sociobiology: The new synthesis*", die ein großer Erfolg wurde und zum Durchbruch dieser Disziplin führte. In diesem Buch zeigt E.O. Wilson auf, dass das Sozialverhalten aller Organismen eine starke genetische und evolutionäre Komponente hat. Genetisch bestimmte Verhaltensweisen bleiben dann erhalten, wenn sie für die betreffende Population von Bedeutung sind.

Bis auf ein Kapitel befasst sich E.O. Wilson in der „*Sociobiology*" in 26 Kapiteln mit sozialen Verhaltensweisen von *E.coli* bis zu den Primaten. Im letzten Kapitel (*Man: From sociobiology to sociology*) bezieht E.O. Wilson das soziobiologische Konzept auf den Menschen, der aufgrund seiner Phylogenie als eine biologische Art zu betrachten ist (s.o.). In etwas provozierender Weise schreibt E.O. Wilson (1975) im letzten Abschnitt „*Let us now consider man in the free spirit of natural history, as though we were zoologists from another planet completing a catalogue of social species on Earth. In this macroscopic view the humanities and social sciences shrink to specialised branches of biology; history, biography, and fiction are the research protocols of human ethology; and anthropology and sociology together constitute the sociobiology of a single primate species.*"

Wilson definiert die Soziobiologie des Menschen und den genetischen Determinismus folgendermaßen (Wilson 1994): „*Human beings inherit a propensity to acquire behaviour and social structures, a propensity that is shared by enough people to be called human nature. The defining traits include division of labour between the sexes, bonding between parents and children, heightened altruism towards closest kin, incest avoidance, other forms of ethical behaviour, suspicion of strangers, tribalism, dominance orders within groups, male dominance overall, and territorial aggression over limiting resources. Although people have free will and the choice to turn in many directions, the channels of their psychological development are nevertheless – however much we might wish otherwise- cut more deeply by the genes in certain directions than in others. So while cultures vary greatly, they inevitably converge towards these traits. The Manhattanite and New Guinea highlanders have been separated by 50000 years of history but still understand each other, for elementary reason of their common humanity is preserved in the genes they share from their common ancestry."*

Bereits Charles Darwin hatte ähnliche Gedanken geäußert, aber kein Wissenschaftler vor Wilson hatte die Erkenntnisse der Populationsgenetik und Evolutionsbiologie so konsequent herangezogen, um menschliches Verhalten (inklusive Verhaltensweisen wie Aggression und Altruismus) unter dem Gesichtspunkt der Natürlichen Selektion zu interpretieren (Wilson 1978).

E.O. Wilson war sich aber im Klaren, dass die genetischen Grundlagen (*Nature*) unseres Verhaltens variabel sind und dass der Phänotyp sehr stark von Umweltbedingungen (*Nurture*) beeinflusst wird. Wilson entfachte die *Nature-nurture*-Debatte zu einem Zeitpunkt, zu dem das „*Nurture*-Lager", zumindest in den Vereinigten Staaten, sich offensichtlich bereits als Sieger betrachtete; etliche Sozialwissenschaftler beharren auch heute noch auf diesem Standpunkt.

Die „*Sociobiology*" wurde von den meisten Biologen und Verhaltensforschern als großer Durchbruch begrüßt, inklusive die Einbeziehung von *H. sapiens* als eine biologische Art. Ebenso wurde das Konzept einer biologisch orientierten Sozialwissenschaft und Anthropologie akzeptiert. Das Gros der Sozialwissenschaftler distanzierte sich jedoch vehement von der Vorstellung, dass man menschliches Verhalten unter biologischen und evolutionären Gesichtspunkten interpretieren dürfte.

Marshall Sahlins publizierte bereits 1976 eine scharfe Replik „*The use and abuse of biology*"; die Amerikanische Anthropologische Gesellschaft versuchte 1976, die Soziobiologie quasi auf den Index zu stellen und alle entsprechenden Vorträge auf ihrer Jahresversammlung zu verbieten (Wilson 1994). Seit 1975 sind über 200 Bücher zu diesem Thema publiziert worden. Die Autoren, die eine Soziobiologie des Menschen befürworten, sind dabei in der Mehrheit (20:1), auch wenn sich die Minderheit besonders laut und mediengerecht zu Wort meldete. Für viele Sozialwissenschaftler gilt die Theorie von E.O. Wilson, dass menschliches Sozialverhalten genetisch gesteuert wird („genetischer Determinismus") nach wie vor als eine wissenschaftsideologische Doktrin.

In den 70er Jahren herrschte die Vorstellung vor, dass die menschliche Natur vollständig durch Lernen und Milieu determiniert sei. Damit wurde sie für viele Ideologien wichtig, die auf die Erziehung und Belehrbarkeit des Menschen setzen (z.B. der Kommunismus). Die Kritiker der Soziobiologie bemerkten sofort, dass die Sozialwissenschaften sich neu zu formieren hätten, würde man einen genetischen Determinismus akzeptieren. Noch gravierender wurden die politischen Implikationen gesehen: Wäre die menschliche Natur im wesentlichen umweltbedingt oder die Gene spielten nur eine unwesentliche Rolle, dann „*... If human nature is mostly acquired, and no significant part of it is inherited, then it is easier to conclude, as relativists do with passion, that different cultures must be accorded moral equivalency. Differences among them in ethical precepts and ideology deserve respect, for what is thought good and true has been determined more by power than by intrinsic validity. The culture of oppressed people are to be especially valued, because the histories of cultural conflict were written by the victors. The hypothesis that human nature has a genetic foundation called all these assumptions into question.*" (Aus Wilson 1994)

Kritiker sahen in der Soziobiologie nicht nur eine falsche Wissenschaft sondern hielten sie auch für moralisch verwerflich. Denn was wäre die Konsequenz, so sagten sie, wenn menschlicher Tribalismus, Geschlechtsunterschiede oder Aggression vielleicht genetisch gesteuert wären?

Während der „normale" Zeitgenosse im täglichen Leben die genetischen Komponenten selbst beobachtet und sie somit als gegeben hinnimmt, fällt diese Thematik zunehmend unter die Diktatur der „*political correctness*". Dies war damals in akademischen Kreisen der Fall und ist es oft noch heute. Insbesondere kam es aus marxistisch geprägten Kreisen zu heftigen Protesten gegen die Soziobiologie, der sich selbst namhafte Evolutionsbiologen wie Stephen Jay Gould anschlossen. Ihr Protest lässt sich wie folgt zusammenfassen: „*All hypotheses attempting to establish a biological basis of social behaviour tend to provide a genetic justification of the status quo and of existing privileges for certain groups according to class, race, or sex. Historically, powerful countries or ruling groups within them have drawn support for the maintenance or extension of their power from these products of the scientific community. Such theories provided an important basis for the enactment of sterilisation laws and restrictive immigration laws by the United States between 1910 and 1930 and also for eugenics policies which led to the establishment of gas chambers in Nazi Germany.*" (E.O. Wilson 1994, S. 337) Eine ausführliche Darstellung der damaligen Kontroverse findet sich in der Biographie von E.O. Wilson (*Naturalist* 1994).

Inzwischen haben sich die Standpunkte beider Seiten angenähert. Wir gehen davon aus, dass die menschliche Natur weder vollständig genetisch determiniert ist, noch alleine durch das Milieu oder Lernen erklärt werden kann. *Nature* und *Nurture* sind wichtige Partner in einem variablen Wechselspiel: „*Everyone knows that human social behaviour is transmitted by culture, but culture is a product of the brain. The brain in turn is a highly structured organ and a product of genetic evolution. It possesses a host of biases programmed through sensory reception and the propensity to learn certain things and not others. These biases guide culture to a still unknown degree. In the reverse direction, the genetic evolution of the most distinctive properties of the brain occurred in an environment dominated by culture. Changes in culture therefore must have affected those properties. So the problem can be more clearly cast in these terms: how have genetic evolution and cultural evolution interacted to create the development of the human mind?*" (Wilson 1994, S. 350.)

Für die Entwicklung des menschlichen Intellekts und der Kultur gelten weitere Bedingungen. E.O. Wilson schreibt dazu: „*The gene-culture coevolution .. is an eternal circle of change in heredity and culture. Over the course of a lifetime, the mind of the individual person creates itself by picking among countless fragments of information, value judgements, and available courses of action within the context of a particular culture. More concretely, the individual comes to select certain marital customs, creation myths, ethical precepts, modes of analysis, and so forth, from among those available. We called these competing behaviours and mental abstractions ‚culturgens'. They are close to what our fellow reductionist Richard Dawkins conceived as ‚memes'...*" (Wilson 1994, S 351.)

Zunächst erfolgte eine graduelle Entwicklung des Menschen im Verlauf der Primatenevolution (s.o.), insbesondere die Herausbildung eines immer besser funktionierenden Gehirns. Die Entstehung der Sprache (vokale Wort- und Begriffssprache) folgte, die die Voraussetzung für die kulturelle Evolution darstellt. Die kulturelle Evolution erfolgt nicht nach darwinistischen sondern eher lamarckischen Kriterien, indem erworbenes Wissen und Können (z.B. Werkzeuggebrauch) an die nächste Generation weitergegeben werden kann. Im Vergleich zur langsamen Veränderung der genetischen und physischen Evolution verläuft die kulturelle Evolution ungeheuer schnell. Neue Eigenschaften brauchen nicht länger genetisch fixiert zu werden, die mündliche Tradierung von Generation zu Generation reicht aus. Das Tempo der menschlichen Leistungen und Errungenschaften (Abb. 7) ist enorm und scheint sich in den letzten Jahrhunderten und Jahrzehnten immer mehr zu beschleunigen. Der Entwicklung der Sprache (z.B. als Werkzeug der kulturellen Transmission) kommt hierbei eine ganz besondere Bedeutung zu (Übersicht in Dunbar 1998, Cavalli-Sforza 1999; Diamond 1999). Cavalli-

Sforza hat zeigen können, das offenbar die Phylogenie der Sprachen und der Kulturen einen ähnlichen Verlauf hatte wir die Phylogenie mitochondrialer Gene; es liegt offenbar eine Art Koevolution vor. D.h., immer wenn sich eine Population herausbildete (z.B. durch räumliche Trennung nach Wanderungen), so entwickelten sich Sprache und Gene in eine von der Ursprungspopulation unterschiedlich neue Richtung (Übersicht in Cavalli-Sforza 1999). Die schnelle Entstehung von lokalen Dialekten lässt sich auch heute noch überall beobachten.

Aus morphologischer und genetischer Sicht müssten wir Linné (s.o.) zustimmen, dass es eigentlich nicht gerechtfertigt ist, den Menschen in eine eigene Gattung *Homo* einzuordnen. Zumindest Schimpanse und Bonobo gehörten unter diesen Kriterien in die Gattung *Homo* oder wir in die Gattung *Pan*. Diese Forderung wurde von J. Diamond in seinem Buch „*The third chimpansee*" bereits ausführlich diskutiert (Diamond 1999). Betrachtet man aber die geistigen und kulturellen Eigenschaften des Menschen, so ist ein immenser (wenn auch teilweise gradueller) Unterschied zwischen Menschenaffen und Mensch zu erkennen. Diese Unterschiede sind so gravierend, dass die Sonderstellung des Menschen in einer eigenen monotypischen Gattung berechtigt erscheint.

Literatur

Cavalli-Sforza LL (1999) Gene, Völker und Sprachen. Die biologischen Grundlagen unserer Zivilisation. Hanser, München
Darwin C (1859) The origin of species. John Murray, London
Dawkins R (1989) The Selfish Gene. Oxford University Press, Oxford
Diamond J (1999) Der dritte Schimpanse. 2. Aufl. Fischer, Frankfurt
Dunbar R. (1998) Klatsch und Tratsch. Wie der Mensch zur Sprache fand. Bertelsmann, München
Eibl-Eibesfeldt I (1972) Grundriss der vergleichenden Verhaltensforschung. Piper, München
Eib-Eibesfeldt I (1984) Die Biologie des menschlichen Verhaltens. Grundriss der Humanethologie. Piper, München
Goodall J (2000) Reason for hope. Thorsons, London
Hamilton WD (1964) The genetical evolution of social behaviour (I and II). J. Theor. Biol. 7: 1-16, 17-52.
Hinde RA (1974) Biological bases of human behaviour. McGraw-Hill, New York
Ingman M, Kaessmann H, Pääbo S, Gyllensten U (2000) Mitochondrial genome variation and the origin of modern humans. Nature 702-712.
Linné C (1753) Systema naturae. 1. Aufl., Leiden
Mägdefrau K (1992) Geschichte der Botanik. G. Fischer, Stuttgart
Plomin R, DeFries JC (1999) Erblichkeit kognitiver Stärken und Schwächen. Spektrum der Wissenschaft 12:28-41
Plomin R, DeFries JC, McClearn GE, Rutter M (1997) Behavioral genetics. 3. ed. Freeman, New York
Sahlins M (1976) The use and abuse of biology. Univ. Michigan Press, Ann Arbor
Storch V, Welsch U, Wink M (2001) Evolutionsbiologie. Springer, Heidelberg
Tinbergen N (1953) Social behaviour in animals. Methuen, London

Wilson EO (1971) The insect societies. Harvard University Press, Cambridge (MA)
Wilson EO (1975) Sociobiology: The New Synthesis. Harvard University Press, Cambridge (MA)
Wilson EO (1978) On Human Nature. Harvard University Press, Cambridge (MA)
Wilson EO (1994) Naturalist. Island Press, Washington

Wider die Gen-Zwangsneurose

VON HUBERT MARKL

Kurzzusammenfassung

Nichts macht dem Menschen seine biologische Kreatürlichkeit deutlicher bewusst als alles, was mit Fortpflanzung, Vererbung, Krankheit und Tod zu tun hat – obwohl Hunger, Durst oder Ermüdung uns die ständige Abhängigkeit unseres Seelenlebens von unserem Körper nicht weniger spürbar machen. Kein Wunder also, dass Aufbau und Wirkungsweise der Erbanlagen, in denen wir unser biologisches Wesen wie im Kern einer Nussschale – jedem Zellkern unseres Körpers nämlich – vereint zu sehen meinen, über alle Maßen fasziniert. Verbunden freilich mit Ungewissheit und Befürchtung, ob die Entschlüsselung des chemischen Aufbaus aller Gene des Menschen nicht zu einer Entfesselung des Zugriffs auf sie mit unabsehbaren Folgen führen könnte. Glücklicherweise wird dabei jedoch die Macht der Gene ebenso überschätzt wie die Möglichkeit, den Menschen dadurch zu manipulieren.

Die Gene haben das Feuilleton erobert; Konrad Lorenz hätte seine helle Freude daran gehabt. Jahrzehntelang hatte er Belege dafür aus dem ganzen Tierreich und zusammen mit seinen Schülern auch für den Menschen zusammengetragen, dass ihr Verhalten auch artspezifisch angeborene, also genetisch beeinflusste Anteile hat. Er hatte dabei dennoch die unentbehrliche Rolle individueller und sozialer Erfahrung durch Lernvorgänge niemals ignoriert. Tatsächlich hatte er sogar selbst einen ganz neuartigen Lernvorgang, die Prägung, entdeckt, die in der Kindheit und Jugend vieler Tiere und des Menschen für deren Überlebensfähigkeit entscheidend ist. Aber gerade dabei zeigten er und viele Forscher seither, dass auch beim Lernen genetisch vorgegebene Kompetenzen und Erwartungen des heranwachsenden Individuums maßgeblichen Einfluss nehmen: Wann was von wem, unter welchen Bedingungen, wie genau, wie schnell und wie dauerhaft gelernt werden kann, bezeugt in für jede Spezies charakteristischer Weise die unauflösliche Verschränkung angeborener und umweltabhängiger Faktoren in der Verhaltensentwicklung – vom Gesang von Singvögeln bis zur menschlichen Sprache. Daher gilt: Ist unser Sprachvermögen angeboren: Ja! Wird Sprache erlernt: Selbstverständlich! Und zwischen beiden Aussagen besteht überhaupt kein Widerspruch. Man darf sogar annehmen, dass wir nach der Totalsequenzierung des menschlichen Genoms und dessen unserer nächsten Primatenverwandten, mit denen wir mehr als neun Zehntel aller Gene gemeinsam haben, in wenigen Jahren wissen werden, auf welchen genetischen Unterschieden – vielleicht nur in einigen hundert Genen – es beruht, dass der gesunde Mensch nicht nur zu sprechen lernt, sondern geradezu darauf versessen ist, wenn es sein muss, auch zwei oder mehr Sprachen gleichzeitig, während kein Schimpanse auch mit noch so geduldigem Training dazu gebracht werden kann. Konrad Lorenz hätte diese untrennbare Verbindung von erblicher artspezifischer Veranlagung und der Unentbehrlichkeit sozialer Lernerfahrung nicht verwundert: Er hat sie seinen Mitmenschen ja ein Leben lang nahe zubringen versucht.

Deshalb hätte er sich sicher darüber gefreut, dass die Diskussion der Rolle von Genen für das Verhalten des Menschen – als dem wichtigsten Ausdruck seines einzigartigen Wesens – aus dem Wissenschaftsteil der Zeitungen, den meist jene lesen, die ohnehin schon ganz gut über wissenschaftliche Erkenntnisse bescheid wissen, nun endlich dorthin vorgedrungen ist, wo – anders als wohl zumeist jedenfalls für Natur- und Technikwissenschaften angenommen wird – Geist und Kultur zuhause sind. Wo selbstverständlich auch keiner sich von der süßen Versuchung praktischer Anwendungen wissenschaftlicher Entdeckungen verwirren lässt, die Naturwissenschaftlern unausweichlich den Kopf verdreht, während Feuilletonredakteuren Begriffe wie Umsatz, Auflage, Arbeitsplätze oder gar Einkommen selbstverständlich fremd oder jedenfalls gleichgültig sind. Dienen sie doch – offenbar unvergütet – dem Geist an sich. In den Genen haben diese überwiegend geisteswissenschaftlich vorgebildeten Meinungs-Vervielfacher des Feuilletons, für deren Platzhirsche Naturforscher bestenfalls als Fegebäume für ihre grundsätzlich nur von Moral und Verantwortungsbewusstsein getragenen kritischen Kommentare dienen, auf einmal den wahren Kern, das tabernakelhaft Unberührbare, die nucleotidchemische Substantiation der Menschenwürde entdeckt. Während es doch kaum ein paar Jahre her ist, als aus derselben Ecke auch nur die Mutmaßung, Erbanlagen könnten Einfluss auf menschliches Verhalten, menschliche Intelligenz, menschliche Sexualität, menschliche Aggressivität oder andere Sozialbeziehungen haben, schlichtweg als fast schon faschismusverdächtige Irrlehren hingestellt wurden. Selbst heute kann man – vielleicht sogar in derselben Ausgabe einer führenden Zeitung – eine offenbar von unanfechtbarem Wissen gespeiste Verdammung auch nur der abwägenden Erörterung von Biologen lesen, Vergewaltigungsverhalten des Mannes könne in der Evolution des Menschen eine unter bestimmten Umständen fitnessmaximierende genetisch beeinflusste Reproduktionsstrategie gewesen sein (wofür freilich der Beweis erst noch zu erbringen wäre), während an anderer Stelle davor geschaudert wird, dass der genetisch transparent gewordene Mensch unfassbaren genetischen Manipulationen seines Verhaltens ausgesetzt sein könnte. Na, was denn nun, ja oder ja, möchte man da mit Kurt Tucholsky fragen. Offenbar fasziniert die – vermeintliche oder wirkliche – Macht der Gene, wie jede Macht, jeden, der näher darüber nachdenkt. Wo man mit Frauenbeinen Autoreifen, mit nackten Busen Fernsehzeitschriften und mit Männergesäßen Parfüms verkaufen kann – darauf muss man ja erst einmal kommen! –, da sollte es doch schwer sein zu bezweifeln, dass unsere Natur, was auch nur ein anderes Wort für unsere genetischen Veranlagungen ist, unser Verhalten nicht weniger wirkungsvoll beeinflusst als Schulbildung oder freier Wille. Die immer erneut spannende Frage ist dann eben, wie sich alle diese Einflüsse so verbinden, dass daraus ein lebenstüchtiges Menschenwesen wird.

Also deshalb nochmals gesagt: Konrad Lorenz hätte sich gefreut und mit ihm Generationen von Verhaltens- und Evolutionsbiologen, die sich durch noch so krasse ideologische Abmahnung von Seiten politisch korrekter Anthropologie, Pädagogik, Psychologie, Soziologie oder Philosophie nicht davon abhalten ließen, Darwins Einsicht in die evolutionäre, und das heißt eben gerade genetische Kontinuität von Tieren zum Menschen ernst genug zu nehmen, um daran festzuhalten, dass Gene auch beim Menschen nicht nur für die Fabrikation von Haar- oder Augenfarben, Leberenzymen, Wachstumsstörungen oder ererbter Idiotie zuständig sind, sondern als ganzes Genom an der Entwicklung und Entfaltung aller Eigenschaften des ganzen Menschen, also auch seines Verhaltens ursächlich beteiligt sind. Horaz hatte offenbar doch recht: Naturam expellas furca, tamen usque recurret (Epist. 1, 10, 24): Du magst die Einsicht in die Wirkung der Gene noch so oft mit der psychosoziologischen Mistgabel verscheuchen, sie wird sich doch immer wieder durchsetzen. Freuen wir uns also darüber, dass dies nun zwar etwas plötzlich – und manchmal auch mit dem spürbaren Übereifer neubelehrter Proselyten – zum gesellschaftlichen Gemeingut zu werden beginnt, denn auch in der Wissenschaft ist über jeden Einsichtigen mehr Freude als über noch so viele, die dessen deshalb nicht bedürfen, weil ihnen die ganze Frage unverständlich oder gleichgültig war.

Aber warum freuen wir uns denn nun doch nicht so recht, wir undankbaren evolutionsgenetisch in der Wolle gefärbten Biologen? Ist es denn kein Triumph, wenn schon nach kaum 150 Jahren endlich auch Altphilologen oder Neuhistorikern einleuchtet, dass Gene etwas damit zu tun haben, dass Frauen und Männer zwar als Menschen voll gleichwertig, aber deshalb doch genetisch verschieden genug sind, dass keine je existierende Gesellschaft ihre Geschlechtsverhaltensverschiedenheit ignorieren oder beseitigen konnte; und dass gerade in solcher auch (wenn auch keineswegs nur) genetisch bedingter Verschiedenheit ihr besonderer Wert für die Menschengemeinschaft liegt, der mit lauter genetisch identischen Individuen weder biologisch noch kulturell gedient wäre; was dank der Medienkarriere des Klon-Begriffes inzwischen auch aus den Biologiebüchern in höchst vergeistigte Köpfe vorgedrungen ist: Dass wir Geschlechter unterscheiden können (und müssen!) ist Biogenetik. Wie sie sich freilich unterscheiden, darüber verfügt in sehr weitem Spielraum jede Kultur – wenn auch nicht unbegrenzt, denn dafür sorgen wiederum genetische Dispositionen. Von der Mutter, die löwenmutig für ihre Kinder kämpft, bis zu jener, die auf der sexuellen Verstümmelung ihrer eigenen Töchter wie auf einem religiösen Grundrecht besteht, reicht der Spielraum der Möglichkeiten allerdings offenkundig sehr weit. Wer den Zwang der Gene beschwört oder ihn verabscheuungswürdig findet, sollte den Zwang der Kultur nicht unterschätzen. Was aber das größte Wunder unserer genetischen und kulturellen Evolution bleibt: dass es uns möglich ist, kraft eigener Einsicht und Entscheidung uns so weitgehend von ihrer doppelten Verstrickung zu befreien.

Warum freuen wir uns also nicht darüber, wenn endlich weithin bekannt wird, dass es zwar ein Geistlicher, aber doch einer mit solider naturwissenschaftlich-mathematischer Ausbildung war, nämlich Gregor Mendel, der nicht nur die Gene entdeckte (die andere erst später so benannten), sondern auch den ersten tatsächlich experimental-empirischen Beweis für die genetisch-biologische Gleichwertigkeit von Ei- und Samenzellen und damit der beiden Geschlechter, die sie hervorbringen, erbrachte und der damit, gleichsam beim Erbsenzählen, wenigstens ideell das wieder gutmachte, was seine eigene Glaubensgemeinschaft jahrhundertelang dem weiblichen Geschlecht an Herabsetzung angetan hatte, während grünschwarze Fundamentalisten demgegenüber fast wieder mittelalterlich argumentieren: Samenspende zulässig, Eispende verbrecherisch! Also, warum freuen wir Biologen uns nicht, dass das Genomentschlüsselungsprojekt nun endlich auch jene überzeugt, die bisher Gene allenfalls etwas für Mikroben, Pflanzen und Tiere und allenfalls noch für den menschlichen Körper hielten, dass die Möglichkeit des Zugriffs auf einzelne Gene doch bedenkenswertere – und bedenklichere – Perspektiven eröffnet als etwa nur die therapeutische Reparatur von Proteinen? Vielleicht nur aus einem Grund: weil die Feuilletonkarriere von Genen, Genomen und Genetikern (die sicher bald, wie Dürrenmatts Geschlecht erfinderischer Physikerzwerge, als Geschlecht manipulierender Gnome hingestellt werden), wenn nicht alles täuscht, von der obligatorischen Leugnung jedes Einflusses von Genen auf nichtpathologisches menschliches Verhalten zum gesinnungsethisch verordneten Genfundamentalismus umzukippen droht, der noch in jedem DNA-Schnipsel, wenn es nur aus einer menschlichen Zelle entstammt, gleich das ganze wahre Menschenleben zu erkennen meint: Kein Patent auf Menschen! Kein Patent auf Leben!, als ob eine chemische bis ins letzte Atom definierte Nucleotidsequenz „ein Mensch" oder gar „das Leben" wäre. Welch Unsinn besonders deutlich wird, wenn wir erfahren, dass die ebenselbe molekulare Nucleotidsequenz unter Umständen unverändert nicht nur aus einer Zelle eines Affen oder einer Maus, sondern sogar aus der einer Fliege oder eines Fadenwurms stammen kann. Man merkt schon, wohin es führt, wenn Leistungskurse für Biologie abgewählt wurden oder mangels solider Chemie-Grundlage so unterrichtet werden musste, dass wenig mehr als die Freude am Grünen davon übrig bleiben konnte (so sehr diese hochzuschätzen ist!). Was also nun nach Jahrzehnten blinder Leugnung verhaltensgenetischer Tatsachen droht, ist eine kaum weniger blinde genetische Zwangsneurose der über Gott und die Welt diskutierenden Klasse von Meinungsbildern, die heute in Scharen auf dem Schiff der Bioethik anheuern, weil seine Segel vom Wind des Zeitgeistes gebläht werden. Wichtigste Qualifikation dafür dürfte der Ausdruck inständiger Besorgnis darüber sein, dass Biowissenschaftler und Mediziner leider so gar nicht einsehen können, worum es sich bei den Genen handelt, mit denen sie so eifrig hantieren (bekanntlich das deutsche Wort für manipulieren), weil sie dafür nämlich entweder zu borniert oder zu habgierig sind, oder beides zugleich, während der naturwissenschaftliche Laie eben deshalb schon Experte für das wahrhaft Humane ist.

Was dabei das Besorgnis erregendste sein könnte: Vermutlich haben sie genau damit recht! Denn so wenig in einzelnen Genen oder sogar allen zusammen „der Mensch" eingefangen ist – es wäre krudester Materialismus, so etwas zu behaupten –, so wenig dürfen Biowissenschaftler auch nur einen Augenblick vergessen, dass alles, was mit Genen des Menschen geschieht oder getan werden könnte, jeden Menschen tatsächlich – und nicht nur in hysterischer Einbildung – in seinem Innersten angeht. Aber nicht, weil in seinem Genom der Mensch in seiner Essenz verkörpert ist, weil in ihm die Konstruktionsanleitung für sein ganzes Wesen verschlüsselt vorliegt, von der Nasenform bis zum Geschlechtstrieb, nicht also, weil wir unter biogenem Zwang existieren, sondern weil alles, was wir selbst zu den höchsten Formen der Verwirklichung humaner Möglichkeiten zählen, von der Fähigkeit, mittels Sprache unsterbliche Werke der Dichtung hervorzubringen, bis zur selbstlosen Liebes- und Leidensfähigkeit nicht nur für den Nächsten, sondern sogar für den Fernsten, weil uns all das nur möglich ist, weil wir eine genetisch evolvierte Natur besitzen, die uns solche Freiheit zu selbstgestaltetem und selbst zu verantwortendem Leben ermöglicht. Denn Gene erzwingen tatsächlich sehr wenig, aber sie ermöglichen ungeheuer viel, darin liegt ihre wahre Macht. Das heißt nichts anderes, als dass tatsächlich all jene ganz recht haben, die – vielleicht mit wenig biologischen Kenntnissen, aber mit dem philosophisch geschultem Gespür für das, was den Menschen erst wirklich zum Menschen macht – zögernd und oftmals sicher auch verzögernd kritisch verfolgen, was mit der genetischen Natur des Menschen in selbst therapeutisch noch so gut gemeintem biotechnischem Zugriff geschehen kann oder getan werden könnte. Nicht, weil in einem Menschengen „der Mensch" oder gar „das Leben" gefangen wäre und damit – z.B. durch Patentgewährung – zum seiner Würde beraubten Handelsobjekt degradiert werden könnte, sondern weil gerade diese Würde in nichts anderem mehr verankert ist als in seinem Anspruch, seinem wirklichen Menschenrecht darauf, in seinem Wesenskern nicht zum Objekt fremden Verfahrens zu werden, sondern als freies, selbstbestimmtes Subjekt, als Herr (und natürlich genauso Frau) seiner/ihrer selbst geachtet zu werden, und zwar buchstäblich jeder Mensch als hilflos neugeborenes Baby genauso wie als willenlos Schwererkrankter. Niemand muss daher ungeprüft und unwidersprochen hinnehmen, als bloßes Forschungsobjekt behandelt zu werden, sei diese Forschung für die Forscher auch noch so spannend und erkenntnisträchtig.

Wir haben also tatsächlich allen Grund, uns ständig bewusst zu machen, dass der Mensch auf gar keine Weise in zwei Teile aufzutrennen ist, die dann gewissermaßen den zwei Handlungskulturen zufallen, einen Körpermenschen, mit dem die Biowissenschaften sich zu schaffen machen, und ein Geistwesen, dessen Verhaltensemanationen in das Reich des Kulturlebens fallen, in dem Verstand und Vernunft, Kreativität, Sitte und Recht herrschen, und das sozusagen nur aus Gründen schnöder Betriebsstoffversorgung und wegen der leider immer noch nicht überwundenen Notwendigkeit zur biologischen Fortpflanzung der Individuen, mit anderen Worten mangels der eigentlich erwünschten Unsterblichkeit, mit dem Materieleib ungefähr genauso verbunden bleiben muss wie Mozarts Musik mit Geigen und Flöten (und den sie zum Vibrieren bringenden Kreaturen). Tatsächlich ähneln unsere Erbanlagen nicht so sehr einem Programm, das einen Computer steuert, als einer Partitur, die nur unter ganz spezifischen Umweltbedingungen, bei denen Erfahrung die größte Bedeutung besitzt, zum Klingen gebracht, ja eigentlich zum Leben erweckt wird, wobei ein Fehler – eine Note an falscher Stelle – manchmal kaum etwas verändert, in anderem Fall – ein Tonartvorzeichen verwechselt – alles zerstören kann.

Ich meine daher, dass es gut ist, wenn gerade die Medienrepräsentanten solcher Geisteskultur mit höchst wachem Sensorium und der kritischen Kraft ihres überlegenen Ausdrucksvermögens aufnehmen und bewerten, was vor sich geht, wenn die Biowissenschaften in den kommenden Jahren tatsächlich unaufhaltsam alles entdecken, erklären und verständlich machen werden, was am Menschen und seinen Leistungen überhaupt mit ihren Mitteln erklärt und verstanden werden kann. Denn auch das Allermeiste, was sie an den Tieren entdecken werden, wird auch für Menschen gelten – Darwin sei's gedankt oder geklagt, der uns die Augen dafür geöffnet hat. Selbst wenn manche Feuilletons „wissenschaftliche Durchbrüche" – was dabei fast wie Blinddarmdurchbrüche klingt – inszenieren, als handele es sich dabei um die neuesten Theaterereignisse, komplett mit Aufmarsch der Primadonnen von Medien Gnaden, deren Fähigkeit und Bereitschaft zur Selbstpräsentation ihre Qualität für die Öffentlichkeit ausweist – seien wir froh darüber, wenn Wissenschaft endlich nicht nur stumm verehrt, ideologisch verachtet und dann gleich wieder vergessen wird!

Es ist nicht sehr lange her, als gerade dem „Kulturtier" Mensch besonders aufgeschlossen gegenübertretende Biologen meinten, mit der sauberen Trennung von hier biologisch-genetischer Vererbung von heute auch molekularchemisch definierten Programmen von Eltern auf Nachkommen, dort von kulturgenetisch bestimmter Weitergabe erlernter Tradition, sei es vertikal von Eltern auf Kinder, sei es horizontal zwischen Mitgliedern einer sich ständig gegenseitig belehrenden Gemeinschaft, wie mache auch sagten: mit der Unterscheidung mendel-genetischer Vererbung angeborener Eigenschaften von der lamarckisch-kulturtradierten Vererbung erworbener Befähigungen, eine saubere Aufteilung der wissenschaftlichen Reiche erreicht zu haben, die sich mit wissenschaftlichem Anspruch unter dem gemeinsamen Begriff Anthropologie mit dem Menschen befassen. Während es auf der einen Seite – Darwins Irrtum, wie dem Lamarcks zum Trotz – keine Vererbung erworbener Eigenschaften gibt – sonst müssten manche Völker nicht weiterhin erbarmungslos selbst nach vielen Jahrtausenden solcher Praxis jedes neugeborene Knäblein immer wieder aufs Neue unters Messer nehmen und einkürzen, was ihm doch auch nach deren Überzeugung ein vermutlich wohlmeinender Schöpfer vermittels natürlicher Evolution vorsorglich mitgegeben hat –, sollten auf der anderen Seite Gene kaum etwas oder allenfalls in der Form einfachster Bereitstellung eines betriebsfähigen Körpers mit der schier unbegrenzten Erzeugung und Verbreitung aller geistig-sozialen Errungenschaften des Menschen zu tun haben. Heute beginnen wir – vor allem am Beispiel der Genese menschlichen Sprachvermögens beim einzelnen Individuum, wie in verschiedenen Sprachkulturen und bei unserer ganzen Spezies – immer deutlicher zu erkennen, dass eine solche wissenschaftspraktisch so genehme Aufteilung nichts erklärt und alles eher unverständlich macht. Wer meint, dass Rituale, wie z.B. die Beschneidung von Knaben, nichts mit der genetischen Evolution von Menschen zu tun haben könnten, versperrt sich dadurch nicht nur den Blick darauf, welche populationsgenetischen Folgen solche und andere Rituale haben können – bis hin zur Erklärung der Evolution bestimmter genetischer wie umweltinduzierter Erkrankungen –, er hat dadurch auch keinen Zugang zu der Frage, was die Gründe dafür waren, dass sich die menschliche – auch genetisch bedingte – Natur gerade so entwickelt hat, dass keine Menschengemeinschaft ohne vergleichbare Rituale und symbolischer Kennzeichen ihrer Kultur auskommt. Dabei geht es gerade nicht um die wahrscheinlich meist unzutreffende Behauptung, es gäbe bestimmte solcher Rituale deshalb, weil sie genetisch im Detail vorbestimmt sind, sondern darum, welche genetische Disposition den Menschen zum einzigartig zu symbolischer Kommunikation befähigten, ja ihrer bedürftigen Wesen macht und wie eine solche Veranlagung im Laufe seiner Evolution entstehen konnte. Nicht die Frage, ob wir müssen, was Gene anordnen, sondern warum wir nur zu oft wollen, wozu sie uns geneigt machen, ist die eigentliche Frage nach den biologischen Grundlagen unserer Kultur. So wie Sprache – unzweifelhaft genetischer Kompetenz verdankt – uns nicht nur zum Beten und Dichten, sondern auch zum Fluchen, Lügen und Beleidigen befähigt, ohne dass wir uns z.B. vor Gericht damit herausreden können, das sei wohl der üble genetische Einfluss, so wenig besteht ein unauflösbarer Widerspruch zwischen genetischer Veranlagung und Freiheit des Entscheidens und Handelns in anderen Bereichen unseres Verhalten. Die Einsicht in die fortgeltende Wirkung von Genen auf unser Verhalten kann uns so wenig von freigewählter Verantwortlichkeit für unser Tun und Lassen befreien wie der Glaube der Puritaner an göttlich-schicksalhafte Prädestination von Geburt an: Es bleibt ja an jedem zu zeigen, was ihm steckt! Und für die Erziehung und Bildung gilt das nicht anders: Sie braucht vor genetischer Verschiedenheit ihr anvertrauter Kinder nicht zu verzagen, sie muss sich vielmehr herausgefordert sehen, zur Entfaltung zu bringen, was unerkannt in ihnen steckt. Wer gerade das Musterbeispiel dessen, was Menschenkultur ausmacht, nämlich all das an Erkenntnissen, Glaubensvorstellungen, Verhaltensnormen, Freuden, Hoffnungen und Ängsten, was sich durch Sprache denken, ausdrücken und weitergeben lässt, unabhängig von dem, was unsere biologisch-genetische Natur dafür – vom Leistungsvermögen unseres Gehirns bis zur Bio-Chemie unserer emotionalen Antriebe – vorbereitet hat, verstehen möchte, würde gerade dadurch fehlgehen, weil der halbierte Mensch nie ganze Antworten auf jene Fragen erlaubt, die den Menschen im Ganzen betreffen.

Es zeigt sich daher in der Auseinandersetzung des Feuilletons – als ein Ort alltäglich notwendiger geistiger und kultureller Diskurse – mit der Biogenetik und Bioethik jenseits aller antibiologischen oder genfundamentalistischen, gewiss oft zeitbedingt übertreibenden Einseitigkeiten, die vielleicht zur Erregung der notwendigen öffentlichen Aufmerksamkeit sogar unentbehrlich sind, eine sehr begrüßenswerte, wenn auch manchmal lästige Formen annehmende Überwindung eines gefährlich irreführenden dichotom gespaltenen Menschenbildes, das meint, erst der zerstückelte Mensch werde in seiner ganzen Menschlichkeit erkannt. Vielleicht stehen wir tatsächlich in diesem neuen Jahrhundert vor einer neuen Epoche der Selbsterforschung, die den unseligen Leib-Seele/ Körper-Geist – Dualismus nicht dadurch mit Scheinlösungen behandelt, dass sie jeweils einen Teil für unwichtig oder für alleinentscheidend erklärt, sondern dadurch überwindet, dass sie erstmals in der Wissenschaftsgeschichte tatsächlich gemeinsam den biokulturell ganzen Menschen in seiner Einzigartigkeit zu erfassen sucht.

Dann sollte z.B. auch der Nachweis, dass es Gene gibt, die menschliches Denkvermögen oder Geschlechtsverhalten beeinflussen, so wenig Erregungswellen schlagen – weil er nämlich für die psychologische, moralische, soziale, ökonomische, politische Begründung dessen, was wir mit solchen Erkenntnissen anfangen wollen, dürfen oder nicht sollen, so belanglos ist, wie die Verfügbarkeit eines Messers für die Wünschbarkeit oder Zulässigkeit seines Einsatzes gegen Mitmenschen. Dann sollten wir uns vielleicht auch bei der Bewertung des moralischen Status einer befruchteten Eizelle oder einer embryonalen Stammzelle (etwa gar als gleichwertig mit einem vollentwickelten Menschen mit allen Würderechten) nicht dazu hinreißen lassen, allein im Vorhandensein von Genen oder wegen der Kontinuität der Entwicklung schon zwangsläufig das zu definieren, was ein Mensch ist – so schwierig eine Einigung darüber auch sein mag und wie viel Rücksicht auf Überzeugungen von Menschen, für die eine solche Frage kraft ihres Glaubens abschließend geklärt ist, es in einer pluralistisch verfassten freien Gesellschaft auch erfordern mag. Weder beim Übergang vom Tier zum Menschen, noch von der Zygote zum Menschenkind macht es uns die Natur so leicht, sich mit ihrer Wirklichkeit einfacher aristotelischer Logik zu fügen: A oder Nicht-A, Tier oder Mensch, Zelle oder Mensch – tertium non datur. Das neugeborene Baby ist ganz Menschenmöglichkeit und zugleich ganz Primatenerbe. Nur wenn wir beides akzeptieren, akzeptieren wir den Menschen wirklich, der da in unsere Gemeinschaft hinzugekommen ist. Wir alle – nicht nur wir Biowissenschaftler, aber wir ganz besonders – müssen lernen, mit unserer biologisch- kulturellen Zwitternatur, die uns immer deutlicher durchschaubar werden wird, verantwortlich umzugehen und dabei bei jeder neuen Erkenntnis nicht immer nur oder zuerst zu fragen, wie erschreckend sie von dem abweicht, was wir bisher – vielleicht seit Jahrhunderten – darüber gedacht haben oder welche neuen Missbrauchsmöglichkeiten sie eröffnen könnten, sondern wie wir die neuen Einsichten so in unser Bild von uns selbst einfügen können, dass dadurch weder Wert noch Würde menschlichen Lebens, des unseren wie dessen anderer, beschädigt oder gefährdet wird. Die Wissenschaft wird uns sicherlich noch vieles lehren, was wir so nicht nur nicht wussten, sondern auch niemals über uns selbst gedacht hätten, ja vielleicht auch lieber gar nicht hätten wissen wollen. Aber Wissenschaft soll Wahrheit und Klarheit suchen. Sie ist nicht dazu da zu bestätigen, was manche immer schon zu wissen glaubten – und sei es auch aus sehr alten Büchern.

Die Wirkkraft der Gene auf die Entwicklung unserer Natur, die sich uns Schritt für Schritt genauer erschließen wird, wird dabei bestimmt keine geringere Rollen spielen als z.B. die ständig fortschreitende Aufklärung der geistigen und emotionalen Prozesse, denen wir Einsichtsvermögen und Urteilsfähigkeit verdanken – und beide werden sich als zwei Seiten eines ganzen erweisen, das unser Wesen ausmacht. Aber was wir mit solchen Erkenntnissen tun und wofür wir unserem Handeln Schranken setzen wollen, das wird allein durch solche wissenschaftlichen Erkenntnisse morgen so wenig wie gestern bestimmt werden können, so ernst wir sie auch nehmen müssen. Denn über allem anderen, wozu uns unsere genetischen Anlagen befähigen, steht ihre für uns wichtigste und wohl unverändert geheimnisvollste Wirkung auf unsere Natur: dass Sie uns in menschlicher Gemeinschaft, die dies fördert, so heranwachsen lassen, dass wir zu freiem selbstverantwortlichem Entscheiden über unser Tun und Lassen fähig sind, selbst wenn sich andere Wünsche in uns regen sollten. Es bleibt also noch genug zu erforschen, bevor wir verstehen, was wir sind. Aber auch, wenn wir das einmal verstehen, werden wir selbst entscheiden müssen, was wir daraus machen.

Vererbung und Umwelt bei Krebserkrankungen

von CLAUS R. BARTRAM

Kurzzusammenfassung

Jede Krebserkrankung beruht auf Störungen im genetischen Programm einer Zelle. In den meisten Fällen werden derartige Läsionen im Laufe des Lebens erworben, sei es in Folge von Schäden bei intrazellulären Stoffwechselprozessen oder durch exogene Faktoren wie Virusinfektionen oder chemische Noxen. Eine Reihe von Schutzmechanismen wie die DNA Reparatursysteme tragen wesentlich zur Schadensbegrenzung bei. Die Kenntnis der molekularen Basis von Krebserkrankungen hat bereits Fortschritte in der klinischen Diagnostik und Prognostik erbracht und zur Entwicklung neuer Strategien der Tumortherapie und Prävention geführt. Bei etwa 5–10 % der Krebspatienten spielt eine erbliche Disposition eine wichtige Rolle im Krankheitsprozess. In entsprechenden Familien können Anlageträger bereits vor Ausbruch klinischer Symptome erkannt werden. Eine solche prädiktive Diagnostik setzt eine vorangehende ausführliche, interdisziplinäre Beratung ebenso voraus wie ein nachfolgendes Betreuungskonzept.

Tumorerkrankungen stellen unsere Gesellschaft unverändert vor große Probleme. In Deutschland erkranken jährlich etwa 330 000 Menschen an Krebs, 210 000 Patienten versterben daran (1). Damit beruht jeder vierte Todesfall in unserem Land auf einer bösartigen Neubildung. Nur Herz-Kreislauferkrankungen führen häufiger zum Tode. Auch im Kindesalter ist Krebs, nach Unfällen, die zweithäufigste Todesursache. Allerdings erkranken nur 1500 Kinder pro Jahr, von denen glücklicherweise heute die meisten geheilt werden können. Bösartige Erkrankungen sind also ganz überwiegend ein Problem des älteren Menschen (2).

Krebs ist aber keine einheitliche Krankheitsform. Nicht nur, dass von jedem der etwa 300 verschiedenen Gewebe unseres Körpers bösartige Erkrankungen bekannt sind, die wiederum morphologische Varianten aufweisen – durch die Molekularbiologie ist eine Fülle weiterer Parameter identifiziert worden, die eine immer feinere Unterteilung der Tumorarten ermöglichen. Auch in der Onkologie kommt es damit zu einer Individualisierung, wie sie für das Zeitalter der Molekularen Medizin so typisch ist (3). Überspitzt gesagt, jeder Krebspatient leidet an seiner eigenen Krankheit.

Krebs – eine Störung im genetischen Programm

Bevor wir uns den Ursachen der Krebsentstehung zuwenden, bleibt zunächst festzuhalten, dass jeder Tumor auf einer Störung im genetischen Programm einer Zelle beruht. Diese Erkenntnis reicht überraschend weit zurück. Bereits Anfang des vergangenen Jahrhunderts postulierte T. Boveri, dass Krebszellen Veränderungen im Chromosomenbestand aufweisen, die für jeden Tumortyp charakteristisch sind (4). Im Grunde genommen wurde hier das heute gültige Konzept der Tumorgenetik vorweggenommen. Bemerkenswert ist, dass Boveri seine Hypothesen aus der histologischen Betrachtung eines einfachen Modellsystems entwickelte, den Teilungsvorgängen bei Seeigeleiern. Auch heute stellen Tiermodelle eine unverzichtbare Komponente der biomedizinischen Forschung dar, denken wir nur an die Einblicke, die uns der Datenvergleich des Genoms vom Fadenwurm C. elegans oder der Taufliege Drosophila melanogaster für die Aufklärung von Genfunktionen beim Menschen vermittelt. Interessanterweise blieben die wegweisenden Überlegungen von Boveri jahrzehntelang unbeachtet, bis sie gegen Ende des letzten Jahrhunderts einer direkten Analyse durch Verfahren der Cytogenetik und Molekulargenetik zugänglich wurden. In der Wissenschaft bedarf die Hypothese eben zwingend der Verifikation durch das Experiment.

Träger der Erbinformation (Gene), die bei der Krebsentstehung eine Rolle spielen, werden meist verkürzt als „Tumorgene" bezeichnet und in die beiden Hauptgruppen „Onkogene" bzw. „Tumorsuppressor Gene" unterteilt (5, 6). Dies sind natürlich nur Schlagworte. Tumorgene befinden sich nicht in unserem Genom, um als eine Art biologische Zeitbombe in Form von Krebs hochzugehen. Vielmehr sind die Produkte dieser Gene an der normalen Regulation von Zellproliferation und Gewebedifferenzierung beteiligt. Zu ihnen zählen Wachstumsfaktoren und Hormone, deren zelluläre Andockstellen (Rezeptoren), intrazelluläre Signalmediatoren sowie Faktoren, welche die Abrufung genetischer Programme im Zellkern steuern (Transkriptionsfaktoren) bzw. den Zellzyklus unterhalten – und natürlich auch ihre Gegenspieler, die solche Signalwege blockieren.

Es ist verständlich, dass Störungen im physiologischen Wechselspiel dieser positiven und negativen Regulatoren zu einem unkontrollierten Zellwachstum führen können (7). Man unterscheidet qualitative von quantitativen Abweichungen. Strukturelle Störungen reichen dabei von Fehlern einzelner

Buchstaben des jeweiligen Gens (Punktmutationen) bis hin zu Genfusionen in Folge des Auseinanderbrechens ganzer Chromosomen. In solchen Fällen kommt es zu Funktionsstörungen durch ein qualitativ verändertes Genprodukt. Aber auch die zu hohe oder nicht zeitgerechte Synthese eines strukturell intakten Proteins kann den Zellmetabolismus beeinträchtigen. Quantitative Veränderungen treten etwa auf, wenn im Rahmen einer Chromosomenstörung ein Gen unter den Einfluss von Kontrollelementen eines anderen Gens gerät oder die Zahl eines Gens pro Zelle vielhundertfach vermehrt ist.

Onkogene repräsentieren die positiven Modulatoren von Signalwegen. Bereits die Mutation einer der jeweils beiden Genkopien pro Zelle hat biologische Konsequenzen. Tumorsuppressor Gene sind hingegen dadurch charakterisiert, dass erst der Verlust der Produkte beider Genkopien deren Bremsfunktion so weit drosselt, dass ihre Gegenspieler Schaden im Zellmetabolismus anrichten können. Derzeit sind beim Menschen etwa 200 Tumorgene bekannt.

Ein klinisch relevantes Beispiel: die BCR-ABL-Rekombination

Die erste beim Menschen bekannt gewordene chromosomale Störung im Sinne der Hypothesen von Boveri war der Austausch (Translokation) von genetischem Material zwischen den Chromosomen Nr. 9 und 22 bei Patienten mit einer bestimmten Form von Blutkrebs (Leukämie). Diese Entdeckung wurde 1960 in einem Labor in Philadelphia gemacht; seither wird diese Chromosomenanomalie Philadelphia (Ph)-Translokation genannt (8). Anfang der 80er Jahre war die Ph-Translokation dann auch eine der ersten Chromosomenstörungen, die auf molekularem Niveau charakterisiert wurde. Es stellte sich heraus, dass hierbei zwei Onkogene, *ABL* auf Chromosom 9 und *BCR* auf Chromosom 22, zum *BCR-ABL*-Gen fusionieren. Diese *BCR-ABL*-Rekombination zählt zu den bösartigsten genetischen Veränderungen beim Menschen überhaupt (9). Sie kommt bei Patienten mit akuter lymphatischer Leukämie (ALL) vor; bei Erwachsenen mit ALL ist dies die häufigste genetische Veränderung, im Kindesalter tritt sie nur selten auf. Dies ist auch eine Erklärung dafür, weshalb Kinder mit ALL sehr viel häufiger geheilt werden können als Erwachsene: Auch wenn man es den Leukämiezellen von außen nicht ansieht, auf genetischem Niveau ergeben sich drastische Unterschiede. Heute gehört deshalb die *BCR-ABL* Analytik zu den wichtigsten Diagnostikschritten bei der Abklärung von Leukämien.

BCR-ABL-Moleküle lösen eine ganze Reihe von pathologischen Reaktionen in den betroffenen Leukämiezellen aus. Zu den wesentlichen Konsequenzen zählt eine unkontrollierte Enzymfunktion, die BCR-ABL Tyrosinkinase, welche nachgeschaltete Signalmediatoren aktiviert. Da ALL-Patienten mit *BCR-ABL*-Rekombination trotz hoch dosierter Chemotherapie oder Knochenmarkstransplantation eine sehr schlechte Prognose haben, wurde in den letzten Jahren versucht, aus den molekularen Erkenntnissen neue therapeutische Strategien abzuleiten. Tatsächlich wurde vor kurzem eine Verbindung (STI 571) entwickelt, welche die BCR-ABL-Tyrosinkinaseaktivität spezifisch blockiert und erste, vielversprechende klinische Erfolge zeigt (10). Dieses Beispiel belegt aber auch, wie weit immer noch der Weg von Ergebnissen der Grundlagenforschung zum medizinischen Einsatz ist. Die Überprüfung diagnostischer Parameter auf ihre klinische Relevanz und die Entwicklung neuer Medikamente nimmt Jahre, häufig Jahrzehnte in Anspruch. Mit Heilsversprechungen sollte man deshalb gerade in der Onkologie zurückhaltend sein; allzu leicht schlägt sonst die Begeisterung über theoretische Erkenntnisfortschritte in Enttäuschung über mangelnde praktische Konsequenzen um.

Epigenetische Modifikationen

In den Blickpunkt der Krebsforschung rücken zunehmend auch Störungen der Rahmenbedingungen des genetischen Informationsflusses. Auf den Chromosomen müssen die zur Aktivierung anstehenden Genorte ja zunächst solchen Faktoren zugänglich gemacht werden, welche die Umschreibung (Transkription) von DNA in RNA vornehmen sollen. Die dichtgepackte, sehr komplexe Chromosomenstruktur aus DNA und Proteinen muss entflochten werden. Hierzu trägt eine chemische Modifikation (Acetylierung) der wesentlichen Eiweißkomponente des Chromosomengerüstes, der Histone, bei. Die Histon-Acetylierung führt zur Auflockerung der Chromosomenstruktur und ermöglicht damit die Bindung der komplexen Transkriptionsmaschinerie an spezifische Erkennungssequenzen im Umfeld eines Gens. Solche Erkennungssequenzen können allerdings auch ihrerseits maskiert sein, etwa durch den Einbau von Methylgruppen in die DNA, und somit die Bindung von Transkriptionsfaktoren blockieren. Erst nach Demethylierung der DNA ist die Transkription eines Gens freigegeben. DNA-Demethylierung und Histon-Acetylierung sind miteinander gekoppelte, reversible Prozesse, die quasi von außen den Aktivitätszustand der primären Erbinformation beeinflussen; man spricht deshalb von epigenetischer Regulation (11). Fehler in der epigenetischen Kontrolle des Informationsflusses können ebenso tiefgreifende Konsequenzen mit sich ziehen wie Mutationen der Tumorgene selber. So trägt etwa eine pathologische Hypermethylierung im Bereiche von Tumorsuppressor Genen und ihr damit verbundener Funktionsverlust zur Entstehung verschiedener Tumorentitäten des Menschen bei. Von klinischer Bedeutung ist, dass die Erkennung epigenetischer Störungen besonderer molekularer Diagnostikverfahren bedarf. Darüber hinaus ergeben sich neue Ansätze für die Krebstherapie, da die prinzipiell reversiblen epigenetischen Fehlregulationen durch Medikamente beeinflussbar sind.

Krebs – ein Mehrstufenprozess

Von besonderer Bedeutung für das Verständnis der Krebsentstehung ist die Erkenntnis, dass jede maligne Erkrankung auf der Akkumulation mehrerer genetischer bzw. epigenetischer Störungen in einer Zelle beruht. In der Zellkultur konnten durch 3 unterschiedliche Eingriffe in das genetische Programm aus normalen Epithelzellen des Menschen Tumorzellen generiert werden(12). Im natürlichen Ablauf der Karzinogenese sind eher noch mehr Mutationen erforderlich. Gerade beim Menschen, der durch eine hohe Redundanz genetisch determinierter Regelkreise charakterisiert ist, kann der einzelne Defekt durchaus noch kompensiert werden. Dieses Mehrstufenprinzip der Tumorentwicklung wurde von B. Vogelstein vor gut 10 Jahren am Modell des Dickdarmkarzinoms entwickelt (13); es besitzt heute Allgemeingültigkeit. Die pathologische Aktivierung von Onkogenen sowie Funktionsverluste von Tumorsuppressor Genen machen sich im Dickdarm zunächst in verschiedenen Graden von Schleimhautatypien bemerkbar, nehmen über Polypen, gutartige Tumorformen zunehmend malignen Charakter an und manifestieren sich schließlich als Dickdarmkarzinom, das in seiner aggressivsten Form Fernmetastasen in andere Organe setzt. Eine Eskalation der klinischen Situation, die eine Entsprechung auf molekularem Niveau hat.

Kommt es zu Mutationen in Genen, die eine übergeordnete Kontrollfunktion im Zellmetabolismus innehaben, wie etwa Komponenten der DNA Reparatur, so kann ein solcher Einzeldefekt eine Flut von Folgeschäden nach sich ziehen; die Tumorbildung läuft dann quasi im Zeitraffer ab. Dieser sogenannte Mutator-Status liegt etwa einer Form des erblichen Dickdarmkrebses (HNPCC) zu Grunde, die durch eine Störung der Reparatur von Basenfehlpaarungen charakterisiert ist (14).

Die geschilderte Stufenfolge erklärt auch, warum die Krebsentwicklung viele Jahre dauert und meist erst bei älteren Menschen zum Krankheitsausbruch führt. Aber auch für Kinder gilt, dass sich bösartige Erkrankungen über mehrere Jahre entwickeln, bevor sie klinisch sichtbar werden. So hat man bei Kindern, die im Vorschulalter an Leukämie erkrankt waren, retrospektiv überprüft, ob sich bei ihnen schon als Neugeborene bösartige Zellen hätten nachweisen lassen. Hierzu hat man mit molekulargenetischen Methoden die noch vorhandenen Unterlagen des Neugeborenen-Screenings auf Stoffwechselerkrankungen analysiert. Tatsächlich fanden sich bei einigen Patienten bereits zu diesem frühen Zeitpunkt kleine, mit Standardverfahren nicht nachweisbare Mengen von Vorläufern der Leukämiezellen, die offensichtlich schon intra-uterin entstanden waren und über drei, vier Jahre weitere genetische Veränderungen akkumulierten, bis es zu ihrer explosionsartigen Vermehrung und klinischen Manifestation der Leukämie kam (15).

Von medizinischer Bedeutung ist, dass nicht alle Einzelschritte, die letztlich zur Tumorentstehung beitragen, therapeutisch angegangen werden müssen. Die Korrektur eines oder weniger Schlüsselfehler kann erhebliche Behandlungseffekte erzielen; die oben erwähnte Hemmung der BCR-ABL Tyrosinkinaseaktivität ist hierfür nur ein Beispiel.

Schäden durch interne Prozesse

Wenden wir uns jetzt den Ursachen von Störungen im genetischen Programm zu, die zur Krebsentstehung beitragen. Hierbei denkt man häufig zunächst an exogene Faktoren wie Strahlen oder chemische Noxen. Dabei ergibt sich ein erheblicher Anteil an DNA Schäden aus intrazellulären Prozessen, die zu unserem Leben gehören und die wir kaum beeinflussen können; Fehler bei der DNA-Synthese (Replikation) vor der Zellteilung oder aggressive Verbindungen wie Sauerstoffradikale, die im Rahmen der Energiebereitstellung entstehen und die Erbinformation im Zellkern und den Mitochondrien schädigen (16). Zusammengenommen fallen zehntausende von Mutationen bei jeder Zellteilung an – und ein Mensch besteht immerhin aus 10^{14} Zellen. Die Tatsache, dass wir überhaupt so lange leben ist durch eine Reihe von Schutzsystemen begründet.

Schutzmechanismen

Zuallererst sind hier die DNA Reparatursysteme zu nennen, ein hoch spezialisiertes Netzwerk von über 200 Komponenten, die ganz unterschiedliche Fehlertypen erkennen und mit enormer Präzision beseitigen (17). So fallen bei der Replikation der 3 Milliarden Basenpaare in jeder Zelle durchschnittlich nur 3 Fehler an. Entsprechend müsste eine Sekretärin in wenigen Stunden 1 Million Seiten à 3000 Anschläge bewältigen und schlussendlich nur 3 Tippfehler übersehen – eine übermenschliche Leistung. Es verwundert nicht, dass der Ausfall einzelner Komponenten dieser Reparatursysteme mit einer Tumordisposition verbunden ist. Die Konsequenzen aus angeborenen Störungen der DNA-Reparatur können jedoch nicht über einen Kamm geschoren werden. So bedingt etwa ein Fehler bei der Reparatur von Basenfehlpaarungen eine Disposition für Dickdarmkrebs, während Fehler bei der Korrektur einzelner Nukleotide nach UV-Bestrahlung zum gehäuften Auftreten von Hauttumoren an sonnenexponierten Stellen führt.

Hatten Zellen keine Gelegenheit DNA Schäden adäquat zu reparieren, so können sie auf einem anderen Weg für den Gesamtorganismus unschädlich

gemacht werden, durch den programmierten Zelltod (Apoptose) (18, 19).
Die Erforschung apoptotischer Prozesse steht nicht nur im Blickpunkt der
Krebsforschung, sondern besitzt etwa auch für die Entwicklungsbiologie
erhebliche Bedeutung. Ohne Apoptose hätten wir, eine relativ harmlose
Konsequenz, Schwimmhäute oder würden, eine klinisch verhängnisvolle
Situation, durch fehlgeleitete Zellen unseres Immunsystems, die sich gegen
eigenes Gewebe richten, Schaden nehmen. Im Gegensatz zur bekannten Variante des Gewebeunterganges, der Nekrose, die etwa nach Verletzung oder
Infektion von Schmerz und Entzündungszeichen begleitet wird, erfolgt die
Apoptose rasch und schmerzlos über ein genetisch determiniertes Suizidprogramm.

Die Entscheidung darüber, ob eine Zelle nach Schädigung des genetischen
Programms Gelegenheit erhält, in Verbindung mit einer Arretierung des
Zellzyklus DNA zu reparieren oder ob die Apoptose eingeleitet wird, fällen
einige Schlüsselmoleküle, unter denen P53 als „Wächter des Genoms" wiederum eine besondere Position einnimmt. Es ist verständlich, dass an der
Aufklärung dieses lebenswichtigen Signalweges weltweit besonders intensiv
geforscht wird (20).

Schließlich ist auch unser Immunsystem als weiteres Schutzschild zu
nennen. Vor allem die im Thymus ausgebildeten T-Lymphozyten können
fehlgesteuerte Zellen wie z.B. Krebszellen als fremd erkennen und durch
Einleitung cytotoxischer Prozesse abtöten.

Letztlich ist Krebs also eine individuelle Negativbilanz aus permanenten
Störungen des genetischen Programms und der Schadensbegrenzung auf
dem Niveau von Einzelzellen und des Gesamtorganismus.

Schäden durch exogene Faktoren

In den regelmäßig im Lebenszyklus von Zellen anfallenden internen Störgrößen treten Schäden, die von außen durch verschiedene Noxen gesetzt
werden. Einige exogene Faktoren und ihre Bedeutung für die Krebsentstehung sollen hier beispielhaft genannt werden.

Strahlen

Ohne Zweifel kann Strahlung Krebs verursachen. Ein bedrückendes Beispiel
bieten die Opfer der Atombombenabwürfe auf Hiroshima und Nagasaki.
Zwischen 1950–1987 entwickelten unter den 93 696 nachbeobachteten Überlebenden 231 Menschen eine Leukämie; 156 Fälle von Blutkrebs hätte man
bei unbestrahlten Japanern erwartet (21). Es ergab sich eine klare Dosis-Wirkungsbeziehung mit einer insgesamt 6fach erhöhten Leukämierate bei
besonders belasteten Personen im Abstand von 1,5 km zum Explosionsort.
Die Risikosteigerung für andere Tumoren fiel bei den Überlebenden gerin-

ger aus. Es erscheint bemerkenswert, dass die in diesem Zusammenhang geführte öffentliche Diskussion meist von wesentlich mehr Leukämiefällen als den etwa 75 registrierten Patienten in Folge der Atombombenabwürfe ausgeht.

Ein Beispiel aus jüngerer Zeit ist die Freisetzung radioaktiver Jodisotope bei der Reaktorkatastrophe von Tschernobyl 1986. Nach etwa 5 Jahren kam es bei Kindern zu einer nahezu 100fach erhöhten Zunahme von Schilddrüsen-Karzinomen, speziell vom papillären Subtyp, einem an sich sehr seltenen Tumor (22). Die molekulare Zielstruktur ist in diesem Fall das *RET*-Gen, welches normalerweise für einen in der Zellmembran verankerten Rezeptor kodiert. In den papillären Schilddrüsenkarzinomen ist *RET* infolge chromosomaler Umbauten, die wahrscheinlich Ausdruck einer fehlerhaften Reparatur von DNA-Doppelstrangbrüchen sind, mit unterschiedlichen anderen Genen fusioniert (23). Die veränderte Rezeptorstruktur ist dann unabhängig von der Steuerung durch natürliche Liganden konstitutiv aktiv.

Sieht man von Katastrophen der oben genannten Art einmal ab, so wird die Bedeutung ionisierender Strahlen auf die Entwicklung von Krebs häufig überschätzt. Von sehr viel größerer, allgemeiner Bedeutung sind die folgenden Faktoren.

Viren

Man geht davon aus, dass weltweit 15 % aller Krebserkrankungen durch infektiöse Erreger wie Bakterien, Parasiten und insbesondere Viren hervorgerufen werden (24). Für Deutschland ist dieser Entstehungsmodus mit etwa 5 % deutlich niedriger anzusetzen. Die häufigsten kanzerogenen Erreger sind DNA-Viren, die in die Zellen des Wirtsorganismus eindringen und dessen Maschinerie zur Synthese von DNA und Proteinen zum eigenen Nutzen umprogrammieren. So können etwa virale Onkogenprodukte wirtseigene Regulatoren des Zellzyklus abfangen und dadurch unkontrollierte Zellteilungen induzieren. Die meist jahrelange Inkubationszeit bis zum Ausbruch einer Krebserkrankung deutet darauf hin, dass in den infizierten Zellen weitere Veränderungen stattfinden müssen, etwa durch Kooperation der Tumorviren mit karzinogenen Substanzen, bevor es zur klinischen Manifestation kommt. Zwei Beispiele seien kurz skizziert.

Eine international enorme Bedeutung hat in diesem Kontext das Hepatitis B Virus (HBV), mit dem über 200 Millionen Menschen persistent infiziert sind (25). Hieraus ergibt sich ein 100fach erhöhtes Risiko für Leberkrebs. Tatsächlich versterben jährlich etwa 700 000 Menschen an HBV-assoziiertem Leberkrebs. Drei Viertel aller chronisch HBV-infizierten Menschen leben in Asien. Dort beträgt die Durchseuchung bis zu 20 % der Bevölkerung, im Vergleich zu 0,1–1 % in Nordamerika und Westeuropa. Genprodukte des Hepatitis-B-Virus haben onkogene Eigenschaften und führen in den Wirtszellen zur Inaktivierung von Tumorsuppressor Genen sowie zur Induktion von Chromosomenanomalien. Zur primären Prävention gegen Leberkrebs wurden Impfstoffe gegen HBV Infektion entwickelt und seit mehreren Jahrzehnten systematisch in Risikopopulationen eingesetzt. Es deutet sich an, dass durch diese Intervention die Leberkrebsinzidenz gesenkt werden kann (26).

Ein anderes, auch in unserem Breiten höchst relevantes Beispiel ist die Infektion mit humanpathogenen Papillomviren (HPV) (24). Die meisten der über 90 molekular charakterisierten HPV-Typen rufen gutartige, warzenförmige Veränderungen an Haut und Schleimhäuten hervor. Hochrisiko-Typen wie HPV16 oder HPV18 können jedoch zu bösartigen Erkrankungen führen, an erster Stelle sei hier der Gebärmutterhalskrebs genannt. Auch im molekularen Verständnis dieser pathologischen Virus-Wirt Interaktion hat man erhebliche Fortschritte erzielt. So enthalten die Genome von HPV16/18 zwei Onkogene, *E6* und *E7* genannt, die Schlüsselregulatoren des Zellzyklus und der DNA Schadenserkennung blockieren. E6 interagiert mit P53 und beraubt es seiner Wächterfunktion und Entscheidungskontrolle über Apoptose und DNA Reparatur. E7 bindet einen weiteren essentiellen Tumorsuppressor des Wirtsgenoms, RB, und gibt damit ungeprüft Transkriptionsfaktoren frei, welche die DNA Replikation steuern. Es wird deutlich, dass die Zerstörung weniger Kontrollinstanzen der Wirtszelle durch Virusproteine eine Reihe schwerer Schäden nach sich ziehen kann, die schließlich ein bösartiges Wachstum begründen.

Die HPV Diagnostik hat heute schon klinische Bedeutung bei der Vorsorgeuntersuchung von Frauen erlangt und bietet eine wertvolle Ergänzung der konventionellen Abstrichdiagnostik (27). Ein Nachweis der Hochrisiko-Typen HPV16 und HPV18, insbesondere wenn sie ins Wirtsgenom integriert sind, deutet auf ein besonders hohes Risiko hin mit Notwendigkeit zur intensivierten Diagnostik bzw. Therapie (28). Darüber hinaus werden gegenwärtig erste Impfstoffe gegen HPV-Infektionen entwickelt, welche die klinische Erprobungsphase erreicht haben (29).

Chemische Verbindungen

Unter allen exogenen Risikofaktoren kommt bei uns dem Rauchen die mit Abstand größte Bedeutung zu. Etwa 25 % aller Krebstodesfälle sind auf das Rauchen zurückzuführen; nicht nur die Atemwege und die Speiseröhre, sondern auch andere Organe wie Bauchspeicheldrüse, Harnwege, Niere und Magendarmtrakt sind hiervon betroffen (30). Das Bronchialkarzinom ist als häufigste Krebserkrankung bei Männern in Deutschland zu 90 % dem Rauchen anzulasten. Der bedeutendste Einzelrisikofaktor im Berufsleben, die

Asbestexposition, verursacht dagegen nur 3–4 % der Lungenkarzinome (1). Als wenn die fürchterlichen Erfahrungen bei männlichen Rauchern noch nicht ausreichen würden, so steigt in den letzten Jahrzehnten parallel zur Zunahme des Zigarettenkonsums auch bei Frauen die Inzidenz des Lungenkarzinoms an. Kein noch so großer Fortschritt in der Molekularbiologie wäre wohl in der Lage einen so dramatischen Rückgang von Krebserkrankungen zu erreichen, wie die Beendigung des Tabakkonsums – allein in Deutschland jährlich etwa 50 000 Krebstote weniger. Erschwerend kommt hinzu, dass Lungenkrebs eine sehr schlechte Prognose hat und Rauchen zudem das Risiko für kardiovaskuläre Erkrankungen deutlich erhöht.

Angesichts dieser Erkenntnisse bleibt zu fragen, weshalb der Einzelne sich diesem enormen Risiko aussetzt. Ist es wirklich mangelnde Aufklärung? Etwa 10 % aller Raucher entwickeln ein Karzinom, es gibt also viele Tabakkonsumenten, die nicht an Krebs erkranken; beruhigt das den Raucher? Unverständlich bleibt auch die halbherzige, ambivalente Reaktion der Politik in dieser Frage. Subventionen für Tabakproduzenten, Mehreinnahmen durch Tabaksteuer, finanzielle Belastung des Gesundheitswesens, Förderung der Krebsforschung – passt das zusammen? Ist der freie wirtschaftliche Wettbewerb (Zigarettenreklame) wirklich höher zu bewerten als die Sorge für den süchtigen Konsumenten? Zu welchen drastischen Schritten Politiker unseres Landes im Fall anderer Bedrohungen unserer Gesundheit bereit sind, zeigen die jüngsten Reaktionen auf BSE und MKS.

In den letzten Jahren sind auch die molekularen Konsequenzen des Tabakkonsums auf DNA-Ebene besser analysierbar geworden. Unter den mehr als 50 gesicherten Karzinogenen im Tabakrauch sei hier das Benzo(a)pyren hervorgehoben, dessen metabolisch aktivierte Formen präferentiell Verbindungen (DNA-Addukte) mit der Base Guanin an Position 157, 248 und 273 des bereits mehrfach erwähnten Kontrollproteins P53 eingehen (31). P53-Mutationen zählen zu den häufigsten genetischen Läsionen in Tumoren des Menschen und interessanterweise findet sich bei Lungenkarzinomen von Rauchern mehrheitlich an den genannten Positionen ein Austausch von Guanin in Thymin (G nach T Transversion) (32). Insbesondere Mutationen in Codon 157 kommt dabei eine gewisse Spezifität für Lungentumoren zu; das Ausmaß des Zigarettenkonsums korreliert bei den Patienten mit dem Auftreten dieser *P*53-Mutation.

Die genetische Epidemiologie liefert somit eine Art von genetischem „Fingerabdruck", der auf die Einwirkung bestimmter Noxen auf die Tumorentwicklung schließen lässt. So findet sich etwa in Leberkarzinomen, die auf eine Lebensmittelkontamination mit dem Pilzgift Aflatoxin B zurückzuführen sind, eine hoch spezifische G nach T Transversion an der dritten Position von Codon 249 verbunden mit einer Umwandlung der Aminosäure Arginin in Serin im P53-Protein. Analysen dieser Art werden künftig dazu beitragen können, die Bedeutung exogener Noxen für die Entstehung von Tumoren des Menschen näher zu definieren und präventive Strategien zu entwickeln (32).

Selbstverständlich tragen eine ganze Reihe weiterer Noxen wie Alkohol, berufliche Exposition gegenüber krebserregenden Stoffen oder Ernährungsfaktoren zur Entwicklung von Tumoren bei. Über deren Rolle und den jeweiligen quantitativen Anteil der Einzelfaktoren bestehen jedoch vielfach noch Kontroversen. Insgesamt kommt all diesen Einflüssen wohl eine ähnliche Bedeutung zu wie dem Rauchen als Einzelfaktor.

Chemoprävention

Umgekehrt darf der protektive Effekt von Nahrungsbestandteilen nicht vergessen werden. So wird ein reichlicher Obst- und Gemüseverzehr zur Vorbeugung gegenüber Krebs empfohlen. Ein eigenständiges Forschungsgebiet beschäftigt sich mit der Identifikation und Prüfung von Stoffen, die zur Supplementierung unserer Nahrung im Sinne einer Chemoprävention eingesetzt werden können (33). Auch diese Arbeitsrichtung muss natürlich wissenschaftlichen Kriterien genügen. So konnte kürzlich der lange Zeit vermutete präventive Effekt einer fettarmen und pflanzenfaserreichen Diät auf die Entwicklung von Dickdarmkrebs nicht bestätigt werden (34). Vielleicht sind derartige Parameter auch noch zu weit gefasst und sollten eher auf der Ebene spezifischer Einzelkomponenten unserer Ernährung analysiert werden.

Abgesehen von Teilen unserer natürlichen Nahrung werden auch Medikamente zur Chemoprävention gegen Krebserkrankungen entwickelt. Ein vielversprechendes Beispiel in Bezug auf Dickdarmkrebs ist der Einsatz von nicht-steroidalen Entzündungshemmern wie Aspirin, die das Enzym Cyclooxygenase (COX) inhibieren und apoptotische Prozesse einleiten (34). Derzeit konzentriert man sich hier auf die Synthese von COX2-spezifischen Inhibitoren ohne Nebenwirkungen am Gastrointestinaltrakt und den Nieren (35).

Ecogenetik

Nicht nur die Art und Dosis einer exogenen Noxe spielen eine wichtige Rolle bei der Krebsentstehung. Von wesentlicher Bedeutung ist auch die genetische Konstitution des jeweils betroffenen Menschen (36). Schutzmechanismen wie die schon erwähnte DNA Reparatur zählen dazu. Große Relevanz besitzen zudem all die verschiedenen Enzyme wie die Cytochrom P450 abhängigen Systeme, welche chemische Verbindungen verstoffwechseln oder die zahlreichen Transportproteine. Die Aktivität derartiger Regelkreise bedingt, ob mutagene Stoffe rasch oder vielleicht gar nicht in einem Menschen entstehen, ob toxische Metabolite zügig abgebaut werden oder über längere Zeit Schäden anrichten können.

Soweit das individuelle Ansprechen auf ein Medikament gemeint ist, spricht man in diesem Kontext von Pharmakogenetik. Für die gesamte Bandbreite von Interaktionen zwischen Umwelteinflüssen und genetischer Konstitution wurde der Terminus „Ecogenetik" eingeführt (37). Der Anteil des genetischen Programms eines Menschen an der Auseinandersetzung mit exogenen Noxen wird im Zeitalter der Molekularbiologie immer besser fassbar. Es zeichnet sich ab, dass molekulare Parameter von Schlüsselgenen verschiedener Stoffwechselwege identifiziert werden, die mit dem Risiko für das Auftreten von Krebserkrankungen nach Exposition mit einer bestimmten Noxe verbunden sind. Solche genetischen Analysen könnten dann besser als epidemiologische Studien das individuelle Gefahrenpotential ermitteln und vielleicht überzeugender als allgemein gehaltene Empfehlungen gezielte Vorsorgemaßnahmen der betroffenen Menschen begründen.

Erbliche Disposition für Krebserkrankungen

Wenn wir einleitend festgestellt hatten, dass jede Krebserkrankung auf Störungen im genetischen Programm einer Zelle beruht, so ist damit nicht gemeint, dass Tumoren generell erblich sind. Eine Weitergabe von Generation zu Generation setzt ja eine Veränderung in den Keimzellen, d.h. Ei- oder Samenzellen, voraus. Die meisten Schäden im Laufe des Lebens betreffen aber unsere Körperzellen (38). Allerdings gibt es familiäre Krebsformen. Epidemiologische Daten legen nahe, dass hiervon etwa 5–10 % aller Krebskranken betroffen sind, ein kleinerer Teil also. Da aber Tumoren insgesamt sehr häufig sind, so entstehen in Deutschland doch mehrere zehntausend bösartige Krankheiten jährlich auf einer hereditären Basis. Dabei wird nicht der Krebs als solcher vererbt, sondern ein bestimmter genetischer Defekt, der zur Tumorbildung beiträgt. Diese Menschen haben quasi als Hypothek eine Disposition für Krebserkrankungen mit auf die Welt gebracht (39).

Dabei unterscheiden sich Menschen mit einer Tumordisposition in zweierlei Hinsicht von anderen Krebspatienten; zum einen treten bei ihnen die bösartigen Erkrankungen in jüngeren Jahren auf, andererseits findet sich der genetische Defekt in allen Körperzellen und begründet somit ein Risiko für verschiedene Krebsarten oder Fehlentwicklungen von Geweben.

Die meisten Tumordispositionen beruhen auf Störungen in einem Tumorsuppressor Gen. Vererbt wird dabei nur der Fehler in einer der beiden Genkopien. Meist ist aber das Risiko, dass auch die zweite Kopie im Laufe des Lebens in einer Körperzelle ausfällt so groß, dass die Genträger tatsächlich erkranken. Tumordispositionen werden deshalb klinisch betrachtet autosomal dominant vererbt, d.h. 50 % der Kinder eines Patienten sind ebenfalls von der Krebsdisposition betroffen.

Nun sind aber eine Reihe weiterer Punkte zu beachten, bevor man bei Menschen mit einer Tumordisposition Aussagen zum individuellen Krebsrisiko machen kann. So beeinflusst häufig die genaue Art der Mutation wesentlich die Krankheitssymptomatik. Da in den verschiedenen Familien ganz unterschiedliche Mutationen im betreffenden Gen nachweisbar sein können, ist eine Genotyp-Phänotyp Korrelation meist nur eingeschränkt möglich. Zudem haben Mutationsträger vielfach gar nicht ein 100%iges Risiko für eine Tumorerkrankung; ihr Risiko liegt vielleicht bei 80 % oder auch nur 20 %. Diese Schwankungen hängen nicht alleine von der Art der Mutation ab; selbst innerhalb einer Familie können weitgehend noch unbekannte weitere Gene oder auch Umwelteinflüsse den Krankheitsausbruch oder -verlauf individuell modifizieren.

Rahmenbedingungen für eine prädiktive Diagnostik

In der letzten Zeit konnte die molekulare Basis für eine Reihe autosomal dominant vererbter Tumordispositionen aufgeklärt werden. Darunter befinden sich auch häufige Malignome wie Brust- und Darmkrebs. Wird bei einem Patienten mit Hilfe molekulargenetischer Methoden eine Mutation im entsprechenden Gen identifiziert, so ergibt sich die Möglichkeit einer präsymptomatischen genetischen Diagnostik bei klinisch gesunden Verwandten. Der Ausschluss der in einer Familie nachgewiesenen und für eine Tumordisposition verantwortlichen Mutation kann für viele Angehörige eine große Entlastung bedeuten. Wird die betreffende Keimbahnmutation entdeckt, dann können sich diese Menschen einem gezielten, intensivierten Vorsorgeprogramm unterziehen, das sich vom Krebsfrüherkennungsprogramm für die Allgemeinbevölkerung unterscheidet und eine neue Dimension der Krankheitsprävention bedeutet.

Für einige hereditäre Krebserkrankungen existieren bereits überzeugende diagnostische bzw. therapeutische Konzepte. Dies gilt etwa für das Retinoblastom, einen bösartigen Augentumor des Kindesalters; hier werden Anlageträger so engmaschig kontrolliert, dass ein Tumor rechtzeitig erkennbar und eine Therapie unter Erhalt des Augenlichtes möglich ist. Familiären Formen des Schilddrüsenkarzinoms kann durch eine prophylaktische Entfernung der Schilddrüse im Vorschulalter begegnet werden und bei Anlageträgern für eine Sonderform des erblichen Dickdarmkrebses, dem die Entwicklung von Tausenden Polypen vorangeht (FAP), wird im jungen Erwachsenalter eine eingreifende, jedoch effektive Maßnahme empfohlen, die komplette, aber Kontinenz erhaltene Entfernung des Dickdarms.

In anderen Fällen wie dem familiären Brust- und Eierstockkrebs werden entsprechende Betreuungsangebote derzeit entwickelt. Schon heute deuten sich Unterschiede im klinischen Verlauf in Abhängigkeit vom individuellen Mutationsstatus ab. Vorsorgekonzepte wie eine Anleitung zur Selbstuntersuchung der Brüste, der Einsatz von bildgebenden Verfahren wie Ultraschall, Mammographie oder Kernspin-Tomographie, eine Chemoprävention mit selektiven Östrogen-Rezeptor Modulatoren oder auch chirurgische Maßnahmen werden gegenwärtig in multizentrischen Therapiestudien überprüft.

Die Kenntnis der genetischen Disposition für eine Krebserkrankung kann eine seelische Belastung darstellen und eine psychotherapeutische Begleitung erforderlich machen. Auch das Recht auf Nichtwissen gilt es zu respektieren. Wegen der zahlreichen, vielschichtigen Probleme, die mit einer vorhersagenden (prädiktiven) Diagnostik verbunden sind, hat die Bundesärztekammer Richtlinien erlassen, die alle Ärzte in Deutschland auf ein interdisziplinäres Vorgehen festlegen (39). Insbesondere muss jeder molekulargenetischen Diagnostik auf eine Tumordisposition eine umfassende Beratung vorangehen. Dieses Beispiel verdeutlicht auch, welche komplexen Rahmenbedingungen ein verantwortungsbewusster Umgang mit neuen Verfahren der Biomedizin voraussetzt. Ökonomische Aspekte und weitere gesellschaftliche Auswirkungen – etwa im Versicherungswesen – müssen ebenfalls berücksichtigt werden (40).

Fazit

Jede Krebserkrankung beruht auf einer gestörten Auseinandersetzung von Umwelt und genetischer Konstitution eines Menschen. DNA Reparatursysteme, der programmierte Zelltod und das Immunsystem sind unverzichtbare Komponenten der körpereigenen Krebsabwehr. Die Gewichtung im Spannungsfeld zwischen Innen und Außen kann individuell sehr unterschiedlich ausfallen. Es gibt erbliche Krebsdispositionen, die ohne gezielte Gegenmaßnahmen stets zum Krankheitsausbruch führen, meist kommt aber exogenen Noxen ein sehr viel stärkeres Gewicht zu. Immer sind mehrere Störungen im genetischen Programm einer Zelle die Voraussetzung für eine Tumorentwicklung. Je älter wir werden, desto höher das Risiko an Krebs zu erkranken. Diese Situation wird aber nicht alleine durch erbliche Komponenten, unvermeidbare Fehler interner Stoffwechselprozesse oder schicksalhafte exogene Einflüsse determiniert. Uns steht es frei, erwiesene Noxen wie insbesondere das Rauchen zu meiden, durch eine vernünftige Ernährung zur Erhaltung der Gesundheit beizutragen und eventuell durch Zusatzmaßnahmen wie eine medikamentöse Chemoprävention oder Impfungen gezielte Prophylaxe zu betreiben (41). Darüber hinaus erleichtert eine Teilnahme an Vorsorgeprogrammen die rechtzeitige Tumorerkennung. Man sollte aber nicht unterschätzen, wie schwierig eine Umstellung von Verhaltensweisen selbst bei individuell näher eingegrenztem Risiko fällt (42).

Molekulargenetische Techniken werden in zunehmenden Maße vererbte und erworbene Störungen im genetischen Programm aufspüren, Unterschiede zwischen Tumorentitäten definieren und neue, kausale Therapieverfahren bereitstellen. Um diese Entwicklungen dem einzelnen Menschen zu Gute kommen zu lassen, wird die individuelle Beratung, die „sprechende Medizin" mehr denn je ins Zentrum ärztlichen Handelns gerückt werden müssen. Der Humangenetik kommt dabei über die Vermittlung der genetischen Grundlagen von Krankheiten eine entscheidende Rolle innerhalb der Medizin zu.

Literatur

1. Becker N, Wahrendorf J (1998) Krebsatlas der Bundesrepublik Deutschland 1981-1990. Springer, Berlin Heidelberg
2. DePinho RA (2000) The age of cancer. Nature 408:248-254
3. Kulozik AE, Hentze MW, Hagemeier C, Bartram CR (2000) Molekulare Medizin. Grundlagen, Pathomechanismen, Klinik. De Gruyter, Berlin
4. Boveri T (1914) Zur Frage der Entstehung maligner Tumoren. G. Fischer, Jena
5. Hunter T (1997) Oncoprotein networks. Cell 88:333-346
6. Hanahan D, Weinberg RA (2000) The hallmarks of cancer. Cell 100:57-70
7. Lengauer C, Kinzler KW, Vogelstein B (1998) Genetic instabilities in human cancers. Nature 396:643-649
8. Nowell PC, Hungerford DA (1960) A minute chromosome in human chronic granulocytic leukemia. Science 132:1497
9. Laurent E, Talpaz M, Kantarjian H, Kurzrock R (2001) The BCR gene and Philadelphia chromosome-positive leukemogenesis. Cancer Res 61:2343-2355
10. Goldman JM, Melo JV (2001) Targeting the BCR-ABL tyrosine kinase in chronic myeloid leukemia. N Engl J Med 344:1084-1086
11. Tycko B (2000) Epigenetic gene silencing in cancer. J Clin Invest 105:401-407
12. Hahn WC, Counter CM, Lundberg AS, Beijersbergen RL, Brooks MW, Weinberg RA (1999) Creation of human tumor cells with defined genetic elements. Nature 400:464-468
13. Fearon ER, Vogelstein B (1990) A genetic model for colorectal tumorigenesis. Cell 61:759-767
14. Loeb LA (2001) A mutator phenotype in cancer. Cancer Res 61:3230-3239
15. Wiemels JL, Cazzangia G, Daniotti M, Eden OB, Addision GM, Masera G, Saha V, Biondi A, Greaves MT (1999) Prenatal origin of acute lymphoblastic leukemia in children. Lancet 354:1499-1503
16. Marnett LJ, Plastaras JP (2001) Endogenous DNA damage and mutation. Trends Genet 17: 214-221
17. Lindahl T, Wood RD (1999) Quality control by DNA repair. Science 286:1897-1905
18. Rich T, Allen RL, Wyllie AH (2000) Defying death after DNA damage. Nature 407:777-783
19. Reed JC (1999) Dysregulation of apoptosis in cancer. J Clin Oncol 17:2941-2953
20. Zhou BBS, Elledge SJ (2000) The DNA damage response: putting checkpoints in perspective. Nature 408:433-439
21. Preston DL, Kusimi S, Tomonaga M, Izumi S, Ron E, Kuramoto A, Kamada N, Dohy H, Matsuo T, Nonaka H, Thompson DE, Soda M, Mabuchi K (1994) Cancer incidence in atomic bomb survivors. Part III: leukemia, lymphoma and multiple myeloma. Radiat. Res 137:68-97

22. Kazakov VS, Demidchik EP, Astakhova LN (1992) Thyroid cancer after Chernobyl. Nature 359:21
23. Klugbauer S, Lengfelder E., Demidchik EP, Rabes HM (1995) High prevalence of RET rearrangement in thyroid tumors of children from Belarus after Chernobyl reactor accident. Oncogene 11:2459-2461
24. Zur Hausen H (1999) Viruses in human cancers. Eur J Cancer 35:1878-1885
25. Lee WM (1997) Hepatitis B virus infection. N. Engl. J. Med. 337, 1733-1745
26. Chang MH, Chen CJ, Lai MS, Hsu HM, Wu TC, Kong MS, Liang DC, Shau WY, Chen DS (1997) Universal hepatitis B vaccination in Taiwan and the incidence of hepatocellular carcinoma in children. N Engl J Med 336:1855-1859
27. Wallin KL, Wiklund F, Angstrom T, Bergman F, Stendahl U, Wadell G, Hallmans G, Dillner J (1999) Type-specific persistence of human papillomavirus DNA before the development of invasive cervical cancer. N Engl J Med 341:1633-1638
28. Klaes R, Woerner SM, Ridder R, Wentzensen N, Duerst M, Schneider A, Lotz B, Melsheimer P, v. Knebel Doeberitz M (1999) Detection of high-risk cervical intraepithelial neoplasia and cervical cancer by amplification of transcripts derived from integrated papilloma virus oncogenes. Cancer Res 59:6132-6136
29. Borysiewicz LK, Fiander LK, Nimako M, Man S, Wilkison GW, Westmoreland D, Evans AS, Adams M, Stacey SN, Boursnell ME, Rutherford E, Hickling JK, Inglis SC (1996) A recombinant vaccinia virus encoding human papillomavirus types 16 and 18, E6 and E7 proteins as immunotherapy for cervical cancer. Lancet 347:1523-1527
30. International Agency for Research on Cancer (1986) IARC monographs on evaluation of the carcinogenic risk of chemicals to humans. Tobacco smoking Vol 38, IARC Lyon
31. Denissenko MF, Puo A, Tang M, Pfeifer GP (1996) Preferential formation of benzo(a)pyrene adducts at lung cancer mutational hotspots in p53. Science 274:430-432
32. Hussain SP, Harris CC (1998) Molecular epidemiology of human cancer: contribution of mutation spectra studies of tumor suppressor genes. Cancer Res 58:4023-4037
33. Hong WK, Sporn MB (1997) Recent advances in chemoprevention of cancer. Science 278: 1073-1077
34. Jänne PA, Mayer RJ (2000) Chemoprevention of colorectal cancer. N Engl J Med 342:1960-1968
35. Steinbach G, Lynch PM, Phillips RKS, Wallace MH, Hawk E, Gordon GB, Wakabayashi N, Saunders B, Shen Y, Fujimura T, Su LK, Levin B (2000) The effect of celecoxib, a cyclooxygenase-2 inhibitor, in familial adenomatous polyposis. N Engl J Med 342:1946-1952
36. Perera FP (1997) Environment and cancer: who are susceptible? Science 278:1068-1073
37. Nebert DW (1999) Pharmacogenetics and pharmacogenomics: why is this relevant to the clinical geneticist? Clin Genet 56:247-258
38. Lichtenstein P, Holm NV, Verkasalo PK, Iliadou A, Kaprio J, Karkenvuo M, Pukkala E, Skytthe A., Hemminki K (2000) Environmental and heritable factors in the causation of cancer. Analyses of cohorts of twins from Sweden, Denmark, and Finland. N Engl J Med 343:78-85
39. Bundesärztekammer (1998) Richtlinien zur Diagnostik der genetischen Disposition für Krebserkrankungen. Deutsch Ärzteblatt 95:B1120-1127
40. Bartram CR, Beckmann JP, Breyer F., Fey G, Fonatsch C, Irrgang B, Taupitz J, Seel KM, Thiele F (2000) Humangenetische Diagnostik. Wissenschaftliche Grundlagen und gesellschaftliche Konsequenzen. Springer, Berlin Heidelberg
41. Sporn MB (1996) The war on cancer. Lancet 347:1377-1381
42. Marteau TM, Lerman C (2001) Genetic risk and behavioural change. Brit Med J 322:1056-1059

Vererbung und Milieu
bei komplex (multifaktoriell) verursachten Krankheiten

VON FRIEDRICH VOGEL

Kurzzusammenfassung

Die meisten Krankheiten haben keine einfache Ursache, sondern ihr Ursachen-Gefüge ist komplex. Die Komplexität der Interaktionen zwischen dem Milieu im weitesten Sinne und Unterschieden in den Erbanlagen werden an drei Beispielen erörtert: Der Lepra als einer Infektionskrankheit, dem Diabetes mellitus, insbesondere dem Typ 2-Diabetes als einer Stoffwechselkrankheit mit schwerwiegenden Folgen und der Schizophrenie als einer „Geisteskrankheit mit schweren Anomalien des Erlebens und Verhaltens". An diesen drei Beispielen können wir zeigen, wie Forschungsmethoden der Humangenetik helfen können, die von diesen Krankheiten uns aufgegebenen Rätsel Schritt für Schritt zu lösen. Vom Vergleich ein- und zweieiiger Zwillinge angefangen bis hin zur Lokalisation von Krankheits-Genen im Genom des Menschen erlauben diese Methoden immer tiefgreifendere Analysen. Diese Analysen erfordern jedoch Sachkenntnis und Bemühungen auf vielen Ebenen und kritische Reflektion aller Ergebnisse. Einen kurzen und direkten Weg gibt es nicht.

Einleitung

Es gibt zahlreiche – aber in der Regel seltene – Krankheiten, die ausschließlich durch besondere Erbanlagen verursacht sind und – zunächst einmal unabhängig von allen äußeren Einwirkungen – einen schicksalhaften Verlauf nehmen. Bei einer zunehmenden Zahl von ihnen kann man diesen Verlauf heute durch ärztliche Maßnahmen beeinflussen; man hofft, in Zukunft möglichst viele möglichst nahe am „Ursprungsort", also bei den veränderten Genen selbst, zu heilen – etwa durch somatische Gentherapie. Anderseits gibt es Gesundheitsstörungen, die uns rein zufällig von außen her treffen-, unabhängig davon, wie unsere Gene beschaffen sind. Man denke an viele

Unfälle, Naturkatastrophen, Hungersnöte und auch an manche Infektionskrankheiten! Die meisten Anomalien und Krankheiten haben jedoch nicht eine einzelne, so eindeutig feststellbare Ursache; sie sind durch ein komplexes Zusammenspiel bestimmter Erbanlagen mit dazu „passenden" Einflüssen von Seiten der Umwelt verursacht. Ziel der medizinischen Wissenschaften ist es, dieses Ursachen-Gefüge Schritt für Schritt zu verstehen; nur eine solche kausale Analyse macht es möglich, Wege nicht nur für die Therapie, sondern auch für die Vorbeugung von Krankheiten zu finden. Dabei sollte man aber eines im Gedächtnis behalten: Die Fähigkeiten des Arztes beschränken sich nicht auf diese Analyse. Andererseits ist sinnvolles ärztliches Handeln meist auch möglich, wenn das Zusammenspiel von Milieu und Erbanlagen noch nicht wirklich verstanden ist. Medizin ist keine Wissenschaft, sondern Anweisung zu sachgerechtem Handeln. Dabei bedient sie sich der Wissenschaften, geht aber über sie hinaus (Wieland 1975).

In bestimmten historischen Perioden waren dabei verschiedene Wissenschaften führend: Bis zur zweiten Hälfte des 19. Jahrhunderts war es die Morphologie. Gegen Ende des 19. und weit in das 20. Jahrhundert hinein spielte die Mikrobiologie diese Rolle – also die Wissenschaft von den Bakterien und Viren –, und in den letzten Jahrzehnten treten die Humangenetik und die Molekulargenetik immer mehr in den Vordergrund (vgl. Vogel 1990). Das enorme Echo, welches die vollständige Sequenzierung der DNA-Basensequenz im Genom des Menschen zur Zeit in der Öffentlichkeit findet, erweckt manchmal den Eindruck, als ob damit die wichtigsten Probleme der medizinischen Wissenschaften praktisch schon gelöst seien oder doch kurz vor ihrer Lösung stünden. Das ist jedoch ganz und gar nicht der Fall: Um die Ursachen von Krankheiten und Wege für ihre Heilung – oder doch Linderung – zu ermitteln, dafür bedarf es wissenschaftlicher Bemühungen auf vielen Ebenen und mit vielen verschiedenen Ansätzen. Und was heute auch manche Molekularbiologen zu vergessen scheinen: Nicht einmal für die Kenntnis der an Krankheiten beteiligten Erbanlagen reicht es aus, die DNA-Struktur bestimmter Gene zu kennen. Selbst für eine befriedigende Antwort auf diese Frage sind Untersuchungen auf verschiedenen Ebenen erforderlich. Manche der Methoden, die man zweckmäßig hier anwendet, sind brandneu; andere dagegen sind fast ein Jahrhundert alt und verdienen es trotzdem, in geeigneter Weise gebraucht zu werden, weil sie uns zu wichtigen Einsichten verhelfen.

Auch die Analyse von Eigenschaften unseres Lebensmilieus, die Gesundheit und Krankheit beeinflussen, hat in den letzten Jahrzehnten große Fortschritte gemacht. Das ist vor allem das Verdienst der medizinischen Epidemiologie; aber auch andere Wissenschafts-Zweige sind hier beteiligt – von der Ernährungsforschung angefangen über die Biochemie der Stoffwechsel-

Vorgänge bis hin zur Psychotherapie-Forschung, die uns tiefe Einblicke in psychosomatische Krankheits-Ursachen und Mit-Ursachen vermittelt hat. Im Folgenden sollen die Probleme und Lösungs-Ansätze an drei Beispielen erläutert werden:

1. Die Lepra ist eine Infektionskrankheit; aber wir werden zeigen, dass für ihr Auftreten, die verschiedenen klinischen Typen und ihren Verlauf genetische Unterschiede zwischen den Menschen eine große Bedeutung haben. Daneben hängt diese Krankheit aber natürlich auch von Umwelt-Bedingungen ab, die wir genauer betrachten werden.
2. Das zweite Beispiel ist der Diabetes mellitus – die Zuckerkrankheit. Sie ist im Laufe der letzten Jahrzehnte in vielen Bevölkerungen wesentlich häufiger geworden, was sicher vor allem mit einer zunehmenden Überernährung zusammenhängt – und doch zeigen viele Befunde einen großen Einfluss genetischer Faktoren auf das Erkrankungs-Risiko. Gerade bei dieser Krankheit bieten neue molekulargenetische Befunde Hinweise auf Mitursachen vonseiten der Erbanlagen; und diese Befunde weisen auf unerwartet komplexe Zusammenhänge hin.
3. Das dritte Beispiel ist die Schizophrenie – die bekannteste Geisteskrankheit. Nach wie vor gibt sie den Ärzten und Wissenschaftlern Rätsel auf; sie erschreckt uns alle, wo immer wir ihr begegnen – und Untersuchungen mit humangenetischen Methoden auf verschiedenen Ebenen geben uns Teil-Antworten, die uns im Verstehen weitergeführt haben, uns aber doch nicht restlos zufrieden stellen können (vgl. Häfner 2000; Tsung u. Faraone 2000). Diese Krankheiten sind so ausgewählt, dass die Probleme schrittweise immer komplexer werden. Alle drei Beispiele werden uns zeigen, wie Erbanlagen mit Einflüssen vonseiten der Umwelt in Wechselwirkung treten, um Krankheiten hervorzubringen.

Erbanlagen und Milieu-Faktoren bei der Lepra

Die Lepra ist eine Infektionskrankheit. Sie wird verursacht durch das Mycobacterium leprae, das schon 1873 durch Hansen entdeckt wurde. Offiziell rechnet man in der Welt mit ca. 5–15 Millionen Leprakranken; eine Schätzung, die wahrscheinlich viel zu niedrig liegt. Die Krankheit ist z.B. in Teilen Südasiens, z.B. in Südindien, aber auch in Teilen Nord-Thailands und in Vietnam verbreitet. Der Lepra-Bazillus zeigt gewisse Ähnlichkeiten mit dem Erreger der Tuberkulose; die Infektionsgefahr ist jedoch bei der Lepra wesentlich geringer.

Man kann im Wesentlichen zwei klinische Typen der Lepra unterscheiden: Bei Infizierten mit einer relativ guten Immun-Abwehr kann sich die sog. tuberkuloide Form herausbilden. Hier bleiben die Krankheitserscheinungen im Wesentlichen auf die Haut und die peripheren Nerven beschränkt. Die Patienten zeigen scharf abgegrenzte Flecken mit einer veränderten Haut-Struktur (Abb. 1) sowie Störungen der Berührungs- und Schmerzempfindlichkeit. Diese Form ist praktisch nicht infektiös. Bei schwacher Immun-Abwehr dagegen kommt es zur lepromatösen Lepra: Die Schleimhäute z.B. der Nase und des Rachenraumes sind befallen, die Nasenknorpel werden zerstört, und es kommt zu schweren Schwellungen der Haut – bis hin zu dem bekannten „Löwengesicht" (Abb. 2). Diese Form ist stark infektiös. Die Infektion erfolgt über den Nasen- und Rachenschleim, aber auch über offene Wunden der Haut; wahrscheinlich werden viele Menschen innerhalb der engeren Familie infiziert, z.B. Säuglinge durch eine leprakranke Mutter oder Großmutter. Dadurch kommt es zu einer Häufung der Krankheit innerhalb von Familien; eine Beobachtung, die schon früh zu der falschen Meinung führte, die Lepra sei eine „Erbkrankheit". Nachdem der Lepra-Bazillus entdeckt war, richtete sich die Aufmerksamkeit der Forscher vor allem auf die Bekämpfung des Erregers: Wenn auch den Versuchen, eine Schutzimpfung zu entwickeln, bisher ein überzeugender Erfolg versagt blieb, so wurde doch schon Anfang der 40er Jahre des 20. Jahrhunderts eine wirksame Chemotherapie in Gestalt des Sulfonamids Dapson entdeckt. In letzter Zeit allerdings gingen die Erfolge zurück, da immer mehr Erreger eine genetisch verursachte Resistenz gegen dieses Mittel entwickelten. Zur Zeit erzielt man mit einer Kombination verschiedener Mittel die besten Erfolge. Diese Therapie ist jedoch sehr teuer – und Lepra kommt vor allem in ärmeren Bevölkerungsschichten vor (vgl. u.a. Eberhard-Metzger u. Ries 1996).

Aber nicht jeder Mensch, der mit dem Lepra-Bazillus in Berührung kommt, wird leprakrank; die meisten bleiben von der Krankheit verschont.

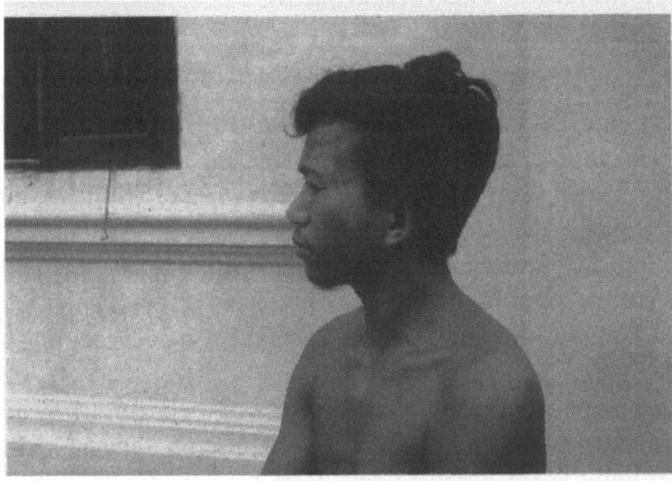

Abb. 1. Patient mit tuberkuloider Lepra. Man beachte die scharf begrenzten, hellen Hautflecken!

Außerdem erkranken nur einige an der schweren lepromatösen Form; bei anderen entwickelt sich die tuberkuloide Lepra. Wie erklärt sich dieser Unterschied? Neben den für das Verständnis naheliegenden Milieu-Faktoren wie Intensität der Berührung mit infektiösen Patienten spielen hier auch individuelle Unterschiede in den Erbanlagen eine Rolle. Wie kann man das feststellen und genauer analysieren?

Hier stehen der Humangenetik verschiedene Methoden zur Verfügung. Die älteste – und gleichzeitig allgemeinste – Methode ist der Vergleich von eineiigen und zweieiigen Zwillingen. Eineiige Zwillinge entstehen, indem sich der junge Embryo ganz kurze Zeit nach der Befruchtung in zwei Hälften teilt. In dieser frühen Entwicklungsphase sind seine Zellen noch „totipotent"; d.h., es können sich aus dem einen Embryo zwei vollständige Individuen entwickeln. Diese Individuen besitzen jedoch die gleichen Erbanlagen; d.h., sie sind genetisch identisch. Es ist also der Grundgedanke der Zwillingsmethode, dass Identität eineiiger Zwillinge (EZ) in einem Merkmal darauf hinweist, dass die Ausprägung dieses Merkmals im Wesentlichen durch die Erbanlagen festgelegt ist. Zweieiige Zwillinge (ZZ) dagegen entstehen, wenn der Eierstock zwei Eizellen innerhalb kurzer Zeit freigibt und wenn beide Eizellen durch verschiedene Spermien befruchtet werden. Sie haben also nicht mehr Gene durch Abstammung von dem gleichen Elternpaar gemeinsam als gewöhnliche Geschwister. So können sie u.a. auch ein verschiedenes Geschlecht haben. Andererseits wachsen ZZ – genau wie EZ – in der Regel in den gleichen Familien auf. EZ Geburten haben eine Häufigkeit von ca. 3–4 ‰. Sie sind bei allen darauf untersuchten Bevölkerungs-

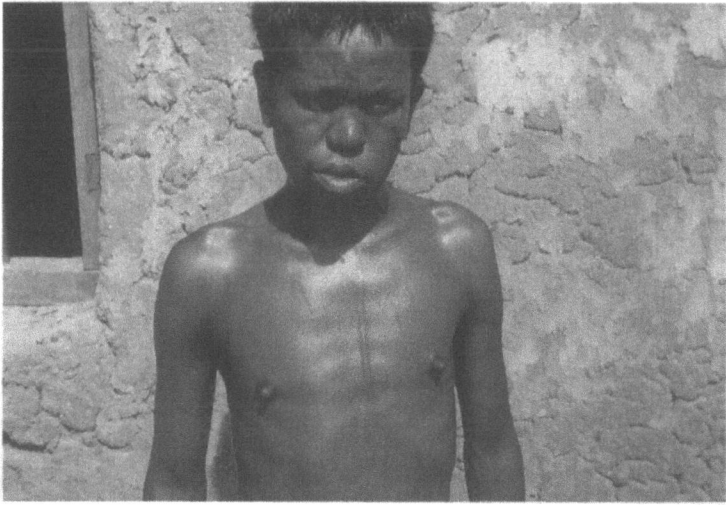

Abb. 2. Patient mit lepromatöser Lepra. Typisches Löwengesicht, u.a. mit zerstörtem Nasenknorpel

gruppen etwa gleich häufig. Die Häufigkeit von ZZ-Geburten dagegen schwankt stärker; bei uns sind es etwa 8–9 ‰. Zuverlässige Methoden, EZ und ZZ zu unterscheiden, gibt es seit vielen Jahrzehnten; heute vergleicht man in aller Regel DNA-Merkmale, die mit Hilfe molekulargenetischer Methoden analysiert werden.(Für den gesamten Bereich der Zwillings-Biologie und der verfügbaren Methoden vgl. Vogel u. Motulsky 1997).

Wie verwendet man nun Zwillinge, um die Frage zu beantworten, in wie hohem Grade einerseits Unterschiede in den Erbanlagen, andererseits Milieu-Unterschiede für die Ausprägung eines Merkmalsbereiches verantwortlich sind? Hier gibt es verschiedene Ansätze. Bei sehr seltenen Merkmalen kann gelegentlich schon ein einzelnes, „konkordantes", d.h. in diesem Merkmal übereinstimmendes EZ-Paar deutlich auf seine genetische Ursache hinweisen. In der Regel – und gerade auch bei nicht so seltenen Merkmalen – reicht das aber nicht aus. Ein eineiiges Zwillingspaar mit Diabetes z.B. kann durchaus auch durch Zufall beobachtet werden. Um zu statistisch brauchbaren Ergebnissen zu kommen, muss man ganze Serien von Zwillingspaaren untersuchen. Dabei hat es sich unter Wissenschaftlern eingebürgert, die Häufigkeit der „Konkordanz" in einem bestimmten Merkmal bei EZ mit der Konkordanz-Häufigkeit bei zweieiigen Zwillingen (ZZ) zu vergleichen. Wie aber kommt man zu ausreichend großen Zwillingsserien, die einen solchen Vergleich möglich machen? Offenbar reicht es nicht aus, einfach Kollegen zu befragen, ob sie Zwillingspaare mit diesem Merkmal kennen. Denn in der Regel bleiben Zwillinge – und besonders EZ – vor allem dann in Erinnerung, wenn sie beide die gleiche Krankheit haben. Man muss also Methoden der Stichproben-Erhebung anwenden, wie sie in der genetischen Epidemiologie entwickelt wurden. In einzelnen Ländern – vorwiegend in Skandinavien – hat man zu diesem Zweck Register gegründet, in die alle Zwillingsgeburten aufgenommen werden – unabhängig davon, ob sie krank oder gesund sind. Aber eine so perfekte Methode steht beispielsweise in Ländern, wo die Lepra häufig ist, nicht zur Verfügung.

Hier soll nun über eine Zwillingsstudie berichtet werden, die vor einigen Jahren in Südindien durchgeführt wurde (Chakravartti u. Vogel 1973). Um eine einigermaßen ausreichende Zwillingsserie zu erhalten, wurden in Bereichen der Staaten West-Bengalen, Andhra Pradesh und Tamil Nadu, wo die Lepra häufig ist, alle Patienten in Lepra-Krankenhäusern und Polikliniken systematisch befragt, ob sie Zwillinge seien und ob ihnen Zwillingspaare bekannt seien, von denen mindestens ein Partner an Lepra litte. Dann wurden die Zwillinge alle persönlich nachuntersucht; dabei wurde auch untersucht, ob sie ein- oder zweieiig waren, und der Status der Lepra-Erkrankung wurde festgestellt. Insgesamt konnten 102 Paare, davon 62 EZ- und 40 ZZ-Paare untersucht werden; von den letztgenannten hatten 12 ein verschiedenes Geschlecht. Die Altersverteilung reichte von 7 Monaten bis zu ca. 60 Jahren.

Tabelle 1. Konkordanz und Diskordanz bei 102 Zwillingspaaren mit Lepra

EZ			ZZ		
Konkordant:	Diskordant:	Summe:	Konkordant:	Diskordant:	Summe:
37 (59,7 %)	25 (40,3 %)	62	8 (20 %)	32 (80 %)	40
Beide lepromatös:	11		2		
Beide tuberkuloid:	19		4		
Beide „borderline":	2		0		
Ein Zwilling lepromarös, der andere tuberkuloid:	5		2		

Die wichtigsten Ergebnisse zeigt die Tab. 1. Von den EZ-Paaren waren 37, d.h. 60 % konkordant. Beide waren also an Lepra erkrankt. Bei 25 Paaren litt nur einer der Zwillinge an Lepra. Ganz anders sah es bei den ZZ-Paaren aus. Hier waren bei nur 8 Paaren (20 %) beide an Lepra erkrankt; bei der großen Mehrzahl der Paare war der Zwillingspartner bisher gesund geblieben. Der Unterschied in den Konkordanzraten bei EZ und ZZ ist statistisch gut gesichert. Einerseits bestätigt das Ergebnis also die Hypothese, dass an dem Erkrankungs-Risiko an Lepra genetische Unterschiede in der untersuchten Bevölkerung wesentlich beteiligt sind. Sonst dürften erbgleiche Zwillinge nicht so viel ähnlicher sein als erbungleiche, obgleich beide Arten von Paaren gemeinsam in ihren Familien aufgewachsen waren. Andererseits beträgt aber die Konkordanzrate bei EZ nur 60 %. Offenbar hängt es also unter den gegebenen äußeren Bedingungen nicht nur von den Erbanlagen ab, ob ein Mensch an Lepra erkrankt oder nicht. Milieufaktoren spielen also auch eine Rolle.

Zunächst aber sollte man hier noch eine weitere Frage untersuchen: Wie wir gesehen haben, kann die Lepra bei verschiedenen Patienten ganz verschieden verlaufen. Vor allem kann man, wie gesagt, zwei Typen unterscheiden: Die tuberkuloide Form mit relativ guter Immun-Antwort (Abb. 1) und die viel schwerere lepromatöse Form, bei der die Immun-Antwort des Körpers wesentlich schwächer ausfällt (Abb. 2). Da die Unterschiede im Immunsystem des Menschen sehr stark durch die genetische Konstitution determiniert sind, hätte man vielleicht erwartet, dass eineiige Zwillinge, wenn sie beide erkrankt sind, im Lepratyp immer übereinstimmen würden. Das ist aber nicht der Fall. Bei nicht weniger als 5 von diesen Paaren war der Lepratyp verschieden (Tab. 1, Abb. 3). Es hängt also nicht nur von den Erbanlagen ab, welchen Lepratyp ein Patient bekommt.

Die genannten Ergebnisse sind sehr allgemeiner Natur – wie es die Ergebnisse von Zwillingsuntersuchungen immer sind, wenn man sich auf Zahlen über Konkordanz und Diskordanz beschränkt. Sie können aber als Grundlage für eine tiefer gehende Untersuchung dienen, welche spezifischeren Ursachen hier wichtig sind. Zwei Fragen sollen nun geprüft werden:

Abb. 3. Eineiige Zwillinge mit Lepra. Der linke hat die tuberkuloide Form (auf dem Bild nicht sichtbar), der rechte leidet an lepromatöser Lepra. Besonders im Bereich von Augen und Nase sieht man die ersten Anzeichen des „Löwengesichts".

1. Welche besonderen Ursachen vonseiten der Umwelt sind es, die dazu führen, dass auch von Personen mit den gleichen Erbanlagen – also EZ – einer erkrankt, der andere nicht?
2. Kann man einzelne Erbanlagen identifizieren, die eine höhere oder niedrigere Anfälligkeit für das Auftreten der Lepra verursachen?

Zur ersten Frage: Wie sich herausstellte, hatte von 25 diskordanten EZ-Paaren bei nicht weniger als 15 der erkrankte Zwilling engere Kontakte mit infektiösen Kranken gehabt als sein gesunder Zwillingspartner. Dagegen spielten andere Krankheiten in der Kindheit, wie etwa die in weiten Teilen Indiens häufigen Durchfalls-Erkrankungen, als disponierende Faktoren keine Rolle. Auch in einer Bevölkerung, wo Lepra sehr häufig ist, gibt es also deutliche individuelle Unterschiede darin, wie intensiv die Menschen mit infektiösen Leprakranken in Berührung kommen. Dass es andererseits nicht nur diese Unterschiede sind, die bestimmen, ob ein Mensch an Lepra erkrankt oder nicht, sondern dass auch hier Unterschiede in den Erbanlagen wichtig sind, zeigt die deutlich geringere Konkordanz bei zweieiigen Zwillingen – die ja auch gemeinsam in den Familien aufgewachsen sind und bei denen zufällige Kontakte mit infektiösen Kranken die gleiche Rolle gespielt haben dürften wie bei den EZ-Paaren.

Das führt uns zu der zweiten Frage: Welche Erbanlagen haben einen Einfluss darauf, ob ein der Infektion ausgesetzter Mensch nun erkrankt oder nicht? Diese Frage ist bisher nur unvollständig beantwortet, aber es gibt schon einige interessante Hinweise. Man kann dieses Problem auf mehreren Ebenen untersuchen, von denen ich nur zwei nennen möchte: Einerseits kann man versuchen, die an der Krankheits-Disposition beteiligten Gene direkt, also auf der DNA-Ebene zu untersuchen. Zweitens kann man aber auch sog. genetische Polymorphismen auf der Gen-Produktebene studieren, um damit auch einen Einblick in die Mechanismen der Wirkung beteiligter Gene zu gewinnen. Studien auf der DNA-Ebene sollen zunächst für die Lepra, dann aber außerdem für die zweite Krankheitsgruppe dargestellt werden, die wir in diesem Beitrag diskutieren wollen – den Diabetes mellitus (vgl. unten). Zunächst die DNA-Ebene:

Familienuntersuchungen hatten einen Hinweis auf einen Abschnitt von Chromosom Nr. 2 ergeben. Durch Analyse mit verschiedenen molekulargenetischen Methoden gelang es, ein Gen zu identifizieren und dessen DNA-Basen-Reihenfolge und - Aufbau zu analysieren. Das Gen wurde als NRAMP1 bezeichnet; es determiniert ein Protein mit 550 Aminosäuren, das in Makrophagen gefunden wird, also in einer wichtigen Komponente unseres Immunsystems, aber dessen genauere Funktion offenbar noch unbekannt ist. Die Patienten stammten auch aus Südasien, aber aus Vietnam (Abel et al. 1998). Übrigens spielt dieses Gen offenbar auch bei genetischen Unterschieden gegenüber der Tuberkulose-Infektion eine Rolle (Bellamy et al. 1998). Das überrascht uns nicht; denn der Tuberkulose-Erreger ist dem Lepra-Bazillus in vieler Hinsicht ähnlich.

Für die Lepra gibt es aber außerdem Studien an genetischen Polymorphismen, die zwar weit davon entfernt sind, ein vollständiges Bild zu bieten, die aber schon deutliche Hinweise geben: So hat sich schon früh herausgestellt, dass – von den „klassischen" AB0-Blutgruppen – Träger der Gruppe A etwas stärker gefährdet sind als Personen mit den Gruppen B und 0. Der Unterschied ist gering, aber er ordnet sich in andere Unterschiede ein, die zwischen Trägern verschiedener Blutgruppen bestehen. So haben Träger der Gruppe A u.a. auch ein etwas höheres Risiko für manche Krebsformen und für bestimmte Blut-Gerinnungsstörungen (Thrombosen). Insgesamt sieht es so aus, als ob die Immun-Reaktion bei ihnen im Durchschnitt etwas weniger intensiv wäre. Dafür sprechen auch Befunde, wonach in einer wesentlichen Komponente unseres Immun-Abwehrsystems Unterschiede in der Anfälligkeit gegenüber Lepra begründet sind – dem „Major histocompatibility system" (MHC), dessen wichtigster Bestandteil die „Transplantations-Antigene" des HLA-Systems sind. Sie spielen eine Schlüsselrolle in der Immun-Abwehr, beeinflussen unser Erkrankungsrisiko auch für viele andere Krankheiten erheblich, und zahlreiche Befunde sprechen für einen Einfluss auf die Krankheits-Disposition für Lepra – einschließlich des Lepratyps. (Ottenhoff & DeVries 1987; vgl. auch Vogel u. Motulsky 1997).

Natürlich ist das Bild, das wir z.Zt. von den genetischen Faktoren haben, die individuelle Unterschiede in der Anfälligkeit für Lepra verursachen, noch sehr unvollständig. Aber eines ist schon jetzt deutlich: Mehrere – vielleicht sogar viele – Faktoren wirken hier zusammen. Wir haben es mit einer komplexen Wechselwirkung genetischer mit nicht-genetischen Faktoren zu tun. Bedenkt man dabei noch, dass auch der Lepra-Bazillus nicht in aller Welt genetisch einheitlich ist und dass auch er Variationen und Veränderungen unterliegt, so wird das Problem noch komplizierter. Ein praktisch wichtiger Faktor, den wir hier nur erwähnen können, ist die gefährlich ansteigende Resistenz des Lepra-Bazillus und anderer Krankheitserreger gegenüber Antibiotika und anderen, gegen die Infektion gerichteten Arzneimitteln. Wenn wir hier von einer „multifaktoriellen" Entstehung von Krankheiten sprechen, so ist das nur ein Wort für einen riesigen Bereich des Nichtwissens. Ein Fernziel der Forschung wäre es natürlich auch hier, Arzneimittel zu finden, die bei besonderen genetischen Typen des Erregers und bei Menschen mit besonderen, die Widerstandskraft herabsetzenden genetischen Varianten wirksam wären. Aber davon sind wir noch weit entfernt. So wenden wir uns dem zweiten unserer Beispiele zu.

Der Diabetes mellitus als komplex verursachte Krankheit

Der Diabetes mellitus – die Zuckerkrankheit – wurde von dem berühmten Humangenetiker J.V. Neel im Jahr 1976 als „Alptraum des medizinischen Genetikers" bezeichnet. Zunächst erhebt sich die gar nicht triviale Frage: Wann sprechen wir von einem Diabetes? Ursprünglich stellte man diese Diagnose, wenn Zucker im Urin nachweisbar war. Dann lernte man, dass dieses Kriterium viel zu eng ist. Die schädlichen Folgen am Blutgefäß-System wie Nierenschäden, Verengung der Herzkranzgefäße usw. treten schon auf, wenn der Blutzucker so mäßig erhöht ist, dass die Nierenschwelle noch längst nicht erreicht ist. Dann einigten sich die Experten auf einen Nüchtern-Blutzucker von 140 mg/ml; aber inzwischen weiß man, dass auch dieser Wert noch zu hoch liegt. Wenn man also sagt, dass in den westlichen Industriestaaten ca. 5 % der erwachsenen Bevölkerung zuckerkrank sind, so ist das eine recht unzuverlässige Schätzung.

Eines ist jedoch sicher: Die Häufigkeit des Diabetes hat in Zeiten des allgemeinen Nahrungsmangels, also in der letzten Zeit des 2. Weltkrieges und in den ersten Jahren danach, bei uns stark abgenommen; der Diabetes der älteren Menschen ist damals so gut wie ganz verschwunden. Er kehrte erst zu uns zurück, als die Ernährung mit Beginn des „Wirtschaftswunders" wieder besser wurde. Dass diese Form des Diabetes stark von der Ernährung abhängt, kann man auch daran erkennen, dass sie heute vielfach bei übergewichtigen Menschen beobachtet wird. Von diesem Gesichtspunkt aus betrachtet, ist der Diabetes also eine im Wesentlichen von der Umwelt – speziell der Ernährung – abhängige Krankheit.

Nun wollen wir aber einen Blick auf die Befunde werfen, die mit Hilfe physiologischer, aber vor allem humangenetischer Methoden erarbeitet wurden. Dabei stellt sich zunächst heraus, dass ein Diabetes ganz verschiedene primäre Ursachen haben kann (Abb. 4). So kann die Synthese des Insulins, sein molekularer Aufbau, seine Sekretion aus der Bauchspeicheldrüse, aber auch der Mechanismus seiner Aufnahme in Zellen, wo das Hormon wirken soll, gestört sein. Die meisten dieser Störungen sind selten, und oft haben sie einen einfachen Mendel'schen Erbgang. Diese Formen hängen von der Menge des Nahrungs-Angebotes in der Regel nicht – oder nur wenig – ab. Neben Störungen in dem Gen, das für das Hormon Insulin kodiert, wurden solche im Insulin-Rezeptor, dem Enzym Glukokinase – einem wichtigen Enzym im Zucker-Stoffwechsel – sowie in einer Reihe von Kontrollgenen aufgefunden. Sie alle gemeinsam verursachen aber nur ca. 5 % aller Diabetes-Fälle (Horikawa et al. 2000). Anders sieht das bei den häufigen Diabetes-Formen aus.

Hier sollen zunächst wieder die Zwillingsbefunde betrachtet werden. Nach einer Zusammenstellung älterer, auslesefrei gewonnener Zwillingsbefunde (Jörgensen 1974) betrug die Konkordanz bei 181 EZ-Paaren 55,8 % gegenüber

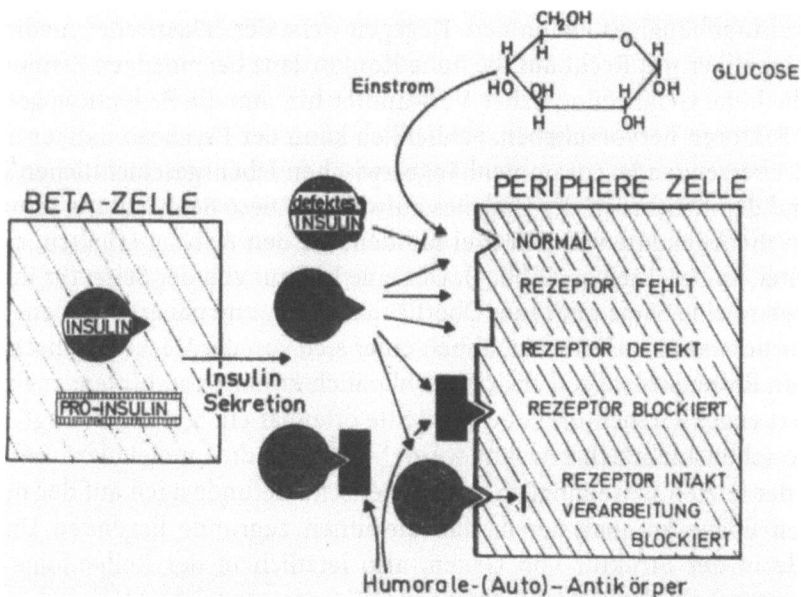

Abb. 4. Ein Diabetes mellitus kann verschiedene Ursachen haben. Das Schema zeigt einige der Stellen, an denen Bildung und Wirkung des Hormons Insulin gestört sein können (Rüdiger & Dreyer; aus Vogel 1990).

nur 11,4 % bei 394 ZZ-Paaren. Diese eindeutig – und statistisch hoch signifikant – größere Übereinstimmung bei eineiigen Zwillingen deutet auf einen starken genetischen Einfluss hin.

Eine genauere Analyse erfordert nun zunächst einen zweiten Blick auf den klinischen Verlauf und die Behandlung. Unter den häufigen Diabetes-Formen kann man hier zwei Typen unterscheiden. Der meist schon in der Kindheit oder der Jugend auftretende Diabetes (Typ 1) ist „insulinpflichtig", d.h. für seine Behandlung ist Insulin erforderlich. Dieser Typ 1-Diabetes hatte in Hungerzeiten nicht abgenommen. Eineiige Zwillinge zeigen allgemein eine niedrige Konkordanzrate. Nach heutigen Erkenntnissen ist dieser Diabetes-Typ sehr oft durch Störungen des Immunsystems verursacht; so werden etwa Antikörper gegen das körpereigene Insulin gefunden oder es spielen andere Autoimmun-Mechanismen eine Rolle. Darauf deuten u.a. auch Assoziationen mit Faktoren des HLA-Systems, also den schon in Zusammenhang mit der Lepra erwähnten „Transplantations-Antigenen", hin.

Bei dem alters- und ernährungsabhängigen Typ 2-Diabetes dagegen findet man die oben schon beschriebene hohe Konkordanz bei eineiigen Zwillingen, die starke Abhängigkeit von der Ernährung und daneben noch ein erhöhtes Erkrankungsrisiko für nahe Verwandte von an diesem Typ leidenden Diabetikern. Der Typ 2-Diabetes hat also aus dem Blickwinkel verschiedener Fächer heraus ein ganz verschiedenes Gesicht. Für den Ernährungs-Wissenschaftler ist er ein durch Überernährung verursachtes, also umweltbedingtes und kulturabhängiges Phänomen. Dagegen weist der „klassische" medizinische Genetiker mit Recht auf die hohe Konkordanz bei eineiigen Zwillingen und die hohe Gefährdung naher Verwandter hin, um die Bedeutung genetischer Faktoren hervorzuheben. Schließlich kann der Psychosomatiker nicht selten überzeugende Zusammenhänge zwischen lebensgeschichtlichen Krisen und dem Ausbruch des Diabetes aufweisen. Diese Beobachtung erinnert uns an die Anekdote von den drei Blinden, die den Auftrag erhalten, einen Elefanten zu beschreiben (Abb. 5). Der eine kommt von der Seite; für ihn ist der Elefant eine Säule mit rauer Oberfläche. Der zweite nähert sich dem Tier von vorne; was er wahrnimmt, ähnelt einer sich von der Decke herabschlängelnden Riesenschlange. Der dritte schließlich kommt von hinten; er findet eine Art enges Kirchentor, in dessen Mitte offenbar ein Seil herabhängt.

Wie schon mehrfach erwähnt wurde, macht es die „molekulare Revolution" der letzten Jahre möglich, nun genetische Befunde auch auf der molekularen Ebene zu analysieren, d.h. die ihnen zugrunde liegenden Unterschiede in der Struktur von Genen, also letztlich in der Reihenfolge der Basen innerhalb der DNA aufzufinden. Wie uns angesichts des starken öffentlichen Interesses an dieser Krankheit nicht verwundert, hat man das auch beim Diabetes versucht. Hier wollen wir das Resultat für die sozial wichtigste Form, den Typ 2-Diabetes, betrachten. Die Ergebnisse einer welt-

Vererbung und Milieu bei komplex (multifaktoriell) verursachten Krankheiten 57

Abb. 5. Die Anekdote von den drei Blinden, die einen Elefanten beschreiben sollen. Je nach der Seite, von der sich jeder von ihnen dem Elefanten nähert, gibt er eine andere Beschreibung (Zeichnung Edda Schalt).

weiten Studie wurden im letzten Jahr publiziert (Horikawa et al. 2000; siehe auch Altshuler et al. 2000). Um Gene, auch Gene für bestimmte Krankheiten, aufzufinden und zu analysieren, muss man zunächst feststellen, wo genau sie gelegen sind. Sie liegen fast immer auf Chromosomen. Der Mensch hat 46 Chromosomen; sie gehören zu 23 Chromosomen-Paaren. Von einem Paar kommt immer eines vom Vater, das andere von der Mutter. 22 „Autosomen-Paare" haben mit dem Geschlecht des Individuums nichts zu tun; das 23. Paar besteht aus einem X- und einem Y-Chromosom; Männer haben ein X- und ein Y-Chromosom, Frauen zwei X-Chromosomen. Damit man ein Gen analysieren kann, muss man zunächst einmal wissen, auf welchem Chromosom und an welcher ganz bestimmten Stelle eines Chromosoms es liegt. Das stellt man fest, indem man untersucht, mit welchen anderen Merkmalen, deren Lokalisation genau bekannt ist, das betreffende Merkmal in einer großen Zahl von Familien gemeinsam vererbt wird. Während der Bildung der Keimzellen werden nämlich Gene, die auf verschiedenen Chromosomen gelegen sind, zufällig verwürfelt und unabhängig voneinander vererbt. Auch Gene, die auf dem gleichen Chromosom liegen, werden desto zufälliger verteilt weitergegeben, je weiter sie voneinander entfernt sind. Bei der Keimzellbildung können deshalb auch Gene auf dem gleichen Chromosom getrennt werden – und die Wahrscheinlichkeit dafür steigt mit der Entfernung dieser Gene voneinander an. In der Regel werden also nur nahe beieinander liegende Gene gemeinsam vererbt.

Nun sind heute alle Chromosomen mit einem dichten Netz von „Markern" überzogen, deren Lokalisation man genau kennt. Das sind in der Regel kleine Varianten in der Basen-Reihenfolge der DNA; Varianten, die meist außerhalb von Genen gelegen sind. Denn das Genom – also die Gesamtheit der Chromosomen – besteht zu ca. 95 % aus DNA-Strecken, die nicht für Proteine kodieren –, und dieses Kodieren ist die gemeinsame Eigenschaft von Genen. Solche DNA-Varianten unterscheiden sich oft von einem Menschen zum anderen; ihre Unterschiede haben mit der Funktion von Genen – und deshalb auch mit der Gesundheit – nichts zu tun. Sie werden aber strikt nach den Mendel'schen Gesetzen vererbt; man spricht von DNA-Polymorphismen. Man benutzt sie heute ganz vorwiegend als Marker, mit deren Hilfe man Gene lokalisieren kann, indem man gemeinsame Vererbung nachweist. Hat man ein Gen auf einem Chromosomen-Abschnitt lokalisiert, dann werden spezielle Methoden der Molekulargenetik eingesetzt, um dieses Gen genauer zu charakterisieren (vgl. Vogel & Motulsky 1997). Theoretisch ist das relativ einfach, wenn auch das Merkmal, das man untersucht, einem einfachen Mendel'schen Erbgang folgt. Das ist dann der Fall, wenn es in allen Fällen durch eine Mutation innerhalb des gleichen Gens verursacht ist. Hier darf man sich nur nicht dadurch täuschen lassen, dass das Krankheitsgen nicht auf dem gleichen Chromosom, sondern auf dem anderen Partner des Chromosomen-Paares, also auf dem „homologen" Chromosom liegen könnte. Aber hier gibt es geeignete statistische Methoden.

Viel komplizierter wird das Problem, wenn das krankhafte Merkmal, an dessen Genen man interessiert ist, ganz offensichtlich nicht durch eine Mutation innerhalb eines einzigen Gens verursacht ist, sondern wenn mehrere Gene zusammenwirken, und vor allem, wenn seine Manifestation, also das Auftreten der Krankheit, außerdem noch von Milieufaktoren abhängt. Und wie wir gesehen haben, trifft das alles auf den Typ 2-Diabetes zu. Wenn aber, wie hier, mehrere Gene an der Ausprägung des Merkmals beteiligt sind, dann wird der Anteil eines bestimmten Gens in der Regel geringer sein als wenn nur ein Gen beteiligt wäre. Außerdem findet man nur selten Familien, in denen mindestens ein Elternteil und mindestens zwei Geschwister erkrankt sind (Tab. 2a, b) Man kann sich aber helfen, indem man erkrankte Geschwisterpaare vergleicht (Abb. 6). Es funktioniert auch mit Paaren entfernterer Blutsverwandter. Aber: Hier sind nicht nur mehrere Gene an der Krankheits-Disposition beteiligt, sondern manche Genträger bleiben auch von der Krankheit ganz verschont. Das alles hat zur Folge, dass die gesuchten Effekte bestenfalls schwach sind. Man braucht also sehr viele Familien,- z.B. erkrankte Geschwisterpaare, um die Beteiligung eines Gens überhaupt nachweisen zu können. Solche Studien kann man also nur durchführen, wenn sich mehrere Institutionen zusammentun; möglichst nicht nur inner-

Tabelle 2. Kreuzung zwischen einem Mann, der für die Genpaare A,a und B,b heterozygot (mischerbig) ist (Genotyp A,a, B,b),- mit einer Frau, die für beide Gene homozygot (reinerbig) ist (Genotyp aa,bb). Werden die beiden Genpaare A,a und B,b unabhängig voneinander vererbt, so hat jede der vier möglichen Kombinationen unter den Nachkommen die gleiche Wahrscheinlichkeit (Tabelle 2a) Liegen jedoch die Genpaare A,a und B,b auf dem gleichen Chromosomenpaar und in mäßiger Entfernung voneinander, so treten die vier möglichen Genotypen unter den Kindern mit den in Tabelle 2b angegebenen Wahrscheinlichkeiten auf. Dabei ist der Buchstabe Theta die Wahrscheinlichkeit für die Rekombination zwischen den beiden Genloci.

a

Väterliche Keimzellen		AB	Ab	aB	ab
Mütterliche Keimzellen	ab	¼ AaBb	¼ Aabb	¼ aaBb	¼ aabb

b

Väterliche Keimzellen		AB	Ab	aB	ab
Mütterliche Keimzellen ab		AaBb	Aabb	aaBb	aabb
Erster Fall (Krankheits- und Marker-Gen liegen auf gleichem Chromosom		½ - Θ	Θ	Θ	½ - Θ
Zweiter Fall (Krankheits- und Marker-Gen liegen auf homologem Chromosom)		Θ	½ - Θ	½ - Θ	Θ

Θ = Rekombinationsfraktion Θ.

halb eines Landes oder Kontinents, sondern weltweit. Hier liegt eine der Aufgaben der Internationalen Genom-Organisation (HUGO).

Die schon oben genannte Untersuchung von Horikawa (2000) ist aus einer solchen weltweiten Zusammenarbeit hervorgegangen. An ihr waren 26 Autoren aus 13 Institutionen beteiligt; die Patienten kamen aus den USA (Amerikaner mexikanischer Abstammung), Deutschland, Frankreich, Sardinien, Großbritannien, Finnland und Japan; außerdem wurden amerikanische Ureinwohner (Pima-Indianer) untersucht, bei denen eine hohe Diabetes-Häufigkeit bekannt ist. Die wichtigsten Ergebnisse sind:

1. Es wurde in der Tat ein Gen gefunden, von dem einige Varianten zu einer erhöhten Anfälligkeit gegenüber Typ 2-Diabetes beitragen. Es liegt auf dem Chromosom Nr. 2.
2. Dieses Gen wurde dann mit Hilfe spezieller molekulargenetischer Methoden genau analysiert.
3. Es ist insgesamt ca. 31 000 DNA-Basen lang und enthält 15 Exons (= Bereiche, die in Boten-Ribonukleinsäure und Proteine überschrieben werden können).
4. Einige Varianten dieses Gens tragen dazu bei, dass ihre Träger besonders für den Typ 2-Diabetes gefährdet sind. Überraschenderweise sind solche Menschen gefährdet, die auf jedem ihrer Nr. 2-Chromosomen eine be-

1. Genloci für die untersuchte Krankheit und den DNA-Marker sind nicht gekoppelt

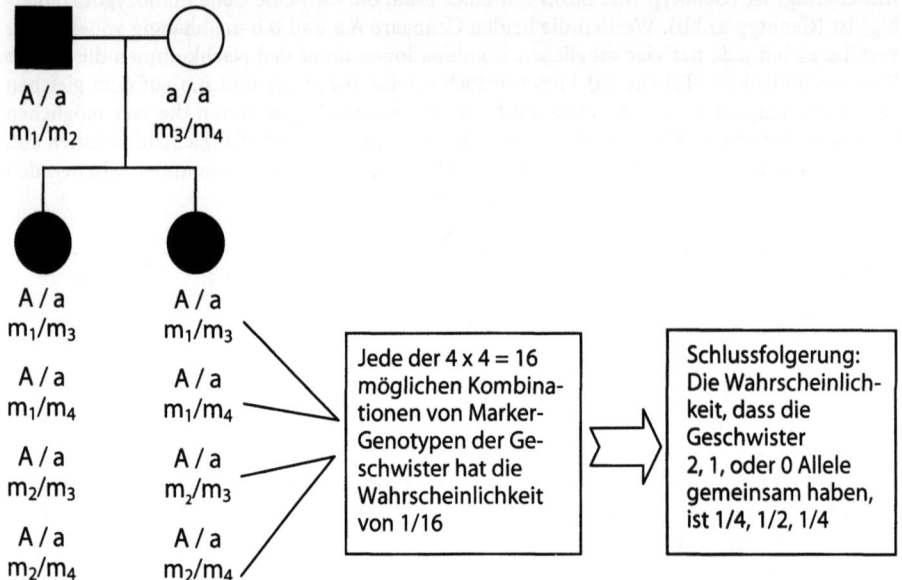

2. Genloci für die untersuchte Krankheit und den DNA-Marker sind gekoppelt, d.h. liegen auf dem gleichen Chromosomen nahe beieinander:

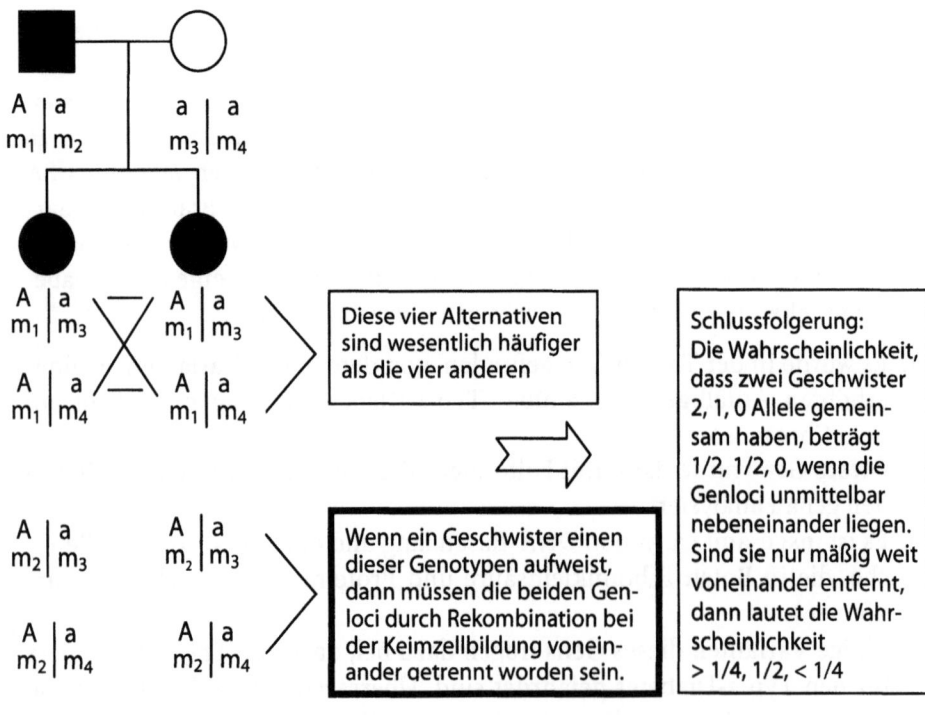

Abb. 6. Verwendung von Geschwisterpaaren für den Nachweis von Genkoppelung zwischen dem Genpaar A,a und einem Marker-Locus mit den Allelen (Varianten in der Bevölkerung) m1, m2, m3, m4 (Aus Vogel & Motulsky 1997)

stimmte, andere Variante dieses Gens aufweisen, die also für diese Varianten heterozygot (mischerbig) sind. Reinerbige (Homozygote) für beide Varianten dagegen scheinen nicht gefährdet zu sein. Das ist ein in der Genetik ungewöhnlicher Befund.

5. Dieses Gen, das NIDDM1 genannt wurde, kodiert für ein Protein, das als „calpain-like cysteine protease" identifiziert wurde. Es hat also offenbar mit dem Eiweiß-Stoffwechsel und speziell mit der Aminosäure Cystein zu tun. Dieses Protein findet sich in allen darauf untersuchten Geweben. Was seine Veränderungen aber mit dem Diabetes zu tun haben sollen, das ist völlig unklar; dieser überraschende Befund stellt die Diabetes-Forscher vor neue Herausforderungen.

6. Ein weiterer, etwas überraschender Befund ist, dass die Beteiligung von Varianten dieses Gens an der Anfälligkeit für den Typ 2-Diabetes nicht in allen untersuchten Bevölkerungen gleich hoch ist. Sein Anteil ist bei den verschiedenen, darauf untersuchten europäischen Bevölkerungsgruppen, aber auch bei den Japanern und den Pima-Indianern geringer als bei Amerikanern mexikanischer Abstammung. Der Grund ist offenbar, dass in all diesen Bevölkerungen die eine der beiden Varianten, deren Zusammenwirken die besondere Anfälligkeit hervorruft, dort sehr viel seltener ist als bei den Amerikanern mexikanischer Abstammung. Es wird also nötig sein, noch andere Gene aufzufinden, deren Veränderungen zu dem erhöhten Typ 2-Diabetes-Risiko beitragen. Eine weitere Frage ist, ob es spezielle Erbanlagen gibt, die bei Diabetikern das Risiko von Organ-Komplikationen wie etwa Nierenschäden, Augenhintergrunds-Veränderungen bis zur Blindheit, oder andere Blutgefäß-Störungen an Gehirn, Herz oder Gliedmaßen erhöhen. Ganz offen ist auch noch, wie im einzelnen die Wirkungen solcher Anfälligkeits-Gene mit den bekannten Umwelt-Faktoren wie Überernährung und Fettsucht interagieren. Hier bewährt sich wieder die alte Regel: Je mehr man über ein Problem schon erfahren hat, desto mehr neue Probleme tun sich auf.

Hier muss noch ein weiteres Problem beachtet werden: Wird eine Typ II-Diabetikerin schwanger, so wirkt der hohe Blutzucker auf das Kind zurück; sein Organismus reagiert mit einer besonders hohen Insulin-Bildung. Dieses Insulin bringt dann auch die Regulationsmechanismen in dem Stoffwechsel regulierenden Teil des Gehirns – im Hypothalamus – durcheinander mit der Folge, dass das Kind später ebenfalls einen Diabetes entwickelt, obwohl es durch seine Gene dadurch vielleicht gar nicht so stark disponiert ist. Ist dieses Kind ein Mädchen - und wird es später selbst schwanger -, so kann sich dieser gleiche Prozess wiederholen. Dieser - wie man sagt - epigenetische Mechanismus wurde im Tierversuch genau erforscht. Bei Menschen führt er dazu, dass man in Familien von Typ II-Diabetikern eine Übertragung von einer kranken Mutter signifikant häufiger findet als die Übertragung von einem erkrankten Vater. Die Erforschung derartiger epigenetischer Mechanismen ist heute eher ein Randgebiet klinisch-genetischer Forschung. Sie könnten aber auch bei anderen Anomalien und Krankheiten wichtig werden - etwa bei der Adipositas (Dörner und Plagemann 1993, Plagemann und Dörner 2001). Daraus folgt für die Praxis: Bei Schwangeren sollte eine Hyperglykämie unbedingt vermieden werden!

Das dritte Beispiel: Das Zusammenwirken von Milieu und Vererbung bei einer Geisteskrankheit – der Schizophrenie

Wir begannen diese Betrachtungen mit einem Beispiel, bei dem sich das Zusammenwirken von Milieu und Vererbung auf noch relativ einfache Weise darstellt: Einer Infektionskrankheit, der Lepra. Diese Krankheit gibt es nicht ohne den Lepra-Bazillus. Sie hat also eine einfache Haupt-Ursache. Die Komplexität entsteht einmal durch den Erreger und die von Mensch zu Mensch aus äußeren Gründen verschiedenen Risiken, von ihm infiziert und dann tatsächlich leprakrank zu werden, und andererseits durch genetische Unterschiede zwischen Menschen, die das Erkrankungsrisiko und auch den Krankheitsverlauf beeinflussen. Bei dieser Gelegenheit lernten wir die Zwillingsmethode kennen, den Vergleich von Serien eineiiger Zwillinge mit zweieiigen, die einander genetisch nicht stärker ähneln als gewöhnliche Geschwister. Diese Methode erlaubt zwei Wege der Analyse: Erstens gibt uns die Häufigkeit der Konkordanz bei eineiigen im Vergleich zu der geringeren Konkordanz bei zweieiigen Zwillingen Hinweise darauf, in wie hohem Grade die individuellen Unterschiede des Krankheits-Risikos in der untersuchten Bevölkerung durch unterschiedliche Erbanlagen verursacht sind. Und zweitens erlaubt eine genauere Betrachtung derjenigen eineiigen Paare, die diskordant geblieben sind, also von denen nur ein Partner an Lepra erkrankte, bis zu einem gewissen Grade einen Einblick in die äußeren Einflüsse, von denen es abhängen kann, ob eine durch die Erbanlagen disponierte Person nun tatsächlich an der Lepra erkrankt oder nicht.

Das zweite Beispiel, der Diabetes mellitus, konfrontierte uns mit einem neuen Problem: Von welchem Ausmaß der am Blutzuckerspiegel gemessenen Abweichung im Kohlenhydrat-Stoffwechsel an sprechen wir von der Krankheit Diabetes? Wie wir sahen, gibt es hier nicht wie bei der Lepra einen eindeutig bestimmbaren Unterschied zwischen Kranken und Gesunden. So mussten sich die Experten auf einen Wert einigen. Für diese Einigung waren die langfristigen Folgen für die betroffene Person maßgebend. Davon ausgehend konnten wir aber ebenfalls auf Ergebnisse der Zwillingsforschung zurückgreifen, die eine deutlich höhere, aber nicht vollständige Konkordanz bei EZ zeigten. Als wichtigster Milieu-Einfluss wurde uns die Ernährung deutlich, insbesondere die Überernährung bis hin zur Fettsucht.

Bei dem dritten Beispiel der Schizophrenie erweisen sich die Probleme, die Einflüsse von Milieu und Vererbung auf das Krankheits-Geschehen voneinander abzugrenzen und in ihrem Zusammenwirken zu analysieren, als noch wesentlich komplizierter. So bestand wenigstens bis vor kurzer Zeit nicht einmal vollständige Einigkeit zwischen den psychiatrischen Experten darüber, bei welcher Art von psychischer Funktionsstörung man von einer Schizophrenie sprechen sollte. (Für die Einzelheiten der folgenden Angaben über Diagnose, Krankheitsverlauf, Häufigkeit usw. verweise ich vor allem auf das – auch für den psychiatrischen und medizinischen Laien gut verständliche – Buch „Das Rätsel Schizophrenie" von H. Häfner). Insbesondere stand lange Zeit eine engere, besonders von europäischen Psychiatern verwendete einer weiteren Definition gegenüber, die vorwiegend von amerikanischen Psychiatern vertreten wurde. In letzter Zeit haben sich die Standpunkte angenähert, was großenteils den Bemühungen der Welt-Gesundheitsorganisation (WHO) zu danken ist. Wie man leicht verstehen kann, haben sich Unterschiede in der Krankheitsdefinition auch auf wichtige epidemiologische Daten ausgewirkt, so auf Angaben über die Häufigkeit der Krankheit in der Bevölkerung, aber auch auf Vorstellungen über den Krankheitsverlauf, die Häufigkeit bei nahen Familien-Angehörigen, zum Beispiel bei Zwillingen, und die Bedeutung von Milieu-Faktoren auf die Entstehung und den Verlauf der Krankheit.

Die Kernsymptome der Schizophrenie sind Wahnvorstellungen, wie etwa Verfolgungswahn, aber auch der Wahn, von einer bestimmten Person geliebt zu werden usw., außerdem Sinnestäuschungen (Halluzinationen, zum Beispiel das „Hören von Stimmen")- und Denkstörungen. Die sehr kritische Auswertung zahlreicher epidemiologischer Daten aus vielen Jahrzehnten durch Häfner veranlasste ihn zu der Schlussfolgerung, dass diese Symptome in allen Ländern, Kulturen und Gesellschaften in annähernd gleicher Gestalt vorkommen. In Verbindung mit solchen „positiven" Symptomen treten, wenn auch in unterschiedlicher Häufigkeit, „Defizit"-Symptome auf, die als mehr oder weniger deutliche Beeinträchtigungen kognitiver, emotionaler und sozialer Funktionen beschrieben werden. Das durchschnittliche Risiko, jemals im Leben an einer Schizophrenie zu erkranken, liegt bei eng definierter Diagnose bei ca. 0,8 %. Allerdings gibt es auch Schizophrenie-ähnliche Wahnerkrankungen, die vor allem in höherem Lebensalter auftreten. Rechnet man sie dazu, dann steigt das Lebenszeit-Risiko auf ca. 1,4 %.

Früher meinte man, die Krankheit beginne mehr oder weniger akut mit den genannten positiven Symptomen; diese Symptome sind es ja, die den Patienten meist zum Psychiater führen und deshalb auch in ärztlichen Krankengeschichten als erste notiert werden. In Wirklichkeit gehen ihnen aber in der Regel „negative Symptome" für längere Zeit, oft für mehrere Jahre voraus, wie sorgfältige Langzeit-Studien gezeigt haben. So kommt es u.a. zu einem Abfall der Leistung durch verminderte Initiative, Aktivität und Antriebs-Verhalten, aber auch zum Verlust von sozialer Kompetenz und im Aufbau von Partner-Beziehungen. Die Krankheit bricht sehr oft zwischen dem 15. und dem 35. Lebensjahr aus, also in einem Alter, in dem man normalerweise seinen Platz im Leben findet, die Berufsausbildung abschließt, in den Beruf eintritt und in der Regel auch den Partner fürs Leben trifft. Die „negativen Symptome", die den nach außen sichtbaren „positiven" Krankheitszeichen vorausgehen, führen dazu, dass die Patienten in Ausbildung und Beruf versagen, dadurch sozial absinken und vereinsamen. Nicht selten ist dann der Missbrauch von Alkohol und Drogen. Zeitweise haben diese Beobachtungen zu dem Fehlschluss geführt, diese sozialen Schwierigkeiten seien die Ursache der Krankheit, während sie in Wirklichkeit die Folgen ihrer relativ unauffälligen Früh-Manifestation sind. Der Verlauf der Krankheit über die Lebenszeit hinweg unterscheidet sich deutlich zwischen verschiedenen Patienten. Bei manchen (ca. 20 %) bleibt es bei einer Krankheits-Phase; das weitere Leben verläuft mehr oder weniger normal. Andere haben mehrere solche Phasen mit nur geringen psychotischen Zeichen dazwischen; und bei wieder anderen kommt es schließlich zu einem schwer krankhaften Endzustand, der die dauernde Pflege in einer Institution notwendig macht.

Wie weit helfen uns nun die Befunde der Humangenetik, die an dieser Krankheit beteiligten Erbanlagen und den Einfluss des Milieus besser zu verstehen?

Dass sich geistige Erkrankungen wie die Schizophrenie in bestimmten Familien – und bei nahen Blutsverwandten von Kranken – häufen, ist seit weit über 100 Jahren bekannt. Schon früh – im Jahr 1916 – legte Ernst Rüdin die wohl erste, nach den damaligen Maßstäben methodisch einwandfreie Familienstudie vor, mit den ersten einigermaßen zuverlässigen Daten über die Häufigkeit dieser Krankheit bei nahen Verwandten Erkrankter in Abhängigkeit vom Verwandtschaftsgrad. Diese Häufigkeit lag weit – meist um ein Mehrfaches – über dem allgemeinen Durchschnitts-Risiko, und das hat sich auch bei späteren Familien-Untersuchungen immer wieder bestätigt. Die ersten, auslesefrei gewonnenen Zwillingsdaten legte Luxenburger schon im Jahr 1928 vor. Danach wurden ungewöhnlich zahlreiche Zwillingsstudien durchgeführt. In Tabelle 3 haben wir nur neuere Daten berücksichtigt, bei denen die Diagnose anhand moderner, standardisierter diagnostischer Kriterien gestellt wurde. Ältere Serien ergaben oft höhere Konkordanzraten, die aber von einer Serie zur anderen stark schwankten. Für diese Unterschiede waren teilweise Unterschiede in der Diagnostik, zum größeren Teil aber solche in der Methode der Erfassung verantwortlich. Wahrscheinlich ist die Schizophrenie diejenige Krankheit, bei der man im Laufe der Jahrzehnte die meisten Zwillingsserien untersuchte. Auch die Diskussion darüber, wie man Zwillinge am besten erfasst, untersucht und auswertet, war bei dieser Krankheit am lebhaftesten (vgl. u.a. Kringlen 2000).

Wie wir sahen, erlaubt es die Zwillingsmethode auch, bei diskordanten EZ den Gesundheitszustand des nicht erkrankten Zwillingspartners zu untersuchen, und vor allem zu fragen, ob sich Unterschiede zwischen den Zwillingspartnern finden, die einen Einfluss darauf haben könnten, warum der eine erkrankt ist und der andere nicht. In der Tat fanden sich bei dem nicht erkrankten Partner in einem hohen Prozentsatz der Fälle psychoseähnliche Zustände, die oft als „borderline states" bezeichnet werden. Auch wurden Besonderheiten der Persönlichkeit häufig beschrieben, so z.B. eine schizothyme Anomalie. Diese Anomalien werden heute unter der Bezeichnung „Spektrum-Störungen" zusammengefasst. Sogenannte „high risk"-Studien, d.h. prospektive Untersuchungen von Kindern schizophrener Mütter im Vergleich zu anderen Kindern ergaben ähnlichen Störungen in einer beträchtlichen Zahl von Fällen. Man findet also in diesen Familien – und bei genauer Untersuchung auch in der Allgemeinbevölkerung – einen kontinuierliche Übergang von normalem Erleben und Verhalten über mehr oder weniger deutlich von der Norm abweichende Zwischenstufen bis hin zu eindeutig krankhaftem Verhalten (Abb. 7). Um einer derartig schwierigen Situation gerecht zu werden, hat man ergänzende Methoden angewendet; so verglich man z.B. Kinder von Schizophrenen, die von nicht verwandten Personen adoptiert worden waren, mit solchen, die bei ihren biologischen Eltern lebten. Auch gelang es, einige Zwillingspaare aufzufinden, die in früher Kindheit getrennt wurden und getrennt aufgewachsen waren. Alle diese Studien zeigten Ergebnisse, die mit der genetischen Hypothese vereinbar waren, aber nicht mit der Vorstellung, die Erkrankung sei durch besondere soziale Interaktionsmuster innerhalb der Familien verursacht. Sogar bei Kindern

Tabelle 3. Konkordanz und Diskordanz für EZ und ZZ bei der Schizophrenie. Ausgewählte, moderne Serien (Maier et al. 1999, modif. durch Häfner 2000).

	EZ		ZZ	
Autoren u. Jahreszahl:	n	Konkordant:	n	Konkordant:
Kringlen 1976:	55	45 %	90	15 %
Farmer et al. 1986:	21	48 %	21	10 %
Onstad et al. 1991:	31	48 %	28	4 %
Franzek & Beckmann 1996:	21	75 %	18	11 %
Cannon et al. 1998:	134	46 %	374	9 %

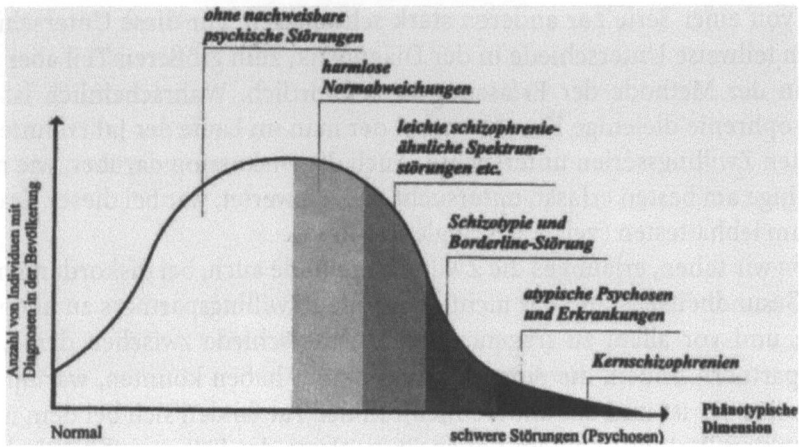

Abb. 7. Schizophrenie und Störungen im Grenzbereich. Beobachtete Variation in der Gesamtbevölkerung zwischen normalen Menschen und manifest Kranken (Nach Häfner 2000).

bezüglich der Krankheit diskordanter eineiiger Zwillinge war das Krankheitsrisiko unabhängig davon, ob diese Kinder von dem kranken oder dem gesunden Zwilling abstammten.

Noch deutlicher, als wir das beim Diabetes wahrgenommen haben, machen uns diese Befunde klar, dass es kein natürliches System der Krankheiten gibt. Krankheiten sind theoretische Konstrukte, die uns helfen, eine Diagnose zu stellen, d.h. durch Zuweisung des Patienten zu einer bestimmten Kategorie „Anleitungen zu sachgerechtem Handeln" zu gewinnen (Wieland 1975). Und auch unter den eineiigen Zwillingspaaren gibt es solche, von denen der eine ärztlicher Hilfe durch den Psychiater bedarf, während der andere auch ohne diese Hilfe auskommt – auch wenn er oft bei genauer Untersuchung ähnliche, wenn auch weniger deutliche Zeichen einer seelischen Störung aufweist.

Welche äußeren Faktoren tragen nun dazu bei, dass viele, genetisch entsprechend disponierte Menschen an Schizophrenie erkranken, andere jedoch nicht? Hier sind im Laufe der Zeit ganz verschiedene Erklärungs-Ansätze versucht worden. Das extremste Beispiel bietet uns hier die „Anti-Psychiatrie" der ersten Jahrzehnte nach dem 2. Weltkrieg. Sie versuchte, die Krankheit aus der Ablehnung abweichenden Verhaltens durch die Mehrheit und die Zuweisung der Krankheitsrolle an den Patienten sowie seine Ausweisung aus der Gesellschaft zu erklären. Nach dieser Auffassung sind Psychiater überflüssig; sie stiften mehr Schaden als Nutzen. Inzwischen ist die antipsychiatrische Bewegung von den Realitäten der Krankheit und der Not der Kranken eingeholt worden, letztlich wegen ihres Unvermögens, den Kranken und ihren Angehörigen die notwendige Behandlung und Hilfe zu gewähren (Häfner 2000). Weiter verbreitet und lange Zeit populärer war die

Meinung, die Krankheit sei durch umweltbedingte psychische Fehl-Entwicklungen bedingt, die schon in früher Kindheit begonnen hätten. Hier waren besonders Autoren beteiligt, die von der Psychoanalyse herkamen, sich aber nicht an den Rat ihres geistigen Vaters, Sigmund Freuds, hielten, Schizophrene lieber nicht mit dieser Methode zu behandeln. So wurde z.B. behauptet, die Mütter hätten durch übertriebene Fürsorglichkeit und Dominanz ihre Kinder in eine Fehlentwicklung hineingetrieben, die schließlich in der Psychose endete. Eine etwas komplexere psychodynamische Theorie war die sogen. „double-bind"-Theorie, nach der den Kindern in der Familie gehäuft unlösbar widersprüchliche Botschaften übermittelt würden. Die Verwirrung werde durch die Unlösbarkeit dieser Widersprüche erzeugt. Weder diese noch andere, auf Vorstellungen der Psychoanalyse beruhende Theorien haben sich bisher bewährt. Sie bringen aber einen weiteren Nachteil mit sich: Nahe Angehörige von Schizophrenie-Patienten, vor allem auch die Mütter junger Patienten, haben ohnehin an der seelischen Belastung durch die psychische Erkrankung eines geliebten Kindes schwer zu tragen. Ihnen dazu noch ohne ausreichende Beweise eine „Mitschuld" an dieser Krankheit aufzuladen, das ist nicht zu verantworten.

Wie allerdings schon die Ergebnisse über leichte „Spektrum"-Anomalien unter nahen Verwandten zeigen (Abb. 7), weist auch die Interaktion zwischen Angehörigen innerhalb betroffener Familien vermehrt Störungen auf. Aber nach allem, was man bisher weiß, kommen sie als Krankheits-Ursachen oder -Mitursachen nicht in Frage. In manchen Fällen können sie allerdings zu einer Verstärkung der Symptome beitragen. Im späteren Verlauf der Krankheit, wenn die akute Psychose abgeklungen ist und der Patient aus stationärer Behandlung nach Hause entlassen wurde, dann ist Psychotherapie meist sehr notwendig. Hier steht aber nicht eine in die Tiefe vordringende, aufdeckende Methode wie die Psychoanalyse im Vordergrund, sondern es sind verhaltenstherapeutische Methoden angezeigt. Besonders in dieser Phase ist Verständnis und Mithilfe seitens der Angehörigen dringend notwendig. Andererseits hatte die frühere Methode, Kranke für Jahre und Jahrzehnte – oft bis zum Lebensende – in „Irrenanstalten" festzuhalten, schwere Sekundärschäden verursacht und dazu beigetragen, dass viele Kranke auf die Dauer unfähig wurden, ein selbständiges Leben zu führen.

Bedeutet das nun, dass Milieufaktoren im weitesten Sinne gar keinen Einfluss darauf haben, ob bei einer genetisch disponierten Person eine Schizophrenie ausbricht oder nicht? Das bedeutet es ganz und gar nicht. Es gibt nämlich einige Befunde bei diskordanten eineiigen Zwillingen, die auf solche Einflüsse hinweisen. So konnte in einer finnischen Studie gezeigt werden, dass der nicht erkrankte Zwilling u.a. schon während der Kindheit der dominierende Partner war. Er war auch meist der bessere Schüler (Tienari, vgl. Vogel u. Motulsky 1997). Andere Hinweise über unterschiedliche psychologische Faktoren sind mehr vage. Risikofaktoren im somatischen Bereich spielen aber offenbar eine viel größere Rolle. Hier sind vor allem kleinere körperliche und neurologische Anomalien zu nennen, die als Zeichen leichter Entwicklungsstörungen des Gehirns betrachtet werden müssen. Sie äußern sich auch nicht selten als Verzögerungen der neuromotorischen, emotionalen und sozialen Entwicklung während der Kindheit, wie durch umfassende epidemiologische Vergleiche mit später gesund gebliebenen Kindern gezeigt wurde. Allerdings sind das statistische Ergebnisse, die keinen Schluss auf den Einzelfall zulassen. Viel häufiger treten bei solchen leicht retardierten Kindern später ganz andere Störungen auf, oder sie wachsen sich ohne weitere Folgen aus. Im Einzelfall sind es also verschiedene genetische Faktoren – oft in Kombination mit leichten, nicht genetisch verursachten Anomalien –, deren Zusammenwirken die Hirnfunktion so stark stört, dass der Mensch sozusagen über die Kante kippt, und es zu einer schizophrenen Psychose kommt. Ist die Hirnfunktion weniger stark gestört, dann kann es zu leichteren Anomalien kommen, die zwar manchmal im sozialen Leben mehr oder weniger stören, aber kein ärztliches Eingreifen erforderlich machen.

Hier ist noch eine weitere Bemerkung notwendig. Auch wenn leichte Störungen in der Gehirnentwicklung ihren Anteil an der Erhöhung der Vulnerabilität für die Psychose haben, so bedeutet das nicht unbedingt, dass diese Störungen durch das Milieu im üblichen Sinne verursacht sind. Sie können diese Ursache haben, aber es kann auch sein, dass eine solche Ursache überhaupt fehlt. Während der Frühentwicklung des Embryo – und speziell, wenn sich das Gehirn herausbildet– läuft nicht jeder Schritt bis in die letzte Zelle hinein fest determiniert ab. Im Rahmen dieser Determination ist durchaus Platz für zufällige Variationen. Sie können zu leichten Verschiebungen innerhalb des neuronalen Netzes führen, und diese Verschiebungen können zu einer höheren oder niedrigeren Vulnerabilität des Gehirnes beitragen.

Dieses schon vom Stande des Phänotyps und der Krankheits-Definition her sehr komplexe Bild wird noch komplexer, wenn man sich nun den molekulargenetischen Befunden der letzten Jahre zuwendet.

Hier hat man die heute üblichen Analysemethoden benutzt, um wenigstens einige der verantwortlichen Gene zu identifizieren. Dabei wurden die folgenden Wege beschritten:

1. Man untersuchte „Kandidaten-Gene", d.h. solche, die auf Grund unserer (unvollständigen) Kenntnis der biochemischen Grundlagen der Gehirn-Störung bei der Schizophrenie etwas mit der Entstehung der Krankheit zu tun haben könnten. So hat man gute Gründe für die Auffassung, dass das System des Neurotransmitters Dopamin beteiligt ist. Im Laufe der Jahre hatte man aber Gene kennen gelernt, die z.B. Enzyme des Dopamin-

Stoffwechsels oder auch Dopamin-Rezeptoren determinieren; also die Stellen, wo Dopamin gleichsam an die Nervenzelle „andocken" kann, so dass Dopamin an seinen Wirkungsort in der Zelle gelangen kann. Solche Gene sind also „Kandidaten". Veränderungen an ihnen könnten etwas mit der Krankheit zu tun haben.

2. In einem zweiten Ansatz hat man einfach das gesamte Genom nach Hinweisen darauf abgesucht, wo für die Krankheit wichtige Gene liegen könnten. Wie wir schon oben am Beispiel des Diabetes mellitus erklärt haben, verwendet man dazu DNA-Marker, also Varianten in der Reihenfolge der Basen in der DNA, von denen man genau weiß, wo sie gelegen sind. Wie schon in Abb. 4 gezeigt, sind z.B. bei Geschwisterpaaren, die das gleiche mutierte Gen besitzen, die diesem Gen eng benachbarten DNA-Marker besonders häufig identisch. Dieser Ansatz ist logisch völlig einwandfrei; für einen Erfolg braucht man aber sehr große Anzahlen erkrankter Geschwisterpaare oder, wenn auch mit noch geringerer Effizienz, Paare anderer naher Blutsverwandter. Wie das Beispiel des Typ 2-Diabetes gezeigt hat, kann dieser Ansatz allerdings durchaus Erfolg haben, aber nur mit weltweiter Organisation der Studien.

3. Ein dritter Weg ist die so genannte „Assoziations-Studie": Man vergleicht eine Serie von Patienten mit einer etwa gleich großen Serie gesunder Kontrollen in der Häufigkeit individueller Varianten von Markern. Die Methode hatten wir schon kennen gelernt, als wir berichteten, dass das Risiko, an der Lepra zu erkranken, für Träger bestimmter Varianten, z.B. der Transplantations-Antigene, etwas erhöht ist. Dort aber war die gefundene Assoziation darauf zurückzuführen, dass das assoziierte Gen direkt etwas mit der Abwehr des Infektions-Erregers zu tun hat. Sucht man jedoch nach Assoziationen von Krankheits-Phänotypen mit DNA-Markern, so kann man mit einem so direkten Zusammenhang nicht rechnen. Sondern eine Assoziation ist nur dann zu erwarten, wenn der DNA-Marker so nahe bei dem gesuchten Genlocus gelegen ist, dass dieser Locus im Laufe der Generationen, die vergangen sind, seit die Mutation in dem Risikogen oder auch der Marker neu aufgetreten ist, nicht durch Rekombinations-Ereignisse im Laufe der sich in jeder Generation wiederholenden Keimzell-Bildungen von dem Marker-Gen getrennt wurde. Der Fachausdruck heißt „Linkage disequilibrium" (Koppelungs-Ungleichgewicht). Der Vorteil dieser Methode ist, dass man keine erkrankten Geschwister benötigt. Man benötigt nur einzelne Kranke und gesunde Kontrollen. Allerdings sind auch hier meist große Zahlen erforderlich.

Die genannten Methoden hat man in einer großen Zahl von Studien mit sehr vielen Patienten angewandt. Um es gleich vorwegzunehmen: Ein Gen, das einen messbaren Anteil an der Krankheits-Disposition hat, konnte noch nicht identifiziert werden. Aber es gibt eine ganze Anzahl von Genen, die etwas mit der Krankheit zu tun haben könnten. Maier et al. haben im Jahr 1999 die bis dahin bekannten Ergebnisse zusammengestellt (Abb. 8). Die mit + versehenen positiven Ergebnisse konnten – zum Teil mehrfach – repliziert werden. Es gibt also Hinweise.

Wir wollen jetzt eine dieser vielen Studien betrachten, die noch auf ein weiteres Problem deutet (vgl. Moises et al. 1995). Die Analyse wurde in drei Schritten vorgenommen. In einem ersten Schritt wurden 413 DNA-Marker untersucht, von denen man weiß, dass jeder von ihnen mehrere Varianten

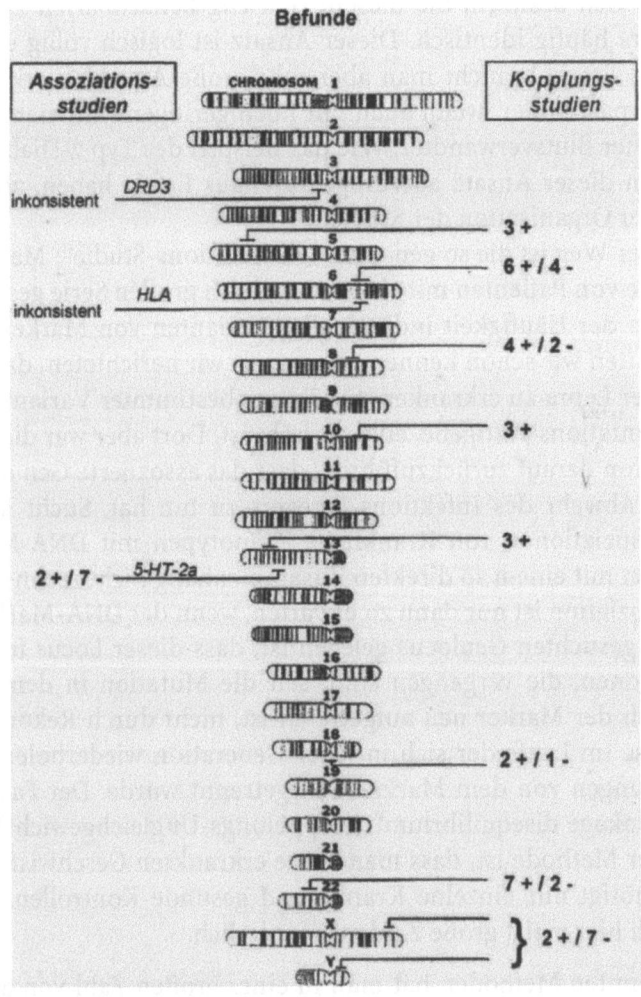

Abb. 8. Ergebnisse von Gen-Lokalisations-Untersuchungen für Schizophrenie bis 1999 (Maier et al. 1999). Die Abbildung gibt die jeweilige Zahl der positiven (+) und negativen Ergebnisse für die einzelnen Chromosomen an.

aufweist. Mit Hilfe dieser Marker wurden große Schizophrenie-Stammbäume in Island getestet. Bei 27 Markern ergaben sich mögliche Hinweise auf die Nachbarschaft eines Gens, das mit der Krankheit zu tun haben könnte. Dann wurden 10 dieser Marker in Familien aus Österreich, Kanada, Deutschland, Italien, Schottland, Schweden, Taiwan, und den USA untersucht. In einem dritten Schritt konnte eine Stichprobe aus China getestet werden; im Unterschied zu den übrigen Stichproben war dies eine Assoziations-Studie. Insgesamt ergaben sich deutliche Hinweise auf ein Gen auf dem kurzen Arm von Chromosom 6, wohl zufällig in der Nähe der Gene für die Haupt-Transplantations-Antigene (HLA). Gleichzeitig zeigte die Studie aber, dass dieses Ergebnis keineswegs in gleicher Weise deutlich bei allen untersuchten Bevölkerungen ausfiel. In manchen spielt es offenbar eine größere Rolle für die Krankheits-Anfälligkeit, in anderen ist diese Rolle viel geringer. Wie schon beim Diabetes ausgeführt, ist das nicht erstaunlich: Genhäufigkeiten variieren nun einmal zwischen Bevölkerungen. Andererseits hängt aber die Disposition für die Schizophrenie offenbar von vielen Genen ab. So verwundert es uns nicht, dass sich in verschiedenen Bevölkerungen die Gen-Mischung für ein Krankheits-Risiko unterschiedlich zusammensetzen kann. Das zeigt aber die – vor allem logistischen – Schwierigkeiten, vor denen man steht, wenn man ein solches System analysieren will. Schließlich wirken ja außerdem auch noch Milieu-Faktoren an der Krankheits-Disposition mit – und auch sie können verschieden wichtig sein.

Hier darf man nun eine ketzerische Frage stellen: Muss man denn wirklich so genau wissen, welche Gene an der Disposition für die Schizophrenie beteiligt sind? Warum eigentlich dieser große Forschungs-Aufwand? Genügt es nicht, die Zeichen und den Verlauf der Krankheit zu kennen und zu wissen, wie man die Patienten zweckmäßig behandelt? Ist der immer tiefer eindringende Wissensdurst der Forscher wirklich berechtigt – von der Gesellschaft als ganzer her gesehen? Oder ist das nur eine, von der Sache her nicht gerechtfertigte Neugierde? Nun, man sollte auch wissenschaftliche Neugier nicht gering achten. Ihr verdanken wir sehr viele nützliche Ergebnisse – auch wenn diese Ergebnisse zunächst nicht geplant waren. Aber Untersuchungen über die an der Schizophrenie-Disposition beteiligten Gene haben auch eine unmittelbar praktische Bedeutung: Ein wesentliches Element für die Behandlung sind die verschiedenen Medikamente (Psychopharmaka vor allem, aber nicht nur Neuroleptica; vgl. Häfner 2000). Bisher ist es weitgehend eine Sache des Probierens, mit welchen Medikamenten man bei den einzelnen Kranken am weitesten kommt. Es wäre ein großer Fortschritt, wenn man die im Einzelfall an der Krankheit vor allem beteiligten Gene besser kennen und auch die individuellen Unterschiede im Um- und Abbau dieser Medikamente adäquat berücksichtigen könnte. Man könnte dann die Therapie ganz individuell darauf abstimmen. Das ist das Ziel einer „Pharmakogenetik der Schizophrenie" (Cichon et al. 2000). Zugegeben, ein anspruchsvolles, aber kein utopisches Ziel.

Zusammenfassende Betrachtungen

In diesem Beitrag zum Oberthema des Bandes „Milieu und Vererbung" wurde an drei Beispielen demonstriert, wie verschiedene Gene mit Einflüssen des Milieus zusammenwirken, um bestimmte, komplex verursachte Krankheiten zu erzeugen. Wir begannen mit einem – jedenfalls auf den ersten Blick – einfachen Beispiel, der Lepra. Die Lepra ist eine Infektionskrankheit, die durch einen seit weit über 100 Jahren bekannten Erreger, den Lepra-Bazillus, verursacht wird. Sie kann also nur dann auftreten, wenn dieser Bazillus bei Menschen innerhalb der näheren Umwelt vorhanden ist. Bei genauerer Betrachtung zeigt sich jedoch Komplexität auf verschiedenen Ebenen: Es gibt Menschen, die – trotz ständiger Exposition – doch nicht an der Lepra erkranken. Andere erkranken an einer Form mit relativ guter Immun-Abwehr – der tuberkuloiden Lepra. Bei wieder anderen ist die Immun-Abwehr so geschwächt, dass die schwere, lepromatöse Form auftritt. Auftreten und Form sind teilweise von den Erbanlagen abhängig – aber eben nur teilweise, sonst dürfte es keine diskordanten eineiigen Zwillinge geben. Diese Diskordanz erklärt sich aber wahrscheinlich zum Teil auch durch Unterschiede im Umgang mit infektiös erkrankten Familien-Angehörigen. Wie wir außerdem sahen, ist es inzwischen gelungen, auf der Ebene der Genwirkung einzelne Gene zu identifizieren, besonders solche, die an der Immun-Abwehr beteiligt sind, deren verschiedene Varianten ihre Träger für den Lepra-Bazillus mehr oder weniger empfänglich machen.

Eine andere Ebene der Variation haben wir bisher noch nicht betrachtet: Genetische Unterschiede gibt es nicht nur beim Wirt, dem der Infektion ausgesetzten Menschen, sondern auch bei dem infizierenden Bakterium. Wie schon gesagt, kann man die Lepra heute wirksam chemotherapeutisch behandeln. Auf der Seite der Erreger führt das dazu, dass immer Varianten herausselektiert werden, die gegen diese Mittel resistent sind. Das gilt nicht nur für den Lepra-Bazillus, sondern eigentlich für alle menschenpathogenen Krankheitserreger. Wichtige Beispiele sind der Tuberkel-Bazillus und das Malaria-Plasmodium. Durch diese Resistenzen werden auf die Menschheit noch ganz schwere Probleme zukommen (vgl. u.a. Eberhard-Metzger & Ries 1996).

Wesentlich komplexer sind die Probleme bei der zweiten, von uns beschriebenen Krankheit – dem Diabetes mellitus. Hier fangen die Schwierigkeiten schon damit an, dass nicht ohne weiteres klar ist, wie man die Zuckerkrankheit definieren soll. Der entscheidende Blutzuckerspiegel ist in der Bevölkerung kontinuierlich verteilt; so bedarf es eines speziellen Experten-

Wissens und einer Einigung unter Experten, um zu entscheiden, von welchem Wert an schädliche Folgen zu erwarten sind – und wo also die Krankheit beginnt. Die entscheidenden Milieu-Faktoren sind bei dem von uns vor allem betrachteten Typ 2-Diabetes die Ernährung und vor allem die Überernährung. Hier sei nur kurz wiederholt, dass das beim Typ 1-Diabetes, der schon in Kindheit und Jugend auftretenden Form, anders ist. Ihn gab es auch in Notzeiten. Und er geht auf Schädigungen der Insulin produzierenden Zellen in der Bauchspeicheldrüse zurück. Doch zurück zum Typ 2-Diabetes! Dass es für die Anfälligkeit gegenüber dieser Form in unserer Bevölkerung genetische Unterschiede gibt, zeigt die relativ hohe Konkordanz bei eineiigen Zwillingen. Und wir lernten Methoden kennen, mit deren Hilfe man ein für das Auftreten dieser Form wichtiges Gen identifiziert hat: Dadurch, dass man es zunächst mit Hilfe von DNA-Markern auf dem Chromosom 2 lokalisierte und es dann mit Hilfe von verschiedenen molekulargenetischen Methoden analysierte. Diese Analyse brachte zwei Überraschungen: Einmal sind Heterozygote (Mischerbige) für zwei Varianten dieses Gens besonders gefährdet, während die Homozygoten (Reinerbigen) dieser beiden Varianten nicht gefährdet sind. Und zweitens determiniert dieses Gen ein Protein – Calpain –, von dem man vorher nicht einmal geahnt hatte, dass es mit dem Zucker-Stoffwechsel irgendetwas zu tun hatte. Das zeigt uns, dass die Analyse auf der Gen-Ebene auch ganz neue Hinweise auf die Pathophysiologie einer Krankheit, und damit – indirekt – auf die normale Physiologie eines Funktionsbereiches liefern kann.

Noch weit schwieriger sind die Probleme, die sich vor uns auftun, wenn wir die Ergebnisse der bisherigen Analysen bei der Schizophrenie betrachten. Hier ist die Definition der Krankheit noch komplexer als beim Diabetes. Und es erwiesen sich nur etwa die Hälfte der eineiigen Zwillingspaare als konkordant, also weniger als beim Diabetes. Die nicht-genetischen Teilursachen sind überwiegend andere, als man zunächst vermutet. Einige Unterschiede in der psychischen Entwicklung zwischen dem erkrankten und dem nicht erkrankten Zwilling konnten zwar nachgewiesen werden; aber sie spielen doch wohl nur eine untergeordnete Rolle. Leichte Störungen des sich entwickelnden Gehirnes in der Frühzeit des Lebens sind offenbar viel wichtiger. Sie sind nur zum Teil im eigentlichen Sinne Milieu-bedingt; Differenzierungs-Störungen, die im Rahmen der physiologischen Streubreite der Entwicklung liegen, sind vielleicht viel wichtiger. Außerdem finden sich am Rande der Krankheit, also in einem Bereich, der meist keiner ärztlichen Therapie bedarf, leichtere Besonderheiten in der Erlebnis-Welt und im Verhalten, die dem Phänotyp der eigentlich Kranken ähnlich sehen und die sich auch bei ihren nahen Blutsverwandten vermehrt finden.

Das bringt uns zu den Befunden, die mit Hilfe vertiefter humangenetischer Methoden erarbeitet wurden – bis hin zur Lokalisation von Genen auf

Chromosomen und zur Analyse ihrer Wirkung. Hier eröffnet sich uns der Blick in einen Bereich hoher Komplexität. Varianten zahlreicher Gene sind offenbar an der Krankheit beteiligt, und zwar in verschiedenen Kombinationen, die sich offenbar von einem Patienten zum nächsten und wohl auch von einer Bevölkerungsgruppe zur anderen unterscheiden. Und doch nimmt die Krankheit – bei allen individuellen Unterschieden – einen mehr oder weniger charakteristischen Verlauf. Es sieht so aus, als ob es zwischen den Genen sowie den von ihnen determinierten Proteinen und dem psychologischen Phänotyp eine „epigenetische" Zwischenebene gäbe, auf der sich – unter dem Einfluss von Genen einerseits und von teilweise Milieu- beeinflussten Entwicklungsvorgängen auf der anderen Seite ein typisches Störungsmuster der Gehirnfunktion herausbilden würde. (Zu dieser epigenetischen Problematik, die sich auch in anderen Bereichen der Humangenetik zeigt, vgl. U. Wolf 1997). Ähnliche komplexe Zusammenhänge zwischen Milieu und Vererbung eröffnen sich auch, wenn man ihr Zusammenwirken bei vielen anderen Krankheiten studiert (vgl. den oben diskutierten Typ II-Diabetes). In einer Zeit, in der mancher zu glauben scheint, die Sequenzierung der DNA des menschlichen Genoms eröffneten einen einfachen und direkten Weg zu phantastischen Möglichkeiten der medizinischen Therapie durch Genmanipulation, sollte uns diese Erfahrung zur Bescheidenheit mahnen.

Literatur

Abel L, Sánchez FO, Oberti J (et al.) (1998) Susceptibility to leprosy is linked to the human NRAMP1 gene. J of Infectious Diseases 177:133–145

Altshuler D, Daly M, Kruglyak L (2000) Guilt by association. Nature Genetics 26:135–137

Bellamy R, Ruwende C, Corrah T (et al.) (1998) Variations in the NRAMP1 gene and susceptibility to tuberculosis in West Africans. New England J Med 338:640–644

Chakravartti MR, Vogel F (1973) A twin study on leprosy. Topics in Hum Genet Vol 1. Georg Thieme Verlag, Stuttgart

Cichon S, Nöthen MM, Rietschel M, Propping P (2000) Pharmacogenetics of schizophrenia.

Dörner G, Plagemann A (1994) Perinatal hyperinsulinism as possible predisposing factor for diabetes mellitus, obesity and enhanced cardiovascular risk in later life. Horm Metab Res 26:213–221

Amer J Med Genet (Sem Med Genet.) 97:98–106

Eberhard-Metzger C, Ries R (1996) Verkannt und heimtückisch – die ungebrochene Macht der Seuchen. Birkhäuser Verlag, Basel etc.

Häfner H (2000) Das Rätsel Schizophrenie. Eine Krankheit wird entschlüsselt. C.H. Beck Verlag, München

Horikawa Y, Oda N, Cox NJ (et al.) (2000) Genetic variation in the gene encoding calpain-10 is associated with type 2 diabetes mellitus. Nature Genetics 26:163–175

Jörgensen G (1974) Erbfaktoren bei häufigen Krankheiten. In: Vogel F (Hrsg) Erbgefüge. Hdb Allg Pathol Bd 9, S 581–665). Springer Verlag, Berlin etc.

Kringlen E (2000) Twin studies in schizophrenia with special emphasis on concordance figures. Amer J Med Genet (Semin Med Genet.) 97:4–11

Maier W, Lichtermann D, Rietschel M (et al.) (1999) Genetik schizophrener Störungen. Nervenarzt 10:955–969

Moises HW, Yang L, Kristbjarnarson H (et al.) (1995) An international two-stage genome-wide search for schizophrenia susceptibility genes. Nature (Genet) 11:321–324

Neel JV (1976) The genetics of diabetes mellitus. In: Creutzfeldt W, Köbberling WJ, Neel JV (eds). Springer Verlag Berlin etc.

Ottenhoff TH, deVries RR (1987) HLA class II immune response and suppression genes in Leprosy. Intern J Lepr 55:521–534

Plagemann A, Dörner G (2001) Materno-fetale, nichthereditäre Transmission erhöhter Diabetes- und Adipositasdisposition. In: Wessel KF et al. (Hrsg) Genom und Umwelt. Kleine Verlag, Bielefeld, S 84–96

Propping P (1983) Genetic disorders presenting as „schizophrenia. Karl Bonhoeffer's early view of the psychoses in the light of medical genetics. Hum Genet 65:1–10

Rüdiger HW, Dreyer M (1983) Pathogenetic mechanisms of hereditary diabetes mellitus. Hum Genet 63:100–106

Tsuang MT, Faraone SV (eds) (2000) Genetics of schizophrenia. Seminars in Medical Genetics Amer J Med Genet Vol 97

Vogel F (1989) Humangenetik in der Welt von heute. 12 Salzburger Vorlesungen. Springer Verlag, Berlin etc.

Vogel F (1990) Humangenetik und Konzepte der Krankheit. Sitzungsber. Heidelb. Akad. d. Wissenschaften, Math.-Nat.Klasse, Jahrgang 1990, 6. Abhandlung. Springer Verlag, Berlin etc.

Vogel F, Motulsky AG (1997) Human genetics. Problems and approaches, 3rd. ed. Springer Verlag, Berlin etc.

Wieland W (1975) Diagnose. DeGruyter Verlag, Berlin

Wolf U (1997) Identical mutations and phenotypic variation. Hum Genet 100:305–321

Begabung und Lernen:
Zur Entwicklung geistiger Leistungsunterschiede

VON FRANZ EMANUEL WEINERT

Kurzzusammenfassung

Die klassische Alternative, ob Lernen und unterschiedliche Intelligenzleistungen durch die Natur festgelegt sind und/oder durch gezielte Bildungseinflüsse entstehen, ist nicht zugunsten einer der beiden Seiten der Alternative zu unterscheiden. Um einem wenig aufschlussreichen „sowohl ... als auch ..." zu entkommen, wird anhand von 3 Langzeitstudien mit exakten statistischen Methoden gezeigt, dass man bezogen auf Lernen und Intelligenzleistung von einer großen Stabilität kognitiver Merkmalsdifferenzen auszugehen hat, die durch zusätzliche Bildungsanstrengungen nicht zu kompensieren sind. Der pädagogischen Utopie einer Egalisierung unterschiedlicher Intelligenzleistungen durch eine Bildungsoffensive, wie man sie in den 60er Jahren propagierte, ist ebenso eine Absage zu erteilen wie den Genen als naturwüchsigen Anlagen und den soziokulturellen Unterschieden die alleinige Verantwortung zuzuweisen, was in den 90er Jahren Herrnstein und Murray in den USA zu belegen suchten.

Manche werden die Überschrift dieses Beitrags für anmaßend halten, ist sie doch mit dem Titel eines Buches identisch, das vom Deutschen Bildungsrat vor genau dreißig Jahren veröffentlicht wurde. Es hat das deutsche Schulsystem bis heute nachhaltig beeinflusst. Einige der in diesem Band enthaltenen Gutachten dienten nämlich als wissenschaftliche Begründung oder Rechtfertigung für revolutionäre Veränderungen des Bildungswesens. Diese Übersicht analysiert die Diskrepanz zwischen pädagogischer Utopie und praktischer Wirklichkeit.

Der damalige Vorsitzende der Bildungskommission im Deutschen Bildungsrat, Karl Dietrich Erdmann, kennzeichnete schon in seinem Vorwort die neue bildungstheoretische Vision: „Wenn für die Erfüllung jeweiliger

Lernanforderungen adäquate Begabung Voraussetzung ist, so gilt nach den Aussagen dieses Gutachtenbandes noch mehr der umgekehrte Satz, dass im Zusammenwirken der Faktoren, durch die Begabung zustande kommt und sich entwickelt, die richtig angelegten Lehr- und Lernprozesse selbst entscheidende Bedeutung besitzen." (Erdmann 1969 S. 5 f.).

„Man ist nicht begabt, sondern man wird begabt", wurde zur hoffungsvollen Maxime, später zur verzweifelten Hoffnung ungezählter Lehrer; die Egalisierung der geistigen Entwicklung unterschiedlicher Menschen durch kompensatorische Bildung wurde zum fundamentalen Ziel vieler Politiker.

Von dieser pädagogischen Vision träumte man nicht nur in der Bundesrepublik Deutschland, sondern auch in Großbritannien, Skandinavien, den Vereinigten Staaten von Amerika und in vielen anderen Ländern. In den USA radikalisierte Benjamin Bloom, ein sehr angesehener und einflussreicher Bildungsforscher, die wissenschaftlich höchst spekulative, aber pädagogisch für gültig gehaltene Annahme: „Was irgendeine Person in der Welt lernen kann, kann fast jede Person lernen, vorausgesetzt, dass das frühere und gegenwärtige Lernen unter angemessenen Bedingungen erfolgt ... die Theorie bietet eine optimistische Perspektive auf das, was Bildung für Menschen leisten kann."

Was für eine pädagogische Utopie; aber auch welch ein psychologisches Fehlurteil! Theoretische Grundlage der pädagogischen Verheißung Blooms war die schlichte, in den 60er Jahren systematisch untersuchte Tatsache eines kompensatorischen Verhältnisses zwischen dem individuellen Niveau der Lehrvoraussetzungen und der benötigten Lernzeit zur Erreichung eines anspruchsvollen Bildungszieles. Wer weniger kann und weniger weiß als andere, muss eben mehr Zeit für zusätzliche, nachholende und ergänzende Lernschritte investieren, um jene Aufgaben meistern zu können, die bessere Schüler bereits früher beherrschen. Man spricht deshalb vom Modell des zielerreichenden Lernens und Lehrens, das aber erst in Verbindung mit der theoretischen Annahme praktischen Sinn macht, dass nämlich die zusätzlich benötigte Lernzeit als Funktion des vorhergehenden systematischen Lernens kontinuierlich abnimmt. Diese Erwartung konnte empirisch nicht bestätigt werden! Ein statistischer Witzbold hatte deshalb schon früh errechnet, dass man die Schulzeit einfach auf einhundertzwanzig Jahre verlängern müsste, damit jeder und jede Heranwachsende einen universitären Abschluss erreicht.

Aus dem umfangreichen und vielfältigen seriösen Forschungsbemühungen zu dieser Thematik mussten die Verfechter einer pädagogischen Egalisierungsillusion mehr oder mindestens resignativ oder aggressiv zur Kenntnis nehmen, dass das Modell des zielerreichenden Lernens zwar für umschriebene Bildungsziele – z.B. beim Erwerb des Lesens, des Schreibens oder der Arithmetik – brauchbar und sogar notwendig ist, dass aber auch unter optimalen schulischen Bedingungen gilt: Hält man bei unterschiedlich begabten Schülern die Lernzeit konstant, so ergeben sich große Leistungsunterschiede; will man die gleichen anspruchsvollen Schulleistungen erreichen, so sind – wenn es überhaupt gelingt – extreme Differenzen der Lernzeit zu erwarten (Slavin 1987).

Unerfüllbare ideologisch-theoretische Hoffnungen sind Wurzeln vieler praktischer Enttäuschungen, was zumindest in den Sozialwissenschaften häufig zu ebenso ideologieanfälligen Kontrasttheorien führt. So auch im Bereich von Begabung und Lernen. Also bei der klassischen Kontroverse über die Erb- oder Umweltdeterminiertheit geistiger Leistungen und Leistungsunterschiede. Innerhalb weniger Jahre schlug das Pendel von der dominierenden Wertschätzung des Lernens zur bevorzugten Fixierung auf stabile Begabungsunterschiede zurück. Dieser Trend ist weltweit zu beobachten, am radikalsten hat sich in der Schule von Herrnstein und Murray „The Bell Curve" (1994) artikuliert.

Das dickleibige, mit Statistiken überladene Werk enthält zwei grundlegende wissenschaftliche Annahmen und eine daraus nicht ableitbare provokante gesellschaftspolitische Schlussfolgerung:

(a) Das Zusammenspiel von Unterschieden der genetischen Ausstattung und der sozioökonomischen Lage in den USA führt in der Entwicklung von Kindern schon sehr früh zu stabilen interindividuellen Unterschieden in kognitiven Kompetenzen, motivationalen Tendenzen und sozialen Verhaltensmustern. Dabei kommt dem Intelligenzquotienten für die gesamte Lebensführung eine Schlüsselrolle zu.

(b) Sozialpädagogische, schulorganisatorische und didaktische Interventionen führen zu keiner bedeutsamen Reduzierung der Intelligenzunterschiede zwischen verschiedenen Kindern und vor allem nicht zu einer Anhebung niedriger intellektueller Fähigkeiten. „Zusammenfassend lässt sich sagen, dass alle Versuche zur Steigerung der Intelligenz eine Geschichte bilden, die durch große Hoffnungen, überzogene Behauptungen und enttäuschende Ergebnisse charakterisiert ist" (Herrnstein und Murray 1994, S.389).

(c) Nach Meinung von Herrnstein und Murray sollte man deshalb künftig auf kompensatorische Förderprogramme, auf Maßnahmen zur Reduzierung kognitiver, schulischer und beruflicher Ungleichheiten sowie auf die öffentliche Propagierung von Chancengleichheit als eines gesellschaftlichen Wertes verzichten und die freiwerdenden finanziellen Ressourcen in die Bildung derjenigen Jugendlichen investieren, die über ein großes geistiges Potential verfügen und die später den größten Teil des nationalen Sozialprodukts erwirtschaften. Im übrigen müsse die amerikanische Gesellschaft wieder lernen, mit individuellen und sozialen Ungleichheiten in Würde und gesellschaftlicher Harmonie zu leben.

Der daraufhin ausbrechende differentialpsychologische, schulpädagogische und gesellschaftspolitische Streit wird inzwischen durchwegs als „Krieg" bezeichnet, der – fünf Jahre nach Erscheinen des Buches – weniger zur Erklärung der Sachfragen als zur Bildung sozialanthropologischer Profilierungsneurosen beigetragen hat.

Bei den zwei wissenschaftlich unhaltbaren Thesen von Bloom einerseits und von Herrstein und Murray andererseits handelt es sich selbstverständlich um Extrempositionen. Eine Durchsicht der wissenschaftlichen wie der populärwissenschaftlichen Literatur zeigt aber, dass sich die radikalen Standpunkte in vielfältigen Schattierungen als mehr oder minder einseitige theoretische Voreingenommenheiten in vielen humanbiologischen und pädagogisch-psychologischen Arbeiten wiederfinden.

Was an der zeitgeschichtlich interessanten Veränderung von stark umweltsoziologischen Einstellungen zu betont erbtheoretischen Positionen innerhalb weniger Jahre besonders erstaunt, ist das Fehlen neuer Erkenntnisse, die als wissenschaftliche Erklärungen dafür dienen könnten. Auf dem Gebiet der verhaltens- wie der molekulargenetischen Intelligenzforschung gibt es zwar viele und große methodische Fortschritte, aber keine revolutionären empirischen Befunde, die einen radikalen Wechsel wissenschaftlicher Annahmen über die Notwendigkeiten, Möglichkeiten, Grenzen und Spielräume der Bildung für die geistige Entwicklung des Menschen rechtfertigen würden.

- Dass 50% oder etwas mehr der interindividuellen Fähigkeitsunterschiede durch Erbeinflüsse erklärbar sind, weiß man aus den übereinstimmenden Resultaten von Zwillingsuntersuchungen und Adoptionsstudien seit langem.
- Dass die Einflüsse kollektiv erfahrener Umwelten im Verlauf des Lebens ab- und die Wirkungen individuell erlebter Eigenwelten zunehmen, ist ebenfalls nicht neu.
- Dass Erb- und Umwelteffekte nicht unabhängig voneinander sind, sondern in starkem Maße kovariieren, liegt seit Jahrzehnten auf der Hand (vgl. Sternberg & Grigorenko 1997).

Das fatale am gegenwärtigen Erkenntnisstand ist, dass sowohl erb- als auch umwelttheoretische Deutungen der individuellen Entwicklungen möglich sind. Daraus ergibt sich eine erhebliche Ideologieanfälligkeit der gesamten Forschungsrichtung. Denn die Tatsache, „dass ungefähr die Hälfte der Varianz intellektueller Leistungen genetischen Differenzen zwischen den Individuen zuzuschreiben ist", bedeutet trivialerweise auch, „dass ungefähr die Hälfte der Varianz in ihrem Ursprung nicht genetisch determiniert ist" (Plomin 1988).

Auch wenn man in naher Zukunft massive molekulargenetische Erkenntnisfortschritte erwarten kann, dürfte sich an der pädagogisch relevanten wissenschaftlichen Gesamtsituation nach der Überzeugung führender Fachvertreter auf diesem Forschungsgebiet wenig ändern. Es erscheint deshalb unergiebig, wieder und wieder nach abschließenden wissenschaftlichen Antworten auf die fundamentale Frage nach den biologischen Erb- und soziokulturellen Umweltdeterminanten der geistigen Entwicklung zu suchen. Zweckmäßiger dürfte es ein, nach der Stabilität kognitiver Leistungsunterschiede zu verschiedenen Zeitpunkten des menschlichen Lebenslaufes zu fahnden, um die Möglichkeiten, Bedingungen, aber auch Grenzen der Veränderbarkeit interindividueller Leistungsdifferenzen zu analysieren.

Das soll im Folgenden geschehen. Dabei wird die einschlägige Literatur vorwiegend als Hintergrundinformation benutzt, um einige Ergebnisse aus drei größeren Studien zu interpretieren, die in den zwei vergangenen Jahrzehnten am Max-Planck-Institut für psychologische Forschung in München durchgeführt wurden:

- Eine Longitudinalstudie zur Genese individueller Kompetenzen (kurz: LOGIK), an der mehr als 220 Kinder zwischen ihrem 3. und 12. Lebensjahr teilnahmen und mehrmals jährlich beobachtet, befragt, getestet und unter experimentellen Bedingungen studiert wurden. Nach 5-jähriger Unterbrechung konnten 94 % der inzwischen 17 Jahre alten Jugendlichen für eine erneute intensive Untersuchung gewonnen werden, so dass nunmehr Längsschnittdaten für einen Zeitraum von vierzehn Jahren verfügbar sind (Weinert & Schneider 1999).

- Eine Untersuchung über schulorganisierte Lernangebote zur Sozialisation von Talenten, Interessen und Kompetenzen (kurz: SCHOLASTIK), an der sich neben 118 Kindern der LOGIK-Stichprobe mehr als 1100 Mitschüler in 54 Klassen während der gesamten Grundschulzeit beteiligten. Die Kinder wurden pro Schuljahr neun Mal im regulären Unterricht beobachtet und getestet (Weinert & Helmke 1997). Abb. 1 gibt einen Überblick über den Verlauf und die Verzahnung der kombinierten LOGIK- und SCHOLASTIK-Studien.

- Eine genetisch orientierte Lebenslaufstudie zur Differentialentwicklung (kurz: GOLD) mit ein- und zweieiigen Zwillingen. Begonnen wurde diese Untersuchung im Jahr 1937 unter Leitung von Kurt Gottschaldt am Kaiser-Wilhelm-Institut für Anthropologie, menschliche Erblehre und Eugenik. Beteiligt waren 90 Zwillingspaare im Alter von 11 Jahren. 53 der Paare wurden 1965/1966, also im 40. Lebensjahr, erneut untersucht. Nach dem Tode von Kurt Gottschaldt konnte die Studie die seit 1992 am Max-Planck-Institut für psychologische Forschung weitergeführt werden. Neben den verbliebenen – inzwischen 70 Jahre alten – 32 Zwillingspaaren der

Gottschaldt'schen Längsschnittstichprobe wurden zusätzlich mehr als 180 Zwillingspaare im Alter von 65–85 Jahren für eine Teilnahme an der Studie gewonnen (Weinert & Geppert 1998). Abb. 2 enthält die Details der GOLD-Untersuchung.

Mit Hilfe der drei Datensätze, die in dieser Form nur unter den besonderen, forschungsförderlichen Bedingungen eines Max-Planck-Instituts gewonnen werden konnten, lassen sich einige wesentliche Fragen zur differentiellen Entwicklung geistiger Kompetenzen während der Lebensspanne beantworten. Das wird im Folgenden in fünf Schritten geschehen.

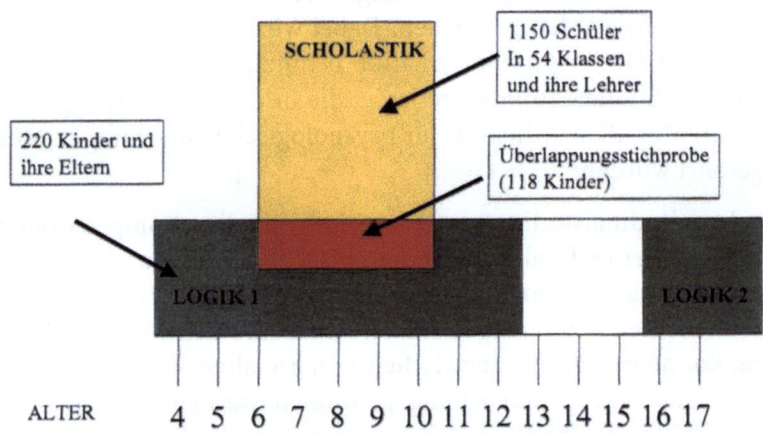

Abb. 1. Verzahnung der beiden Projekte LOGIK und SCHOLASTIK

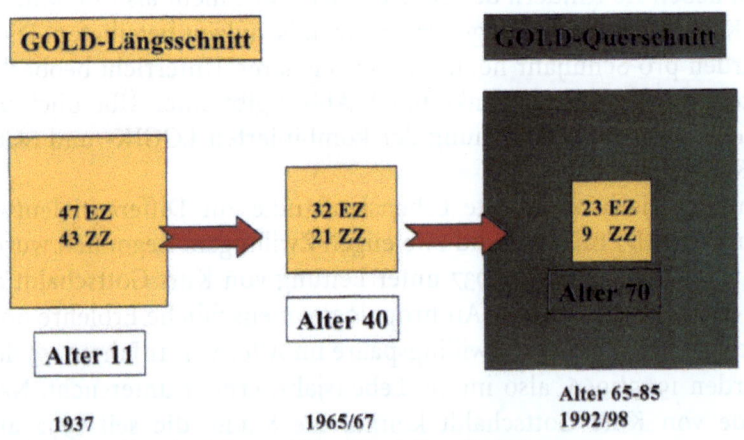

EZ = Eineiige Zwillinge; ZZ = Zweieiige Zwillinge

Abb. 2. Verlauf der GOLD-Studie

Die Bedeutung des individuellen Lernens für den Erwerb geistiger Kompetenzen

Welche Rolle spielen kognitive Lernprozesse bei der Entwicklung geistiger Fähigkeiten und Kompetenzen? Verweisen die Besonderheiten des frühen Spracherwerbs, die universellen Regularitäten der psychomotorischen Entwicklung oder die alterstypischen Veränderungen des kindlichen Denkens nicht auf genetisch vorprogrammierte, hirnorganische Reifungsprozesse, so dass dem Lernen nur eine marginale, verhaltensspezifizierende Bedeutung zukommt? Dem ist nicht so! Alle geistigen Kompetenzen müssen gelernt werden. Lernen ist in der Ontogenese ein ubiquitäres Geschehen, dessen Ergebnisse wir im Verhalten und Erkennen als Entwicklungskurven, Wachstumsfunktionen oder Veränderungssequenzen darstellen können. Vorausgesetzt, man verfügt über zuverlässig standardisierte Messverfahren, die weder alterstypische Boden- noch Deckeneffekte aufweisen, so lassen sich im Kindes- und im Jugendalter in allen Verhaltensbereichen massive Leistungsverbesserungen nachweisen.

Also ließe sich die geistige Entwicklung einfach mit kognitivem Lernen gleichsetzen? Das ist einer der gravierenden Fehlschlüsse mancher Lerntheoretiker. Lernen bedeutet nämlich vor allem in der frühen Kindheit nicht das Erwerben beliebiger Informationen und Verhaltensdispositionen zu beliebigen Zeitpunkten, sondern unterliegt einigen grundlegenden Beschränkungen.

Der Mensch ist zum Zeitpunkt der Geburt keineswegs eine Tabula rasa, sondern verfügt neben den generellen assoziativen Lernmechanismen über domänspezifische Lernpotentiale, die sich bereits im Säuglingsalter nachweisen lassen. Dazu gehören spezielle Formen der sozialen Wahrnehmung, linguistische und numerische Kompetenzen sowie Einsichten in physikalische und biologisch-psychologische Prinzipien. Diese artspezifische geistige Grundausstattung ist im strengen Sinne des Wortes das Erbe unserer Stammesgeschichte, mit anderen Worten: Es gibt schon in der frühesten Kindheit domänspezifische Lernpotentiale, die man sich als privilegierte hirnorganische Verschaltungsmöglichkeiten vorstellen kann, und die auf der einen Seite die Spielräume möglicher Erfahrung einengen, auf der anderen Seite aber gerade deshalb die Wirksamkeit bestimmter Lernvorgänge dramatisch verstärken. Diese Lernprozesse sind kumulativ, also aufeinander aufbauend, folgen einer mehr oder minder deutlichen Sachlogik und führen zu deklarativen wie prozeduralen Kompetenzen, die sich nicht als Bündel gespeicherter Information, sondern als organisierte Wissenssysteme charakterisieren lassen.

Sinnvolles Lernen heißt demnach von Anfang an, neue Informationen in eine bereits verfügbare Wissensbasis einzugliedern. Verstehen ergibt sich aus dem Zusammenspiel wohlorganisierter Informationssysteme, die wir als Wissen bezeichnen. Es ist deshalb mehr als ein metaphorisches Sprachspiel, wenn man das Wissen auch schon bei kleinen Kindern in Analogie zu wissenschaftlichen Theorien betrachtet, denn es erlaubt den Heranwachsenden auf allen Altersstufen, ihre Welt auf ihre Weise zu verstehen, Ereignisse plausibel zu erklären, Dinge vorherzusagen und dem eigenen Handeln Orientierung zu geben.

Interindividuelle Unterschiede beim Erwerb geistiger Kompetenzen

Neben den entwicklungspsychologischen und sachlogischen Beschränkungen des Lernens gibt es differentialpsychologische Begünstigungen und Benachteiligungen, deren wissenschaftliche Erfassung im Säuglings- und frühen Kindesalter noch ganz am Anfang steht.

Konzentriert man sich auf die kognitiven Veränderungen während der Vorschul- und Schulzeit, so erweist sich das Entwicklungstempo als ein überaus interessantes differentielles Merkmal. Kinder unterscheiden sich schon früh in der Geschwindigkeit, Menge und Qualität von Lernprozessen, die in einer bestimmten Zeiteinheit stattfinden. Daraus ergeben sich individuell unterschiedliche Wachstumskurven. Abb. 3 zeigt den erwarteten Verlauf.

Von besonderer theoretischer Bedeutung ist dabei, dass die Steigungswinkel der Kurven zu verschiedenen Zeitpunkten der Entwicklung eine brauchbare Prognose der Asymptote, also des erreichbaren Entwicklungsniveaus erlauben.

Im Vergleich zu der in Abb. 3 dargestellten naturwüchsigen Entwicklungen halten es optimistische Bildungstheoretiker allerdings für möglich, dass sich die vorfindbaren interindividuellen Entwicklungsunterschiede durch

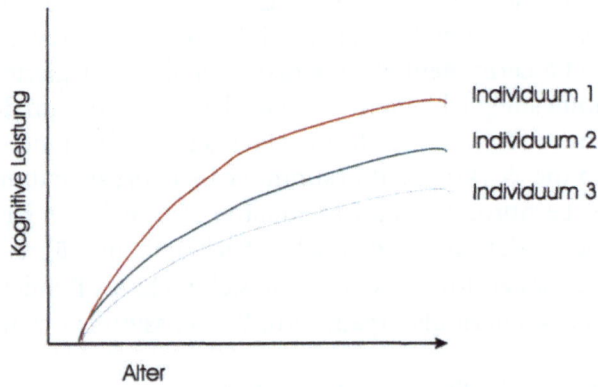

Abb. 3. Individuelle Unterschiede in der Entwicklung kognitiver Leistungen (beobachtete Entwicklungsverläufe)

Begabung und Lernen: Zur Entwicklung geistiger Leistungsunterschiede

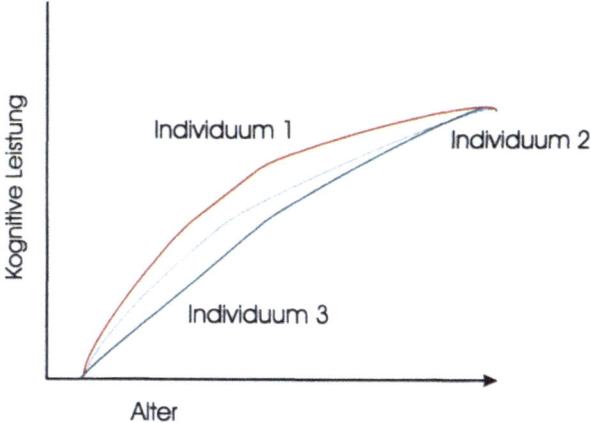

Abb. 4. Individuelle Unterschiede in der Entwicklung kognitiver Leistungen (unter optimalen Lernbedingungen erhoffte Entwicklungsverläufe)

Optimierung der schulischen Lernprozesse angleichen lassen. Abb. 4 veranschaulicht dieses Entwicklungsmodell.

Betrachtet man die zu dieser Kontroverse vorliegenden empirischen Befunde, so belegen sie eindeutig die Stabilität interindividueller Unterschiede bei der Entwicklung anspruchsvoller geistiger Leistungsfähigkeiten. Nimmt man als Beispiel die Entwicklung der Intelligenz, so zeigt Abb. 5, dass sich die drei mit Hilfe einer Clusteranalyse identifizierten Niveaugruppen parallel mit einer leichten Spreizungstendenz verändern.

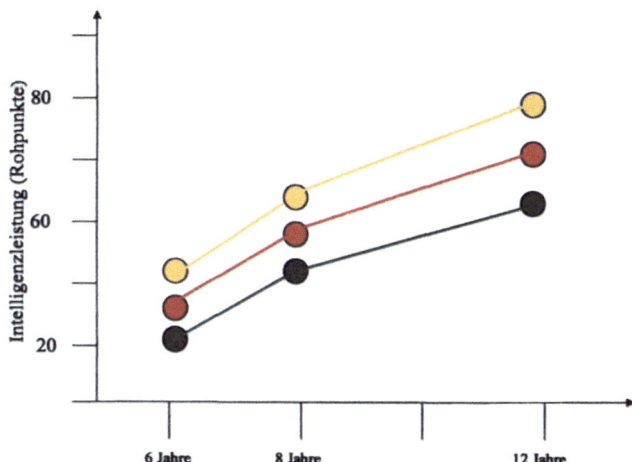

Abb. 5. Entwicklung der Intelligenzleistungen bei schlechtem (rot), durchschnittlichem (gelb) und gutem (grün) Leistungsniveau

Dieses Muster der differentiellen Entwicklung scheint für das gesamte Kindesalter typisch zu sein. Es muss allerdings in dreifacher Hinsicht spezifiziert werden:

- Bei allen kognitiven Kompetenzen, bei denen sich in der Frühphase der Ontogenese bedeutsame interindividuelle Unterschiede zeigen, bleiben diese Differenzen langfristig auch unter dem Einfluss extern angeregter und geförderter Lernprozesse erhalten und beeinflussen in bedeutsamer Weise das individuell erreichbare, maximale Leistungsniveau im frühen Erwachsenenalter.
- Bei den meisten kognitiven Kompetenzen können fast alle geistig gesunden Kinder ein Entwicklungsniveau erreichen, das ihre spätere aktive Teilhabe am sozialen, kulturellen und beruflichen Leben der Gesellschaft ermöglicht. Das erfordert allerdings eine Vielzahl und Vielfalt von Lernprozessen, die vor allem bei den leistungsschwächeren Kindern möglichst optimal gefördert werden müssen.
- Für die Entwicklung vieler geistiger Kompetenzen gilt unter den gegebenen soziokulturellen Bedingungen sogar eine Art Matthäusprinzip. Wer zu einem bestimmten Zeitpunkt im Vergleich zu anderen über bessere individuelle Lernvoraussetzungen verfügt, wird von gleichen Lernangeboten, Lerngelegenheiten und Lernanforderungen stärker profitieren. Das führt in der kognitiven Entwicklung notwendigerweise zu Schereneffekten, dass heißt zu einer Spreizung der interindividuellen Leistungsunterschiede, wenn nicht kompensatorische Einflüsse wirksam werden. Das ist zum Beispiel in den deutschen Grundschulen programmatisch der Fall, sollte aber auf den Erwerb aller basalen Leistungsdispositionen ausgeweitet werden, wobei den Hauptschulen eine besonders wichtige Funktion zukommt.

Die Stabilität interindividueller Intelligenz-, Lern- und Leistungsunterschiede

Versteht man unter Begabung die Gesamtheit jener kognitiven Faktoren, welche die Stabilität von individuellen Lern- und Leistungsunterschieden auch unter variablen Umwelteinflüssen und unter gezielten didaktischen Interventionen determinieren, so stößt man einerseits auf relativ allgemeine intellektuelle Fähigkeiten und anderseits auf domänspezifische Kompetenzen.

Abb. 6 veranschaulicht beispielhaft die Zusammenhänge innerhalb und zwischen der Entwicklung intellektueller Fähigkeiten und mathematischer Kompetenzen während der Vor- und Grundschulzeit. Bei den in dieser Grafik benutzten Koeffizienten bedeutet der Wert +1 die maximale Gleichheit der Unterschiede, der Wert 0 verweist auf einen fehlenden Zusammenhang.

Alle Daten stammen von denselben Kindern der LOGIK-Studie. Analysiert man die im Bild dargestellten zwei Stränge der kognitiven Entwicklung, so beeindruckt vor allem die zunehmende Stabilität der Kompetenzunterschiede zwischen verschiedenen Kindern. Das gilt sowohl für die allgemeine Intelligenz als auch für die mathematische Kompetenz. Wer am Anfang der Grundschule besser ist als andere, besitzt eine überzufällige Wahrscheinlichkeit, dass er oder sie eine ähnliche Position auch am Ende der Grundschulzeit einnimmt. Leider gilt die gleiche Stabilität auch für die weniger leistungstüchtigen Schüler. Dieser Trend nimmt im Verlauf der späteren Kindheit und des Jugendalters zu – sieht man von gelegentlichen Leistungsirritationen bei manchen Heranwachsenden ab.

Es wäre jedoch eine einseitige Akzentuierung der empirischen Daten, würde man nicht auch die Variabilität der kognitiven Entwicklung hervorheben. Einige Kinder verbessern, andere verschlechtern sich im Vergleich zu ihren Mitschülern. Das gilt sowohl für die intellektuellen Fähigkeiten als auch für die verschiedenen Schulleistungen. Drastische Veränderungen sind allerdings seltene Ausnahmen. Leider ist es in den bisherigen Datenanalysen noch nicht gelungen, die Stabilität und Variabilität der interindividuellen Entwicklungsunterschiede als Folge interner Personmerkmale und/oder externer Umwelteinflüsse zu erklären.

Von erheblichem wissenschaftlichen wie praktischen Interesse ist die Tatsache, dass auch bedeutsame individuelle Differenzen in den mathematischen Kompetenzen schon im Vorschulalter nachweisbar sind und die weitere

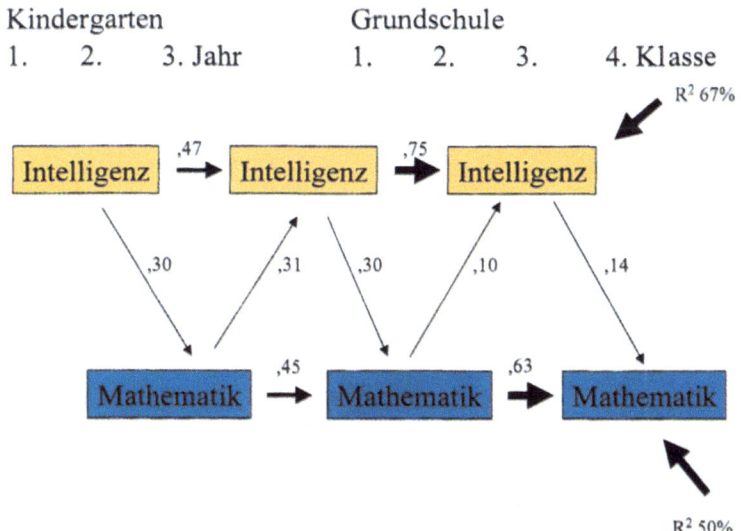

Abb. 6. Vorhersagemodell der Mathematikleistungen in der 4. Grundschulklasse

Entwicklung in diesem Bereich stärker determinieren als die allgemeinen Intelligenzunterschiede.

Dabei gilt: Kompetenz ist nicht gleich Kompetenz, Wissen ist nicht gleich Wissen. Überdurchschnittliche intellektuelle Fähigkeiten, spezielle Begabungen und verständnisintensive Lernprozesse erhöhen die Qualität des erworbenen Wissens und Könnens, das heißt dessen Organisiertheit, Abstraktheit, Anpassungsfähigkeit und Zugriffsmöglichkeit. Man kann deshalb von der Entwicklung mehr oder minder intelligenten Wissens sprechen.

Am offenkundigsten ist die Stabilität der individuellen Merkmalsunterschiede bei den intellektuellen Fähigkeiten. Abb. 6 zeigt diesen Trend für die Zeit der Kindheit. Die gleiche Tendenz setzt sich im Jugend- und frühen Erwachsenenalter fort, wie die Ergebnisse zahlreicher Längsschnittstudien übereinstimmend belegen. Überaus beeindruckend sind die extrem geringen interindividuellen Veränderungen zwischen dem 40. und 70. Lebensjahr, wie sich aus Abb. 7 ersehen lässt.

Ordnet man die Probanden aufgrund der 1965 erzielten Testleistungen in einer Rangreihe, so ergeben sich über eine dreißigjährige Zeitspanne hinweg fast keine Positionsverschiebungen, obwohl auch in dieser Altersperiode vielfältige Prozesse des Lernens, des Wissenserwerbs und der Gewinnung neuer Erfahrungen stattfinden. Alles in allem: Kinder werden älter und allmählich erwachsen, erwerben dabei riesige Mengen von Informationen, verbessern ihre geistigen Kompetenzen in markanter Weise, erlernen verschiedenste Berufe und bleiben im Vergleich zu ihren Altersgenossen im intellektuellen Niveau doch fast die alten.

HAWIE-Kennwert	Stabilität	Korrigierte Stabilität
Gesamt-IQ	0,88	0,92
Verbal-IQ	0,88	0,92
Handlungs-IQ	0,79	0,93

Abb. 7. Stabilität der Intelligenzkennwerte zwischen dem 40. und 70. Lebensjahr, korrigiert durch die Reliabilität der Messinstrumente

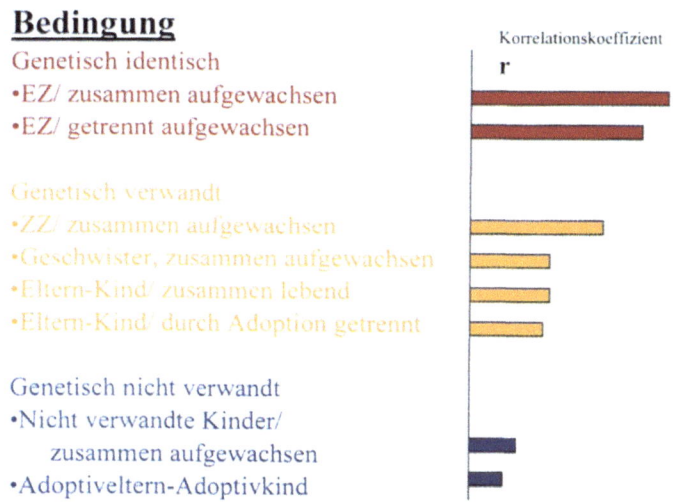

Abb. 8. Korrelationskoeffizienten für die IQ-Werte von genetisch identischen, genetisch verwandten und genetisch nicht verwandten Menschen

Was sind die Ursachen dieser Stabilität kognitiver Merkmalsdifferenzen? Natürlich muss bei der Beantwortung dieser Frage an erster Stelle die Verschiedenheit der genetischen Ausstattung genannt werden (vgl. Abb. 8).

Abb. 8 zeigt einen repräsentativen Überblick über die Befunde zur Ähnlichkeit des Intelligenzquotienten bei genetisch identischen (erste zwei Zeilen), genetisch verwandten (mittlere vier Zeilen) und genetisch nicht verwandten Menschen (letzte zwei Zeilen), die entweder zusammen oder getrennt leben bzw. aufgewachsen sind. Die Graphik zeigt die größere Bedeutung der Erb- im Vergleich zu den Umwelteinflüssen auf die intellektuelle Entwicklung. Die für ein- und zweieiige Zwillinge dargestellten Werte stimmen mit den entsprechenden Ergebnissen der GOLD-Studie überein. Bei 65- bis 70-jährigen eineiigen Zwillingen sind die IQ-Differenzen extrem gering. Sie liegen fast alle innerhalb einer halben Standardabweichung, um es technisch auszudrücken (Dörfert 1996).

Neben der genetischen Ausstattung lässt sich die hohe Stabilität individueller Intelligenzunterschiede aber natürlich auch auf Umwelteinflüsse zurückführen, die bereits in der Kindheit bedeutsam mit dem Genotypus korrespondieren. Das bedeutet in den meisten Fällen nicht nur die Identität der leiblichen Eltern als Träger des genetischen wie soziokulturellen Erbes, sondern auch die im Alter zunehmende Selektion und Gestaltung der individuellen Umwelt durch den einzelnen Menschen – selbstverständlich stets in mehr oder minder großer Übereinstimmung mit dem Genotypus.

Diesen mächtigen kausalgenetischen Bedingungen für die Entstehung, Aufrechterhaltung und Verstärkung der Stabilitäten interindividueller Unterschiede in den kognitiven Kompetenzen stehen nur begrenzte kompensatorisch oder gegenläufig wirkende Mechanismen gegenüber. Es können dies die ideosynkratischen sozialen Interaktionen innerhalb der Familie, die gleichaltrigen Freunde und die durch sie definierten neuen sozialen Bezugsgruppen, vielfältige Medieneinflüsse, Schulen, berufliche Konstellationen, Eheschließungen, kritische Lebensereignisse und Zufälle der verschiedensten Art sein, wobei die Variabilität der individuellen Lebensverhältnisse in der Regel sehr begrenzt ist.

Die Entwicklung theoretischer Modelle zur Verknüpfung all dieser Einflussfaktoren auf die Stabilität und Variabilität interindividueller Unterschiede der geistigen Entwicklung ist ein wissenschaftliches Feld, in dem es mehr offene Fragen als befriedigende theoretische Antworten gibt. Was hier aus guten Gründen unterbleibt, ist der beliebte Versuch, die Erbeinflüsse, die Effekte der von Zwillingen gemeinsam erlebten Umwelt und die Wirkungen der von jedem Individuum spezifisch erfahrenen Umwelt auf die intellektuelle Entwicklung zu separieren und in Prozentanteilen auszudrücken. Das kommt nämlich in mancher Hinsicht dem Unterfangen gleich, eine Gemüsesuppe erb- und umweltspezifisch analysieren zu wollen –wie der „New Yorker" vor einiger Zeit sarkastisch bemerkte.

Die Rolle der Schule beim Erwerb geistiger Kompetenzen

Weltweit ist zum gegenwärtigen Zeitpunkt niemand in der Lage, die Zusammenhänge zwischen individuellen Lernvoraussetzungen, typischen Lernprozessen und stabilen Leistungsunterschieden durch Erb-, Umwelt-, Entwicklungs- und Situationseinflüsse befriedigend zu erklären. Die wissenschaftlich zweifelsfrei nachgewiesenen Unterschiede in der Lernwirksamkeit und – damit zusammenhängend – im Leistungsniveau zwischen verschiedenen Kindern rechtfertigen aber die theoretische Annahme von stabilen interindividuellen Begabungsdifferenzen. Welche Rolle spielt diese im Bildungssystem? Um auf diese Frage eine Antwort geben zu können, muss man sie zuerst in zwei sehr unterschiedliche Teilfragen zerlegen, denn es geht zum einen um die Lernfortschritte aller, also um das Erreichen bestimmter Bildungsziele; zum anderen handelt es sich um die Reduzierung von Leistungs- und Begabungsunterschieden zwischen den Individuen.

Für den Erwerb geistiger Kompetenzen, insbesondere jener, die wir in unserer wissenschaftlich- technisch überformten Welt benötigen, ohne dass sie in der naturwüchsigen Umwelt der Kinder „gelehrt" werden, sind Schulen notwendige, unentbehrliche und auch wirksame Institutionen. Die nachwachsende Generation lernt im wesentlichen das, was ihr an Lerninhalten in den Schulen angeboten wird, und sie lernt es – allerdings begabungsabhängig – in einer Güte, die weitgehend durch die Qualität des Unterrichts beeinflusst wird.

Die Situation stellt sich völlig anders dar, wenn es nicht um Lernfortschritte und Leistungssteigerungen bei allen Schülern geht, sondern um den Abbau von Leistungsdifferenzen und Begabungsunterschieden zwischen verschiedenen Schülern. Das ist nur in sehr begrenztem Maße möglich.

Aus diesen gut gesicherten wissenschaftlichen Befunden lassen sich zwei divergierende schulpraktische Schlussfolgerungen ziehen:

- Die optimistische Botschaft bezieht sich auf das Lernen als dem wichtigsten Mechanismus der kognitiven Entwicklung. Die individuellen Lernpotentiale werden in unseren Schulen noch keineswegs optimal ausgeschöpft. Das gilt sowohl für Hochbegabte als auch für begabungsschwächere Schüler, die eine intensive didaktische Förderung benötigen. Noch so gut gemeint sozialpädagogische Maßnahmen können dafür kein Ersatz, sondern nur eine Ergänzung sein.
- Die pessimistische wissenschaftliche Botschaft gilt dem Versuch, die stabilen Begabungs-, Lern- und Leistungsunterschiede zwischen den Schülern aufzuheben. Sowohl in einer Hauptschulstudie als auch in der SCHOLASTIK-Untersuchung konnte überzeugend nachgewiesen werden, dass massive Bemühungen in dieser Richtung sogar dysfunktional für die individuellen Lernfortschritte sein können.

Persönliche Determinaten der beruflichen Entwicklung

Vergleicht man die Entwicklung intellektueller Fähigkeiten und basaler kognitiver Kompetenzen während der Schulzeit mit der Mannigfaltigkeit beruflicher Spezialisierungsnotwendigkeiten, so wird der Wechsel von Allgemeinbildung zum Erwerb tätigkeitsspezifischer Expertise offenkundig. Durch viele wissenschaftliche Studien wird die alltägliche Erfahrung bestätigt, dass innerhalb der Grenzen breit definierter Begabungs- und Spezialbegabungsniveaus sehr unterschiedliche Wissensinhalte, Handlungsroutinen, methodische Kompetenzen und andere Verhaltensdispositionen erworben werden können.

Darf man unter diesen Umständen überhaupt eine Stabilität kognitiver Merkmale und langfristige Einflüsse juveniler Begabungsunterschiede auf die berufliche Entwicklung erwarten? Klassifiziert man Berufe nicht nach ihren spezifischen Tätigkeitsmerkmalen, sondern aufgrund ihrer geistigen Anforderungen, so erhält man auf die gestellte Frage eine interessante empirische Antwort, wie Abb. 9 demonstriert. Dargestellt ist ein Pfadmodell zur Vorhersage der intellektuellen und der beruflichen Entwicklung im Erwachsenenalter. Erwartungsgerecht ist die hohe Stabilität der Intelligenzunterschiede, wobei der etwas schwächere Zusammenhang zwischen den im 11.

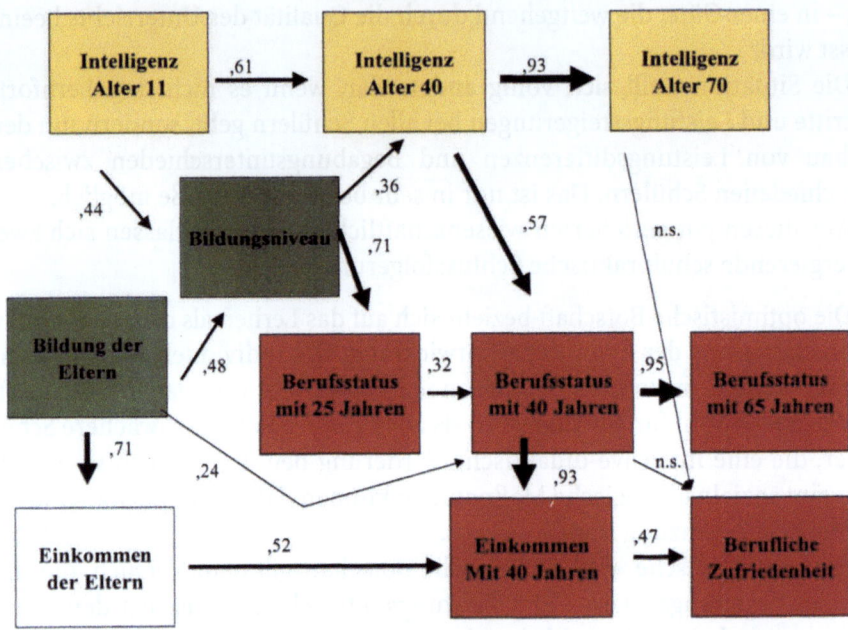

Abb. 9. Pfadmodell zur Vorhersage der intellektuellen und beruflichen Entwicklung

und im 40. Lebensjahr erhobenen Werten auf einen Wechsel des Messverfahrens in der GOLD-Studie zurückzuführen sein dürfte. Auffällig, aber auch erwartungsgemäß ist die Bedeutung des erreichten Bildungsniveaus für die berufliche Karriere, wobei die niedrigen numerischen Werte zwischen dem mit 25 und dem mit 40 Jahren erreichten Berufsstatus auf die Besonderheiten der Kriegsgeneration und ihrer beruflichen Entwicklung in der unmittelbaren Nachkriegszeit zurückzuführen ist.

Dass dabei die ökonomische Situation der Eltern sich differentiell auf die spätere ökonomische Situation der Kinder ausgewirkt hat, erstaunt nicht sehr. Interpretationsbedürftig ist eher die Tatsache, dass die berufliche Zufriedenheit im Rentenalter stärker von der ökonomischen Lage als vom früher erreichten Berufsniveau und von der intellektuellen Leistungsfähigkeit abhängig ist.

Dass die moderne Berufswelt weder dem Modell einer Kadettenanstalt noch einer philosophischen Gerechtigkeitstheorie entspricht, verdeutlichen die letzten zwei Schaubilder. Während Abb. 10 zeigt, dass Erwachsene mit hoher intellektueller Leistungsfähigkeit im Beruf durchwegs erfolgreich sind, demonstriert Abb. 11, dass unterdurchschnittlich intelligente Menschen eher schlechte berufliche Aussichten haben, es sei denn, ihre Eltern verfügten über einen hohen Bildungsgrad und über die damit im Durchschnitt verbundenen Privilegien. In diesem Fall sind die weniger intelligenten Kin-

Begabung und Lernen: Zur Entwicklung geistiger Leistungsunterschiede

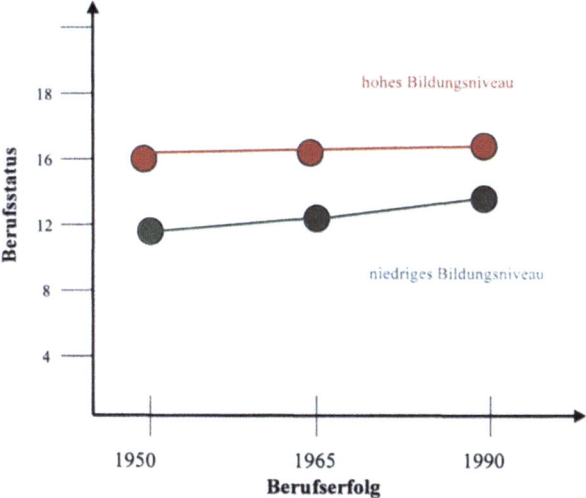

Abb. 10. Berufserfolg von überdurchschnittlich intelligenten Kindern, deren Eltern entweder über ein niedriges oder hohes Bildungsniveau verfügten

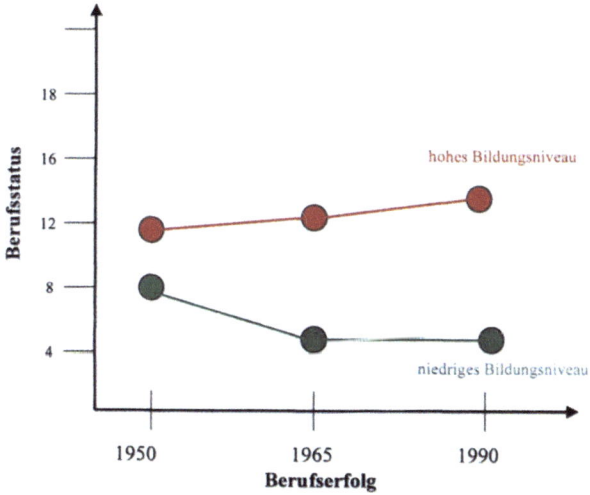

Abb. 11. Berufserfolg von unterdurchschnittlich intelligenten Kindern, deren Eltern entweder über ein niedriges oder hohes Bildungsniveau verfügten

der im späteren Erwachsenenalter fast ebenso erfolgreich wie die intelligenten Probanden. Ein Befund, der zweifellos im Einklang mit vielen Lebenserfahrungen steht, aber in ebenso vielen akademischen Oberseminaren zu heftigen Debatten führen dürfte.

Im Zusammenhang mit der GOLD-Studie haben mich in den letzten Jahren viele Journalisten gefragt, ob es nicht schrecklich sei, dass die Gene in so starkem Maße unser Lebensschicksal bestimmen. Ich konnte dem nie zustimmen! Ist es nicht letztlich eine List der Vernunft, dass etwa 50 % der geistigen Unterschiede zwischen Menschen genetisch determiniert sind, ungefähr ein Viertel durch die kollektive Umwelt und ein weiteres Viertel durch die individuelle, zum Teil selbstgeschaffene Umwelt erklärbar sind? Man sollte dieses letzte Viertel weder kognitionspsychologisch noch motivationstheoretisch oder lebenspraktisch geringschätzen. Durch dieses komplexe Determinationsmuster geistiger Leistungsunterschiede zwischen verschiedenen Menschen erübrigen sich Schuldzuweisungen an die biologischen Eltern wie gegenüber der sozialen Umwelt. Es gibt aber auch keine Gründe für persönliche Resignation! Von der Anlage-Umwelt-Forschung aus betrachtet ist die Welt voller Spielräume für die geistige Entwicklung sehr unterschiedlich begabter Individuen. Ist das nicht beruhigend und motivierend zugleich?

Wie entwickelt sich die kindliche Persönlichkeit?
Beiträge zur Diskussion um Vererbung und Umwelt

VON FRANZ RESCH UND EVA MÖHLER

Kurzzusammenfassung

Die Entwicklung der kindlichen Persönlichkeit beginnt pränatal und vollzieht sich auf dem Hintergrund eines multifaktoriellen Bedingungsgefüges. Der vorliegende Artikel analysiert die wesentlichen konstituierenden Elemente dieses Gefüges im Lichte des aktuellen Forschungsstandes. Die Bedeutung des Bindungssystems wird für das grundlegende Beziehungsverhalten und für unterschiedliche Verletzlichkeitsmuster von Kindern beschrieben. Ein transaktionales Anlage-Umwelt-Modell berücksichtigt den wechselseitigen Einfluss von kindlicher Disposition und Umwelt. Gravierende exogene Einflüsse können einen massiven Eingriff in das Bedingungsgefüge der regelhaften kindlichen Persönlichkeitsentwicklung bedeuten. In diesem Beitrag werden die Mechanismen erläutert, durch die Traumata eine Desintegration des kindlichen Erlebens herbeiführen und selbst grundlegende psychophysiologische Verhaltensdispositionen verändern können.

Einleitung

Die Diskussion um die Bedeutung vererbter Anlagen für den Menschen hat zu einer Zeit der Hochblüte molekularbiologischer Forschung rapide an Aktualität und Schärfe zugenommen. Während manche Forscher heute den Menschen als genetisch vorgefertigt betrachten und den Erziehungseinflüssen gesellschaftlicher Umwelt jegliche wesentliche Bedeutung absprechen (z.B. Rowe 1997), macht sich in unserem mediengespiegelten Alltag ein Kulturpessimismus breit, der einen zunehmenden Trend psychischer Auffälligkeiten und wachsende kindliche und jugendliche Kriminalitätszahlen in Zusammenhang mit gesellschaftlichen Veränderungen bringt (siehe Übersicht bei Resch 1999).

Der Wettstreit zwischen Naturwissenschaften und Geisteswissenschaften ist nicht nur ein akademischer, es geht in einer Epoche verknappter Ressourcen auch um Forschungsförderung, Forschungsflächen, Personal und universitäres Ansehen. Die Gentechnik hat einen Zenit an Machbarkeit erreicht, ethische Diskussionen stehen nicht selten unter Zeitdruck und dem Sachzwang bereits gesetzter Fakten. Wir Kinderpsychiater und Psychotherapeuten sind Grenzgänger zwischen den Wissenschaften von Natur und Kultur, unser Untersuchungsgegenstand ist die Seele des Kindes und gerade bei der Frage, welche Determinanten die psychische Entwicklung des Kindes beeinflussen, werden kontroverse Sichtweisen unterschiedlicher Wissenschaftsbereiche auf den Punkt gebracht.

Eine *evolutionsbiologische Perspektive* der normalen und pathologischen Entwicklung der Seele kann von der These ausgehen, dass bestimmte neurobehaviorale Systeme des Menschen im Laufe der Phylogenese entsprechende Überlebensvorteile boten, aber damit auch gleichzeitig verbundene Vulnerabilitäten tradiert haben könnten. Auf diese Weise wird ganz entschieden einem eugenischen Konzept entgegen getreten, das davon ausgeht, psychische Vulnerabilitäten durch Genmanipulation vielleicht einmal therapeutisch günstig beeinflussen zu können, bzw. vulnerabilitätstragende Gene durch Eingriffe in die Keimbahn des Menschen nachhaltig zu verändern. Die Menschheit könnte Gefahr laufen, dass eine Eliminierung von Vulnerabilitäten für bestimmte psychopathologische Zustände ganz massiv mit spezispezifischen Kenntnis- und Verhaltensweisen interferiert und auf diese Weise gerade jene neurobiologischen Funktionskreise verändert, die sich als evolutionär überlebenswichtig herauskristallisiert haben (Leckmann und Maies 1998).

Ein breit in der Öffentlichkeit verankertes zivilisatorisches Unbehagen durchsetzt außerdem die Debatte um kindliche Entwicklungsdeterminanten. Soziologische Analysen der Rolle des „Individuums in der Gesellschaft" (Schroer, 2000) legen nahe, dass wesentliche Entwicklungsaufgaben unserer Kinder durch sozialethische Forderungen zivilisatorischer Rahmenbedingungen definiert werden. Schon mit dem Aufsatz „Das Unbehagen in der Kultur" hat Freud eine kritische Schrift vorgelegt, die auf die sozialen Setzungen der Lebensanforderungen abhebt: Nicht die Natur des Menschen allein macht sein Schicksal aus, sondern die Auseinandersetzung seiner Natur mit den Lebenskontexten, die eine zivilisierte Welt anbietet.

Wenn diese Formulierung auch trivial erscheint, so kennzeichnet sie doch ein Grundproblem der Humanwissenschaften, die sich zum gegenwärtigen Zeitpunkt im Spannungsfeld eines nunmehr modernistisch ausgedrückten *„nature-nurture" Problems* bewegen. Auch im Bereich der Psychiatrie ist

Querdenken notwendig: Es ist nicht mehr möglich nur biologische Psychiatrie oder nur biographische Erlebnisrekonstruktionen ohne Blick auf den Gesamtzusammenhang zu betreiben. Wir dürfen nicht Regelübertretungen zu Krankheiten machen, nicht Risiken mit Symptomen verwechseln und adäquate Reaktionen des Kindes auf soziale und emotionale Missstände pathologisieren! (Resch 1998). Eine differenzierende Sichtweise ist notwendig, kindliches Verhalten darf nicht nur ahistorisch unter naturwissenschaftlichen Gesichtspunkten als Ausdruck von Gehirnfunktionen betrachtet werden. Ebenso wenig sinnvoll ist es bei der Bezugnahme auf die Lebensgeschichte cerebrale Funktionen und deren Voraussetzungen für das Erleben zu vernachlässigen. Die moderne Neurobiologie hat uns die Erkenntnis gebracht, dass auch das Gehirn als Träger, Repräsentant und notwendige biologische Voraussetzung aller psychischer Aktivitäten in Bau und Funktion nicht nur seine Anlage, sondern auch die Geschichte eines individuellen Lebens widerspiegelt. Unter dem Begriff der *neuronalen Plastizität* wird das Phänomen zusammengefasst, dass die Vernetzung einzelner Neuronen zu übergeordneten Einheiten unter dem Einfluss erlebter Anpassungsgeschichte stattfindet. Das Gehirn folgt also in seinem grundsätzlichen Bauplan genetischen Informationen, aber die Nervenzellen bilden funktionelle Systeme, welche die Informationen aus der Außenwelt sowie der Innenwelt des Körpers registrierend verarbeiten und speichern. Netzwerke können übergeordnete Systeme bilden, die wiederum Kooperativität zeigen, um spezifische neurobiologische Adaptationsleistungen zu ermöglichen. Das Gehirn ist nicht wie eine passive Kamera zu sehen, es registriert erhaltene Informationen nicht lediglich, sondern erzeugt die Phänomene, die es erkennt und wiedererkennt mit. Das Gehirn ist damit eher ein Interpretationssystem, das in integrativer Weise Information schafft und verarbeitet. Die Ausbildung solcher funktioneller Netzwerke kann als Grundlage psychischer Strukturen gesehen werden (siehe auch Nelson und Bloom 1997). Alles Leben und Erleben erzeugt eine Gedächtnisspur in Form eines Schemas an das neue Information assimiliert werden kann. Den Erfahrungsbeständen über den Entwicklungsverlauf des Kindes kann also ein neuronales Substrat zugrunde gelegt werden. Die neuronale Plastizität legt nahe, dass ein Mangel an notwendigen Erfahrungen (z.B. bei emotionaler Vernachlässigung) in frühen Stadien der Entwicklung irreversible oder nur schwer reversible Fehlbildungen der Entwicklung neurobiologischer Schemata bewirken könnte. Beeinträchtigungen der Persönlichkeitsentwicklung und Vulnerabilitäten für spätere psychische Krankheiten werden auf diese Weise verständlich gemacht (Resch 1999).

Die Entwicklung der kindlichen Seele vollzieht sich in einer *interaktionellen Matrix*. Wir fassen die Selbstwerdung des Kindes als einen Weg von außen nach innen, von der Interaktion zum inneren Konstrukt derselben auf.

Schon von Natur aus bedarf der Mensch eines sozialen Rahmens für seine Entwicklung. Er ist in ein Gefüge zwischenmenschlicher Beziehungen eingebettet, die eine wesentliche Voraussetzung für das körperliche Gedeihen, das Selbstverständnis und die Entwicklung des inneren Weltbildes darstellen (Resch 1999).

Im Folgenden soll die Bedeutung des Emotionssystems für die kindliche Persönlichkeitsentwicklung hervorgehoben werden. Schließlich sollen Beiträge zur Temperamentsforschung und zur Bindungsforschung die Diskussion durch Faktenwissen inhaltlich bereichern. Nach einer Darstellung traumatisierender Einflüsse auf das kindliche Subjekt wird ein von uns erarbeitetes integratives Modell zur Persönlichkeitsentwicklung erläutert. Im Epilog wird die Frage der Freiheit des persönlichen Willens kurz angesprochen.

I. Das Emotionssystem

Emotionen bilden eine fundamentale Ausdrucksmatrix und Entscheidungsgrundlage für den Menschen. Emotionen tragen damit simultan der inneren Organisation und der äußeren Beziehungsgestaltung Rechnung. Gefühle besitzen eine eminente Bedeutung für die Entwicklung der Innenwelt, sie sind mit kognitiven Prozessen als Teile eines körpernahen Entscheidungssystems untrennbar verbunden und sie beeinflussen interaktionelle und kommunikative Prozesse.

Während Affekte als angeborene psychobiologische Reaktionsformen darstellbar sind, die sich im Laufe der phylogenetischen Entwicklung des Gehirns aus Reflex- und Instinktprogrammen herausgebildet haben, bezieht sich der Begriff der Emotion sowohl auf die Ausdruckskomponente wie die Erlebniskomponente von affektiver Zuständlichkeit. Während affektive Grundtönungen über die Lebensspanne relativ konstant bleiben, werden Emotionen durch die zunehmende Ausdifferenzierung von expressiven (z.B. mimischen) Komponenten und kognitiven Bewertungsphänomenen immer mehr ausgestaltet (Abb. 1).

Abbildung 2 stellt ein integratives Modell des Emotionssystems vor, das nach LeDoux (1998), Frijda (1993), Lazarus (1993) sowie Resch und Parzer (2000) modifiziert wurde. Ein Umweltereignis, das als Reiz den Wahrnehmungsapparat erreicht, wird einer ersten Bewertung – Filterung, Modifikation und Abstraktion – unterzogen, so dass auf diese Weise eine Fokussierung und Hervorhebung von bestimmten Reizaspekten erfolgt. Diese Hervorhebung gelingt anhand eines Wertmaßstabes, der in Form der Reaktionsbereitschaft des Individuums im Wahrnehmungsapparat selbst vorgegeben wird. Auf diese Weise werden aus primär neutralen Reizeinflüssen im Sinne einer Stressantwort einhergehen können. Somatisch expressive Komponenten finden in Gesichtsausdruck, Körperhaltung und Stimme ihren

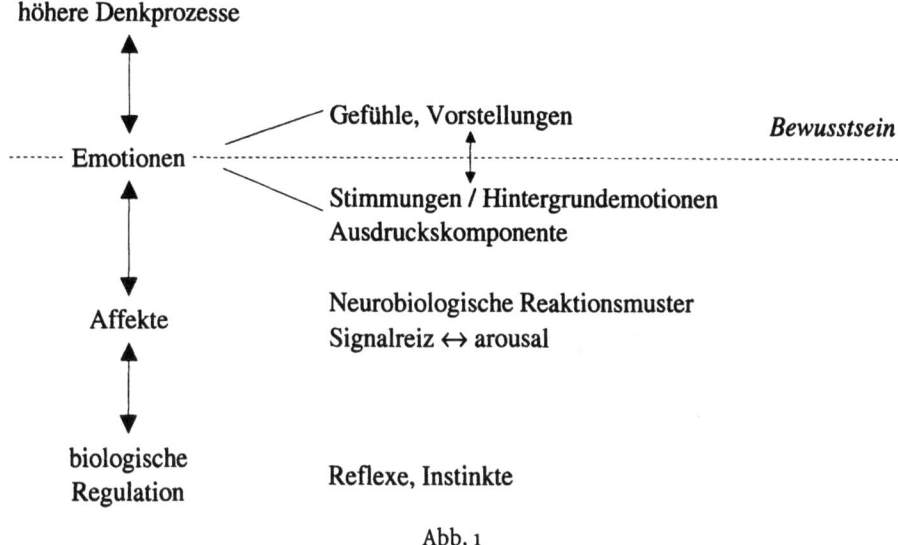

Abb. 1

Niederschlag. Im Wesentlichen kommt es zu einer Veränderung der aktionalen Bereitschaft des Individuums. Alle diese Veränderungen werden intern wahrgenommen und münden schließlich in ein Monitorsystem, in dem sie mit den Informationen der kognitiven Verarbeitungsprozesse des Wahrnehmungsvorgangs, des Vergleichs mit Gedächtnisinhalten – also der deskriptiven und kausalgenetischen Analyse des Wahrgenommenen – integriert werden.

In diesem Monitorsystem, in dem sowohl prozedurale Prozesse als auch deklarative Prozesse ablaufen, findet eine Bewertung zweiter Ordnung im Sinne einer Bedeutungsgebung statt. Man spricht auch von „emotionaler Interpretation". Hier werden Motive und Umweltbeurteilungen integriert, um schließlich eine möglichst adäquate Verhaltensantwort zu erlauben. Die Bewertung zweiter Ordnung hat Rückwirkung auf die Bewertung der ersten Stufe, in dem sie den Wertmaßstab und die affektive Zuständlichkeit als Vorspannung steuert. Auf diese Weise kann der Aufmerksamkeitsfokus gehalten werden. Für dieses grob schematische Modell haben neurobiologische Forscher (z.B. LeDoux) neuroanatomische Entsprechungen beschrieben.

Affekte stellen also ein primäres Motivationssystem dar, sie dienen zur Aktivierung von Verhaltensbereitschaften und erzeugen Dringlichkeit unter handlungstheoretischen Gesichtspunkten. Affekte selbst enthalten noch keinen Motivkern, aber wichtige Informationen der Sinnesorgane, des propriozeptiven Systems oder des Triebsystems werden durch affektive Intensivierung zu einer handlungsrelevanten subjekten Intensität gesteigert (Resch

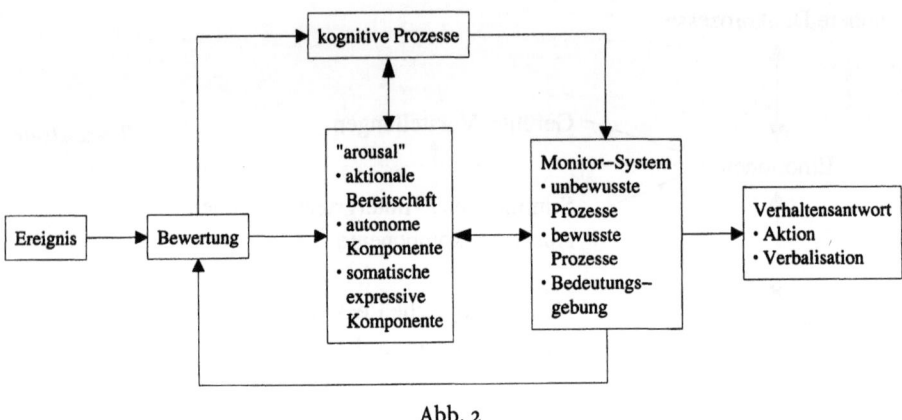

Abb. 2

und Parzer, 2000). Affekte lösen subjektive Betroffenheit aus und führen zur Aktualisierung von Handlungsbereitschaft. Eine weitere wichtige Funktion der Affekte ist die *Regulation der Interaktion*. Schon das frühe Wechselspiel zwischen Eltern und Kind geschieht wesentlich über den Austausch von Affekten, die das Kind in angeborener Weise imitieren und beantworten kann. Über den Affektaustausch – die Präsentation und das Ablesen der expressiven Komponenten – entsteht die Möglichkeit einer ersten Informationsübermittlung von Mensch zu Mensch. Affekte dienen als Medium sich im sozialen Kontext auszudrücken, intuitiv verstanden zu werden und Botschaften zu übermitteln. Nonverbale Kommunikation und präverbale Kommunikation im Säuglingsalter finden über affektive Prozesse statt!

Affekte beeinflussen aber auch die *Gedächtnisbildung*, da jene Erlebnisinhalte die Betroffenheit auslösen, eher im Gedächtnis haften bleiben, als affektiv Unbedeutendes. Affekten kommt auch eine Schleusenfunktion zu, in dem Gedächtnisinhalte in affektiv gesteuerten übergeordneten Zusammenhängen gefasst werden. So können in bestimmten affektiven Zuständen nur bestimmte Erfahrungen zugänglich gemacht werden. Der Zugang zu anderen Erfahrungen bleibt verschlossen (siehe Ciompi 1997). Nicht zuletzt beinflussen Affekte aber auch durch die Einheitlichkeit ihrer Empfindungsqualität die Bildung von Selbstbewusstsein und Identität (Damasio 2000). Affektintensität und affektregulatorische Bestrebungen nehmen Einfluss auf die Entwicklung von affektlogischen Schemata, die die Grundlage des Selbstkonzeptes darstellen. Unüberbrückbare emotionale Widersprüche und hohe Affektintensitäten können zu Beeinträchtigungen der Selbstentwicklung Anlass geben.

Emotionen zeigen immer dann eine intensive Wechselwirkungen mit Kognitionen, wenn es um die Notwendigkeit des Handelns geht. Jede Aktion, jede Tat ist das Ergebnis einer Entscheidung, die auf Bewertungsprozessen beruht und die emotionale Prozesse zur Aktivierung von Handlungsbereitschaften einschließt. Die Persönlichkeitsentwicklung des Kindes nur unter kognitiven Gesichtspunkten zu betrachten, wäre fatal und böte nur eine eingeengte Sichtweise auf den Menschen. Psychische Leidenszustände, Schmerzen und auch die schweren psychiatrischen Erkrankungen sind ohne Bezugnahme auf das Emotionssystem nicht schlüssig interpretierbar.

II. Temperament und Persönlichkeitsentwicklung

Dass Menschen sich in ihrer Persönlichkeit und grundlegend unterscheiden können, ist eine Erkenntnis des Menschen, die schon weit in seine kulturgeschichtlichen Wurzeln zurückreicht. Die Frage, ob angeborene Temperamentsunterschiede die Individualität der Persönlichkeit eines Menschen verursachen oder ob die Umwelteinflüsse seine Eigenheiten hervorrufen, ist bis heute ungelöst geblieben. Eine am Temperamentskonzept orientierte Betrachtungsweise der Entwicklung von Persönlichkeitszügen ist als Konstitutionslehre zur Rechtfertigung rassistischer Ideologien missbraucht worden und daher bis in die jüngste Zeit in Misskredit geraten (Schmeck, 2001). Neubelebungen des Temperamentskonzepts erfolgten durch angloamerikanische Wissenschaftler, die das Temperament eher mit Verhaltensstilen gleichsetzen.

Während nach Fiedler (1995) die Persönlichkeit eines Menschen durch charakteristische Verhaltensweisen und Interaktionsmuster definiert ist, mit denen das Individuum gesellschaftlichen und kulturellen Anforderungen zu entsprechen und seine zwischenmenschliche Beziehungen mit Sinn zu füllen sucht, bezeichnet Allport (1970) die Persönlichkeit als dynamische Organisation derjenigen psychophysischen Systeme im Individuum, die sein charakteristisches Verhalten und Denken determinieren. Der Begriff der Persönlichkeit umfasst also die Totalität unterschiedlicher Funktionsebenen, während demgegenüber der Ausdruck Temperament, die physiologischen oder konstitutionellen Grundlagen der Persönlichkeit beschreibt: „Temperament bezeichnet wie Intelligenz und Körperbau sozusagen eine Art Rohmaterial, aus dem die Persönlichkeit geformt wird ... Das Temperament hängt zusammen mit dem biochemischen Klima oder inneren Wetter, in dem eine Persönlichkeit sich entwickelt." (Allport 1970).

Im Folgenden listen wir fünf diskriminierende Merkmale zwischen Temperament und Persönlichkeit auf, die Strelau (1987) hervorgehoben hat.

1. Die Entwicklung des Temperaments ist durch biologische Faktoren bestimmt, die der Persönlichkeit durch soziale.
2. Das formende Entwicklungsstadium des Temperamentes ist die Kindheit, das der Persönlichkeit das Erwachsenenalter.

3. Temperament ist bei Tieren und Menschen existent und messbar, die Persönlichkeit ist eine spezifisch menschliche Eigenschaft.
4. Das Temperament beschreibt ausschließlich die Form, nicht spezifische Inhalte des Verhaltens; die Persönlichkeit umfasst auch inhaltliche Aspekte.
5. Die Ausformung des Temperaments hängt nicht von der zentralen Regulierungsfunktion des Individuums ab, wohl aber die Ausprägung der Persönlichkeit.

Das Temperamentskonstrukt umfasst folgende definitorischen Merkmale und Aspekte (nach Goldsmith und Riese-Danner 1986):

1. Es bezieht sich auf individuelle Unterschiede, nicht universelle Erscheinungen in der Persönlichkeitsentwicklung (differentieller Aspekt).
2. Es hat zumindest hinsichtlich einiger Merkmale einen biologischen Ursprung (biologische Grundlagen).
3. Es tritt hauptsächlich im Säuglingsalter hervor und stellt ein Fundament der späteren Persönlichkeit dar (ontogenetische Verankerung).
4. Es ist im Vergleich zu anderen Komponenten des Verhaltens relativ zeitstabil.
5. Es ist in seinem Ausdruck oder seiner Manifestation durch Umwelteinflüsse sowie elterliche Erziehungspraktiken modifizierbar.

Zusammenfassend können Temperamentsmerkmale also als ontogenetisch verankerte, durch erbliche wie auch durch Entwicklungs-, Erfahrungs- und Umwelteinflüsse modifizierbare interindividuelle Unterschiede (Rothbarth und Ahadi 1994) auf biologischer Grundlage verstanden werden. Diese wissenschaftliche Diskussion hebt sich vom alltagssprachlichen Verständnis des Temperaments ab. Sie entspricht einem Integrationsversuch mit Bezug auf die Jahrhunderte alte nature-nurture-Diskussion – ohne sie jedoch zu erübrigen. Diese Definition versucht vielmehr über eine statische Polarisierung von Anlage und Umwelt hinauszugehen und eine differenzierte Betrachtung der interaktiven Beteiligung von genetischen und umgebungsbedingten Faktoren an der Ausprägung behavioraler Charakteristika zu ermöglichen.

Voraussetzung für die Entwicklung der modernen Temperamentsforschung war die Entstehung einer den heutigen wissenschaftlichen Ansprüchen genügenden Methodik, auf welche die historischen Temperamentstheoretiker nicht zurückgreifen konnten. Die Renaissance des Temperamentsgedankens warf Fragen auf wie die nach der Entstehung, Rolle und Veränderbarkeit des Temperamentes im normalen und abweichenden Entwicklungsprozess. Daraus ergibt sich, dass das Kindesalter als ideale Periode für die Untersuchung zentraler Fragen der Temperamentsforschung hervorgehoben wurde. Grundsteine dafür wurden von Thomas und Chess gelegt (s.u.), indem diese Autoren erstmals ein prospektives, systematisches Design zur Untersuchung von Temperamentsmerkmalen anlegten.

Die Erhebung des Temperaments kann zum einen durch Verbalreport (Eltern/ Probandeninterviews) erfolgen, zum anderen durch Fragebögen wie das in Deutschland häufig verwendete revidierte Dimensions of Temperament Survey (DOTS-R) von Angleitner et al. (1995) oder die Skala Emotionalität, Aktivität, und Soziabilität (EAS) nach Unzner und Johann. Da es sich hier um eine indirekte Temperamentsmessung handelt, bergen diese Methoden die Gefahr der wahrnehmungsbedingten Verzerrung der Angaben. Daher wurde von vielen Autoren, insbesondere Kagan oder Rothbarth die Verhaltensbeobachtung praktiziert und standardisierte Instrumente zur Kodierung und Quantifizierung bestimmter Verhaltensweisen geschaffen. (Labtab Assessment Battery etc.)

Temperamentstheorien

Die Renaissance des Temperamentsansatzes begann mit dem Wechsel des Zeitgeistes (nach Freud und den Lerntheoretikern) Anfang der 60er Jahre. Wegbereiter dieser neuen Bewegung waren *Alexander Thomas* und *Stella Chess* (1977), die erstmalig nicht Inhalte des Verhaltens, sondern Stilmerkmale systematisch und prospektiv an 133 Kindern aus 84 Familien mit Hilfe von Eltern- und Probandeninterviews untersuchten. Aus ihren Befunden destillierten die Autoren die neun Temperamentsfaktoren Aktivität, Regelmäßigkeit und Vorhersagbarkeit, Reagibilität gegenüber unbekannten Reizen, Anpassungsfähigkeit, Reizschwelle, Stimmungslage, Intensität, Ablenkbarkeit und Ausdauer heraus. Weiterführende Untersuchungen der faktoriellen Validität etablierten die sieben Faktoren Annäherung/Vermeidung, Aktivität, negative Emotionalität, Aufmerksamkeit/Ausdauer, Anpassungsfähigkeit, Regelmäßigkeit und sensorische Reizschwelle (Martin et al. 1994).

Die *Aktivität* bezeichnet Niveau, Tempo und Häufigkeit, mit der die motorische Komponente im Verhalten hervortritt, sowie die Anteile passiven vs. aktiven Verhaltens im Tagesablauf.

Die *Regelmäßigkeit* beschreibt die Vorhersagbarkeit des Auftretens biologischer Funktionen, wie den Schlaf-Wach-Rhythmus, Hunger und Stuhlgang.

Annäherung–Vermeidung klassifiziert die erste Reaktion des Kindes auf neue, unvertraute Reize, seien es Menschen oder Situationen, Spielzeuge usw.

Das *Anpassungsvermögen* macht Aussagen über die Leichtigkeit, mit welcher das Kind eine anfängliche Reaktion in die von der Umwelt gewünschte Richtung verändern kann.

Die *Sensorische Reizschwelle* beschreibt die Stärke eines Reizes, die notwendig ist um beim Kind eine Reaktion auszulösen.

Die *Stimmungslage* bezeichnet die Anzahl der positiven Reaktionen (Lächeln, Lachen, Freude, Zufriedenheit) im Verhältnis zur Anzahl der negativen Reaktionen (Weinen, Schreien, Unzufriedenheit).

Intensität ist die Energie oder Heftigkeit, mit welcher eine Reaktion zum Ausdruck kommt, ungeachtet der Qualität und Richtung dieser Reaktion.

Die *Ablenkbarkeit* misst den Grad, in welchem äußere Reize auf die Richtung des Verhaltens Einfluss nehmen oder es verändern können.

Die *Ausdauer* beschreibt die Zeit in der ein Kind sich mit einer Tätigkeit trotz vorhandener Hindernisse beschäftigen kann.

Für diese neun Temperamentsdimensionen werden von Netter (1991) mögliche biochemische Substrate genannt: Die Annäherungsdimension werde durch die Neurotransmitter Cortisol, ACTH und Adrenalin bestimmt, die Aktivität durch Noradrenalin, die Intensität durch Dopamin und Noradrenalin, die Regelmäßigkeit durch Cortisol, ACTH und Serotonin, die Anpassungsfähigkeit durch Dopamin und die Ablenkbarkeit durch Noradrenalin, Dopamin und Acetylcholin.

Ein Isomorphismus zwischen Temperamentseigenschaften von Thomas und Chess und neurochemischen Botenstoffen wird nicht angenommen. Da die neun Dimensionen nicht unabhängig voneinander waren, bildeten Thomas und Chess vier Kategorien von Kindern. Ihren Untersuchungen zufolge konnten etwa 40 % der untersuchten Kinder als einfache Kinder klassifiziert werden, mit hoher Regelmäßigkeit biologischer Funktionen, Annäherungsreaktionen gegenüber unbekannten Menschen und Situationen, gutem Anpassungsvermögen und einer gemäßigten und vorwiegend positiven Stimmungslage. 15 % der Kinder wurden als „slow to warm up" bezeichnet, da sie auf neue Situationen mit Vermeidung reagierten und ein niedriges Aktivitätsniveau zeigten. Etwa 10 % der untersuchten Kinder erwiesen sich als „schwierige" Kinder, die durch Unregelmäßigkeit biologischer Funktionen, Vermeidungsreaktionen angesichts neuer Menschen und Situationen, langsames Anpassungsvermögen an Veränderungen, hohe Intensität von Reaktionen und eine vorwiegend negative Stimmungslage gekennzeichnet sind. Eine letzte Gruppe (35 %) bestand aus nicht klassifizierbaren Kindern, die in keine der drei ersten Kategorien fallen.

Von Kritikern dieser Temperamentstheorie wird insbesondere mangelnde Orthogonalität der Faktoren hervorgehoben. Auch erwies sich die Zeitstabilität der Faktoren zunächst als nicht signifikant (Thomas und Chess 1977), jedoch konnten von anderen Autoren (z.B. Novosad und Thoman 1999) eine deutliche Stabilität über fünf Jahre für die Faktoren Aktivität und Annäherung/Vermeidung gefunden werden. Plomin und Mitarbeiter untersuchten die Temperamentsfaktoren der New York Longitudinal Study mithilfe von

Zwillingsuntersuchungen bezüglich ihres erbgenetischen Anteiles durch Vergleich der Korrelationen bei ein- und zweieiigen Zwillingen. Dabei fand sich für die Dimension Stimmungslage eine Korrelation von .30 für monozygote versus .09 für dizygote Zwillinge, was auf einen deutlichen erbgenetischen Anteil dieser Verhaltensdimension hindeutet. Die Dimension Aktivität korrelierte bei eineiigen Zwillingen .59 bei zweieiigen .05 und scheint somit ebenfalls zu einem hohen Maße genetisch bedingt. Ein erheblicher genetischer Anteil findet sich insbesondere für die Annäherungsdimension (.67 versus -.0.3, Buss und Plomin 1984).

Windle und *Lerner* (1986) sind mit ihrem Konzept dem von Thomas und Chess sehr nah. Temperament wird als verhaltensstilistisches Merkmal eines Menschen jenseits vom Verhaltensinhalt betrachtet. Die Gruppe um Lerner untersuchte allerdings nicht Kinder, sondern Adoleszenten und Erwachsene und gründete auf ihren Ergebnissen die Temperamentsdimensionen Rhythmizität (Schlaf, Essen und Tagesgewohnheiten) und zwei Aktivitätsdimensionen (generelles Niveau und Aktivitätsniveau im Schlaf). Ablenkbarkeit und Ausdauer wurden zur Dimension Aufgabenorientierung. Lerner und seine Mitarbeiter betrachteten diese Dimensionen insbesondere unter dem Aspekt der „Passung". Windle und Lerner schufen einen Fragebogen, welcher bei Kindern von 3–12 Jahren einsetzbar ist und von Angleitner ins Deutsche übersetzt wurde, den sogenannten „Dimensions of Temperament Survey" (DOTS-R).

Auch *Goldsmith* und *Campos* (1982) widmen sich dem klinisch fassbaren Verhaltensstil, fassen jedoch lediglich emotionale Aspekte als temperamentsrelevant auf (Goldsmith et al. 1987). In den Vordergrund stellen Goldsmith und Campos die sogenannten Grundemotionen Zorn, Furcht, Freude und Interesse, letztere als emotionale Grundlage der Ausdauer (Goldsmith 1996). Diese Forscher postulieren eine angeborene Basis der mimischen, vokalen und gestischen Ausdrucksformen von Emotionen, welche bereits früh in der Ontogenese nachweisbar sind.

Neben einem die klinisch orientierte Forschung fortsetzenden Zweig (Carey, McDevitt) entwickelten sich im Folgenden auch erbgenetische Ansätze (Buss/Plomin) und eine psychophysiologische Richtung (Rothbarth, Kagan, Gray, Cloninger) der Temperamentsforschung.

Buss und Plomin konzentrierten sich weniger auf die klinische Sichtweise sondern entwickelten ein Konzept, demzufolge Temperament nicht die formalen Aspekte des Verhaltens sondern ein Konstrukt aus mehreren Persönlichkeitseigenschaften darstellt: Diese Eigenschaften haben 1. ihre Wurzel in der Phylogenese und stehen unter hohem erblichen Einfluss, 2. sind sie bereits früh in der Ontogenese beobachtbar und 3. über die Zeit hinweg stabil. Aufgrund der postulierten Erblichkeit schreiben die Autoren dem Temperament ein physiologisches Substrat im ZNS zu und rücken dabei das Konzept der Erregung in den Mittelpunkt. Dabei werden drei verschiedene Arten von Erregung unterschieden (Buss und Plomin 1984):

Behaviorale Erregung: Diese beinhaltet die beiden Ausdrucksformen Aktivität als Erregungsoutput und Sensitivität als Erregungsinput.

Autonome Erregung: Hierunter werden sämliche Funktionen verstanden, die mit dem sympathischen und parasympathischen Nervensystem zusammenhängen, wie Herz- und Atemfrequenz, Blutdruck, Hautwiderstand etc.

Erregung des Gehirns: Die Aktivation des Cortex ist in hohem Maße von der Formatio reticularis abhängig, welche den Erregungsgrad des Cortex steuert. Die Formatio reticularis reagiert ihrerseits auf Reize von außen, des Cortex oder des Limbischen Systems. Buss und Plomin bauen ihr Temperamentskonzept auf der Erkenntnis auf, dass diese drei Formen der Erregung zwar Zusammenhänge, aber keine vollkommene Abhängigkeit zeigen (Davison und Neale 1988). So finden sich interindividuelle Unterschiede sowohl auf der Ebene des Empfindens, des Verhalten und der Kognitionen, wobei diese intraindividuell nur bedingt korrelieren. Aus diesen Erkenntnissen entwickelten Buss und Plomin ein Temperamentsmodell, das die drei stark erbgenetisch determinierten Faktoren *Emotionalität, Aktivität und Soziabilität* in den Vordergrund stellt:

Emotionalität: Hier trennen die Autoren zwischen Emotionen mit hoher und solcher mit niedriger Erregung. Erstere beschränken sich auf die Zustände Furcht, Ärger und sexuelle Erregung, gehen mit starker Erregung des ZNS einher, sind für das Überleben des Individuums oder der Spezies wichtig und daher auch im Tierreich nachweisbar. Die Emotionen mit niedriger Erregung betreffen soziale Verbindungen wie Zuneigung, Liebe oder Hass, sind als Folge der Selbstreflexion zu betrachten und daher nur beim Menschen zu finden. Im Gegensatz zu der Emotionalität bei Goldsmith und Campos werden hier nur negative Aspekte der Emotionalität: Angst Zorn oder Trauer erfasst. Als vererbbare biologische Grundlage der Emotionalität sehen Buss und Plomin die Tendenz an, leicht und intensiv autonom erregt zu werden.

Aktivität: Diese bezeichnet vor allem die behaviorale Erregung und umfasst sämtliche motorische Aktivität des Körpers. Durch unterschiedliche Aktivitätsgrade können sich Menschen zum Beispiel in der Geschwindigkeit der Sprache oder der Festigkeit des Ganges unterscheiden.

Soziabilität beschreibt die Eigenschaft, die Gesellschaft von anderen Menschen aufzusuchen und zeigt Überlappungen mit der Extraversionsdimension von Eysenck. Im Gegensatz zur Furchtsamkeit ist die Soziabilität auf kognitiver Ebene von einer Belohnungserwartung geprägt. Buss und Plomin konnten eine Stabilität der Aktivität von .4 über 10 Jahre und der Soziabilität von .74 nachweisen. Signifikant, aber weniger deutlich war die Stabilität der Emotionalität.

In der aktuellen Temperamentsforschung dominieren derzeit die psychophysiologischen Ansätze, die im Folgenden aufgrund ihrer grundlegenden wissenschaftlichen Bedeutung näher beleuchtet werden sollen.

Rothbarth (1986) entwickelte insbesondere durch Untersuchungen an Säuglingen und Kleinkindern mithilfe direkter Verhaltensbeobachtung (LabTab Assessment Battery) und Elternbefragung (Infant Behavior Questionnaire) die Dimensionen Reagibilität und Selbstregulation als Grundkonstanten des kindlichen Verhaltens. Dabei arbeitete M. Rothbarth die Annäherungsdimension als zeitstabile Komponente der Reagibilität heraus. Rothbarth betrachtet die Reagibilität als emotionale, physiologische, kognitive und motorische „Antwort" eines Individuum auf verschiedene Angst-, Unlust- oder Freude- induzierende Stimuli und betrachtet damit eine Vielfalt affektiver Reaktionen (Rothbarth 1989) insbesondere hinsichtlich Latenz, Intensität und Dauer der Reaktionen, so dass hier auch dem Aspekt Rechnung getragen wird, dass es sich um *formale*, nicht inhaltliche Aspekte des Verhaltens handelt. In ihrem Modell beschreibt Rothbarth die positive und negative Reagibilität als zwei voneinander unabhängige Faktoren dieser Temperamentsdimension. Negative Reagibilität wird in diesem Modell noch weiter unterteilt in mindestens zwei grundlegend verschiedene Dimensionen: Angst (gemessen als „distress to novelty") und Wut (gemessen als „distress to limitations") (Rothbarth 1981).

Reizaufnahme, Reizverarbeitung und Reizzuwendung werden dabei in diesem Modell durch selbstregulatorische Funktionen gesteuert. Selbstregulation beschreibt die Fähigkeit, nach einem Stimulus in die Homöostase zurückzufinden, aber auch, Belohnungsaufschub zu tolerieren.

Rothbarth beschreibt unter anderem folgende Komponenten selbstregulatorischen Verhaltens bei Kleinkindern:

1. Selbsttröstung
2. Aufmerksamkeit
3. Kommunikation
4. Impulsivität.

Posner und Rothbarth (1980) untersuchten eingehend die Funktion von Aufmerksamkeitsparametern als Regulativ der Emotionen. Diese bestätigte sich in mehreren Studien, wobei dem vorderen Cingulum eine bedeutende Rolle eingeräumt wird. Jüngere Untersuchungen bestätigen dies empirisch: Von Rothbarth und Derryberry (1981) ist beschrieben, dass eine verringerte Fähigkeit zu selektiver Aufmerksamkeit mit einer negativeren und instabileren Affektivität einhergeht. Die Autoren fanden außerdem, dass frühe Aufmerksamkeitskapazität mit einer besseren Regulation negativer Emotionen zusammenhängt. Matheny et al. kamen 1985 zu demselben Ergebnis und beschrieben zudem mehr positive Affekte bei 9 Monate alten, sowie einjährigen und zweijährigen Kindern mit höherer Aufmerksamkeitsspanne. Eisenberg et al. (1993) fanden einen Zusammenhang zwischen verminderter Aufmerksamkeitsspanne und negativer Affektivität, Shoda et al. (1990) bestätigten dies im Rahmen einer Längsschnittuntersuchung. Auch bei Erwachsenen konnte ein solcher Zusammenhang gefunden werden.

Rothbarth leistete entscheidende methodische Beiträge zur Entwicklung der Temperamentsforschung: So schuf sie das „Infant behavior Questionnaire", einen Fragebogen für Eltern von Säuglingen, welcher sich von den herkömmlichen Temperamentsfragebögen dadurch unterscheidet, dass Eigenschaften nicht generalisierend, sondern spezifisch mit Fragen nach der Häufigkeit des Auftretens eines bestimmten Verhaltens in den letzten Tagen erhoben werden. Dies minimiert die Gefahr der Wahrnehmungsverzerrung oder sprachlicher Missverständnisse, so dass es sich um ein sehr reliables Messinstrument handelt. Gleichzeitig entwickelte Rothbarth direkte Verfahren zur Temperamentsmessung durch Verhaltensbeobachtung im Säuglings- und Kleinkindalter.

Als grundlegende, stabile Faktoren konnten dabei von Rothbarth die Dimensionen Annäherung und Rückzug bestätigt werden, wobei sie die Rückzugskomponente der negativen Reagibilität, die Annäherungskomponente der positiven Reagibilität zuordnete. Gleichzeitig sah sie (Rothbarth und Derryberry 1981) das Rückzugs- und Angstverhalten als extreme Ausprägung einer Temperamentsdimension, an deren anderen Ende die Impulsivität und Aggressivität stehe. Rothbarth und Derryberry postulierten, dass es sich um Under- versus Overcontrol ein und desselben Systemes handele. Diese Position ist innerhalb der modernen Temperamentsforschung nicht unwidersprochen (s.u.).

Die Bedeutung der approach-avoidance Dimension wurde eingehender auch von den folgenden Temperamentstheoretikern reflektiert, welche jeweils unterschiedliche Blickwinkel einnehmen, aber der Rückzugsdimension die Rolle einer maßgeblichen für das Individuum, kennzeichnenden Temperamentskonstante zuerkennen:

Ausgangspunkt weiterführender Theorien ist dabei das *Gray'sche Modell* eines behavioralen Aktivationssystem (BAS), dem er ein behaviorales Inhibitionssystem (BIS) gegenüberstellt. Die Reagibilität gegenüber Einschränkungen und Frustrationen ist dieser Theorie nach ein Ausdruck des behavioralen Aktivationssystems, das mit Impulsivität und positiver Affektivität gekoppelt sei. Die Reagibilität gegenüber unbekannten Reizen ist Ausdruck des behavioralen Inhibitionssystems, welches Gray auch mit Angst, Rückzugsverhalten und negativem Affekt gleichsetzt. Das behaviorale Aktivationssystem wird nach Gray (1982) durch Belohnung gesteuert und hat sein neurophysiologisches Substrat in den Basalganglien. Insbesondere nennt Gray das dorsale und ventrale Striatum sowie das dorsale und ventrale Pallidum und die dopaminergen Nervenbahnen, welche vom Mittelhirn zu den Basalganglien aufsteigen. Gleichzeitig seien thalamische Kerne und der praefrontale, motorische und sensomotorische Cortex beteiligt. Die Rolle des Dopamins sei dabei zwar zentral, ist jedoch in ihren Einzelheiten alles andere als aufgeklärt (Wise und Rompre 1989). Es lassen sich Parallelen herstellen zwischen dem behavioralen Aktivationssystem, der Impulsivität, der Extraversion Eysencks und der positiven Affektivität Rothbarths.

Das behaviorale Inhibitionssystem (BIS) ist reagibel auf Bestrafung und unbekannte Reize und drückt Eigenschaften wie Ängstlichkeit oder Rückzugsneigung aus. Das BIS führt zu einem Zustand gespannter Erregung und erhöhter Aufmerksamkeit. Dabei ist das BIS sowohl ein kognitives als auch ein physiologisches System. Auf der kognitiven Achse werden über das behaviorale Inhibitionssystem Vergleiche zwischen dem derzeitigen Zustand der Welt mit den Erwartungen der Umwelt angestellt und Verhaltensweisen so modifiziert, dass sie mit den entsprechenden Erwartungen übereinstimmen. Diese Vergleichsfunktion des BIS sei auf der physiologischen Ebene mit dem septohippocampalen System verknüpft. Der Präfrontale Cortex sendet die Signale, welche über den Hippocampus an noradrenerge Fasern des locus coerulus und serotonerge Bahnen des medianen Raphe-Kernes weitervermittelt werden.

Chronisch hohe Aktivierung des behavioralen Inhibitionssystems führt zu Wesenszügen wie Angst und Neurotizismus bei chronisch negativem Affekt. Außerdem beschreibt Gray ein Aggressions-Flucht-(fight-flight-)System, welches über Noradrenalin gesteuert werde.

Diese Theorie von verhaltenshemmenden und verhaltenserleichternden Systemen baut auf dem oben beschriebenen Pawlow'schen Modell auf und zeigt Verwandschaften mit dem Konzept des optimalen Erregungsniveau von Strelau (1983) und Zuckermann (1991): Diese Autoren bezeichnen Individuen mit hohem optimalen Erregungszustand als „sensation-seekers", die mit niedrigem optimalen Erregungszustand als „sensation-avoiders". Hier zeigen sich Annäherungen an das Persönlichkeitsmodell von Eysenck, demzufolge Introvertierte im Gegensatz zu Extravertierten beständig ein hohes Maß an kortikaler Erregung, in erster Linie vom Aufsteigenden Retikulären Aktivierenden System (ARAS) aufweisen und daher die Tendenz haben, zusätzliche Stimulationen von außen zu vermeiden. Die psychophysiologischen Grundlagen dieser Theorie wurden von Fowles (1988) näher ausgeleuchtet: Seinen Ergebnissen zufolge ist die Hautleitfähigkeit ein Indikator für das behaviorale Inhibitionssystem, die Herzfrequenz Ausdruck des behavioralen Aktivationssystems.

Nach Clark und Watson ist Depression ein Ausdruck hoher behavioraler Inhibition und niedriger behavioraler Aktivation (Clark und Watson 1991). In Grays Modell sind Sozialstörungen Folge einer exzessiven Aktivität des behavioralen Aktivationssystems bei gleichzeitiger Defizienz des behavioralen Inhibitionssystems.

In seinen mehrfach replizierten Untersuchungen konzentrierte sich *Kagan* ausschließlich auf die Reagibilität gegenüber neuen, aufgrund ihrer „Diskrepanz" (Fagan 1978; Kagan et al. 1980) zum Gewohnten potentiell angstinduzierenden Stimuli. Diese *Verhaltensdisposition der Reagibilität gegenüber unbekannten Reizen* wurde in mehreren Längsschnittstudien als zeitstabiles interindividuell unterschiedliches Merkmal bestätigt. Kagan etablierte standardisierte Methoden der Verhaltensbeobachtungen indem er systematisch Säuglinge ab dem Alter von 4 Monaten mit unbekannten Reizen verschiedener Sinnesqualitäten konfrontierte und ihre Reaktion klassifizierte. Dabei fanden sich zwei Extremgruppen von Kindern, die so genannten behavioral inhibierten und die behavioral uninhibierten Kinder. Extremwerte der „behavioralen Inhibition", d.h. der starken psychophysiologischen und Verhaltensreagibilität auf neue Reize, waren mit einem Rückzugsverhalten oder aversiven Reaktionen gekoppelt. In diesem Sinne hochreagible Säuglinge erwiesen sich nach Kagan auch noch in der Adoleszenz als behavioral hochreagibel gegenüber fremden Personen und neuen Reizen (Kagan et al. 1988). Ein wesentlicher mit der behavioralen Inhibition in Verbindung stehender Parameter ist das CRH (Corticotropin Releasing Hormon) das im paraventrikulären Kern des Hypothalamus produziert wird und sowohl die Produktion von Cortisol in der Nebenniere als auch die Sekretion von Noradrenalin im locus coerulus stimuliert. Noradrenalin ist ein bedeutsamer Neurotransmitter, der insbesondere in der Hirnrinde der rechten Hirnhälfte eine große Rolle spielt. Noradrenalin reduziert die „background to signal"-Aktivität der Neurone und erhöht damit die Sensitivität des Gehirns für akustische, olfaktorische, gustatorische, visuelle oder taktile Stimulation. Noradrenalin erhöht außerdem die Exzitabilität des Mandelkerns und seiner Projektionen zum Corpus Striatum. Die Erregbarkeit des Thalamus und Mandelkerns steht ihrerseits bereits bei kleinen Kindern im Zusammenhang mit Irritabilität, Angst und Reagibilität (Kagan 1994). Auch Opiate scheinen im Tierexperiment mit dieser speziellen Verhaltensdispotition zusammenzuhängen (Kagan 1994).

Die Arbeiten Kagans zeichnen sich vor allem dadurch aus, dass eine Stabilität der Vermeidungsdimension vom Säuglings- bis ins Adoleszentenalter nachgewiesen werden konnte, was bisher nicht möglich war. Gleichzeitig zeigen unabhängige Untersuchungen die maßgebliche klinische Bedeutung der Kagan'schen Inhibitionsdimension: Von Muris et al. (1991) liegen aktuelle Daten vor, denen zufolge kindliche Depressivität mit den Symptomen der behavioralen Inhibition korreliert. Die allgemeine Bedeutung kindlicher „Verhaltenshemmung" wird dabei durch Befunde hervorgehoben (Zimbardo 1993), denen zufolge schüchterne Jungen im Erwachsenenalter später heiraten und in ihrer Karriere weniger vorankommen als ungehemmte. Die klinische Bedeutsamkeit wird dabei auch dadurch unterstrichen, dass die behavioral inhibierten Kinder in der Untersuchung Kagans eine erhöhte Rate von Sozialangststörungen im Jugendalter aufwiesen (Schwartz et al. 1999) Dies ist in mehreren Längsschnittuntersuchungen mittlerweile bestätigt: (Kagan 1999, Biedermann et al. 1990 , Biedermann et al. 1993, Rosenbaum et al. 1992, Hirshfeld et al. 1992). Umgekehrt weisen Kochanska et al. (1997), sowie Kagan (1994) auf einen möglichen Zusammenhang zwischen extrem geringer „behavioraler inhibition" und dem Auftreten von expansiven Störungen hin.

Auf einen Zusammenhang mit einem psychischen Erkrankungsrisiko deuten neben den klinischen Daten auch die psychophysiologischen Ergebnisse Kagans hin: Kagan konnte bei den sog. „behavioral inhibierten", d.h. seiner Einteilung entsprechend hochreagiblen Kindern eine rechtsfrontale Hyperaktivität im EEG nachweisen: Dabei ist die rechtsfrontale Aktivierung allgemein bei „Rückzugsverhalten" im Sinne Kagans (1990) anzutreffen, während linksfrontale EEG-Asymmetrie mit Annäherungsverhalten in Verbindung gebracht wird.

Eine rechtsfrontale EEG-Asymmetrie haben dabei auch Befunde von Davidson et al. (1997), und Jones et al. (1997) bei Säuglingen und Kleinkindern depressiver Mütter ergeben. Eine weitere Gemeinsamkeit zwischen den hochreagiblen Kindern aus Kagans Untersuchungen und den Säuglingen depressiver Mütter sind die im Vergleich zu Kontrollkindern deutlich erhöhten Cortisolwerte im Speichel (Kagan et al. 1994, Field et al. 1988,). Diese beschriebene psychophysiologische Verwandschaft zwischen behavioral inhibierten Kindern und den Säuglingen postpartal depressiver Mütter legt einen Zusammenhang zwischen kindlichen psychophysiologischen Reagibilitätsdeterminanten und mütterlicher (später auch kindlicher) psychischer Erkrankung nahe. Darüber hinaus fand Kagan Beziehungen zwischen Temperament und morphologisch-anatomischen Eigenschaften wie dem Knochenbau (Arcus und Kagan 1995) oder der Irispigmentierung (Rosenberg und Kagan 1987), auf die hier nur am Rande hingewiesen sein soll. Es bestehe auch eine Verbindung zwischen allergischen Erkrankungen und der behavioralen Inhibition (Kagan et al. 1991).

Cloninger (1987) stellte in jüngerer Zeit ein Temperamentsmodell vor, dessen Dimensionen „Novelty seeking" (Neugierverhalten), „Harm Avoidance" (Schadensvermeidung) und „Reward Dependence" (Belohnungsabhängigkeit) mit jeweils unterschiedlichen Neurotransmittersystemen in Verbindung gebracht werden: So hänge das Neugierverhalten mit dem dopaminergen, die Schadensvermeidung mit dem serotonergen und die Belohnungsabhängigkeit mit dem noradrenergen System zusammen. Diesbezüglich liegen widersprüchliche empirische Befunde vor (Herbst et al. 2000).

Das Neugierverhalten beschreibt die Impulsivität und das Explorationsverhalten eines Menschen. Am anderen Ende des Spektrums stehen Reserviertheit und Reglementierung. Die Dimension Schadensvermeidung unterscheidet schüchterne und ängstliche gegenüber entschlossenen und geselligen Charakteren.

Abhängigkeit und Empfindsamkeit sind Eigenschaften, die durch die Belohnungsabhängigkeit beschrieben werden. Cloninger geht davon aus, dass seine drei Temperamentsdimensionen vererbbare Mechanismen der Verhaltensinitiation, (behaviorale Aktivation), Verhaltensabbremsung (behaviorale Inhibition) und Verhaltensaufrechterhaltung (Belohnungsabhängigkeit) bezeichnen. Soziodemographische Daten, insbesondere das Geschlecht und der Beruf haben dabei einen starken Einfluss auf den von Cloninger gebildeten Faktor „Reward Dependence". (Mendlowicz et al. 2000). Die zusätzlich im Modell Cloningers beschriebenen Charakterdimensionen stehen mit der durch die Umwelt geprägten Entwicklung des Selbstkonzeptes im Zusammenhang und werden an dieser Stelle nicht beschrieben. Neben extensiven psychobiologischen und verhaltensgenetischen Studien untersuchte Cloninger eingehend den Zusammenhang zwischen seinen 3 Temperaments- und 4 Charakterfaktoren mit psychiatrischer Erkrankung bzw. Komorbidität und Behandlungsaspekte. Cloninger konnte feststellen, dass es eindeutige Zusammenhänge zwischen seinen Temperamentsfaktoren und Art und Ausprägung der Erkrankungen gibt.

Auch Battaglia et al. (1996) fanden in einer Untersuchung an 164 psychiatrischen Patienten einen signifikanten Zusammenhang zwischen affektiven Störungen und der Temperamentsdimension „harm avoidance" nach Cloninger. Entsprechend ergab auch die Untersuchung von Kleifield et al. (1993) eine positive Korrelation zwischen „Depressivitäts-Scores" und der „harm avoidance" bei anorektischen Patienten. Ergebnissen von Gerra et al. (1999) zufolge besteht ein Zusammenhang zwischen der Aktivität des dopaminergen Systems und dem „novelty seeking score" nach Cloninger, welcher insbesondere bei bulimischen Patienten erhöht ist. In dieser aktuellen Untersuchung wurde auch eine Verbindung zwischen „Novelty seeking"-Scores und Plasmanoradrenalin, Cortisol und Prolaktin gefunden.

Eysenck gilt primär als Persönlichkeitstheoretiker, spielte jedoch auch für die Entwicklung des Temperamentskonzeptes auf biologischer Grundlage eine nicht unerhebliche Rolle. Eysenck gebraucht die Begriffe Temperament und Persönlichkeit synonym und beschäftigte sich mit stabilen Grunddimensionen des Verhaltensstiles. Bereits Eysenck formulierte die Hypothese, dass Introvertierte eine größere psychophysiologische Reagibilität auf sensorische Stimulation zeigen als Extravertierte (Eysenck 1994). Auch andere Persönlichkeitskonstrukte, insbesondere auch die sog. „Big Five" (Costa und McCrae 1985) enthalten die verwandten Dimensionen Extraversion und Offenheit für Erfahrung. Dabei teilt man im Allgemeinen die Soziabilität, das heißt die Geselligkeit mit (*bekannten*) Freunden und die Offenheit für *fremde* Reize/Personen in zwei qualitativ unterschiedliche Kategorien ein.

In Faktorenanalysen seiner Untersuchungen fand Eysenck (1991) immer wieder drei höhere Dimensionen, die er Extraversion, Neurotizismus und Psychotizismus nannte: Extraversion bezeichne die Tendenz, Stimuli von außen aufzusuchen und hänge mit dem Grunderregungsniveau des Nervensystems zusammen. Extravertierte besitzen einen höheren Hautwiderstand als introvertierte Menschen, ebenso ist ihre Schmerzgrenze höher (Zimbardo 1988). Neurotizismus beinhaltet Komponenten wie emotionale Labilität und Furchtsamkeit, Psychotizismus entspricht der Impulsivität und der mangelnden Fähigkeit, sozial unangepasstes Verhalten zurückzuhalten.

In unseren Forschungs- und Therapieansätzen haben wir die beschriebenen Konzeptionen zu einem *Heidelberger Modell* verdichtet. *Hintergrund:* Als elementare Faktoren der beschriebenen psychophysiologischen Temperamentstheorien sollen hier diejenigen Dimensionen eingehender fokussiert werden, die in den geschilderten Untersuchungen eine längerfristige Zeitstabilität und wesentliche prädiktive Funktionen zeigten. Demnach sind aus den geschilderten Theorien in unserem Modell als bedeutsame Temperamentsfaktoren insbesondere die Dimensionen der *behavioralen Inhibition* und der *behavioralen Aktivation* festzuhalten. Diese sollen im Folgenden näher erläutert werden.

Von den Vertretern der unterschiedlichen konzeptionellen Richtungen konnte übereinstimmend empirisch bestätigt werden, dass die *inhibitorische Reagibilität* eine psychophysiologisch begründete, intraindividuell häufig zeitstabile Verhaltensdisposition darzustellen scheint.

Als gemeinsamer Nenner der modernen Temperamentsforschung sollte daher festgehalten werden, dass die Reagibilität insbesondere auf unbekannte Situationen, Umstände oder Personen bei Kindern offensichtlich eine Grundkonstante menschlicher Verhaltensdisposition bildet. Daher soll hier diese Grundgröße des Temperamentes und die diesbezüglich entscheidenden Untersuchungen eingehender geschildert werden.

Bei der Untersuchung der inhibitorischen Reagibilität werden vorwiegend zwei Aspekte betrachtet, die im Folgenden erörtert werden: Eine physiologische Komponente des autonomen, motorischen und endokrinen Systems (arousability) und eine emotionale Komponente, welche die Angstneigung durch äußere Stimuli beschreibt.

Die postulierten *psychophysiologischen Grundlagen* der behavioralen Inhibition sind insbesondere auf der Ebene der vegetativen Erregbarkeit untersucht. Im Folgenden soll ein Überblick über dazu vorliegende empirische Befunde gegeben werden.

Zur Erfassung der autonomen Erregbarkeit wurde in zahlreichen Untersuchungen an Kindern, Adoleszenten und Erwachsenen die Reagibilität der Herzfrequenz auf Reize herangezogen (u.a. Kamarck et al. 1992, Debski et al. 1991). Dabei konnten interindividuelle Unterschiede bei intraindividueller Stabilität der kardialen Reagibilität nachgewiesen werden (Cacioppo et al. 1992, Uchino 1995), was den dispositionellen Charakter dieses Parameters unterstreicht.

Ähnliche Ergebnisse wurden hinsichtlich Hautleitfähigkeit, aber auch endokriner Messgrößen insbesondere des adrenergen Systems erzielt.

Die starke Reaktion auf verschiedene Stimuli im Alter von sechzehn Wochen als Prädiktor für einen behavioral inhibierten Stil gegenüber unvertrauten Reizen mit 5 Jahren ging in den Untersuchungen Kagans mit tendenziell zeitstabilen *psychophysiologischen* Auffälligkeiten einher: Viele (nicht alle!) der hoch reagiblen Kinder zeichneten sich nach Kagans Befunden durch eine höhere und regelmäßigere basale Herzfrequenz und einen höheren Sympathikotonus (gemessen u.a. durch den diastolischen Blutdruck) aus. Dabei standen insbesondere basale Herzfrequenz sowie deren Variabilität mit späterer behavioraler Inhibition im Zusammenhang, wobei die basale Herzfrequenz bereits pränatal und zwei Wochen postpartal erfasst wurde und eine durchschnittliche basale Erhöhung aufwies, wenn das Kind sich mit 14 Monaten als hochreagibel bzw. behavioral inhibiert zeigte. Dieser neonatale psychophysiologische Parameter korrelierte besser mit den Verhaltensdaten als kardiale Messwerte mit 4 und 14 Monaten (Kagan 1994).

Die beschriebenen kardialen Auffälligkeiten sind in unabhängigen Untersuchungen an Neugeborenen bereits beobachtet und mit Verhaltensauffälligkeiten in Verbindung gebracht worden: Die basal erhöhte Herzfrequenz kennzeichnet in Spanglers Untersuchungen (Spangler und Scheubeck 1993) diejenigen Neugeborenen, welche nach der Brazelton Skala als irritabler und weniger state-regulierend eingestuft wurden. Es handelt sich dabei offenbar um ein intraindividuell in den ersten Lebensmonaten recht stabiles Merkmal, (Worobey 1989, Snidman et al. 1995, Fracasso et al. 1994), wobei von einem zunehmenden parasympathischen Einfluss auf das Herz ausgegangen werden muss. Dennoch besteht kein linearer Zusammenhang zwischen den psychophysiologischen und den behavioralen Daten, was Kagan (1994) damit erklärt, dass beide Prozesse zwar über die Exzitabilität des nucleus amygdalae vermittelt werden, jedoch von dort aus über unterschiedliche Bahnen.

Weitere zeitstabile und mit den klinischen Parametern in signifikanter Verbindung stehende Größen sind die Pupillenerweiterung, Muskelspannung, Adrenalin- und Cortisol-Sekretion sowie eine rechtsfrontale Asymmetrie im EEG, wobei diese genannten Parameter weniger stabil erschienen als die kardialen Messgrößen. Mit der rechtsfrontalen Asymmetrie werden außerdem Befunde in Verbindung gebracht, nach denen hochreagible Kinder und Erwachsene eine größere Temperaturdifferenz zwischen rechter und linker Gesichtshälfte zeigen.

Einen anderen Ansatz verfolgten Gunnar und Mitarbeiter (1990): Sie postulierten eine zentrale Funktion der Hypothalamo-Hypophysio-Adrenalen-Achse (HPA) und nahmen Cortisolmessungen im Speichel bei Säuglingen und Kleinkindern vor: Sie fanden generell höhere Cortisolwerte bei gehemmten Kindern.

Die *emotionale Komponente* der inhibitorischen Reagibilität beschreibt die Erregbarkeit negativer Gefühle von Angst und Irritation aufgrund von äußeren Stimuli.

Eine emotionsspezifische Differenzierung der Reagibilität eines Säuglings beginnt im ersten Lebensjahr, wobei nach Lewis et al. (1989) Freude ab 4-6 Wochen, *Furcht bereits ab 6-8 Wochen* und Ärger etwa zwischen zwei und vier Monaten zu entstehen scheint. Daher sind die im Folgenden dargestellten Befunde zur Ängstlichkeitsneigung im frühen Kindesalter für das Verständnis dieses Temperamentskonstruktes entscheidend:

Aufgrund von mehreren longitudinalen Untersuchungen fand Kagan eine Stabilität des ängstlichen Rückzugsverhalten gegenüber neuen Reizen (unbekannten Objekten und Personen) vom Kleinkindalter (21 Monate) bis in die Vorschulzeit (Kagan et al. 1987; Biederman et al. 1993). Seinen Ergebnissen zufolge ließen sich 15 der Kinder bezüglich dieser ängstlichen Reagibilität einer von zwei Extremgruppen zuordnen, welche er als distinkte Kategorien betrachtet. Die Entwicklung dieser 33 hochreagiblen und 38 besonders ungehemmten Kinder wurde selektiv verfolgt und die Reagibilität mit 4, 5,5 und 7,5 Jahren erneut erhoben. Dabei wurde für jede Altersstufe ein entwicklungsgerechter „Index of inhibition" gebildet. Die kognitive Entwicklung der Kinder wurde mit 5,5 Jahren untersucht und kein signifikanter Unterschied festgestellt. Für den Index of Inhibition bestanden jedoch signifikante intraindividuelle Zusammenhänge mit früheren Messzeitpunkten.

In weiteren Untersuchungen an selektierten und unselektierten Stichproben (Kagan et al. 1997) fand sich eine Entsprechung zwischen hoher Reagibilität, herabgesetzter Explorationsneigung und sozialer Ängstlichkeit mit 14, 20, 32 und 48 Monaten. In einer jüngeren Untersuchung (Kagan 1991) begann die Arbeitsgruppe um Kagan mit der Untersuchung der hohen Reagibilität bereits im Säuglingsalter (4 Monate) an fast 100 Kindern mit dem Ergebnis, dass 4 Monate alte Kinder mit einer niedrigen Schwelle für sowohl motorische als auch vokale heftige Reaktionen auf unbekannte Stimuli mit größerer Wahrscheinlichkeit eine Verhaltenshemmung und Ängstlichkeit im Verlauf der frühen Kindheit (14 Monate) entwickelten als solche Säuglinge, die eine hohe Erregungsschwelle gegenüber den genannten Reizen zeigen.

Eine Vorhersagbarkeit der Gehemmtheit mit 2 Jahren wurde auch von der Arbeitsgruppe um Lewis Lipsitt (LaGasse et al. 1989) mithilfe eines bereits in der Neonatalperiode ansetzenden Versuchsplanes bestätigt: Sie untersuchten die Saugrate 2 Tage alter Babys nach Zugabe von Sacharose in die Trinkflüssigkeit und fanden, dass die Kinder, die ihre Saugrate überdurchschnittlich erhöhten in Reaktion auf die Versüßung sich zu tendenziell gehemmten Zweijährigen im Sinne Kagans aber auch zu unsicher gebundenen achtzehnmonatigen Kleinkindern entwickelten. Aus dem Jahr 1976 liegt eine Arbeit vor, der zufolge sich irritable Neugeborene signifikant häufiger zu schüchternen Zweijährigen entwickelten (Yang et al. 1976).

Die Tatsache, dass die Reagibilität als Temperamentsmerkmal bezeichnet wird, impliziert jedoch keine ausschließlich genetische Determination dieser dispositionellen Größe (s.o). Zwillingsstudien ergaben einen signifikanten genetischen Anteil der hohen Reagibilität im zweiten Lebensjahr (Robinson et al. 1992; DiLalla et al. 1994) mit doppelt so hohen Konkordanzen bei eineiigen im Vergleich zu zweieiigen Zwillingen. Selbst ein nachgewiesener erheblicher (für die Reagibilität mit ca. 40–60 % veranschlagten [Robinson 1992]) genetischer Anteil sollte jedoch, im Sinne einer Vulnerabilität zu einer umso intensiveren Suche nach frühen, fehlangepasstes Verhalten potentiell aggravierenden oder modifizierenden Umweltfaktoren Anlass geben (Resch 1999):

Es lassen sich ethnische und kulturelle Einflüsse auf die Reagibilität nachweisen (Kagan 1994), auch scheint es geschlechtsspezifische Unterschiede zu geben, in dem Sinne, dass Mädchen etwas häufiger als behavioral inhibiert klassifiziert wurden (Kagan 1992).

Kagan formulierte selbst die Hypothese (1988 1999), dass für die Aktualisierung schüchternen und furchtsamen Verhaltens mit 2 Jahren zusätzliche Umweltstressouren auf die originale Temperamentsdisposition einwirken müssten. Rosenbaum et al. (1992) fanden in einer Untersuchung zum Einfluss *elterlicher Psychopathologie* bei Eltern von behavioral hochreagiblen Kindern mit Angststörungen eine erhöhte Rate an Angsterkrankungen verglichen mit Eltern von Kindern mit behavioraler Inhibition aber ohne Angststörungen und mit Eltern von Kindern ohne behaviorale Inhibiton und ohne Angststörungen. Dies deutet daraufhin, dass die Reagibilität sich als Vulnerabilitätsfaktor durch das Zusammenleben mit einem angsterkrankten Elternteil eher im Sinne einer Angsterkrankung manifestiert. Familiäre Einflüsse auf die frühe Entstehung der hohen Reagibilität selber werden jedoch hauptsächlich in einer Arbeit von Hill et al. 1999 ansatzweise thematisiert, welche die Reagibilität als ein Kennzeichen von jungen Kindern aus Familien mit einem erhöhten Risiko für Substanzmissbrauch beschrieben. In den umfangreichen Arbeiten von Engfer (u.a. 1982) deutete sich eine Beziehung zwischen kindlicher Schüchternheit und elterlichem Interaktionsverhalten in Form von Misshandlung an.

In Kagans Untersuchungen erwies sich außerdem die Geburtsreihenfolge als einflussnehmender Faktor: So waren zwei Drittel der hochreagiblen Kinder Zweit- oder Spätergeborene, zwei Drittel der niedrigreagiblen Kinder Erstgeborene. Dabei spielte die soziale Herkunftsschicht der Kinder in den geschilderten Untersuchungen keine Rolle, ebenso wenig wie die Intelligenz der Kinder (Kagan et al. 1988).

In wenigen existierenden Studien zu *lebensereignisbedingten* Einflüssen auf die psychophysiologische Reizreagibilität an traumatisierten Patienten ergab sich, dass die Reizreagibilität (sowohl auf traumabezogene wie auch neutrale Stimuli) durch gravierende Lebenserfahrungen verändert sein kann. (s.u.)

Die zweite Temperamentsdimension *Behaviorale Aktivation/Novelty Seeking* beinhaltet impulsive, hochaktive und unbeherrschte Charaktere mit rasch wechselndem Aufmerksamkeitsfokus am einen Ende des Spektrums und überkontrolliert haftendem Verhalten mit Unflexibilität und Tenazität am anderen Ende (Resch und Brunner 1995).

Impulsivität bedeutet, dass ein Individuum sich plötzlichen inneren oder äußeren Stimuli rasch zuwendet und diesen nachgibt.

Die Kennzeichen von Impulsivität sind folgende:

- Abruptes Abbrechen von Handlungen, Beziehungen, Planungen etc.
- Rasche Interessenszuwendung und ebenso rascher Interesseverlust.
- Improvisation ohne vorherige Planung in wichtigen Situationen.
- Ablenkbarkeit als Folge der beständigen „Stimulussuche".
- Der assoziativen Lockerung entspricht der häufig eher chaotische Sprechstil.
- Impulsive Individuen suchen schnelle Lösungen für ein Problem.
- Beeinträchtigung des Lernen durch „Trial and Error", da diese eine geringere Merkfähigkeit bewirkt.
- Verminderung der Stresstoleranz, das heißt, impulsive Menschen geraten schneller in Panik oder Aufregung.

Revelle und Mitarbeiter (1980) präsentieren Daten, denen zufolge wenig impulsive Menschen morgens einen hohen und abends einen niedrigen Erregungslevel aufweisen, hochimpulsive einen umgekehrten Tagesrhythmus des Arousal-Levels zeigen. Dieser Befund steht in partiellem Widerspruch zur Theorie Eysencks und Strelaus, da offensichtlich keine geradlinige Beziehung zwischen der absoluten Höhe des Arousal und dem Temperament besteht, sondern hier vielmehr situative und diurnale Aspekte berücksichtigt werden müssen.

Caspi und Silva (1995) konnten nachweisen, dass Kinder, die im Alter von drei Jahren als impulsiv unbeherrscht eingeschätzt worden waren, noch im Alter von 18 Jahren vergleichbare Züge aufweisen. Mit Impulsivität ist die Fähigkeit zum Belohnungsaufschub invers verbunden. Diese Fähigkeit zeigte in den Untersuchungen von Shoda, Mischel und Peake (1990) eine Zeitstabilität von 10 Jahren.

Auch die in unserem Modell als aktivatorisch angesehene Dimension des Neugierverhaltens zeigt offenbar eine intraindividuelle Stabilität: Ergebnisse von Calkins (1997), Fox und Stifter (1992) und Rothbarth (1988) liefern eine indirekte Bestätigung durch Befunde, denen zufolge positive Reagibilität auf neue Reize im Säuglingsalter Vorhersagen über Annäherungstendenzen mit 6 Jahren erlaubt. Ebenso fanden Sanson und Mitarbeiter eine mittelhohe Stabilität der Annäherungsdimension zwischen Säuglings- und mittlerem Kindesalter (Sanson et al. 1996). Kinder mit höherem Explorationsverhalten wiesen dabei eine deutliche linksfrontale Aktivierung des EEG's auf.

Als weiterer biologischer Marker scheint die Reduktion der Aktivität des serotonergen Systems bei Erwachsenen mit impulsiven Persönlichkeitszügen dienen zu können (Coccaro et al. 1989). Dass es sich hierbei um eine Disposition zu handeln scheint, wird daraus deutlich, dass bereits Neugeborene erniedrigte Serotoninspiegel haben, wenn in der Familienanamnese eine Impulsivität bekannt ist (Constantino 1997).

Ein mit der Impulsivität zusammenhängender Begriff ist der Terminus der Affektregulation, welcher im Folgenden näher erläutert werden soll, da die Emotions- oder auch Affektregulation einen entscheidenden Anteil an der Ausformung der kindlichen Persönlichkeit (wie auch der des Erwachsenen) hat, und auch in den Extremvarianten der Persönlichkeitsstörungen eine zentrale Funktion hat.

Affektregulation wird als die Fähigkeit bezeichnet einen affektives arousal im Rahmen der Anpassungsprozesse zu kontrollieren, zu modulieren und zu modifizieren.

Nach Sroufe (1989) organisieren die Emotionen das Verhalten und formen die Persönlichkeit durch Signale an das Selbst und andere und durch die Regulation von Wahrnehmungen und Gedankeninhalten. In den ersten Monaten des Lebens kontrollieren die Affekte das Selbst, das Kind hat wenig Möglichkeit sich selbst zu regulieren. Adaptives Funktionieren und normale Persönlichkeitsentwicklung werden dadurch erleichtert, dass der Organismus Möglichkeiten und Strategien erlernt, seine emotionale und physiologische Erregung innerhalb gewisser Grenzen zu halten.

Wie entwickelt sich die kindliche Persönlichkeit?

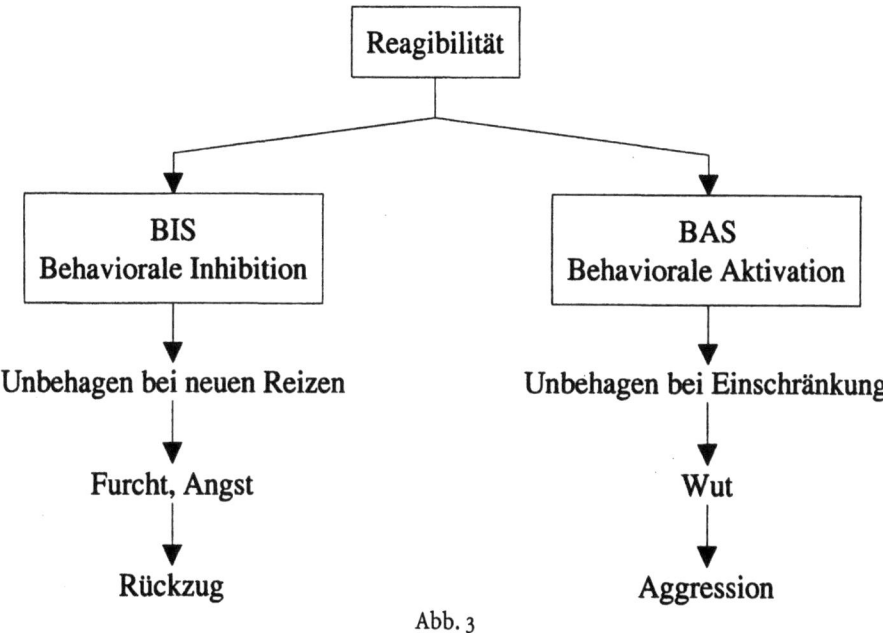
Abb. 3

Zunächst wird dies von der Mutter unterstützt und gebahnt (s.u.), jedoch ist es bereits eine wesentliche Entwicklungsaufgabe des ersten Jahres im Leben eines Kindes, die Selbstkontrolle über seine Reaktionen auf Stimuli zu erlernen (Cloninger 1999). Diese zunehmenden Kontrollleistungen erfüllen den Zweck, die Vorhersagbarkeit der inneren und äußeren Umwelt zu steigern und dadurch negative Erlebnisse von Desorientierung zu vermeiden. Gleichzeitig dient die Affektregulation der Desaktualisierung.

Das behaviorale Aktivationssystem fördert also exploratorisches und zielgerichtetes Verhalten durch Freisetzung von Dopamin, es wird auch als „on switch" betrachtet und von manchen Autoren mit Extraversion gleichgesetzt. Es wird auch Behavioral Facilitation System genannt. Hohe Spiegel von Dopamin fördern auch im Tierexperiment extravertiertes belohnungs- und vergnügungsorientiertes Benehmen, niedrige Spiegel zeigen den entgegengesetzten Effekt.

Das Behaviorale Inhibitionssystem setzt Transmitter frei, welche das Verhalten hemmen, was mit Angstgefühlen einhergeht. Gefahrensignale, die vom frontalen Cortex zum limbischen System gesendet werden, setzen das behaviorale Inhibitionssystem in Kraft, welches zu einer „freeze"-Reaktion führt mit der Tendenz, extrem vorsichtig, wachsam und zurückhaltend zu sein. Hohe Serotoninspiegel können eine derartige Ängstlichkeit erzeugen, ebenso wie niedrige Serotoninspiegel Aggressivität auslösen können.

Wie aus dem Vorhergehenden ersichtlich, kann die Entwicklung regulativer Kompetenzen, zu der auch die Impulskontrolle gehört, durch äußere

Einflüsse unterstützt werden, wie zum Beispiel die anfängliche Unterstützung der Regulation durch die Mutter, so dass ein ähnliches Entstehungsmodell für den aktivatorischen Temperamentszug angenommen werden kann, wie für die behaviorale Inhibition: Eine grundlegende Dimension der Aktivation bzw. Inhibition wird im Laufe der frühen Kindheit durch Interaktionserfahrungen modifiziert, so dass messmethodisch bei der Erfassung der Inhibition oder der Aktivation zwischen genetischen und umweltbedingten Einflüssen nur durch Zwillings- und Adoptionsstudien unterschieden werden kann.

Dass prinzipiell auch Umweltfaktoren die Ausprägung dieser Temperamentseigenschaften modifizieren können, ist dabei unter anderem von Brody (1987) und Plomin (1991) nachgewiesen, deren Ergebnissen zufolge 30 % der Varianz von Temperamentseigenschaften durch Umwelteinflüsse determiniert ist. Bergemann et al. fanden 1993 einen substantiellen (21 % der Varianz) umweltbedingten gegenüber genetischen (12 %) Anteilen der Dimension „Offenheit für neue Erfahrung" des NEO-FFI.

Gegenüber der wissenschaftlich bereits intensiv untersuchten und reliabel etablierten Dimension der behavioralen Inhibition ist die behaviorale Aktivation innerhalb der modernen Temperamentsforschung jedoch bisher ätiologisch und phänomenologisch weniger detailliert betrachtet worden.

Geschlechtsunterschiede konnten in der New York Longitudinal Study nicht festgestellt werden. Die von den psychophysiologischen Temperamentsforschern hervorgehobenen Dimensionen Annäherung und Vermeidung zeigten jedoch in einer Untersuchung an 355 Säuglingen (Maziade et al. 1985) geschlechtspezifische Differenzen: Weibliche Säuglinge neigen mehr zur Annäherung.

Zusammenfassend kann aus diesem Überblick über die moderne Temperamentsforschung festgehalten werden, dass es sich beim Temperament um eine stark anlagebedingte, jedoch durch Umweltfaktoren modifizierbare Verhaltensdisposition handelt, die in unserem Modell auf den Dimensionen Inhibition und Aktivation gemessen wird. Dabei bezeichnet das Temperament eher die *Form*, weniger den Inhalt des Verhaltens oder Empfindens.

Die kindliche Persönlichkeitsentwicklung auf dem Hintergrund von Umwelt, Interaktion und Beziehung

Das Temperament und die ontogenetisch mit der kognitiven Entwicklung einhergehende Entstehung des Selbst und der Emotionen sind als Ausgangsbasis der Persönlichkeitsentwicklung zu betrachten und als solche hier ausführlich beschrieben. Die enge Wechselbeziehung mit der Umwelt, die am Beispiel des Temperamentes schon beschrieben wurde (s.o.), gilt ebenfalls für die Ausbildung der Emotionen und des Selbst, deren Entstehung sich zwar einerseits nach Reifungsgesetzlichkeiten richten, die in ihrer qualitativen Ausprägung jedoch stark von Umwelt- und dabei insbesondere Interaktions- und Beziehungserfahrungen beeinflusst sind.

Insbesondere die Säuglingsforschung hat eindrucksvolle Befunde darüber, wie sich die frühkindliche Persönlichkeit aus der Interaktion mit der Umwelt (in unserer Kultur vorzugsweise der Mutter) entwickelt und hier grundlegende interaktionelle Konzepte der Entwicklung psychischer Strukturen hervorgebracht. Diese tragen ebenso zum Verständnis frühkindlicher Persönlichkeitsentwicklung bei wie das Temperament, als die Matrix, auf der sich die Interaktion mit der Umwelt abspielt. Im Folgenden sollen daher die Konzepte interaktioneller Faktoren, die die Entwicklung der Persönlichkeit schon des Säuglings und Kleinkindes prägen, dargestellt werden:

Die Bedeutung der frühen Mutter-Kind-Interaktion für die spätere kindliche Entwicklung wurde von zahlreichen Autoren eingehend untersucht und beschrieben. (Überblick s. Dornes 1998). Von verschiedenen Autoren werden dabei unterschiedliche Aspekte der frühen Interaktion fokussiert. Dabei wird insbesondere folgenden Konstrukten eine zentrale Funktion zugeschrieben:

1. *Social referencing:* Zwischen zwei und fünf Monaten können Kinder verschiedene Emotionsausdrücke unterscheiden. Zwischen fünf und sieben Monaten beginnen Kinder, auf diese Unterschiede auch zu reagieren. Mit etwa neun Monaten kann dabei ein wirkliches Affektverständnis vorausgesetzt werden (Dornes 1993). Von großer Bedeutung für die affektive Entwicklung des Kindes sind daher affektive Reaktionen der Umwelt auf Situationen, welche das Kind überprüft.

Das „Social referencing" (Sorce et al. 1985) benannte Phänomen bezeichnet die Tendenz kleiner Kinder bei Konfrontation mit interessanten, aber Unsicherheit erzeugenden Objekten zur Mutter zu schauen und entsprechend deren Gesichtsausdruck zu reagieren: Kommuniziert die Mutter einen Angstaffekt, fürchtet sich das Kind, lächelt sie, zeigt das Kind Neugier. Über dieses „social referencing„ werden affektive Zustände kommuniziert, geteilt und dadurch die emotionale Reagibilität des Kindes geprägt.

2. *Affect attunement:* Während social referencing eine Kommunikation unter Bezugnahme auf ein äußeres Objekt bezeichnet geht es bei der Affektstimmung darum, direkt miteinander in ein affektives Gleichgewicht zu kommen. Dabei nimmt die Bezugsperson die affektiven Charakteristika einer kindlichen Äußerung auf und wiederholt diese, sowohl in der gleichen, als auch einer anderen Sinnesmodalität. Erhalten bleibt die Intensität, der Rhythmus und die zeitliche Kontur des kommunizierten Affektes, auch bezeichnet als amodale Anteile eines Affektes.

Dadurch wird zum einen das intersubjektive Selbst des Kindes in seiner Entwicklung gestärkt, zum anderen geht es der Mutter meist darum, eine Gemeinsamkeit mit dem Kind herzustellen. Sehr häufig wird jedoch von den Eltern mit der Affektabstimmung ein bestimmter Zweck verfolgt: Auf averbalem Weg teilen sie ihrem Kind bewusst oder unbewusst ihre Wünsche und Abneigungen mit, indem sie sich auf erwünschte Handlungen affektiv einstimmen, auf unerwünschte nicht.

Die Sonderform des „tuning" stimmt sich zunächst auf den Affekt des Kindes ein, um ihn dann um eine Spur zu verändern, das heißt, die Antwort ist etwas stärker oder schwächer als das Ursprungssignal, je nach verfolgter Intention der Mutter.

Dornes bezeichnet diesen Mechanismus als „gefährlich", weil es ein subtiler Weg ist, die Emotionalität des Kindes zu verändern mit der Folge der Entstehung eines falschen Selbstes. Hier wird die Rolle des Kindes als Adressat elterlicher Absichten deutlich:

Über das tuning können natürlich elterliche Phantasien oder Befürchtungen beziehungsweise die Abwehr dieser Befürchtungen ausgedrückt werden.

3. Feinfühligkeit: Papousek spricht von den intuitiven Kompetenzen der Eltern, die es ihnen ermöglichen, sich auf den Säugling einzustellen und seinem Wahrnehmungssystem und emotionalen Bedürfnissen gemäß zu reagieren. So verändern die meisten Eltern automatisch ihre Stimmlage und modulieren ihre Intonation stärker. Sie bringen ihr Gesicht meist automatisch auf die Distanz von ca. 20 cm vom Kopf des Kindes. Dies ist die Entfernung, bei der der Säugling aufgrund seiner geringen Akkomodationsfähigkeit am schärfsten sieht.

Sie ahmen Lautäußerungen des Kindes nach meist auch ohne zu wissen, dass dies die kindlichen Selbstwirksamkeitserfahrungen bereichert, wenn seine Verhaltensweisen gespiegelt werden.

In den ausführlichen Untersuchungen von Grossmann hatte die mütterliche Feinfühligkeit einen entscheidenden Einfluss auf die Qualität der kindlichen Bindung an die Mutter. Zur Feinfühligkeit gehört auch die Fähigkeit der Mutter, dem Aufmerksamkeitsfokus des Kindes zu folgen und vom Kind vorgegebene Handlungsstränge aufzugreifen, anstatt dem Kind eigene Handlungsfäden vorzugeben und die Interaktion dadurch zu dominieren. Mütterliche Intrusivität dem Säugling gegenüber mindert ein Gefühl der Effektanz des Säuglings und führt oft zu abweisenden Reaktionen beim Kind, welche in Beziehungsstörungen münden können.

Es gibt vielfältige Hintergründe für eine Minderung der Feinfühligkeit: Mütterliche Depressionen z.B. führen nach T. Field (1990) häufig zu einem intrusiven oder aber zurückgezogenen Verhalten gegenüber dem Kind. Letzteres führt dazu, dass die für das Selbstgefühl des Säuglings entscheidenden

Bestätigungen seiner Äußerungen durch die Mütterliche vokale und mimische Reaktion fehlt oder abgeschwächt ist. Für die Kinder stellt dies eine hohe Belastung dar, wie aus psychophysiologischen Untersuchungen zu entnehmen ist.

Viele Mütter zeigen jedoch auch eine Beeinträchtigung ihrer intuitiven Kompetenzen durch eine verzerrte Wahrnehmung des Kindes. Dies leitet über zu einem weiteren, wesentlichen Modus der Interaktion mit der Umwelt bei der Ausformung der kindlichen Persönlichkeit:

4. *Projektion:* Ein besonderes Charakteristikum der frühen Mutter-Kind-Beziehung ist die Deutung des kindlichen Verhaltens durch die Eltern, was insbesondere im Neugeborenenalter in „fortwährender Überschätzung des Absichtselementes" (Hinde 1976) geschieht und die Mutter-Kind-Interaktion in dieser Lebensphase konturiert. Dabei mischen sich elterliche Introjekte, die „Gespenster im Kinderzimmer" (Selma Fraiberg 1980) in den Dialog zwischen Eltern und Kind. Einige Autoren bezeichnen diesen Prozess auch als Rückkehr der Eltern zur kindlichen Neurose (Kreisler 1981), da die Inhalte der auf den Säugling bezogenen Phantasien häufig aus belasteten Beziehungsmustern der elterlichen Vergangenheit entspringen und das Baby somit einen Aspekt des Unbewussten eines Elternteiles repräsentiert (Brazelton 1989).

Für die kindliche Entwicklung ist dieser Vorgang insofern bedeutungsvoll, als die Reaktion der Mutter auf das Kind häufig der „hineininterpretierten Bedeutung des kindlichen Verhaltens" (Cramer 1986) gilt.

Dabei handelt es sich um die Projektionen elterlicher Repräsentanzen, Affekte, Selbstanteile auf den Säugling, der für alle Eltern eine Matrix darstellt, dessen Absichtselement überschätzt werden muss (Hinde). Die Bedeutungszuschreibung kindlicher ungerichteter Äußerungen durch die Eltern geschieht teils bewusst, teils unbewusst. Laut Dornes (1998) hat sie einen entscheidenden Anteil an der Ausformung des kindlichen Selbstkonzeptes. Den Einschluss des Kindes in das symbolische Universum der Eltern bezeichnet Dornes als unausweichliches, aber einzigartiges Phänomen der menschlichen Gattung. Während die Psychoanalyse sich der Entstehung und dem Inhalt der elterlichen Phantasien zuwendet, beschäftigt sich die Interaktionsforschung mit den Ausdrucksformen dieser Phantasien, welche Transmissionsmechanismen pathologischer Konflikte und innerpsychischer Konstellationen darstellen können:

Je drängender die unbewussten Phantasien und Konflikte der Eltern sind, desto wahrscheinlicher wird eine subjektiv übermäßig verzerrte Ausdeutung kindlicher Signale mit potentiell pathologischen Konsequenzen (Brazelton 1986). Empirisch wurde dies bislang an Einzelfallbeispielen beschrieben (Cramer 1987). Dieser projektive Mechanismus dürfte sich insbesondere dann gravierend auf die Mutter-Kind-Beziehung auswirken, wenn die „Gespenster" sehr negativ besetzte Bezugspersonen der Kindeseltern sind, die den Eltern in Gestalt ihres Kindes wiederzukehren scheinen (Rabain-Jamin 1984). Die Fortpflanzung von Beziehungs- und Bindungsstörungen in die nächste Generation kann daher in diesem frühen Stadium über die Projektion nicht nur negativer Selbstanteile sondern auch der Elternrepräsentanzen geschehen.

Insbesondere bei schweren Beziehungsstörungen, z.B. nach Misshandlungserfahrungen der Eltern, wirkt sich dieser Mechanismus gravierend auf die Interaktion und letztlich die kindliche Persönlichkeitsbildung aus: Wenn die malignen, übergriffig-aggressiven Introjekte der Eltern auf den Säugling projiziert werden in Verbindung mit unverarbeiteten Gefühlen von Ohnmacht und Hilflosigkeit und eigener Aggression, ist die Gefahr einer Wiederholung der Misshandlungserfahrungen gegeben (Möhler und Resch, 2000). Dazu ein Beispiel aus der interdisziplinären Säuglingsambulanz der Universität Heidelberg:

Fallbeispiel: Ein 8 Wochen altes Mädchen wurde von seiner Mutter aufgrund „unerträglicher hysterischer Anfälle" vorgestellt, welche mütterliche Misshandlungsimpulse mit bedrohlichen Durchbruchstendenzen auslösten. In projektiver Wahrnehmungsverzerrung sah die Mutter in ihrem schreienden Kind die eigene, intrusiv-traumatisierende Mutter und erlebte es auf mehreren Ebenen als gefährlich. So empfand sie motorische Regungen des Säuglings als physisch aggressive, gegen sie selbst gerichtete Übergriffe und äußerte Ängste, in wenigen Jahren vom aggressiven Potential ihres Kindes überwältigt zu werden.

Eine weitere Befürchtung der Mutter galt der von ihr erlebten fordernden Unersättlichkeit des Säuglings. Auch neutrale vokale Äußerungen ihres Kindes erlebte die Mutter mitunter als manipulativ, sadistisch und gierig. Sie begegnete ihnen mit einem rigiden Regelkorsett, dessen Einhaltung auch durch den Vater und die Großmutter des Kindes sie mißtrauisch überwachte. Ein flexibles Eingehen auf die Bedürfnisse des Kindes erweckte in der Mutter Ängste, das Kind könne aufgrund von Verwöhnung eine sie überwältigende Gier entwickeln.

Aus der Anamnese der mütterlichen Vergangenheit wurde folgender Hintergrund deutlich: Bereits in frühester Kindheit habe sie von der eigenen Mutter Gewalt in Form von Schlägen und Tritten erfahren, wobei sie am meisten unter den „hysterischen" Schreiattacken der Mutter gelitten habe. In dieser Situation sei sie von niemandem unterstützt und ernstgenommen worden, obwohl sie der Lehrerin und auch ihrem Vater häufig davon erzählt habe. Lediglich ein einziges Mal sei der Vater, den sie als Alkoholiker beschreibt, von der Arbeit gekommen, da sie ihn um Hilfe angerufen hatte, die Mutter schlage sie tot.

So sah diese Mutter in ihrer 8 Wochen alten Tochter ihre Mutter vor sich, welche sie anschrie und misshandelte. Das Schreien des Säuglings „triggerte" diese Erinnerung mit der Folge einer Projektion der intrusiv-aggressiven Mutterrepräsentanz auf den Säugling.

Diese Projektion auf das Kind führte dazu, daß Frau L. den Säugling als sadistisch und manipulativ empfand und die kindlichen Regungen mit inadäquater Aggression beantwortete. Frau L. reagierte auf Alexandra nicht als Kind, sondern als ob sie ihre Mutter in hysterischen und tyrannisierenden Ausnahmezuständen vor sich habe.

Dazu trug auch ein Wiederaufflackern der Angst bei, einem grenzüberschreitenden und gewalttätigen Objekt ausgeliefert zu sein. Dies drückte sich unter anderem in der Befürchtung aus, das Kind könne in wenigen Monaten bzw. Jahren überwältigende Kräfte entwickeln, so dass die Mutter der massiven Aggressivität nicht mehr Herr werden könne. Darin steckte gleichzeitig auch ihre Angst vor Kontrollverlust gegenüber eigenen Gewaltimpulsen.

Die Deutung dieser Projektionen im Rahmen der Therapie führte zu einer Besserung und Korrektur der mütterlichen Wahrnehmungsverzerrung. Nach Dornes (1998) ist dies ein indirekter Beweis für die Wirksamkeit elterlicher Phantasien innerhalb der Eltern-Kind-Interaktion, da Aufdeckung und Korrektur dieser Phantasien zu Interaktionsveränderung führt.

Gleichzeitig kann es durch projektive Identifikation dazu kommen, dass das Kind im Lauf seiner Persönlichkeitsentwicklung die aggressiven Impulse auslebt, welche von der Mutter in es hineinprojiziert wurden. Dies ist ein Extrembeispiel für die persönlichkeitsbildende Bedeutung projektiver Mechanismen, welche jedoch zum Beispiel auch häufig bei kindlichen Fütterstörungen wirksam werden.

Neben anderen kindlichen Symptomen können Fütterstörungen Ausdruck mütterlicher intrapsychischer Konflikte sein. Dabei werden (nach Cramer 1987) diese Interaktionen dem Kind nicht magisch vermittelt, sondern folgen den Regeln der interaktiven Kommunikation. Über Handlungen, Gesichtsausdrücke, Intonation, Vitalitätskonturen bestimmen diese Zuschreibungen die Reaktion des Säuglings in der Interaktion. Dazu ein weiteres Beispiel aus unserer Säuglingsambulanz:

Fallbeispiel: Eine Mutter gibt an, das Kind sei nie satt, schreie dauernd und erbreche viel. Analyse der Fütterinteraktion zeigt, dass das Kind ununterbrochen gestillt wird, sobald es kleine Wehlaute ausstößt, ungeachtet der unter Umständen nicht hungerbedingten Ursache. Das heißt der Säugling hat keine Gelegenheit jemals den Magen zu entleeren, er erhält die Botschaft, dass jedes Unwohlsein mit Essen zu beantworten sei und muss sich häufig aufgrund der Überfülle des Magens erbrechen, was von der Mutter als Essstörung gedeutet wurde.

Hintergrund war eine mütterliche langjährige Anorexie/Bulimie. Die Mutter gab an, keinen natürlichen Hungermechanismus mehr zu haben und Essen schon lange funktionalisiert zu haben als Trost in Unglücks- und Leerezuständen, in welchen sie Hunger empfinde. Diese Hunger- und Leeregefühle wurden in den Säugling projiziert mit der Konsequenz einer beständigen Überfütterung und eines „bulimischen Verhaltens" beim Kind. Wenn solche Mechanismen über Monate und Jahre wirksam bleiben, was ohne Intervention meist der Fall ist, können Verhaltensweisen des Kindes als Reaktion auf die Umwelt zum festen Bestandteil der kindlichen Persönlichkeit werden.

Diese geschilderten interaktionellen Besonderheiten hängen in vielfältiger Weise ab von Sozialstatus, seelischer Gesundheit, Familienstand, Kinderzahl, eigenen Kindheitserfahrungen etc. der Mutter. Gemeinsam ist den genannten Interaktionscharakteristika, dass sie schließlich zur allgemeinen, verinnerlichten Beziehungsrepräsentanzen des Kindes werden und dadurch die Persönlichkeitsentwicklung beeinflussen.

Dabei wird der *Eltern-Kind-Beziehung* im allgemeinen eine zentrale Rolle für die kindliche Entwicklung zugemessen. Insbesondere die Bindungstheorie hat empirische Untersuchungen dazu ausgelöst.

III. Bindungsforschung

Die *Bindung*, ein erstmals von John Bowlby (1969) eingeführter Begriff, bezeichnet die Qualität von Beziehungen, welche ein Leben lang konstant bleiben kann. Die Bindung hat soziale, emotionale, kognitive und behaviorale Elemente. Folgende Charakteristika kennzeichnen die Bindung:

Durch Angst und Unsicherheit in der Interaktion mit dem Kind wird sein Explorationsverhalten zugunsten von Bindungsverhalten unterdrückt.

Durch die Anwesenheit einer Bezugsperson wird das Explorationsverhalten des Kindes verstärkt (secure base phenomenon). Die Angst des Kindes in ungewohnten Situationen verringert sich bei Anwesenheit der Bezugsperson. Trennung von der Bezugsperson erzeugt Protest des Kindes.

Bindungsverhalten äußert sich in der Tendenz des Kindes, in Belastungssituationen die Nähe zur Mutter zu suchen, unter Umständen auch begleitet von Schreien, Weinen, Gestikulieren, Klammern. Dieses Verhalten tritt charakteristischerweise dann auf, wenn das Kind Rückversicherungsbedürfnisse hat, die sich an die Mutter (oder eine andere Bezugsperson) richten. Wenn diese adäquate Nähe gewährleistet ist, zeigt das Kind kein Bindungsverhalten mehr. Ainsworth (1978) führte die ersten empirischen Studien an Kindern und Erwachsene durch und generierte so normative Daten. Dabei stieß sie mit der mittlerweile klassischen Methode der „fremden Situation" auf zunächst drei Bindungsmuster:

Sicher gebundene Kinder konnten die im Experiment nach einer Spielphase durchgeführte Trennung mit mäßiger Abneigung ertragen und begrüßten die Mutter bei ihrer Rückkehr freudig, zeigten danach wieder sicheres Explorationsverhalten. Etwa zwei Drittel aller Kinder einer Normalstichprobe zeigen sicheres Bindungsverhalten. Unsicher gebundene Kinder ließen sich diesen Ergebnissen zufolge in vermeidend und ambivalent unterteilen.

Das Verhalten des *vermeidend gebundenen* Kindes zeichnet sich durch eine scheinbar gleichgültige Haltung des Kindes gegenüber Trennung von der Bezugsperson aus. Das Kind scheint unbekümmert weiterzuexplorieren, ebenso bei Wiedervereinigung mit der Mutter. Psychophysiologische Untersuchungen konnten allerdings einen hohen Stresspegel dieser Kinder nachweisen, was darauf hinweist, dass es sich um eine abwehrbedingte Unterdrückung des Bindungssystems handelt.

Ambivalent gebundene Kinder zeigten starke Anklammerungstendenzen bei geringem Explorationsverhalten und starker Beunruhigung bei der Trennung von der Mutter, an welche sie sich nach Wiedervereinigung mit negativem Affekt klammerten.

Später kam durch die Untersuchungen von Main (1990) eine weitere Kategorie, die der *desorganisierten Bindung* dazu, welche durch ein chaotisches Verhaltensmuster gekennzeichnet ist. Als Hintergrund des Bindungsmusters eines Kindes wird das Verhalten derjenigen Bezugsperson angesehen, an die sich das Bindungsverhalten des Kindes richtet. Zurückweisende Mütter hätten demnach vermeidende Kinder, vernachlässigende ambivalent gebundene. Das disorganisierte Bindungsmuster kennzeichnet offenbar Kinder, die Misshandlungen ausgesetzt waren

Bindungsmuster eines Kindes gegenüber der Mutter können sich unterscheiden von denen gegenüber dem Vater oder anderen Bezugspersonen. Ein und derselben Bezugsperson gegenüber weisen sie jedoch eine beträchtliche Stabilität auf. Auf dieser Stabilität beruht die prägende Bedeutung des Bindungsmusters für die Persönlichkeitsentwicklung, da Bindungsmuster gegenüber primären Bezugspersonen sich häufig gegenüber späteren Lebenspartnern wiederholen.

Frühe Beziehungen haben einen natürlichen Kern, da sie für das Überleben zu wichtig sind, als das sie nur einer kulturellen Übereinkunft überlassen bleiben könnten. Wir haben zu zeigen versucht, wie Störungen der intuitiven elterlichen Fürsorge, das Kind in seiner Bindung zu den wichtigen Bezugspersonen nachhaltig beeinflussen können.

Transaktionales Anlage-Umwelt-Modell

Ein *transaktionales Anlage-Umweltmodell* versucht mit dem Konzept der Passung der wechselseitigen Bedeutung von konstitutionellen Faktoren und Milieubedingungen Rechnung zu tragen. Dabei ist zu berücksichtigen, dass es sich nicht um einen linearen Einfluss der Umwelt auf Reagibilität und Regulation des Kindes handelt, sondern die Temperamentsfaktoren ihrerseits mit der Umwelt interagieren. Dies geschieht dadurch, dass das Kind seine soziale Umwelt beeinflussen und modifizieren kann. So gibt es Hinweise, dass negative Affektäußerungen des Kindes kurz nach der Geburt zu Veränderungen der mütterlichen Reaktion im Sinne von Rückzug, Ignoranz oder weniger spielerischer Zuwendung führen können (Van den Boom 1989). Kindliche Verhaltensweisen rufen in den Bezugspersonen bereits früh günstigere oder ungünstigere Reaktionsformen hervor, die sich dann als negative Entwicklungsfaktoren auswirken können.

Das transaktionale Modell entwickelte sich geschichtlich aus dem Übergang von linearen zu interaktiven Entwicklungsmodellen und gab auf klinischer Ebene Anlass zur Entwicklung des Konzepts der *„Passung",* wonach Temperaments- und Umweltvariablen in additiver oder multiplikativer Weise zusammenwirken. Es wurde erstmals von Thomas und Chess aus den Ergebnissen abgeleitet, dass nur partielle Beziehungen zwischen psychischen Störungen und schwierigem Temperament bestehen. Andererseits immunisiert auch das einfachste Temperament nicht vollkommen gegen die Entwicklung psychischer Störungen. Vielmehr ergab sich der Schluss, dass nicht dem Temperament per se ätiologische Bedeutung zukommt, sondern der Tatsache, dass das Temperament eines Kindes nicht mit den Erwartungen und Anforderungen seiner Umwelt übereinstimmt. Thomas und Chess prägten hier den ursprünglich von Henderson (1913) vorgeschlagenen Begriff der Übereinstimmung (goodness of fit) und die damit verbundenen Begriffe Konsonanz und Dissonanz.

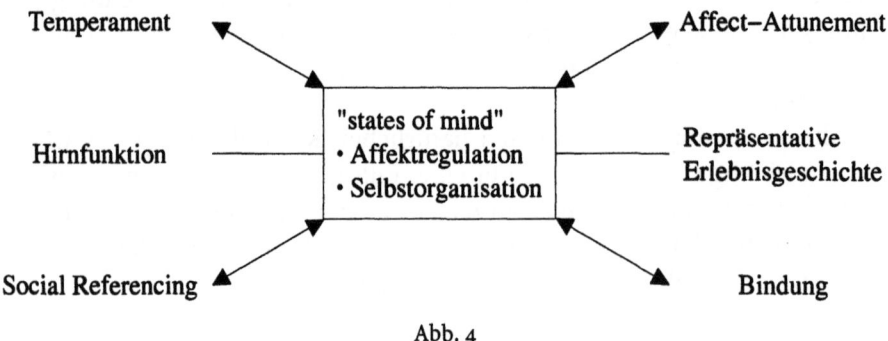

Abb. 4

Konsonanz bezeichnet einen Einklang zwischen den Möglichkeiten des Individuums und den Eigenschaften der Umwelt. Mangelnde Übereinstimmung (Dissonanz) wird auch als „poorness of fit" gesehen und beschreibt Diskrepanzen zwischen den Möglichkeiten und Anforderungen der Umwelt und den Fähigkeiten des Organismus, mit der Folge einer gestörten Entwicklung und unangemessenem Verhalten (Thomas und Chess 1980).

Beispielhaft kann hier angeführt werden, dass ein aktives, impulsives und intensives „schwieriges" Kind vermutlich problemlos in einem toleranten Familienverband auf dem Lande zu integrieren ist, jedoch in einer engen Stadtwohnung mit zwanghaft strukturierten Eltern rasch durch gegenseitige negative Beeinflussung psychopathologische Symptome entwickeln beziehungsweise als gestört wahrgenommen wird. Nach Zentner (1998) kann das Passungsmodell so verdeutlicht werden, dass die in Temperamentsmerkmalen begründete Individualität des Kindes eine Ausgangslage für das feedback darstellt, welches das Kind von der erziehenden Umwelt bekommt. Dies hängt wiederum davon ab, inwieweit das Kind durch seine Grunddisposition den Anforderungen der Umwelt, welche in spezifischen Werten, Einstellungen oder Erwartungen begründet sein kann, entgegenkommt.

Die Frage, ob ein Temperamentsmerkmal einen Risikofaktor für die Entwicklung darstellt oder nicht, ist also abhängig von den jeweiligen Umweltanforderungen. Auch Strelau (s.o.) vertritt die These, dass es zu psychischen Störungen kommen kann, wenn während des Entwicklungsprozesses Bedingungen auftreten, die im Widerspruch zum Temperament, das heißt in Strelaus regulativer Theorie in Widerspruch zum optimalen Erregungszustand stehen. In seinem Modell entsteht Psychopathologie durch unablässige Stimulation stark reaktiver Individuen beziehungsweise durch ungenügende Stimulation wenig reaktiver Individuen (Strelau 1984).

Der Begriff der Übereinstimmung sollte jedoch nicht dahingehend missverstanden werden, dass das Temperament von Eltern und Kindern übereinstimmen soll, um einen „goodness of fit" zu ergeben. So ist zum Beispiel anzunehmen, dass Kinder mit schwierigem Temperament und hoher Impulsivität besser mit Eltern zurechtkommen, die weniger impulsiv und aktiv sind. Ebenso könnte es für ein schüchternes Kind vorteilhaft sein, keine schüchterne, sondern eine extravertierte Mutter zu haben, da sich hier durch sozialen Rückzug und Modellbildung Anlage und Umweltfaktoren in negativer Hinsicht multiplizieren können.

Das Passungskonzept stellt zweifelsohne eine Weiterentwicklung der jahrhundertelang in Haupteffekt-Modellen erstarrten nature-nurture Diskussion dar, jedoch sind empirische Untersuchungen notwendig, welche theoretische Voraussagen über spezifische Interaktionsprozesse treffen und Methoden entwickeln, diese zu überprüfen.

Ein wesentlicher Ansatz dazu stellt die „Ethnotheorie-Methode" dar, welche erstmals von Super und Harkness (1981) eingeführt wurde. Der Begriff der Ethnotheorie bezeichnet die spezifischen Glaubenssätze von Menschen in bestimmten Kontexten. Lerner und Mitarbeiter (1986) erhoben diese Glaubenssätze, Erwartungen und Normen bezüglich temperamentsrelevanter Verhaltenszüge von Kindern bei deren Lehrern, Eltern und Mitschülern und verglichen diese mit dem durch Selbsteinschätzung erhobenen Temperament des Kindes. Da vergleichbare Messinstrumente gewählt wurden, konnte für jedes Temperamentsmerkmal ein Diskrepanzwert festgestellt werden. Hervorzuheben ist die aus diesen Untersuchungen abgeleitete Tatsache, dass nur die Diskrepanzwerte, nicht aber die Temperaments- oder Umweltwerte für sich genommen signifikant mit späteren Anpassungsproblemen korrelierten.

Ebenso scheint die intellektuelle Leistungsfähigkeit von niedrig-reaktiven Kindern von einer wenig stimulierenden Umgebung weniger beeinträchtigt als diejenige hoch-reaktiver Kinder. Die kognitive Entwicklung schwieriger Kinder werde durch eine laute Umgebung negativer beeinflusst als die kognitive Entwicklung von Kindern mit einfacher Temperamentsausstattung.

Diese Überlegungen führten unter anderem auch zu einer Relativierung des Begriffes „schwieriges Temperament", da sich die grundsätzliche Frage aufwirft, *für wen* das Temperament des entsprechenden Kindes schwierig ist. Carey (1989) schlug daher die Einführung eines Begriffes vor, der alle Temperamentsmerkmale abdecken kann, die unter bestimmten Bedingungen zu Fehlentwicklungen Anlass geben können. Diese sogenannten „Temperamentsrisikofaktoren" sind sowohl intra-, aber auch insbesondere interkulturell höchst unterschiedlich, was von Zentner (1998) eingehend beschrieben ist.

Die Theorie der Passung verbindet ein aktives selbstmotiviertes und seine Entwicklung selbst vorantreibendes Individuum mit einer ebenso aktiven, fordernden, erfüllenden oder versagenden Umwelt. Auf diese Weise wirken kulturelle Anforderungen, Normen und Wünsche anderer Menschen sowie materielle Umgebungsbedingungen als Entwicklungsanreize und Herausforderungen, die die individuelle Entwicklung günstig oder ungünstig beeinflussen können. Die interaktionistische Theorie räumt aber dem Individuum eine aktive Rolle bei der Gestaltung der Umwelt ein. Das Individuum sucht und formt die Umweltbedingungen nach seinem Gutdünken ebenso wie es von diesen Umweltbedingungen geformt wird (Resch et al. 1999).

Diese optimistische Sichtweise darf uns nicht darüber hinwegtäuschen, dass wir sowohl von Seiten unseres Erbes, als auch durch unsere Milieubedingungen in vieler Hinsicht eine Einschränkung unseres Anpassungsspielraumes erfahren. Zur Frage des freien Willens in diesem Spielraum soll später noch Stellung bezogen werden.

IV. Traumatische Einflüsse auf die kindliche Persönlichkeitsentwicklung

Es gibt verschiedene Brüche der Passung zwischen dem Kind und seiner Umwelt, die wir in der Extremform als Trauma bezeichnen. Traumen rufen immer affektive Alarmreaktionen hervor und sind äußerst entwicklungsrelevant. Es handelt sich um Ereignisse, die die Gesundheit, Integrität des Körpers und der Person, ja das Leben selbst gefährden. Dadurch werden negative Emotionen und über diese eine höchste Alarmbereitschaft hervorgerufen. Traumen sind nicht selten durch ein Gefühl des Überwältigtwerdens gekennzeichnet. Keine Strategie ist subjektiv verfügbar, um das Problem zu lösen, die Kontrolle über die Situation bricht ab. Bisherige Erfahrungen erlauben keine Vorhersage mehr, der Handlungsspielraum ist eingeschränkt. Die inneren Bilder von sich selbst und von der Welt müssen in Frage gestellt werden und erscheinen bedroht.

Die Debatte geht dahin, ob Traumen durch ein Ereignis gesetzt werden oder ob die prozesshaft wirksamen Folgen eines Ereignisses traumatisch wirksam werden. Terr (1991) teilt die Traumen in Typ I, Traumen von ereignishaftem Charakter, denen sie beispielsweise Naturkatastrophen, Unfälle und Verbrechen zugeordnet haben. Die andere Kategorie nach Typ II sind Traumen, die per se Prozesscharakter. Zu ihnen zählen Misshandlungen, sexuelle Missbrauchserlebnisse und kumulative Traumen im sozialen Kontext. Aber auch Ereignisse, wie der Verlust eines Elternteils im frühen Kindesalter können prozesshaft wirksame Folgen nach sich ziehen.

So scheint nur dann eine erhöhte Vulnerabilität in Richtung depressiver Symptomatik bei einem Individuum aufzutreten, wenn der Verlust eines Elternteils mit deutlich einschneidenden Lebensveränderungen, Mangel an Fürsorge und Mangel an positiven Beziehung im Zusammenhang steht (Angold 1993). Vor allem auch die Vorgeschichte der Beziehung zur verlorenen Person hat wesentlichen Einfluss, wie der Verlust verkraftbar ist. Repetitive und prozesshaft wirksame Ereignisse haben viel stärkere traumatische Auswirkung. Gerade im Kindesalter beziehen Traumen von Seiten wichtiger Bezugspersonen besondere Bedeutung:

Das Kind wendet sich in einer affektiven Alarmssituation bei Gefahr und Bedrohung an eine Bindungsperson, das Bindungssystem wird aktiviert und Schutz gesucht. Wenn jedoch diese Bezugsperson selbst Verursacher der Traumatisierung ist, bleibt das Kind in fataler Weise auf sich selbst gestellt und muss archaische Mechanismen der Traumabewältigung in Gang setzen. An diesem Punkt nehmen Phänomene wie die Dissoziation ihren Ausgang.

Nach dem Diagnosemanual DSM IV ist ein traumatisches Ereignis als eine Erfahrung der Bedrohung des Lebens oder körperlichen Integrität definiert. Vor allem sexuelle und physische Missbrauchserfahrungen bedrohen die körperliche Integrität und werden daher als Trauma und Verursacher einer

Vielzahl psychischer und somatischer Störungen angesehen (Überblick siehe Egel et al. 1997).

Für die in Mitteleuropa häufigste Form der interpersonellen Traumatisierung, den intra- und extrafamiliären sexuellen Missbrauch werden Prävalenzraten von 13 % (Kessler 1995) bis 25 % (Gutmann et al. 1998) angegeben. Für körperliche Misshandlung bewegen sich die Zahlen zwischen 40 % (Gutmann et al. 1998) und 13 % (Kessler et al. 1995). Vor allem in Patientengruppen finden sich sexuelle Traumatisierungen gehäuft, so zeigen Jugendliche mit Borderline-Symptomatik in über 60 % sexuelle Missbrauchserfahrungen (Brunner et al. 2000).

Als kurzfristige Folgeerscheinung eines traumatischen Ereignisses kann eine Belastungsreaktion auftreten, mittelfristig kann sich eine posttraumatische Belastungsstörung oder eine Anpassungsstörung ausbilden. Als langfristige Konsequenzen, insbesondere protrahierter interpersonaler Traumatisierung, sind Angsterkrankungen, Depressionen, Zwangserkrankungen, Selbstbeschädigungserkrankungen, Konversionsstörungen und Suchterkrankungen beschrieben worden (Becker-Lausen et al. 1995, Braun et al. 1991).

In der Diskussion um die Bedeutung von Lebensereignissen ist es notwendig, den subjektiven Erlebnischarakter eines Traumas näher zu beachten. Was für ein Kind ein Trauma ist und wie es dessen seelische Weiterentwicklung beeinflusst, liegt nicht allein im Lebensereignis selbst, sondern wird auch durch die Erlebnisweise des Kindes entschieden. Neben den beschriebenen Lebensereignissen mit katastrophalen Auswirkungen, die bei praktisch allen Kindern zu negativen Folgen führen können, gibt es Ereignisse, die zu Bewertungen mit unterschiedlicher subjektiver Qualität führen können, so dass sie sich bei unterschiedlichen Individuen positiv oder negativ auswirken können (wie z.B. Übersiedlungen in ein anderes Land). Nicht zuletzt können sogar prinzipiell positive Lebensereignisse negative Auswirkungen auf die Entwicklung zeigen, wenn sie von einem Kind mit entsprechender Vorgeschichte negativ interpretiert und verarbeitet werden. Auch schizophrene Vulnerabilität kann positive Lebensereignisse in gefahrvolle Irritation wandeln: Wir wissen, dass psychotische Phänomene auch durch positive Lebensereignisse (z.B. Verliebtheit) getriggert werden können.

Traumen objektiv zu erfassen ist durch den wesentlich subjektiven Charakter ihrer Auswirkung schwierig. Es gibt also einen hohen Anteil an Eigenbeteiligung des Traumatisierten. Nicht nur in Bezug auf die Erlebnisbereitschaft oder die Bereitschaft ein unangenehmes Erlebnis überhaupt mitzuteilen, sondern auch im Sinne eines sich aktiven Sichaussetzens gegenüber bestimmten Risikokonstellationen. So kennen wir Kinder und Jugendliche, die eine wiederholte Traumatisierung durch ihr riskantes Verhalten geradezu herausfordern. Familiäre Häufungen negativer Lebensereignisse werden immer wieder diskutiert. Wir finden auch Kaskadenphänomene bei Kindern, die unter Risikobedingungen aufwachsen.

Wenn aus frühkindlichen Risikokonstellationen Störungen der Entwicklungen des Selbst resultieren, erhöht sich die Wahrscheinlichkeit des Kindes, selbst wieder in ungünstige Milieukonstellationen zu geraten. Viele Risikoentwicklungen folgen also tragischerweise dem Prinzip: „Wo Tauben sind, fliegen Tauben zu". Je mehr Risikokonstellationen ein Mensch zu ertragen hat, um so größer ist die Wahrscheinlichkeit, im Leben auch noch weitere Unbill ertragen zu müssen (Resch et al. 1999). Die Hervorhebung der Subjektivität psychischer Traumatisierung darf aber nicht zu dem verächtlichen Fehlschluss führen, das betroffene Individuum sei an seiner problematischen Entwicklung selbst schuld. Eine solche verkürzte Argumentation birgt die Gefahr des Zirkelschlusses in sich, wer traumatisiert wird, belegt damit eine traumatogene Veranlagung zu besitzen. Die Möglichkeit der schicksalhaften Beeinflussung des Individuums und vor allem die Verantwortung der traumatisierenden Umwelt (z.B. eines misshandelnden Erwachsenen) dürfen nicht zynisch aus dem Blickfeld gerückt werden!

Psychische Traumen lösen affektive Alarmreaktionen aus und können bei zunehmender Irritation, die nicht in Entscheidungshandlungen mündet, weil die Lage aussichtslos ist, in ein „dissoziatives Kontinuum" münden. Dissoziation gilt als ein komplexe, psycho-physiologischer Prozess, bei dem es zur teilweisen oder völligen Desintegration psychischer Funktionen kommt. Erinnerungen an die Vergangenheit, unmittelbare Empfindungen, Wahrnehmungen des Selbst und der Umgebung werden in ihrer Bewusstmachung beeinträchtigt. Auch das Identitätsbewusstsein ist davon betroffen. So findet sich häufig, neben der sensorischen und emotionalen Aufspaltung des Erlebens in der traumatischen Situation, eine erste Selbstentfremdung. Diese Selbstentfremdung bezeichnen wir als Depersonalisation, wenn durch eine Aufspaltung der Selbstevidenz eine Trennung in einen distanzierten Beobachter und einen Akteur erfolgt.

Dissoziation ist ein Mechanismus für die Verfügbarkeit von Empfindungen, Sinneswahrnehmungen und Gedächtnisinhalten, die die bewusste Selbstreflexion verändert. Dissoziative Phänomene nehmen auf die Persönlichkeitsentwicklung Einfluss. Wiederholte Misshandlungserlebnisse und Vernachlässigung können zu erhöhter Dissoziationsneigung mit dem Auftreten von vermehrten Selbstentfremdungserlebnissen Anlass geben. Die Persistenz eines derartigen dissoziativen Erlebnismusters führt schließlich zu Phänomenen einer dissoziativen Vulnerabilität, die sich diagnostisch in einer sogenannten Borderline-Störung äußern kann (s. Resch et al. 1999).

Chu und Dill (1990) fanden erhöhte Dissoziations-Scores bei sexuell und körperlich misshandelten Frauen. Diese Befunde wurden von Kirby et al. (1993) bestätigt. Vergleichbare Ergebnisse fanden sich bei van der Kolk et al.

(1991), Shearer (1994), Zweig-Frank et al. (1994) und Brunner et al. (2000). Von besonderer Bedeutung für den Aspekt der Persönlichkeitsentwicklung ist dieser Zusammenhang mit dem Abwehrmechanismus der Dissoziation im Hinblick auf die häufig festgestellten Borderline-Persönlichkeitsstörung auf dem Hintergrund traumatischer Erfahrungen. (Ogata et al. 1990; Paris et al. 1992; Paris et al. 1994; Resch et al. 1998).

Die psychopathologischen Folgeerscheinungen traumatischer Erfahrungen von Kindern werden in Übersichtsarbeiten von Udwin (1993) und Cicchetti und Toth (1995) dargestellt. Für Kinder kann zusätzlich Vernachlässigung oder gravierendes Nicht-Eingehen auf Bedürfnisse traumatische Folgen haben. Als Folge werden Schlafstörungen und Alpträume sowie eine generalisierte Angstbereitschaft beschrieben. Lewis et al. (1995) berichten eine Störung des Zeitgefühls und Zeitempfindens bei traumatisierten Kindern. Hervorzuheben ist dabei, dass die Erinnerung an das Trauma jederzeit aktualisiert werden kann, wobei die Repräsentanz, welche das Kind von dem traumatisierenden Ereignis durch begleitende Wahrnehmungen, Affekte und Phantasien gebildet hat, umgestaltet werden kann (Resch 1999).

Gegenüber den beschriebenen Einwirkungen der Umwelt auf die kindliche Persönlichkeitsentwicklung zeichnen sich traumatische Erfahrungen offensichtlich dadurch aus, dass sie nicht nur die Persönlichkeit, sondern auch Grundzüge der Verhaltensdisposition durchgreifend verändern können. Traumatisierte Patienten wiesen in mehreren Untersuchungen Veränderungen der Habituationsleistung auf. Gleichzeitig ist vielfach die obengenannte Schwierigkeit der Affektregulation (u.a. Brunner et al. 2000) beschrieben worden, welche aufgrund folgender Überlegungen mit Veränderungen der Habituationsfähigkeit in Verbindung gebracht werden könnte: Die Erfassung der Habituation eines Individuums dient im Säuglingsalter als Indikator für die Aufmerksamkeitskapazität eines Kindes (Fagan 1988). Laut Posner (1980) sind dabei Aufmerksamkeitsparameter ein entscheidendes Regulativ der Emotionen, wobei insbesondere das vordere Cingulum eine Rolle spielen soll. Empirische Untersuchungen bestätigten dies: Von Ruff und Rothbarth (1996) ist beschrieben, dass eine verringerte Fähigkeit zu selektiver Aufmerksamkeit mit einer negativeren und instabileren Affektivität einhergeht. Rothbarth et al. (1992) fanden, dass größere Aufmerksamkeitskapazität mit einer besseren Regulation negativer Emotionen einhergeht. Matheny et al. kamen 1985 zu demselben Ergebnis und fanden außerdem mehr positiven Affekt bei 9 Monate alten sowie einjährigen und zweijährigen Kindern mit höherer Aufmerksamkeitsspanne. Eisenberg et al. (1993) fanden eine Zusammenhang zwischen verminderter Aufmerksamkeitsspanne und negativer Affektivität, Shoda et al. (1990) bestätigten dies in einer Längsschnittuntersuchung. Auch bei Erwachsenen konnte ein solcher Zusammenhang gefunden werden (Derryberry und Rothbarth 1988).

Es konnten folgende *psychophysiologische Traumafolgen* empirisch bestätigt werden: Die Posttraumatische Belastungsstörung (PTSD) als vom DSM-III-R anerkannte Reaktion auf eine „schwere Belastung" umfasst Alpträume, Fremdheitsgefühle, Hypervigilanz, flash-backs, Schreckhaftigkeit und Schlafstörungen. Keane und Mitarbeiter (1998) beschrieben eine stärkere psychophysiologische Erregbarkeit von Vietnamveteranen auf traumabezogene Stimuli.

In einer Übersichtsarbeit von Pitman et al. (1999) werden Auffälligkeiten im Bereich Evozierter Potentiale, elektromyographischer und autonomer Messwerte und polysomnographischer REM-Schlaf-Befunde bei PTSD-Patienten festgehalten. In aktuellen Arbeiten wird eine erhöhte noradrenege Aktivität beschrieben sowie neuroanatomische Veränderungen (Übersicht s. Ehlert et al. 1999). Die Untersuchung von Shalev und Mitarbeitern (2000) wies eine stärkere Herzfrequenzreagibilität auf akustische Stimuli bei PTSD-Patienten nach. Ähnliche Befunde berichten Metzger et al. (1999), welche zusätzlich eine verlangsamte Habituation der Herzfrequenzreagibilität auf akustische Stimuli nachwiesen. Die Hyperreagibilität scheint durch Katecholamine vermittelt und ist Ausdruck einer adrenergen Hypersensitivität. Gleichfalls wird eine erhöhte Ausscheidung von Betaendorphinen postuliert. Diese geht mit einer allgemeinen Beeinträchtigung der Beziehungs- und Erlebnisfähigkeit einher, insbesondere auch mit einer gravierenden Störung der Affektregulation (Cicchetti und Toth 1995). Letztere äußern sich in Beeinträchtigungen der kindlichen Fähigkeit zur Selbstberuhigung. Da diese auch von maßgeblichen Temperamentstheoretikern als Grunddeterminante menschlicher Verhaltensdisposition angesehen wird, soll hier auf die möglichen Hintergründe einer derartigen Veränderung eines an sich „vorgegebenen" Wesenszug eingegangen werden. Offensichtlich handelt es sich bei den traumatischen Ereignissen um besonders gravierende, deswegen auch in die normalerweise stabilen und „unantastbaren" Merkmale eines Individuums eingreifende Geschehnisse: Trotz ihres offenbar dispositionalen Charakters kann die Habituationsfähigkeit durch traumatische Erlebnisse verändert werden (s.o.). Die Habituation als Grundgröße menschlichen Reagierens ist eine Eigenschaft, die nur durch Einwirkungen verändert werden, welche einen massiven Einschnitt in die Persönlichkeitsentwicklung bedeuten. Die Veränderungen derartig basaler psychophysiologischer Parameter deuten darauf hin, dass der traumatische Charakter einer Erfahrung durch Veränderung der ansonsten dispositional festgelegten Reagibilitäts- und Habituationsparameter zustandekommen könnte.

Nicht jedes Trauma hat einen gravierenden und langanhaltenden Effekt auf die Persönlichkeitsentwicklung eines Kindes. Die Intelligenz eines Kindes, gute Beziehung zu einem supportiven Erwachsenen und Temperamentscharakterisitka können einen modifizierenden Effekt ausüben (Cicchetti und Toth (1995). Gleichzeitig kommt es darauf an, ob es sich um ein einmaliges Trauma oder ein längerandauerndes Geschehen handelt. Misshandlungserfahrungen sind umso schwerwiegender, je näher der übergriffige Erwachsene dem Kind steht.

V. Ein integratives Modell der Persönlichkeitsentwicklung

Die Persönlichkeitsentwicklung findet in Wechselwirkungen zwischen angeborenen und Umweltfaktoren statt. Psychosoziale Resonanzphänomene spielen eine fundamentale Rolle. Genetische Faktoren bestimmen basale Reaktions- und Verhaltensweisen, führen aber nicht in direkter Linie zu Persönlichkeitseigenarten. Störungen der Persönlichkeitsentwicklung stellen als fixierte Verhaltensformen den Endpunkt einer Fehlentwicklung dar, der das Ergebnis einer Wechselwirkung zwischen angeborenen und umweltbezogenen Einflüssen entspricht. Genetische Faktoren bestimmen Aktivität und Energieniveau der biologischen Voraussetzungen des Menschen. Grundsätzliche Verknüpfungen der neuronalen Netze und grundsätzliche Äquilibrien der vegetativen Funktionen erscheinen dadurch beeinflusst. Genetische Faktoren können aber, wie auch schon betont, psychosoziale Effekte haben. Nicht zuletzt könnte das Wechselspiel zwischen Eltern und Kindern durch basale Temperamenteigenschaften beeinflusst sein, nicht zuletzt teilen Eltern und Kinder ein hohes Maß an identischer genetischer Information. Kindliche Verhaltensweisen können auch in der Bezugsperson bereits ganz früh günstigere oder ungünstigere Reaktionsformen hervorrufen, die sich dann schließlich als bedeutsame Entwicklungsfaktoren auswirken können.

In Wechselwirkungen zwischen biologischen und psychosozialen Rahmenbedingungen entwickelt sich schließlich aus der genetisch determinierten Verhaltensmatrix jene Disposition, die als Handlungs- und Erlebnisbereitschaft mit dem Begriff der Persönlichkeitsstruktur gleichzusetzen ist. Umweltvariablen können in der Frühphase der Entwicklung noch als einflussüberwiegend angesehen werden. Das kleine Kind ist seiner Umwelt in besonderem Maße ausgesetzt. Die Disposition entsteht in der Frühzeit eher als Internalisierung von Interaktionen durch repräsentative Prozesse, die Erfahrungen von außen nach innen transportieren. Biologische Einflussfaktoren wirken sich als Defizite und Beeinträchtigungen der neuronalen Plastizität aus. Psychosoziale Mangelzustände traumatisierender Einflüsse zeigen ebenfalls Wirkung auf die Disposition durch affektive Über- und Fehlsteuerungen. Kommt nun das Kind in einem bestimmten Lebensabschnitt im Spannungsfeld zwischen Entwicklungsaufgabe und Lebensschicksal in Turbulenzen, dann entsteht eine Krise, in der die dispositionalen Verhaltensweisen besonders herausgefordert werden.

Fixierungen im Sinne von wiederholter und schließlich persistierender Untersteuerung oder Übersteuerung des kindlichen Selbst sind immer das Ergebnis funktioneller Anpassungsprozesse und führen unter ungünstigen Entwicklungsbedingungen zu unflexiblen, unangemessenen Reaktionsformen, die sich schließlich als Risikoverhaltensweisen zum Ausdruck bringen können. Solche Risikoverhaltensweisen (z.B. übersteigerte Aggressivität oder Substanzmissbrauch) haben Auswirkungen auf die eigene Biologie (so können Drogen die neuronalen Netzwerke nachhaltig verändern) und andererseits können Gewalt und soziale Regelübertretungen ungünstige Einflüsse auf die psychosozialen Rahmenbedingungen bewirken. Je nach kompensatorischen Möglichkeiten und der Reagibilität des psychosozialen Umfeldes ist schließlich eine individuelle Kompensation möglich. Die psychosoziale Resonanz von Seiten des Umfeldes ist also ein wesentlicher Entwicklungsfaktor des kindlichen Seelenlebens. Unter ungünstigen Bedingungen kommt es zu immer weiteren Verhärtungen und Versteinerungen bestimmter dysfunktionaler Verhaltensweisen, die schließlich als fixierte Persönlichkeitszüge ins Erwachsenenalter persistieren. Das Kind erleidet gegenüber der Umwelt eine Inkongruenz im Anpassungsprozess, die als persistierende Nicht-Passung ungünstige Auswirkungen zeitigt. (siehe Abbildung 5).

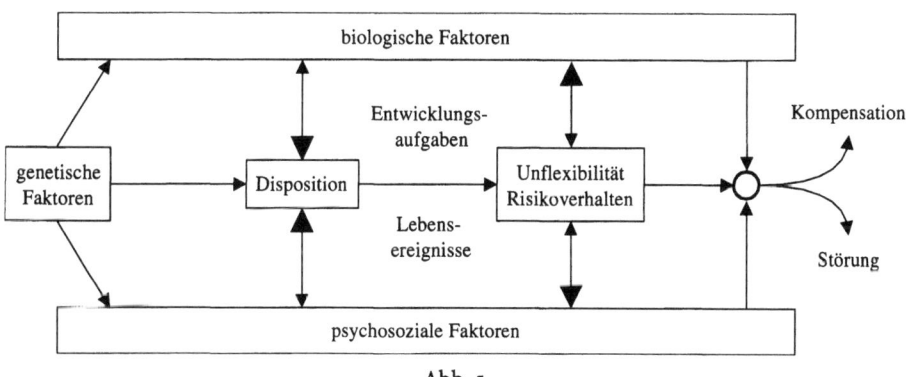

Abb. 5

Die Persönlichkeitsentwicklung des Kindes erscheint uns als komplexer Prozess bidirektionaler Wechselwirkungen zwischen Genetik und Umwelt. Ein Mangel an Passung zwischen Individuum und Umwelt erscheint bedeutsamer als isolierte externe oder interne Einzelfaktoren. Schon geringe Temperamentsunterschiede können bei unterschiedlichen Lebensbedingungen zu deutlichen Unterschieden der Handlungsbereitschaft führen, sodass es gerade die psychosozialen Resonanzphänomene in der Persönlichkeitsentwicklung sind, die uns Aufschlüsse über mögliche Fehlentwicklungen liefern können.

VI. Epilog

Nicht selten wird die Psychiatrie von den Naturwissenschaften wegen ihres Gegenstandes – der Seele – als unexakt verachtet, während sie von den Geisteswissenschaften wegen der Bezugnahme auf biologische Grundlagen der Hirnfunktion beargwöhnt wird. Aber gerade in ihrer Eigenschaft als Grenzgängerin zeigt die Psychiatrie ein wichtiges Problem auf: Wie weit kann die naturwissenschaftliche Durchdringung der motivationalen Strukturen des Menschen eine Kausalität unseres Verhaltens festmachen? Wie weit ist unser Handeln als Ergebnis und Folge der neurochemischen Aktivität biologischer Netzwerke unseres Gehirns anzusehen? Sind wir in unseren Intentionen in Wahl und Wille, Motiv und Entscheidung bloß neurobiologisch ferngelenkt? Ist alles Verhalten längst biochemisch entschieden, bevor der Kern des „Selbst" sich im Bewusstsein um Wahl und Begründung quält?

Die Debatte zwischen Geistes- und Naturwissenschaften kommt hier an einen kritischen Punkt. So Vieles ist über Systemeigenschaften und die Emergenz unterschiedlicher Komplexitätsebenen geschrieben worden. Höhere Systeme stützen sich auf die Funktionstüchtigkeit basalerer Subsysteme, aber die Gesamtfunktion des höheren Systems lässt sich nicht vollständig aus den Abläufen in den Subsystemen herleiten. Lorenz sprach von „Fulguration", aber immer wieder stehen wir heute fassungslos vor Wissenschaftskommentaren, die davon ausgehen, dass unser Bewusstsein nichts als ein „Nachbild" chemisch-physiologischer Prozesse sei, unser Verhalten deterministisch aus Naturgesetzen herzuleiten wäre und die Freiheit des Handelns ein (un-)glücklicher Schein, ein Irrtum des Menschen wäre.

Wenn in unseren neuronalen Netzwerken Determinanten des Verhaltens entstehen, die dieses zwingend vorherbestimmen und schließlich in „flüchtiger Emergenz" einen subjektiven Eindruck der Entscheidung und Wahl entstehen lassen – dann ist der Mensch endgültig vom empirischen Datenberg gestürzt und in einer Schattenwelt seines Erlebens trübselig gefangen. Aber ist es so? Wo ist die Evidenz? Könnten nicht deterministisch arbeitende neuronale Netze Fenster des Zufalles eröffnen, in denen es möglich ist, unterschiedliche Folgezustände aus determinierten Anfangszuständen ohne Bruch der Kausalgesetze zu erreichen? Zustände, in denen sich aus der Interaktion von Netzwerken neue Möglichkeiten ergeben, die nur durch Metakognitionen – in Wahl und Wille – von oben nach unten bestimmbar sind? Könnten nicht chaotische Systemprozesse solche „zufälligen Sprünge" der Kausalität zulassen? Sprünge, die durch Systemzustände übergeordneter Strukturen in ihrer Wahrscheinlichkeit gelenkt und damit „willentlich" beeinflusst sind. Warum lassen wir Menschen uns im Alltag über die Idee des zerebralen Determinismus jede Verantwortung, jeden Funken von Wahl und Wille, jede Entscheidung, jeden über die Gier erhobenen Wert absprechen und heruntermachen, so als läge in der Kälte chemischer Abläufe die Zukunft unserer Gesellschaft verborgen? Wer wünscht eine so kurzsichtige katastrophale Entleerung des menschlichen Lebens?

Eine kritische Naturwissenschaft würde niemals so weit gehen: Die Welt kommt aus Zufall und geht in den Zufall, die Naturgesetze bilden darin bloß einen Ausschnitt ab. Das menschliche Denken aber hat den Zufall als Freiheit mit in den deterministischen Kerker seiner Biologie genommen. Wir dürfen nicht aus dem Bedürfnis nach Einfachheit der Erklärungen einfältig werden. Ohne Metaphysik, ohne Metabiologie bleibt der Mensch in seinem Dasein unerklärlich. Philosophie ist nicht tot - im Gegenteil, wir bedürfen ihrer derzeit dringender denn je!

Wir haben versucht, die kindliche Persönlichkeitsentwicklung auf dem derzeitigen Wissensstand der Entwicklungspsychiatrie zu referieren. Sie folgt vielen Determinanten, sie fußt auf einer genetisch vorgegebenen strukturellen Matrix und entfaltet sich durch Internalisierung von Lebenserfahrungen, die wiederum strukturelle Spuren hinterlassen. Unter entwicklungspsychiatrischen Gesichtspunkten behält der Mensch seinen Handlungsspielraum. Er ist nicht allein an deterministische Prozesse seines Körpers oder der Umwelt gefesselt. Solche deterministischen Einflüsse schränken lediglich den Handlungsspielraum ein. Therapie bedeutet in unserem Fachgebiet nicht bloß Beeinflussung von Störgrößen (z.B. durch Pharmaka oder Familieninterventionen), sondern insbesondere auch die Unterstützung von Kindern in ihren Entscheidungs- und Willensprozessen, um verbleibende Möglichkeiten dem Kind vor Augen zu führen und Gefahren aufzuzeigen. Letztlich aber entscheidet jedes einzelne Kind selbst, wie es sein Leben in die Hand nimmt. Der Mensch bleibt Urheber seiner eigenen Handlungen. Er entscheidet, ob er sich regt, in Gefahr begibt, Risiken trägt, eher dem Neuen oder dem Gewohnten zuneigt, sich schont oder strapaziert. Diese Sichtweise der Persönlichkeitsentwicklung gibt dem handelnden Menschen wieder jenes Stück Freiheit zurück, das ihm deterministische Modelle der Neurobiologie versagen.

Literatur

Allport GW (1970) Gestalt und Wachstum in der Persönlichkeit. Hain, Meisenheim

Ainsworth MDS, Wittig BA (1978) Attachment and exploratory behavior of one-year-olds in a strange situation. Erlbaum, Hillsdale, NJ

Ainsworth MDS, Blehar MC, Waters E, Wall (1978) Patterns of attachment: a Psychological Study of the Strange Situation. Erlbaum, Hillsdale NJ

Angleitner A, Riemann R, Spinath FM, Hempel S, Thiel W, Strelau J (1995) The Bielefeld-Warsaw Twin Project. Workshop on genetic studies on temperament and personality. Warsaw-Putusk, July 20-22

Arcus D, Gardner A, Anderson E (1992) Infant reactivity, maternal style and the development of inhibited and uninhibited behavioral profiles. Paper presented at a symposium on temperament and environment at the biennial meeting of the International Society for Infant Studies. Miami, May

Battaglia M, Przybeck TR, Bellodi L, Cloninger CR (1996) Temperament dimensions explain the comorbidity of psychiatric disorders. Comprehensive Psychiatry 37(4):292–298

Becker-Lausen E, Sanders B, Chinsky JM (1995) Mediation of abusive childhood experiences: Depression, dissociation and negative life outcomes. Amer J Orthopsychiat 65:560–573

Berntson GG, Bigger JT, Eckberg DL, Grossmann P, Kaufman PG, Malik M, Nagraja HN, Porges SW, Saul JP, Stone PH, Van Der Molen MW (1997). Heart Rate variability: Origins, methods and interpretive caveats. Psychophysiology 34:623–648

Biederman J, Rosenbaum JF, Hirshfeld DR, Faraone SV, Bolduc EA, Gersten M, Meminger SA, Kagan J, Snidmann N, Reznick S (1990) Psychiatric Correlates of behavioral inhibition in young children of parents with and without psychiatric disorders. Archives of General Psychiatry 47(1):21–26

Biederman J, Rosenbaum JF, Bolduc-Murphy EA, Faraone SV, Chaloff J, Hirshfeld DR, Kagan J (1993) A 3-year follow-up of children with and without behavioral inhibition. J Am Acad Child Adolesc Psychiatry Jul 32(4):814–821

Bishop SJ, Leadbeater BJ (1999) Maternal social support patterns and child maltreatment: comparison of maltreating and nonmaltreating mothers. American Journal of Orthopsychiatry 69(2):172–181

Borke H (1971) Interpersonal perception of youg children: Egocentrism or Empathy. Developmental Psychology 5:263-269

Borkenau P, Ostendorf F (1989) Untersuchung zum Fünf-Faktorenmodell der Persönlichkeit. Zeitschrift für differentielle und diagnostische Psychologie 10(4):239–251

Bornstein MH (1985) Habituation of attention as a measure of visual information processing in human infants: Summary, systematization, and synthesis. In: Gottlieb G, Krasnegor NH (eds) Measurement of audition and vision in the first year of postnatal life: A methodological overview. Ablex, Norwood, NJ, pp 253–300

Bornstein MH, Benasich AA (1986) Infant habituation: assessments of individual differences and short-term reliablity at five months. Child Dev 57(1):87–99

Bowlby J (1969) Attachment, Bd 1 von Attachment and Loss. Basic Books, New York

Brayden RM, Altemeier WA, Tucker DD, Dietrich MS, Vietze P (1992) Antecedents of child neglect in the first two years of life. Journal of Pediatrics 120(3):426–429

Brazelton TB, Cramer BG (1989) Das Kind als Wiedergeburt eines Vorfahren. Die frühe Bindung. Klett-Cotta, Stuttgart

Brooks-Gunn J, Lewis M (1982) Affective exchanges between normal and handicapped infants and their mothers. In: Field T, Fogel A (eds) Emotions and Early Interaction. Erlbaum, Hillsdale, NJ, pp 161–188

Brown GR, Anderson B (1991) Psychiatric morbidity in adult inpatients with childhood histories of sexual and physical abuse. Am J Psychiatry 148:55–61

Brown J, Cohen P, Johnson JG, Salzinge S (1998) A longitudinal analysis of risk factors for child maltreatment: findings of a 17-year prospective study of officially recorded and self-reported child-abuse and neglect. Child Abuse & Neglect 22(11):1065–1078

Brunner R, Parzer P, Schuld V, Resch F (2000) Dissociative Symptomatology and Traumatogenic Factors in Adolescent Patients. Journal of Nervous and Mental Diseases 188:71–77

Buist A (1998) Childhood abuse, parenting and postpartum depression. Australian & New Zealand Journal of Psychiatry 32:479–487

Buss AH, Plomin R (1984) Temperament: Early developing personality traits. Erlbaum, Hillsdale, NJ

Cacioppo JT, Uchino BN, Crites SL, Snydersmith MA Jr, Smith G, Berntson GG, Lang PJ (1992) Relationship between facial expressiveness and sympathetic activation in emotion: A critical review with emphasis on modeling underlying mechanisms and individual differences. Journal of Personality and Social Psychology 57:221–228

Cadzow SP, Armstrong KL, Fraser JA (1999) Stressed parents with infants: reassessing physical abuse risk factors. Child Abuse Negl 23:845–853

Calkins SD (1997) Cardiac vagal tone indices of temperamental reactivity and behavioral regulation in young children. Developmental Psychobiology 31(2):125–135

Campos JJ, Campos RG, Barrett KC (1989) Emergent themes in the stuy of emotional development and emotion regulation. Developmental Psychology 25:394–402

Caplan HL, Cogill SR, Alexandra H, Robson KM, Katz R, Kumar R (1989) Maternal depression and the emotional development of the child. Br J Psychiatry 154:818-22

Carey WB, McDevitt SC (1978) Revision of the Infant temperament Questionannaire. Pediatrics 61:735–739

Carey WB, McDevitt SC (eds) (1989) Clinical and educational applications of temperament research. Amsterdam/Lisse: Swets und Zeitlinger, Berwyn PA: Swets North America

Carlson GA, Hatfield E (1992) Psychology of Emotion Harcourt Brace. Jovanovich College publishes, Fort Worth

Casanova GM, Damonaic J, Mccanee TR, Milner JS (1992) Physiological respones to non-child-related stressors in mothers at risk for child abuse. Child Abuse & Neglect 16(1):31–44

Casanova GM, Domanic J, McCanne TR, Milner JS (1994) Physiological responses to child stimuli in mothers with and without a childhood history of physical abuse. Child Abuse Negl 18: 995–1004

Caspi A, Silva PA (1995) Temperamental qualities at age three predict personality traits in young adulthood Longitudinal evidence from a birth cohort. Child Development 66:55–68

Charlesworth WR (1969) The role of surprise in cognitive development. In: Elkind D, Flavell JH (eds) Studies in Cognitive Development: Essays in Honor of jean Piaget, pp 257–314

Chu JA, Dill DL (1990) Dissociative symptoms in relation to childhood physical and sexual abuse. Am J Psychiatry 147:887–892

Cicchetti D, Toth S (eds) (1992) Childmaltreatment, Child development and Social Policy. Ablex, Norwood, NJ

Cierpka M, Cierpka A (1997) Die Identifikation eines mißbrauchten Kindes. Psychotherapeut 42:98–105

Ciompi L (1997) Die emotionalen Grundlagen des Denkens. Entwuf einer fraktalen Affektlogik. Vandenhoeck und Ruprecht, Göttingen

Clark LA, Watson D (1991) Tripartite Model of anxiety and depression: psychometric evidence and taxonomic implications. Journal Abn Psychology 100(3):316-36

Cloninger CR (1999) Personality and Psychopathology, American Psychopathological Association Sereis. American Psychiatric Press, Washington, London

Cloninger CR, Svrakic DM, Przybeck TR (1993) A psychobiological model of temperament and character (Review) Archives of General Psychiatry 50(12):975–90

Cloninger CR (1987) A systematic method for clinical description and classification of personality variants. Archives of General Psychiatry 44:573–588

Coccaro EF, Siever LJ, Klar HM (1989) Serotonergic studies in patients with affective and personality disorders. Archives of General Psychiatry 46:587–599

Cohn JF, Tronick EZ (1988) Mother-infant-interaction: Influence is bidirectional and unrelated to periodic cycles in either partner's behavior. Developmental Psychology 24:386–392

Cohn JF, Tronick E (1989) Specifity of infant's response to mother's affective behavior. J Am Acad Child Adoles Psychiatry 28(2):242–248

Cohn JF, Matias R, Tronick EZ, Conell D, Lyons-Ruth D (1986) Face-to face-Interactions of depressed mothers and their infants. In: Tronick EZ, Field T (eds) Maternal depression and infant disturbance. Jossey-Bass, San Francisco, CA, pp 31–45

Constantin JN (1997) CSF HIAA and family history of antisocial personality disorder in newborns. Am J Psychiatry 154:1771–1773
Costa PT, McCrae RR (1985) The NEO-Personality-Inventory. Manual Form S and Form R. Psychological Assessment Resources. Odessa, Florida
Council JR, Edwards PW (1987) Survey of traumatic chidlhood events. Unpublished measure. North Dakota State University, Fargo, ND
Cramer B (1986) Assessment of parent-infant relationship. In: Brazelton TB, Yogman MW (eds) Affective Development in Infancy. Ablex Publ, Norwood, NJ
Crittenden PM (1981) Abusing, neglecting, problematic, and adequate dyads: Differentiating by patterns of interaction. Merrill-Palmer Quart 27:201–218
Crittenden PM, Bonvillian JD (1984) The relationship between maternal risk status and maternal sensitivity. Am J Orthopsychiatry 54:250–262
Crittenden PM, Patridge M, Claussen AH (1991) Familiy patterns of relationship in normative and dysfunctional families. Develop Psychopathol 3:491–512
Crittenden PM, DiLalla DL (1988) Compulsive Compliance: the development of an inhibitory coping strategy in infancy. Journal of Abnormal Child Psychology 16(5):585–599
Croghan R, Miell D (1999) Born to abuse? Negotiating identity within an interpretative repertoire of impairment. Br J Soc Psychol 38:315–335
Davidson RJ, Ekman P, Saron C, Senulis R, Friesen WV (1990) Approach-withdrawal and cerebral asymmetry: Emotional expression and brain physiology. I Journal of Personality and Social Psychology 58:330-341
Debski TT, Kamarck TW, Jenning, JR, Young LW (1991) A computerized test battery for the assessment of cardiovascular reactivity. Int J Biomed Comput 27(3–4):277–289
DeGangi GA, DiPietro JA, Greenspan SI, Porges SW (1991) Psychophysiological characteristics of the regulatory disordered infant. Infant behavior and Development 14:37–50
DiLalla LF, Kagan J, Reznick JS (1994) Genetic etiology of behavioral inhibition among 2-year old children. Infant behavior and Development 17:405–412
Dornes M (1998) Der kompetente Säugling. Die präverbale Entwicklung des Menschen. Geist und Psyche, Fischer, Frankfurt/Main
Doussard-Roosevelt JA, Porges SW, Scanlon JW, Alemi B, Scanlon KB (1997) Vagal regulation of heart rate in the prediction of developmental outcome for very low birth weight preterm infants. Child Development 68(2):173–186
Egeland B, Jacobvitz D, Sroufe LA (1988) Breaking the cycle of abuse. Child Dev 59:1080–1088
Egeland B, Susman-Stillman A (1996) Dissociation as a mediator oc child abuse across generations . Child Abuse & Neglect 20(11):1123–1132
Ehlert U, Wagner D, Heinrichs M, Heim C (1999) Psychobiological aspects of posttraumatic stress disorder. Nervenarzt 70(9):773–779
Eisenberg N, Fabes RA (eds) (1992) Emotion and its regulation in early development. New directions in child development (Number 55). Jossey-Bass, San Francisco
Emde R, Sorce J (1983) Emotional availability and maternal referencing. In: Frontiers of Infant Psychiatry Bd 1
Engfer A, Gavranidou M (1987) Antecedents and consequences of maternal sensitivity A longitudinal study. In: Rauh H, Steinhausen H-C (eds) Psychobiology and early development. Elsevier, North-Holland, pp 71–99
Engfer A, Schneewind KA (1982) Causes and consequences of harsh parental punishment. An empirical investigation in a representative sample of 570 german families. Child Abuse + Neglect 6(2):129–139
Eysenck HJ (1994) Neuroticism and the illusion of mental health. American Psychologist 49(11):971–972
Fabes R, Eisenberg N, Eisenbud L (1993) Behavioral and psychological correlates of children's reactions to others in distress. Developmental Psychology 29: 655–663

Fagan JF (1988) Evidence for the relationship between responsiveness to visual novelty during infancy and later intelligence. A summary. European Bulletin of Cognitive Psychology 8: 469–475

Fagan JF 3rd (1978) Facilitation of infant's recognition memory. Child Development 49(4): 1066–1073

Fiedler P (1995) Persönlichkeitsstörungen. Psychologie Verlags Union, Weinheim, 2. Auflage

Field T (1988) Infant arousal, attention and affect during early interactions. In: Lipsitt L (ed) Advances in infancy. Ablex, New York, vol 3, pp 57–100

Fish M, Stifter CA, Belsky J (1991) Conditions of continuity and discontinuity of infant negative emotionality: newborn to five months. Child Development 62(6):1523–1537

Forsyth BW, Canny PF (1991) Perceptions of vulnerability 3,5 years after problems of feeding and crying behavior in early infancy. Pediatrics 88:757–763

Fox NA (ed) (1994) The development of emotion regulation: Biological and behavioral considerations. Monographs of the Society for Research in Child Developmen, 59 (Serial No 240):1–199

Fox NA, Stifter CA (1992) Biological and behavioral differences in infant reactivity and regulation. In: Kohnstamm G, Bates J, Rothbarth M (eds) Temperament in childhood. Wiley, New York, pp 169–183

Fox NA (1989) Psychophysiological correlates of emotional reactivity during the first year of life. Developmental Psychology 25:364–372

Fracasso MP, Porges SW, Lamb ME, Rosenberg AA (1994) Cardiac activity in infancy: Reliability and stability of individual differences. Infant behavior and Development 177:277–284

Fraiberg S (1980) Clinical Studies in Infant Mental Health: The first Year of Life. Basic Books, New York

Freedman DG, Freedman M (1969) Behavioral differences between Chinese-American and American newborns. Nature 224:1227

Freud S (1982) Studienausgabe. Fischer Frankfurt/Main

Frijda NH (1993) The place of appraisal in emotion. Cognition and Emotion 7:357–388

Garbarino J (1993) Psychological Child Maltreatment. Primary Care 20(2):307–315

Gardini F, Talarico E, Brambilla F (1999) Neurotransmitters, neuroendocrine correlates of sensation-seeking temperament in humans. Neuropsychobiology 39(4):207–213

Goldkrand JF, Litvack BL (1991) Demonstration of fetal habituation and patterns of fetal heart rate response to vibroacoustic stimulation in normal and high-risk pregnancies. Journal of Perinatology 11(1):25–29

Goldsmith HH (1996) Studying temperament via construction of the Toddler behavior Assessment Questionnaire. Child Development 67:218–235

Goldsmith HH, Rieser-Danner LA (1986) Variation among temperament theories and validation studies of temperament assessment. In: Kohnstamm G (ed) Temperament discussed. Lisse: Swets und zeitlinger; berwyn: Swets North America, pp 1–9

Goldsmith HH, Campos JJ (1982) Toward a theory of infant temperament. In: Emde R, Harmon R (eds) Attachment and affiliative stsems. Plenum, New York, pp 161–193

Graham F, Clifton R (1996) Heart rate changes as a component of the orienting response. Psychological Bulletin 65:213–228

Gray JA (1982) The neuropsychology of anxiety. Oxford University Press, Oxford

Grossmann K (1987) Die natürlichen Grundlagen zwischenmenschlicher Bindungen. Anthropologische und biologische Überlegungen. In: Niemitz C (Hrsg) Erbe und Umwelt. Zur Natur von Anlage und Selbstbestimmung des Menschen. Suhrkamp, Frankfurt/Main, S 200–235

Gunnar MR, Porter F, Rigatuso J, Larson M (1995) Neonatal stress reactivity: Predictions to later emotional temperament. Child Development 66:1–13

Habrat E (1996) Evaluation of selcted temperamental traits in depression and in remission. Psychiatria Polska 30(4) 629–640

Harmon-Jones E, Allen JJ (1997) Behavioral activation sensitivity and resting frontal EEG-asymmetry: covariation of putative indicators related to risk for mood disorders. Journal of Abnormal Psychology 106(1):159–163

Henderson LJ (1913)The fitness of the enviornment. Macmillan, New York

Henry J (1982) The relation of social to biological processes in disease. Social Science and Medicine 16:369–380

Henry J (1986) Neuroendocrine patterns of emotional response. In: Plutchik R, Kellermann H (eds) Emotion: Theory, Research and Experience. Academic Press, New York, pp 37–60

Hill SY, Lowes L, Locke J, Snidman N (1999) Behavioral inhibition in children from families at high risk for developing alcoholism. J Am Acad Child Adolesc Psychiatry 4:410–417

Hinde R (1976) On describing relationships. Journal of Child Psychology and Psychiatry 17:1–19

Hirshfeld DR, Rosenbaum JF, Biederman J, Bolduc EA, Faraone SV, Snidman N, Reznick JS, Kagan J (1992) Stable behavioral inhibition and ist association with anxiety disorder. Journal of the American Academy of Child and Adolescent Psychiatry 31(1):103–111

Hofacker N (1998) Frühkindliche Störung der Verhaltensregulation und der Eltern-Kind-Beziehung.Iin: Psychotherapie in der frühen Kindheit. Vandenhoeck und Ruprecht, Göttingen, S 50–71

Hubert NC, Wachs TD, Peters-Martin P, Gandour MJ (1982) The study of early temperament: Measurement and conceptual issues. Child Development 53:571–600

Huffmann LC, Bryan YE, del Carmen R, Pedersen FA, Doussard-Rossevelt JA, Porges SW (1998) Infant temperament and cardiac vagal tone: Assessments at twelve weeks of age. Child Development 69:624–635

Izard CE (1994) (ed) Measuring emotions in infants and children. Cambridge University press, Cambridge, pp 38–66

Izard CE (1977) Human Emotions. Plenum, New York

Izard CE, Porges SW, Simons RF, Parisi M, Haynes, OM, Cohen B (1991) Infant cardiac activity: developmental changes and relations with attachment. Developmental Psychology 27: 432–439

Jemerin JM, Boyce WT (1990) Psychobiological differences in childhood stress response. II: Cardiovascular markers of vulnerability. J Behav Pediatric 11:140–150

Jones NA, Field T, Davalos M, Pickens J (1997) EEG stability in infants/children of depressed mothers. Child Psychiatry Hum Dev 28:59–70

Kagan J, Snidman N (1991) Infant predictors of inhibited and uninhibited profiles. Psychological Science 2:40–44

Kagan J (1999) The role of parents in children's psychological development. Pediatrics 104:164–167

Kagan J (1980) Perspectives on continuity. In:Brim OF, Kagan J (ed) Continuity and Change in human development. Harvard University Press, Cambridge

Kagan J (1981) The second year. Harvard University Press, Cambridge

Kagan J (1994): Galen's Prophecy. Basic Books, Westview Press

Kagan J (1997) Temperament and the reactions to unfamiliarity. Child Development 68: 193–243

Kagan J, Rednick S, Snidman N (1988) Biological Bases of Childhood Shynes. Science 240: 167–171

Kagan J, Reznick JS, Snidmann N (1987) Temperamental variations in response to the unfamiliar. In: Krasnegor N (ed) Perinatal development: A psychobiological perspective. Academic Press, Orlando, Fl, pp 421–440

Kagan J, Zentner MR (1996) Early Childhood Perdictors of Adult Psychopythology. Harvard Review of Psychiatry 3:341–350

Kagan J Reznick JS, Gibbons J (1989) Inhibited and Uninhibited types of children. Child Development 60:838–845

Kagan J, Reznick S, Snidman N (1987) The psychology and physiology of behavioral inhibition. Child Development 589:1459–1473

Kagan J Snidman N (1991) Infant predictors of inhibited and uninhibited profiles. Psychological Science 2:40–44

Kamarck TW (1992) Recent developments in the study of cardiovascular reactivity: contributions from psychometric theory and social psychology. Psychophysiology 29(5):491–503

Kessler RC, Sonnega A, Bromet E, HughesM, Nelson C (1995) Posttraumatic stress disorder in the national comorbidity survey. Archives of General Psychiatry 52:1048–1060

Kinney DK, Kagan J (1976) Infant attention to auditory discrepancy. Child Development 47(1):155–164

Kirby JS, Chu JA, Dil, DL (1993) Correlates of dissociative symptomatology in patients with physical and sexual abuse histories. Comprehensive psychiatry 34:258–263

Kleifield EL, Sunday S, Hurt S, Halmi KA (1993) Psychometric validation of the tridimensional Personality Questionnaire: application to subgroups of eating disorders. Comprehensive Psychiatry 34(4):249–253

Kleiger RE, Stein PK, Bosner MS, Rottman JN (1992) Time domain measurements of heart rate variability. Amb Electrocardio 10(3):487–489

Kochanska G (1997) Multiple pathways to conscience for children with different temperaments: From toddlerhood to age 5. Developmental Psychology 33:228–240

Kopp M, Gruzelier J (1989) Electrodermally differentiated subgroups of anxiety patients and controls II: relationships with auditory, somatosensory and pain thresholds, agoraphobic fear, depression and cerebral laterality. International Journal of Psychophysiology 7(1):65–75

Kopp C (1989) Regulation of distress and negative emotions: A developmental perspective. Developmental Psychology 25:343–354

Kreisler L (1981) L'enfant du desordre psychosomatiqe. Reconters Cliniques (Privatdruck)

LaGasse LL, Gruber CP, Lipsitt LP (1989) The infantile expression of avidity in relation to later assessments of inhibition and attachment. In: Reznick H: Perspectives on behavioral inhibition. University of Chicago Press, Chicago, pp 159–176

Lamb ME (1981) The development of social expectations in the first year of life. In: Lambu ME, Sherrod LR (eds) Infant social cognition. Erlbaum, Hillsdale, NJ, pp 155–175

Lazarus RS (1993) From psychological stress to emotions: a history of changing outlooks. Ann Rev Psychol 44:1–21

Leader LR, Smith FG, Lumbers ER, Stevens AD (1989) Effect of hypoxia and catecholamines on the habituation rates of chronically catheterized ovine fetuses. Biology of the Neonate 56(4:218–227

Leckmann JF, Mayes LC (1998) Understanding developmental psychopathology: how useful are evolutionary accounts? J Am Acad Child Adolesc Psychiat 37:1011–1021

Lecuyer R (1989) Habituation and attention, novelty and cognition: Where ist the continuity? Human development 32:148–157

LeDoux JE (1989) Cognitive-emotional interactions in the brain. Cognition and Emotion 3:267–289

Lerner RM, Lerner JV, Windle M, Hooker K, Lernez K, East PL (1986) Children and adolescents in their contexts: Tests of a goodness of fit model. In: Plomin R, Dunn J (ed) The study of temperament: Chandes, continuities and Challenges. Erlbaum, Hillsdale, NJ, pp 99–114

Lewis M (1995) Memory and Psychoanalysis: a new look at infantile amnesia and transference. J Am Acad Child Adolesc Psychiatry 34(4):405–417

Lewis M, Michaelson L (1983) Children's Emotion and Moods: Developmental Theory and Measurement. Plenum, New York

Lewis M, Sullivan M, Stanger C, Weiss M (1989) Self-development and self-conscious emotions. Child Dev 60:146–156

Lewis M, Wilson CD, Ban P, Baumel MH (1970) An exploratory study of resting cardiac rate and variability from the last trimester of prenatal life through the first year of postnatal life. Child Development 41:799–811

Lewis M, Brooks-Gunn J (1981) Visual attention at three month as a predictor of cognitive functioning at two years of age. Intelligence 5:131–140

Lorenz K (1943) Die angeborenen Formen möglicher Entfaltung. Z Tierpsychol 5:235–409

Main M, Solomon J (1986) Discovery of an insecure-disorganized/disoriented attachment pattern In: Brazelton TB, Yogman MW (eds) Affective Development in Infancy. Ablex, Norwood, NJ

Main M, Solomon J (1990) Procedures for identifying infants as disorganized/disoriented during the Aisnworth Strange Situation. In: Greenburg MT, Cichhetti D, Cummings EM (eds) Attachment in the Preschool Years. Univ of Chicago Press, Chicago, pp 121–160

Marshall PJ, Stevenson-Hinde J (1998) Behavioral inhibition, heart period and respiratory sinus arrhythmia in young children. Dev Psychobiolog 33:283–292

Martin R, Wisenbaker J, Huttunen M (1994) Review of factor analytic studies of temperament measures based on the Thomas-Chess structural model: Implications for the big five: In: Halverson CF, Kohnstamm GA, Martin R (eds) The developing structure of temperament and personality from infancy o adulthood. Erlbaum, Hillsdale, NJ, pp 157–172

Matheny AP, Riese ML, Wilson RS (1985) Rudiments of infant temperament: Newborn to nine months. Developmental Psychology, 21:486–494

Mayer-Diewald W, Wittchen H-U, Werner-Eilert K (1983) Die Münchner Ereignisliste (MEL) Anwendungsmanual. Max-Planck-Institut für Psychiatrie München

Maziade M, Caoeraa P, Laplante B, Boudreault M, Thiverge J, Cote R, Boutin P (1985) Value of difficult temperament among 7-year-olds in the general population for predicting psychiatric diagnosis at age 12. American Journal of Psychiatry 142:943–946

McCall RB (1980) Attention of 4-months-old infants to discrepancy and babyishness. J Exp Child Psychol 29(2):189–201

McCall RB, Carriger MS (1993) A meta analysis of infant habituation and recognition memory performance as predictors of later IQ. Child Dev 64(1):57–79

Metzger LJ, Orr SP, Berrry NJ, Ahern CE (1999) Physiological responsiveness in women with posttraumatic stress disorder. J Abnorm Psychol 108(2):345–361

Meyer H-J (1989) Temperament in childhood: The german contribution. In: Kohnstamm GA et al. (eds) Temperament in childhood. Wiley, New York, pp 567–579

Milner JS, Hlasey LB, Fultz J (1995) Empathic responsiveness and affective reactivity to infant stimuli in high- and low-risk for physical child abuse mothers. Child Abuse & Neglect 19(6):767–80

Morgan CA, Grillon C, Lubin H, Southwick SM(1997) Startle reflex abnormalities in women with sexual assault-related posttraumatic stress disorder. Am J Psychiatry 154(8):1076–1080

Muris P, Merckelbach H, Wessel I, Van de Ven M (1999) Psychopathological correlates of self-reported behavioral inhibition in normal children. Behavior research and Therapy 37(6): 575–584

Nachmias M, Gunnar M, Mangelsdorf S, Parritz RH, Buss K (1996) Behavioral inhibition and stress reactivity: The moderating role of attachment security. Child Development 67(2): 508–522

Nelson CA, Bloom FE (1997) Child Development und neuroscience. Child Dev 68:970–987

Netter P(1991) Biochemical variables in the study of temperament. Purposes, approaches and selected findings. In: Strelau J, Angleitner A (eds) Explorations int emperament. International perspectives on theory and measurement. Plenum Press, London, New York, pp 147–161

Oates RK, Forrest D (1985) Self-esteem and early background of abusive mothers. Child Abuse & Neglect 9:89–93

Ogata S, Silk KR, Goodrich S, Lohr NE, Westen D, Hill E (1990) Childhood sexual and physical abuse in adult patients with borderline Personality disorder. Am J of Psychiat 147: 1008-1013

Oliver JE (1993) Intergenerational transmission of child abuse: rates, research and clinical implications. American Journal of Psychiatry 150(9):1315-1324

Ori Z, Monir G, Weiss J, Sayhouni X, Singer DH (1992) Heart rate variability frequency domain analysis. Amb Electrocardio 10(3):499-537

Paris J, Zweig-Frank H, Guzder H (1994) Psychological risk factors for borderline personality disorders in female patients. Compr Psychiat 35:301-305

Paris J, Zweig-Frank H (1992) A critical review of the role of childhood sexual abuse in the etiology of borderline personality disorder. Can J Psychiat 37:125-128

Park SY, Belsky J, Putnam S. Crnic K (1997) Infant emotionality, parenting and 3-year-inhibition: Exploring stability and lawful discontinuity in a male sample. Developmental Psychology 33:218-227

Parker G, Roy K, Wilhelm K, Mitchell P, Austin MP, Hadzi-Pavlovic D, Little C (1999) Subgrouping non-melnacholic depression from manifest clinical features. Journal of Affective Disorders 53(1):1-13

Piaget J (1954) The Origins of Intelligence in children (M Cook, trans). Norton, New York

Pitman RK, Orr SP, Shalev AY, Metzger LJ, Mellman TA (1999) Psychophysiological Alterations in Posttraumatic Stress Disorder (Review). Seminars in Clinical Neuropsychiatry 4(4): 234-241

Plomin R, Coon H, Carey G, deFries JC, Fulker DW (1991) Parent-offspring and sibling adoption analyses of parental ratings of temperament in infancy and childhood. Journal of Personality 59:705-732

Porges SW, McCabe PM, Yongue BG (1982) Respiratory-heart rate interactions; Psychophysiological implications for pathopysiology and behavior. In: Cacioppo JT, Petty RE (eds), Perspectives in cardiovascular psychophysiology. Guilford, New York, pp 233-260

Porges SW (1992) Vagal tone: A physiological marker of stress vulnerability. Pediatrics 90: 498-504

Porges SW, Doussard-Roosevelt JA, Portales AL, Suess PE (1994) Cardiac vagal tone: Stability and relation to difficultness in infants and three year olds. Developmental Psychobiology 27:289-300

Porges SW (1985) Vagal tone: an autonomic mediator of affect. In: Garber JA, Dodge KA (eds) The development of affect regulation and dysregulation. Cambridge University Press, New York, pp 111-128

Porges SW (1995) Orienting in a defensive world: Mammalian modifications of our evolutionary heritage. A Polyvagal therory. Psychophysiology 32:301-318

Porges SW, Doussard-Roosevelt J, Maiti J (1994) Vagal tone and the physiological regulation of emotion (pp 167-188). Monographs of the Society for Research in Child Development 59 (2-3, Serial No 240)

Posner MI, Rothbarth MK (1980) The development of attentional mechanisms. Nebraska Symposium on Motivation 28:1-52

Rabain-Jamin J (1984) Paradoxical forms of the mother-infant exchange. Neuropsychiatrie de l'Enfance et de l'Adolescence 32(10-11):545-51

Ratzke K, Cierpka M (1991) Familien von Kindern mit aggressiven Verhaltensweisen. In: Egle, Hoffmann, Joraschky (Hrsg) Sexueller Missbrauch, Misshandlung, Vernachlässigung. Schattauer, Stuttgart, New York

Rauh H (1995) Frühe Kindheit. In: Oerter R, Montada L (Hrsg) Entwicklungspschologie. PVU, Weinheim, S 167-248

Resch, F (1996) Entwicklungspsychopathologie des Kindes- und Jugendalters. Ein Lehrbuch. Psychologie Verlags Union, Weinheim

Resch F (1998) Entwicklungspsychopathologie und Krankheitsverständnis. Fundamenta Psychiatrica 12:116-120
Resch, F (1999) Entwicklungspsychopathologie des Kindes- und Jugendalters. Beltz Psychologie Verlags Union, Weinheim
Resch F Brunner R, Parzer P (1998) Dissoziative Mechanismen und Persönlichkeitsentwicklung. In: Klosterkötter J (Hrsg) Frühdiagnostik und Frübehandlung. Springer, Berlin, S 125-141
Resch F, Parzer P, Brunner R (1999) Zur Störung der Persönlichkeitsentwicklung, Persönlichkeitsstörungen. Theorie und Therapie 3:49-52
Resch F, Parzer P (2000) Therapierelevante Beiträge zur klinischen Emotionsforschung. In: Sulz SKD, Lenz G (Hrsg) Von der Kognition zur Emotion. CIP-Medien, München, S 11-136
Revelle-Richards JE (1987) Infant sustained visual attention and respiratory sinus arrhythmia. Child Development 58:488-496
Richards JE, Cameron D (1989) Infant heart rate variability and behavioral developmental status. Infant Behavior and Development 12:45-58
Robinson JL, Kagan J, Reznick JS, Corley R (1992) The heritability of inhibited and uninhibited behavior: A twin study Developmental Psychology 28:1030-1037
Rose DH, Slater A, Perry H (1986) Prediction of childhood intelligence from habituation in early infancy. Intelligence 10:251-263
Rosenbaum JF, Biederman J, Bolduc EA, Hirshfeld DR, Faraone SV, Kagan J (1992) Comorbidity of parental anxiety disorders as risk for childhood-onset anxiety in inhibited children. American Journal of Psychiatry 149(4):475-481
Rothbarth M, Derryberry D (1981) Development of individual differences in temperament. In: Lamb M, Brown A (eds) Advances in Developmental Psychology. Erlbaum, Hillsdale, NJ, pp 37-86
Rothbarth MK (1981) Measurement of temperament in infancy. Child Development 52:569-578
Rothbarth MK (1986) A psychobiological approach to the study of temperament. In: Kohnstamm GA (ed) Ttemperament disucced. Lisse: Swets und Zeitlinger; Berwyn, PA: Swets North America, pp 63-72
Rothbarth MK (1988) Temperament and the development of an inhibited approach. Child Development 59(5):1241-1259
Rothbarth MK (1989) Biological processes of temperament. In: Kohnstamm GA, Bates JE, Rothbarth MK (eds) Temperament in childhood. Wiley, New York, pp 77-110
Rothbarth MK, Ahadi SA (1994) Temperament and the development of personality (Review). Journal of Abnormal Psychology 103(1):55-66
Rothbarth MK (1986) Longitudinal observation of infant temperament. Developmental Psychology 22:356-365
Rowe DC (1997) Genetik und Sozialisation. Die Grenzen der Erziehung. Psychologie Verlags Union, Weinheim
Ruddy MG, Bornstein MH (1982) Cognitive Correlates of infant attention and maternal stimulation over the first year of life. Child Dev 53:183-188
Ruddy MG, Bornstein MH (1982) Cognitive Correlates of infant attention and maternal stimulation over the first year of life. Child Dev 53:183-188
Sameroff AJ, Emde RN (eds) (1989) Relationship disturbance in early childhood: A developmental approach. New York
Sanson A, Pedlow R, Cann W, Prior M, Oberklaid F (1996) Shyness ratings: Stability and correlates in early childhood. International Journal of Behavioral development 19:705-724
Schechtman VL, Harper RM, Kluge KA (1989) Development of heart rate variation over the first six months of life in normal infants. Pediatr Res 26:343-346
Schmeck K (2001) Temperament und Charakter - Grundlagen zum Verständnis von Persönlichkeitsstörungen. Persönlichkeitsstörungen 5:13-19

Schmidt LA, Fox NA (1998) Fear-potentiated startle responses in temperamentally different human infants. Dev Psychobiol 32:113–120
Schore AN (1994) Affect regulation and the origin of self: The neurobiology of emotional development. Erlbaum, Hillsdale, NJ
Schroer M (2000) Das Individuum in der Gesellschaft. Suhrkamp, Frankfurt
Schwartz CE, Snidman N, Kagan J (1999) Adolescent social anxiety as an outcome of inhibited temperament in childhood. J Am Acad Child Adolesc Psychiatry 38(8):1008–1015
Shalev AY, PeriT, Brandes D, Freedman S, Orr SP, Pitman RK (2000) Auditory startle response in trauma survivors with posttraumatic stress disorder: a prospective study. American Journal of Psychiatry157(2):255–261
Shearer SL (1994) Dissociative phenomena in women with borderline personality disorder. Am J Psychiat 151:1324–1328
Shoda Y, Mischel W, Wright JC (1994) Intraindividual stability in the organization and patterning of behavior: incorporating psychological situations into the idiographic analysis of personality. Journal of Personality and Social Psychology 67(4):674–687
Shoda Y, Mischel W, Peake PK (1990) Predicting adolescent cognitive and self-regulatory competencies from preschool delay of gratification: Identifying diagnostic conditions. Developmental Psychology 26:978–986
Snidman N, Kagan J, Riordan L, Shannon D (1995) Cardiac function and behavioral reactivity during infancy. Psychophysiology 32:199–207
Sorce J, Emde R, Campos J, Klinnert M (1985) Maternal emotional signaling: Its effect on the visual cliff behavior in 1-year-olds. Developm Psychol 21:195–200
Spangler G, Grossmann KE (1993) Behavioral organization in securely amd insecurely attached infants. Child Development 64:1439–1450
Spangler G, Schieche M, Ilg U, Maier U, Ackermann C (1994) Maternal sensitivity as an external organizer for biobehavioral regulation in infancy. Developmental Psychobiology 27: 425–437
Spangler G, Scheubeck R (1993) Behavioral organization in newborns and ist relation to adrenocortical and cardiac activity. Child Dev 64:622–633
Sroufe LA (1989) Pathways to adaptation and maladaptation: psychpathology as developmental deviation in The Emergence of a Discipline: Rochester Symposium on Developmental Psychopathology. Edited by Cicchetti D. Lawrence Erlbaum Associates, Hillsdale, NJ, pp 13–40
Sroufe LA (1996) Emotional Development: The organization of emotional life in the early years. Cambridge University Press, New York
Steele BF, Pollock CB (1968) Eine psychiatrische Untersuchung von Eltern, die Säuglinge und Kleinkinder mißhandelt haben. In: Helfer RE, Kempe CH (Hrsg) (1978) Das geschlagene Kind. Suhrkamp, Frankfurt, S 161–243
Stenberg C, Campos J, Emde R (1983) The facial expression of anger in seven-month-old infants. Child Development 54: 178–184
Stern D (1983) The early development of schemas of self, other and self with other. In: Lichtenberg J, Kaplan S (eds) Reflections on Self Psychology. The Analytic Pr, Hillsdale, NJ, pp 49–84
Stifter C, Braungart J (1995) The regulation of negative reactivity: Function and development. Developmental Psychology 38: 448–455
Stifter C, Jain A (1996) Psychophysiological correlates of infant temperament: Stability of behavior and autonomic patterning from 5 to 18 months. Developmental Psychobiology 29: 379–391
Stipek DJ (1983) A developmental analysis of pride and shame. Human develpoment 26:42–54
Strelau J (1983) Temperament, personality, activity. Academic Press, London

Strelau J (1989) The regulative theory of temperament as a result of east-west influences. In: Kohnstamm GA, Bates JE, Rothbarth MK (eds) Temperament in childhood. Wiley, New York, pp 35-48
Strelau J (Hrsg) (1984) Das Temerament in der psychischen Entwicklung. Volkseigener Verlag, Berlin
Suess P, Porges S, Plude D (1994) Cardiac vagal tone and sustained attention in school-age children. Psychophysiology 31:17-22
Super CM, Harkness S (1986) Temperament, development and culture. In: PlominR, Dunn J (eds) The study of temperament: Changes continuities and challenges. Erlbaum Hillsdale, NJ, London, pp 131-151
Terr LC (1991) Childhood traumas: an outline and overview. American Journal of Psychiatry 148(1):10-20
Thomas A, Chess S (1980) Temperament und Entwicklung. Enke, Stuttgart
Thomas A, Chess S (1977) Temperament and development. Bruner/Mazel, New York
Thompson RA (1990) Emotion and Self-regulation. In: Thompson RA(ed) Socioemotional development: Nebraska Symposium on Motivation, 1988 (vol 36). Univerity of Nebraska Press, Lincoln
Troisi, A, D'Amato FR (1984) Ambivalence in monkey mothering. Infant abuse combined with maternal possessiveness. Journal of Nervous and Mental Disease 172(2):105-108
Tronick EZ, Ricks, M, Cohn J (1982) Maternal and infant affective exchange: Patterns of adaptation. In: Field T, Vogel A (eds) Emotion and early interactions. Erlbaum, Hillsdale, NJ, pp 83-101
Tronick EZ, Als H, Adamson L, Wise S, Brazelton TB (1977) The infant's response to entrapment between contradictory messages in Face to Face interaction. Journal of Child Psychiatry 17:1-13
Uchino BN, Cacioppo JT, Malarkey WB, Glaser R (1995) Individual differences in cardiac sympathetic control predict endocrine and immune responses to acute psychological stress. Journal of Personaltiy and Social psychology 69:736-741
Unzner L, Johann K (1990) Reliability and factor structure of three temperament questionnaires in a German sample. Paper presented at the 4th European Conference on Developmental Psychology, Stirling/Scotland, September
Van den Boom DC, Hoeksman JB (1994) The effect of infant irritability on mother-infant-interactions: a growth-curve-analysis. Developmental Psychology 30:581-590
Van der Kolk BA (1997) The Psychopbiology of posttraumatic stress disorder. J Clin Psychiatry 58(9):16-24
Van der Kolk BA, Perry JC, Herman JL (1991) Childhood origins of self-destructive behaviour. Am J of Psychiat 148:1665-1671
Windle M, Lerner RM (1986) Reassessing the dimensions of temperamental individuality acrooss the life-span: The Revised Dimensions of Temperament Survey (DOT-R). Journal of Adolescent Research 1:213-230
Winnicott D (1965) The maturational process and the facilitating environment. International Universities, Connecticut
Winnicott D (1965) The family and individual development. Basic Books Inc., New York
Wolkind SN, De Salis W (1982) Infant temperament, maternal mental state and child behaviour problems Ciba Foundation Symposium 89:221-239
Worobey J, BlajdaVM (1989) Temperament ratings at 2 weeks, 2 months and 1 year: Differential stability of activity and emotionality. Developmental Psychology 25:257-263
Worobey J, Lewis M (1989) Individual differences in the reactivity of young infants. Developmental Psychology 25:663-667
Wundt W (1903) Grundzüge der physiologischen Psychologie, Bd 3. Barth, Leipzig
Yang RK, Halverson CF Jr (1976) A study of the inversion of intensity between newborn and preschool-age behavior. Child Development 47(2):350-359

Zentner MR (1998) Die Wiederentdeckung des Temperamentes, eine Einführung in die Kindertemperamentsforschung, Geist und Psyche. Verlag Fischer, Frankfurt/Main

Zimbardo PG, LaBerge S, Butler LD (1993) Psychophysiological consequences of unexplained arousal: a posthypnotic suggestion paradigm. Journal of Abnormal Psychology 102(3): 466–473

Zuckerman M (1991) The psychobiology of personaility. Cambridge University Press, Cambridge:

Zuravin SJ (1989) Severity of maternal depression and three types of mother to child aggression. Am J Orthopsychiatry 59:377–389

Zweig-Frank H, Paris J, Guzder J (1994) Dissociation in female patients with borderline and non-borderline personality disorders. J Personality Disorder 8:203–209

Anlage und Umwelt aus der Sicht der Kriminologie
– Theoretische, empirische und kriminalpolitische Aspekte –

VON DIETER DÖLLING UND DIETER HERMANN

Kurzzusammenfassung

Die Bedeutung von Anlage und Umwelt für kriminelles Verhalten ist in der Geschichte der Kriminologie unterschiedlich beurteilt worden. Während die sog. klassische Schule die kriminelle Handlung als eine nach rationaler Abwägung erfolgende freie Tat verstand, betrachtete die „positivistische Schule" deliktisches Verhalten als Anwendungsfall erfahrungswissenschaftlich feststellbarer biologischer und/oder soziologischer Gesetzmäßigkeiten. Als kriminalpolitische Konsequenzen wurden von den positivistischen Kriminologen je nach theoretischem Ausgangspunkt das Vorgehen gegen „anlagemäßig belastete" Personen oder Sozialisationshilfen sowie wirtschafts- und sozialpolitische Maßnahmen zur Eindämmung von Kriminalitätsursachen vorgeschlagen. Die deutsche Kriminologie war zunächst eher „anlageorientiert", rezipierte jedoch seit den 60er Jahren des 20. Jahrhunderts in großem Umfang die amerikanische Kriminalsoziologie.

I. Einleitung

Zu den Grundproblemen der Kriminologie als der empirischen Wissenschaft vom Verbrechen und dem Umgang mit dem Verbrechen[1] gehört die Frage nach den Entstehungsbedingungen kriminellen Verhaltens. Die große theoretische und praktische Bedeutung dieser Problematik liegt auf der Hand. Die Beantwortung der Frage, wie Kriminalität entsteht, ist zentral für das Verständnis von Kriminalität. Sind Kriminalitätsursachen bekannt, kann durch ihre Eindämmung Kriminalität reduziert werden. Der Umgang

---

[1] Zum Begriff der Kriminologie vgl. Kaiser, Kriminologie, 1 ff.

mit Tätern hängt wesentlich von den Vorstellungen über die Gründe für das kriminelle Verhalten ab. Die Versuche zur Beantwortung der Frage nach den Kriminalitätsursachen werden als Kriminalitätstheorien bezeichnet.[2] Die Auseinandersetzung um die „richtige" Kriminalitätstheorie ist lange Zeit unter dem Stichwort „Anlage oder Umwelt" geführt worden. Es wurde darüber gestritten, ob die „Anlage" des Täters oder seine „Umwelt" oder eine Kombination von beiden das kriminelle Verhalten hervorbringt.[3] Im Folgenden sollen im Hinblick auf Anlage und Umwelt als möglichen Kriminalitätsursachen Entwicklungslinien der Kriminologie nachgezeichnet werden und soll sodann versucht werden, ein Resümee zum gegenwärtigen Erkenntnisstand zu ziehen. Unter Anlage werden hierbei in der Person des Täters verankerte Dispositionen verstanden, die nicht vererbt sein müssen. Der Begriff der Anlage ist daher weiter als derjenige der Vererbung. Die Ausführungen können im vorliegenden Rahmen nur skizzenhaft sein.

II. Entwicklungen in der Kriminologie

1. Ausgangspunkte

In den Darstellungen der Geschichte der Kriminologie[4] wird vielfach angenommen, dass die Kriminologie als eigenständige Wissenschaft im 18. Jahrhundert entstanden ist. Am Beginn der Kriminologie steht nach dieser Sichtweise die sog. *klassische Schule*, als deren Hauptvertreter *Cesare Beccaria* (1738–1794) und *Jeremy Bentham* (1748–1832) gelten.[5] Diese Schule nahm an, dass Personen kriminelle Handlungen nach Abwägung der Vor- und Nachteile aufgrund eines freien Willensentschlusses begehen.[6] Die kriminelle Handlung beruht also nach dieser Sichtweise im Wesentlichen auf dem freien Willen des Täters und wird nicht als ein Produkt von Faktoren der Anlage und/oder der Umwelt des Täters verstanden. Der Täter ist für seine Tat verantwortlich und darf durch Bestrafung zur Verantwortung gezogen werden. Kriminelle Handlungen können verhindert werden, wenn die Handlungsbedingungen so gestaltet werden, dass den Akteuren kriminelles Verhalten nicht als nützlich erscheint. Hierzu können insbesondere auch Strafen beitragen, die so schwer sein dürfen, wie es erforderlich ist, um potentielle Täter von Delikten abzuhalten.

Diese „klassische Schule" wurde im 19. Jahrhundert durch die sog. *positivistische Schule* abgelöst. Nach dieser Schule sind menschliche Verhaltensweisen und damit auch kriminelle Taten Anwendungsfälle allgemeiner er-

---

[2] Zum Begriff der Kriminalitätstheorie siehe Bock in Göppinger, Kriminologie, 99 f.
[3] Vgl. zur Anlage-Umwelt-Kontroverse Schwind, Kriminologie 80.
[4] Siehe etwa Adler/Mueller/Laufer, Criminology, 46 ff.; Schneider, Kriminologie, 90 ff.
[5] Vgl. Adler/Mueller/Laufer, a.a.O., 47 ff.
[6] Vgl. Adler/Mueller/Laufer, a.a.O., 49 ff.; Schneider, a.a.O., 91.

fahrungswissenschaftlich feststellbarer Gesetzmäßigkeiten. Auf der Grundlage der Erkenntnis dieser Gesetzmäßigkeiten kann das menschliche Zusammenleben nach als wünschenswert angesehenen Modellen gestaltet werden.[7] Die positivistische Schule wurde durch die Übertragung der erfahrungswissenschaftlichen Methoden der Naturwissenschaften auf die Erforschung des menschlichen Sozialverhaltens ermöglicht und wurde erheblich durch den Darwinismus beeinflusst.[8]

Die Ursachen kriminellen Verhaltens wurden von der positivistischen Kriminologie teilweise in der Person des Täters und teilweise „in der Gesellschaft" gesucht, so dass sich eine kriminalbiologische und eine kriminalsoziologische Richtung herausbildeten. Als Hauptvertreter der *kriminalbiologischen Richtung* gilt der Italiener *Cesare Lombroso* (1835–1909). Er entwickelte die Auffassung, dass kriminelles Verhalten auf angeborene körperlich bedingte seelische Anomalien des Täters zurückzuführen sei.[9] Der Täter sei an äußerlichen körperlichen Merkmalen erkennbar. Es handele sich bei ihm um einen Rückfall in ein frühes Entwicklungsstadium der Menschheit vor der Entstehung des Rechts. Da der Täter nach dieser Auffassung von Geburt an zum kriminellen Verhalten prädestiniert ist und auch unter günstigen sozialen Lebensbedingungen straffällig werden muss, ist er nach einem von *Ferri* eingeführten Begriff „geborener Verbrecher".[10] In späteren Veröffentlichungen hat *Lombroso* seine Theorie freilich dahin eingeschränkt, dass nur etwa ein Drittel aller Täter zum Typus des geborenen Verbrechers gehörten.[11] Von den Autoren der kriminalanthropologischen Richtung wurden neben biologischen Besonderheiten des Täters auch psychiatrische hervorgehoben, etwa im Anschluss an die Lehre des Engländers *James Cowles Prichard* von der moral insanity[12] ein den Täter kennzeichnender Mangel an moralischem Gefühl.[13] In Anknüpfung an die von *Benedict Augustin Morel* begründete Degenerationslehre[14] wurden die den Täter kennzeichnenden Defekte als vererblich angesehen.[15] Nach dieser Sichtweise stellen die „Verbrecherklassen" in den Worten des Engländers *Henry Maudsley* „eine degenerierte oder krankhafte Varietät der menschlichen

---

[7] Siehe Bock in Göppinger, Kriminologie, 8 ff.
[8] Adler/Mueller/Laufer, a.a.O., 53.
[9] Vgl. zusammenfassend Hering, Der Weg der Kriminologie, 46 ff.; zu kriminalanthropologischen und kriminalpsychiatrischen Vorläufern Lombrosos Hering, a.a.O., 29 ff.
[10] Siehe Bock, a.a.O., 12 m.w.N.
[11] Bock, a.a.O.
[12] Prichard, Treatise on Insanity.
[13] Dazu Hering, a.a.O., 38.
[14] Morel, Traité des dégénérances physiques.
[15] Hering, a.a.O., 38 ff.

Gattung" dar, „welche sich durch eigene Charaktere körperlicher oder geistiger Inferiorität auszeichnen".[16]

Diese Sichtweise hat weit tragende kriminalpolitische Konsequenzen. Die kriminelle Handlung erscheint durch biologisch-psychologische Merkmale des Täters determiniert, Willensfreiheit damit ausgeschlossen. Für Strafe als Schuldausgleich ist damit kein Raum. Die kriminalrechtlichen Sanktionen haben allein die Aufgabe des Schutzes der Gesellschaft durch Besserung des Täters und wenn diese – wie beim geborenen Verbrecher – nicht erfolgversprechend ist, durch Sicherung.[17] Der Täter erscheint in der Sichtweise der kriminalanthropologischen Schule als vom rechtstreuen Bürger qualitativ verschieden. Da er „ein anderer" ist, kann er mit Schonung nicht rechnen. So bleibt nach *Lombroso* für geborene Verbrecher, die auch durch lebenslange Gefangenschaft nicht von weiteren Taten abgehalten werden können, „nur noch die äußerste traurige, aber sichere Selektion übrig, die Todesstrafe".[18] Nach *Raffaele Garofalo* (1851–1934), der ebenso wie *Lombroso* der italienischen kriminalanthropologischen Schule angehörte, muss die menschliche Gesellschaft ebenso wie die Natur, die durch „Eliminierung" nicht anpassungsfähiger Geschöpfe eine natürliche Auslese trifft, sich sozial nicht anpassungsfähiger Menschen entledigen. Die Gesellschaft wird nach *Garofalo* „eine künstliche Auslese treffen, ähnlich derjenigen, die die Natur durch den Tod von Individuen bewirkt, die sich den besonderen Umweltbedingungen, in die sie hineingeboren oder hineingepflanzt worden sind, nicht anpassen können. Hierin wird der Staat einfach dem Beispiel der Natur folgen".[19]

Während nach der Kriminalanthropologie die Verbrechensursachen in der Person des Täters lagen, sah die *kriminalsoziologische Richtung* des kriminologischen Positivismus die Entstehungsbedingungen der Kriminalität in dem Milieu, in dem der Täter lebt. Die Umstände des Milieus, insbesondere die wirtschaftlichen Bedingungen, beeinflussen nach dieser Auffassung den menschlichen Organismus und determinieren das Verhalten der Menschen. So führe insbesondere wirtschaftliche Not zu einem Anstieg der Kriminalitätsziffern. Nach dem Franzosen *Alexander Lacassagne* (1843–1924), der als Hauptvertreter der kriminalsoziologischen Schule gilt, ist das „Milieu der Nährboden für die Kriminalität; die Mikrobe ist der Verbrecher, ein Wesen, das bedeutungslos ist bis zu dem Tage, an welchem es den Nährboden findet, der es keimen läßt".[20] Jede Gesellschaft hat daher nach *Lacassagne*

---

[16] Maudsley, Die Zurechnungsfähigkeit, 29, zitiert nach Hering, a.a.O., 42.
[17] Vgl. die Darstellung der kriminalpolitischen Vorstellungen Lombrosos bei Hering, a.a.O., 57 ff.
[18] Lombroso, Die Ursachen, 380.
[19] Garofalo, Criminologia, zitiert nach Hering, a.a.O., 79.
[20] Zitiert nach Hering, a.a.O., 99.

"die Verbrecher, die sie verdient".[21] *Gabriel Tarde* (1843–1904), ein weiterer prominenter Vertreter der französischen kriminalsoziologischen Schule, sieht die Kriminalität als eine „Spezialindustrie" an, die den allgemeinen Wirtschaftsgesetzen folgt, und betrachtet die Nachahmung als die Kraft, die alle gesellschaftlichen Probleme einschließlich des Verbrechens erklärt.[22] Determiniert das Milieu die Tat, ist ein auf Willensfreiheit gründendes Schuldstrafrecht ebenfalls verfehlt. Die kriminalpolitische Konsequenz des kriminalsoziologischen Ansatzes besteht vielmehr in sozial- und wirtschaftspolitischen Maßnahmen, die „das Milieu" so verändern, dass es keine Kriminalität mehr oder jedenfalls weniger Kriminalität produziert.

In den Zusammenhang der kriminalsoziologischen Schule gehören auch die *sozialistischen und marxistischen Kriminalitätstheorien*, denn auch diese Theorien führen kriminelles Verhalten auf allgemeine gesellschaftliche Gesetzmäßigkeiten zurück.[23] Nach ihnen wird kriminelles Verhalten durch die kapitalistische Wirtschaftsordnung verursacht. Während die sozialistischen Theoretiker von wirtschafts- und sozialpolitischen Reformen eine Eindämmung der Kriminalität erwarten, setzen die marxistischen Theoretiker auf die als zwangsläufig angesehene Revolution, die zur Ablösung des Kapitalismus durch die klassenlose Gesellschaft führen werde, in der es keine Kriminalität mehr geben werde.[24]

Kriminalbiologie und Kriminalsoziologie des 19. Jahrhunderts sahen zwar unterschiedliche Variablengruppen als Kriminalitätsursachen an, waren aber durch das Band des Positivismus miteinander verbunden. Es lag daher nahe, die beiden Ansätze zu einer Schule zu verknüpfen, die sowohl biologisch-psychologische als wirtschaftlich-soziale Kriminalitätsursachen anerkennt. Dies geschah im *Mehrfaktorenansatz*. Einer seiner Hauptrepräsentanten war der Italiener *Enrico Ferri* (1856–1929). Er unterschied drei Gruppen von Kriminalitätsursachen: die anthropologischen Faktoren (biologische, psychische und soziale Merkmale des einzelnen Menschen), physische Faktoren (wie z.B. Klima und Jahreszeiten) und soziale Faktoren (z.B. Bevölkerungsdichte, wirtschaftliche und politische Zustände, Erziehungssystem, öffentliche Meinung, Gesetzgebung, Justiz, Polizei und Verwaltung). Diese Faktoren verursachen nach ihm mit einem bei den einzelnen Taten jeweils unterschiedlich großen Einfluss die kriminellen Handlungen.[25] Für die Mehrheit der Rechtsbrecher, die Täter aus Gelegenheit oder erworbener Gewohnheit, sind nach *Ferri* soziale Faktoren ausschlaggebend.[26] Auch nach

---

[21] Hering, a.a.O.
[22] Zusammenfassend zu Tarde Hering, a.a.O., 101 ff.
[23] Bock in Göppinger, Kriminologie, 16.
[24] Zusammenfassend Hering, a.a.O., 115 ff.
[25] Ferri, Das Verbrechen, 125 ff., 131 ff.; zusammenfassend zu Ferri Hering, a.a.O., 60 ff.
[26] A.a.O., 133 f.

Ferri ist die Tat durch das sie verursachende Faktorenbündel determiniert; Willensfreiheit lehnt er ab.[27] Die Strafe soll nicht dem Schuldausgleich dienen, sondern ein Verteidigungsmittel der Gesellschaft sein, das allein nach spezial- und generalpräventiven Erfordernissen zuzumessen ist.[28] Die Bedeutung von Strafen für die Kriminalitätseindämmung ist allerdings nach *Ferri* verhältnismäßig gering. Größere Bedeutung hat nach ihm eine Gesetzgebung, die umfassend die kriminalitätsverursachenden sozialen Faktoren beeinflusst.[29]

Einen ähnlichen Standpunkt wie *Ferri* nahm in Deutschland *Franz von Liszt* (1851–1919) ein. Nach ihm stehen die „beiden Arten der naturwissenschaftlichen Behandlung des Verbrechens, die biologische und soziologische, nicht nur nicht im Widerspruch zueinander, sondern sie ergänzen sich gegenseitig; erst in ihrem Zusammenwirken ermöglichen und sichern sie uns die kausale Erklärung der Kriminalität".[30] Das einzelne Verbrechen entsteht danach durch das Zusammenwirken zweier Gruppen von Bedingungen, „der individuellen Eigenart des Verbrechers einerseits, der diesen umgebenden äußeren, physikalischen und gesellschaftlichen, insbesondere wirtschaftlichen Verhältnisse andererseits".[31] Hierbei nahm *von Liszt* ebenso wie *Ferri* eine überwiegende Bedeutung der gesellschaftlichen Faktoren an.[32] Das Strafrecht hat nach *von Liszt* die Aufgabe, durch spezialpräventive Einwirkung auf den Täter (Individualabschreckung beim Gelegenheitstäter, Besserung und gegebenenfalls Sicherung beim Zustandsverbrecher) weitere Delikte zu verhindern.[33] *Von Liszt* ging ebenso wie *Ferri* davon aus, dass sozialpolitische Maßnahmen ein wesentlich wirksameres Mittel zur Eindämmung der Kriminalität sind als das Strafrecht. Sozialpolitik ist deshalb für ihn die beste Kriminalpolitik.[34]

Damit waren Grundpositionen herausgearbeitet, von denen aus Kriminologen in den nächsten Jahrzehnten nach Ursachen der Kriminalität in der Person des Täters und in seiner Umwelt suchten. Die Schwerpunkte wurden hierbei unterschiedlich gesetzt.[35] Im Folgenden wird zunächst die Entwicklung in Deutschland und anschließend in den USA skizziert und sodann die Neuausrichtung der deutschen Kriminologie in der zweiten Hälfte des 20. Jahrhunderts unter dem Einfluss der amerikanischen Kriminologie dargestellt.

---

[27] Ferri, a.a.O., 222 f.
[28] A.a.O., 340.
[29] A.a.O., 165 f., 181 ff.
[30] Von Liszt, Aufsätze, Bd. II, 234.
[31] Von Liszt, Lehrbuch, 11 f.
[32] Aufsätze, Bd. II, 292.
[33] Aufsätze, Bd. I, 126 ff.
[34] Aufsätze, Bd. II, 294 f.; Lehrbuch, 15.
[35] Vgl. zu den Entwicklungslinien der Kriminologie Kaiser, Kriminologie, 115 ff.

2. Entwicklungen in Deutschland und in den USA

Die Kriminologen in *Deutschland* gingen zu Beginn des 20. Jahrhunderts überwiegend vom Mehrfaktorenansatz aus, betonten aber die Anlagekomponente bei der Entstehung kriminellen Verhaltens stark. Zwar verlor die Vorstellung *Lombrosos* von den körperlichen Kennzeichen des Verbrechers an Rückhalt.[36] Die Suche nach organisch bedingten kriminellen Anlagen des Täters wurde aber fortgesetzt. Als Methode diente insbesondere die *Zwillingsforschung*. Es wurden bei eineiigen, also erbgleichen, und zweieiigen, also partiell erbverschiedenen Zwillingen die Konkordanz- und Diskordanzquoten verglichen. Unter Konkordanz wurde die Straffälligkeit beider Zwillinge, unter Diskordanz die Strafbarkeit nur eines Zwillings verstanden. Von *Lange*, *Stumpfl* und *Kranz* vom Ende der zwanziger bis Mitte der dreißiger Jahre des vorigen Jahrhunderts durchgeführte Untersuchungen[37] ergaben zusammengefasst bei insgesamt 62 eineiigen Zwillingspaaren eine Konkordanzquote von 66 % und bei insgesamt 79 zweieiigen Zwillingspaaren eine Konkordanzquote von 41 %.[38] Hieraus wurde gefolgert, „dass die Anlage eine ganz überwiegende Rolle unter den Verbrechensursachen spielt",[39] und hierauf wurde die Forderung gestützt zu verhüten, „dass Menschen mit aktiven kriminellen Anlagen geboren werden".[40] Als Beleg für die Existenz „krimineller Anlagen" dienten außerdem „Sippenforschungen". So ermittelte *Stumpfl* in einer Untersuchung der „Sippen" von 195 „Schwerverbrechern" und 166 „Leichtkriminellen" eine höhere Belastung der Sippen der „Schwerverbrecher" mit Kriminalität.[41]

Die Betonung „krimineller Anlagen" durch die deutsche Kriminologie wurde weiterhin erheblich durch die von *Kurt Schneider* entwickelte Konzeption der *Psychopathie* beeinflusst. *Kurt Schneider* verstand unter Psychopathien in der Person angelegte Abweichungen vom normalen Gefühls- und Willensleben. Psychopathen sind nach ihm abnorme Persönlichkeiten, die unter ihrer Abnormität leiden oder unter deren Abnormität die Gesellschaft leidet.[42] Psychopathien treten in vielfältigen Erscheinungsformen auf. Als kriminell gefährdet wurden insbesondere gemütlose und willenlose Psychopathen angesehen.[43] Wegen der Anlagebedingtheit dieser Eigenschaften galten „psychopathische" Täter als strafrechtlich schwer beeinflussbar. Von ei-

---

[36] Hierzu trug u.a. die Untersuchung von Goring, The English Convict, bei.
[37] Lange, Das Verbrechen als Schicksal; Stumpfl, Ursprünge des Verbrechens; Kranz, Lebensschicksale krimineller Zwillinge.
[38] Vgl. die Zusammenstellung der Befunde bei Yoshimasu, Zwillingsforschung, 694.
[39] Lange, Das Verbrechen als Schicksal, 14.
[40] A.a.O., 96.
[41] Stumpfl, Erbanlage und Verbrechen, 284 ff.
[42] Kurt Schneider, Die psychopathischen Persönlichkeiten.
[43] Exner, Kriminalbiologie, 250 f.; Stumpfl, Erbanlage und Verbrechen, 145.

niger Bedeutung war auch die *Konstitutionsbiologie Ernst Kretschmers*, der Zusammenhänge zwischen Körperbau, Charakter, Geisteskrankheiten und kriminellem Verhalten annahm.[44] Kriminalsoziologische und tiefenpsychologische Ansätze konnten sich demgegenüber in der deutschen Kriminologie nicht durchsetzen. So erhielt die 1927 gegründete Vereinigung der Kriminologen die Bezeichnung „Kriminalbiologische Gesellschaft".[45]

Die Annahme von „kriminellen Anlagen" des Täters war häufig mit einer massiven Abwertung seiner Person und Forderungen nach einschneidenden Maßnahmen gegen ihn zum Schutz der Gesellschaft verbunden. So nahm selbst *Gustav Aschaffenburg* an, dass „minderwertiges Material den Hauptanteil der späteren Verbrecher" stelle.[46] Für wegen ihrer Veranlagung nicht zu bessernde Verbrecher bleibe „kein anderer Ausweg, als sie unschädlich zu machen".[47] Der Verbrecher müsse es sich „gefallen lassen, dass die Gesellschaft sich seiner erwehrt mit allen Mitteln, die ihr zu Gebote stehen".[48] Der Erzeugung der „meist körperlich und seelisch minderwertigen Kinder" von Trinkern, Geisteskranken und Verbrechern sei deshalb ein „Riegel vorzuschieben".[49]

Im „Dritten Reich" trat das Anlagedenken in der deutschen Kriminologie noch weiter in den Vordergrund.[50] Dies wird an Äußerungen der damals führenden deutschen Kriminologen deutlich. *Exner* nahm an, dass unter den Ursachen des Verbrechens „das Erbgut des Verbrechers eine hervorragende Rolle" spiele,[51] und *Mezger* sprach vom „unentrinnbaren Zusammenhang mit dem Erbgut der Ahnen".[52] Als kriminogen wurden vor allem anlagebedingte Psychopathien angesehen, die insbesondere den „Gewohnheitsverbrechern" zugeschrieben wurden. *Exner* stellte eine Häufung von Psychopathen unter Gewohnheitsverbrechern fest[53] und war der Auffassung, „daß die Psychopathie der Eltern sich erbmäßig in der hartnäckigen Kriminalität der Kinder auswirkt".[54] *Mezger* nahm an, dass der „psychopathische Verbrecher, den seine krankhafte Veranlagung immer wieder zum Verbrechen treibt, ... in der Regel ein ganz besonders gefährlicher Verbrecher" ist.[55] Ein großer

---

[44] Kretschmer, Körperbau und Charakter.
[45] Hering, Der Weg der Kriminologie, 206.
[46] Aschaffenburg, Das Verbrechen und seine Bekämpfung, 152.
[47] A.a.O., 296.
[48] A.a.O., 367.
[49] A.a.O., 259.
[50] Zur Kriminologie im „Dritten Reich" siehe Kaiser, Kriminologie, 130 ff.; Streng, Der Beitrag der Kriminologie; Dölling, Kriminologie im „Dritten Reich".
[51] Exner, Kriminalbiologie, 174.
[52] Mezger, Kriminalpolitik, 104.
[53] Exner, Kriminalbiologie, 248.
[54] A.a.O., 160.
[55] Mezger, Kriminalpolitik, 54.

Teil dieser Rückfalltäter wurde als unverbesserlich angesehen. So gibt es nach *Mezger* „unleugbar Menschen, die vermöge ihrer angeborenen Anlage zum Verbrecher bestimmt sind".[56] Mit dieser Charakterisierung des Mehrfachtäters war häufig seine Abqualifizierung als „minderwertig" verbunden, womit sich eine bereits vor dem „Dritten Reich" feststellbare Tendenz verschärfte. So schrieb *Exner*: „Allein das Schwerverbrechertum erscheint eben durchschnittlich gegenüber diesen Volksteilen minderwertig und repräsentiert, kurz gesagt, auch in rein biologischer Hinsicht den Bodensatz jener Schicht, aus der es stammt".[57] Nach *Fickert* wird bei „diesen Schädlingen... die psychopathische Abartigkeit tatsächlich zu einer 'psychopathischen Minderwertigkeit'; diesen Ballastexistenzen hat sich das ganze Interesse der Erb- und Rassehygiene zuzuwenden".[58]

Mit der Einstufung des Täters als „minderwertig" ist eine Kriminalpolitik des rücksichtslosen Zugriffs auf den Täter vorbereitet. Das gilt umso mehr, wenn die kriminalpolitischen Vorschläge von einem kollektivistischen Standpunkt ausgehen, nach dem sich der Einzelne der „Gemeinschaft" nahezu uneingeschränkt unterzuordnen hat. Einen solchen Standpunkt nahmen führende Kriminologen im „Dritten Reich" ein. So werden nach *Mezger* im „neuen Strafrecht" „zwei Ausgangspunkte wesentlich sein...: Der Gedanke der Verantwortung des Einzelnen vor seinem Volk und der Gedanke der rassenmäßigen Aufartung des Volkes als eines Ganzen".[59] Die „Forderung nach rassenhygienischen Maßnahmen zur Ausrottung krimineller Stämme" ist daher nach seiner Ansicht „unabweislich".[60] In der Konsequenz dieses Ansatzes liegt es, dass von Kriminologen im Dritten Reich gegen „Anlageverbrecher" Maßnahmen wie „Absonderung und Ausscheidung aus der menschlichen Gesellschaft", die „von zeitlicher Schutzaufsicht bis zu lebenslänglicher Sicherheitsverwahrung" reichen[61] und Sterilisation[62] gefordert wurden. Der Strafrechtler *Siegert* trat für die Tötung als strafrechtliche Sicherungsmaßnahme ein: „Das kommende Strafgesetzbuch müßte also die Möglichkeit schaffen, bei unheilbaren, gefährlich geisteskranken Rechtsbrechern, die ohne jeden, auch ethischen Wert für die Allgemeinheit sind, auf Tötung zu erkennen, sofern sie ein schweres Verbrechen begehen".[63] Darüber hinaus wurde die Vorstellung vom unverbesserlichen Anlagetäter vom einzelnen Rechtsbrecher auf ganze Gruppen von Menschen übertragen. So

---

[56] A.a.O., 18.
[57] Exner, Kriminalbiologie, 180 f.
[58] Fickert, Rassenhygienische Verbrechensbekämpfung, 3, 82.
[59] Mezger, Kriminalpolitik, V.
[60] A.a.O., 21 f.
[61] Schnell, Anlage und Umwelt, 118.
[62] Exner, Kriminalbiologie, 228.
[63] Siegert, Grundzüge des Strafrechts, 74 f.

wurden kriminelle Anlagen „der Zigeuner",[64] „der Neger"[65] und „der Juden"[66] behauptet. Erhebliche Teile der deutschen Kriminologie waren damit in die Nähe der inhumanen und brutalen Politik des „Dritten Reiches" geraten. Es ist hier nicht der Ort für eine nähere Auseinandersetzung mit der deutschen Kriminologie dieser Zeit.[67] Die aufgezeigte Entwicklung lässt jedoch die Gefahren eines nicht hinreichend reflektierten kriminalbiologischen Ansatzes erkennen, der Kriminalität auf einen bloßen Anwendungsfall vermeintlicher biologischer Gesetzmäßigkeiten reduziert, den Täter als einen gefährlichen qualitativ Anderen von der übrigen Gesellschaft trennt und damit die Gefahr begründet, dass er unter Missachtung seiner Menschenwürde Verfolgungsmaßnahmen als bloßes Objekt schutzlos ausgeliefert ist.

Nach dem Zweiten Weltkrieg etablierten sich im „Dritten Reich" führende Kriminologen wieder, ohne dass es zu einer näheren Auseinandersetzung mit den Verstrickungen während der nationalsozialistischen Herrschaft kam.[68] In den fünfziger und sechziger Jahren dominierten daher in der Kriminologie der Bundesrepublik Deutschland[69] zunächst kriminalbiologische und dann kriminalpsychopathologische Ansätze.[70] Ende der sechziger Jahre erfolgte jedoch eine grundlegende Neuausrichtung der westdeutschen Kriminologie. Nachdem bereits in den fünfziger Jahren Befunde und Begriffe der angloamerikanischen Kriminalsoziologie zur Jugendkriminalität übernommen worden waren,[71] wurde jetzt die soziologisch geprägte nordamerikanische Kriminologie auf breiter Front rezipiert, was zu einer Ablösung des Anlagedenkens durch kriminalsoziologische Perspektiven führte.[72] Dies ist im Folgenden näher darzustellen.

In der Entwicklung der Kriminologie in den *USA* spielten Kriminalbiologie und Anlagedenken eine verhältnismäßig geringe Rolle. Zwar fand *Lombroso* in *Ernest Hooton* einen Nachfolger, der 1939 Kriminalität mit angeborener geistiger und körperlicher Minderwertigkeit verknüpfte,[73] entwickelte *William Sheldon* eine ähnliche Lehre wie *Ernst Kretschmer*[74] und nahm das Forscherehepaar *Sheldon* und *Eleanor Glueck* die Konzeption von

---

[64] Paterna, Zigeuner, 1151
[65] Exner, Kriminalbiologie, 52.
[66] Exner, a.a.O., 67 ff.; vgl. auch die Hetzschrift des Rassenfanatikers J. von Leers, Die Verbrechernatur der Juden, 1944, mit Aufforderung zum Holocaust (S. 8).
[67] Dazu mit unterschiedlichen Akzenten die in Fußnote 50 genannten Autoren.
[68] Vgl. näher Streng, Von der „Kriminalbiologie" zur „Biokriminologie"?, 217 ff.
[69] Zur marxistischen Kriminologie in der DDR siehe Streng, a.a.O., 216 f.
[70] Streng, a.a.O., 218 ff., 227 ff.
[71] Siehe dazu Kaiser, Kriminologie, 73.
[72] Kaiser, Kriminologie, 74 f.; Streng, Von der „Kriminalbiologie" zur „Biokriminologie"?, 233 ff.
[73] Hooton, The American Criminal, 308.
[74] Sheldon, Varieties of Delinquent Youth.

Sheldon in ihren multifaktoriellen Ansatz auf.[75] Im Vordergrund der Entwicklung in den USA stand jedoch die Entfaltung kriminalsoziologischer und sozialpsychologischer Ansätze. Einen Gegenpol zur Kriminalbiologie setzte *Edwin Sutherland* (1883–1950) mit der Theorie der *differentiellen Assoziation*. Kriminelles Verhalten ist danach *gelerntes Verhalten* und nicht angeboren.[76] Es wird in Interaktionen mit anderen Personen in einem Kommunikationsprozess gelernt. Die Lernprozesse finden vor allem in persönlichen Gruppen statt, insbesondere in der Familie und im Freundeskreis. Gelernt werden sowohl Techniken der Verbrechensbegehung als auch Motive und Einstellungen, die kriminelles Verhalten begünstigen. Die spezifische Richtung der Motive und Einstellungen wird von in der Gesellschaft vertretenen Definitionen erlernt, die Gesetzesverletzungen entweder ablehnen oder günstig bewerten. Eine Person wird delinquent, wenn bei ihr die Kontakte mit Definitionen überwiegen, die Gesetzesverletzungen begünstigen (Prinzip der differentiellen Assoziation). Die Kontakte variieren hierbei nach Häufigkeit, Dauer, Priorität und Intensität. Das Lernen kriminellen Verhaltens läuft nach den gleichen Mechanismen ab wie andere Lernprozesse. Verschieden sind nur die Inhalte, die gelernt werden.

Zur Präzisierung der Lernprozesse konnte die Kriminologie auf die Befunde der Lernpsychologie zurückgreifen. So nahmen *Burgess* und *Akers* die Konzeption der *differentiellen Verstärkung* auf, nach der ein Verhalten gelernt wird, wenn es positive Verstärker, also als angenehm empfundene Folgen auslöst, und ein Verhalten verlernt wird, wenn es aversive, also als unangenehm empfundene Reize zur Folge hat. Kriminelles Verhalten tritt danach auf, wenn ein Individuum bei der Begehung von Straftaten häufiger und nachhaltiger belohnt als bestraft wird, wobei unter Bestrafung nicht nur Kriminalstrafen, sondern alle negativen Reaktionen zu verstehen sind.[77] Diese Theorie konnte unter Aufnahme der von *Bandura* entwickelten Konzeption des *Lernens am Modell*[78] dahin erweitert werden, dass kriminelles Verhalten nicht nur dann in das Verhaltensrepertoire übernommen wird, wenn der Handelnde selbst damit positive Erfahrungen gemacht hat, sondern auch, wenn der Handelnde wahrnimmt, dass andere als Modellperson fungierende Akteure mit kriminellem Verhalten erfolgreich sind.[79]

Wird kriminelles Verhalten als erlernt angesehen, liegt es nahe, die Ursachen der Kriminalität vor allem in Mängeln der zentralen Lernprozesse der Sozialisation zu sehen, also des Vorganges, in dessen Verlauf den in die Gesellschaft hineinwachsenden jungen Menschen die in der Gesellschaft gel-

---

[75] Glueck/Glueck, Unraveling Juvenile Delinquency.
[76] Vgl. Sutherland, Principles of Criminology.
[77] Burgess/Akers, A Differential Association-Reinforcement Theory of Criminal Behavior.
[78] Bandura, Aggression: A Social Learning Analysis.
[79] Adler/Mueller/Laufer, Criminology, 77.

tenden Normen, Werte und Orientierungen vermitteln werden. Die Theorie der *differentiellen Sozialisation* nimmt daher an, dass Defekte im Sozialisationsprozess zu ungenügender Ausbildung sozialer Handlungskompetenz und nicht ausreichender Norminternalisierung führen und es deshalb zu kriminellem Verhalten kommt.[80] Vernachlässigung der Kinder und mangelnde Zuwendung, widersprüchliches Erziehungsverhalten, überstrenge Erziehung, Belastung der Eltern mit Kriminalität oder sonstigem sozial abweichenden Verhalten oder Gewalt in der Familie sind danach Faktoren, die kriminelles Verhalten der Menschen zu erklären vermögen, die unter diesen Bedingungen aufwachsen.

Neben Lern- und Sozialisationstheorien wurden *sozialstrukturelle Kriminalitätstheorien* entwickelt, nach denen Kriminalität vor allem aus sozialstrukturell bedingten Spannungszuständen entsteht. Die einflussreichste dieser Theorien ist die *Anomietheorie* von *Robert Merton*. Er knüpft an den Anomiebegriff von *Emil Durkheim* an,[81] entwickelt aber eine eigenständige Theorie.[82] Nach *Merton* gibt die kulturelle Struktur einer Gesellschaft vor, welche Ziele in einer Gesellschaft angestrebt werden und auf welchen Wegen diese Ziele legitimerweise angestrebt werden dürfen. Die soziale Struktur entscheidet demgegenüber darüber, ob der Einzelne faktisch in der Lage ist, die kulturell vorgegebenen Ziele auf legitimen Wegen zu erreichen. Ist dies nicht der Fall, entsteht eine Tendenz zum Zusammenbruch der Normen, zur Anomie. In dieser Spannungssituation kann das Individuum auf verschiedene Weise reagieren, wobei sich die Reaktionsformen danach unterscheiden, wie sich der Akteur zu den kulturell vorgegebenen Zielen und Mitteln verhält. Bei der „Innovation" akzeptiert das Individuum die Ziele weiterhin, verfolgt sie jedoch mit illegitimen Mitteln. Hierzu können die Eigentums-, Vermögens- und Wirtschaftskriminalität gerechnet werden. Bei der „Rebellion", z.B. politischem Terrorismus, werden die bisherigen Ziele und Mittel durch neue ersetzt. Der „Rückzug" ist durch Aufgabe der bisherigen Ziele und Mittel gekennzeichnet, ohne dass eine neue kulturelle und soziale Struktur angestrebt wird. Beim „Ritualismus" werden unter Absenkung der Zielvorstellungen die vorgegebenen Wege weiter beschritten und beim „Konformismus" werden die kulturell vorgegebenen Ziele und Mittel weiterhin voll akzeptiert. Die Anomietheorie ist vor allem herangezogen worden, um Kriminalität unterer sozialer Schichten als „innovative" Reaktion auf Diskrepanzen zwischen kultureller und sozialer Struktur zu erklären.[83]

---

[80] Kaiser, Kriminologie, 198 f.
[81] Dazu Bock in Göppinger, Kriminologie, 128 f.
[82] Merton, Social Structure and Anomie.
[83] Vgl. dazu Kaiser, Kriminologie, 449 f.

Nach den kriminalökologischen Studien der *Chicago-Schule* konzentrierte sich die Kriminalität auf Stadtgebiete mit geringer Geltung konventioneller Normen, schwacher sozialer Kontrolle, hoher Mobilität und zahlreichen anderen sozialen Problemen.[84] Kriminalität erscheint danach als Ergebnis *sozialer Desorganisation*. Weiterhin wurden Spannungen und Konflikte innerhalb kultureller Strukturen als Kriminalitätsursachen angesehen. Nach der Theorie des *Kulturkonflikts* von *Thorsten Sellin* kann es zu kriminellem Verhalten kommen, wenn die sozialen Normen einer Gruppe, der das Individuum angehört, im Widerspruch zu den strafbewehrten Normen stehen.[85] Als Hauptbeispiel nennt er die Kriminalität von Einwanderern. In diesen Zusammenhang gehören auch die *Subkulturtheorien*. So postulierte *Miller* eine eigenständige *Unterschichtskultur*, deren Beachtung häufig zu Verletzungen der die Mittelschichtskultur absichernden Gesetze führt.[86] Im Rahmen der Subkulturtheorien erfolgten auch Verknüpfungen mit der Anomietheorie. So nahm *Cohen* in seiner Theorie der *delinquenten Subkultur* an, dass Unterschichtjugendliche aufgrund der Erkenntnis, auf den von der Mittelschichtskultur vorgeschriebenen Wegen keine Erfolgschancen zu haben, eine Subkultur schaffen, die ein Gegenbild zur Mittelschichtskultur darstellt und es ihnen ermöglicht, durch Delikte Status in ihrer Gruppe zu erlangen.[87] *Cloward* und *Ohlin* berücksichtigten in ihrer Theorie der *differentiellen Gelegenheit* sowohl die legale als auch die illegale Chancenstruktur. Wer von legalen Aufstiegschancen ausgeschlossen ist, aber Zugang zum kriminellen Milieu hat, kann Mitglied einer kriminellen Subkultur werden. Wer sowohl von legalen wie von illegalen Mitteln abgeschnitten ist, kann versuchen, in der Konflikt-Subkultur durch Gewalthandlungen Status zu erlangen, und wer auch dies aufgegeben hat, kann in die Rückzugs-Subkultur geraten, die durch den Konsum von Alkohol und Drogen geprägt ist.[88]

Defizitäre Sozialisationsprozesse, sozialstrukturell bedingte Spannungszustände und Diskrepanzen zwischen sozialen Normenkomplexen sind somit die Bereiche, in denen die dargestellten Richtungen der amerikanischen Kriminalsoziologie hauptsächlich die Ursachen kriminellen Verhaltens sehen. Einen ganz anderen Ansatz für die Behandlung des Problems der Kriminalität stellt demgegenüber der *labeling approach* oder Etikettierungsansatz dar. Nach ihm handelt es sich bei Kriminalität nicht um ein feststehendes Merkmal eines Verhaltens, sondern um eine Eigenschaft, die

---

[84] Shaw/Forbaugh/McKay/Cottrell, Deliquency Areas.
[85] Sellin, Culture Conflict and Crime.
[86] Miller, Lower-Class Culture, 5 ff.
[87] Cohen, Delinquent Boys.
[88] Cloward/Ohlen, Delinquency and Opportunity.

einem Verhalten in sozialen Interaktionsprozessen zugeschrieben wird.[89] Dies gilt auch für die Eigenschaft eines Menschen, „ein Krimineller" zu sein. Zu untersuchen sind danach nicht „Ursachen kriminellen Verhaltens", sondern die Faktoren, die dazu führen, dass ein Verhalten als kriminell definiert oder ein Mensch als „Krimineller" bezeichnet wird. Persönliche Eigenschaften des „Täters" oder Merkmale seiner sozialen Position erscheinen danach nicht als „Ursachen kriminellen Verhaltens", sondern als Auswahlkriterien dafür, ob eine Person strafrechtlich verfolgt wird. Von den Vertretern des labeling approach wird häufig angenommen, dass die Definitionsmacht, die darüber entscheidet, ob jemand als „kriminell" gilt, bei den oberen sozialen Schichten liegt.[90] Es bestehen somit Verbindungen zwischen dem labeling approach und gesellschaftskritischen Ansätzen.

Diese Konzeptionen wurden mit der Rezeption der nordamerikanischen Kriminologie in Deutschland vielfach übernommen, wobei der Schwerpunkt teils auf die ätiologischen Ansätze und teils auf den labeling approach gelegt wurde.[91] Die Vertreter multifaktorieller Ansätze kombinierten soziologische Kriminalitätserklärungen mit Persönlichkeitsmerkmalen wie emotionale Labilität und Impulsivität, Risikoneigung und Abenteuerlust, Depressivität und negatives Selbstbild,[92] die als kriminalitätsfördernd betrachtet wurden. Forschungen, die nach biologischen Grundlagen solcher Persönlichkeitsmerkmale fragten, waren selten. Eine Ausnahme stellten die auch in Deutschland rezipierten Arbeiten von *Eysenck* dar, der eine persönlichkeitsorientierte Lerntheorie entwickelte.[93] Nach dieser Theorie wird konformes Verhalten in Konditionierungsprozessen durch Verknüpfung unerwünschten Verhaltens mit negativen Reizen gelernt. Menschen mit den Persönlichkeitseigenschaften Extraversion, Neurotizismus und Psychotizismus sind schlechter konditionierbar als andere und begehen deshalb häufiger Delikte. Die genannten Persönlichkeitseigenschaften sind nach *Eysenck* genetisch verankert.

In den letzten Jahrzehnten erweiterte sich – wiederum unter dem Einfluss der nordamerikanischen Kriminologie – das kriminologische Theoriespektrum. Es erhob sich Kritik gegen die klassischen kriminalsoziologischen Theorien. So ließ sich für die Theorie der differentiellen Sozialisation zwar der

---

[89] Tannenbaum, Crime and the Community; Lemert, Social Pathology; Schur, Labeling Deviant Behavior; Becker, Outsiders
[90] Bock in Göppinger, Kriminologie, 134.
[91] Zur Entwicklung der deutschen Kriminalsoziologie siehe Bock, Kriminalsoziologie in Deutschland.
[92] Siehe die Zusammenstellung als relevant angesehener Persönlichkeitsmerkmale bei Kaiser, Kriminologie, 477 f.
[93] Eysenck, Kriminalität und Persönlichkeit; Eysenck/Gudjonsson, The Causes and Cures of Crime.

vielfach bestätigte Befund anführen, dass die Herkunftsfamilien von Mehrfachtätern der herkömmlichen Delinquenz häufig durch Belastungen und Erziehungsdefizite geprägt sind.[94] Gegen die Theorie konnte jedoch eingewendet werden, dass sie einerseits die Delinquenz normal sozialisierter Täter insbesondere im Bereich der Straßenverkehrs- und der Wirtschaftskriminalität nicht zu erklären vermag und dass sie andererseits Schwierigkeiten mit der Deutung des Befundes hat, dass nicht wenige unter defizitären Sozialisationsbedingungen aufgewachsene Menschen einen konformen Lebensweg gehen.[95] Der Anomietheorie konnte entgegengehalten werden, dass sie zwar z.B. Notkriminalität zu erklären vermag, nicht aber Delinquenz wohlhabender Täter, die sich nicht in einer sozialen Drucksituation befinden.[96] Als Alternativen gewannen insbesondere ökonomische Kriminalitätstheorien, Kontrolltheorien, Entwicklungstheorien und Theorien der routineactivity an Bedeutung. Nach den *ökonomischen Kriminalitätstheorien*[97] ist kriminelles Handeln ebenso wie sonstiges menschliches Verhalten ein rationales, an Kosten-Nutzen-Überlegungen orientiertes Verhalten. Ein Mensch begeht daher eine Straftat, wenn ihm dies vorteilhafter erscheint als nicht kriminelle Verhaltensalternativen. Bei den ökonomischen Kriminalitätstheorien handelt es sich somit um eine Renaissance der Handlungstheorien der „klassischen Kriminologie" von *Beccaria* und *Bentham*. Die *Kontrolltheorien* gehen von der Frage aus, warum sich Menschen konform verhalten. Nach der einflussreichen Bindungstheorie von *Hirschi* sind es vor allem Bindungen des Akteurs auf vier Ebenen, die zu konformem Verhalten führen: das emotionale Band zu Bezugspersonen, die konformes Verhalten erwarten; die Ausrichtung auf konventionelle Ziele und Besitzstände, die im Fall der Delinquenz auf dem Spiel stehen; die Einbindung in konventionelle Aktivitäten, durch die Zeit und Gelegenheiten für Delinquenz reduziert werden, und die Billigung des konventionellen Wertsystems.[98] Später hat *Hirschi* gemeinsam mit *Gottfredson* die maßgebliche Ursache kriminellen Verhaltens in geringer Selbstkontrolle der Täter gesehen.[99] Straftäter sind danach Menschen, die ihr Handeln an unmittelbarer Bedürfnisbefriedigung ausrichten, ohne die späteren Konsequenzen hinreichend zu bedenken. Demgegenüber betrachten kriminologische *Entwicklungstheorien* wie diejenige von *Sampson* und *Laub* kriminelles Verhalten im Rahmen des Lebenslaufs des Täters und richten den Blick auf die Konstellationen in den verschiedenen Lebensphasen, die für konformes oder delinquentes Verhalten von Bedeutung sind und

---

[94] Siehe dazu Dölling, Mehrfach auffällige junge Straftäter, 315; Lösel, Risikodiagnose, 53.
[95] Vgl. zur Kritik der Sozialisationstheorie Kaiser, Kriminologie, 200.
[96] Zur Kritik an der Anomietheorie siehe Kaiser, Kriminologie, 450 f.
[97] Becker, Crime and Punishment; Ehrlich, The Deterrent Effect of Capital Punishment.
[98] Hirschi, Causes of Delinquency.
[99] Gottfredson/Hirschi, A General Theory of Crime.

z.B. als Wendepunkte aus kriminellen Karrieren herausführen.[100] Nach dem *routine-activity-approach*[101] setzt Delinquenz voraus, dass eine tatbereite Person mit geeigneten Opfern oder Tatobjekten in Kontakt kommt und keine Person anwesend ist, die das Delikt verhindern könnte. Ob diese Konstellation eintritt, hängt u. a. von den täglichen Aktivitäten der Menschen im Arbeitsleben und in der Freizeit sowie vom wirtschaftlich-technologischen Entwicklungsstand ab. So schaffen z.B. die räumliche Trennung von Wohnen und Arbeiten, das Verbringen der Freizeit außer Haus, das Vorhandensein zahlreicher Fahrzeuge und leicht zu transportierender technischer Geräte Gelegenheiten zur Deliktsbegehung, mit denen sich Kriminalitätsanstiege in Wohlstandsgesellschaften erklären lassen. Betont werden damit die *situativen Bedingungen* für die Entstehung von Straftaten.[102]

Es ist somit eine Erweiterung des Spektrums der Kriminalitätstheorien zu verzeichnen. Kriminalbiologische Fragestellungen wurden jedoch lange Zeit nur selten behandelt.[103] Dies dürfte auf den Missbrauch der Kriminalbiologie im „Dritten Reich" zurückzuführen sein. In den letzten Jahren ist freilich ausgehend vor allem von den USA, England und Skandinavien und gefördert durch Befunde der modernen Medizin eine gewisse Wiederbelebung biosozialer Perspektiven in der Kriminologie erkennbar.[104] Die kriminologische Forschung hat sich somit in vielfältige Ansätze ausdifferenziert. Eine umfassende Aufarbeitung des gesamten kriminologischen Forschungsstandes ist im vorliegenden Rahmen nicht möglich. Im Folgenden sollen aber beispielhaft einige neuere kriminalbiologische, kriminalpsychologische und kriminalsoziologische Untersuchungen dargestellt werden, um einen ersten Einblick in den Forschungsstand zu ermöglichen.

3. Neuere Untersuchungen

Die *kriminalbiologische Forschungsrichtung* der *Zwillingsuntersuchungen* wurde zunächst insbesondere von *Yoshimasu* und *Christiansen* fortgesetzt. Der Japaner *Yoshimasu* ermittelte in Untersuchungen, die sich von den vierziger Jahren bis in die sechziger Jahre des 20. Jahrhunderts erstreckten, bei 28 eineiigen Zwillingspaaren eine Konkordanzquote von 61 % und bei 18 zweieiigen Zwillingspaaren eine Konkordanzquote von 11 %.[105] *Christiansen*

---

[100] Sampson/Laub, Crime in the Making.
[101] Cohen/Felson, Social Change and Crime Rate Trends.
[102] Zur Erklärung von Kriminalität durch situative Variablen siehe auch Sessar, Zu einer Kriminologie ohne Täter.
[103] Kaiser, Kriminologie, 16 f.
[104] Streng, Von der „Kriminalbiologie" zur „Biokriminologie"?, 238. Vgl. auch die Integration biologischer, psychologischer und sozialer Faktoren bei Wilson/Herrnstein, Crime and Human Nature.
[105] Yoshimasu, Zwillingsforschung, 694.

gelangte bei der Untersuchung von 3586 Zwillingspaaren, die 1881 bis 1910 in Dänemark geboren worden waren und von denen etwa 900 mindestens einen delinquenten Partner aufwiesen, unter Berücksichtigung nur schwerer Delikte zu einer Konkordanzquote von 35 % bei den eineiigen und von 13 % bei den zweieiigen männlichen Zwillingen.[106] Weitere Zwillingsuntersuchungen folgten. *Gottesman*, *Carey* und *Hanson* haben bei einer Metaanalyse von 14 Zwillingsstudien nur in einer einzigen Studie eine niedrigere Konkordanzrate unter genetisch identischen Zwillingen als unter genetisch verschiedenen Zwillingen gefunden.[107] Berechnet man aus den Angaben dieser Metaanalyse die durchschnittliche Differenz zwischen der Konkordanzrate bei eineiigen Zwillingspaaren und der Konkordanzrate bei zweieiigen Zwillingspaaren, erhält man einen Wert von 21 Prozentpunkten, wenn die Zahlenwerte aus den einzelnen Studien mit der Anzahl der untersuchten Fälle gewichtet werden. Die Verhaltensübereinstimmung bei genetisch identischen Zwillingen ist somit deutlich größer als bei anderen Zwillingen.

Einen Hinweis auf die Frage nach den Ursachen höherer Konkordanzraten bei eineiigen Zwillingen liefert die Studie von *Dalgard* und *Kringlen*.[108] Neben der größeren biologischen Ähnlichkeit bei genetisch identischen Zwillingen könnten größere Ähnlichkeiten in situativ-strukturellen Merkmalen die häufigere Übereinstimmung bei kriminellem Handeln verursachen. Die Autoren untersuchten 138 norwegische Zwillingspaare, 49 eineiige und 89 zweieiige Paare. Für monozygotische Zwillinge betrug die Konkordanzrate 22 %, für dizygotische Zwillinge 18 %.[109] Für die Berechnung dieser Zahlenwerte wurde eine weite Definition von Kriminalität zu Grunde gelegt, die auch Verkehrsübertretungen und militärrechtliche Fälle einbezog. Bei Beschränkung der Kriminalitätsmessung auf Diebstahl, Einbruch, Gewalttaten, Raub, Betrug, Sexualdelikte, Exhibitionismus und Inzest waren die Unterschiede größer: 26 % und 15 %. Zusätzlich haben die Autoren die Konkordanzraten für Zwillingspaare bestimmt, die in einer engen zwischenmenschlichen Beziehung standen. In dieser Untergruppe sind die Unterschiede zwischen ein- und zweieiigen Zwillingen gering – die Konkordanzraten liegen bei 23 % und 21 %.[110] Danach könnte nicht nur die gleiche genetische Ausstattung, sondern auch die Enge der zwischenmenschlichen Beziehung für Ähnlichkeiten im Verhalten von Zwillingen verantwortlich sein.[111]

---

[106] Christiansen, A Preliminary Study of Criminality among Twins.
[107] Gottesman/Carey/Hanson, Pearls and Perils.
[108] Dalgard/Kringlen, A Norwegian Twin Study.
[109] A.a.O., 223.
[110] A.a.O., 224.
[111] Eine scharfe Kritik an der Zwillingsforschung findet sich bei Sack, Kriminalität und Biologie, 219 ff.

Als weitere Möglichkeit, die Einflüsse von genetischen Faktoren und von Umweltbedingungen auf Delinquenz zu untersuchen, wurden Vergleiche *adoptierter Kinder* mit ihren biologischen Eltern und mit ihren Erziehungspersonen genutzt. Verhalten sich adoptierte Kinder ähnlich wie ihre biologischen Eltern, wäre dies ein Hinweis auf eine biologische Verhaltensursache, sind hingegen die Verhaltensähnlichkeiten zwischen adoptierten Kindern und Adoptiveltern relativ ausgeprägt, würde dies für Umwelteinflüsse auf Verhalten sprechen. Eine umfangreiche Adoptionsstudie liegt aus Dänemark vor.[112] Sie berücksichtigte alle Adoptionen in Dänemark zwischen 1924 und 1947, das waren 14 427 Fälle. Die registrierte Kriminalität der Adoptivkinder, Adoptiveltern und leiblichen Eltern konnte allerdings nicht für alle Personen erfasst werden. Insbesondere die Kriminalitätsbelastung der biologischen Väter konnte nur für 6781 Personen ermittelt werden. Die Untersuchung erbrachte folgende Ergebnisse: Waren weder leibliche Eltern noch Adoptiveltern kriminell, wurden 14 % der Adoptivkinder kriminell; waren nur die Adoptiveltern, aber nicht die leiblichen Eltern kriminell, wurden 15 % der Adoptivkinder straffällig. Waren hingegen nur die biologischen Eltern kriminell, aber nicht die Adoptiveltern, lag die Kriminalitätsrate unter den Adoptivkindern bei 20 %. Der Einfluss der biologischen Eltern auf die Delinquenz ihrer Kinder scheint demnach größer zu sein als der Einfluss der Adoptiveltern. Die höchste Kriminalitätsrate mit 25 % hatten die Adoptivkinder mit kriminellen biologischen Eltern und kriminellen Adoptiveltern.[113] Diese Ergebnisse sprechen dafür, dass biologische Faktoren einen stärkeren Einfluss auf kriminelles Handeln haben als Umweltfaktoren. Allerdings ist selbst in dieser großen Stichprobe die Anzahl delinquenter Adoptiveltern relativ gering (N = 347).

In einer weiteren Analyse haben die Autoren die Kriminalitätsrate der Adoptivkinder mit dem sozioökonomischen Status der Eltern in Verbindung gebracht. Haben die Adoptiveltern und die leiblichen Eltern einen hohen sozioökonomischen Status, beträgt die Kriminalitätsrate der Adoptivkinder 9 %. Für beide Fälle der Statusinkonsistenz (hoher Status der Adoptiveltern und niedriger Status der leiblichen Eltern und umgekehrt) liegt die Kriminalitätsrate der Adoptivkinder etwa bei 13 %. Haben die Adoptiveltern und die leiblichen Eltern einen niedrigen sozioökonomischen Status, beträgt die Kriminalitätsrate der Adoptivkinder 18 %.[114] Diese Ergebnisse sprechen für einen Umwelteinfluss auf kriminelles Handeln, der sowohl von den Adoptiveltern als auch von den leiblichen Eltern ausgeht. Ein Umwelteinfluss der biologischen Eltern auf das Verhalten ihrer adoptierten

---

[112] Mednick/Gabrielli/Hutchings, Genetic Factors.
[113] A.a.O., 78 f.
[114] A.a.O., 85 f.

Kinder ist aber nur vorstellbar, wenn die Adoption nicht sofort nach der Geburt des Kindes erfolgt oder die leiblichen Eltern auch nach der Adoption den Kontakt zu ihrem Kind aufrecht erhalten. Somit ist nicht auszuschließen, dass die Übereinstimmung zwischen Delinquenz der leiblichen Eltern und Delinquenz der Adoptivkinder auch durch Sozialisationsprozesse verursacht wird und nicht nur durch Vererbung.[115] Die Autoren folgern aus den Ergebnissen der Studie, dass biologische Faktoren in Verbindung mit Umweltfaktoren delinquentes Verhalten erklären.[116]

Insgesamt gesehen sind die methodischen Probleme von Zwillingsuntersuchungen und Adoptionsstudien erheblich. Gegen die Zwillingsforschung wurde u. a. eingewendet, dass eineiige Zwillinge wegen ihrer Ähnlichkeit oft ähnlich behandelt würden, so dass eine methodische Isolierung genetischer Faktoren nicht möglich sei,[117] und bei Adoptionsstudien kann ein erzieherischer Einfluss der leiblichen Eltern nicht ausgeschlossen werden, wenn die Adoption nicht unmittelbar nach der Geburt erfolgte. Studien, die auf unverzerrte Stichproben zurückgreifen können, in denen Vererbungs- und Umweltmerkmale eindeutig getrennt sind und in denen die entsprechenden Merkmale zuverlässig gemessen werden, sind schwer durchzuführen. Zudem gibt es erst Ansätze zu einer biologischen Handlungstheorie, in der die Beziehung zwischen Genom und Verhalten erklärt wird. So kann eine fehlende Bestätigung eines biologischen Einflusses auf Delinquenz in empirischen Studien an der zu geringen Differenzierung des geprüften Modells liegen, andererseits ist nicht grundsätzlich auszuschließen, dass die Bestätigung eines biologischen Einflusses auf Delinquenz auf Methodenprobleme zurückgeführt werden kann.

Im Hinblick auf *Chromosomenanomalien* (statt XY entweder XYY oder XXY) ergaben Untersuchungen mit sehr kleinen Fallzahlen nur ein leicht erhöhtes Kriminalitätsrisiko.[118] Da diese Anomalien selten vorkommen, wird das kriminologische Erklärungspotential als gering veranschlagt.[119] In den letzten Jahren ist eine Zunahme von Untersuchungen zu verzeichnen, die sich mit der Bedeutung von *neurophysiologischen und biochemischen Faktoren* für kriminelles Verhalten befassen. Insbesondere wurden Zusammenhänge mit Gewaltdelikten oder mit psychischen Eigenschaften wie sensation seeking, Angstlosigkeit oder Aggressivität, die mit Delinquenz in Verbin-

---

[115] Zur Interpretationsproblemen von Adoptionsuntersuchungen siehe Füllgrabe, Kriminalpsychologie, 239 ff.
[116] Ebenso Amelang, Sozial abweichendes Verhalten, 239.
[117] Bock in Göppinger, Kriminologie, 215.
[118] Jörgensen, Chromosomenanomalien; Sorensen/Nielsen, Klinefelter-Syndrom; Zang, Psychische Auffälligkeiten.
[119] Zusammenfassend Bock in Göppinger, Kriminologie, 216 ff.; vgl. auch Amelang/Bartussek, Differentielle Psychologie, 468 f.

dung gebracht werden, untersucht. So wurden bei aggressiven Kindern niedrigere Pulsraten und verlangsamte Elektroenzephalogramme festgestellt und wurde angenommen, dass sich die Untererregung in erhöhtem Stimulationsbedürfnis, geringerer Angst vor negativen Erfahrungen und schlechterem Vermeidungslernen manifestiert.[120] Außerdem wird teilweise von Zusammenhängen von erhöhtem Testosteron- bzw. verringertem Serotinvorkommen mit aggressivem Verhalten oder Akzeptanz von Aggression berichtet.[121] Auch kriminologisch relevante psychische Störungen werden auf biologische Grundlagen zurückgeführt.[122] Eine hinreichend ausgearbeitete biologisch-kriminologische Handlungstheorie liegt freilich noch nicht vor.

Im Hinblick auf *persönlichkeitspsychologische Erklärungen* von Delinquenz[123] bringt eine Untersuchung von *Kröber/Scheurer/Richter*[124] Belege für Zusammenhänge zwischen Persönlichkeitsmerkmalen und Kriminalität. Die Untersuchung betraf 129 Männer im Alter zwischen 18 und 37 Jahren, die mindestens ein Gewaltdelikt begangen hatten. Nach den Untersuchungsergebnissen standen niedrige Intelligenz, Aggressivität, Leistungsorientierung, Psychotizismus, ungünstiges Selbstkonzept, soziale Externalität (Gefühl der Abhängigkeit von mächtigen anderen Personen) und eine antisoziale sowie eine impulsive Persönlichkeitsstörung im Zusammenhang mit dem Umfang der bisherigen Delinquenz und der Rückfälligkeit.[125] Nach Untersuchungen mit dem California Psychological Inventory unterschieden sich Delinquenten von Vergleichspersonen durch geringere Werte in den Bereichen Internalisierung von sozialen Normen, Akzeptanz der Verantwortlichkeit für eigenes Verhalten, Toleranz und Ich-Integration.[126].

Als Beispiel für neuere *kriminalsoziologische Untersuchungen* sei zunächst eine 1998 durchgeführte Befragung von 12 882 Schülerinnen und Schülern der 9. Jahrgangsstufe an den Schulen von acht bundesdeutschen Städten genannt.[127] Die Untersuchung ergab einen signifikanten Zusammenhang zwi-

---

[120] Lösel, Risikodiagnose, 455; Raine, Antisocial Behavior.
[121] Booth/Osgood, The Influence of Testosterone; Olweis, Testosterone and Adrenaline; New u.a., Trytophan Hydroxylase; Raine u.a., Fearlessness; siehe auch Amelang/Bartussek, Differentielle Psychologie, 468; zu Zusammenhängen zwischen niedrigem Blutzuckerspiegel und Gewalttaten Virkkunen, Metabolic Dysfunctions; zu biologischen Korrelaten von sensation seeeking Zuckermann/Buchsbaum/Murphy, Sensation Seeking.
[122] Vgl. Arnett, Autonomic Responsivity in Psychopaths, und Nigg/Goldsmith, Genetics of Personality Disorders, für Persönlichkeitsstörungen.
[123] Überblick über den Forschungsstand bei Adler/Mueller/Laufer, Criminology, 80; Lösel, Artikel Täterpersönlichkeit.
[124] Ätiologie und Prognose von Gewaltdelinquenz.
[125] A.a.O., 137 ff.
[126] Gough/Bradley, Delinquent and Criminal Behavior; Laufer/Skoog/Day, Personality and Criminality.
[127] Wetzels/Enzmann, Die Bedeutung der Zugehörigkeit zu devianten Cliquen.

schen Gewaltbelastung des Elternhauses (Gewalt der Eltern gegenüber den Kindern und Gewalt der Eltern untereinander) und Gewalthandeln der Befragten und kann damit als Beleg für *sozialisationstheoretische* Kriminalitätserklärungen angesehen werden. *Junger-Tas* hat zur Überprüfung der *Kontrolltheorie* eine Befragung von 2.500 Jugendlichen aus zwei niederländischen Städten durchgeführt. Untersucht wurde der Einfluss von familialer und schulischer Integration auf selbstberichtete Delinquenz und Sanktionierungen seitens der Justiz.[128] Die familiale Integration umfasste Variablen wie die Kontrolle seitens der Eltern, den Umfang gemeinsamer Aktivitäten und die Kommunikation zwischen Eltern und Kindern. Die schulische Integration wurde durch Fragen nach der Bedeutung guter schulischer Leistungen, der emotionalen Bindung an die Schule, dem schulischen Leistungsverhalten und dem Sozialverhalten in der Schule gemessen. Für beide Integrationsmerkmale ergaben sich deutliche negative Zusammenhänge mit der selbstberichteten Delinquenz. Die registrierte Kriminalität war in erster Linie von der selbstberichteten Delinquenz abhängig.

In den beiden genannten Untersuchungen konnte somit ein Einfluss familialer Merkmale auf delinquentes Handeln nachgewiesen werden. In der Studie von *Hermann* und *Kerner*[129] wurde die Abhängigkeit dieses Einflusses vom zeitlichen Abstand zwischen Sozialisation durch die Eltern und delinquenten Aktivitäten untersucht. Dazu wurde der Legalbewährungsverlauf einer Gruppe von rund 500 männlichen Strafgefangenen, die 1960 aus zwei Jugendstrafanstalten Nordrhein-Westfalens entlassen worden waren, erhoben. Die Analyse war auf den Vergleich zwischen einem statischen und einen dynamischen Karrieremodell konzentriert. In dem erstgenannten Modell werden Rückfall und kriminelle Karriere in erster Linie durch Merkmale erklärt, die in der frühen persönlichen Vergangenheit der Untersuchten liegen, während in dem letztgenannten Modell vorangegangene Sanktionierungen und deren Folgen für Rückfall und Karriereverlauf relevant sind. Die Daten erlauben nur einen Vergleich dieser beiden Modelle für das Hellfeld, denn der Karriereverlauf wurde anhand der Anzahl registrierter Rückfälle pro Jahr für drei Untersuchungszeiträume bestimmt. Als mögliche Ursachen für die Rückfallhäufigkeiten pro Jahr nach dem statischen Modell wurden Sozialisationsdefizite und psychische Defizite in der Kindheit und Jugendzeit der Probanden betrachtet.

Das Ergebnis der Analyse ist, dass täterbezogene Defizite zwar einen gewissen Einfluss auf die Rückfallkriminalität haben. Dieser Einfluss ist jedoch im Vergleich zu den eigendynamischen Effekten der registrierten Rückfallkriminalität relativ gering. Außerdem geht die Tendenz dahin, dass sich der

---

[128] Junger-Tas, An Empirical Test of Social Control Theory.
[129] Die Eigendynamik der Rückfallkriminalität.

Einfluss dieser Defizite im Laufe der Karriere immer weiter verringert. Im Gegensatz dazu nimmt der Einfluss der Rückfälligkeit auf die des jeweils nachfolgenden Zeitraums zu – dieser Effekt wird während des Karriereverlaufs immer größer. Das bedeutet, dass zumindest im Bereich registrierter Kriminalität der Verlauf krimineller Karrieren nicht primär durch mehr oder minder fixierte Defizite aus der Vergangenheit determiniert wird, sondern vorwiegend durch Ereignisse, die im Laufe der Karriere eintreten, sowie durch Merkmale, die sich während der Karriere verändern und mit delinquentem Handeln beziehungsweise staatlichen Sanktionierungen korrespondieren.

Die Ergebnisse dieser Studien können so interpretiert werden, dass familiale Sozialisationsbedingungen einen Einfluss auf delinquentes Handeln haben. Allerdings wird dieser Einfluss mit zunehmendem zeitlichen Abstand immer geringer, so dass die Delinquenz von Erwachsenen nur zu einem geringen Anteil durch Sozialisationsdefizite erklärt werden kann. Auch eine Untersuchung von *Stelly/Thomas/Kerner/Weitekamp* über die Entwicklung junger Wiederholungstäter zeigt Veränderungen im Legalverhalten und die Bedeutung aktueller Lebensumstände für die Erklärung von Delinquenz.[130]

Eine Reihe von Untersuchungen haben den Zusammenhang zwischen Delinquenz einer peer-group oder einer subkulturellen Gruppe einerseits und dem delinquenten Verhalten eines Mitglieds dieser Gruppen andererseits bestätigt.[131] Dieser Befund kann im Sinne der *Lerntheorie* in der Weise interpretiert werden, dass der Einzelne die delinquenten Verhaltensweisen von der peer-group oder der Subkultur übernimmt. Eine andere Interpretationsmöglichkeit besteht darin, dass die Verhaltenshomogenität in den peer-groups und Subkulturen das Ergebnis eines Selektionsprozesses ist. Demnach entstehen peer-groups und Subkulturen, weil sich Personen zusammenschließen, die ähnliche Normen und Werte besitzen und deshalb auch ähnliche Verhaltensmuster aufweisen. Die Verhaltenshomogenitäten in den Gruppen sind danach nicht Folge von Lernprozessen, sondern Folge ähnlicher Verhaltensmuster der Gruppenmitglieder, die diese schon vor der Zugehörigkeit zu der Gruppe praktiziert haben. Die empirischen Befunde erlauben häufig beide Interpretationsmöglichkeiten. Die Frage, ob zwischen Darstellungen in Massenmedien und Delinquenz, insbesondere Gewaltkriminalität, Zusammenhänge bestehen, konnte trotz zahlreicher empirischer Untersuchungen[132] noch nicht hinreichend geklärt werden. Überwiegend wird angenommen, dass die Darstellung von Gewalt in Massenmedien unter

---

[130] Stelly/Thomas/Kerner/Weitekamp, Kontinuität und Diskontinuität.
[131] Matsueda/Anderson, The Dynamics of Delinquent Peers; Thornberry, Empirical Support of Interactional Theory.
[132] Vgl. etwa Brosius/Esser, Eskalation durch Berichterstattung; Friedrichsen/Vowe (Hrsg.), Gewaltdarstellung in den Medien; Scherer, Medienrealität und Rezipientenhandeln.

bestimmten Bedingungen zur Entstehung delinquenten Verhaltens beitragen kann.[133]

Auf der Grundlage von *sozialstrukturellen Erklärungsansätzen* zu erwartende Beziehungen zwischen Zugehörigkeit zu den unteren sozialen Schichten und Delinquenz wurden in den letzten Jahren in den westlichen Gesellschaften seltener gefunden.[134] Dies könnte damit zusammenhängen, dass sich Gesellschaften mit den herkömmlichen sozialstrukturellen Konzepten nicht ausreichend erfassen lassen. In der Sozialforschung wurde daher der Analyserahmen um Konzepte erweitert, die *Wertorientierungen, Lebensstile* und *Milieus* der Handelnden in den Blick nehmen. Diese Ansätze wurden auch auf die Erklärung von kriminellem Verhalten übertragen. Werte sind zentrale Ziel- und Wunschvorstellungen eines Individuums,[135] Lebensstile Verhaltensmuster, die für Personengruppen charakteristisch sind,[136] und Milieus werden durch Personen gebildet, die sich einerseits in homogenen sozialen und natürlichen Lagen befinden und andererseits gleichartig denken und handeln[137]. *Heitmeyer u. a.* haben untersucht, wie sich soziale Milieus hinsichtlich Gewaltbereitschaft und Gewalthandeln unterscheiden.[138] Befragungen von 3401 jungen Menschen zwischen 15 und 22 Jahren aus drei westdeutschen und drei ostdeutschen Städten ergaben eine überdurchschnittlich hohe Gewaltbereitschaft und relativ häufige Gewalthandlungen im „hedonistischen" und im „aufstiegsorientierten" Milieu. Das hedonistische Milieu ist durch eine Ablehnung von Tradition, Religion und Pflichtwerten, durch unreflektiertes Konsumieren und Unzufriedenheit mit der finanziellen Lage gekennzeichnet. Im aufstiegsorientieren Milieu sind Personen mit geringer Bildung und niedrigen Einkommen überrepräsentiert, die eine ausgeprägte Arbeits-, Besitz-, Leistungs- und Konsumorientierung aufweisen.

In einer Untersuchung von *Hermann* und *Dölling* wurden 1998 repräsentative Stichproben der Bevölkerungen Freiburgs und Heidelbergs im Alter zwischen 14 und 70 Jahren befragt.[139] Insgesamt konnten 2930 Fragebögen ausgewertet werden. Neben Wertorientierungen, Lebensstilen und Milieus wurde die selbstberichtete Delinquenz für sieben Delikte erfasst. Nach den Untersuchungsergebnissen hatten „traditionelle Werte" (Leistung, Konformismus, religiöse Orientierung) einen delinquenzreduzierenden und „moderne materialistische Werte" (Erfolg, Vergnügen, Komfort) einen krimina-

---

[133] Zusammenfassend Kaiser, Kriminologie, 708 f.
[134] Albrecht/Howe, Soziale Schicht und Delinquenz; Tittle/Villemez/Smith, The Myth of Social Class and Criminality; Tittle/Meier, Specifying the SES/Delinquency Relationship.
[135] Klages, Handlungsrelevante Probleme; Rokeach, The Nature of Human Values.
[136] Müller, Sozialstruktur und Lebensstile, 373.
[137] Hradil, Sozialstrukturanalyse, 165.
[138] Heitmeyer u. a., Gewalt.
[139] Hermann/Dölling, Kriminalprävention und Wertorientierungen.

litätsfördernden Effekt. „Moderne idealistische Werte" (Toleranz, Umweltbewusstsein, Hilfsbereitschaft) wirkten sich nicht auf Delinquenz aus. Weiterhin war eine hohe Kriminalitätsbelastung im „oppositionellen", im „hedonistisch-materialistischen" und im „avantgardistischen" Milieu junger Menschen zu verzeichnen. Das „oppositionelle Milieu" ist durch Ablehnung traditioneller und moderner Werte gekennzeichnet, das „hedonistisch-materialistische Milieu" weist eine Orientierung an Cleverness, Konsum und Lebensgenuss auf und die „Avantgardisten" lehnen Konformismus ab, halten politisches Engagement für wichtig und zeigen einen an aktiver Freizeitgestaltung orientierten Lebensstil. Die „Avantgardisten" hatten die beste Schul- und Berufsausbildung aller Gruppierungen. Das Erklärungspotential von Milieus erwies sich als deutlich größer als dasjenige von sozialstrukturellen Merkmalen.

III. Resümee

Nach dem gegenwärtigen Forschungsstand liegt eine detailliert ausgearbeitete, empirisch gut bestätigte Kriminalitätstheorie, mit deren Hilfe die Bedeutung von Anlage und Umwelt für kriminelles Verhalten präzise bestimmt werden kann, nicht vor. Es können nur einige Gesichtspunkte aufgezeigt werden, die sich als Elemente einer tragfähigen Kriminalitätstheorie eignen könnten. Danach bestehen Anhaltspunkte für genetisch bedingte psychische Dispositionen, wie z.B. Impulsivität, sensation seeking und geringe Angst, die ein erhöhtes Risiko für delinquentes Verhalten begründen könnten, weil sie das Erlernen von normkonformem Verhalten und die rechtskonforme Selbststeuerung in potentiellen Tatsituationen erschweren könnten. Den kriminologischen Befunden kann aber nicht entnommen werden, dass diese Dispositionen gewissermaßen automatisch zu kriminellem Verhalten führen müssen. Wie sie sich in der Lebensgeschichte einer Person auswirken, hängt vielmehr davon ab, welche Faktoren auf die Person einwirken und welche Lernprozesse stattfinden. Hierbei beeinflusst freilich nicht nur die Umwelt (z.B. Eltern, Freunde) die Person, sondern auch die Person die Umwelt. Die Person und ihre engere Umwelt werden wiederum beeinflusst von den allgemeinen wirtschaftlichen, sozialen und kulturellen Rahmenbedingungen.[140] Einstellungen und Verhaltensweisen einer Person erscheinen nicht auf Dauer festgestellt, sondern unterliegen in Abhängigkeit von wechselnden Lebensbedingungen, Erfahrungen und persönlichen Entwicklungen in einem nicht unerheblichen Umfang der Veränderung. Ob eine Person delinquent wird, hängt nicht nur von ihr ab, sondern auch davon, mit welchen Proble-

---

[140] Zu Zusammenhängen zwischen kulturellen sowie wirtschaftlichen Gegebenheiten und Kriminalitätsbelastung vgl. Eisenberg, Kriminologie, 780 ff.

men sie konfrontiert wird, in welchen Situationen sie steht und wie sich andere Menschen verhalten.

Der gegenwärtige Forschungsstand der Kriminologie lässt es zweifelhaft erscheinen, kriminelles Verhalten als bloßes Produkt von Vererbung oder Umwelt oder beidem zu begreifen. In Betracht kommt vielmehr eine Sichtweise, nach der der Einzelne sich – im mehr oder weniger großen Umfang – mit sich und seiner Umwelt auseinandersetzt und aufgrund dieser Auseinandersetzung aktiv handelnd sein Verhalten und seine Biographie mitgestaltet.[141] Die Auseinandersetzung besteht hierbei nicht nur in einer rationalen Kosten-Nutzen-Abwägung, sondern auch in Wertentscheidungen. Für eine solche Sichtweise sprechen die begrenzte Erklärungskraft bisheriger positivistischer Ansätze und empirische Befunde, die auf die Bedeutung von Wertorientierungen für Legalverhalten hinweisen. Wie immer man zu diesen hier nur angedeuteten Überlegungen stehen mag, deutlich ist jedenfalls, dass nicht nur in der empirischen Forschung, sondern auch in der theoretischen Reflexion vorliegender empirischer Befunde erhebliche Defizite bestehen, die der Aufarbeitung bedürfen.

Fraglich ist, welche kriminalpolitischen Konsequenzen aus den vorliegenden Befunden zu ziehen sind. Im Hinblick auf mögliche genetisch bedingte Risikofaktoren für delinquentes Verhalten ist darauf hinzuweisen, dass der richtige Weg nicht in Strategien der Ausschließung und Selektion liegt, die in der Vergangenheit gefordert und teilweise praktiziert worden sind und die in der gegenwärtigen Diskussion über die Möglichkeiten der „Lebenswissenschaften" wieder aktuell werden könnten. Viele Menschen, die Risikofaktoren aufweisen, verhalten sich gleichwohl rechtstreu und im übrigen können durch fördernde Maßnahmen die Weichen für eine positive Entwicklung gestellt werden, die auch bei ungünstigen Ausgangsbedingungen durchaus möglich ist. Außerdem können Eigenschaften, die sich in einer Beziehung als Risiko darstellen, in einem anderen Zusammenhang eine positive Funktion haben.[142] Angemessene fördernde Interventionen müssen nicht stigmatisierend wirken, denn sie dienen der allgemeinen Chancenverbesserung für die betroffenen Personen. Allein eine auf Förderung und nicht auf Selektion abstellende Betrachtungsweise wird der Würde des Menschen gerecht, die jedem Menschen unabhängig davon zukommt, mit welchen Eigenschaften er zur Welt kommt.

Für eine Verminderung von Kriminalität sind nach dem gegenwärtigen Erkenntnisstand insbesondere folgende Aspekte von Bedeutung: eine Sozialisation, die den in die Gesellschaft hineinwachsenden jungen Menschen Lebenskompetenz und Verantwortungsbewusstsein vermittelt, eine Gestaltung

---

[141] Vgl. dazu auch Scheerer/Hess, Was ist Kriminalität?, 102 ff.
[142] Plomin u. a., Gene, Umwelt und Verhalten, 79.

der Wirtschafts-, Gesellschafts- und Rechtsordnung, die realistische Erfolgsperspektiven für legales Verhalten eröffnet und Kriminalität als unattraktiv erscheinen lässt, und ein kulturelles Klima, in dem der Respekt vor den Rechtsgütern anderer Menschen und der Allgemeinheit fest verankert ist. Kriminalität kann auch durch eine Tatgelegenheiten verringernde situative Prävention eingedämmt werden. Zu warnen ist jedoch vor der Illusion, das Problem der Kriminalität könne „technisch" – sei es durch Gen- oder Sozialtechnologie – gelöst werden. Kriminalität entsteht aus Interessenkonflikten, die mit menschlichem Zusammenleben notwendigerweise verbunden sind. Diese Interessenkonflikte so zu gestalten, dass Kriminalität auf ein tolerables Maß reduziert wird, ist nicht nur eine technische Frage, sondern auch eine geistig-ethische Herausforderung, der sich jede Gesellschaft immer wieder stellen muss.

Literatur

Adler F, Mueller G, Laufer W (1998³) Criminology. McGraw-Hill, Boston
Amelang M (1986) Sozial abweichendes Verhalten. Entstehung – Verbreitung – Verhinderung. Springer, Berlin
Amelang M, Bartussek D (1997⁴) Differentielle Psychologie und Persönlichkeitsforschung. Kohlhammer, Stuttgart, Berlin, Köln
Arnett PA (1997) Autonomic Responsivity in Psychopaths: A Critical Review and Theoretical Proposal. Clinical Psychology Review 17:908–936
Aschaffenburg G (1933³) Das Verbrechen und seine Bekämpfung. Winter, Heidelberg
Bandura A (1973) Aggression: A Social Learning Analyses. Prentice-Hall, Englewood Cliffs N.J.
Becker GS (1968) Crime and Punishment: An Economic Approach. Journal of Political Economy 76:169–217
Becker H S (1963) Outsiders: Studies in the Sociology of Deviance. Macmillan, New York
Biologische Ursachen abweichenden Verhaltens (1981) Beiträge der Grundlagenforschung zu aktuellen Kriminalitätsproblemen. Hrsg. von Nass G. Akademische Verlagsgesellschaft, Wiesbaden
Biosocial Bases of Criminal Behavior (1977) Hrsg. von Mednick SA, Christiansen KO. Wiley, New York
Bock M (2000) Kriminalsoziologie in Deutschland. Ein Resümee am Ende des Jahrhunderts. In: Rechtssoziologie am Ende des 20. Jahrhunderts, S 115–136
Booth A, Osgood DW (1993) The Influence of Testosterone on Deviance in Adulthood: Assessing and Explaining the Relationship. Criminology 31:93–117
Brosius H-B, Esser F (1995) Eskalation durch Berichterstattung? Massenmedien und fremdenfeindliche Gewalt. Westdeutscher Verlag, Opladen
Burgess EL, Akers RL (1966) A Differential Association-Reinforcement Theory of Criminal Behavior. Social Problems 20:458–470
Childhood Psychopathology and Development (1983) Hrsg. von Guze SB, Earls EJ, Barett JE. Raven, New York
Cloward RA, Ohlin LE (1960) Delinquency and Opportunity. Free Press, Glencoe Ill.
Cohen AK (1955) Delinquent Boys. The Culture of the Gang. Free Press, Glencoe Ill.
Cohen LE, Felson M (1979) Social Change and Crime Rate Trends: A Routine Activity Approach. American Sociological Review 44:588–608

Christiansen O (1977) A Preliminary Study of Criminality among Twins. In: Biosocial Bases of Criminal Behavior, S 89–108
Dalgard OS, Kringlen E (1976) A Norwegian Twin Study of Criminality. British Journal of Criminology 16:213–232
Delinquency and Crime (1996) Current Theories. Hrsg. von Hawkins JD. Cambridge University Press, Cambridge
Dölling D (1989) Mehrfach auffällige junge Straftäter – kriminologische Befunde und Reaktionsmöglichkeiten der Jugendstrafrechtspflege. Zentralblatt für Jugendrecht 76:313–319
Dölling D (1989) Kriminologie im „Dritten Reich". In: Recht und Justiz im „Dritten Reich", S 194–225
Ehrlich J (1975) The Deterrent Effect of Capital Punishment: A Question of Life and Death. American Economic Review 65:397–417
Eisenberg U (2000^5) Kriminologie. Beck, München
Exner F (1939^1) Kriminalbiologie. Hanseatische Verlagsanstalt, Hamburg
Eysenck HJ (1977^3) Kriminalität und Persönlichkeit. Europaverlag, Wien
Eysenck HJ, Gudjonnson GH (1990) The Causes and Cures of Crime. Plenum, New York
Ferri E (1896) Das Verbrechen als sociale Erscheinung. Wigand, Leipzig
Fickert H (1938) Rassenhygienische Verbrechensbekämpfung. Wiegandt, Leipzig
Füllgrabe U (1997^2) Kriminalpsychologie. Täter und Opfer im Spiel des Lebens. Edition Wötzel, Frankfurt/Main
Gewaltdarstellung in den Medien (1995) Theorien, Fakten und Analysen. Hrsg. von Friedrichsen M, Vowe G. Westdeutscher Verlag, Opladen
Glueck E, Glueck S (1950) Unraveling Juvenile Delinquency. Harvard University Press, Cambridge Mass.
Göppinger H (1997^5) Kriminologie. Bearbeitet von Bock M, Böhm A. Beck, München
Goring CB (1913) The English Convict: A Statistical Study. His Majesty's Stationary Office, London
Gottesman IJ, Carey G, Hanson DR (1983) Pearls and Perils in Epigonic Psychopathology. In: Childhood Psychopathology and Development, pp 287–300
Gottfredson MR, Hirschi T (1990) A General Theory of Crime. Stanford University Press, Stanford Calif.
Gough HG, Bradley P (1992) Delinquent and Criminal Behavior as Assessed by the Revised California Psychological Inventory. Journal of Clinical Psychology 48:298–308
Handbook of Antisocial Behavior (1997) Hrsg. von Stoff DM, Breiling J, Maser JD. Wiley, New York
Handlungstheorien interdisziplinär (1977) Band IV. Hrsg. von H. Finck, München
Handwörterbuch der Kriminologie und der anderen strafrechtlichen Hilfswissenschaften (1936^1) Zweiter Band. Hrsg. von Elster A, Lingemann H. de Gruyter, Berlin Leipzig
Handwörterbuch der Kriminologie (1975^2) Hrsg. von Sieverts R, Schneider HJ. Dritter Band. de Gruyter Berlin, New York
Heitmeyer W, Collmann B, Conrads J, Matuschek J, Kraul D, Kühnel W, Möller R, Ulbrich-Hermann M (1996^2) Gewalt. Schattenseiten der Individualisierung bei Jugendlichen aus unterschiedlichen Milieus. Juventa. Weinheim, München
Hering K-H (1966) Der Weg der Kriminologie zur selbständigen Wissenschaft. Ein Materialbeitrag zur Geschichte der Kriminologie. Kriminalistik, Hamburg
Hermann D, Dölling D (2001) Kriminalprävention und Wertorientierungen in komplexen Gesellschaften. Analysen zum Einfluss von Werten, Lebensstilen und Milieus auf Delinquenz, Viktimisierung und Kriminalitätsfurcht. Weisser Ring, Mainz (im Druck)
Hermann D, Kerner H-J (1988) Die Eigendynamik der Rückfallkriminalität. Kölner Zeitschrift für Soziologie und Sozialpsychologie 40:485–504
Hirschi T (1969) Causes of Delinquency. University of California Press, Berkeley
Hooton EA (1939) The American Criminal. Harvard University Press Cambridge Mass.

Hradil S (1987), Sozialstrukturanalyse in einer fortgeschrittenen Gesellschaft. Von Klassen und Schichten zu Lagen und Milieus. Leske & Buderich, Opladen
Humangenetik und Kriminologie (1984) Kinderdelinquenz und Frühkriminalität. Hrsg. von Göppinger H, Vossen R. Enke, Stuttgart
Jörgensen G (1981) Chromosomenanomalien und deren Folgen für abweichendes Verhalten. In: Biologische Ursachen abweichenden Verhaltens, S 29–42
Junger-Tas J (1992) An Empirical Test of Social Control Theory. Journal of Quantitative Criminology 8:9–28
Kaiser G (1996^3) Kriminologie. Ein Lehrbuch. Müller Heidelberg
Klages (1977) Handlungsrelevante Probleme und Perspektiven der soziologischen Wertforschung. In: Handlungstheorien interdisziplinär, S 291–306
Kleines Kriminologisches Wörterbuch (1993^3) Hrsg. von Kaiser G, Kerner H-J, Sack F, Schellhoss H. Müller, Heidelberg
Kranz H (1936) Lebensschicksale krimineller Zwillinge. Springer, Berlin
Kretschmer E (1921^1) Körperbau und Charakter. Untersuchungen zum Konstitutionsproblem und zur Lehre von den Temperamenten. Springer, Berlin
Kriminalbiologie (1997) Juristische Zeitgeschichte Nordrhein-Westfalen Band 6. Hrsg. vom Justizministerium des Landes Nordrhein-Westfalen. Düsseldorf
Kröber H-L, Scheurer H, Richter P (1993) Ätiologie und Prognose von Gewaltdelinquenz. Empirische Ergebnisse einer Verlaufsuntersuchung. Roderer, Regensburg
Lange J (1929) Verbrechen als Schicksal. Studien an kriminellen Zwillingen. Thieme, Leipzig
Laufer WS, Skoog D K, Day J M (1982) Personality and Criminality: A Review of the California Psychological Inventory. Journal of Clinical Psychology 38:562–573
Lemert EM (1951) Social Pathology. McGraw-Hill, New York
Lösel F (1993) Artikel Täterpersönlichkeit. In: Kleines Kriminologisches Wörterbuch, S 529–540
Lösel F (2000) Risikodiagnose und Risikomanagement in der inneren Sicherheit: Das Beispiel der Jugendkriminalität. In: Sicherheit in der Gesellschaft heute, S 43–90
Lombroso C (1902) Die Ursachen und Bekämpfung des Verbrechens. Bermühler, Berlin
Matsueda R L, Anderson K (1998) The Dynamics of Delinquent Peers and Delinquent Behavior. Criminology 36:269–307
Maudsley H (1875) Die Zurechnungsfähigkeit der Geisteskranken. Brockhaus, Leipzig
Mednick SA, Gabrielli WF, Hutchings B (1987) Genetic Factors in the Etiology of Criminal Behavior. In: The Causes of Crime, pp 74–91
Merton RK (1938) Social Structure and Anomie. American Social Review 3:672–682
Mezger E (1934^1) Kriminalpolitik auf kriminologischer Grundlage. Enke, Stuttgart
Miller WB (1958) Lower-Class Culture as a Generating Milieu of Gang Delinquency. Journal of Social Issues 14:5–19
Morel BA (1847) Traité des dégénérescences physiques, intellectuelles et morales de l'espèce humaine. Baillière, Paris
Müller H-P (1993^2) Sozialstruktur und Lebensstile. Der neue theoretische Diskurs über soziale Ungleichheit. Suhrkamp, Frankfurt/Main
New AS, Gelernter J, Yowell Y, Trestman R L, Nielsen D A, Silverman J, Mitropoulou V, Siever LJ (1998) Tryptophan Hydroxylase Genotype is Associated with Impulsive-Aggression Measures. Americal Journal of Medical Genetics 81:13–17
Nigg J T, Goldsmith HH (1994) Genetics of Personality Disorders: Perspectives from Personality and Psychopathology Research. Psychological Bulletin 115:346–380
Olweus D (1987) Testorerone and Adrenaline: Aggressive Antisocial Behavior in Normal Adolescent Males. In: The Causes of Crime, pp 263–282
Paterna E (1936) Zigeuner. In: Handwörterbuch der Kriminologie. 1. Auflage Zweiter Band, S 1150–1154

Plomin R, DeFries J C, McClearn G E, Rutter M (1999) Gene, Umwelt und Verhalten. Einführung in die Verhaltensgenetik. Huber, Bern u.a.
Prichard JC (1835) Treatise on Insanity and Other Disorders Effecting the Mind. Sherwood, Gilbert and Piper, London
Raine A (1997) Antisocial Behavior and Psychophysiology: A Biosocial Perspective and a Prefrontal Dysfunction Hypothesis. In: Handbook of Antisocial Behavior, pp 289–304
Raine A, Reynolds C, Venables P H, Mednick S A, Farrrington D P (1998) Fearlessness, Stimulation-Seeking, and Large Body Size at Age 3 Years as Early Predispositions to Childhood Aggression at Age 11 Years. Arch Gen Psychiatry 55:745–751
Recht und Justiz im „Dritten Reich" (1989) Hrsg. von Dreier R, Sellert W. Suhrkamp, Frankfurt am Main
Rechtssoziologie am Ende des 20. Jahrhunderts (2000) Gedächtnissymposion für E M Wenz. Hrsg. von Dreier H. Mohr Siebeck, Tübingen
Rokeach M (1973) The Nature of Human Values. Free Press, New York
Sack F (1999) Kriminalität und Biologie. In: Wissenschaftlicher Rassismus, S 209–225
Sampson RJ, Laub JH (1993) Crime in the Making: Pathways and Turning Points through Life. Harvard University Press, Cambridge Mass.
Scheerer S, Hess H (1997) Was ist Kriminalität? Skizze einer konstruktivistischen Kriminalitätstheorie. Kriminologisches Journal 29:83–155
Scherer H (1997) Medienrealität und Rezipientenhandeln. Zur Entstehung handlungsleitender Vorstellungen. Deutscher Universitätsverlag, Wiesbaden
Schneider HJ (1987) Kriminologie. de Gruyter, Berlin, New York
Schneider K (1923^1) Die psychopathischen Persönlichkeiten. Deuticke, Leipzig
Schnell (1935) Anlage und Umwelt bei 500 Rückfallverbrechern. Ein Beitrag zum Problem des Gewohnheitsverbrechertums, erarbeitet an einem Material der Bayerischen kriminalbiologischen Sammelstelle. Wiegandt, Leipzig
Schnur E (1971) Labeling Deviant Behavior. Harper & Row, New York
Schwind H-D (2001^{11}) Kriminologie. Eine praxisorientierte Einführung mit Beispielen. Kriminalistik, Heidelberg
Sessar K (1997) Zu einer Kriminologie ohne Täter. Oder auch: Die kriminogene Tat. Monatsschrift für Kriminologie und Strafrechtsreform 80:1–24
Sellin T (1938) Culture Conflict and Crime. Bulletin 41. Social Science Research Council, New York
Shaw CR, Forbaugh FM, McKay HD, Cottrell L S (1929) Delinquency Areas. University of Chicago Press, Chicago
Sheldon WH (1949) Varieties of Delinquent Youth: An Introduction to Constitutional Psychiatry. Harper, New York
Sicherheit in der Gesellschaft heute (2000) – Wirklichkeit und Aufgabe – Atzelsberger Gespräche 1999. Hrsg. von Neuhaus H. Universitätsbund Erlangen-Nürnberg, Erlangen
Siegert K (1934) Grundzüge des Strafrechts im neuen Staate. Mohr, Tübingen
Sorensen K, Nielsen J (1984) Klinefelter-Syndrom und Kriminalität. In: Humangenetik und Kriminologie, S 33–44
Stelly W, Thomas J, Kerner H-J, Weitekamp E (1998) Kontinuität und Diskontinuität sozialer Auffälligkeiten im Lebenslauf. Monatsschrift für Kriminologie und Strafrechtsreform 81: 104–122
Streng F (1993) Der Beitrag der Kriminologie zur Entstehung und Rechtfertigung staatlichen Unrechts im „Dritten Reich". Monatsschrift für Kriminologie und Strafrechtsreform 76:141–168
Streng F (1997) Von der „Kriminalbiologie" zur „Biokriminologie"? – Eine Verlaufsanalyse bundesdeutscher Kriminologie-Entwicklung. In: Kriminalbiologie, S 213–244
Stumpfl F (1935) Erbanlage und Verbrechen. Springer, Berlin
Stumpfl F (1936) Die Ursprünge des Verbrechens. Thieme, Leipzig

Sutherland EH (1939⁵) Principles of Criminology. Lippincott, Philadelphia
Tannenbaum F (1938) Crime and the Community. Ginn, Boston
The Causes of Crime: New Biological Approaches. Hrsg. von Mednik S A, Moffitt T E, Stack SA. Cambridge University Press, New York
Thornberry TP (1996) Empirical Support for Interactional Theory: A Review of the Literature. In: Delinquency and Crime, pp 198–235
Tittle CR, Meier RF (1990) Specifying the SES/Delinquency Relationship. Criminology 28:271–299
Tittle CR, Villemez WJ, Smith DA (1978) The Myth of Social Class and Criminality: An Assessment of the Empirical Evidence. American Sociological Review 43:643–656
Virkkunen M (1987) Metabolic Dysfunctions Among Habitually Violent Offenders: Reactive Hypoglycemia and Cholesterol Levels. In: The Causes of Crime, pp 292–311
Von Liszt F (1905) Strafrechtliche Aufsätze und Vorträge. 2 Bde. Guttentag, Berlin
Von Liszt F (1932²⁶) Lehrbuch des deutschen Strafrechts. Erster Band Einleitung und Allgemeiner Teil. Bearbeitet von Schmidt E. de Gruyter, Berlin, Leipzig
Wetzels P, Enzmann D (1999) Die Bedeutung der Zugehörigkeit zu devianten Cliquen und der Normen Gleichaltriger für die Erklärung jugendlichen Gewalthandelns. DVJJ-Journal 10: 116–131
Wilson JQ, Herrnstein RJ (1985) Crime and Human Nature. Simon & Schuster, New York
Wissenschaftlicher Rassismus (1999) Analysen einer Kontinuität in den Human- und Naturwissenschaften. Hrsg. von Kaupen-Haas H, Saller C. Campus, Frankfurt/Main New York
Yoshimasu S (1975) Zwillingsforschung. In: Handwörterbuch der Kriminologie, 2. Aufl. Dritter Band, S 691–712
Zang KD (1984) Psychische Auffälligkeiten und Kriminalität bei Männern mit einem überzähligen Y-Chromosom. In: Humangenetik und Kriminologie, S 91–31
Zuckerman M, Buchsbaum M S, Murphy DL (1980) Sensation Seeking and its Biological Correlates. Psychological Bulletin 88:187–214

Darwinismus und Soziologie –
Zur Frühgeschichte eines langen Abschieds[1]

VON UTA GERHARDT

Kurzzusammenfassung

Der Beitrag schildert die Entwicklung der soziologischen Theorie von Herbert Spencer, der die Grundlagen des Sozialdarwinismus legte, zu Talcott Parsons, der – mit Bekenntnis zu Max Weber – eine Soziologie jenseits des Sozialdarwinismus endgültig verwirklichte. Mit Parsons vollendete sich schließlich jener „lange Abschied" der Soziologie vom Sozialdarwinismus, der zugleich ein Abschied vom Positivismus und vom Glauben à la Auguste Comte war, dass die Soziologie eine Dreiheit aus Wissen, Planung und Kontrolle verkörpere (Comte: „Savoir pour prévoir, prévoir pour régler"). Indem die moderne Soziologie solchen naiven Wissenschaftsglauben als ideologische Grundlage von Zwangsherrschaft und Anomie entlarvt hat, hat sie sich vom Sozialdarwinismus endgültig emanzipiert.

Einleitung

Als der Philosoph und Soziologe Herbert Spencer in den frühen neunziger Jahren des neunzehnten Jahrhunderts eine Neuausgabe seines Werkes *The Principles of Ethics* (ursprünglich 1879) vorbereitete, schrieb er ein neues Vorwort. Dort kam er auf die darwinistische Evolutionslehre zu sprechen. Insbesondere „the doctrine of ‚Natural Selection'" war, wie Spencer wusste, durch Charles Darwins 1859 erschienenes erstes Hauptwerk *On the Origin of Species by Means of Natural Selection, or the Preservation of Favoured Races in the Struggle for Life* Auslöser einer dramatischen Umwälzung im wissenschaftlichen Weltbild geworden. Nun behauptete Spencer: „The doctrine of

---

[1] Für hilfreiche Kommentare danke ich Alexia Arnold, Bianca Blass und Knut Eming. Für die Fotografien in den Abbildungen 2 und 3 danke ich dem Ferdinand-Tönnies-Archiv, Universität Kiel, und der Universitätsbibliothek Wien sowie – für elektronische Übermittlung – Helge Carstens.

organic evolution in its application to human character and intelligence, and, by implication, to society, is of earlier date than *The Origin of Species*."[2] Er behauptete sogar, dass nicht Darwin, sondern er selbst, Spencer, den Gedanken der darwinistischen Prinzipien „Kampf ums Dasein" („Struggle for Existence") und „Überleben des Stärkeren" („Survival of the Fittest") ursprünglich entwickelt habe. Er meinte indessen: „Of course it yields me no small satisfaction to find that these ideas which fell dead in 1850, have now become generally diffused."

Clou der Geschichte ist, dass Spencer recht hatte. Nicht etwa Darwin, sondern der Journalist und Autodidakt Spencer, in seiner Zeit ein hoch angesehener Autor philosophischer und soziologischer Schriften, entwarf die Denkfiguren des Sozialdarwinismus in seinem 1850 erstmals erschienenen Werk *Social Statics; or the Conditions of Human Happiness Specified, and the First of Them Developed* sowie in zwei Aufsätzen in der *Westminster Review* im Jahr 1852.

Mein Beitrag skizziert die Geschichte des mit Spencer in der Soziologie entstandenen darwinistischen Denkens über moderne Gesellschaften in drei Abschnitten.

Der erste rekapituliert Spencers Soziologie, Plädoyer gegen den entstehenden Sozialstaat, der als Gefahr für die Kulturfähigkeit der am höchsten entwickelten Rasse(n) anzusehen sei.

Der zweite Abschnitt widmet sich der Diskussion in Deutschland, vor allem den Debatten zum Thema „Rasse und Gesellschaft" anlässlich des Ersten Deutschen Soziologentages 1910 in Frankfurt.

Der dritte Abschnitt schildert das Ende der Soziologie à la Spencer. Talcott Parsons, Exponent der auf Max Webers methodologischem Caveat begründeten soziologischen Theorie, polemisierte erfolgreich in den dreißiger Jahren gegen Spencers Positivismus. Parsons' erstes Hauptwerk *The Structure of Social Action*, erschienen 1937, begann mit dem bedeutungsvollen Satz: „Spencer is dead."

I.

Spencers erstes Buch war ein Gegenentwurf zu Jeremy Benthams utilitaristischem Individualismus, unter Berufung auf Thomas Malthus' politische Ökonomie der Bevölkerungsentwicklung. Malthus hatte 1798 Aufsehen erregt mit seinem anonymen *Essay on the Principles of Population*; dieser Essay und

---

[2] Herbert Spencer, *The Principles of Ethics*, Vol. I (ursprünglich 1879). Neudruck der Neuauflage von 1892, in der Ausgabe von 1904. Osnabrück: Otto Zeller 1966, p. vii; dort auch die weiteren Zitatstellen dieses Absatzes.

die nachfolgenden Arbeiten Malthus', der ein angesehener Wissenschaftler der ersten Hälfte des neunzehnten Jahrhunderts war,[3] inspirierten Spencer.

Spencers Buch *Social Statics* verstand sich als Moralphilosophie. Er wollte ethische Gesetze des Menschseins finden. Diese sollten erlauben, das größtmögliche Glück der größtmöglichen Zahl von Zeitgenossen wissenschaftlich zu begründen.

Ausgangspunkt war die Vielzahl aller Menschen, woraus sich bestimmte Notwendigkeiten nach Spencer logisch ergäben. Dazu sagte er: „At the head of them stands this unalterable fact – the social state. In the preordained course of things, men have multiplied until they are constrained to live more or less in presence of each other."[4] Die Lehre vom Gesellschaftsganzen (*Social Statics*) verstand sich als Grundlage von Moralität entsprechend einer „Divine Idea being reduced to the fulfilment of certain conditions", also einer „scientific morality".[5]

Für Spencer war *Freiheit* das grundlegende Prinzip aller moralischen Imperative, und zwar Freiheit als ungehinderte Entfaltung des Einzelnen. Seine Überzeugung war: „Man's happiness can only be produced by the exercise of his faculties. Then God wills that he should exercise his faculties. But to exercise his faculties he must have liberty to do all that his faculties naturally impel him to do. Then God intends he should have that liberty. Therefore he has a *right* to that liberty."[6]

Von diesem Ausgangspunkt plädierte er für ungehemmte Selbstentfaltung jedes Einzelnen. Dabei solle Konkurrenz zur Freiheit jedes Anderen bestehen – welche wiederum anzuerkennen sei. Keinesfalls dürfe etwa der Staat durch Auferlegung von Pflichten etwaige Freiheiten der Individuen hemmen oder beschneiden. Insbesonders sollten allgemeine Bildung oder Gesundheit oder andere Ziele der Verbesserung der Lebenslage der Massen keine Begründung sein für Einschränkungen der Freiheit des einzelnen (und Stärksten).

Zwar sei Fortschritt der Menschheit ablesbar auch daran, dass „the English national character, as contrasted with that of other races",[7] Fairness enthielt, wie man sah: „Even amongst the most brutal of our population ... there is shown ... a greater sense of what is fair than the people of other

---

[3] Malthus war ab 1805 Professor an einem durch die East India Company getragenen College und brachte es bis zum Fellow der Royal Society sowie Mitglied der Preußischen Akademie der Wissenschaften.

[4] *Social Statics; or, The Conditions Essential to Human Happiness Specified, and the First of Them Developed*, by Herbert Spencer, author of „First Principles", „Principles of Biology", „Principles of Psychology", „Essays, First and Second Series", „Education", etc. Stereotyped Edition (reprint der amerikanischen Ausgabe). London: Williams and Norgate 1868 (ursprünglich 1851), p. 82.

[5] Ibid., p. 87.

[6] Ibid., p. 93; Hervorhebung im Original.

[7] Ibid., p. 117.

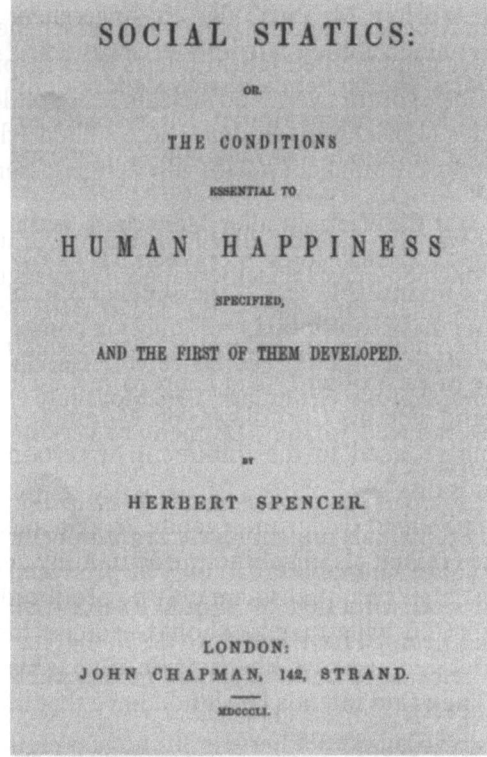

Abb. 1. Herbert Spencer, ein Autodidakt und Journalist, wandte sich in den vierziger Jahren des neunzehnten Jahrhunderts der durch Auguste Comte zeitgenössisch gegründeten Soziologie zu. Mit seinem 1850 erschienenen Buch *Social Statics* wollte er zeigen, daß die Gesellschaft Naturgesetzen zu folgen hat, um nicht den Kulturfortschritt der europäischen Rassen – verwirklicht insbesondere auch im Menschentyp des modernen Briten – durch Philanthropie und Armenfürsorge unwillkürlich zu gefährden. Spencer war als Autor jahrzehntelang erfolgreich; unter anderen regte er Charles Darwin an, dessen *Origin of Species* auf Spencers Formeln „Survival of the Fittest" und „Struggle for Survival" zurückgriff. Spencer verlor Ansehen um die vorige Jahrhundertwende und wurde bald regelrecht vergessen. Seine Formeln des Sozialdarwinismus wurden indessen durch andere Schreiber weiter tradiert.

countries show."[8] Aber darin läge auch eine Gefahr. Der Fortschritt der Menschheit werde aufs Spiel gesetzt durch allzu offensichtliche Unterstützung der Schwachen und Kranken. Das Erreichte der Menschheitsentwicklung sei gefährdet, wenn die Fairness dazu führe, dass die Schwachen und Kranken nicht mehr ihrem Schicksal überlassen würden.

Das Glück einer größtmöglichen Zahl, so Spencer, hinge davon ab, dass das Prinzip der Auslese nicht außer Kraft gesetzt werde. Größte Gefahr seiner Gegenwart, so dachte er, sei, dass Gesetze der Natur unterlaufen würden.

---

[8] Ibid., p. 118.

Dass Schwache und Kranke (also nicht voll Leistungsfähige) durch die moderne Medizin, philanthropische Hilfen oder sozialstaatliche Leistungen am Leben erhalten und unterstützt wurden, widersprach – so Spencer – der Natur und demgemäss dem Prinzip sozialer Moralität. Er polemisierte gegen „Sanitary Supervision", „National Education", „Poor-Laws", „The Regulation of Commerce" und ähnlich moderne Errungenschaften. Derartige Sozialprogramme trügen nichts bei zur Bekämpfung der Kriminalität, so monierte er, aber sie widersprächen in gefährlicher Weise den Gesetzen der Natur.

Die Gesetze der Natur, deren oberste Leitlinie Anpassung hieß, implizierten nach Spencer, dass Auslese unverbrüchlich gelten müsse. Der Lasterhafte oder der Faule ebenso wie der Behinderte (sämtlich Nicht-Angepasste) seien nach den Gesetzen der Natur zur Ausrottung bzw. vorzeitigem Tod entsprechend dem Recht des Stärkeren bestimmt. Er legte dar: „He on whom his own stupidity, or vice, or idleness, entails loss of life, must, in the generalizations of philosophy, be classed with the victims of weak viscera or malformed limbs. In his case, as in the others, there exists a fatal non-adaptation; and it matters not in the abstract whether it be a moral, an intellectual, or corporeal one. Beings thus imperfect are nature's failures, and are recalled by her laws when found to be such. Along with the rest they are put upon trial. If they are sufficiently complete to live, they *do* live, and it is well they should live. If they are not sufficiently complete to live, they die, and it is best they should die. Whether the imcompleteness be in strength, or agility, or perception, or foresight, or self-control, is not heeded in the rigorous proof they are put to. But if any faculty is unusually deficient, the probabilities are that, in the long run, some disastrous, or, in the worst cases – fatal result will follow. And, however irregular the action of this law may appear – ... yet due consideration must satisfy every one that the *average* effect is to purify society from those who are, *in some respect or other, essentially faulty*."[9]

In einer im Jahr 1852 in der *Westminster Review* erschienenen Abhandlung erläuterte er die allgemeinen Naturgesetze, die in der modernen Welt einzuhalten seien, um den Fortschritt der Menschheit zu sichern.[10] Diese Abhandlung stellte einen Zusammenhang der Evolution her, um sodann die Bevölkerungstheorie aus der Evolutionstheorie herzuleiten. Dadurch wurde das Prinzip einer „darwinistischen" Bevölkerungspolitik herausgearbeitet.

Einleitend formulierte Spencer für die niedrigsten bis höchsten Organismen, daß es um Koordination zweier Prozesse gehe: – „accretion and disin-

---

[9] Ibid., p. 415; Hervorhebungen im Original.
[10] *A New Theory of Population; deduced from the General Law of Animal Fertility.* Republished from the Westminster Review. For April, 1852. With an introduction by R. T. Trall, M.D. New York: Fowlers and Wells, 1852. (Nachdruck in den USA, aus dem Bestand der Harvard College Library).

tegration – repair and waste – assimilation and oxidation ... So long as the two go on together, life continues: suspend either of them, and the result is – death."[11] Sodann entwickelte er seine neue Bevölkerungstheorie in sechzehn Paragraphen:

§ 1 Jede Rasse von Organismen sei sowohl rassezerstörenden als auch rasseerhaltenden Kräften ausgesetzt.

§ 2 Die rasseerhaltenden Kräfte teilten sich in solche, die das individuelle Leben, und solche, die die Spezies fortsetzten; sie variierten invers und müssten ein Gleichgewicht bilden.

§ 3 Die reproduktive Kraft einer Rasse sei am höchsten, wenn die Lebensdauer der Organismen gering sei und umgekehrt.

§ 4 Individuation und Reproduktion verhielten sich antagonistisch zueinander.

§ 5 Reproduktion könne Zerstörung des Individuums bedeuten, zum einen physisch (bei Arten mit hoher Multiplikation) und zum anderen entsprechend dem ohnehin niedrigen Individualisierungsniveau bei einer Art, wenn die jeweiligen Organismen bei einer Art wenig individualisiert seien.

§ 6 Bei höheren Arten bliebe der Elternorganismus bei der Reproduktion erhalten.

§ 7 Derartiger Fortschritt bei höheren Arten bedeute, dass auch Teile des Organismus nicht mehr nach Abtrennen zu einem eigenen Organismus werden.

§ 8 Auch spontane Teilung (als Form der Multiplikation) komme bei höheren Arten nicht (mehr) vor.

§ 9 Höhere Arten seien insgesamt komplexere Organismen. Also gelte, daß „the ability to multiply is antagonistic to the ability to maintain individual life."[12]

§ 10 Dieses „law of fertility" bedeute, dass höhere Arten jeweils bei der Zeugung/Geburt nur einen einzelnen Organismus hervorbrächten.

§ 11 Der männliche Organismus (sperm-cell) sei eher neuronal, der weibliche (germ-cell) eher nahrungsmässig („nutritional") ausgerichtet.[13]

§ 12 Chemische und andere Analysen zeigten ebenfalls, daß das Männliche „co-ordinating matter" sei, das Weibliche „matter to be co-ordinated."[14]

---

[11] Ibid., p. 10.
[12] Ibid., p. 26; dort auch die nächste Zitatstelle.
[13] Spencer belegte die Differenz durch folgende Aussage: „Well, in the greater size of the nervous centers in the male, as well as in the fact that during famines men succumb sooner than women, we see that in the male the co-ordinating system is relatively predominant." (p. 30).
[14] Ibid., p. 34.

§ 13 Die Fertilität bei allen Wirbeltieren variiere im umgekehrten Verhältnis zur Entwicklungsreife des Nervensystems.

§ 14 Bei der „human race" gelte, daß Intelligenz höher entwickelt sei bei Kulturvölkern; dadurch seien deren höhere Moralität und Fähigkeit zur Selbstkontrolle (infolge höher entwickelten Nervensystems) zu erklären.

§ 15 Dies sei naturwissenschaftlich auch durch den Befund erwiesen, daß das durchschnittliche Hirnvolumen bei australischen Eingeborenen 75 ccm betrüge, aber bei modernen Engländern 96 ccm.

§ 16 Die Grenzen des Fortschritts zeigten sich, wenn ein Missverhältnis zwischen Multiplikation und Individuation bestehe.

Spencers Hauptaussage war zweifellos im § 15 enthalten. Er setzte Bevölkerungsvermehrung ins Verhältnis zu Nahrungsproduktion und unterstrich den positiven Wert des Bevölkerungsdrucks. Eine „inevitable redundancy of numbers"[15] entstand. Diese bilde wiederum den Anstoß zur Verbesserung der rassischen Qualitäten der Bevölkerung – durch Absterben der Schwachen. Durch Konkurrenz – auch um Lebensmittel – werde Anreiz zu Fleiß und Geschicklichkeit geschaffen, wodurch die Intelligenz (und das Hirnvolumen) anwuchs, sodass dergestalt der Kulturfortschritt zu sichern sei. Spencer ließ keinen Zweifel, wie grausam die Gesetze der Natur seien. Im Dienste des Fortschritts der Kultur (gesichert durch Gehirnvolumen und daraus zu erklärender Intelligenz) müssten die weniger Fähigen (diejenigen, die weniger „fit for survival" waren) vorzeitig und oftmals ohne Nachkommenschaft sterben. Er verwies auf die damals nur wenige Jahre zurückliegenden, verheerenden Hungersnöte in Irland als Beweis für seine „Theorie", als er dazu erläuterte: „All mankind ... subject themselves more or less to the discipline described; they either may or may not advance under it; but, in the nature of things, only those who *do* advance under it eventually survive. For, necessarily, families and races whom this increasing difficulty of getting a living which excess of fertility entails, does not stimulate to improvements in production – that is, to greater mental activity – are on the high road to extinction; and must ultimately be supplanted by those whom the pressure does so stimulate. This truth we have recently seen exemplified in Ireland. ... For as those prematurely carried off must, in the average of cases, be those in whom the power of self-preservation is the least, it unavoidably follows, that those left behind to continue the race are those in whom the power of self-preservation is the greatest – are the select of their generation."[16]

---

[15] Ibid., p. 40.
[16] Ibid., p. 42.

Charles Darwin und Spencer kannten einander persönlich. Spencer gehörte einem Diskussionskreis zur Verbreitung Darwin'scher Lehren an, dem im November 1864 gegründeten „X Club."[17]

Bereits Ende der fünfziger Jahre standen sie in Briefkontakt miteinander. In *The Life and Letters of Herbert Spencer*, einem 1908 zusammengestellten Band aus kommentierten Briefen Spencers, ist ein Brief Darwins an Spencer vom November 1858 enthalten. Dort antwortete Darwin auf einen Brief Spencers, der ihm offenbar seine allgemeine Evolutionstheorie – Darwin nannte sie „so-called Development Theory" – erläutert hatte. Darwin räumte persönlich Übereinstimmung ein und bemerkte lediglich, daß er, Darwin, „as a naturalist" mit etwas anderen Problemen als Spencer befasst sei (er bereitete *The Origin of Species* vor, das im darauffolgenden Jahr erschien). Darwin meinte zu Spencer: „I treat the subject simply as a naturalist, and not from a general point of view; otherwise, in my opinion, your argument could not have been improved on, and might have been quoted by me with great advantage."[18]

Etwa ein Jahrzehnt später hatte Darwin noch immer eine positive, allerdings nun vorsichtigere Meinung über Spencer. Er schrieb an Joseph Hooker, einen Botaniker und Naturforscher, mit dem ihn lebenslange Freundschaft verband (Hooker gehörte zum „X Club"), als der vierte Band von Spencers *Principles of Biology* im Juni 1868 erschien: „It is wonderfully clever and I daresay mostly true. ... If he had trained himself to observe more, even at the expense, by the law of balancement, of some loss of thinking power, he would have been a wonderful man."[19]

Spencers *Principles of Sociology* (6 Bände) erschienen in den Jahren 1876-1896. Bereits 1873 veröffentlichte er eine kurze Darstellung seines Ansatzes unter dem Titel *The Study of Sociology*. Das Buch war äußerst erfolgreich in Europa ebenso wie den Vereinigten Staaten. 1884 erschien es bereits in elfter Auflage; eine deutsche Übersetzung erschien 1896 bereits in zweiter Auflage.

The Study of Sociology wollte die wissenschaftliche Soziologie etablieren. Die Wissenschaftlichkeit der Soziologie sollte Garant sein für die Sicherung des Fortschritts im Interesse der kultivierten Rassen (insbesondere der Völker Europas und Amerikas). Deren Zukunft sollte von der Vermeidung gravierender Störungen der Gesetze der Natur abhängen. Das Wissenschaftliche der Soziologie, wie Spencer darlegte, sollte sein, daß sie den Gesetzmäßigkei-

---

[17] Der „X Club" hatte nur neun Mitglieder, aber „all of them were unerring supporters of Darwin's ideas and even more importantly they were all ascending to positions of influence and power." Michael White and John Gribbin, *Darwin. A Life in Science*. New York/London: Penguin Plume 1995, p. 229.

[18] David Duncan, *The Life and Letters of Herbert Spencer*. London: Methuen 1908, p. 87. Der Brief Darwins war datiert: 25. November 1858.

[19] Ibid., p. 125. Zitiert wird aus *Life and Letters of C. Darwin*, iii, 55.

ten der Biologie entsprach. Demgemäß war der einzelne Mensch ein Exemplar einer biologischen Spezies. Als Ganzes sei die Spezies *homo sapiens* prägend für jedes einzelne Individuum. Aus der Zugehörigkeit zu Rassen (auch: Nationen) sollten sich die typischen Eigenschaften (traits) erklären, die die Individuen dieser Rassen (Nationen) hätten und die in solchen Gesamtheiten (Rassen etc.) vererbt würden. Den modernen Errungenschaften wie der allgemeinen Schulpflicht, dem allgemeinen Wahlrecht etc. sei Misstrauen entgegenzubringen. Denn sie seien geeignet, den vererbten Eigenschaften entgegenzuwirken oder diese sogar langfristig vollständig zu verändern. Damit war der Fortschritt der Menschheit im Sinne der Gesetze der Natur, wie Spencer meinte, in Gefahr. Die Frage war stets zu stellen und musste mittels Soziologie zu klären sein: „What is the normal course of social evolution, and will it now be affected by this or that policy?"[20]

Für Spencer gab es objektive und subjektive Schwierigkeiten, denen sich die Soziologie gegenübersah. Bei der Erfüllung der Aufgabe, gesellschaftliche Vorgänge im Einklang mit Naturgesetzen zu erkennen bzw. zu postulieren, stünden der Soziologie sowohl die objektiven als auch die subjektiven Hürden im Wege. Die objektiven Schwierigkeiten lagen für Spencer darin, dass Fakten in gesellschaftlichen Vorgängen oftmals nicht offensichtlich waren und also nicht bloß Beobachtung zur Tatsachenerkenntnis einzusetzen war. Die subjektiven lagen darin, dass man sich intellektuell oder emotional gegen notwendige Einsichten sträuben mochte. Zu warnen sei insbesondere vor vier Arten „bias". Gefährlich sei ein „educational bias", der das Heil der Menschheit in Schulbildung – zumal „book learning" – sah, ein „class bias", der den eigenen sozialen Stand vor allen anderen hoch bewertete, ein „political bias", der die eigene politische Meinung allgemein machen wollte, und ein „theological bias", der die Moralität per religiösen Maximen interpretieren zu dürfen glaubte. Stattdessen sollten Kausalitätsmodelle aus der Biologie angeeignet werden, erweitert um Eigenschaftskataloge aus der Psychologie. Stünden diese im Mittelpunkt der Weltsicht, könne die Soziologie, wie Spencer nahe legte, eine Gegenwartswissenschaft entwerfen, die auch die Weichen für eine Zukunft der Menschheit stelle.

Spencers Gedankenführung wird deutlich, wenn man etwa ein Detail aus dem Kapitel „Preparation in Psychology" (vorbereitend für Soziologie als biologische Gesetzeswissenschaft) heranzieht. Er behauptete dort, Frauen hätten die biologisch-psychologische Eigenschaft, starke Männer (gewissermaßen solche à la Männchen im Sinne der Biologie) zu suchen. Er erläuterte dies folgendermaßen: „If the weaker men had habitually left posterity when the stronger did not, a progressive deterioration of the race would have re-

---

[20] *The Study of Sociology*, by Herbert Spencer. Eleventh edition. London: Kegan Paul, Trench, & Co. 1884, p. 71.

sulted. Clearly, therefore, it has happened (at least, since the cessation of marriage by capture or by purchase has allowed feminine choice to play an important part), that, among women unlike in their tastes, those who were fascinated by power, bodily or mental, and who married men able to protect them and their children, were more likely to survive in posterity than women to whom weaker men were pleasing, and whose children were both less efficiently guarded and less capable of self-preservation if they reached maturity."[21]

Zweifellos formulierte Spencer dabei Ansichten, die auch Darwin teilte – zumindest insofern beide Männer als Zeitgenossen Bürger des 19. Jahrhunderts, der Victorianischen Epoche, waren. Jedenfalls war Darwin in seinem zweiten Hauptwerk, The Descent of Man, erschienen 1871, davon überzeugt, dass Handlungstendenzen wie etwa Stehlen bzw. Lügen oder Krankheiten wie etwa Wahnsinn allemal vererbt würden. Er wehrte sich dagegen, dass solche Handlungstendenzen oder Pathologien durch Nachahmung, Gewohnheitsbildung oder familiäre Beziehungs- oder Erziehungsmängel entstehen sollten. Dagegen hielt er die These der Vererbung: „I have heard of authentic cases in which a desire to steal and a tendency to lie appeared to run in families of the upper ranks; and as stealing is a rare crime in the wealthy classes, we can hardly account by accidental coincidence for the tendency occurred in two or three members of the same family.... Insanity is notoriously inherited."[22] Er folgerte: „Except through the transmission of moral tendencies, we cannot understand the differences believed to exist in this respect between the various races of mankind."[23]

Darwinismus im gesellschaftlichen Zusammenhang war das Thema der Soziologie Spencers. Darwins Einfluss war in der zweiten Hälfte des neunzehnten Jahrhunderts am größten in den Vereinigten Staaten. Bis weit ins zwanzigste Jahrhundert blieb seine Doktrin ein weithin anerkanntes Credo der sich entwickelnden amerikanischen Soziologie.[24]

Anhänger Spencers war William Graham Sumner, der (bis 1909) an der Yale University lehrte. Sumners 1883 erstmals erschienener Traktat What Social Classes Owe to Each Other war ein Plädoyer gegen Philanthropie ebenso

---

[21] Ibid., p. 377.
[22] Charles Darwin, The Descent of Man, and the Selection in Relation to Sex (London: J. Murray 1871), reprinted from the 2nd, revised and augmented edition of 1877, London: Pickering 1989, p. 127.
[23] Ibid., p. 128.
[24] Siehe dazu Richard Hofstadter, Social Darwinism in American Thought (ursprünglich 1944), 2. Auflage New York: Braziller 1959; siehe auch: Hofstadter, William Graham Sumner, Social Darwinist. New England Quarterly, Vol. 14, 1941, pp. 457–477.

wie gegen den modernen Sozialstaat.[25] Bereits in den Kapitelüberschriften machte Sumner deutlich, was seine Aussage war. Das Kapitel „On the New Philosophy: That Poverty Is the Best Policy" behauptete, Faulheit und Intransigenz bei mittellosen Bevölkerungen seien voraussagbare Folgen staatlicher Armenunterstützung. „That It Is Not Wicked To Be Rich: Nay, Even, That It Is Not Wicked To Be Richer Than One's Neighbor" plädierte für schrankenlosen Egoismus im Dienste der Akkumulation segensreich großer Vermögen. „That We Must Have Few Men, If We Want Strong Men" verteidigte die Maximen des „Struggle for Life" und „Survival of the Fittest" - analog Spencer. „On the Value, as a Sociological Principle, of the Rule to Mind One's Own Business" forderte einen schwachen Staat, der den Egoismus und Herrschaftstrieb des einzelnen nicht behindere – wobei Sumner für die Individuen à la „Self-made man" in Anspruch nahm, die Mehrheit der Bevölkerung zu sein. Von dieser Mehrheit, die er mit der Metapher „Forgotten Man" bezeichnete, sagte er, sie arbeiteten hart und würden von den Unterstützungsempfängern, über den Umweg Sozialstaat, de facto ausgebeutet.

Sumner diagnostizierte eine Krise seiner Gegenwart. Die Mängel der Moderne, so Sumner, seien letztlich Auswirkung gerade der Maßnahmen zur Eindämmung von Armut und Unbildung. Er sprach von „sozialen Übeln" („social ills"), die nicht etwa dem Wirken des Rechts des Stärkeren zu verdanken seien. Sondern im Gegenteil sah er hier iatrogene Auswirkungen der politischen Ökonomie und der Sozialwissenschaften, die gegen die soziale Ungleichheit protestierten. Er unterstellte den sozialpolitischen und sozialwissenschaftlichen Initiativen seiner Zeit, sie seien „Quacksalberei" („quackery"). Gerade sie erst schüfen die „social ills", die sie angeblich bekämpften. Er schrieb dazu: „We have inherited a vast number of social ills which never came from Nature. They are the complicated products of all the tinkering, muddling, and blundering of social doctors in the past. These products of social quackery are now buttressed by habit, fashion, prejudice, platitudinarian thinking, and new quackery in political economy and social science. It is a fact worth noticing..."[26] Die Denkfigur war: Eine Krise der Gegenwart sei infolge sozialpolitischer und sozialwissenschaftlicher Bemühungen um Gleichheit der Bürger überhaupt erst entstanden.

In *Folkways*,[27] seinem bekanntesten Buch, widmete Sumner ein Kapitel dem Thema „The Struggle for Existence", und ein anderes hieß „Societal Selection". Insgesamt ließ er keinen Zweifel, daß die Selbstregulierung von

---

[25] William Graham Sumner, *What Social Classes Owe To Each Other*. New York: Harper and Brothers 1883; das Buch liegt mittlerweile in fünfter Auflage vor; der elfte Nachdruck datiert aus dem Jahre 1989 (Caxton Press, Caldwell ID).
[26] Ibid., p. 102.
[27] *Folkways. A Study of the Sociological Importance of Usages, Manners, Customs, Mores, and Morals*, by William Graham Sumner. Boston: Ginn and Company 1906.

Gesellschaften durch das Recht des Stärkeren einzig wirksames Prinzip natürlicher Menschheitsentwicklung sein müsse. Vor diesem Hintergrund behandelte er unter anderem Themen wie „Abortion, Infanticide, Killing the Old", „Cannibalism", „Kinship, Blood Revenge, Primitive Justice, Peace Unions" – um nur einige seiner Plädoyers für Praktiken auch blutrünstiger Bevölkerungskontrolle anzuführen. Schließlich wandte er sich der Moderne zu: Unter der Überschrift „Education, History" warnte er vor verhängnisvollen Entwicklungen. Als „the superstition of education" geißelte er die Praxis des „book learning": „Book learning is addressed to the intellect, not to the feelings, but the feelings are the spring of action."[28] Gegen Geschichte hatte er einzuwenden, sie werde heutzutage derart überschätzt, daß ein „historyism" sich verbreite; er konstatierte: „A knowledge of history is a fine accomplishment, but ignorance of it does not hinder the success of men in their own lines of industry" – was er sinnigerweise am Beispiel Abraham Lincolns belegen zu können meinte.[29]

Tendenz der frühen Soziologie in der angelsächsischen Welt war es, mit den Gelehrtennamen Spencer und Sumner Antiintellektualismus im Verbund mit Antidemokratismus zu assoziieren. Interessanterweise kämpften diese Soziologen, deren Einfluss im Zeitraum ca. 1860–ca. 1890 am größten war, gegen die Errungenschaften moderner Hygiene und staatlicher Wirtschafts- und Sozialpolitik. (In den USA fanden sozialdarwinistische Lehren noch bis in die zwanziger und frühen dreißiger Jahre des zwanzigsten Jahrhunderts Widerhall. Sie galten als wissenschaftlich bei Befürwortern einer Freiheit des Individuums, die einen Gegenpol gegen die scheinbare Gängelung des Bürgers durch den modernen Sozialstaat suchten.[30])

II.

In Deutschland (und Österreich-Ungarn) wurde Spencer rezipiert als Adept, nicht Gegner des starken Staates. In den letzten beiden Jahrzehnten des neunzehnten Jahrhunderts entstanden Theorien, die eine rechtliche Kodifizierung staatlicher Macht forderten. Diese Theorien stellten den Rassengedanken in den Zusammenhang der Staatsidee, nicht der Forderung nach Eigenständigkeit gesellschaftlicher Kräfte.

Die erste soziologische Arbeit, die sich dem Problem Rasse explizit widmete, war *Der Rassenkampf*, ein Werk des Grazer Staatsrechtlers Ludwig

---

[28] Ibid., p. 629.
[29] Ibid., 637.
[30] So bezeichnete etwa Pitirim Sorokin, ein Exilrusse, der ab 1931 eine Professur für Soziologie an der Harvard-Universität innehatte, in den dreißiger Jahren sowohl den Nationalsozialismus und den Sowjetkommunismus als auch den *New Deal* der Roosevelt-Zeit als autoritäres Regime, das dem Staat (quasi-)diktatorische Machtbefugnisse einräume.

Gumplovicz.³¹ Gumplovicz war kein Rassist. Er sah den Fortschritt der Menschheit darin, daß sich angesichts der Vielfalt menschlicher Rassen schließlich eine Staatenbildung vollzogen habe, die die Vielheit zu einer Einheit zusammenzufassen vermocht habe. Er sah darin eine segensreiche Errungenschaft der Menschheitsgeschichte – eine Einsicht, die er durch Verweise auf Darwin und Spencer plausibel zu machen suchte. So erläuterte er beispielsweise folgende Gesetzmäßigkeit: „Es ist nämlich ein allgemeines Princip des Naturwaltens, zuerst Heterogenes ins Leben zu rufen und aus dem Zusammenwirken heterogener Elemente höhere Gebilde hervorgehen zu lassen. So erinnert denn auch das Entstehen staatlicher Organisationen aus ursprünglich heterogenen socialen Elementen an jenen von Darwin zuerst beobachteten Naturvorgang, dass gewisse Pflanzen (Orchideenarten) so beschaffen sind, dass sie nur durch die Intervention gewisser Insecten (Bienen, Fliegen, Schmetterlinge) befruchtet werden können ... Man könnte nun die schweifenden Menschenhorden, sei es nun der Krieger oder der Schiffahrer und Händler jenen Insectenschwärmen vergleichen, denn ohne ihre Einwirkung würden die sesshaften Menschenstämme insbesondere die Wurzel- und Fruchtesser es nie zu staatlichen Organisationen bringen. Auch auf diesem Gebiete hat die Natur erst Heterogenes geschaffen, um durch ihr Zusammenwirken neue Gebilde, staatliche Organisationen entstehen zu lassen."³²

Anders als Gumplovicz war ein Autor, der in Deutschland zu Ansehen gelangte, unzweideutig Rassist. Der Allgemeinarzt Alfred Ploetz veröffentlichte 1895 ein Traktat mit dem Titel *Die Tüchtigkeit unsrer Rasse und der Schutz der Schwachen*, Untertitel: *Ein Versuch über Rassenhygiene und ihr Verhältnis zu den humanen Idealen besonders zum Socialismus*.³³ Das Buch fand eine breite Leserschaft auch unter Sozialwissenschaftlern der damaligen Zeit. Ploetz gründete 1904 die Zeitschrift *Archiv für Rassen- und Gesellschaftsbio-

---

³¹ Siehe Ludwig Gumplovicz, *Der Rassenkampf* (ursprünglich 1883). Ausgewählte Werke, Bd. III, Innsbruck: Universitätsverlag Wagner 1928. 1885 erschien sein *Grundriss der Sociologie* (wobei er auf Spencer sowie Auguste Comte [1798–1855] rekurrierte, der als erster den Begriff *Sociologie* für sein Denken einer *Philosophie Positive* geprägt hatte). Gumplovicz war Dozent an der Universität Graz für Staatsrechtslehre, mit besonderer Berücksichtigung der österreichischen Verwaltungslehre. Er stand in engem Kontakt mit dem amerikanischen Soziologen Lester Ward, der allerdings nur teilweise Anhänger Spencers war.
³² Ludwig Gumplowicz, *Die soziologische Staatsidee*. Graz: Verlag von Leuschner und Lubensky 1892, p. 100-101. Die Stelle fährt fort: „Und diese Erkenntnis scheint, wenn auch nicht ganz klar und in Folge einseitiger Gesichtspunkte vielfach verschleiert, in früheren Jahrhunderten schon gedämmert zu haben, wie das aus jenen berühmten Worten des ungarischen Königs Stefan des Heiligen (964-1038) ersichtlich ist: ‚nam unius linguae, uniusque moris Regnum imbecille et fragile est.'"
³³ Alfred Ploetz, *Die Tüchtigkeit unsrer Rasse und der Schutz der Schwachen*. Ein Versuch über Rassenhygiene und ihr Verhältnis zu den humanen Idealen besonders zum Sozialismus. Grundlinien einer Rassen-Hygiene. I. Theil. Berlin: Fischer 1895.

Abb. 2. Anlässlich des Ersten Deutschen Soziologentages hielt Max Weber, damals ein scharfzüngiger jüngerer Soziologe ohne Lehrstuhl an der Universität Heidelberg, eine gegen den Rassetheoretiker Alfred Ploetz gerichtete Stegreifrede. Weber hatte Ploetz einladen lassen, um sein Denken näher kennenzulernen. Er entlarvte nun dessen Naivität, die keinerlei Anspruch auf Wissenschaftlichkeit der sogenannten Gesellschaftsbiologie zuließ, in einem brillanten Diskussionsbeitrag. Er war Ploetz allemal überlegen. Er zeigte die Fehler solchen Denkens klar auf. Anders seine „Mitstreiter" Rudolf Goldscheid (l.) und Ferdinand Tönnies (r.), die auf diesem einzigen erhaltenen Photo vom Ersten Deutschen Soziologentag wohl in einer Sitzungspause zu sehen sind: Beide widersprachen Ploetz mit blassen Argumenten, woran wohl die Verführungskraft sozialdarwinistischen Denkens im Deutschland der vorigen Jahrhundertwende abzulesen sein mag.

logie (später *Archiv für Rassenhygiene und Gesellschaftsbiologie*); sie musste ihr Erscheinen erst im Jahr 1944 einstellen. 1910 hielt Ploetz einen Hauptvortrag zum Thema „Gesellschaft und Rasse" anlässlich des Ersten Deutschen Soziologentages, der in Frankfurt stattfand. Die Einladung an Ploetz war auf Anregung Max Webers ergangen, der Mitglied des Vorstandes der Deutschen Gesellschaft für Soziologie war (Weber wollte Ploetz' Argumentation, die er in einem Diskussionsbeitrag scharf kritisierte, aus dessen eigenem Munde hören).

Ploetz' Ausgangsfrage 1895 war, ob der Sozialismus, der die Gleichheit der Menschen politisch forderte, und der moderne Sozialstaat, der dieses Ideal durch Maßnahmenprogramme zu verwirklichen suchte, eine Gefahr für rassische Eigenschaften der Kulturvölker darstellten. Ploetz war von der Notwendigkeit rassischer Auslese überzeugt. Er war beunruhigt über die Gefahr, daß Selektion in der Moderne nicht (mehr) in ausreichendem Ausmaß stattfände. Er befürchtete, daß die moderne Medizin und die staatlichen oder andere „sozialistische Leistungsprogramme" dazu führen würden, dass die minder Leistungsfähigen, also Behinderte und Benachteiligte, nicht mehr genügend eliminiert würden. Er forderte Komplementarität – wie er sich ausdrückte – zwischen Auslese und Ausjäte. Diese Komplementarität müsse unbedingt gewahrt werden. Angesichts der Errungenschaften der Lebenserhaltung in der Moderne durch Therapien, Sozialpolitik etc. müsse Rassenhygiene, also bewusste „künstliche Auslese der Keimzellen" stattfinden. Er proklamierte, daß angesichts des Schutzes der Schwachen durch Medizin und Sozialstaat ansonsten die „Tüchtigkeit unserer Rasse" gefährdet sei, weil nämlich „Entartung" drohe. Dieser „Entartung" müsse durch bewusste Maßnahmen entgegengewirkt werden.

Sein Programm einer aktiven Steuerung der Auslese durch Geburtenbeeinflussung begründete er folgendermaßen: „Die Menschen sind Zellenstaaten. Die Keimstoffe, aus denen sie entstehen, sind in lebenden Einzelzellen verkörpert, in der Ei- und der Samenzelle. Eine Fortpflanzungshygiene, die z.B. zu junge und zu alte, temporär kränkliche oder alkoholisirte Personen von der Zeugung abhält ... usw., besteht darin, von den gesammten produzirten Geschlechtszellen nur einzelne wenige, deren Tüchtigkeit wir irgendwie erschlossen oder bewirkt haben, zur Begattung auszuwählen und andere durch einfache Abscheidung zu Grunde gehen zu lassen. Die Fortpflanzungshygiene ist die Lehre von der Beeinflussung der Variation der Keimzellen und ihrer künstlichen Auslese, und unsere Lösung des Conflicts der non-selectorischen mit den rassenhygienischen Forderungen ist – was den Factor der Selection anlangt – nichts weiter, als ein Verschieben der Auslese und Ausjäte von den Menschen auf die Zellen, aus denen sie hervorgehen, also eine künstliche Auslese der Keimzellen. Der Boden des Selectionsprincips ist damit nicht verlassen."[34]

Ploetz' Auffassung über Vererbung berief sich auf Darwin und Alfred Russel Wallace, Darwins zeitweiligen Weggenossen. Ploetz lobte, „dass Wallace sich nicht nur des Conflicts zwischen den humanen Idealen, insbesondere dem Socialismus, und den Forderungen der Rassenhygiene deutlich bewusst ist, sondern auch, dass die Lösung, wie er sie sich denkt, völlig im Rahmen der modernen Entwickelungslehre liegt."[35] Was war diese Wallace'sche Lösung? Ploetz: „Er glaubt, dass sich eine verbesserte sexuelle Zuchtwahl schaffen lässt, und dass sie die starke Abschwächung der natürlichen und besonders der wirthschaftlichen Zuchtwahl völlig ausgleichen kann."

Ploetz' Auffassung rassischer Optimierung ging davon aus, dass „Variation, Auslese und Vererbung" die drei maßgeblichen Faktoren der Arterhal-

---

[34] Ibid., pp. 230–231; die Schreibweise in den Zitaten entspricht den dabei widergegebenen Textvorlagen.
[35] Ibid., p. 220; dort auch die nächste Zitatstelle (Hervorhebung weggelassen).

tung seien. Variation sei grundlegend, und zwar müsse bei Vererbung sichergestellt werden, dass Variation im Sinne von Auslese wirke. Variation sei die Abweichung der Eigenschaften von Kindern gegenüber denjenigen ihrer Eltern – ein Vorgang, der im Aufriss sequentieller Generationen zu sehen sei. Dabei werde – per Kampf ums Dasein als Konkurrenz mit Zweck des Überlebens des Stärkeren – eine optimale Höherwertigkeit einer Rasse langfristig gewährleistet, indem Kinder mit hochwertigeren Eigenschaften auch länger (über)lebten. Ploetz stellte sich folgendes vor: „Die Kinder haben etwas andere Eigenschaften als ihre Eltern, sie variiren. Von diesen neuen, oder anders graduirten Eigenschaften sind einige im – bewussten und unbewussten – Kampf um's Dasein, d.h. um die Existenz *und den Nachwuchs* den Trägern vortheilhaft und helfen mit dazu, dass sie erfolgreicher darin sind, mehr und kräftigere Kinder aufzubringen als diejenigen, die diese Eigenschaften nicht oder in nicht so hohem Grade haben. Auf einen Theil der Kinder werden diese Eigenschaften wieder vererbt, einige Male sogar in erhöhtem Grade; dieser Theil ist wiederum im Kampf um das Dasein begünstigt und vererbt seinerseits seine Eigenschaften weiter."[36] Dabei geschah unvermerkt „Auslese (Zuchtwahl, Selection)"[37] im Sinne der allemal guten Varianten. Demgegenüber enthalte der moderne „Schutz der Schwachen", der derartiger Auslese entgegenwirke, eine Gefahr. Denn nunmehr könnten die (durch Vererbung weitergereichten) weniger hochwertigen Eigenschaften sich ebenso verbreiten wie die hochwertigen – und dies möglicherweise sogar ungehinderter und stärker als die letzteren.

Schlüsselbegriffe der Vererbungstheorie Ploetz' waren „Kovariation" und „Devariation". „Kovarianten" ergaben Gleichheit von Eigenschaften bei Vererbung (womit lediglich Arterhaltung verbunden sei); „Devarianten" enthielten sowohl höherwertigere als auch niedrigerwertige Eigenschaften, die nun in die nächsten Generationenfolgen hineinwirkten. Aufgabe sei, um das Gleichgewicht zwischen Auslese und Ausjäte angesichts des modernen „Schutzes der Schwachen" zu erhalten, besondere Vorkehrungen zu treffen. Möglicher „Entartung" – also Verschlechterung rassischer Substanz – sei vorzubeugen. Im Gefolge minderwertigerer Devarianten, die etwa moderner Medizin etc. zu danken waren, konnte Auslese gefährdet sein. Ploetz forderte rassehygienische Bewusstheit. Er stellte den Grundsatz auf: „Für jedes Stück des ausjätenden Kampfes um's Dasein, das wir durch Hygiene, durch Therapeutik, durch socialen und wirthschaftlichen Schutz der Schwachen, durch socialistische Reformen im Allgemeinen beiseite schaffen, müssen wir nothgedrungen ein Äquivalent bieten in Form von entsprechender Verbesserung der Devarianten, sonst ist eine Entartung sicher."[38]

---

[36] Ibid., p. 17.
[37] Ibid., p. 20.
[38] Ibid., p. 229.

1910 wurde Ploetz zu einem Vortrag anlässlich des Ersten Deutschen Soziologentages eingeladen. Die Einladung wurde angeregt durch Max Weber, der damals dem Vorstand der (1909 gegründeten) Deutschen Soziologischen Gesellschaft angehörte. Ploetz sollte über den Zusammenhang von Rasse und Gesellschaft sprechen, aber er zog es vor, nur ein Teilthema näher zu beleuchten. Er nannte seinen Vortrag „Die Begriffe Rasse und Gesellschaft und einige damit zusammenhängende Probleme." Er begann seine Rede mit einem Seitenhieb auf die Nächstenliebe. Deren jahrhundertealte Wirkung auf die Qualität der Rasse dürfe nicht länger undiskutiert bleiben. Spencer, Darwin, der Naturforscher Ernst Haeckel sowie Nietzsche hätten „Befürchtungen über die schließlichen schädlichen Folgen einer fortgesetzten erhöhten Erhaltungsmöglichkeit schwach beanlagter Individuen"[39] geäußert. Sie plädierten, so Ploetz, für „Beibehaltung der natürlichen Ausmerzung der Untauglichen als notwendig ... für die Erhaltung der durchschnittlichen Höhe der menschlichen Anlagen."

Im Hauptteil seiner Rede unterschied er bei Rasse zwischen den zwei Ausprägungen „Systemrasse" und „Vitalrasse". Letztere müsse der zentrale Untersuchungsgegenstand sein, wenn es darum gehe, durch Verbesserung (auch) moralischer und geistiger Fähigkeiten – angesichts moderner Medizin, Armenpflege etc. – nunmehr durch Steuerungsinitiativen jenen Fortschritt sicherzustellen, den ansonsten die Natur – durch Absterben der Schwachen – gewährleisten würde.[40]

Gesellschaft komme ins Spiel, so führte Ploetz aus, weil die Individuen durch Formen gemeinsamer Produktion zu höherem Nutzen als jeweils die Einzelnen gelangten. Die Vorteile reichten von „Energieersparung" über Beutesicherung und Schutz vor Feinden bis hin zu Mehrleistung als Folge von Arbeitsteilung, bei gleichzeitiger Zeitersparnis.[41] Ploetz verband Gesellschaft mit Rasse, um Auslese zu fordern: „Da die Gesellschaft, besonders die stark zentralisierte, durch den lebenswichtigen Funktionszusammenhang ihrer Mitglieder bis zu einem gewissen Grade nach außen als Erhaltungsein-

---

[39] Die Begriffe Rasse und Gesellschaft und einige damit zusammenhängende Probleme. Vortrag von Dr. Alfred Plötz, München, in: *Verhandlungen des Ersten Deutschen Soziologentages* vom 19.-22. Oktober 1910 in Frankfurt a. M. Tübingen: Verlag von J.C.B. Mohr (Paul Siebeck) 1911, p. 113; dort auch die nächste Zitatstelle. (Die Schreibweise des Nachnamens entspricht den Texten, 1895 als Ploetz und 1911 als Plötz.)
[40] „Aus der wohlverstandenen und gründlich erforschten Rassenhygiene fließen deshalb die letzten unabweisbaren außerindividuellen Normen für alles menschliche Handeln. Alle Bedingungen, unter denen das Individuum erzeugt, ernährt, aufgezogen wird, unter denen es arbeitet, ruht und seine Muße genießt, unter denen es kulturell, wirtschaftlich und politisch steht, beeinflussen schließlich seine Konstitution und sein Keimplasma. Mit diesem aber stehen die Konstitution und die Leistungen der Rasse im engen Zusammenhang." p. 122.
[41] Ibid., p. 126.

heit auftreten kann, und da ihr Verhalten basiert auf den Lebensfunktionen ihrer Mitglieder, so kann man sie selbst einen lebenden Organismus nennen…"[42] Von dieser Warte aus forderte er eine Wissenschaft Gesellschaftsbiologie. Von ihr erwartete er, dass sie die notwendigen Beweise erarbeite, die zeigten, daß alles Handeln durch vererbte Rasseeigenschaften bedingt sei. Diese Eigenschaften könnten jeweils höherwertig oder minderwertig sein, was wiederum Folgerungen für die Anwendungsbereiche der Gesellschaftshygiene habe, die Ploetz forderte. Eine solche Gesellschaftshygiene[43] sollte wissenschaftlich fundiert werden, insofern sie auf der Gesellschaftsbiologie aufbaue: „Die Gesellschaftsbiologie und ihre Zweige greifen dadurch nicht nur in die allgemeine Soziologie ein, sondern auch in die Nationalökonomie, die Politik, die Ethik, die Rechtswissenschaft, die Geschichte usw."[44]

Zum Verhältnis von Rasse und Gesellschaft erklärte Ploetz, „daß Gesellschaft ein Teilphänomen innerhalb der Rasse ist, somit also auch die Gesellschaftsbiologie … ein Teil der Rassenbiologie."[45] Er behauptete, „daß der züchtende Einfluß der Gesellschaft teilweise nach einer anderen Richtung geht als die natürliche Züchtung innerhalb der Rasse selbst". Er betonte, dass „eine Förderung der sozialen Organanlagen erwünscht"[46] sei. Denn sie wirke der „Einschränkung der natürlichen Ausmerzung durch den Kampf ums Dasein" entgegen, die durch „immer wirksameren Schutz der Schwachen, ermöglicht durch die Ausbildung der Individualhygiene" verursacht werde – wie bereits Spencer, Darwin, Häckel gewusst hätten, so Ploetz. Er fügte hinzu, dass dieser Zusammenhang zwischen Rassebiologie und Gesellschaftshygiene „andere wie Nietzsche zu rascher Verwerfung der Mitleidsmoral und rückhaltloser Verkündigung einer Herrenmoral veranlaßte".

In der anschließenden Diskussion sprach zunächst ein Arzt. Dieser Dr. Sommer aus Gießen, wie das Protokoll der Diskussion in den *Verhandlungen des Ersten Deutschen Soziologentages* festhielt, forderte einen „ethischen Kern der Soziologie".[47] Er setzte sich dafür ein, die besten angeborenen An-

---

[42] Ibid., p. 127.
[43] Ibid., p. 131.
[44] Ibid., pp. 131–132 (Hervorhebungen weggelassen). Plötz konkretisierte, daß derartige Gesellschaftshygiene etwas anderes sei als die soziale oder öffentliche Hygiene, obwohl beide wiederum gegen die individuelle Hygiene abzugrenzen seien. Individualhygiene sei es, wenn jemand „radelt zur Erhaltung seiner Gesundheit", und es gebe auch private Gesellschaftshygiene, etwa wenn ein junger Mann Sport treibe, „um zum Heeresdienst tauglich zu werden", aber soziale Rassenhygiene sei etwa „staatliches Verbot zu früher Heiraten" und öffentliche Gesellschaftshygiene sei „staatliche Pflege sozialer Tugenden in der Schule und im Heer." p. 132.
[45] Ibid., p. 134; dort auch die nächste Zitatstelle (Hervorhebungen weggelassen).
[46] Ibid., p. 135; dort auch die nächsten drei Zitatstellen.
[47] Debatte, Professor Sommer – Gießen, p. 140; dort auch die nächste Zitatstelle.

lagen in ihrer freien Entfaltung im Sinne einer „natürlichen Aristokratie" zu fördern, wofür er Beifall erhielt, der im Protokoll vermerkt wurde.

Der zweite Diskussionsredner war Rudolf Goldscheid (Wien). Er kritisierte, bereits bei Darwin sei der Irrtum zu monieren, daß Selektion per Überleben der Tüchtigsten geschähe. Eine denkbare Alternative sei, so überlegte Goldscheid, dass Selektion nicht zum Absterben der Schwachen führe, sondern ihrer Deklassierung zu „einem tieferen Existenzmodus".[48] Damit wäre zwar die Gefahr der Minderung der rassebiologisch hochwertigen Eigenschaften durch Sozialpolitik etc. möglicherweise gebannt; aber die Folgen solcher Deklasierung der Schwächeren, so Goldscheid, seien nicht weniger verheerend, denn, so meinte er mit Blick auf die Schwachen auf dem „tieferen Existenzniveau", „von diesem tieferen Existenzmodus aus vergiften sie die höheren Schichten."

Als weiterer Diskussionsteilnehmer meldete sich Ferdinand Tönnies, Nestor der Soziologie in Deutschland (sein Hauptwerk war 1887 erschienen) und erster Vorsitzender der Deutschen Soziologischen Gesellschaft. Er wandte gegen Ploetz ein, es sei keineswegs geklärt, ob „die Schwachen im Sinne der Gesellschaft"[49] dieselben seien wie diejenigen „im Sinne der Rasse". Er gab zu bedenken: „Die Erhaltung von Krüppeln kann geradezu, auch nachweislich in der Folge von Generationen, von höchstem Wert sein. Bedenken Sie, daß ein Mann wie Moses Mendelssohn ein verwachsener Krüppel war; sein Enkel war Mendelssohn-Bartholdy, der Komponist; in seiner Familie sind heute noch geistig tüchtige Leute vertreten."[50]

Als letzter Diskussionsredner sprach Max Weber. Seine Stegreifrede hatte drei Teile. Zunächst griff er Ploetz' Philippika gegen Nächstenliebe auf. Er bezweifle, so begann Weber, die zwei Denkvoraussetzungen Ploetz', der Sozialstaat sei mit Nächstenliebe gleichzusetzen und Nächstenliebe sei derart verbreitet, daß sie eine Gefahr für die Zukunft der Menschheit darstelle. Er fuhr fort: „Ich erinnere daran, daß der Calvinismus Armut und Arbeitslosigkeit ein für allemal als selbstverschuldet oder als eine Folge von Gottes unerforschlichem Ratschluß ansah und demgemäß behandelte, also die ‚Schwachen' von der Fortpflanzung in starkem Maße ausschloß, daß auf dem Boden dieser Religion jedenfalls keine Stätte war für Nächstenliebe in dem Sinne, wie sie Herr Dr. Ploetz von seinem Standpunkt aus bedenklich finden könnte, und ich bezweifle ferner, ob die moderne Entwicklung im großen und ganzen einen Weg gegangen ist, der ein Ueberhandnehmen grade der

---

[48] Debatte, Rudolf Goldscheid (Wien), p. 142; dort auch die nächste Zitatstelle.
[49] Debatte, Professor Dr. Tönnies, p. 145.
[50] Ibid., pp. 149–150.

Menschenliebe innerhalb unserer Gesellschaft zu einer dringlichen Gefahr werden ließe" – woraufhin das Protokoll „Heiterkeit" verzeichnete.[51]

Webers zweiter Punkt wandte sich zunächst gegen Ploetz' Annahme, Absterben einer Kultur wie etwa derjenigen des klassischen Rom im Altertum sei auf rassische Degeneration zurückzuführen. Er verwies stattdessen auf Veränderungen politischer und wirtschaftlicher Strukturen, was gut belegt war. Nur diese Erklärung des Niedergangs Roms war durch Forschung zu stützen, so Weber, „und es widerstreitet wissenschaftlicher Methodik, wo wir bekannte und zugängliche Gründe haben, diese zu Gunsten einer heute und für immer unkontrollierbaren Hypothese bei Seite zu schieben."[52] Dann bezweifelte er, ob überhaupt Erbqualitäten für intellektuelle bzw. Kulturleistungen verantwortlich gemacht werden könnten. Er gab zu bedenken, daß jeweils mehrere unterschiedliche Rassen in einer Person verkörpert sein mochten. Mit Blick auf sich selbst meinte er: „Ich bin teils Franzose, teils Deutscher, und als Franzose sicher irgendwie keltisch infiziert. Welche dieser Rassen – denn man hat auf die Kelten die Bezeichnung ‚Rasse' angewendet – blüht denn nun in mir, resp. muß blühen, wenn die gesellschaftlichen Zustände in Deutschland blühen, resp. blühen sollen?"[53]

Die Fragestellung Ploetz' war vorwissenschaftlich. Weber kritisierte sie, indem er Frageansätze bezüglich Rasse für ein sozialistisches Gemeinwesen hypothetisch formulierte: „Man mag die Gesellschaft einrichten, wie man will, die Auslese steht nicht still und wir können nur die Frage stellen: *welche* Erbqualitäten sind es, die unter der Gesellschaftsordnung X oder Y jene Chancen bieten. Das scheint mir eine rein empirische Fragestellung, die akzeptabel ist für uns. Und ebenso die umgekehrte: welche Erbqualitäten sind die *Voraussetzung* dafür, daß eine Gesellschaftsordnung bestimmter Art möglich ist oder wird. Auch das läßt sich sinnvoll fragen und auf die existierenden Menschenrassen anwenden. Nimmt man aber diese Formulierungen, so sieht man sofort, daß dafür mit einem Begriff von Rasse, so wie Herr Dr. Ploetz ihn formuliert hat – wie ich wenigstens vorläufig glaube: ich überzeuge mich gerne des Gegenteils – nichts anzufangen ist. Denn sein Rassenbegriff scheint mir ein bei weitem nicht hinlänglich differenzierter Begriff..."[54]

Zum Beleg seines zweiten Argumentationspunktes verwies er abschließend auf „die gegenseitige soziale Lage der Weißen und Neger in Nordamerika"[55]. Dort sei Vorurteil anstatt Rassequalitäten, gar „Rasseninstinkten", zu finden. Er höhnte: „Meine Herren, man hat ja z.B. behauptet, und behauptet noch und auch in der Zeitschrift des Herrn Dr. Ploetz ist es von sehr

---

[51] Debatte: Professor Max Weber, Heidelberg, ibid., pp. 151–152.
[52] Ibid., p. 152.
[53] Ibid., p. 153.
[54] Ibid., pp. 153–154.
[55] Ibid., p. 154.

angesehenen Herren behauptet worden, der Gegensatz zwischen Weißen und Negern dort beruhe auf ‚Rasseninstinkten'. Ich bitte mir diese Instinkte und ihre Inhalte nachzuweisen. Sie sollen sich unter andrem darin offenbaren, daß die Weißen die Neger ‚nicht riechen' können. Ich kann mich auf meine eigene Nase berufen; ich habe bei engster Berührung gar nichts Derartiges wahrgenommen. Ich habe den Eindruck gehabt, daß der Neger, wenn er ungewaschen ist, genau so riecht wie der Weiße, und umgekehrt ... Der Negergeruch ist, soviel ich bisher sehe, eine Erfindung der Nordstaaten, um ihre neuerliche Abschwenkung von den Negern zu erklären ... Irgend ein Beweis dafür aber, daß die spezifische Art der dortigen Rassenbeziehungen auf angeborenen und vererbten *Instinkten* beruht, ist bisher nicht zuverlässig erbracht, obwohl ich jeden Augenblick zugeben will, daß der Beweis vielleicht einmal erbracht werden könnte. Aber vorerst fällt auf, daß diese ‚Instinkte' verschiedenen Rassen gegenüber ganz verschieden funktionieren, und zwar aus Gründen, die durchaus nichts mit Rassenerhaltungs-Erfordernissen zu tun haben ... Es ist die alte feudale Verachtung der Arbeit, also ein soziales Moment, das hier mitspielt ..."[56]

Webers dritter Punkt: Die Rassebiologie, deren Loblied Ploetz sang, war wissenschaftlich nicht ausgewiesen. Verallgemeinerungen von der Tier- auf die menschliche Welt standen dort an der Stelle methodisch nachprüfbarer Nachweise. Deshalb war Wissenschaftlichkeit exakter Einzelforschungen allererst zu fordern, ehe überhaupt Rasse- oder Gesellschaftsbiologie ernstzunehmen sein mochte. Für die Gegenwart, im Lichte von Webers eigenem Mühen um wissenschaftlich präzise Soziologie, konnte er jedenfalls nur das folgende feststellen: „Wir haben die Möglichkeit, rationales Handeln der einzelnen menschlichen Individuen geistig nacherlebend zu verstehen. Wenn wir eine menschliche Vergesellschaftung, welcher Art immer, nur nach der Art begreifen wollten, wie man eine Tiervergesellschaftung untersucht, so würden wir auf Erkenntnismittel verzichten, die wir nun einmal beim Menschen haben und bei den Tiergesellschaften nicht. Dies und nichts anderes ist der Grund dafür, weshalb wir für unsere Zwecke im allgemeinen keinen Nutzen darin erblicken, diese ganz fraglos vorhandene Analogie zwischen dem Bienenstaat und irgendwelcher menschlichen, staatlichen Gesellschaft zur Grundlage irgendwelcher Betrachtungen zu machen."[57] Das Protokoll verzeichnete daraufhin den Zuruf „Sehr richtig!" aus dem Publikum, und Webers Rede erhielt Beifall.

Ploetz erhielt ein Schlusswort, um auf die verschiedenen Diskussionsbeiträge zu antworten. Er unterstrich zunächst gegenüber Tönnies, ausdrücklich habe er die moralischen und intellektuellen Eigenschaften in seine Ar-

---

[56] Ibid., pp. 154–155.
[57] Ibid., p. 155.

gumentation einbeziehen wollen. Daraufhin entspann sich, wie im Protokoll nachzulesen, folgendes Hin und Her zwischen Toennies, Goldscheid und Ploetz: „Professor Dr. Tönnies: Ich frage: War Moses Mendelssohn eine Variante? Dr. Goldscheid: Wäre die Gesellschaft besser daran, wenn Moses Mendelssohn ausgelesen worden wäre? Dr. Ploetz: Nein, das müssen wir nicht fragen. Wir müssen höchstens so fragen: gehen aus einer Rasse mit einem erhöhten Anlagezustand weniger wahrscheinlich größere Köpfe hervor als aus einer Rasse, die weniger gute Anlagen hat, die nur etwas tiefer steht?"[58]

Der Austausch mit Weber, der während der Schlussrede Ploetz' zu drei Rededuellen führte, füllte weit über die Hälfte des protokollierten Textes, der dem Schlusswort des Referenten in den *Verhandlungen des Ersten Deutschen Soziologentages* eingeräumt wurde. Ploetz machte gegen Weber den Einwand, die Abneigung gegen Farbige in den USA läge nicht nur an deren Geruch, sondern auch an deren mangelnden Fähigkeiten. Weber erwiderte darauf, Farbige seien eklatant von Bildungschancen ausgeschlossen, und zwar wegen des Protests weißer Studenten gegen farbige Kommilitonen. Ploetz konterte, er müsse die Hochschüler, die sich gegen Neger wehrten, verteidigen, denn auch andere Institutionen schlössen Farbige aus: „Es ist wegen der Minderwertigkeit in intellektueller und moralischer Beziehung".[59] Weber entgegnete: „Nichts dergleichen ist erwiesen. Ich möchte konstatieren, daß der bedeutendste soziologische Gelehrte, der in den amerikanischen Südstaaten überhaupt existiert, mit dem sich kein Weißer messen kann ein Farbiger ist – Burckhardt Du Bois." Weber meinte noch: Hätte ein Südstaatler an dem Frühstück der Webers mit du Bois anlässlich der Weltausstellung in St. Louis 1904 teilgenommen, „der hätte ihn natürlich intellektuell und moralisch minderwertig gefunden: wir fanden, daß er sich betrug wie irgend ein Gentleman."

III.

Aus heutiger Sicht verkörperten die Kontrahenten Ploetz und Weber die zwei konträren Richtungen des Denkens über Gesellschaft zur Zeit der vorigen Jahrhundertwende.

Auf der einen Seite stand eine Wissenschaftsauffassung, die von Rasse, Gesellschaft, Nation, Staat oder Volk als einer Entität ausging. Deren Gesetze sollten, zur Verdeutlichung des Fortschritts in der Moderne ebenso wie seiner Gefahren, durch den Sozialwissenschaftler – zumal auf Geschichtsphilosophie gestützt – zu erkennen sein. Das Motto solchen Denkens hatte Auguste Comte in die Formel gekleidet: *Savoir pour prévoir, prévoir pour régler.*

---

[58] Debatte: Schlusswort Dr. Ploetz, pp. 160–161.
[59] Ibid., p. 164; dort auch die nächsten zwei Zitatstellen.

Eine solche Wissenschaftsauffassung, zeitgenössisch auch in den Spencer'schen Positivismus eingebunden, entsprach sozialdarwinistischen Tendenzen.

Auf der anderen Seite stand das Prinzip „Wertfreiheit", das Weber konsequent herausarbeitete. Demgemäß sollte der Wissenschaftler – zumindest im Rahmen seiner Wissenschaft, nicht etwa als Bürger – sich jeglicher Aussage zugunsten politisch wünschenswerter Ziele oder Programme enthalten. Weder Syndikalismus noch Sozialismus sollten durch eine Stellungnahme der Wissenschaft zu geschichtsmächtigen Zukunftsentwürfen verklärt werden (können). Nur empirisch mit den Mitteln nachvollziehbarer Begrifflichkeit erarbeitete Aussagen sollten gelten – für die Vergangenheit (etwa das Ende Roms im Altertum) und auch die Gegenwart, aber keinesfalls bereits für die Zukunft.

Webers Warnung gegen vorwissenschaftliche Ansätze à la Ploetz – in seiner Stegreifrede – verhallte anlässlich des Ersten Deutschen Soziologentages weitgehend ungehört. Als Weber 1920 starb, hatte er wenig Nachahmer für sein Prinzip „Wertfreiheit" gefunden. Die Soziologie der Weimarer Zeit, nunmehr mit insgesamt fünfzehn Lehrstühlen eine akademische Disziplin, gab zwar Lippenbekenntnisse zugunsten Webers ab. Aber in den Schriften dieser Zeit dominierten Lehrmeinungen, die mit dem Sozialdarwinismus Spencers vieles gemeinsam hatten.

Verbindungen bestanden beispielsweise zwischen der Soziologie des in den zwanziger Jahren hoch angesehenen Othmar Spann, der sowohl eine *Gesellschaftslehre* (1923 in zweiter und 1930 in dritter Auflage) als auch eine *Kategorienlehre* (1924) veröffentlichte, und der nunmehr verbreiteten Rassenhygiene. Die letztere wurde durch Inhaber von Lehrstühlen und Forschungsstellen proklamiert, die sich den Nationalsozialisten im Laufe der zwanziger Jahre anschlossen. Der Humangenetiker Otmar von Verschuer, ab 1933 Direktor des Kaiser-Wilhelm-Instituts für Anthropologie, Humangenetik und Eugenik, veröffentlichte 1928 seinen Traktat *Sozialpolitik und Rassenhygiene*.[60] Er bezog sein Konzept einer – per Rassenhygiene selektierenden – Sozialpolitik aus der Soziologie Spanns. Er erklärte zu Beginn: „Ich verdanke O. Spann grundlegende Anschauungen über das Wesen der menschlichen Gesellschaft und damit über Staat und Volkstum. Ich schließe mich seinen Bestimmungen von Staat und Volkstum an."[61] Am Ende seines

---

[60] *Sozialpolitik und Rassenhygiene.* Von Prof. Dr. med. Frhr. Otmar von Verschuer. Langensalza: Hermann Beyer & Söhne 1928. Schriften zur politischen Bildung. Herausgegeben von der Gesellschaft „Deutscher Staat". XII. Reihe. Rasse. Heft 3. (Das Exemplar der Harvard College Library trägt den Aufdruck: „Gegen die Herausgabe dieser Schrift werden seitens der NSDAP keine Bedenken erhoben. Berlin, 21. März 1935. Der Vorsitzende der parteiamtlichen Prüfungskommission zum Schutze des NS.-Schrifttums.")

[61] Ibid., p. 5.

Traktats wiederholte er, wiederum namentlich (per Anmerkung) auf Spann verweisend: „Der Rassenhygieniker fühlt sich ... als Bundesgenosse von all denjenigen, die im geistigen Kampf ... des Universalismus gegen den Individualismus, der Gedanken der Wirzeit gegen die der Ichzeit stehen."[62]

Affinitäten zum Sozialdarwinismus in der soziologischen Theorie waren erst endgültig überwunden, als der Harvard-Soziologe Talcott Parsons, der 1925-1926 in Heidelberg studiert hatte, in den dreißiger Jahren ein Werk erarbeitete, das sich auf Weber berief und Spencer vollends *ad acta* legte. Parsons' *The Structure of Social Action* begann mit dem programmatischen Satz: „Spencer is dead."[63] Dieses Buch, heute als Klassiker soziologischer Theorie in der Nachfolge Webers weltweit anerkannt, machte die amerikanische Soziologie in der Zeit des Nationalsozialismus zum autoritativen Denken über soziale Systeme. So wurde ein Denken über gesellschaftliche Strukturen jenseits von Staat oder Volk (oder gar Rasse) möglich, an das die Soziologie nach dem Zweiten Weltkrieg nahtlos anknüpfen konnte.

Parsons' Werk sollte zeigen, daß eine Gesellschaftstheorie längst entwickelt war, die den auf „Struggle for Existence" gegründeten Positivismus überwand. Längst war an Stelle des Prinzips „Survival of the Fittest" ein anderes in den Handlungsstrukturen moderner Gesellschaften nachgezeichnet worden. In den Werken vier „europäischer Autoren",[64] so Parsons, waren die Elemente nicht-darwinistischer Theorie der Gesellschaft längst herausgearbeitet. Es bedurfte nur noch der Anstrengung, wie nunmehr in seinem Werk *The Structure of Social Action*, diese Elemente zu einer nicht-darwinistischen Konzeption umfassend zusammenzuführen.

Ausgangspunkt war die Überlegung, dass der unbeschränkte Liberalismus – etwa hergeleitet aus Spencers Evolutionismus – zu einem Gesellschaftszustand allfälligen „Rechts des Stärkeren" führte. Diesen Zustand identifizierte Parsons mit Thomas Hobbes' Denkfigur eines „Kampfes Aller Gegen Alle" (*Bellum omnium contra omnes*). Dort herrschte das Prinzip „Survival of the

---

[62] Ibid., p. 32.

[63] Talcott Parsons, *The Structure of Social Action*. A Study in Social Theory with Special Reference to a Group of Recent European Writers. New York: The Free Press 1968, p. 3 (ursprünglich New York: McGraw Hill 1937). Der Satz „Spencer is dead" war ein Zitat aus Crane Brinton, *English Political Thought in the Nineteenth Century*, London: Ernst Benn 1933, p. 226. Durch die Verwendung dieses Zitats gelang Parsons, das Politische der rassistischen Soziologie Spencers zu bezeichnen, ohne im einzelnen durch Exegese Spencer'scher Arbeiten dafür den Nachweis zu führen – dieser war bei Brinton nachzulesen. Siehe: Uta Gerhardt, National Socialism and the Politics of *The Structure of Social Action*, in: Bernard Barber und Uta Gerhardt, *Agenda for Sociology*, Classic Sources and Current Uses of Talcott Parsons's Work. Baden-Baden: Nomos 1999, pp. 87-164, insbes. pp. 110-136

[64] Dies waren der Ökonom Alfred Marshall sowie die Soziologen Vilfredo Pareto, Émile Durkheim und Max Weber. Letzteren erwies Parsons als den hervorragendsten Denker moderner Gesellschaftsstrukturen und Handlungslogiken.

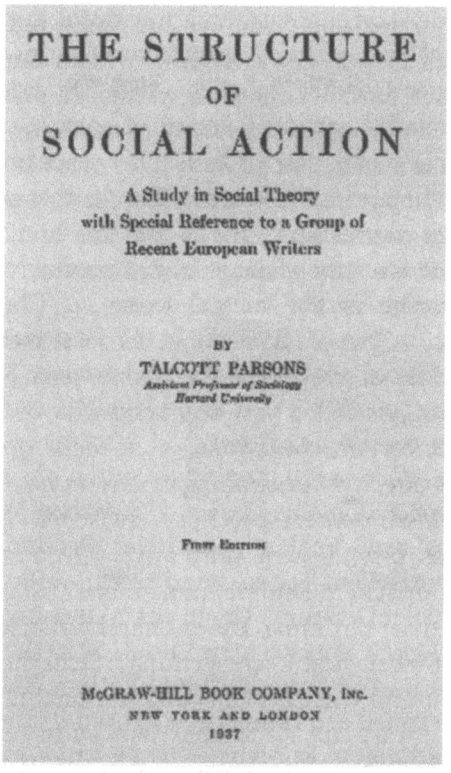

Abb. 3. Talcott Parsons, der Soziologe, der Webers Denken anlässlich eines Studienjahres in Heidelberg regelrecht entdeckte und danach lebenslang weiterentwickelte, schrieb in den dreißiger Jahren jenes Standardwerk, das mit dem Satz begann: „Spencer is dead." Parsons' *The Structure of Social Action* bildet bis heute eine Grundlage der anti-darwinistischen und als solche anti-positivistischen Soziologie. Ihr Ankerpunkt ist Webers methodologisch vermitteltes soziologisches Denken. Ihr Ziel ist, eine für Sozialdarwinismus untaugliche Soziologie zu etablieren. In der Zeit nach dem Zweiten Weltkrieg – sowohl durch seine in Deutschland intensiv rezipierten Arbeiten als auch durch seinen Beitrag zum Heidelberger Soziologentag anlässlich des hundertsten Geburtstages Webers – half Parsons mit, eine den Sozialdarwinismus endgültig ausschließende Soziologie zu verwirklichen.

Fittest", oftmals unbeschränkte Macht des oder der jeweils Stärksten. Da „Kampf Aller Gegen Alle" überall Gewalt und Betrug verbreite, erkannte Parsons darin das Gegenprinzip zu sozialer Ordnung. Er ortete das Chaos just dort – weil die normative soziale Ordnung dabei fehle – wo der Stärkste mit Mitteln von Gewalt und Betrug regiere.

Zum Thema normative Ordnung, deren Zusammenbruch Chaos herbeiführte, klärte Parsons zweierlei. Erstens könne das Chaos durchaus in einer „order in the factual sense" bestehen, also einem aktuellen Regime (äußerlich mochte dabei dort eine mehr oder minder diktatorische Ordnung bestehen, aber solcher soziale Friede beruhte auf Gewalt und Betrug). Zweitens entstehe Stabilität der sozialen Ordnung nur durch funktionierende kulturelle Werte, wodurch freiwilliges Zusammenwirken der Bürger im Namen geltender moralischer Normen möglich werde. Er erläuterte: „Normative order ... is always relative to a given system of norms or normative elements ... Order in this sense means that process takes place in conformity with the paths laid down in the normative system. Two further points should, however, be noted in this connection. One is that the breakdown of any given normative order, that is a state of chaos from a normative point of view, may well result in an order in the factual sense ... Thus the ‚struggle for existence' is chaotic, ... but ... does not in the least mean that it is not subject to ... uniformities of process in the phenomena. Secondly, in spite of the logically inherent possibility that any normative order may break down into a ‚chaos' under certain conditions, ... a social order ... cannot have stability without the effective functioning of certain normative elements."[65]

Parsons unterschied dementsprechend zwischen einem Zustand der *Anomie*, also Chaos bzw. Fehlen normativer Ordnung (durchaus wahrscheinlich bei diktatorischem Regime) und einem Zustand gesellschaftlicher *Integration*, also sozialer Ordnung. Deren charakteristische Züge seien Legalität (also Rechtmäßigkeit und Rechtsgeltung), Sicherheit (also Fehlen dauernder Ungewissheit und Unsicherheit) und Rationalität (also reziprok verstehbare und auch erwartbare Handlungschancen in Institutionen). Nur so könne Demokratie gedeihen. Er rekurrierte u.a. auf Webers Theorie des sozialen Handelns und der Herrschaft, um dies näher zu erläutern.

Weber hatte in seiner Stegreifrede gegen Ploetz betont: „Wir haben die Möglichkeit, rationales Handeln der einzelnen menschlichen Individuen geistig nacherlebend zu verstehen."[66] Damit machte er über moderne Soziologie folgende vier Aussagen, die Parsons nun übernahm: 1. Das einzelne Individuum ist Gegenstand der soziologischen Analyse gesellschaftlicher Strukturen; übergreifende Gebilde à la Staat, Nation, Volk oder gar Rasse sind keine eigengesetzlichen Entitäten; Strukturen bilden Orientierungsgrößen für die in diesen Strukturen Handelnden. – 2. Rationales Handeln ist eingebunden in Reziprozitätsstrukturen; sie variieren geschichtlich-situational; soziologisch werden sie durch Herrschaftsformen verständlich, die die Typizität von Handeln gewährleisten. – 3. Geistige Aspekte sind zentral; Sinnkonstruktion ist das Medium des Miteinander sozial Handelnder; das Gesellschaftliche des Tuns der einzelnen (und Gruppen) liegt in der Sinngebung, also darin, dass sie einander in sozialen Beziehungen Sinn zuerkennen und auch – so beispielsweise im religiösen System Calvinismus – diesen auch selbst leben. – 4. Verstehen ist das methodische Vorgehen des Erken-

---

[65] Ibid., p. 91–92.
[66] Siehe oben, Anm. 54.

nens in der Soziologie; das Geistige im Menschen kann durch Verstehen für das wissenschaftliche Erklären fruchtbar werden (Webers Konzeption des Verstehens gründete sich auf Begriffsbildung durch Idealtypus).

Parsons charakterisierte das bei Weber implizit enthaltene Menschenbild in einem Aufsatz der dreißiger Jahre über das Thema „letzte Werte" (einen vieldiskutierten Topos Webers): „Man is essentially an active, creative, evaluating creature."[67] Damit wollte er auf Handlungsspielräume der Individuen innerhalb gesellschaftlicher Struktursysteme hinweisen. Zugleich teilte er einen Seitenhieb an die positivistische Sozialwissenschaft à la Spencer aus. Ihr attestierte er, sie habe den entscheidenden Punkt der modernen Gesellschaftsanalyse überhaupt nicht verstanden. Denn sie habe „a strong tendency to obscure the fact that man is essentially an active, creative, evaluating creature."

Er unterschied in *The Structure of Social Action* zwei Typen gesellschaftlicher Herrschaft bzw. zwei Arten Systemstrukturen des sozialen Handelns. Auf der einen Seite stand ein Typus aus den Weber'schen Elementen Traditionalismus, Affektualität und Wertrationalität – also ein Typus, der Autoritarismus begünstigte. Auf der anderen Seite stand ein Typus aus den Weber'schen Elementen Rationalität (insbesondere Zweckrationalität) und Legalität, wobei Voluntarismus (*voluntarism*) galt. In dem letzteren Handlungstypus war die Legitimität der damit verbundenen Herrschaftsform – allemal zu einer integrierten sozialen Ordnung tendierend – durch freiwillige dauerhafte Bindungen der Bürger gewährleistet. Beide Typen gesellschaftlicher Herrschaft waren, so machte Parsons klar, wiederum abzugrenzen gegen „a situation of the uncontrolled play of interests."[68]

Parsons' Handlungstheorie stand im Bezugsrahmen des Menschenbildes à la „active, creative, evaluating creature". Jede besondere Gesellschaft bildete dabei eine jeweils variable Konstellation aus Zwecken bzw. Zweck-Mittel-Reihen und dabei wirksamen normativen Wertmustern, individuellen Wertorientierungen und situationalen Gegebenheiten. Jeweils waren Handlungseinheiten (also ganze situationale Formenmuster des Handelns) zu verwirklichen. (Er explizierte dafür eine Grundform, den sogenannten „Unit Act.")

Für Vererbung und Umwelt blieb in diesem Theorieentwurf nur ein Platz am Rande. Mit Weber sah Parsons vier Gruppen von Faktoren, die im allgemeinen bei Analysen von Handlungssystemen zu berücksichtigen waren. Vererbung und Umwelt war deren erste. Soziologisch konnte damit lediglich dasjenige erfasst werden, was außerhalb der Handlungslogik von Individuen

---

[67] Talcott Parsons, The Place of Ultimate Values in Sociological Theory (ursprünglich 1935), in: *Talcott Parsons Early Essays*, edited and with an introduction by Charles Camic. Chicago: Chicago University Press 1991, p. 231.
[68] Parsons, *The Structure of Social Action*, p. 661.

lag. Vom Bezugspunkt der Handlungslogik aus gehörten hierzu vor allem Unwissenheit oder „unvermeidlicher" Irrtum. Die zweite Gruppe waren Mittel-Zweck-Verhältnisse, eingebunden in Handlungsnormen; dabei waren intentionale ebenso wie nicht-intentionale Einflusskanäle wirksam; Nichtintentionalität untersuchte etwa die Grenznutzenlehre der modernen ökonomischen Theorie. Die dritte Gruppe bezog sich auf das System letzter Werte; dieses blieb jenseits des Utilitarismus und war nur mit voluntaristischer Handlungstheorie zu erfassen. Das vierte Element nannte Parsons „effort"; „effort" bezog sich auf bewusste Anstrengungen der Individuen oder Gruppen, moralische bzw. normative Werte mit den gegebenen situationalen Bedingungen eines Handelns in Einklang zu bringen.[69]

Mit Blick auf die Thematik Vererbung und Umwelt war offensichtlich, daß Parsons dafür keine Verwendung an zentraler Stelle seiner Theorie hatte. Keinesfalls wurden Handlungstendenzen – von Geisteskrankheit bis Kriminalität – als menschliche Eigenschaft vererbt.[70] Gesellschaftliche Strukturen – im Spannungsfeld zwischen Anomie und Integration – begünstigten oder hemmten sowohl Entstehung als auch Verwirklichung jeweiliger Handlungstendenzen. Diese Tendenzen waren – „wählbar" und also nicht zwingend – Reaktionen auf Möglichkeiten und Chancen der Lebenswelt eines Menschen zu einer bestimmten Zeit in einer gegebenen Lage angesichts jeweiliger Rahmenbedingungen.

Ein damaliger Student Parsons', Robert Merton, untersuchte diesen Zusammenhang näher,[71] auch mit Blick auf Kriminalität. Mertons Thema war „deviance", also Abweichung vom Normativen (Normalen). Unter dem Titel „Anomie and Social Structure" unterschied er zwischen fünf Formen nichtnormativen Verhaltens in Gesellschaften des zwanzigsten Jahrhunderts. Dazu zählten u.a. Ritualismus, Krankheit und Kriminalität. Sämtlich entstünden Formen abweichenden Verhaltens in sozialen Lagen und Situationen,

---

[69] Ibid., p. 718. „Effort" war ein Begriff, den ursprünglich Lester Ward verwandte; der Begriff eignete sich gut, um mechanistische Handlungsmodelle in der Soziologie zu desavouieren, die von außen einwirkende Faktoren beim Handeln bevorzugt analysierten – etwa im heutigen Sprachgebrauch Sozialfaktoren à la Alter, Geschlecht, soziale Schicht etc. (und natürlich in den dreißiger Jahren etwa Rasse oder Volk).

[70] Im zeitgenössischen Denken des Sozialdarwinismus waren Vererbung und Umwelt zwei Seiten desselben Denkmodells. Etwa erläuterte v. Verschuer in seinen Schriften zu öffentlicher Gesundheitspflege und ähnlichen Themen bereits am Ende der zwanziger Jahre, daß die Umwelt lateral zu Vererbung wirke. Entweder konnten die vererbten Faktoren durch Umwelt (Anpassung) verstärkt oder behindert werden. Aber die Umwelt habe keine eigene – derjenigen der Vererbung vergleichbare – Einwirkung auf Handlungspotentiale der Individuen. Vererbung und Umwelt bildeten also keine Gegensätze, sondern gehörten zu demselben Modell sozialdarwinistischen Denkens.

[71] Robert K. Merton, Anomie and Social Structure, *American Sociological Review*, Vol. 3, 1938, pp. 672-682.

seien also als Reaktion des handelnden Individuums auf gegebene Umstände anzusehen. Die Umweltkonstellationen, die eine bestimmte Form des nichtnormativen Verhaltens begünstigten, seien per Forschung zu identifizieren. Zumeist herrsche, so Merton, ein Missverhältnis zwischen situational oder institutionell vorhandenen oder jedenfalls angesonnenen Zweck- bzw. Wertperspektiven auf der einen Seite und individuell erreichbaren oder akzeptablen Mittelrepertoires auf der anderen Seite. Ein jugendlicher Delinquent war in diesem Verständnis ein innovativ Gesinnter, dem allerdings – wenn er in einem Ghetto aufwuchs, einer Einwandererfamilie angehörte oder ungenügende Ausbildungschancen hatte – persönlich die Mittel zur Verwirklichung seiner Ziele auf „geradem" Wege nicht offen stehen mochten. Ein angepasster Volksgenosse im nationalsozialistischen Deutschland war in diesem Verständnis kein Normaler. Sondern ein „guter" Deutscher im Sinne des Nationalsozialismus praktizierte die Abweichungsform Ritualismus: Er machte für sich die Mittel zum Selbstzweck, ohne überhaupt erst noch nach Zwecken zu fragen, so überlegte Merton.

Der Nachweis war also geführt, dass „abweichendes" Verhalten – von Krankheit bis Kriminalität – und ebenso auch „konformes" Tun – einschließlich intellektueller Leistungen – in den Zusammenhang gesellschaftlicher Handlungsstruktur(en) gehörten. Vererbung und/oder Umwelt wirkten dabei allenfalls marginal mit. Stattdessen waren Herrschaftsform und Lebenswelt einer jeweiligen (regionalen, nationalen etc.) Gesellschaft ausschlaggebend. Chancen und Bindungen jedes einzelnen Bürgers waren optimierbar, ohne daß es irgendwelcher biologischen Kräfte bedurft hätte.

Die Soziologie musste sich davor hüten, in Handlungsstrukturen deterministische Kräfte zu sehen. Parsons' Anti-Darwinismus war eingebettet in seine Überzeugung, dass der demokratische Sozialstaat in der Moderne einen epochalen Wandel der Existenzmöglichkeiten begünstigte. Parsons wollte dartun, dass im Sozialstaat der Moderne geradezu ein historisch beispielloser Fortschritt gegenüber der traditionalen Gesellschaft früherer Jahrhunderte lag. Der Wandel – wie bereits Émile Durkheim[72] in den neunziger Jahren des neunzehnten Jahrhunderts erkannte – verlief von einer Solidaritätsform, die „mechanisch" zu nennen war, hin zu einer „organischen" Solidarität. Der Wandel verlief von einfachen zu hoch differenzierten Sozialsystemen. Aus uniformen Lebensmustern entstanden multifokale, universell vernetzte Kommunikationswelten.

In dieses Szenario stellte Parsons seine Kritik am Darwinismus. Gleichheit der Bürger bei gleichzeitiger Optimierung ihrer Fähigkeiten durch Bildungs-

---

[72] Émile Durkheim (1858–1917) war ein französischer Soziologe und Zeitgenosse Webers. Durkheims einschlägiges Werk war: *De la division du travail social*. Étude sur l'organisation des sociétés supérieures. Paris: Félix Alcan 1893.

erfahrungen, Berufskarrieren etc. war das Erklärungssujet für eine zeitgemäße Soziologie. Sie wusste: Moderne Organisation schuf Steuerungsinstrumente für Bildung, Gesundheit etc. im demokratischen Rechts- und Sozialstaat; diese Welt der Systeme zwischen Anomie und Integration war der Gegenstand soziologischen Denkens. Der nicht-diktatorische Interventionsstaat à la Roosevelt-Ära der dreißiger Jahre ermöglichte durch antizyklische Wirtschaftspolitik, unterstützende Sozialstaatsprogramme, nicht-diskriminatorische Bildungsinstitutionen etc., dass die Bürger menschenwürdig leben sollten und gegen Risiken der Existenzgefährdung wenigstens bis zu einem gewissen Grade geschützt waren. Erst dies ermöglichte, dass sie Chancen, die ihnen offen standen, nutzen konnten – auch Chancen, ihre Fähigkeitsprofile durch Fortbildung (anstatt Verdrängungswettbewerb) weiter zu optimieren. Parsons war Mitte der dreißiger Jahre überzeugter Anhänger der Theorie antizyklischer Staatstätigkeit (sozialer Marktwirtschaft) John Maynard Keynes'. Dessen *General Theory of Employment, Interest, and Money* (1936) erschien Parsons als Ausweg aus der Krise der damaligen Gegenwart. Ohne dass – wie im damaligen Deutschland – Errungenschaften der Demokratie aufzugeben waren, konnte Wohlstand langfristig (wieder) gesichert werden: Als die „Great Depression" nach 1929 herrschte, verhalf der *New Deal* durch Stützungsprogramme zur Linderung der Not, ohne Zerstörung der rechtsstaatlichen Gewaltenteilung und ohne Annullierung der Rechte der Bürger wie damals in Deutschland.

Parsons sah Ähnlichkeiten zwischen dem liberalistischen Konkurrenz-Kapitalismus und seiner Folgeform, dem Kapitalismus der Monopole und Trusts, den auch Keynes verwarf, und dem Darwinismus. Er sah im ungezügelten Verdrängungswettbewerb eine mildere Vorform dessen, was Sozialdarwinismus bedeutete. Er schrieb dazu: „Indeed, ironically enough, the order which is found to dominate this factual world is precisely that which had played the part of antithesis to social order in utilitarian thought – the ‚state of war.' It has changed its name to the ‚struggle for existence' but is in all essentials the Hobbesian state of nature as the phrase ‚nature red in tooth and claw' indicates. ... It is unquestionably true that the economists' conception of a competitive order went far to provide the model for the biological theory of selection. There too the ‚unfit', the high-cost producers, the inefficient were eliminated, or ought to be, though only from the market, not from life!"[73] Auf dem Hintergrund derartiger Parallelität war klar: *Beides* – der monopolistische Konkurrenz-Kapitalismus und auch das biologistische Gesellschaftsdenken – mussten und konnten überwunden werden. Das Zauberwort hieß Sozialstaat bzw. soziale Marktwirtschaft. Die demokratische Staatsin-

---

[73] Parsons, *The Structure of Social Action*, p. 113.

tervention à la *New Deal* und die dabei geförderte Vielfalt miteinander vernetzter Handlungssysteme konnte Garant für Menschenwürde und Lebenschancen aller Bürger in immer mehr demokratischen Gesellschaften sein bzw. werden.

Parsons hatte Deutschland im Spätsommer 1930 besucht und war entsetzt über die gewaltbereiten Horden SA-Männer auf den Straßen und den Ausgang der Reichstagswahl gewesen. Er hatte den Anfang der Staatskrise miterlebt, die zur Machtübernahme der Nationalsozialisten hinführte. Daran erinnerte er sich fast vierzig Jahre danach: „By the time of my last visit to Germany prior to World War II, in the summer of 1930, ... the Nazi movement was in full swing ... The critical question was, Why and how could this happen in what from so many points of view should be evaluated as a ‚good society'?"[74]

Am Ende des Zweiten Weltkrieges war Parsons Berater einer Regierungsstelle zur Vorbereitung der Deutschlandpolitik des Besatzungsregimes.[75] Er wollte durch soziologische Überlegungen mithelfen, dass die Politikprogramme in Richtung soziale Marktwirtschaft und demokratischer Rechtsstaat für Deutschland ausgelegt waren.

Noch in den sechziger Jahren war Deutschland für ihn ein wichtiges Thema. Dort war ein völliger Neuanfang der Soziologie als Wissenschaft geglückt, nachdem der Sozialdarwinismus in Gestalt sogenannter Volkssoziologie – im rassistischen Genre – bis Kriegsende vorgeherrscht hatte. Ein letzter Schritt auf dem Wege endgültiger Überwindung von Positivismus (und damit verbundenem Darwinismus) war allerdings noch zu tun.

In den sechziger Jahren musste Max Webers Denken wieder in die deutsche Soziologie integriert werden. Parsons trug durch persönliches Engagement dazu bei. Anlässlich des Fünfzehnten Deutschen Soziologentages in Heidelberg 1964 – zum hundertsten Geburtstag Webers – setzte er sich dafür ein, daß Webers Prinzip der „Wertfreiheit" wieder gelten sollte und zugleich Webers epochale Einsichten der herrschaftssoziologischen Analyse nicht verloren gingen. Gegen den Widerstand der seinerzeit in der Soziologie Westdeutschlands stark vertretener Marxisten – und zudem gegen die Kollegen der „Kritischen Theorie" des Frankfurter Instituts für Sozialforschung – gelang eine Programmplanung des Kongresses mit dem Zweck gänzlicher

---

[74] Parsons, Einleitung zu Part II Historical Interpretations, in: *Politics and Social Structure*, New York: Free Press 1969, p. 60. Parsons hatte in den Jahren 1925-1926 in Heidelberg studiert und seine Ausbildung im Sommer 1927 mit dem Rigorosum abgeschlossen; seine Dissertation behandelte den Begriff des Kapitalismus im Werk Max Webers und Werner Sombarts.
[75] Siehe Uta Gerhardt, Talcott Parsons and the Transformation of German Society at the End of World War II, *European Sociological Review*, Vol. 12, 1996, pp. 303-325

Rehabilitation Webers.[76] Parsons wirkte an dieser Programmplanung persönlich mit. Er setzte sich bereits zwei Jahre vor dem Kongress dafür ein, wie er mit dem seinerzeitigen Vorsitzenden der Deutschen Gesellschaft für Soziologie, Otto Stammer, anlässlich eines Treffens in Washington, D.C. besprach, daß das anti-positivistische und anti-sozialdarwinistische Denken Webers vollends unter den jungen Soziologen Nachkriegsdeutschlands anerkannt wurde. Erst durch den Kongress in Heidelberg 1964, der Webers Denken endgültig in den Vordergrund der Soziologie in Deutschland rückte, wurden auch Positivismus und Darwinismus aus der Soziologie der Bundesrepublik verbannt.

Eine anti-darwinistische Soziologie hatte sich zwar nach dem Zweiten Weltkrieg in Westdeutschland (wieder) etabliert. Was ihr zunächst gefehlt hatte, war die Begründung ihres Denkens in der verstehenden Soziologie Webers gewesen. Denn Weber wurde – von marxistischer Seite – in der Nachkriegszeit zunächst als Vorläufer des Nationalsozialismus angesehen. Nun konnte der Heidelberger Kongress diese Situation korrigieren. Von nun an war die Ablehnung des Sozialdarwinismus – durch Würdigung Webers als Klassiker – endgültig eine Grundlage der modernen Soziologie. Durch Parsons' Unterstützung der auf Weber zurückgreifenden Soziologie der Nachkriegszeit anlässlich des Fünfzehnten Deutschen Soziologentages konnten die Schatten des Sozialdarwinismus endgültig gebannt oder doch wenigstens weitgehend überwunden werden. Dies trug in der damaligen Zukunft weiter zum Erfolg der Soziologie als einer Wissenschaft bei, die sich auf „Wertfreiheit" (Weber) berufen darf und muss.

Literatur

Barber B, Gerhardt U (Hrsg) (1999) Agenda for Sociology: Classic Sources and Current Uses of Talcott Parsons's Work. Nomos, Baden-Baden

Gerhardt U (im Erscheinen) Talcott Parsons – an Intellectual Biography. Scholarship and Politics in Defense of Democracy. Cambridge University Press, New York

Merton R (1938) Anomie and Social Structure. American Sociological Review, vol 3:672–682

Parsons T (1935) The Place of Ultimate Values in Sociological Theory. International Journal of Ethics, vol 45:282–316

Parsons T (1937) The Structure of Social Action: A Study in Social Theory with Special Reference to a Group of Recent European Writers. McGraw Hill, New York

---

[76] Siehe: *Max Weber und die Soziologie heute*. Verhandlungen des 15. Deutschen Soziologentages. Im Auftrag der Deutschen Gesellschaft für Soziologie herausgegeben von Prof. Dr. Otto Stammer, Tübingen: J. C. B. Mohr (Paul Siebeck) 1965. Weber war bis in die sechziger Jahre wegen scheinbaren Rationalismus kritisch beurteilt worden. Gegen ihn wurde argumentiert, er habe einen Instrumentalismus propagiert, der letztlich zum nationalsozialistischen Effektivitätsdenken maßgeblich beigetragen habe. Derartige Kritik übte etwa Max Horkheimer, *Eclipse of Reason*. New York: Columbia University Press 1947 (Titel der 1970 erschienenen Übersetzung ins Deutsche: *Kritik der instrumentellen Vernunft*).

Parsons T (1969) Politics and Social Structure. The Free Press, New York

Spencer H (1868) Social Statics; or, The Conditions Essential to Human Happiness Specified, and the First of Them Developed. Williams and Norgate, London (ursprünglich 1850)

Spencer H (1961) The Study of Sociology. University of Michigan Press, Ann Arbor (ursprünglich 1873)

Verhandlungen des Ersten Deutschen Soziologentages vom 19.–22. Oktober 1910 in Frankfurt a. Main (1919). Verlag von J.C.B. Mohr (Paul Siebeck), Tübingen

Verhandlungen des Fünfzehnten Deutschen Soziologentages. Max Weber und die Soziologie heute. Im Auftrage der Deutschen Gesellschaft für Soziologie (1965) herausgegeben von Otto Stammer. J.C.B. Mohr (Paul Siebeck),Tübingen: 1965

Weber M (1922) Wirtschaft und Gesellschaft. Grundriss der Sozialökonomik III. Verlag Mohr (Siebeck), Tübingen

Gespenst der Vererbung, Moira des Milieus
Über Schicksalsphobien im Drama und Roman des literarischen Naturalismus

VON SANDRA KLUWE

Kurzzusammenfassung

Auf die bedrohliche Aussicht einer schicksalshaften Fremdbestimmung durch Vererbung und soziales Umfeld reagierte der literarische Naturalismus mit dem Versuch, die Gesetze der Genetik und die Erkenntnisse der Milieutheorie mantisch-hermeneutisch auszudeuten und in einer voluntaristischen, von der Geniepoetik Nietzsches beeinflussten Aneignung zum Sujet einer Heils- bzw. Unheils-Geschichte zu machen, die der fragwürdig gewordenen Willensautonomie fiktiven Spielraum verschaffte. Die (traum)symbolische Verarbeitung von Schicksalsängsten, die in den Romanen Émile Zolas, aber auch in den Dramen des skandinavischen und deutschen Naturalismus begegnet, deckt das archaische Substrat der Moderne auf und deutet auf die Notwendigkeit eines ‚komplexen', um die Komponenten der Mythopoiesis und des Symbolismus erweiterten Naturalismus-Begriffs.

Weissagung und Deutung des Schicksals als ursprüngliche Aufgaben des Dichtertums

Verschiedentlich ist in der Forschung die Ansicht geäußert worden, das Drama und der Roman des literarischen Naturalismus basierten auf einer Wiederbelebung des antiken Schicksalsglaubens in Gestalt der Determinanten Vererbung und Milieu. Freilich ist diese Einschätzung latent dekonstruktivistisch, denn im Grunde konnte dem „naturaliste", d.h. dem als moderner

„Naturforscher" auftretenden Literaten,[1] nichts weniger erwünscht sein als ein Rückfall in den Aberglauben der Alten. Mit Geistern wollte der naturalistische Geist nichts zu schaffen haben; in aller Dezidiertheit verwies Wilhelm Bölsche Gespenster, Dämonen und andere erwiesenermaßen unwissenschaftliche Motive des Platzes: Ein moderner Dichter, der die „Naturwissenschaftlichen Grundlagen der Poesie" beachtete, würde sich, so Bölsche 1887, mit derlei Schauerliteratur durchaus lächerlich machen.[2] Und doch ist die Kluft zwischen dezidierter Wissenschafts-Gläubigkeit und sprunghaftem Aberglauben nicht so klein, wie Bölsche vermeint: „Gespenster", lautet der Titel des 1881 im Druck erschienenen, 1882 uraufgeführten Dramas von Henrik Ibsen, das zu Recht als epochemachend, ja, als naturalistisches Musterdrama gilt. Zwar ist der Titel „Gespenster" symbolisch gemeint, aber das heißt noch lange nicht, dass die Gespenster als Hirngespinste zu entlarven wären – im Gegenteil. Auf diesen Befund soll in den folgenden Ausführungen eine doppelte These gegründet werden: Erstens die These, dass Vererbung und Milieu im Bewusstsein der literarischen Naturalisten zwar die möglichst genau zu ermittelnden Faktoren eines natur- und sozialwissenschaftlichen Kalküls waren, unbewusst aber weiterhin als bedrohliche und unfassbar bleibende Schicksalsmacht erlebt wurden. Zweitens die These, dass gegen das Diffus-Formlose der Schicksalsphobien eine literarische Strategie eingesetzt wurde, die mit Naturalismus zunächst wenig zu tun zu haben scheint: die Symbolisierung. Die Symbolisierung zu „Gespenstern", wie bei Ibsen, oder zu Schicksalsdämonen wie bei Zola, Hauptmann und anderen; in jedem Fall aber eine Symbolisierung mit mythischer Qualität.

Die griechische und römische Mythologie kennt eine ganze Legion von Schicksalsgöttern und -dämonen. Zwei Grundtypen, die hier unter den Titeln „fatum" und „fors" geführt werden sollen, lassen sich unterscheiden. „Fatum" ist abgeleitet von dem zwischen Aktiv und Passiv die Mitte halten-

---

[1] Einen differenzierten Überblick über die Geschichte des Wortes „naturaliste" und seine Polysemie gibt Mitterand, *Zola*, 22 ff. Freilich waren die selbsternannten „Naturalisten" auf dem Gebiet der Naturwissenschaft kaum mehr als Dilettanten. Eine Ausnahme bildet der dänische Dichter Jens Peter Jacobsen: In zahllosen Artikeln der „Neuen Dänischen Monatsschrift" popularisierte der studierte Biologe die darwinistische Lehre; der Gyldendal-Verlag beauftragte ihn schließlich mit der Übersetzung von Darwins Hauptwerken. Desto bemerkenswerter, dass sich gerade dieser Naturalist weigerte, Bücher zu schreiben, die „auf allen Vieren gehen" (zit. nach Nachwort zu Jacobsen, *Frau Marie Grubbe/Niels Lyhne/Novellen*, 560).

[2] Einer Poesie, welche „Poesie im echten und edeln Sinne und nicht ein Fabulieren für Kinder sein will", kann es nach Ansicht von Bölsche „von dem Punkte ab, wo das Dasein von Gespenstern wissenschaftlich widerlegt ist, nicht mehr gestattet werden, daß sie zum Zwecke irgendwelcher Aufklärung einen Geist aus dem Jenseits erscheinen läßt, weil sie sich sonst durchaus lächerlich und verächtlich machen würde" (Bölsche, *Die naturwissenschaftlichen Grundlagen der Poesie*, zit. nach *Theorie des Naturalismus*, 129 f.).

den Deponens *fari, for, fatus sum*: „sprechen, „weissagen", „besingen" und bedeutet das geweissagte Schicksal, den Schicksals-Spruch. Fors ist abgeleitet von *ferre, fero, tuli, latum* und bezeichnet das willenlos zu er„tragen"de Schicksal. Fors ist Naturgesetz und unumstößlich; Fatum ist kulturell vermitteltes Naturgesetz, vermittelt zum einen in der Gestalt fiktionaler Vorher-Sage, der An-Deutung des wirklichen Schicksals in der Modalität der Möglichkeit, zum anderen in der Aus-Deutung derselben. Auf diese Weite schlägt Fatum, das gesprochene Schicksal, eine zweifache Bresche in den Determinismus des Natürlichen: die Freiheit der Mantik und die Freiheit der Hermeneutik, die Freiheit des Sehers und die Freiheit des Deuters, dessen Berufung es ist, „bestehendes gut / Gedeutet" zu haben.[3] Während man die Aufgabe, Bestehendes zu beschreiben und Bestehendes ohne Einflussnahme zu analysieren, seit je eher den Wissenschaften, zumal den Naturwissenschaften, zuweisen würde, gehören Weissagung und Deutung seit den Tagen des delphischen Apolls, des Gottes der Dichter, zu den ureigensten Aufgaben der Dichtung: Dichter-Beruf ist es, die bestehenden Verhältnisse – sei es der Physis, sei es der Polis – durchaus naturgemäß: „naturalistisch" wahrzunehmen und erkennen, sie aber darüber hinaus so zu deuten, dass die freiheitliche Wendung zum Guten wo nicht realmöglich, so doch wenigstens, als Idee, denkbar wird. Die im dichterischen Sinne „gute", die idealistische Deutung wird sich also nicht darauf beschränken, eine ungerechte Gesellschaftsordnung sachlich-unbeteiligt so zu reproduzieren, wie sie realiter ist. Vielmehr soll die „gute" Deutung, also die auf das Worumwillen des Guten ausgerichtete Deutung die Realverhältnisse auf die Möglichkeit einer anderen, ganz anderen Ordnung hin ausdeuten, die zwar nicht wirklich, aber doch ersehbar, aber doch erdeutbar ist. Das Ersehbare und das Erdeutbare markieren dabei jenen Punkt, an dem Fors, das unabänderliche Schicksal, an dem die Ananke, das Gesetz der Notwendigkeit, und der Nomos, das Gesetz der Wirklichkeit, nach dem ihnen gegenläufigen Gesetz ausgelegt werden: dem Gesetz der Möglichkeit, dem Gesetz des fiktionalen Entwurfs. Solche Auslegung der Naturgesetze nach den Gesetzen eines kulturellen Gegenentwurfs ist Ausdruck jener „Autonomie der Kunst", die Ende des achtzehnten Jahrhunderts die konzeptionelle Basis der idealistischen Ästhetik abgab. Ein Jahrhundert später setzt sich die Dichtungstheorie des Naturalismus zum Ziel, das Pathos der idealistischen Kunstauffassung, die sich an selbstgesetzten Ideen orientierte, zu disziplinieren und zum Gehorsam gegenüber dem Nomos der Naturgesetze zu verpflichten. Indem sich die naturalistische Dichtungstheorie nun aber von jedem höheren, die „bestehenden" Naturverhältnisse übersteigenden, das heißt meta-physischen Orientierungspunkt lossagte, negierte sie implizit auch die Autonomie der

---

[3] Hölderlin, *Gedichte* („Patmos"), 356.

Kunst. Denn die Eigengesetzgebung der Kunst kann des metaphysischen Impulses nicht entraten – ist künstlich Geschaffenes, Fingiertes, und sei es noch so realistisch fingiert, doch nie und nimmer Naturprodukt, sondern Geistesprodukt und damit, wie man es nimmt: über- oder unternatürlich, jedenfalls aber ein künstlich Geschaffenes. Eben diese Dichotomie von Natur und Geist war von der materialistischen Philosophie, und erst recht von der neueren Naturwissenschaft, aber in Frage gestellt worden: Feuerbach und Darwin hatten etwa zeitgleich, wenn auch von je anderer Warte erwogen, dass auch der Geist als Naturprodukt, die Reflexion als Reflex aufzufassen sei. Die dichterische Freiheit der Mantik sah sich so den Zukunftsprognosen der Naturforscher, die der Hermeneutik den Auslegungen der Evolutionsgeschichte überantwortet. Denn die Evolutionsgeschichte, so hatte Darwin gezeigt, war Natur- und Menschheitsgeschichte in einem: Das Kulturwesen und das Naturwesen unterschieden sich nicht mehr qualitativ, sondern allenfalls durch die Quantität der Entwicklungsstufen, die bis zur Herausbildung des homo sapiens beschritten worden waren. Dies bedeutete die naturalistische Reduktion des durch die Freiheit des Dichterworts relativierten Schicksals, des Fatum, auf Fors, das notwendig totale Schicksal. Namentlich zwei wissenschaftliche Theorien waren es, die auf der Basis eines solchen Determinismus die Heteronomie des Menschenwesens lehrten. Die eine von ihnen, die Vererbungslehre, bewies die biologische Heteronomie des Menschen in seiner Eigenschaft als Zoon, als Lebewesen, die andere von ihnen, die Milieutheorie, bewies die soziale Heteronomie des Menschen in seiner Eigenschaft als Zoon politikon, als Gesellschaftswesen.

Wissen schafft Macht über das Schicksal: Vererbungslehre und Milieutheorie

Zunächst zur Vererbungslehre: Im Jahre 1859 war Darwins Hauptschrift „On the origin of species by means of natural selection" erschienen, die schon ein Jahr darauf unter dem Titel „Die Entstehung der Arten durch natürliche Zuchtwahl" ins Deutsche übersetzt wurde. Diese Schrift bildet den Grundstein der Evolutionstheorie, also der Lehre von der Entwicklung biologischer Organismen durch Selektion („natural selection"). Was sich „Evolutions"theorie nannte, war – obzwar Darwin nichts derartiges im Sinn gehabt hatte – eine ideologische Revolution. Nicht nur, dass jeder konsequent mitdenkende Leser zu dem Schluss kommen musste, die Evolutionsgesetze seien auch auf den Menschen anzuwenden, dieser sei also nichts als das höchstentwickelte Säugetier und der engste Verwandte des Affen.[4] Vielmehr wurde

---

[4] In „The origin of species" verhüllte Darwin diese Konsequenz in der Schlussbemerkung: „Licht wird auf den Ursprung der Menschheit und ihre Geschichte fallen" (*Über die Entstehung der Arten*, 567). Erst die 1871 veröffentlichte Schrift „The Descent of Man, and selec-

darüber hinaus auch das christliche Geschichtsmodell erschüttert, und zwar sowohl von seinem Anfang, der göttlichen Schöpfung, als auch von seinem Ende her. Sollte nämlich die Evolutionsgeschichte jemals an ein Ende kommen, so war durchaus nicht gesagt, dass dieses Ende, wie im heilsgeschichtlichen Modell, End-Ziel und Letztzweck sein würde. Nicht die teleologische *providentia* schien die Evolutionsgeschichte voranzutreiben, sondern die Zufälligkeiten der Fortpflanzung: die dem Zufall unterworfene Variation der Erbanlagen, deren „Sinn" oder „Unsinn": deren Fähigkeit bzw. Unfähigkeit, die Not begrenzter Lebensressourcen zu wenden, sich erst im selektiven Kampf ums Überleben („struggle for life") erwies. Der „Sinn" der Evolutionsgeschichte entpuppte sich somit als Variable: als eine ontologische Leerstelle bar jeder – sei es platonischen, sei es transzendentalen – Idealität.

Was als Idee nicht taugte, warf nichtsdestoweniger eine einflussreiche Ideologie ab: die Eugenik und „Rassenhygiene": Im Anschluss an Joseph Arthur Comte de Gobineau, der in seinem vierbändigen Werk „Essai sur l'inégalité des races humaines" (1853–1855) als erster den Einfluss der Rasse auf die geistigen und körperlichen Dispositionen des Menschen extrapoliert hatte, begründete Francis Galton mit seinem 1869 erschienenen, 1910 unter dem Titel „Genie und Vererbung" ins Deutsche übersetzten Werk „Hereditary genius" die Eugenik, d.h. die Lehre nicht allein von der Vererbung, sondern von der „guten" Vererbung: die „Erbgesundheitslehre", von Alfred Ploetz später auch „Rassenhygiene" genannt,[5] die Basis der Dekadenz- oder „Entartungs"-Theorie sowohl als des Rassismus.

Im Hinblick auf die Frage nach Schicksalsphobien im literarischen Naturalismus ist also festzuhalten, dass die Drohung der genetischen Fremdherrschaft von einem bestimmten Teil der Vererbungstheoretiker durch den resoluten Griff nach eugenischer Herrschaft abgewendet wurde. Dem mit Entmündigung bedrohten Dichter-Beruf musste dieser Ausweg attraktiv erscheinen – und in der Tat schwor, wie noch zu zeigen ist, kaum ein literarischer Naturalist auf Genetik, wenn er nicht zugleich bekennender Eugeniker war.

Wie aber stand es mit der zweiten deterministischen Macht: dem Milieu? Und was genau war darunter zu verstehen? Der Terminus „Milieu" bezeichnet die Gesamtheit der natürlichen, gesellschaftlichen und kulturellen Gege-

---

tion in relation to sex" (im selben Jahr unter dem Titel „Die Abstammung der Menschen und die geschlechtliche Zuchtwahl" ins Deutsche übersetzt) konstatierte in aller Deutlichkeit, dass der Mensch vom Affen abstammt und folglich auch nicht als erster auf die Welt gekommen ist, wie es biblischem Schöpfungsglauben entspricht.

[5] Ploetz, *Grundlagen einer Rassen-Hygiene*. Der erste Band erschien 1895.

benheiten, die auf ein Lebewesen oder eine soziale Gruppe einwirken.[6] Zu den natürlichen Gegebenheiten des Milieus zählen Boden, Klima, Flora, Fauna; zu den sozialen die Institutionen, Normen, Gesetze sowie die ökonomischen Bedingungen einer bestimmten Gesellschaftsordnung; zu den kulturellen Gegebenheiten zählen Ideen, Symbole und deren Niederschläge in Kunst und Literatur.[7] „Milieu" wurde von dem Historiker Hippolythe A. Taine (1828-1893) in Anlehnung an August Comte (1798-1857) als sozialwissenschaftlicher Begriff eingeführt.[8] Die Grundannahme der Milieu-Theorie lautet, dass Entwicklung und Eigenart (insbesondere Intelligenz und Charakter), „Fähigkeiten, Orientierungen und Handlungsdispositionen der Individuen durch deren soziale Umwelt (vor allem Sozialschicht) determiniert sind",[9] also nicht durch die genetische Anlage oder durch die Freiheit der willentlichen Entscheidung.[10] Insofern ist die Milieutheorie ebenso gut als „Milieudeterminismus" zu bezeichnen.[11] Den materialreichen „Beweis" des Milieudeterminismus führte Taine in seiner vierbändigen „Histoire de la littérature anglaise" (1863). Die provokative These der Einleitung: „Le vice et la vertu sont des produits comme le vitriol et le sucre"[12] war zu Zeiten des Naturalismus in aller Munde; mindestens ebenso populär wurde die Herleitung von Laster und Tugend durch die drei Determinanten „Rasse", Milieu und historische Zeitumstände: „Trois sources différentes contribuent à produire cet état moral élémentaire, *la race, le milieu* et *le moment*".[13] Dieser moralische Determinismus schien die Möglichkeit von Freiheit, Verantwortung und damit von Schuld gänzlich auszuschließen, mehr noch: Die kriminologische Anlagetheorie und die kriminologische Milieutheorie, denen zufolge ein Verbrechen durch die Erbanlagen bzw. die Umwelt des Täters verursacht

---

[6] Diese Begriffsdefinition stützt sich auf die einschlägigen Artikel folgender soziologischer Wörterbücher: *Wörterbuch der marxistisch-leninistischen Soziologie*; *Wörterbuch der Soziologie*; *Grundbegriffe der Soziologie*; Hartfiel, *Wörterbuch der Soziologie*; *Lexikon zur Soziologie* sowie auf den „Milieu"-Artikel des *Historischen Wörterbuchs der Philosophie* (Bd. 5, Sp. 1393 ff.).
[7] Vgl. *Grundbegriffe der Soziologie*, 233 und *Lexikon zur Soziologie*, 504.
[8] Der Begriff als solcher ist freilich älter und begegnet etwa bei Charles-Louis de Montesquieu, der dem Naturalisten Conrad Alberti denn auch als Vater des Terminus galt (vgl. Alberti, *Natur und Kunst*, 51).
[9] *Lexikon zur Soziologie*, 505.
[10] Bezüglich der sozialen Umwelt wird dabei unterschieden zwischen dem Makromilieu, d.h. der Gesamtgesellschaft oder der Gesellschaftsklasse, und dem Mikromilieu, also der unmittelbaren soziokulturellen Umgebung des Individuums (vgl. *Wörterbuch der marxistisch-leninistischen Soziologie*, 435)
[11] Siehe hierzu *Historisches Wörterbuch der Philosophie*, Bd. 5, Sp. 1394.
[12] Taine, *Histoire de la littérature anglaise*, I, XV.
[13] Ebd., XXII f.

wird,¹⁴ wurden summiert. Während man nun die determinative Macht der Vererbung kaum bestritt und lediglich bestrebt war, diese Macht unter eugenische Kontrolle zu bringen, wurde der Milieu-Determinismus durchaus in Zweifel gezogen. Schon die Etymologie des Wortes „milieu" unterstreicht *und* relativiert den determinativen Charakter der äußeren Umstände.¹⁵ Liegt dem Kompositum „mi-lieu" doch die Vorstellung zugrunde, dass eine Entität in den Mittelpunkt eines Raumes gestellt ist, zu dem sie sich verhält.¹⁶ Als ein Ursprungsverhältnis kann diese Relation nun aber sowohl vom Mittelpunkt als auch vom Umkreis aus gedacht werden: Entweder der frei bewegliche Mittelpunkt legt selbst seinen Umkreis fest, oder der Umkreis ist vorab gezogen, so dass auch die Position des Mittelpunktes fixiert ist. Dieses der Etymologie des Wortes „Milieu" eingeschriebene Raumverhältnis konturiert die gegensätzlichen Positionen des Sozialismus bzw. des Sozialdarwinismus: Die Sozialdarwinisten fassen die Gesetze des gesellschaftlichen Handelns als unumstößliche Naturgesetze – im Bild: als vorab gezogenen Umkreis – auf und tendieren zu einer deterministischen Gesellschaftstheorie; die Sozialisten halten an der freien Beweglichkeit des Mittelpunktes, d.h. an der Eigengesetzlichkeit des gesellschaftlichen Handelns fest und betonen, dass die sozialen Verhältnisse Menschenwerk und somit veränderbar seien.¹⁷

Bezüglich der Totalität ihres Begründungsanspruchs weisen der biogenetische Monismus der Biologisten und der soziogenetische Monismus der So-

---

¹⁴ Vgl. *Wörterbuch der Soziologie*, 10: „Die Anlagetheorie ist diejenige Richtung der Kriminologie, die, anknüpfend an Lombroso und seine Schule, die Ursachen der Verbrechen ausschließlich oder überwiegend in der Anlage des Täters und ihren erbbiologischen Voraussetzungen erblickt." Dagegen sieht die Milieutheorie (ebd., 335) „die Ursache der Verbrechen ausschließlich oder überwiegend in der Umwelt und ihren materiellen Bedingungen".

¹⁵ Das deutsche Fremdwort „Milieu" in der Bedeutung von „soziales Umfeld, Umgebung" ist ein französisches Kompositum aus „mi-" und „lieu", bedeutet also zunächst: „Mitte eines Ortes", „Mittelpunkt". Semantisch erhellend ist, dass nicht nur der Mittelpunkt eines Kreises, sondern auch der den Mittelpunkt umgebende Raum, der Um-kreis, unter dem Wort „milieu" gefasst werden. Der Larousse unterscheidet zwei Bedeutungsklassen des Wortes Milieu in der Grundbedeutung von „Umkreis", „Umwelt": erstens die „circonstances, conditions physiques, biologiques qui entourent un être vivant, le conditionnent"; zweitens den „Entourage social qui influence un être humain" (Verwendungsbeispiele: „changer de milieu", „fréquenter un milieu bourgeois", „elle ne se sent pas dans son milieu parmi nous" (S. 659).

¹⁶ Zur philosophischen Begriffsgeschichte des „Milieu" als „medicus locus" und zur angrenzenden Ideengeschichte der μεσότης vgl. den Artikel „Milieu" im *Historischen Wörterbuch der Philosophie* (Bd. 5, Sp. 1393 ff.).

¹⁷ Vgl. *Wörterbuch der marxistisch-leninistischen Soziologie*, 436: „Die Per[s]önlichkeit wird in ihrem Denken und Handeln jedoch nicht nur durch die bestehenden gesellschaftlichen Verhältnisse und durch das unmittelbare soziale Milieu geprägt, sie wirkt ebenso durch ihre Tätigkeit auf ihre Umwelt zurück und verändert diese. Sie ist nicht nur Objekt, sondern zugleich Subjekt des sozialen Geschehens."

zialisten durchaus Übereinstimmungen auf. Ein dritter Ansatz, die Korrelationstheorie,[18] relativiert den latenten Totalitarismus[19] zwar dadurch, dass sie „milieu" und „race" als Wechselverhältnis begreift, die Determiniertheit als solche muss darum aber nicht geringer ausfallen. Als den Vater der Korrelationstheorie könnte man Jean Baptiste Lamarck (1744–1829) bezeichnen. In seiner – für Darwin wegweisenden – „Philosophie zoologique" (1809) formulierte Lamarck die erste biologische Abstammungslehre. Ausgangspunkt ist die Annahme eines Wechselverhältnisses zwischen Genen und Umweltbedingungen, also die Theorie, dass sich ein Organismus auf seine Lebensbedingungen einstellt und sich seine Gene dementsprechend modifiziert.[20] Dasselbe Verhältnis beschreibt das Begriffspaar „Genotyp" – „Phänotyp": Der „Genotyp", die Gesamtheit der Erbanlagen eines Individuums, prägt unter Wechselwirkung mit den Determinanten des Milieus den „Phänotypen" heraus: die tatsächliche Erscheinungsform des Genotyps. Individuen mit gleichem Genotyp können in einem je verschiedenen Milieu differente Phänotypen ausbilden, allerdings nur innerhalb der genetisch fixierten Variationsbreite.[21]

Und was sagt zu alledem das Genie?

Der Wille schafft Macht über das Schicksal – Nietzsches Voluntarismus und der Sonderfall des Genies

> „*Gegen* die Lehre vom Einfluß des *Milieus* und der äußeren Ursachen: die innere Kraft ist unendlich *überlegen*; was wie Einfluß von außen aussieht, ist nur ihre Anpassung von innen her. Genau dieselben Milieus können entgegengesetzt ausgedeutet und ausgenützt werden: es gibt keine Tatsachen. – Ein Genie ist *nicht* erklärt aus solchen Entstehungsbedingungen –."[22]

In der „Ausdeutung", der geistigen „Ausnützung" also liegt das Allheilmittel nicht nur gegen den Milieu-Determinismus, sondern, so scheint es, auch gegen die Zufälligkeiten der Vererbung. Und wenn der christliche Heilsweg aufgrund der Erkenntnisse Darwins auch von vorne wie hinten abgeschnitten war, so musste, Nietzsche zufolge, die Erlösung gleichwohl nicht obsolet sein. Nur, dass man sie selbst betreiben musste: durch voluntaristische

---

[18] Kein Fachterminus, sondern ein Hilfsbegriff der Verf.
[19] Zur Affinität zwischen Naturalismus und Totalitarismus vgl. die Studie von Dieter Kafitz: *Johannes Schlaf. Weltanschauliche Totalität und Wirklichkeitsblindheit.*
[20] Näher ausgeführt wird dieser „korrelationstheoretische" Ansatz im siebten Kapitel des ersten Teils der „Zoologischen Philosophie", das wie folgt überschrieben ist: „Über den Einfluß der Verhältnisse auf die Tätigkeiten und Gewohnheiten der Tiere und über den der Tätigkeiten und Gewohnheiten dieser Organismen als Ursachen der Abänderung ihrer Organisation und ihrer Teile (Lamarck, *Zoologische Philosophie*, Bd. 1, 176–204).
[21] Nach Lexikon der Psychologie, Bd. 1, 723.
[22] Nietzsche, *Aus dem Nachlaß der Achtzigerjahre*, 481.

„Ausdeutung" dessen, was auf den ersten Blick als „grauser Zufall": als Laune des Schicksals erscheinen musste:

> „Und das ist all mein Dichten und Trachten, daß ich in Eins dichte und zusammentrage, was Bruchstück ist und Rätsel und grauser Zufall.
> Und wie ertrüge ich es, Mensch zu sein, wenn der Mensch nicht auch Dichter und Rätselrater und der Erlöser des Zufalls wäre!
> Die Vergangnen zu erlösen und alles »Es war« umzuschaffen in ein »So wollte ich es!« – das hieße mir erst Erlösung!"[23]

Wer also erlöst sein will, der muss zweierlei tun: Erstens muss er *fors*, den „grausen Zufall", in *fatum*, den deutbaren Schicksals-Spruch, verwandeln – dies die mantische Aufgabe des Dichters -, zweitens muss er „Rätselrater" sein und sich zu einer „ausnützenden" „Auslegung" entschließen – dies die hermeneutische Aufgabe des Dichters.[24]

Die eingangs bereits genannte doppelte These dieses Aufsatzes ist damit eingeholt: Erstens belegt die zitierte Passage aus „Also sprach Zarathustra" (entstanden 1883–1885, erschienen 1892), dass die Angst vor dem „grausen Zufall", nicht zuletzt vor den Zufällen der Vererbung und der Soziogenese,[25] zu Zeiten des Naturalismus virulent war – wenn auch nicht jeder den Mut hatte, sich dem Erlebnis dieser Angst zu stellen oder es gar zu artikulieren. Zweitens zeigt sich, dass eine wesentliche Abwehrstrategie in jener von Nietzsche postulierten Symbolisierung lag,[26] die beides leistete: Bildliche Verrätselung und Deutung des vermeintlich Unausdeutbaren. Der erste Prozess führte, was als diffuse Angst erlebt wurde, in sinnlicher Konkretion vor Augen, der zweite wendete die nunmehr sichtbare Bedrohung voluntaristisch, wobei die *voluntas* im Sinne Nietzsches als Wille zur Macht firmierte – darin strukturanalog mit dem faschistischen Dezisionismus. Beispiele für einen derartigen Umgang mit Schicksalsphobien, die im übrigen keinesfalls immer des Autors eigene zu sein brauchten, finden sich in beinahe allen Schlüsselwerken der naturalistischen Epik und Dramatik, insbesondere aber bei Emile Zola (1840–1902), dessen Werk daher auch im Zentrum der folgenden Kurzanalysen stehen soll.

---

[23] Nietzsche, *Also sprach Zarathustra*, 394.
[24] Man weiß, mit welcher Radikalität Nietzsche das Sinnstiftungsprinzip „So wollte ich es!" auf sein eigenes Leben anwandte. Wieviel Selbsttäuschung damit einherging, zeigt der letzte, verzweifelte Versuch, noch den unmittelbar bevorstehenden Ausbruch des Wahnsinns heroisch „auszudeuten": Wo Christus war, soll ich, der gekreuzigte Dionysus, werden: So wollte, so will ich es, mein Wille geschehe!
[25] Vgl. Hartfiel, Wörterbuch der Soziologie, Artikel „Milieu" (S. 448).
[26] Eine randscharfe Sonderung von literarischer Symbolisierung und unbewusst-traumartiger Symbolisierung ist gewiss nicht möglich, am wenigsten im Bereich des Angst-Symbols.

Milieutheorie à rebours:
Geniepoetische Projektionen im Taine-Essay des jungen Zola

Eines der frühesten Zeugnisse von Zolas Auseinandersetzung mit der Milieu-Theorie ist der Essay „M. H. Taine, artiste" aus dem Band „Mes Haines" (1866). Das Auffälligste an diesem Essay ist die schon im Titel angekündigte Zielsetzung, den Wissenschaftler Taine als einen „artiste" zu porträtieren, mithin nicht allein als den Begründer der Milieutheorie, sondern auch als den Autor des heimlichen Reiseromans „Voyage aux eaux des Pyrénées" (1855) und des heimlichen historischen Romans „Histoire de la littérature anglaise".[27] Näherhin charakterisiert Zola den „Künstler" Taine als einen solchen, der einerseits sanguinischer Renaissance-Heros,[28] andererseits typischer Repräsentant „de notre siècle de nerfs": Nerven-Künstler ist.[29] Fünfundzwanzig Jahre vor Bahrs Forderung nach einer am Naturalismus geschulten Nervenkunst[30] führt Zolas Taine-Porträt also eine Synthese – besser sollte man sagen: einen unbewussten Zu(sammen)fall – des „esprit systématique" und des sanguinischen Temperaments;[31] der wissenschaftlichen Trockenheit Taines („sécheresse") und seiner fiebrigen Labilität („sorte de faiblesse fiévreuse") vor Augen.[32] Und es klingt beinahe wie eine hellseherisch vorausblickende Selbstkritik, wenn der junge Zola, dessen dreizehn Jahre darauf erscheinender „Experimentalroman" mit allem Nachdruck für die Systematisierung und Verwissenschaftlichung der Poesie eintreten sollte, über Taine schreibt: „Toutes ses allures systématiques lui viennent de sa science. Je préfère le poète, l'homme de chair et de nerfs, qui se révèle dans les peintures. Là est la vraie personnalité de M. Taine, ce qui lui appartient en propre, et ce qui lui vient de lui, et non de l'étude."[33] Im extremen Gegensatz zur späteren Experimentalmethodik, der die objektive Gültigkeit und

---

[27] Wenigstens Zola hält diese Werke für heimliche Romane.
[28] Vgl. Zola, *Mes Haines*, 159.
[29] Ebd.
[30] Vgl. Bahr, *Die Überwindung des Naturalismus*, 87 f.: „Ich glaube also, daß der Naturalismus überwunden werden wird durch eine nervöse Romantik; noch lieber möchte ich sagen: durch eine Mystik der Nerven. Dann freilich wäre der Naturalismus nicht bloß ein Korrektiv der philosophischen Verbildung. Er wäre dann geradezu die Entbindung der Moderne: Denn bloß in dieser dreißigjährigen Reibung der Seele am Wirklichen konnte der Virtuose im Nervösen werden. [...] Oder man kann den Naturalismus als die hohe Schule der Nerven betrachten: In welcher ganz neue Fühlhörner des Künstlers entwickelt und ausgebildet werden, eine Sensibilität der feinsten und leisesten Nüancen, ein Selbstbewußtsein des Unbewußten, welches ohne Beispiel ist."
[31] Die „Histoire de la littérature anglaise" wird als „l'expression complète d'un tempérament et d'un système" bezeichnet (ebd., 162).
[32] Ebd., 160. – Zu Taines „sanguinischem Temperament": Zola spricht von einer „prodigalité sanguine", die auch metaphorisch: als ein Bild für den unkontrolliert verströmenden Schreibfluss zu verstehen sein dürfte.
[33] Ebd.

allgemeine Nachprüfbarkeit einer poetischen „Wahrheit" oberstes Gebot war, setzt der junge Zola Taines „loi mathématique" gerade aus dem Grunde herab, weil es von jedermann adaptiert werden könne. Unnachahmlich scheint ihm dagegen Taines titanischer Charakter zu sein: „cette personnalité forte, cette énergie de couleurs, cette intuition profonde" und nicht zuletzt die Ambivalenz glanzvoller Nüchternheit („ce mélange étonnant d'âpreté et de splendeur"). Natürlich entsteht durch diese Anhäufung von Topoi der Geniepoetik (prometheische Energie, göttliche Intuition) und der Romantik („sobria ebrietas"/„heilige Nüchternheit") keinesfalls ein objektives Porträt des Milieutheoretikers Taine. Vielmehr fungiert Taine als Selbst-Objekt: als Projektionsfläche, auf welcher der damals noch unbekannte Zola sein eigenes Größen-Selbst entwirft und feiert. Es stellt sich die Frage, ob dieser projektive Zug von Zolas Taine-Rezeption in den Folgejahren überwunden wird, oder ob die poetologisch-programmatische Aneignung der Milieutheorie dem ursprünglichen Projektionsakt verhaftet bleibt. Gewisse Stellen des Essays, die Zolas Gesamtwerk in nuce zu enthalten scheinen, deuten auf letzteres. Zum Beispiel der Satz „Il aimera la libre manifestation du génie humain, ses revoltes, ses démences mêmes, il cherchera la bête dans l'homme, et il applaudira lorsqu'il entendra le cri de la chair,"[34] den man als eine werkgeschichtliche Selffulfilling Prophecy lesen könnte. Deutlich wird: Dass Jacques Lantier, der Protagonist des 1890 erschienenen Romans „La bête humaine" aus dem „Rougon-Macquart"-Zyklus, zum Lustmörder wird, ist nicht so sehr dem „grausen Zufall", nämlich dem ererbten Nervenschaden und der Sozialisation in einem Säufer-Milieu zuzuschreiben, sondern dem „So wollte ich es!" dessen, der sich das literarische Experiment, Ergebnis inklusive, ausgedacht hat,[35] um auf diese Weise Schicksal zu „spielen". Ausgespielt wird dabei in erster Linie das eine: hochpotente Subjektivität, die sich von jenem „artiste collectif",[36] der ein „oeuvre collective" produziert,[37] entschieden absetzt. Allenfalls für letztere will Zola die uneingeschränkte Gültigkeit des Taineschen Systems zugestehen:

> „Pour les oeuvres collectives, le système de M. Taine fonctionne avec assez de régularité; là, en effet, l'oeuvre est évidemment le produit de la race, du milieu, du moment historique; il n'y a pas d'éléments individuels qui viennent déranger les rouages de la machine.

---

[34] Ebd., 163.
[35] Dass es sich bei Zolas Experimenten um Gedanken-Experimente handelt – die sich vor Einstein noch keines guten Rufes erfreuten –, ist besonders von Arno Holz scharf getadelt worden. Vgl. Holz, *Die Kunst*, 28: „Ein Experiment, das sich bloß im Hirne des Experimentators abspielt, ist eben gar kein Experiment."
[36] Zola, *Mes Haines*, 173. In der Absetzung vom „Kollektiv" mag sich auch eine Kritik am entstehenden Marxismus artikulieren.
[37] Ebd., 174.

Mais dès qu'on introduit la personnalité, l'élan humain libre et déréglé, tous les ressorts crient et le mécanisme se détraque".[38]

Sobald auch nur ein Funke von Genialität ins Getriebe des „homme machine" einschlägt, hat die Trias von Vererbung, Milieu und historischen Zeitumständen keinen Einfluss mehr, oder jedenfalls nur einen akzidentellen. Denn das Genie, so der junge Zola, ist „essentiellement libre" und Milieu-Determinanten sind ihm „que des accidents":[39] geringfügige, leicht wegzudeutende Zwischenfälle.

Zolas szientistische Wende – Die Poetik des Experimentalromans

Nun mag man versucht sein, diese so schlecht in das gängige Zolabild passende Prometheus-Poetologie als den später korrigierten Irrtum eines Sechsundzwanzigjährigen abzutun. Genau besehen, basiert aber auch und gerade Zolas Hauptwerk, der von 1870 bis 1893 in zwanzig Bänden erschienene Romanzyklus „Les Rougon-Macquart", auf der im Taine-Essay formulierten Anschauung, dass die Milieutheorie zwar für jedermann, nicht jedoch für das literarische Genie gelte. Inwiefern? Ein Literat, der von der ausnahmslosen Gültigkeit des korrelierten Determinismus von Vererbung und Milieu überzeugt wäre, hätte als allererstes die Frage zu stellen, wie er selbst – das einzige reale Lebewesen im literarischen Kosmos – so frei sein könne, sich eine Familiensaga auszudenken, ohne bei diesem fiktionalen Akt durch die eigene Sozialisation und die eigenen Erbanlagen determiniert zu sein. Und dann müsste sich der Literat wohl eingestehen, dass der Wahrheitswert seines „Experimentalromans" durchaus zu bezweifeln und durch jene Unschärferelation zu ersetzen ist, die selbst noch dem naturwissenschaftlichen Experiment die ungeteilt objektive Aussagekraft abspricht.[40] In der Formel „une oeuvre d'art est un coin de la création vu à travers un tempérament"[41] ist dieser Unsicherheitsfaktor zwar – qua „tempérament" – enthalten, doch gilt das „tempérament" dem Autor des Taine-Essays nur insoweit als wahrheitsvermindernd, als es nicht mit seinem eigenen identisch ist. Selbst der totalste Milieudeterminismus und das schlimmste Erbübel einer Romanfigur können ja nicht darüber hinwegtäuschen, dass diese Determinanten ihre Ermöglichungsbedingung in der Allmacht des fingierenden Romanciers ha-

---

[38] Ebd.
[39] Ebd., 175.
[40] Überhaupt sollte die literarhistorische Kritik an der Unwissenschaftlichkeit des wissenschaftlich sein wollenden Naturalismus verstärkt aus der Perspektive der *modernen* Physik geführt werden, in der Gedanken-Experimente und Beobachter-Einflüsse gang und gäbe geworden sind. Vielleicht ließe sich dann zeigen, dass die unbeabsichtigten Verstöße wider das mimetische Prinzip der eigentlich *naturalen* Wahrheit näher kamen als jener Verismus, der auf ausschließlich *objektive* Wahrheit setzte.
[41] Ebd., 176.

ben.⁴² Die Gefahr dieser Allmachts-Ohnmachts-Dialektik ist evident: Das Elend eines sozial schwachen Milieus *kann* auf diese Weise zum Spielzeug eines Privilegierten werden, der, sei es, weil er Genie, sei es, weil er sozial besser gestellt ist, meilenweit über dem Abgrund schwebt, den er schildert. Vorab: Dieser Gefahr entgeht Zola, indem er die Milieus seiner Romane nicht nur durch Lektüre, sondern vor Ort zu erforschen pflegte. Dennoch wirkt die Terminologie der Vivisektion,⁴³ der sich der literarische Experimentator gern bediente, nicht eben so, als entstamme sie dem Mund eines Sozialarbeiters: „J'ai simplement fait sur deux corps vivants le travail analytique que les chirurgiens font sur des cadavres,"⁴⁴ heißt es beispielsweise im Vorwort des 1867, also bereits ein Jahr nach dem Taine-Essay erschienenen Romans „Thérèse Raquin". Dieser Roman trägt, erstaunlich genug angesichts der im Essay geäußerten Vorbehalte, ein Tainesches Motto: „Le vice et la vertu sont des produits comme le vitriol et le sucre".⁴⁵ Auch sonst gibt sich das bereits zitierte Vorwort so tainegetreu wie möglich: „Thérèse Raquin", so Zola, sei die Studie „du tempérament et des modifications profondes de l'organisme sous la pression des milieux et des circonstances."⁴⁶ Dementsprechend fremdbestimmt sind die handelnden Personen – selbst die Gewissensqualen nach einem Mord stellen sich bei ihnen „nicht als seelischer, sondern als rein physiologischer Vorgang" ein.⁴⁷

Zolas Hauptwerk „Les Rougon-Macquart": Experimentalroman oder Mythos vom Schicksal?

Zolas prominentestes Werk über Vererbungs- und Milieudeterminismus ist jedoch der bereits erwähnte Monumentalroman „Les Rougon-Macquart". Erschienen zwischen 1870 und 1893, also zur Zeit der Dritten Republik, spie-

---

[42] Vgl. Daus, *Zola*, 42 f.: „alles, was der Romancier vorwies, Milieu, Personen, Handlungsablauf, existierte nur, weil der Autor es so wollte, weil er sich für eben diese Konstellation entschieden hatte. Die Untersuchungsobjekte konnten nie, wie es bei naturwissenschaftlichen Experimenten nötig ist, unerwartet und in wichtigen Punkten unabhängig vom Einfluß des Experimentators reagieren. Und so gab es selbst um 1880 nur wenige, die Zolas höchstem Anspruch, Neues geradezu wie ein Physiologe erforschen zu können, Glauben schenkten. Zolas „Wissenschaftlichkeit" war eine Metapher, kein Faktum."
[43] Daus, *Zola*, 60 hält Zolas Sezierübungen für das Symptom eines nihilistisch gewendeten Positivismus: „Während der Positivismus seiner Umwelt gefühlsmäßig neutral bis optimistisch gegenüberstand, enden in den naturalistischen Romanen die Handlungsabläufe fast stets im Scheußlichen, Tragischen, im offen Negativen. Zolas typische Art, etwas „unveränderbar" zu machen, ist die Vernichtung". In der Tat kulminiert der positivistische Impuls, etwas „festzustellen", oftmals im Tod der Protagonisten, die Schmetterlingen gleich aufgespießt werden.
[44] Zola, *Oeuvres I*, 520 f.
[45] Taine, *Histoire de la littérature anglaise*, I, XV.
[46] Zola, *Oeuvres I*, 520 f.
[47] Köhler, *Vorlesungen*, 160.

len die Romane im Zweiten Kaiserreich – der Untertitel des Werks lautet daher: „Histoire naturelle et sociale d'une famille sous le Second Empire". Der erste Band des Zyklus", „La Fortune des Rougon" (1870), steckt die genetischen Dispositionen der Familiensaga ab: Adelaïde Fouque, die Stamm-Mutter der Rougon-Macquart, ist die Keimzelle für die nervlichen Gefährdungen und die Triebhaftigkeit, aber auch für die Zähigkeit und den kämpferischen Überlebenswillen der Rougon-Macquart.[48] Die beiden Zweige dieses Geschlechts, die eheliche Rougon-Linie und die uneheliche Macquart-Linie, gehen auf zwei sehr unterschiedliche Stammväter zurück: Rougon, von Beruf Gärtnerbursche, ist zwar ungehobelt und schwerfällig, dafür aber solide, während Macquart, ein Trinker und Schmuggler, den „traurigen Blick eines unsteten Triebmenschen" hat.[49] „La Fortune des Rougon" enthält auch eine programmatische Aussage bezüglich der Zielsetzung des gesamten Romanzyklus". Zola schreibt im Vorwort:

> „Ich möchte erläutern, wie sich eine Familie, eine kleine Gruppe von Wesen, in einer Gesellschaft verhält, indem sie sich entfaltet, um zehn, zwanzig Einzelwesen hervorzubringen, die auf den ersten Blick grundverschieden erscheinen, die aber, wie die Analyse zeigt, innig miteinander verbunden sind. Die Vererbung hat ihre Gesetze wie die Schwerkraft.
> Ich werde versuchen, durch Lösung der zwiefachen Frage des Temperaments und der Umwelt den Faden zu finden und zu verfolgen, der mit mathematischer Genauigkeit von einem Menschen zum anderen führt".[50]

---

[48] Schmidt, *Die literarische Rezeption des Darwinismus*, 87 erwägt, Zola könnte zu seinem Romanzyklus durch einen Vortrag Ernst Haeckels „Über die Entwicklungstheorie Darwins" angeregt worden sein. Dieser Vortrag enthält einen humangenetischen Exkurs, der in der Tat die Grundgedanken von Zolas Familiensaga formuliert. Besonders der Fall einer individuellen Eigentümlichkeit, zumal einer Geisteskrankheit, die sich in einem ganzen Familienzweig vererbt, wird betont. Dies ist der Fall der Stamm-Mutter Adelaïde. In der Folge der Generationen werde das ererbte Urübel aber mehr und mehr verwischt und durch neue Besonderheiten verdrängt.

[49] Zola, *Die Rougon-Macquart*, Bd. 1, 63. / *Les Rougon-Macquart*, Bd. 1, 54: „le regard furtif et triste d'un homme aux instincts vagabonds". Indem ein Krimineller zum Stammvater gewählt wird, kommt auch eine Nebenbedeutung des Wortes Milieu zum Tragen: die Bedeutung „Halbwelt", „Verbrechermilieu": „groupe social vivant de la prostitution et de trafics illicites" (*Larousse*, 659). Diese Semantik ist im deutschen Fremdwort „Milieu" kaum mehr präsent. Lediglich das ans Romanische angrenzende Schweizerdeutsch verwendet das Wort „Milieu" auch in der Bedeutung „Dirnenwelt", „Stadtteil, Straße, in der Dirnen ihren Wirkungskreis haben" (vgl. *Fremdwörter-Duden*, 519).

[50] Ebd., 5. / *Les Rougon-Macquart*, Bd. 1, 7: „Je veux expliquer comment une famille, un petit groupe d'êtres, se comporte dans une société, en s'épanouissant pour donner naissance à dix, à vingt individus, qui paraissent, au premier coup d'oeil, profondément dissemblables, mais que l'analyse montre intimement liés les uns aux autres. L'hérédité a ses lois, comme la pesanteur.
Je tâcherai de trouver et de suivre, en résolvant la double question des tempéraments et des milieux, le fil qui conduit mathématiquement d'un homme à un autre homme."

Der Gesamtzyklus ist also so konzipiert, dass jeder der zwanzig Bände einen jeweils anderen Familienangehörigen in eine jeweils andere Umwelt versetzt und auf diese Weise das Panorama aller nur erdenklichen Milieus entwirft:⁵¹ das Milieu der provinzlerischen Aufsteiger („La fortune des Rougon"), das Milieu der Pariser Spekulanten („La curée", Bd. 2, 1871), das Milieu der Priester („La faute de l'abbé Mouret", Bd. 5, 1875), das Milieu der städtischen Proletarier (L'Assommoir" Bd. 7, 1877), das Milieu der Prostitution

---

51 Das schönste Loblied auf den enzyklopädischen Charakter seiner Milieu-Studien hat Zola sich selbst gesungen (*Die Rougon-Macquart*, Bd. 20, 164 ff.: „das ist eine ganze Welt, eine Gesellschaft und eine Zivilisation, das ganze Leben ist darin enthalten mit seinen guten und schlechten Trieben, geschmolzen und geformt wie im Feuer einer Schmiede... Ja, unsere Familie könnte heute der Wissenschaft als Beispiel dienen, der Wissenschaft, deren Hoffnung es ist, eines Tages mit mathematischer Exaktheit die Gesetze der Wechselfälle der Nerven und des Blutes zu formulieren, die in einer Rasse als Folge einer ersten organischen Schädigung zutrage treten und die je nach dem Milieu bei jedem Individuum dieser Rasse die Gefühle, die Triebe, die Leidenschaften, alle menschlichen Äußerungen, alle natürlichen und instinktiven, erzeugen, deren Produkte den Namen von Tugenden oder Lastern annehmen. Zugleich ist unsere Familie ein historisches Zeugnis, sie erzählt die Geschichte des Zweiten Kaiserreiches vom Staatsstreich bis Sedan; die Unseren sind aus dem Volk hervorgegangen, haben sich in der ganzen gegenwärtigen Gesellschaft verbreitet und sind in alle Stände eingedrungen, fortgerissen vom Übermaß der Begierden, von jenem wahrhaft modernen Drang, jenem Peitschenhieb, der die niederen Klassen quer durch alle sozialen Schichtungen den Genüssen zutreibt... [...] Da sind soziale Studien, der Klein- und Großhandel, die Prostitution, das Verbrechen, die Erde, das Geld, die Bourgeoisie, das Volk, das in der Kloake der Vorstädte vorkommt, und das Volk, das in den großen Industriezentren aufbegehrt, die ganze immer stärker werdende Bewegung des überlegenen Sozialismus, der das neue Zeitalter gebiert [...] Da sind einfache menschliche Studien [...] ... Da ist Erdichtetes [...] ... Es ist von allem etwas darin, Gutes und Böses, Gemeines und Erhabenes, Blumen, Schmutz, Schluchzen, Lachen, der Strom des Lebens selber, auf dem die Menschheit endlos dahintreibt / *Les Rougon-Macquart*, Bd. 20, 114 f: „c'est un monde, une société et une civilisation, et la vie entière est là, avec ses manifestations bonnes et mauvaises, dans le feu et le travail de forge qui emporte tout... Oui, notre famille pourrait, aujourd'hui, suffire d'exemple à la science, dont l'espoir est de fixer un jour, mathématiquement, les lois des accidents nerveux et sanguins qui se déclarent dans une race, à la suite d'une première lésion organique, et qui déterminent, selon les milieux, chez chacun des individus de cette race, les sentiments, les désirs, les passions, toutes les manifestations humaines, naturelles et instinctives, dont les produits prennent les noms de vertus et de vices. Et elle est aussi un document d'histoire, elle raconte le second empire, du coup d'Etat à Sedan, car les nôtres sont partis du peuple, se sont répandus parmi toute la société contemporaine, ont envahi toutes les situations, emportés par le débordement des appétits, par cette impulsion essentiellement moderne, ce coup de fouet qui jette aux jouissances les basses classes, en marche à travers le corps social... [...] Il y a des études sociales, le petit et le grand commerce, la prostitution, le crime, la terre, l'argent, la bourgeoisie, le peuple, celui qui se pourrit dans le cloaque des faubourgs, celui qui se révolte dans les grands centres industriels, toute cette poussée croissante du socialisme souverain, gros de l'enfantement du nouveau siècle... Il y a de simples études humaines [...] ... Il y a de la fantaisie [...] ... Il y a de tout, de l'excellent et du pire, du vulgaire et du sublime, les fleurs, la boue, les sanglots, les rires, le torrent même de la vie charriant sans fin l'humanité!"

(„Nana", Bd. 9, 1880), das Milieu der Warenhäuser und des untergehenden Kleinhandels („Au bonheur des dames", Bd. 11, 1883), das Milieu der Bergarbeiter („Germinal", Bd. 13, 1885), das Milieu des Künstlers („L'Oeuvre", Bd. 14, 1886), das Milieu der Eisenbahn („La bête humaine", Bd. 17, 1890) – um nur einige zu nennen. Die Zolaforscherin Rita Schober hat geltend gemacht, dass die „diachrone Achse der erbbiologischen Verkettungen" bei der praktischen Ausführung des Plans zum Zyklus der „Rougon-Macquart" immer mehr in den Hintergrund getreten sei, während die „synchrone Ebene der „wirkenden Milieus" um desto größere Bedeutung erlangt habe.[52]

„L'Assommoir"

Ein Beispiel für die oben korrelationstheoretisch genannte Verschränkung von erbbiologischer Verkettung und Milieueinwirkung ist der Roman „L'Assommoir"/„Der Totschläger" (1877). Die zur kleinbürgerlichen Anständigkeit veranlagte, jedoch in einer Säuferfamilie aufgewachsene Gervaise Macquart entflieht den verkommenen Verhältnissen ihres Elternhauses und heiratet den tüchtigen und braven Arbeiter Coupeau. Einige Zeit lebt das Paar in bescheidenem Glück; da stürzt Coupeau von einem Dach und erholt sich körperlich nur sehr schwer, psychisch aber gar nicht von diesem Schicksalsschlag: Er beginnt zu trinken und zehrt Gervaises mühsam erworbene Verdienste für seinen Schnaps auf. Langsam erlahmt auch Gervaises moralischer Widerstand, und nachdem sich Coupeau im Rausch zu Tode getanzt hat, geht sie auf die Straße, wird Vagabundin und prostituiert sich. Offenkundig ist es ein weder erblich noch durch das Milieu bedingter *Zufall*, ein Unfall, eine Laune des Schicksals, die den Untergang der Kleinbürgerfamilie herbeiführt. Doch bleibt unklar, ob Zola diesem Zufall eine autonome Funktion zusprechen will, oder ob er in ihm nur den Katalysator eines Degenerationsprozesses sieht, der angesichts genetischer Vorbelastungen, Sozialisation in einem Alkoholikermilieu und angesichts des proletarischen Elends, in dem Gervaise und Coupeau ihr Dasein fristen,[53] ohnehin zum Ausbruch gekommen wäre. Beinahe scheint es aber, als habe sich der Vorbehalt des Taine-Essays gegenüber Systemzwängen jeder Art im „zufälligen" Wendepunkt von „L'Assommoir" eine heimliche Bresche geschlagen.

---

[52] Kindler, Bd. 17, Artikel „Rougon-Macquart", 1074.
[53] Anzumerken ist, dass die lebensnahe Darstellung dieses Milieus sprachlich durch den Gebrauch des Argot realisiert wird – eine Verfahrensweise, an der sich die häufig im Soziolekt und/oder Dialekt geschriebenen Dramen des deutschen Naturalismus orientierten.

„Germinal"

Gervaises' unehelicher Sohn Étienne Lantier, Protagonist von „Germinal", dem 1885 erschienenen dreizehnten Band des Zyklus", scheint gar das Zeug zu einem Voluntaristen zu haben, der sich gegen den „grausen Zufall", aufgrund seiner Erbanlagen zur Gewalttätigkeit disponiert zu sein,[54] entschlossen zur Wehr setzt. Dieser durchaus als „Held" anzusprechende Protagonist sieht sich in ein Bergarbeiter-Milieu versetzt, das von Zola ebenso detailgenau und klischeefrei beschrieben wird wie das bürgerliche Konträrmilieu des Grubendirektors Hennebeau und des Aktionärs Grégoire. Indessen erschöpft sich der Roman nicht in der „beschreibenden Monographie eines Milieus":[55] Die unverfälschte Wiedergabe des materiellen Elends und sittlichen Niedergangs hat eine mythisch-symbolische Tiefendimension. Was Gustave Flaubert über „Nana", den neunten Band der „Rougon-Macquart", gesagt hat: „Nana tourne au mythe, sans cesser d'être réelle",[56] könnte so auch für „Germinal" gelten, ja, man könnte sagen: „Germinal" ist ein Musterbeispiel „nachromantischer Mythopoiesis";[57] ein Musterbeispiel auch für das symbolische Moment des Naturalismus, der als „réalisme romanesque"[58] und „réalisme symbolique"[59] in den Vordergrund tritt und einen Umschlag des „impressionisme descriptif" in den „expressionisme symbolique" bewirkt.[60] Schließlich hatte Zola die mimetische Maxime schon im Taine-Essay unter den Vorbehalt des Deutens gestellt: „Ainsi, il est bien convenu que l'artiste se place devant la nature, qu'il la copie en *l'interprétant*".[61] Zu folgern ist also: Überall da, wo das subkutan Symbolische – nicht: Symbolistische – des Naturalismus an die Oberfläche tritt, schlägt auch das verdrängte Mantisch-Hermeneutische des Experimentalisten durch.

---

[54] Zola, *Die Rougon-Macquart*, Bd. 13, 65: „wenn ich trinke, werd ich wie verrückt und möchte mich und andere umbringen ... Ja, ich brauche bloß zwei Gläser zu trinken, und schon könnte ich einen Menschen umbringen ... und nachher bin ich zwei Tage krank." Der Kommentar des Erzählers lautet (ebd.): „Er haßte den Branntwein mit dem Haß des letzten Abkömmlings eines Geschlechts von Säufern, dessen Leib unter der ganzen, vom Alkohol durchtränkten und verdorbenen Reihe der Vorfahren so zu leiden hatte, daß der geringste Tropfen für ihn zu Gift wurde." / Zola, *Germinal*, 52: „quand je bois, cela me rend fou, je me mangerais et je mangerais les autres ... Oui, je ne peux pas avaler deux petits verres, sans avoir le besoin de manger un homme ... Ensuite, je suis malade pendant deux jours. [...], il avait une haine de l'eau-de-vie, la haine du dernier enfant d'une race d'ivrognes, qui souffrait dans sa chair de toute ascendance trempée et détraqueé d'alcool, au point que la moindre goutte en était devenue pour lui un poison."
[55] Braun, *Emile Zola*, 206.
[56] Flaubert, Brief an Zola vom 15. Februar 1880 (*Correspondance*, Bd. 8, 388).
[57] Braun, *Emile Zola*, 232.
[58] Mitterand, *Zola*, 34.
[59] Vgl. die Studie Seaussaus: *Zola, le réalisme symbolique*.
[60] Mitterand, *Zola*, 71.
[61] Zola, *Mes Haines*, 176, Hervorh. v. Verf.

Abb. 1. „Capital and Labour". Anonyme Karikatur aus „Punch", 1843 [1]

Beispiele für eine solche Symbolisierung finden sich in „Germinal" zuhauf. So werden die schon im Kindesalter einer dumpfen Sexualität verfallenen Arbeiter leitmotivisch[62] mit brünstigen Tieren verglichen. Ebenso leitmotivisch ist der Vergleich des Schachts Voreux mit einem bösen Tier, das Menschenfleisch verschlingt und verdaut. Diese Parallele macht deutlich, dass die viehisch-brutale Lebensweise der Bergarbeiter auf die viehisch-brutalen Arbeitsbedingungen zurückzuführen ist, und das heißt auch: dass die mythische Dichte keineswegs um den Preis der naturalistisch-sozialkritischen Wahrheit erkauft wird. Étienne Lantier nun, der aus einem anderen Milieu kommt und als Maschinist über eine bessere Bildung als die Bergarbeiter verfügt, wehrt sich gegen den Teufelskreis aus viehischer Arbeit und viehischer Lebensweise. Nach der ersten Schicht unter Tage will er lieber „gleich verrecken als noch einmal in diesen Höllenschlund hinabsteigen, wo man kaum sein täglich Brot verdiente."[63] In der mythopoetischen Tiefenschicht des Romans[64] figuriert Étienne als Theseus, der den Kampf gegen den Minotaurus, das fleischfressende Minen-Untier aufnimmt, am Ende aber nur mit

---

[62] Wagnerianisches Leitmotiv-Prinzip ist bei Zola omnipräsent (vgl. Mitterand, *Zola*, 105).
[63] Zola, *Die Rougon-Macquart*, Bd. 13, 87.
[64] Vgl. die Studie von Borie: *Zola et les mythes*, worin die mythopoetische Tiefenschicht von Zolas Romanen mit Freuds Begriff des „Unterbewussten" enggeführt wird.

Abb. 2. Die Mine als Minotaurus. Zeichnung von A. Robida [2]

der toten Ariadne, der geliebten Arbeitsgefährtin Cathérine Maheu als einer „martyre de l'enfer industriel du XIXe siècle", zurückkommt.[65] Die erste Voraussetzung zum Kampf gegen das Schicksal ist aber die gedankliche Erfassung des Schicksals: „Sein Mannesstolz bäumte sich auf bei dem Gedanken, wie ein Tier leben zu müssen, das man blendet und zermalmt."[66] Und eben diese scharfsichtige Erkenntnis des Schicksals, das ihn erwartet, scheidet den Helden von der stumpfen „Schicksalsergebenheit" der „Herde"[67] – eine nietzscheanische Vokabel, die aufhorchen lässt. Doch obschon Étienne sich von der Masse der dumpf dahinvegetierenden Bergarbeiter abhebt: Seine Erkenntnis ist zu einem Gutteil Selbsterhaltungstrieb, gewissermaßen ein

---

[65] Diese Deutungsmöglichkeit eröffnet Mitterand, Zola, 92. Es ist das hohe Verdienst Martin Brauns, auf der Basis dieser und anderer Vorarbeiten gezeigt zu haben (Braun, Emile Zola, 200), „inwiefern Zola gerade auf dem Höhepunkt seiner Karriere als naturalistischer Roancier sein ästhetisches und poetologisches Konzept offenhält für eine Aussage, die literarische Traditionen (Romantik) und mythopoetische Strukturen als integrale Bestandteile seiner Naturalismuskonzeption mimetischer Wirklichkeitsschau synthetisiert." Braun stützt seine These einer naturalistisch-mythopoetischen Synthese unter anderem auf vergleichende Analysen des Bergwerk-Motivs in der deutschen Romantik (Novalis, Tieck, von Arnim, E.T.A. Hoffmann). Die Nähe Zolas zur französischen Romantik ist ohnedies unbestritten: Vielfach und zu Recht hat die Forschung die Verwandtschaft von Zola mit Hugo herausgestellt.
[66] Zola, Die Rougon-Macquart, Bd. 13, 99.
[67] Zola, Die Rougon-Macquart, Bd. 13, 88.

instinktiv geahnter Darwinismus, der durch „halbverdaute Lektüre" in kampfbereiten Sozialdarwinismus, d.h. in die ideologische Basis des von Étienne herbeigeführten Streiks verwandelt wird:

> „Etienne beschäftigte sich jetzt mit Darwin. In einer gekürzten gemeinverständlichen Ausabe zu fünf Sous hatte er Bruchstücke von ihm gelesen; und nach dieser halbverdauten Lektüre bildete er sich eine revolutionäre Idee über den Kampf ums Dasein. Die Mageren fraßen die Fetten auf, das starre Volk verschlang die bleiche Bourgeoisie."[68]

Auch dieser sozialrevolutionär gewendete Daseinskampf wird naturalmimetisch und mythopoietisch zugleich gestaltet: Zola war vor Ort, als am 19. Februar 1884 zwölftausend Bergarbeiter Anzins in den Streik traten, und zweifellos verdankt sich manches Detail der Streikschilderung von „Germinal" der Dokumentation dessen, was Zola in Anzin beobachtet hatte. Dieser Realismus hinderte Zola aber nicht, die revoltierenden Bergarbeiter-Frauen als rasende Mänaden darzustellen, die sich, wie im antiken Kultus der Kybele, bis zum die Kastration implizierenden Meuchelmord treiben lassen. Eine nicht minder grelle Symbolisierung des Daseinskampfes in seiner Gestalt als Klassenkampf bietet der brutal klammernde Griff des alten Bergmanns Maheu nach dem schneeweißen Hals Céciles, der Tochter des bürgerlichen Ehepaars Grégoire. Der arthritische und schon beinahe bewegungsunfähige Alte mobilisiert seinen ganzen Rest an Lebenskraft und Lebenswillen, um das unbedarfte, infantil-narzisstische Luxusgeschöpf zu erdrosseln. Ist dieser Mord durch die allzu lange zurückgehaltene Wut eines Unterdrückten motiviert, so glaubt Zola im Fall eines anderen Mordes die Vererbungslehre bemühen zu müssen, um die Gewalttat zu erklären: Infolge der heimlichen Zerstörung des Schachts Voreux durch den russischen Anarchisten Souvarine kommt es zu einem Grubenunglück; Etienne, Cathérine und deren unangetrauter Mann Chaval werden abgeschnitten und irren tagelang in den ausweglosen Schächten umher. Als Cathérine kurz vor dem Hungertod steht und sich Chaval vor den Augen Etiennes ein letztes Mal an ihr befriedigen will, schlägt Etienne ihn nieder. Dieser durch lange angestaute Eifersucht und verzweifelte Todesangst hinreichend motivierte Mord wird von Zola gleichwohl auf Etiennes vergiftete Erbanlage, den über mehrere Generationen angereicherten Alkoholgehalt der Macquarts, zurückgeführt:

> „Etienne war jetzt wie toll. Vor seinen Augen schwamm roter Nebel. Eine Woge von Blut preßte ihm die Kehle zusammen. Unwiderstehlich wie ein körperliches Bedürfnis, wie ein heißes, in einem Hustenanfall endendes Reizen der Schleimhaut überkam ihn das Verlangen, zu töten. Es wuchs, und mächtiger als sein Wille brach es unter dem Druck des Erbübels hervor. [...] Es war also geschehen. Er hatte getötet. Verworren stieg in seiner Erinnerung all das Ringen auf, das nutzlose Ringen gegen das in seinen Muskeln schlummernde Gift, den Alkohol, der sich allmählich in seiner Familie aufgespeichert hatte. Und doch war er

---

[68] Ebd., 630.

nur vom Hunger berauscht gewesen, die ferne Trunksucht seiner Vorfahren hatte genügt."[69]

Man wird beinahe versucht sein, den ererbten Alkoholgehalt von Étiennes Blut für ebenso symbolisch zu halten wie die anderen mythopoetischen Elemente des Romans – die zitierte Passage belegt, dass sich Wissenschaft und Fiktion bei einem Experimentalromancier zu ein und derselben Un-Heils-Geschichte verquicken können.[70] Heilsgeschichtlich gemeint ist dagegen der Titel des Romans, „Germinal", der den Monat des Keimens im französischen Revolutionskalender bezeichnet (21. März bis 19. April). Dieses Zauberwort: „Germinal!" muss, so gibt der Schluss der Romans zu verstehen, getroffen werden, auf dass die Welt des Arbeiters von utopischen Hoffnungen zu singen anhebe und auf dass der „grause Zufall" sozialer Ungerechtigkeit und der Streiktod zahlreicher Arbeiter am Ende der Unheilsgeschichte „Germinal" in ein erlösungsgewisses „So wollte ich es!" gewendet würden: „Ein Heer dringe aus der Tiefe der Grube empor, eine Ernte von Männern, deren Saat keime und an einem sonnenhellen Tag die Erde sprengen würde."[71] Innerhalb der zwanzigbändigen Un/Heilsgeschichte „Les Rougon-Macquart" lässt die Geburt des Erlösers aber vorerst noch auf sich warten: Sie ereignet sich erst im Schlussband. Zuvor muss der Mensch noch seine Kenosis zur „Bestie Mensch" („La bête humaine", Bd. 17, 1890) und in „Le débâcle" (Bd. 19, 1892) die Apokalypse seines Geschlechts erleiden.

---

[69] Zola, *Die Rougon-Macquart*, 704 / *Les Rougon-Macquart*, 522 f.: „Etienne, à ce moment, devint fou. Ses yeux se noyèrent d'une vapeur rouge, sa gorge s'était congestionnée d'un flot de sang. Le besoin de tuer le prenait, irrésistible, un besoin physique, l'excitation sanguine d'une muqueuse qui détermine un violent accès de toux. Cela monta, éclata en dehors de sa volonté, sous la poussée de la lésion héréditaire [...]. C'était donc fait, il avait tué. Confusément, toutes ses luttes lui revenaient à la mémoire, cet inutile combat contre le poison dans ses muscles, l'alcool lentement accumulé de sa race. Pourtant, il n'était ivre que de faim, l'ivresse lointaine des parents avait suffi."

[70] Vgl. Ripoll, *Réalité et mythe*, I, 18: „l'invocation du modèle scientifique et la création mythique, loin de s'opposer, sont liées l'une à l'autre."

[71] Zola, *Die Rougon-Macquart*, 405 / *Les Rougon-Macquart*, 301 f.: [...] poussait des profondeurs des fosses, une moisson de citoyens dont la sémence germait et ferait éclater la terre, un jour de grand soleil." Zur kritischen Einschätzung dieses Schlusses vgl. Kindler, Bd. 17, Artikel „Rougon-Macquart" (Rita Schober), 1074: Zola, so Schober, könne den Geschichtsoptimismus, mit dem „Germinal" schließen sollte und der „im Widerspruch zu der dem Zyklus unterlegten Grundthese" steht, „nicht narrativ entwickeln, sondern nur symbolisch setzen und zugleich in einer Reihe von biologischen Kreislaufmetaphern, die die unterschiedlichen Entwicklungskurven zu einer Einheit verklammern sollen, suggestiv beschwören." Die konterrevolutionäre Tendenz der Vegetationsmythologie von „Germinal" ist dabei evident: Zola läuft hier Gefahr „à immobiliser la condition ouvrière dans l'ordre de l'éternité naturelle au lieu de la mouvoir dans l'ordre d'un provisoire historique" (Mitterand, *Zola*, 86). Hier wird die Naturalismus-Kritik Bertolt Brechts ansetzen.

„La bête humaine"

Die Metapher der „Bestie Mensch" gebraucht Zola bereits seit 1866.[72] Wie Henri Mitterand gezeigt hat, ist diese Metapher Ausdruck einer poetologischen und einer anthropologischen Überzeugung: Als Romancier sieht sich Zola gezwungen, den Menschen mit derselben Unbestechlichkeit zu analysieren, als wenn ein fremdes Tier vorläge, dessen Art und Eigen-Art noch unbekannt und erst durch minutiöse Beobachtung zu ermitteln sind. Als Anthropologe erkennt Zola „que l'homme porte en lui, dans ses instincts primordiaux, une part de bestialité et de matérialité irrépressible."[73] Dem Anthropologen ist die „Bestie Mensch" also keine Metapher mehr, sondern eine Formel, die des Menschen Abstammung vom Tier anzeigt. Den Beweis für die Gültigkeit dieser Formel sucht Zola durch die Inszenierung behavioristischer Experimente zu erbringen: Zwar ist die Abstammung des Menschen vom Tier zumeist verdeckt, wird jedoch ein bestimmter Reiz auf den psychophysischen Komplex „Mensch" ausgeübt, so bricht sich die Bestie Bahn: Man „sieht rot",[74] beißt, mordet, vergewaltigt. Dies ist der Augenblick, in dem die Determinanten des Milieus und der Vererbung in voller Schreckensgewalt zu Tage treten und vor dem inneren Auge der Erschreckten das Ansehen von Gespenstern oder der Moira höchstselbst annehmen, die den Menschen in ihren Spinnennetzen ersticken und seine geistig-ethische Substanz aussaugen.[75]

---

[72] Vgl. Mitterand, *Zola*, 75.
[73] Ebd.
[74] Zola, *Die Rougon-Macquart*, Bd. 17: *Das Tier im Menschen*, 76 u.ö. / *Les Rougon-Macquart*, 53 u.ö: „voir rouge".
[75] Vgl. Braun, *Emile Zola und die Romantik*, 95: „Die Vererbung erhält letztlich die Qualität des Fatums" und Köhler, *Vorlesungen*, 163: „Über seine Absicht hinaus, „am physiologischen Kausalnexus einer kranken Familie ein vollständiges Bild der Gesellschaft des Zweiten Kaiserreichs zu entwerfen", hat Zola in den Augen von Köhler einen „großen Mythos des Schicksals" geschaffen. Vgl. vor allem auch den Kommentar von Rita Schober zu *Die Rougon-Macquart*, Bd. 17: *Das Tier im Menschen*, 563 f.: „Blind wie die *Moira* der Alten wirken die Determinanten des Taineschen Positivismus und des Darwinismus. In ihrem Netz gefangen, bleiben den Menschen nur die krankhaften Zuckungen mechanisch aufgezogener Puppen. Sie verlieren die lebendige Fülle ihrer Entscheidungsmöglichkeiten, in ihren Handlungen steckt nie der Keim dialektischer Entwicklung." Der Verlust der geistig-ethischen Substanz erweist die kriminologische Bedeutung der Vererbungs- und Milieutheorie. Siehe hierzu *Wörterbuch der Soziologie*, 10: „Die Anlagetheorie ist diejenige Richtung der Kriminologie, die, anknüpfend an Lombroso und seine Schule, die Ursachen der Verbrechen ausschließlich oder überwiegend in der Anlage des Täters und ihren erbbiologischen Voraussetzungen erblickt." Dagegen sieht die Milieutheorie (ebd., 335) „die Ursache der Verbrechen ausschließlich oder überwiegend in der Umwelt und ihren materiellen Bedingungen". „La bête humaine" ist als ein literarisches Experiment konzipiert, das den Wahrheitswert dieser beiden Theorien ermitteln soll. Wäre Jacques Lantier als Mörder seiner Geliebten Séverine Roubaud entlarvt worden, man hätte ihm wohl in doppelter Hinsicht „mildernde Umstände" zusprechen müssen.

Bei Jacques Lantier wird in diesen Augenblicken das Erbübel der Säuferfamilie Macquart dominant und treibt ihn zum Lustmord:

> „Er war nicht mehr Herr über sich, er gehorchte seinen Muskeln, dem tollwütigen Tier. Dabei trank er nicht, selbst ein Gläschen Branntwein versagte er sich, weil er bemerkt hatte, daß ihn der geringste Tropfen Alkohol verrückt machte. Und schließlich dachte er, er büße für die anderen, für die Väter und Großväter, die getrunken hatten, für die Generationen von Trinkern, deren verdorbenes Blut in ihm war, eine langsame Vergiftung, eine wilde Menschenscheu, die ihn auf die Stufe weiberfressender, in der Tiefe der Wälder lauernder Wölfe zurückwarf."[76]

Ein Exorzist müsste her! – aber ein solcher, der die Dämonen des Rationalismus austriebe: jenes naturalistischen Rationalismus zumal, der auf die „siegreich die Geheimnisse der Natur entschleiernden Naturwissenschaft" schwört.[77] Denn solche Sieges- und Herrschaftsgelüste führen bekanntlich zur Entfremdung von der Natur, also dazu, dass sich die Natur „zu einem die Persönlichkeit bedrohenden Wesen, zu einem destruktiven, selbstzerstörerischen Phänomen" verselbständigt, „das die Persönlichkeit gleichsam überfällt, das die Menschen geistig nicht zu bewältigen vermögen und dem sie schließlich unterliegen."[78] Zwei Stufen des Unterliegens gibt es: die primäre, phobische und die sekundäre, kontraphobische, die sich in physischen Gewaltakten und/oder geistigem Heroismus äußert. Das Spinnen-Netz der Moira, in dem die Marionetten des Handlungsgesetzgebers Zola sich verwickeln, ist, im Sinne der „Dialektik der Aufklärung", also auch als Spinnen-Gesetz der Mills, Spencers, Comtes und anderer Zufallsphobiker zu dekonstruieren. Dass Zola selbst kein positivistischer Total-Rationalist war, dafür spricht einmal mehr die mythopoetische Tiefenschicht seines Werkes, die sich in der Personifikation der Eisenbahn kondensiert. Für den Lokomotivführer Jacques Lantier ist die Eisenbahn und zumal ihr Kopfstück, die Lok, deren Herrscher er ist, eine Art Spiegel dessen, was er ist und was er sein will: Während sich Jacques selbst nämlich auf die Stufe des Tiers, ja der Trieb-Maschine zurückgestoßen sieht, wofür die Lokomotive in ihrer eigentlichen Bedeutung eine Metapher wäre, überträgt er das, was er offenbar nicht ist, aber sein will, auf die Lokomotive, der nicht nur „Leben"/„vie", sondern sogar eine „Persönlichkeit"/„personnalité" zugesprochen wird;[79] sie trägt überdies einen Namen („Lison"), der sie zu einem unverwechselbaren Individuum macht. Die Lokomotive in ihrer uneigentlichen Bedeutung steht

---

[76] *Die Rougon-Macquart*, Bd. 17, 81 / *Les Rougon-Macquart*, Bd. 17, 56: „Il ne s'appartenait plus, il obéissait à ses muscles, à la bête enragée. Pourtant, il ne buvait pas, il se refusait même un petit verre d'eau-de-vie, ayant remarqué que la moindre goutte d'alcool le rendait fou. Et il en venait à penser qu'il payait pour les autres, les pères, les grands-pères, qui avaient bu, les générations d'ivrognes dont il était le sang gâté, un long empoisonnement, une sauvagerie qui le ramenait avec les loups mangeurs de femmes, au fond des bois."
[77] *Zehn Thesen der Vereinigung „Durch!"*, zit. nach: *Naturalismus*, 91.
[78] Schmidt, *Die literarische Rezeption des Darwinismus*, 78 f.
[79] *Die Rougon-Macquart*, Bd. 17, 222 u.ö. / *Les Rougon-Macquart*, Bd. 17, 149.

somit für all jene spezifisch menschlichen Qualitäten, die der „Bestie Mensch" aberkannt werden: Die Personifizierung der Lokomotive und die Bestialisierung des Menschen stehen in inverser Analogie zueinander. Denn gerade das reibungslose Funktionieren dessen, was am Menschen Triebwerk und vernunftlose Maschinerie im Sinne des Behaviorismus ist, indiziert die Krankheit des spezifisch Humanen.[80] Desto trostloser ist die Schlussvision des Romans: Der Heizer versucht, von Eifersucht getrieben, Jacques unter die Räder zu werfen, beider Körper werden zerstückelt; die Lokomotive rast führerlos ins Nirgendwo.

„Le Docteur Pascal"

Diese Trostlosigkeit macht die Geburt des Erlösers, die im zwanzigsten und letzten Band der „Rougon-Macquart" statt hat, desto erbaulicher. „Le docteur Pascal" erschien 1893 und verband die Liebesgeschichte zwischen Doktor Pascal und seiner Nichte Clotilde[81] mit einer populärwissenschaftlichen Einführung in die Lehren Darwins, Haeckels, Prosper Lucas"[82] und August Weismanns über Vererbung und Degeneration. Zugleich nimmt das Monumentalwerk der „Rougon-Macquart" im „Docteur Pascal" eine selbstreflexive Wendung – wobei Selbstreflexion hier mehr mit Selbstapotheose als mit Selbstkritik zu tun hat. Denn jene Familienmitglieder, die der Leser in den neunzehn vorangehenden Bänden kennengelernt hat, haben, so scheint es, letztlich nur den einen Zweck, dem Vererbungstheoretiker Pascal Rougon – und letztlich Zola selbst – als „Experimentierfeld" zu dienen.[83] Mit folgendem Ergebnis:

---

[80] Vgl. den Kommentar von Rita Schober zu *Die Rougon-Macquart*, Bd. 17, 569.
[81] Pascal hatte seine Nichte nach dem Tod der Mutter zu sich ins Haus genommen – nicht zuletzt, um „mit ihr den Versuch zu machen, wie sie wohl in einem anderen, ganz aus Wahrheit und Liebe bestehenden Milieu heranwachsen würde. Das war ein ihn ständig beschäftigendes Anliegen, eine alte Theorie, die er gern im großen ausprobiert hätte: Kultur durch den Einfluß des Milieus, ja sogar Heilung, Besserung und Rettung des Menschen an Leib und Seele." (*Die Rougon-Macquart*, Bd. 20, 487 / *Les Rougon-Macquart*, Bd. 20, 332: „mais sans doute aussi était-il désireux de tenter sur elle l'expérience de savoir comment elle pousserait dans un milieu autre, tout de vérité et de tendresse. C'était, chez lui, une préoccupation constante, une théorie ancienne, qu'il aurait voulu expérimenter en grand: la culture par le milieu, la guérison même, l'être amélioré et sauvé, au physique et au moral.")
[82] „Traité philosophique et physiologique de l'hérédité naturelle dans les états de santé et de maladie du système nerveux, avec l'application méthodique des lois de la procréation au traitement général des affections dont elle est la principe" (1847–1850). Zola hat die beiden Bände des Traité in den Jahren 1868 und 1869 sehr gründlich durchgearbeitet.
[83] *Die Rougon-Macquart*, Bd. 20, 51.

Abb. 3. Entwurf für eine Veröffentlichung der Londoner Eugenics Society, um 1930 [3]

„Er war ausgegangen vom Prinzip der Erfindung und vom Prinzip der Nachahmung: Vererbung oder Fortpflanzung von Lebewesen unter der Herrschaft der Konstanz, Angeborensein oder Fortpflanzung von Lebewesen unter der Herrschaft der Veränderlichkeit. Bei der Vererbung hatte er nur vier Fälle gelten lassen: die direkte Vererbung, bei der Eigenschaften des Vaters und der Mutter in der physischen und psychischen Natur des Kindes auftreten; die indirekte Vererbung, bei der Eigenschaften aus Seitenlinien – Onkel und Tanten, Vettern und Basen – auftreten; schließlich die Vererbung einer Nachwirkung, bei der Eigenschaften früherer Partner auftreten, zum Beispiel Eigenschaften des ersten Mannes, der das Weib für die künftige Empfängnis gleichsam gezeichnet hat, selbst wenn er nicht mehr Urheber dieser Empfängnis ist. Im Falle des Angeborenseins vereinigten sich die physischen und psychischen Merkmale der Eltern, ohne daß sich von ihnen irgend etwas in dem neuen oder neu scheinenden Wesen wiederzufinden scheint. Später hatte er, auf diese beiden Beziehungen – Vererbung, Angeborensein – zurückgreifend, sie wieder untergliedert, wobei er die Vererbung in zwei Fälle teilte, die Elektion des Vaters oder der Mutter beim Kind, die Wahl, die individuelle Dominanz oder die Mischung der Merkmale beider, eine Mischung, die drei Formen annehmen und vom unvollkommensten bis zum vollkommensten Zustand gehen konnte: Verschweißung, Dissemination, Verschmelzung. Für das Angeborensein hingegen gab es nur einen möglichen Fall, die Verbindung, die chemische Verbindung, die bewirkt, daß zwei zusammentreffende Körper einen neuen Körper bilden können, der völlig verschieden ist von denen, die ihn erzeugt haben. Bei seinen Versuchen, zu diesen Fakten eine übergreifende Theorie zu entwerfen, war Pascal „von den Gemmulae Darwins, von seiner Pangenesis, über die „stirpes" von Galton zur Perigenesis Haeckels gelangt. Dann hatte er die Vorahnung jener Theorie gehabt, der

Weismann später zum Sieg verhelfen sollte: er war bei der Vorstellung von einer ungemein feinen und vielschichtigen Substanz, dem Keimplasma, stehengeblieben, von dem ein Teil in jedem neuen Wesen immer vorhanden bleibt, damit er auf diese Weise unveränderlich, unwandelbar von Generation zu Generation weitergegeben werde."[84]

Das Bemerkenswerteste an dieser Summe Zolascher Exzerption ist das Anfangsprinzip: „Er war ausgegangen vom Prinzip der Erfindung und vom Prinzip der Nachahmung". Ausgegangen war Pascal, der Naturwissenschaftler, also von einer Synthese, an der kein Literat, sofern er mehr als Fotograf sein will, vorbeikommt: poietische Mimesis. Pascal ist eben gar kein Naturwissenschaftler, Pascal ist ein Dichter, Pascal ist Zola – und dies zu erkennen, braucht man keinen dekonstruktivistischen Scharfblick zu haben:

> „Ach, diese beginnenden Wissenschaften, diese Wissenschaften, in denen die Hypothese stammelt und die Phantasie sich noch frei entfalten kann, sie sind ebensosehr der Bereich der Dichter wie der Wissenschaftler! Die Dichter marschieren als Bahnbrecher in der Vorhut, und oft entdecken sie jungfräuliches Land, weisen auf kommende Lösungen hin. Sie haben da einen Spielraum zwischen der schon errungenen, endgültigen Wahrheit und dem Unbekannten, dem man die Wahrheit von morgen entreißen wird ... Welch ungeheures Fresko gäbe es zu malen, welche gewaltige menschliche Komödie und Tragödie

---

[84] *Le Docteur Pascal*, 37 f.: „Il était parti du principe d'invention et du principe d'imitation, l'hérédité ou reproduction des êtres sous l'empire du semblable, l'innéité ou reproduction des êtres sous l'empire du divers. Pour l'hérédité, il n'avait admis que quatre cas: l'hérédité directe, représentation du père et da la mère dans la nature physique et morale de l'enfant; l'hérédité indirecte, représentation des collatéraux, oncles et tantes, cousins et cousines; l'hérédité en retour, représentation des ascendants, à une ou plusieurs générations de distance; enfin, l'hérédité d'influence, représentation des conjoints antérieurs, par exemple du premier mâle qui a comme imprégné la femelle pour sa conception future; même lorsqu'il n'en est plus l'auteur. Quant à l'innéité, elle était l'être nouveau, ou qui paraît tel, et chez qui se confondent les caractères physiques et moraux des parents, sans que rien d'eux semble s'y retrouver. Et dès lors, reprenant les deux termes, l'hérédité, l'innéité, il les avait subdivisés à leur tour, partageant, l'hérédité en deux cas, l'élection du père et de la mère chez l'enfant, le choix, la prédominance individuelle, ou bien le mélange de l'un et de l'autre, et un mélange qui pouvait affecter trois formes, soit le moins bon ou plus parfait; tandis que, pour l'innéité, il n'y avait qu'un cas possible, la combinaison, cette combinaison chimique qui fait que deux corps peuvent constituer un nouveau corps, totalement différent de ceux dont il est le produit. C'était là le résumé d'un amas considérable d'observations, non seulement en anthropologie, mais encore en zoologie, en pomologie et en horticulture. Puis, la difficulté commençait, lorsqu'il s'agissait, en présence de ces faits multiples, apportés par l'analyse, d'en faire la synthèse, de formuler la théorie qui les expliquât tous. Là, il se sentait sur ce terrain mouvant de l'hypothèse, que chaque nouvelle découverte transforme; et, s'il ne pouvait s'empêcher de donner une solution, par le besoin que l'esprit humain a de conclure, il avait cependant l'esprit assez large pour laisser le problème ouvert. Il était donc allé des gemmules de Darwin, de sa pangenèse, à la périgenèse de Haeckel, en passant par les stirpes de Galton. Puis, il avait eu l'intuition de la théorie que Weismann devait faire triompher plus tard, il s'était arrêté à l'idée d'une substance extrêmement fine et complexe, le plasma germinatif, dont une partie reste toujours en réserve dans chaque nouvel être, pour qu'elle soit ainsi transmise, invariable, immuable, de génération en génération".

gäbe es zu schreiben über die Vererbung, die die eigentliche Genesis der Familien, der Gesellschaften und der Welt ist!"[85]

Auch, was seine Philosophie des „Lebens" angeht, ist Pascal ein ganzer Zola:

> „Alles in allem hatte Doktor Pascal nur einen Glauben, den Glauben an das Leben. Das Leben war die einzige Offenbarung Gottes. Das Leben war Gott, die große Triebkraft, die Seele des Alls. Und das Leben hatte kein anderes Werkzeug als die Vererbung; die Vererbung formte die Welt, so daß sich die Welt nach Belieben einrichten ließe, wenn man nur die Gesetze der Vererbung erkennen und erfassen könnte, um sie anzuwenden. Pascal, der die Krankheit, das Leiden und den Tod aus der Nähe gesehen hatte, fühlte das kämpferische Mitleid des Arztes in sich. Ach, nicht mehr krank sein, nicht mehr leiden, so wenig wie möglich sterben! Sein Traum lief auf den Gedanken hinaus, daß man das universelle Glück, das künftige Reich der Vollkommenheit und der Glückseligkeit beschleunigt herbeiführen könnte, wenn man helfend eingriffe und allen Gesundheit verliehe."[86]

Ein erster konkreter Versuch in dieser Richtung sind subkutane Einspritzungen von gesunder Nervensubstanz – Hirn und Kleinhirn von Hammeln unter Beigabe von destilliertem Wasser und Malagawein –, die Pascal zunächst bei sich selbst, dann bei seinen Patienten ausprobiert und mit denen er wahre Wunder erzielt:

> „Und angesichts dieses glücklichen Fundes der Alchimie des zwanzigsten Jahrhunderts tat sich eine ungeheure Hoffnung auf; er glaubte das Allheilmittel entdeckt zu haben, das Lebenselixier, bestimmt zur Bekämpfung der Debilität des Menschen, der alleinigen wirklichen Ursache aller Krankheiten, einen echten, wissenschaftlichen Jungbrunnen, der Kraft, Gesundheit und Willen verlieh und dadurch eine ganz neue, höherstehende Menschheit schaffen würde."[87]

---

[85] *Die Rougon-Macquart*, Bd. 20, 153 / *Les Rougon-Macquart*, Bd. 20, 107 f.: „Ah! ces sciences commençantes, ces sciences où l'hypothèse balbutie et où l'imagination reste maîtresse, elles sont le domaine des poëtes autant que des savants! Les poëtes vont en pionniers, à l'avant-garde, et souvent ils découvrent les pays vierges, indiquent les solutions prochaines. Il y a là une marge qui leur appartient, entre la vérité conquise, définitive, et l'inconnu, d'où l'on arrachera la vérité de demain ... Quelle fresque immense à peindre, quelle comédie et quelle tragédie humaines colossales à écrire, avec l'hérédité, qui est la Genèse même des familles, des societés et du monde!"

[86] *Die Rougon-Macquart*, Bd. 20, 55 / *Les Rougon-Macquart*, Bd. 20, 40: „En somme, le docteur Pascal n'avait qu'une croyance, la croyance à la vie. La vie, c'était Dieu, le grand moteur, l'âme de l'univers. Et la vie n'avait d'autre instrument que l'hérédité, l'hérédité faisait le monde; de sorte que, si l'on avait pu la connaître, la capter pour disposer d'elle, on aurait fait le monde à son gré. Chez lui, qui avait vu de près la maladie, la souffrance et la mort, une pitié militante de médecin s'éveillait. Ah! ne plus être malade, ne plus souffrir, mourir le moins possible! Son rêve aboutissait à cette pensée qu'on pourrait hâter le bonheur universel, la cité future de perfection et de félicité, en intervenant, en assurant de la santé à tous."

[87] *Die Rougon-Macquart*, Bd. 20, 59 / *Les Rougon-Macquart*, Bd. 20, 42: „Et, devant cette trouvaille de l'alchimie du XXe siècle, un immense espoir s'ouvrait, il croyait avoir découvert la panacée universelle, la liqueur de vie destinée à combattre la débilité humaine, seule cause réelle de tous les maux, une véritable et scientifique fontaine de Jouvence, qui, en donnant de la force, de la santé et de la volonté, referait une humanité toute neuve et supérieure."

Was Pascal von manchem eugenischen Alchimisten der Gegenwart positiv unterscheidet, ist jedoch seine Fähigkeit zu Selbstzweifeln – Selbstzweifeln, in denen sich die Selbstzweifel des Romanciers spiegeln, der über zwanzig Bände hinweg Schicksal gespielt hat:

> „Die Natur korrigieren, eingreifen, sie verändern und in ihrer Absicht behindern, ist das ein lobenswertes Tun? Heilen, den Tod eines Menschen um seines persönlichen Vergnügens willen hinauszuzögern, sein Leben zweifellos zum Schaden der Gattung verlängern, heißt das nicht zunichte machen, was die Natur im Sinne hat? Und haben wir das Recht, von einer gesünderen, kräftigeren Menschheit zu träumen, die nach unseren Vorstellungen von Gesundheit und Kraft geformt ist? Was geht uns das an, was mischen wir uns ein in diese mühevolle Arbeit des Lebens, dessen Mittel und Zweck wir nicht kennen? Vielleicht ist alles gut. Vielleicht laufen wir Gefahr, die Liebe zu töten, das Genie, das Leben selber... Hörst du, ich gestehe es dir allein: der Zweifel hat mich gepackt, ich zittere bei dem Gedanken an meine Alchimie des zwanzigsten Jahrhunderts, ich glaube allmählich, daß es erhabener und gesünder ist, der Entwicklung ihren Lauf zu lassen."[88]

Der Zweifel reicht bis zur angstvollen Ahnung, der Traum vom allbeglückenden Genom könne Größenwahn und also, sofern der Mensch als *bête humaine* definiert ist, Rinderwahnsinn sein:

> „Er, der sich noch vor zwei Monaten so triumphierend gerühmt hatte, nicht zur Familie zu gehören – sollte er nun auf so schreckliche Weise Lügen gestraft werden? [...] Seine Mutter hatte es gesagt: er wurde wahnsinnig vor Hochmut und Angst. Sein erhabener Gedanke, seine schwärmerischer Gewißheit, das Leiden abzuschaffen, den Menschen Willenskraft zu geben, eine neue, gesunde, höher stehende Menschheit zu schaffen, war gewiß nichts anderes als der beginnende Größenwahn."[89]

Genauso wahnsinnig ist freilich das Autodafé der Schriften des Doktors, das Pascals Mutter Félicité, unliebsame Enthüllungen ihrer Familiengeschichte fürchtend, und die treuherzige Dienerin Martine, ihrerseits besorgt um Pascals Seelenheil, nach dessen Tod veranstalten:

---

[88] *Die Rougon-Macquart*, Bd. 20, 218 / *Les Rougon-Macquart*, Bd. 20, 192: „Corriger la nature, intervenir, la modifier et la contrarier dans son but, est-ce une besogne louable? Guérir, retarder la mort de l'être pour son agrément personnel, le prolonger pour le dommage de l'espèce sans doute, n'est-ce pas défaire ce que veut faire la nature? Et rêver une humanité plus saine, plus forte, modelée sur notre idée de la santé et de la force, en avons-nous le droit? Qu'allons-nous faire là, de quoi allons-nous nous mêler dans ce labeur de la vie, dont les moyens et le but nous sont inconnus? Peut-être tout est-il bien. Peut-être risquons-nous de tuer l'amour, le génie, la vie elle-même? ... Tu entends, je le confesse à toi seule, le doute m'a pris, je tremble à la pensée de mon alchimie du XXe siècle, je finis par croire qu'il est plus grand et plus sain de laisser l'évolution s'accomplir."
[89] *Die Rougon-Macquart*, Bd. 20, 195 / *Les Rougon-Macquart*, Bd. 20, 135: „Lui qui, deux mois plus tôt, se vantait si triomphalement de n'en être pas de la famille, allait-il donc recevoir le plus affreux des démentis? [...] Sa mère l'avait dit: il devenait fou d'orgueil et de peur. L'idée souveraine, la certitude exaltée qu'il avait d'abolir la souffrance, de donner de la volonté aux hommes, de refaire une humanité bien portante et plus haute, ce n'était sûrement là que le début de la folie des grandeurs."

„Berauscht von der Hitze des Freudenfeuers, atemlos und in Schweiß gebadet, überließen sie sich einer wahren Zerstörungswut. Sie kauerten sich nieder, machten sich die Hände schwarz, wenn sie die nur halb verbrannten Manuskripte ins Feuer zurückstießen, und waren so ungestüm in ihren Bewegungen, daß ihnen Strähnen ihrer grauen Haare über die in Unordnung geratenen Kleider hingen. Es war ein Hexentanz, der einen höllischen Scheiterhaufen schürte für irgendeine Schandtat, es war das Martyrium eines Heiligen; der geschriebene Gedanke wurde öffentlich verbrannt, eine ganze Welt der Wahrheit und der Hoffnung vernichtet. Und die große Hoffnung, die für Augenblicke die Lampe verblassen ließ, tauchte den weiten Raum in rote Glut, ließ ihre übergroßen Schatten an der Decke tanzen."[90]

Die Dialektik der Aufklärung, die Zola teils bewusst, teils unbewusst seinen „Rougon-Macquart" eingeschrieben hat, hat an dieser Stelle ihre größte Reibungskraft: Auf der einen Seite der Wissenschafts-Alchimist Pascal, auf der anderen Seite die bauernschlaue Hexe Félicité. Fürwahr, eine derart extrem gepolte Welt hat einen Versöhner nötig – der denn auch nicht auf sich warten lässt. Es ist der Sohn Pascals, der Sohn jenes „Heilbringer[s]", der „von dem Augenblick an, da die Vererbung die Welt schuf, ihre Gesetze formulieren wollte, um über sie zu verfügen und eine glückliche Welt wiederherzustellen."[91] Und Pascals Sohn ist „vielleicht" der „Erlöser": „[...] in der warmen Stille, dem einsamen Frieden des großen Arbeitszimmers lächelte Clotilde dem Kinde zu, das noch immer trank und sein Ärmchen in die Luft streckte, aufrecht wie ein Banner, das zum Leben aufruft."[92] So gibt der als Lebensprophet überführte Experimentalpoetiker am Ende seines heilsgeschichtlichen Weges das Paradebeispiel eines mantischen Hermeneuten ab: Und die Zauberformel zur Deutung der „grausen Zufälle" des Second Empire lautet: „Aber so wollte ich es!" Hure Babylon, genannt Nana, fault sich zu Tode? Aber so wollte ich es! Der Zug von „La bête humaine" rast trostlos ins Verderben? Aber so wollte ich es! Le débâcle? Ich wollte es: Das alles war Bestandteil meines Erlösungs-Werkes, aus welchem, in Band zwanzig, der Messias sein Ärmchen hervorreckt!

---

[90] *Die Rougon-Macquart*, Bd. 20, 470 / *Les Rougon-Macquart*, Bd. 20, 320 f.: „Grisées par la chaleur de ce feu de joie, essoufflées, en sueur, elles cédaient à une fièvre sauvage de destruction. Elles s'accroupissaient, se noircissaient les mains à repousser les débris mal consumés, si violentes dans leurs gestes, que des mèches de leurs cheveux gris pendaient sur leurs vêtements en désordre. C'était un galop de sorcières, activant un bûcher diabolique, pour quelque abomination, le martyre d'un saint, la pensée écrite brûlée en place publique, tout un monde de vérité et d'espérance détruit. Et la grande clarté, qui, par instants, pâlissait la lampe, embrasait la vaste pièce, faisait danser au plafond leurs ombres démesurées."

[91] *Die Rougon-Macquart*, Bd. 20, 177 / *Les Rougon-Macquart*, Bd. 20, 123: „qui, du moment où l'hérédité faisait le monde, voulait en fixer les lois pour disposer d'elle, et refaire un monde heureux."

[92] *Die Rougon-Macquart*, Bd. 20, 501; 505 / *Les Rougon-Macquart*, Bd. 20: 341: „le rédempteur peut-être." 344: „Et, dans le tiède silence, dans la paix solitaire de la salle de travail, Clotilde souriait à l'enfant, qui tétait toujours, son petit bras en l'air, tout droit, dressé comme un drapeau d'appel à la vie."

Deutsche Zola-Polemik – Der „Entartungs"-Ideologe Max Nordau

Angesichts dieser wahrhaft titanenhaften Züge des Autors der „Rougon-Macquart" kann es kaum erstaunen, dass die deutsche Zola-Rezeption, ob sie nun den Diaboliker schmähte oder den Prometheus feierte,[93] häufig Nietzsche-Vokabular im Munde führte. In der prometheischen Sangart gilt dies zumal für die Herausgeber des Münchner Naturalisten-Organs „Die Gesellschaft"; in der diabolischen Sangart an erster Stelle für Max Nordau, dessen 1892 erschienene, „Entartung" betitelte Schmähschrift auf Décadents aller Art Zola mit ähnlichen Titeln wie den in den obigen Ausführungen verwendeten versieht – allerdings unter einer anderen Voraussetzung. Zunächst kritisiert Nordau die wissenschaftliche Ambition der „Zolaisten": Während etwa die Milieutheorie in der „Anthropologie und Soziologie höchst fruchtbar" sei, stifte sie in der Dichtung nur Verwirrung:[94] Statt „künstlerischer Gestaltung" suche der milieutheoretisch operierende Künstler „uns Wissenschaft zu geben, und er gibt uns falsche Wissenschaft".[95] Denn: „Die Wissenschaft kann mit der Erdichtung nichts anfangen. Sie braucht keine erfundenen Menschen und Handlungen, und wenn sie noch so wahrscheinlich erfunden sind, sondern Menschen, die gelebt, Handlungen, die stattgefunden haben."[96] So heißt es gegen die Konzeption des Experimental-Romans gerichtet, Zola meine,

> „einen Versuch gemacht zu haben, wenn er nervenkranke Personen erdichtet, sie in erdichtete Verhältnisse stellt und erdichtete Handlungen vollführen läßt. Ein wissenschaftlicher Versuch ist eine an die Natur gerichtete verständige Frage, auf welche die Natur, nicht der Frager selbst, die Antwort geben soll. Fragen stellt Zola auch. Aber an wen? An die Natur? Nein; an seine eigene Einbildungskraft. [...] Die Ergebnisse, zu denen Zola bei seinen angeblichen ‚Experimenten' gelangt, sind objektiv nicht vorhanden; sie bestehen nur in seiner Einbildung; sie sind nicht Thatsachen, sondern Behauptungen, denen Jeder nach seinem Belieben glauben oder nicht glauben kann."[97]

Aus dieser fiktionalwissenschaftlichen Haltung Zolas leitet Nordau nun her, was, wie oben gezeigt, auch seriösere Forscher, als Nordau einer war, behauptet haben: „Zola ist eben durch und durch Romantiker in seinem

---

[93] Bis zur Mitte der 80er Jahre wurde Zola von beinahe allen deutschen Literaturkritikern abgelehnt. Hauptsächlicher Kritikpunkt – zumal in der bürgerlichen Literaturkritik – war Zolas Abkehr von der idealistischen Ästhetik und ihrer Orientierung an der Einheit des Wahren, Guten und Schönen. Mit der Herausbildung einer modernen Literaturtheorie, in der auch und gerade das Hässliche Heimatrecht hat, tritt ein Wandel in der Zola-Rezeption ein (im Detail nachgezeichnet in Sältzers Studie *„Entwicklungslinien der deutschen Zola-Rezeption"*). Ab 1885 („Germinal") erscheinen die deutschen Übersetzungen von Zolas Romanen gleichzeitig mit den französischen Erstausgaben.
[94] Nordau, *Entartung*, 382.
[95] Ebd., 383.
[96] Ebd., 385.
[97] Ebd., 386.

Verhalten zur Welterscheinung und in seiner Kunstmethode."[98] Der Unterschied besteht in der Inkrinimierung des „atavistischen Anthropomorphismus und Symbolismus", den Nordau Zola zuschreibt und der ihm zufolge eine „Folge unentwickelten oder mystisch verworrenen Denkens ist und sich bei Wilden als natürliche, bei Entarteten aller Kategorien als Rückschlags-Form der Geistesthätigkeit findet."[99] Wie „Hugo, wie die Romantiker zweiten Ranges", sehe Zola

> „jede Erscheinung ungeheuerlich vergrößert, geheimnißvoll drohend, unheimlich verzerrt. Sie wird ihm wie dem Wilden zum Fetisch, dem er böse, feindselige Absichten zuschreibt. Maschinen sind grause Unthiere, die Vernichtung träumen; Straßen von Paris öffnen Molochsrachen, um Menschenmengen zu verschlingen; ein Modemagazin ist ein angsterregendes, übernatürlich gewaltiges Wesen, das keucht, anzieht, erdrückt u.s.w. Die Kritik hat es, ohne Verständniß für die psychiatrische Bedeutung dieses Zuges, schon lange hervorgehoben, daß in jedem Romane von Zola irgend eine Erscheinung wie eine Zwangsvorstellung herrscht, den Mittelpunkt des Werkes bildet und als ein grausiges Symbol in das Leben und Thun aller Personen hineindroht [...]. Diesen Symbolismus haben wir bei allen Entarteten, außer bei den eigentlichen Symbolisten und den anderen Mystikern auch bei den Diabolikern und namentlich bei Ibsen, angetroffen."[100]

Die wesentliche Tücke des Symbolismus bestehe dabei darin, die Menschen zu „Automaten" zu machen, „durch die irgend eine geheimnißvolle Gewalt, ein Schicksal im antiken Sinne, eine Naturkraft, ein Zerstörungsprinzip, sich kundgibt."[101]

Freuds „Studien über Hysterie" (1895) und die „Traumdeutung" (1900) waren zwar noch nicht erschienen: Dennoch hätte der Arzt Nordau ahnen können, dass die rationalistische Verdrängung des mythisch-unfasslichen, monströs-bedrohlichen Moments der Moderne ungleich größere Dämonen gebären musste als dessen künstlerische Verarbeitung zu Angst-Symbolen. Denn wer Angst-Symbole ahndet, verdrängt die eigene Realangst, huldigt einer Ideologie des angstfreien Heroismus und schafft damit den Nährboden für jene Trias von Verdrängung, Phobie und kontraphobisch-dezisionistischer Brutalität, die der Entstehung des Faschismus so förderlich war.[102]

---

[98] Ebd., 393.
[99] Ebd., 393 f.
[100] Ebd.
[101] Ebd., 394.
[102] Die Geschichte des Dritten Reichs, das die „entartete" Dämonisierung des modernen Lebens in der Kunst – auch in der Literatur Zolas – ahndete, um in der Realität grauenvollere Dämonen zu gebären, als sich je ein Künstlerhirn ausgedacht, belegt, was besser unbelegt geblieben wäre.

Ein Blick auf den skandinavischen Naturalismus

Einer näheren Betrachtung ist in diesem Zusammenhang die Nordausche Diskriminierung des skandinavischen Naturalismus wert. Sei es aufgrund des zur melancholischen Resignation disponierenden nordischen Klimas, sei es aus anderen Gründen: Auffallend ist, dass die von Nordau heimlich postulierte kontraphobische Wendung bei den skandinavischen Naturalisten fast immer ausbleibt. So in Herman Bangs Roman „Hoffnungslose Geschlechter" (1880), aber auch in Ibsens Drama „Gespenster" (1881), das den Fall einer ebenso unverschuldeten wie unaufhaltsamen Degeneration schildert: Obwohl Frau Alving ihren Sohn Osvald dem Milieu der Familie, d.h. dem Einfluss des triebbesessenen Vaters, entriss und ihn außerhalb erziehen ließ, zeigt dieser, als er nach des Vaters Tod zu seiner Mutter zurückkehrt, alle Anzeichen der mit den Ausschweifungen des Vaters eingedrungenen Degeneration. Am Ende bricht die drohende, vermutlich syphilitische Hirn-Paralyse wirklich aus – eben, als nach langen Regentagen, gegensymbolisch, die Sonne aufgeht. Auch die Dramen Strindbergs, etwa „Fräulein Julie" (1889), sprechen ihren Protagonisten den Willen und erst recht die Kraft zur Bezwingung des Schicksals weitgehend ab.

Die Theoretiker des deutschen Naturalismus

Bei den deutschen Naturalisten ist die Lage uneinheitlicher. Beinahe alle Theoretiker bestreiten den freien Willen, und zwar – intendiertermaßen – nicht aus Pessimismus, sondern auf der Basis positivistischer Determination. Die Positionen der Literaten und zumal derjenigen, die nicht oder jedenfalls nicht ausschließlich als Theoretiker hervortraten, sind in puncto Willensfreiheit dagegen eher von subkutanem, bisweilen auch offenem Voluntarismus geprägt, der geniepoetologisch motiviert ist. Schließlich drohte die Absprechung der Willensfreiheit den empfindlichsten Punkt des Künstler-Narzissmus, den Glauben an die eigene Genialität, zu verletzen, und das konnte auch von einem wissenschaftsgläubigen Dichter nicht ohne weiteres geduldet werden. Um dies genauer zeigen zu können, soll das folgende Kurzreferat zentraler theoretischer Schriften auf die Frage der Willens(un)-freiheit und auf den Sonderstatus des Genies fokussiert werden.

In der eingangs erwähnten Abhandlung „Die naturwissenschaftlichen Grundlagen der Poesie. Prolegomena einer realistischen Ästhetik" (1887) postulierte der Schriftsteller Wilhelm Bölsche, dass eine menschliche Handlung als „das restlose Ergebnis gewisser Faktoren, einer äußeren Veranlassung und einer inneren Disposition" zu verstehen sei,[103] d.h. als Ergebnis von Umwelt und Innenwelt, Milieu und Innermenschlichem. Sind diese Fak-

---

[103] Zit. nach *Theorie des Naturalismus*, 131.

toren bekannt, muss sich, so Bölsche, die Handlungsweise eines Menschen mathematisch exakt vorausberechnen lassen. Die Frage nach der Willensfreiheit ist damit obsolet, und Bölsche bewertet die Willensunfreiheit gar als Gewinn: „Für den Dichter aber scheint mir in der Thatsache der Willensunfreiheit der höchste Gewinn zu liegen."[104] Ähnlich argumentiert der Literaturkritiker und Programmatiker Conrad Alberti in seiner Schrift „Natur und Kunst" (1890): Die Willensunfreiheit sei die Ermöglichungsbedingung der konsequenten Milieutheorie wie auch der Vererbungslehre – und beide böten den Künstlern sowohl neuartigen Stoff als auch neuartige Methoden der Darstellung.[105] Das interessanteste Motiv, das der Künstler den Lehren Darwins entnehmen könne, sei gerade der Konflikt zwischen idealistischem Wollen und physischem Unvermögen aufgrund erblicher Determiniertheit:

> „Dieser Kampf des Menschen mit der Natur, der im Grunde aussichtslos und von Uranfang an entschieden ist und dennoch von dem Menschen, der diesen Umstand in seiner Leidenschaft und Verblendung vergisst, mit der gewaltigsten Thatkraft beharrlich bis zum eigenen Untergang fortgesetzt wird, ist das herrlichste tragische Grundmotiv der modernen Literatur. Dasselbe, was für die griechischen Tragiker der Kampf der Menschen gegen das Schicksal war."[106]

Eingeräumt wird von Alberti die Sonderstellung des Genies: Man wisse nicht, „ob das Genie, ganz allgemein als Geistes-Konstitution aufgefaßt, den Bedingungen der Erblichkeit unterliegt"; eine „gewisse Höhe des geistigen Vermögens bei beiden Eltern oder einem Teil scheint der Entstehung des Genies sehr förderlich zu sein, doch eine sehr bedeutende eher schädlich": die Kinder eines Genies zeigten eher „die Merkmale geistigen Verfalls".[107] Auch an „Klima, Land, Race und Jahreszeit" sei das Genie nicht gebunden (ebd.);[108] ebensowenig an das „soziale Milieu".[109] Dieser Ansicht ist auch der Schriftsteller Karl Bleibtreu, der mit seiner „Revolution der Literatur" (1886) einen wesentlichen Anstoß zur Herausbildung des programmatischen Naturalismus gegeben hatte. In „Zur Psychologie der Zukunft" (1890) hält Bleibtreu der Lehre von der Heredität entgegen, sie könne doch niemals erklären,

---

[104] Bölsche, *Die naturwissenschaftlichen Grundlagen*, 34.
[105] Das Milieu, so Alberti, verleiht der Kunst „eine Fülle ungeahnter neuer Ausdrucksformen, Farben, Töne, es steigert die Ausdrucksfähigkeit jeder Kunst in unerhörtem Grade. Die Begründung jedes Charakters, jeder Handlung" werde „nun eine viel tiefere" (*Natur und Kunst*, 57). Siehe auch ebd., 253: „Der Roman unserer Erwartung ist der Roman des „Milieu", der natürlichen Verhältnisse, dem nichts Menschliches fremd zu sein braucht, dem aber das Menschliche stets das Symbol des Naturgesetzlichen sein muß."
[106] Ebd., 218.
[107] Ebd., 38.
[108] Ebd.
[109] Ebd., 39.

warum „ein Spießbürger mit einer jovialen derben Durchschnittsfrau einen Goethe" gezeugt haben könnte.[110]

Solche Geniefreundlichkeit und Determinismusskepsis findet sich bei Arno Holz, dem prominentesten Theoretiker des deutschen Naturalismus, mitnichten. Und doch: Die Angst vor dem „grausen Zufall" ist abwesend anwesend im Preislied auf die „Erkenntnis von der durchgängigen Gesetzmäßigkeit alles Geschehens", das den Anfang von Holzens Schrift „Die Kunst, ihr Wesen und ihre Gesetze" (1890–1892) bildet. Unter „Gesetzmäßigkeit" versteht Holz jene induktiv-positivistische Kausalität, die von Comte, Mill, Spencer und Taine, den „Schutzheiligen" des Dichters,[111] als Schutzwehr wider die Unberechenbarkeit aufgerichtet worden war. Erst durch diese Gesetzmäßigkeit, so Holz in anaphorisch-hyperbolischer Erregtheit, „ist uns die Welt aus einem blinden, vernunftlosen Durcheinanderwüten blinder, vernunftloser Einzeldinge [...] zu einem einzigen, riesenhaften Organismus geworden, dessen kolossale Glieder logisch ineinandergreifen, in dem jedes Blutkügelchen seinen Sinn und jeder Schweißtropfen seinen Verstand hat."[112] Genauer betrachtet, basiert der deterministische Totalitarismus bei Holz allerdings nicht auf so sehr auf Comte und Mill als vielmehr auf Nietzsche und dessen voluntaristischer Abwehr des „grausen Zufalls": Im Abschnitt 3 seiner „Kunst"-Schrift beschwört Holz – wiederum stark anaphorisch – das „Wollen" der Soziologie als das „Wollen, die Menschheit, durch die Erforschung der Gesetzmäßigkeit der sie bildenden Elemente genau in dem selben Maße, in dem diese ihr gelingt, aus einer Sklavin ihrer selbst, zu einer Herrscherin ihrer selbst zu machen."[113] Und wenn sich Holz im folgenden auch alle Mühe gibt, seine Formel „Kunst = Natur – x"[114] vom durch Zola noch zugestandenen Einfluss des „Temperaments" freizuhalten,[115] so ist gleichwohl zu vermuten, dass das ominöse „x" im Fall von Holz und manch anderem Naturalisten nicht zuletzt in jenem „Willen" liegt, den der Willens-Metaphysiker Schopenhauer zwar aus der „Welt" herleitete, der aber ursprünglich der Ausdruck eines subjektiven Begehrens und mithin auch Sache des „Temperaments" ist. Sollte sich dieser subkutane Voluntarismus auch im literarischen Werk von Arno Holz niederschlagen?

---

[110] Bleibtreu, *Zur Psychologie der Zukunft*, 250.
[111] Brief vom 29. Juli 1888 an Oskar Jerschke (Holz, *Briefe*, 81).
[112] Holz, *Die Kunst*, 3.
[113] Ebd., 5.
[114] Ebd., 14 u.ö.
[115] Vgl. ebd., 15.

Arno Holz/Johannes Schlaf: „Papa Hamlet"

Die Daseinskampf-Devise „Das Leben ist brutal",[116] die durchaus als Leitmotiv des Dramas „Papa Hamlet" bezeichnet werden könnte, scheint dies in der Tat nahezulegen. Allerdings ist klar, dass sich das 1889 erschienene, von Arno Holz und Johannes Schlaf gemeinsam verfasste Drama prinzipiell nicht auf die Seite der Starken, der Sieger im Daseinskampf, stellen wollte, sondern auf die Seite der Schwachen. Der Dramenheld Niels Thienwiebel, ein ehemals bejubelter Hamlet-Darsteller, ist insofern eine durchaus ambivalent gezeichnete Figur: Einerseits wird Thienwiebels Versuch, den Frust wegen des ausbleibenden Engagements und der zunehmenden Proletarisierung durch gesteigertes Herrschaftsgebaren und brutale Quälerei des Säuglings Forthinbras zu kompensieren, äußerst kritisch beleuchtet. Andererseits wird deutlich gemacht, dass Thienwiebel nur das willenlose Opfer des bisweilen ungerechten und brutalen Schauspieler-Milieus ist, das, wie eine wankelmütige Fortuna, bald den einen, bald den anderen Darsteller begünstigt.

Arno Holz/Johannes Schlaf: „Die Familie Selicke"

Auch die Familie Selicke, Kollektivheldin des gleichnamigen, 1890 uraufgeführten Gemeinschaftsdramas von Holz und Schlaf, ist Opfer des Milieus und eigener moralischer Verfehlungen zugleich. Ursprünglich dem halbgebildeten[117] Kleinbürgertum zugehörend, ist die Familie aufgrund der Trunksucht des Vaters zusehends verelendet und ein Opfer des Daseinskampfes geworden. Der milieufremde Untermieter Wendt, ein Student der Theologie, hat darüber alle seinen metaphysischen Illusionen verloren:

> „Die Menschen sind nicht mehr das, wofür ich sie hielt! [...] Sie sind nichts weiter als Tiere, raffinierte Bestien, wandelnde Triebe, die gegeneinander kämpfen, sich blindlings zur Geltung bringen bis zur gegenseitigen Vernichtung! Alle die schönen Ideen, die sie sich zurechtgeträumt haben, von Gott, Liebe und ... eh! das ist ja alles Blödsinn! Blödsinn! Man ... tappt nur so vor sich hin. Man ist die reine Maschine!"[118]

Von gattungspoetologischem Interesse ist der Umstand, dass Holz und Schlaf diese Fremdbestimmung durch Triebe und Schicksalsmächte in die dramatische Form übertragen haben: Wie Fritz Martini gezeigt hat, findet in „Familie Selicke" keine dramatische Entwicklung statt, vielmehr wird die Determination eines im Klammergriff des Milieus gehaltenen Lebensprozes-

---

[116] Holz / Schlaf, *Papa Hamlet*, 22 u.ö
[117] Auf den Bildungsanspruch deuten die Gipsstatuetten „Schiller und Goethe" sowie der bekannte Kaulbachsche Stahlstich „Lotte, Brot schneidend", die in der Regieanweisung genannt werden (Holz / Schlaf, *Die Familie Selicke*, 5).
[118] Ebd., 29.

ses in Gestalt des undynamischen Einakters mimetisch reproduziert.[119] Auch Günther Mahal hat hervorgehoben, dass es den naturalistischen Stückeschreibern ebensowenig um „konventionelle Handlungsfülle" wie um Aufbau, Entfaltung, „Entwicklung der Charaktere" zu tun sein konnte, sondern nur um deren genetische Analyse.[120] Der naturalistische Einakter wäre sonach als „analytisches Drama" zu bezeichnen, und dies in zweifacher Hinsicht: einmal im klassisch-sophokleischen Sinn, zum anderen im modernnaturwissenschaftlichen Sinn eines minuziös-sezierenden Verfahrens. So waren die Charaktere des naturalistischen Dramas, wie Mahl schreibt, „fertig", wenn sie die Bühne betraten; was allein folgen konnte, war ihre Zergliederung, Herleitung, das Aufdröseln ihrer Determiniertheit".[121]

Abb. 4. Kellerwohnung im Berliner Nordosten (1916) [1]

---

[119] Vgl. Martini, Nachwort zu Familie Selicke, 71 f.: „Dem alten Prinzip der dramatischen Handlung wird genau entgegengesetzt, daß alle diese Menschen gerade nicht handeln können, daß sie in ihrem Milieu und mehr noch in ihrer psychologischen Artung gefangen, eingekerkert sind".
[120] Mahal, Naturalismus, 110.
[121] Ebd.

Das naturalistische Frühwerk Gerhart Hauptmanns: „Bahnwärter Thiel"

Auch in Gerhart Hauptmanns Novelle „Bahnwärter Thiel" (1888) werden menschliche und umweltliche Determinanten einer minuziösen Analyse unterworfen. Näherhin untersucht die „novellistische Studie", wie die divergenten Anlagen von Thiels Charakter – Phlegma und sexuelle Hörigkeit zum einen, mystische Begeisterungsfähigkeit und Sehnsucht nach dem Heilig-Unberührbaren zum anderen – unter dem katalytischen Einfluss einer „unerhörten Begebenheit" miteinander reagieren. Der charakterlichen Ambivalenz des Bahnwärters entsprechen in der Novelle die beiden Milieus oder Sphären,[122] zwischen denen Thiel sein Leben verbringt: dem in der Nacht zur Kapelle umgestalteten Wärterhäuschen, wo Thiel ekstatische Visionen seiner bei der Geburt des Sohnes Tobias verstorbenen ersten Frau Minna hat, steht das Wohnhaus gegenüber, in dem Thiels zweite Frau Lene das Regiment führt. Ganz im Gegensatz zu dem feingliedrigen und vergeistigten Frauentyp Minnas verkörpert Lene eine „brutale Leidenschaftlichkeit",[123] die von Thiel als unumstößliches Naturgesetz erlebt wird: Durch die „Macht roher Triebe" wird er alsbald von ihr „abhängig" und ist unfähig, der aggressiven Sexualität, die von Lenes geblähten Gliedern ausstrahlt, zu widerstehen:

> „Eine Kraft schien von dem Weibe auszugehen, unbezwingbar, unentrinnbar, der Thiel sich nicht gewachsen fühlte. Leicht gleich einem feinen Spinnengewebe und doch fest wie ein Netz von Eisen legte es sich um ihn, fesselnd, überwindend, erschlaffend".[124]

Der Vergleich mit einem Spinnen-Netz, dem klassischen Angstsymbol einer verstrickend übermächtigen Mutter und einer femme fatale, wird an späterer Stelle wiederholt, dort in Konstellation mit den Telegraphenstangen der Eisenbahngeleise. Auf diese Weise wird die wild heranrauschende Bahn, das Dingsymbol der „novellistischen Studie", mit jener durch nichts aufzuhaltenden Triebkraft enggeführt, die Thiel zu seiner Frau drängt und ihn gleichzeitig von ihr abstößt, weswegen er sein Wärterhaus als „sein Heiligstes" von Lene rein halten will.[125] In der Tat wird in dem Moment, da die Erdfrau und „Maschine"[126] Lene in das Wärterhäuschen eindringt, die Katastrophe ausgelöst: Thiels und Minnas Sohn Tobias wird von einer heranbrausenden Eisenbahn überrollt – als hätte jenes schicksalhafte Ungeheuer, das aus der

---

[122] Der Begriff des „Milieus" ist hier mit Vorsicht zu gebrauchen. Mahal, *Experiment zwischen Geleisen*, 202 betont zwar die Orientierung an Zolas Experimentalpoetik, meint aber, dass „die Bedeutung von Milieu und Sozialbindungen in dieser Novelle" von der Forschung „überschätzt" worden seien. Der Wärter pflege keinerlei Kontakte zu seiner näheren Umgebung, sei aus sozialer Sicht also nachgerade milieulos (ebd., Anm. 29).
[123] Hauptmann, GW 1, 225.
[124] Ebd., 236.
[125] Ebd., 240.
[126] Ebd., 247.

Überlagerung von technisch-moderner Dynamik und urtümlicher Triebhaftigkeit hervorging, ein Blutopfer verlangt.[127] Zu Recht hat daher die Forschung die tragischen und mythischen Züge von „Bahnwärter Thiel" herausgestellt: Ein „Verhängnis" von archaisch-elementarer Wucht"[128] wird archetypisch verdichtet und symbolisch transformiert.[129] Legt man nun den anhand von Zola entwickelten komplexen Naturalismus-Begriff zugrunde, so steht die „symbolistische Grundierung der Novelle" keineswegs im Gegensatz zu den „poetologischen Vorgaben des Naturalismus",[130] vielmehr ist sie die Frucht der von den Frühnaturalisten geforderten „Verschmelzung von Realismus und Romantik", die nach Ansicht von Cowen keinem anderen so gut wie Gerhart Hauptmann gelungen ist.[131] Dieses Verschmelzungspostulat, das der angrenzenden Epoche des Poetischen Realismus verpflichtet ist,[132] prägt auch die späteren Werke von Gerhart Hauptmann, insbesondere das Drama „Hanneles Himmelfahrt" (1893).

„Vor Sonnenaufgang"

Auch das am 20. Oktober 1889 in einer geschlossenen Vorstellung des literarischen Vereins „Freie Bühne" uraufgeführte soziale Drama[133] „Vor Sonnenaufgang" vereinigt Reales mit Mythischem, Archaisches mit Modernem: Dieses Drama ist Milieustudie und Erbfluchtragödie[134] in einem. Als Milieustudie schildert es die sozialen Verhältnisse in einem schlesischen Kohle-

---

[127] Vgl. Cowen, *Der Naturalismus*, 145.
[128] Marx, *Gerhart Hauptmann*, 274.
[129] Die Schlüsselbedeutung des Symbolischen für die Milieu-Zeichnung von „Bahnwärter Thiel" ist erstmals von Martini, *Gerhart Hauptmanns Bahnwärter Thiel*, herausgearbeitet worden. Wilfried van der Will schloss an den Befund an, indem er die „Voraussetzungen und Möglichkeiten einer Symbolsprache im Werk Gerhart Hauptmanns" untersuchte. Seine zentrale These lautet, dass die Symbolsprache Hauptmanns keineswegs mit dem Symbolismus der Ästhetizisten zu verwechseln, sondern in den Dienst der naturalistischen Zielsetzungen gestellt sei. So ermögliche die „Vorführung menschlicher Lebensgebärden" in Hauptmanns frühen Dramen eine „Determinationssymbolik" von typisch naturalistischer Unmittelbarkeit (41): Die Sprachgebärde, die durchaus auch alltagssprachlich sein könne (vgl. 34), trete an die Stelle des literarisch überformten Symbols und bewahre gleichwohl dessen Verweisungscharakter.
[130] Marx, *Gerhart Hauptmann*, 274.
[131] Cowen, *Der Naturalismus*, 146.
[132] Vgl. ebd., 142.
[133] Als „soziales Drama" im engeren Sinne werden die „Anklagedramatik des 19. Jh." und das „Mitleidsdrama des Naturalismus" bezeichnet. Letzteres mündete ins „ideologisch sozialistische Drama" (Wilpert, *Sachwörterbuch*, 868). „Soziales Drama" meint also kurz gesagt so viel wie „sozialkritisches Drama". Milieustudien stellen die Materialbasis der sozialkritischen Dramen bereit; das beste Beispiel hierfür ist Hauptmanns Drama „Die Weber".
[134] Auf die Nähe zur aristotelischen Tragödienpoetik, insbesondere zur Handlungsdisposition der Hamartia, der tragischen Blindheit, hat Zimmermann, *Hauptmanns* Vor Sonnenaufgang, aufmerksam gemacht.

revier: die Proletarisierung der einfachen Bauern, das Elend der Kohlearbeiter[135] und das ausbeuterische Spekulantentum der zu Reichtum gelangten Gutsbesitzer, deren moralischer und gesundheitlicher Verfall inmitten von Profitgier und Verschwendungssucht indes immer stärker voranschreitet. Allein Helene, die zweite Tochter des dem Alkohol verfallenen, durch den Verkauf von Land an Bergwerksgesellschaft zum Millionär gewordenen Witzdorfer Bauern Krause, vermag sich vor dem sittlichen Niedergang zu bewahren, da sie, auf Wunsch ihrer Mutter, der ersten Frau des Bauern Krause, in einer Herrnhuter Pension erzogen wurde und dadurch den verkommenen familiären Verhältnissen entfremdet wurde. Ihre Rettung aus dem „Sumpf" scheint zum Greifen nah – der Sozialdemokrat Alfred Loth, der in das Kohlerevier kam, um eine Studie über die Arbeits- und Lebensbedingungen der Bergleute zu verfassen, will sie heiraten – da wird er von seinem ehemaligen Freund Schimmelpfennig, dem Hausarzt der Krauses, über die desolate genetische Substanz dieser „Potatorenfamilie" aufgeklärt.[136] Nun hatte Loth schon im ersten Akt, noch nichts ahnend von der Trunksucht des Bauern Krause und seiner ältesten Tochter, seine Überzeugung von der Erblichkeit des Alkoholismus artikuliert:

> „Die Wirkung des Alkohols, das ist das Schlimmste, äußert sich sozusagen bis ins vierte und fünfte Glied. – Hätte ich nun das ehrenwörtliche Versprechen abgelegt, nicht zu heiraten, dann könnte ich schon eher trinken, so aber ... meine Vorfahren sind alle gesunde, kernige und, wie ich weiß, äußerst mäßige Menschen gewesen. Jede Bewegung, die ich mache, jede Strapaze, die ich überstehe, jeder Atemzug gleichsam führt mir zu Gemüt, was ich ihnen verdanke. Und dies, siehst du, ist der Punkt: ich bin absolut fest entschlossen, die Erbschaft, die ich gemacht habe, ganz ungeschmälert auf meine Nachkommen zu bringen."[137]

In seinem geradezu zwanghaften Glauben an die Allmacht der Vererbung entscheidet sich Loth, für den die „leibliche und geistige Gesundheit der Braut" „conditio sine qua non" einer Heirat ist,[138] nach der Mitteilung Schimmelpfennigs gegen die bereits zugesagte Heirat. Indem das Gegröl des vom Wirtshaus nach Hause torkelnden Vaters immer lauter wird, begeht

---

[135] Historischer Anlass für die Thematisierung des Bergwerkelends mag der Streik in den Kohlebergwerken des Ruhrgebietes gewesen sein, der am 1. Mai 1889, also ein halbes Jahr vor der Uraufführung von Hauptmanns Drama, ausbrach und den Hauptmann zur Kenntnis genommen hatte, wie ein Zeitungsausschnitt über den Streik belegt, den er in seinen Notizkalender geklebt hatte (Niewerth, *Die schlesische Kohle*, 217 f.).

[136] Hauptmann, GW 1, 365.

[137] Ebd., 290 f. Das Thema des erblichen Alkoholismus war auf den Versammlungen deutscher Naturforscher und Ärzte" schon früh diskutiert worden. 1837 zum Beispiel sprach Johann Heinrich de Chaufepie über den „Einfluß des Branntweins auf Gesundheit, Glück und Moralität" (15. Versammlung deutscher Naturforscher, Prag 1837, Bericht S. 56–61 (nach *Die Vorträge*, 29). Weitere interessante Vortragstitel nennt Mahal, *Naturalismus*, 54 f., Anm. 42.)

[138] Ebd., 326.

Helene Selbstmord; ihr Versuch, aus dem Milieu, in das sie geboren wurde, auszubrechen, ist tragisch gescheitert: Das Milieu, das sich einmal mehr als mythische Macht beweist, „behält und verschlingt seine Kinder", wie Saturn.[139] Zwar ist Helenes Selbstmord verschiedentlich als Freitod interpretiert worden, d.h. als der Versuch, durch freie Entscheidung für den Tod aus dem deterministischen Zirkel auszubrechen.[140] Doch diese Deutung ist allzu idealisierend und verkennt die Übermacht des „in Bauer Krause heranwankenden personifizierten Milieu[s]".[141] Das zunehmend lauter werdende Gegröl des Vaters löst in Helene, da nach Loths Abreise jeder Fluchtweg versperrt ist, wilde Panik aus, und diese Panik setzt die schwelende Verzweiflung über Loths Wortbruch vollends in Brand. Während nun Helenes Flucht vor dem zur Schicksalsmacht verdichteten Milieu ursprünglich auf einer Realangst basiert, d.h. auf der wohl begründeten Furcht, in der Gesellschaft eines alkoholabhängigen Vaters, einer alkoholabhängigen Schwester und einer moralisch verkommenen Stiefmutter seelisch zugrundezugehen, kann die Flucht Loths vor dem Gespenst des erblichen Alkoholismus nur als phobisch, d.h. als abnorm bezeichnet werden: Sie gründet auf einer fixen Idee, die derart Besitz von Loth ergriffen hat, dass er unfähig zu einer kritischen Reflexion seiner Handlungsweise ist. Die Unfähigkeit zur Rückwendung spricht sich auch schon in Loths Namen aus: Ganz wie der alttestamentliche Lot[142] entflieht Alfred Loth aus dem Säufer-Gomorrha, ohne auch nur einen Blick zurück zu werfen. Die Frage ist nur, ob Hauptmann diese Reflexionslosigkeit als Schicksalsnotwendigkeit, gleichsam als Gehorsam gegenüber dem Engel der Eugenik, oder als ethisches Versagen gedeutet wissen wollte. Diese Frage ist von der zeitgenössischen Kritik[143] wie auch von der aktuellen Forschung sehr unterschiedlich beantwortet worden. Bevor die divergierenden Meinungen kurz referiert werden, ist an dieser Stelle aber zunächst eine biographische Information einzuschieben, und zwar über das Vorbild für die Dramenfigur Alfred Loth – es sei verzerrt oder unkritisch kopiert. Dieses Vorbild ist zweifellos in dem bekannten Rassenhygieniker Alfred Ploetz zu suchen, dem Klassenkameraden von Gerhart Hauptmanns Bruder Carl, mit dem der Autor schon seit 1877 freundschaftlich verbunden war. Zur Entstehungszeit von „Vor Sonnenaufgang" schrieb Hauptmann eine Rezension

---

[139] Mahal, *Naturalismus*, 126.
[140] Diese These vertreten etwa Mittler, *Theorie und Praxis*, 229 und Sprengel, *Gerhart Hauptmann*, 74.
[141] Baseler, *Gerhart Hauptmanns Soziales Drama „Vor Sonnenaufgang"*, 315.
[142] Siehe 1. Mose, 19, 17-26.
[143] Zur Rezeption von „Vor Sonnenaufgang" vgl. die materialreiche und methodologisch gut reflektierte Studie von Hartmut Baseler.

über Loths Rassenlehre,[144] und der Tenor dieser Rezension wie auch die Überzeugung der Hauptmann-Biographen, dass die Freundschaft zu dieser Zeit noch ungebrochen war, lässt zweifelhaft erscheinen, dass Hauptmann in Loth „eine von ihm strikt abgelehnte ideologische Haltung" gestalten wollte.[145] Indessen kann eine Freundschaft ungebrochen und doch mit ideologischen Differenzen verbunden sein. Eine Selbstaussage Hauptmanns, in der er den Einfluss des Sozialhygienikers August Forel auf sein Schaffen betont,[146] deutet hierauf:

> „Vererbungsfragen sind schon damals in der Medizin und darüber hinaus viel diskutiert worden. Unter Forels und Ploetzens Führung auch in unserem Kreis. Die Degeneration im Bilde der Familie wurde, meines Erachtens zu Unrecht, meist auf den übertriebenen Genuß von Alkohol zurückgeführt. Aber der Kampf ums Dasein hat doch wohl andere Schädigungen in unendlicher Menge aufzuweisen, die den Kämpfer und also auch seine Nachkommen schwächen.
> Der Idealismus Ploetzens überschlug sich eines Tages, und er teilte uns mit, daß er sich nach halbjähriger freier Abstinenz persönlich Forel gegenüber verpflichtet habe, alkoholische Getränke für immer zu meiden. [...] Gelübde dieser Art abzulegen, wäre mir ebenso vorgekommen, als ob ich mich für das ganze Leben an eine Kette gelegt hätte. [...] Jede Art von Gefangenschaft hätte ich immer als gegen die Ehre meines freien Willens gerichtet empfunden."[147]

Die zeitgenössische Kritik, die Loths Hypostasierung des erblichen Alkoholismus zu einer Schicksalsmacht meistenteils scharf kritisierte,[148] rannte

---

[144] Hauptmann, GW XI, 541-544. Anzumerken ist weiterhin, dass Hauptmann während seines Berliner Studiums mit Ernst Haeckel bekannt gemacht und in einen vom Darwinismus begeisterten Freundeskreis eingeführt worden war. Hauptmann selbst freilich hat sich „niemals gänzlich den Naturwissenschaften verschrieben" (Schmidt, *Die literarische Rezeption des Darwinismus*, 153); sein biologisches Wissen blieb oberflächlich.

[145] Schmidt, *Die literarische Rezeption des Darwinismus*, 166.

[146] Die Bekanntschaft mit dem Direktor der Züricher Psychiatrie August Forel war Hauptmann durch Ploetz vermittelt worden. Die Besuche an Forels Züricher Anstalt boten Hauptmann Gelegenheit, die Lehre vom vererbbaren Alkoholismus an konkreten Fällen zu studieren.

[147] Hauptmann, *Sämtliche Werke / Centenar-Ausgabe*, Bd. VII, 1065. Aufschlussreich in bezug auf die Abstinenz ist die Autobiographie Forels, die in weiten Abschnitten von Banketts mit Wassertrinkern, Abstinenzkongressen, Abstinentenvolkshäusern, Abstinentenumzügen und überhaupt dem Kampf gegen den Alkohol handelt (Forel, *Rückblick auf mein Leben*).

[148] Exemplarisch ist Müller, *Bühnenradikalismus*, der die „Deszendenzmoral" des Dramas als „darwinistische Unmoral" anprangerte. Harden, *Dramatische Aufführungen* bezeichnet „Vor Sonnenaufgang" als eine „leider ernstgemeinte, ausgezeichnete Parodie auf die ohne jeglichen festen wissenschaftlichen Untergrund zum Dogma erhobene Descendenztheorie". Alberti, *Natur und Kunst*, 140 schreibt: „weder ist der Alkoholismus erblich (jeder Student der Medizin im ersten Semester muß über die pathologischen Unkenntnisse des Herrn Hauptmann ein Hohnlachen anschlagen), und nichts hindert, daß Helene Krause die gesundesten Jungen zur Welt bringt, noch giebt es so verrückte sozialistische Agitatoren, sondern dieselben haben den Malthus gelesen und wissen schlimmstenfalls, wie sich Kinderlosigkeit in der Ehe der Natur abzwingen läßt, noch giebt es in Schlesien so ver-

bei dem Schöpfer dieser Dramenfigur also offene Türen ein – nicht zuletzt wegen dessen Gebundenheit an die Genie-Poetik.[149] Der Einschätzung Georg Brandes", dass die Theorien vom Vererbungsdeterminismus „Gespenster" seien,[150] würde Hauptmann jedenfalls in bezug auf die Erblichkeit des Alkoholismus gewiss zugestimmt haben. Allerdings wird er von den „Gespenstern" Ibsens gelernt haben, dass sich das Gespenst der Vererbung in bestimmten Fällen durchaus real somatisiert und dass es darüber hinaus auch psychische Macht über den freien Willen handelnder Personen haben kann. Das beste Beispiel für psychische Fremdbestimmung aufgrund von Vererbungsphobie bietet Alfred Loth, der derart zwanghaft sein sozialhygienisches Territorium verteidigt, dass er nicht einmal dazu kommt, zu bedenken, „daß der Alkoholismus des alten Krause erst nach der Geburt und in Abwesenheit seiner jüngsten Tochter einsetzt, mithin auf Helene – auch nach den Erkenntnissen der zeitgenössischen Vererbungstheoretiker – nicht einwirken konnte."[151] Loth ist nicht, was er sein will, nämlich Sozialist, sondern er ist aristokratischer Darwinist, der die sozialen Verhältnisse – also auch die Soziogenese Helenes – nach Art des Sozialdarwinismus rein biologisch begreift.[152] Das Quidproquo von Sozialem und Biologischem geht so weit, dass Loth seinen „harten Kampf", „dessen Ende man nicht erleben kann": seinen sozialrevolutionären „Kampf um das Glück aller" und „im Interesse des Fortschritts" sich keineswegs als „Verdienst", als moralische Leistung anrechnet, sondern diesen Kampf als Folge einer ererbten humanistischen Gesinnung ansieht: „Verdienst ist weiter nicht dabei, Fräulein, ich bin so veranlagt."[153] Diese erbbiologische Argumentation unterliegt einem erheblichen Denkfehler: Während die Evolution im Darwinschen Verstande einen blinden, ateleologischen Selektionsprozess bezeichnet, der jeder „Vorsehung" enträt, ist die sozialpolitische Revolution erstens strikt teleologisch, d.h. an das Telos der klassenlosen Gesellschaft gebunden, und überdies Sache

---

kommene Bauernfamilien, noch giebt es endlich so ideale Bauerntöchter." Karl Bleibtreu wandte sich gegen das eugenische Zuchtwahlprinzip, bei dem die Ehe zu einem „Fortpflanzungsinstitut" verkomme (*Vor Sonnenaufgang*).

[149] Vgl. hierzu Sprengel, *Die Wirklichkeit der Mythen*, 49 f. und 53: Das Genie, so Hauptmanns mit Nietzsche geteilte Ansicht, „steht jenseits des Milieus." Siehe auch Hauptmanns Autobiographie „Die Bahn des Blutes" und deren Goethisches Motto „Wen du nicht verlässest Genius" (vgl. hierzu Sprengel, *„Die Bahn des Blutes"*, 607).

[150] Brief vom 4. September 1889, zit. nach Baseler, *Gerhart Hauptmanns Soziales Drama „Vor Sonnenaufgang"*, 121.

[151] Marx, *Gerhart Hauptmann*, 51.

[152] Diese Position Loths darf allerdings nicht mit derjenigen Hauptmanns verwechselt werden, wie es bei Mittler, *Theorie und Praxis*, 213 f., der Fall zu sein scheint: „Die sozialen Bedingungen sind für Hauptmann in „Vor Sonnenaufgang" diejenigen der Vererbung. Es ist dies die ungesellschaftliche biologistische Auffassung des Milieus, das wesentlich durch die Problematik von Alkoholismus und Vererbung definiert wird."

[153] Hauptmann, GW 1, 306.

der Planung, nicht des Zufalls.¹⁵⁴ Die Adaption der Darwinschen Lehre zu der von Loth vertretenen Eugenik fußt also auf dem grundsätzlichen Fehlansatz, die Evolution als berechenbar zu verstehen und mit den Mitteln des sozialrevolutionären Kampfes steuern zu wollen. Was hier statt hat, ist nichts anderes als eine kontraphobische Abwehr des „grausen Zufalls", die zusätzlich noch politisch aufgewertet wird. Auch die Betonung der Vokabel „Kampf" (s.o.) zeigt, dass Loth Gegenwehr betreibt, und zwar mit der Ideologie eines heroischen Herrenmenschen: Die Ablehnung des „Werther", den Loth gegenüber Helene als „ein Buch für Schwächlinge" bezeichnet,¹⁵⁵ ist in diesem Zusammenhang ebenso bezeichnend wie die an Nordau erinnernde Verdammung Ibsens und Zolas: „Es sind gar keine Dichter, es sind notwendige Übel. Ich bin ehrlich durstig und verlange von der Dichtkunst einen klaren, erfrischenden Trunk. – Ich bin nicht krank. Was Zola und Ibsen bieten, ist Medizin."¹⁵⁶ Bedenkt man nun, dass Hauptmann selbst in einem Brief an Heynen vom 12. Februar 1889 den Einfluss Zolas und Ibsens auf „Vor Sonnenaufgang" herausgestellt hat,¹⁵⁷ dass er überdies ein scharfer Kritiker Nordaus war,¹⁵⁸ so kann eigentlich kein Zweifel daran bleiben, dass der Autor eine kritische Rezeption der Dramenfigur Loth intendierte.

„Das Friedensfest"

Von hier aus könnte Licht auch auf die umstrittene Frage fallen, ob Hauptmanns weiteres dramatisches Frühwerk, zumal das 1890 uraufgeführte Drama „Das Friedensfest", den Vererbungs- und Milieudeterminismus belegen oder revidieren will. Während der eine Teil der Hauptmann-Forscher dafür hält, die Personen dieses Stück seien „Gefangene von Faktoren", welche den „Charakter jedes einzelnen für alle Zukunft geprägt" hätten,¹⁵⁹ meint der andere Teil, Hauptmann habe seinen „starren Milieu- und Erbdeterminismus" in „Das Friedensfest" „abgeschwächt und in Frage gestellt".¹⁶⁰ Im Drama

---

[154] Wissenschaftsgeschichtlich beginnt das teleologische Missverstehen der Evolutionstheorie bereits bei Haeckel: Dieser unterschob der Evolutionstheorie die „Idee einer steten und unaufhaltsamen Entwicklung vom Niederen zum Höheren, vom Minderen zum Besseren" (Baseler, *Gerhart Hauptmanns Soziales Drama „Vor Sonnenaufgang"*, 206), aus der sich der Fortschrittsoptimismus, der soziale wie der politische, gleichsam naturgesetzlich verifizieren ließ.
[155] Hauptmann, GW 1, 305. Loths Urteil über den „Werther" ist desto brutaler, als Helene mit der Erwähnung des Buches einen schüchternen Hinweis auf ihre Disposition zum Selbstmord geben will (vgl. Whitinger, *Gerhart Hauptmanns Vor Sonnenaufgang*, 86).
[156] Hauptmann, GW 1, 305.
[157] Hauptmann an Walter Heynen (Briefentwurf, archiviert in der Staatsbibliothek Kulturbesitz Berlin), zit. nach Baseler, *Gerhart Hauptmanns Soziales Drama „Vor Sonnenaufgang"*, 68.
[158] Im handschriftlichen Nachlass Hauptmanns finden sich zahlreiche Belege hierzu, die Sprengel, *Die Wirklichkeit der Mythen*, 52, zur Kenntnis gebracht hat.
[159] Mahal, *Naturalismus*, 230.
[160] Schmidt, *Die literarische Rezeption des Darwinismus*, 169.

selbst wird dieser Konflikt zwischen den feindlichen Brüdern Wilhelm und Robert ausgetragen, deren einer den Idealisten, deren anderer den zynischen Materialisten verkörpert. Während Wilhelm mit der reinen Ida eine neue, heile Familie gründen will, prophezeit Robert, Wilhelm werde, ob er wolle oder nicht, die zerrütteten Verhältnisse der eigenen Kindheit reproduzieren:

> „ROBERT. Antworte mir doch gefälligst erst mal darauf: wenn ihr euch heiratet, was wird dann aus Ida?
> WILHELM. Das kann kein Mensch wissen.
> ROBERT. O doch, du! Das weiß man: Mutter.
> WILHELM. Als ob Ida mit Mutter zu vergleichen wäre!
> ROBERT. Aber du mit Vater.
> WILHELM. Jeder Mensch ist ein neuer Mensch.
> ROBERT. Das möchtest du gern glauben. Laß gut sein! Da verlangst du zu viel von dir. Die fleischgewordene Widerlegung bist du ja doch selbst.
> WILHELM. Das möchte ich wissen.
> ROBERT. I, das weißt du sehr genau.
> WILHELM. Schließlich kann man sich darüber hinaus entwickeln.
> ROBERT. Wenn man danach erzogen ist, nämlich."[161]

An anderer Stelle beharrt Robert, man solle „nicht Dinge leisten wollen, die man seiner ganzen Naturanlage nach nicht leisten kann."[162] Wilhelm sucht sich diesem doppelten Determinismus – Erziehung zum einen, Naturanlage zum anderen – zu entziehen, hat letztlich aber dieselben Zweifel wie Robert. Er warnt Ida: „Denk an das, was du hier gesehen hast! Sollen wir es von neuem gründen? Sollen wir dieses selbe Haus von neuem gründen?". Diese aber gibt sich gewiss: „Es wird anders werden! Es wird besser werden, Wilhelm!"[163] So verstärkt „Das Friedensfest" den schon an „Bahnwärter Thiel" und „Vor Sonnenaufgang" gewonnenen Eindruck, dass Hauptmann die Taineschen Determinanten „race", „milieu" und „moment" mit überzeitlichen, mythischen Motiven zu vernetzen pflegt: mit den Motiven der klassischen Tragödie wie schuldlose Schuld, schicksalhafte Verblendung etc. Als einer der ersten hat 1922 Julius Bab auf die mythische Dimension aufmerksam gemacht: „Diese Scholzens, die in ihrer wilden, unbeugsamen Glut ihr Verhängnis mit sich tragen, sind nicht weniger tragische Gestalten als die Atriden".[164]

„Die Weber"

Weniger mythosverhaftet, dafür strikt milieumimetisch präsentiert sich dagegen das in den Jahren 1891 und 1892 entstandene, 1893 uraufgeführte Drama „Die Weber. Schauspiel aus den vierziger Jahren". Schon der Umstand,

---
[161] Hauptmann, GW 1, 446 f.
[162] Ebd., 444.
[163] Ebd., 450.
[164] Bab, *Gerhart Hauptmann*, 35.

dass dieses Drama zunächst in einer „De Waber" betitelten Dialektfassung erschienen ist, legt hiervon Zeugnis ab. Auch gestaltet Hauptmann in den „Webern" nicht so sehr das Überzeitliche und Allgemein-Menschliche als vielmehr das Historisch-Konkrete des schlesischen Weberaufstands von 1844 und das Gesellschaftlich-Konkrete des Weber-Milieus. Letzteres war Hauptmann, dessen Großvater Weber war, aus Familienerzählungen gut bekannt,[165] und Hauptmann vertiefte und aktualisierte diese Kenntnis durch Quellenstudien sowie durch Besuche in den Weberdörfern des Eulengebirges, die dem Autor die unvermindert desolate Lage der Weber vor Augen führten. Der Handlungsträger des Dramas ist das Kollektiv der schlesischen Weberschaft, demgegenüber die jeweilige Individualität der Weber an die zweite Stelle rückt. Gerade diese Nivellierung individueller Kennzeichen, die Nivellierung der freien Persönlichkeit ist es aber – also nicht nur das soziale Elend allein – ‚die den Widerstand der Weber heraufruft: Der Notruf „Was hab'n se aus mir gemacht?"[166] gibt zu verstehen, dass die Weber auch an dem Verlust ihrer Autonomie leiden, also daran, dass die Übermacht des sozialen Elends jede Willensfreiheit unmöglich gemacht hat und noch die Entscheidung zur Revolte als bloßen Reflex markiert:

Abb. 5. Weberzug, 1897 [4]

---

[165] Siehe die Widmung, GW II, 2.
[166] GW II, 39.

> „Die Revolution der Hauptmannschen Weber – darin liegt der Schwerpunkt und darauf beruht die Größe dieses Stücks – ist kein Willensakt, keine Willensentscheidung, die so oder anders ausfallen könnte, sondern ist eine mit Notwendigkeit diesen Menschen abgezwungene, aus ihnen erpreßte Reaktion, das letzte gleichsam reflexhafte, schon halb mechanische Aufbäumen verhungernder Kreaturen."[167]

Wohl gemahnt solche reflexhafte Notwendigkeit an die hellenistische Göttin Ananke, Mutter der Moiren und „Weltenlenkerin mit diamantener Spindel".[168] Doch es käme jener konterrevolutionären Mythisierung sozialer Realitäten gleich, die bisweilen bei Zola als Gefahr begegnet, wenn man das Elend der Weber auf die mythische Spindel Anankes und nicht auf die mechanische Spindel des Zeitalters der Industrialisierung zurückführen wollte.

„Hanneles Himmelfahrt"

Sind bereits „Die Weber", die den Ausbruch hemmungsloser Gewalt auf Seiten der Unterdrückten sowohl legitimieren als auch kritisieren, von einem Teil der Kritik als latent konterrevolutionär empfunden worden, so gilt dies erst recht von „Hanneles Himmelfahrt" (1893). Nicht nur im sozialpolitischen, sondern auch im poetologischen Sinne schien sich dieses zeitgleich mit den „Webern" entstandene Traumspiel des restaurativen Rückfalls in die Tröstungen der alten Metaphysik schuldig zu machen. Und selbst unabhängig davon, ob die Fieberphantasien des sterbenden Hannele als unbedingt metaphysisch oder aber als physisch bedingt zu verstehen waren: Das Drama unternahm es, das Schicksal eines misshandelten und verarmten Waisenkindes zu deuten und visionär zu fingieren, was in jedem Fall eine Abkehr vom strikt mimetischen Naturalismus und eine Hinwendung zum mantisch-hermeneutischen Naturalismus bedeutete, d.h. eine „unbestreitbare konzeptionelle Nähe" und stilistische Affinität zur „Neuromantik".[169]

Literarhistorische Schlussfolgerungen

Die vorangehenden Ausführungen kamen zu dem Befund: Sowohl bei Zola als auch im deutschen Naturalismus herrscht eine latente Dialektik zwischen der bewussten Absage an dichterische Deutungsakte, die notwendig auf ein Worumwillen, eine sinnstiftende Idee gerichtet sein mussten und daher im Geruche des Idealismus standen, und der unbewusst desto massiveren Abwehr des sinnlosen Schicksals. Der kontraphobischen Wendung der Genetik zur Eugenik, der planlos fortschreitenden Evolution zur sozialhygienischen Heilsgeschichte standen im Bereich des naturalistischen Dramas und Romans Deutungskonzepte zur Seite, deren heimlicher Letztgrund das über

---

[167] Sprengel, *Gerhart Hauptmann*, 86.
[168] Der kleine Pauly, Bd. 1, Sp. 332.
[169] Marx, *Gerhart Hauptmann*, 85.

den Zwängen von Vererbung und Milieu schwebende Genie war. Das bedeutete eine Stärkung des literarischen Subjekts, die zunächst nicht mit dem Objektivitätsprinzip naturalistischer Programmatik vereinbar scheint[170] und die doch die Ermöglichungsbedingung für die Herausbildung einer Literatur ist, worin sich „Realität und Idealität, romantische und naturalistische Strukturen gleichberechtigt gegenüber" stehen.[171] Um dieser Literatur literarhistorisch gerecht zu werden, ist die Erarbeitung eines neuen, komplexen Naturalismusbegriffs geboten, der „in seiner ästhetischen Konzeption über die quasiwissenschaftliche Gründlichkeit und Exaktheit des Experiments einer radikal verstandenen Mimesis hinausgeht":[172] Zur Kenntnis zu bringen ist ein Naturalismus, der um die Komponente der Poiesis, genauer gesagt: der Mythopoiesis erweitert ist und der die Aussicht auf eine literarhistorische Fokussierung des Stilpluralismus" der Jahrhundertwende eröffnen könnte.[173]

Literatur

Quellen(sammlungen) und Hilfsmittel

Darwin C ([5]1872) Über die Entstehung der Arten durch natürliche Zuchtwahl oder die Erhaltung der begünstigten Rassen im Kampfe um's Dasein. Aus dem Englischen übersetzt von H.G. Bronn. Nach der sechsten englischen vielfach umgearbeiteten Auflage durchgesehen und berichtigt von J. Victor Carns. Schweizerbartsche Verlagsbuchhandlung, Stuttgart

Der Kleine Pauly (1979) Lexikon der Antike. Auf der Grundlage von Pauly's Realencyclopädie der classischen Altertumswissenschaft unter Mitarbeit zahlreicher Fachgelehrter bearbeitet und herausgegeben von Konrat Ziegler und Walther Sontheimer. Deutscher Taschenbuch Verlag, München

Die Vorträge der allgemeinen Sitzungen auf der 1.-85. Versammlung 1822-1913 (1972) Zusammengestellt von Hermann Lampe und Hans Querner. Mit einer Bibliographie der Berichte über die Versammlungen von Ilse Gärtner. Gerstenberg, Hildesheim (= Schriftenreihe zur Geschichte deutscher Naturforscher und Ärzte. Hrsg. von Hans Querner, Bd. 1)

Duden, Fremdwörterbuch ([6]1997) Hrsg. und bearbeitet vom Wissenschaftlichen Rat der Dudenredaktion. Dudenverlag, Mannheim, Wien, Zürich

---

[170] „Müsste man nicht [...] davon ausgehen, daß eine unbestreitbar zunehmende Objektivierung und Verwissenschaftlichung des Romans den Subjektpol, und mit ihm seine narrativen, auf die Tiefenstruktur der Texte wirkenden Konfigurationen (Mythen, Symbol usw.) nie völlig verdrängt hat?" (Braun, *Emile Zola und die Romantik*, 62). Bereits 1962 erwog Wilfried van der Will: „Ist „Naturalismus" nicht ein weitergreifender Stilbegriff, der aus der Besonderheit der von ihm geforderten Lebensunmittelbarkeit des Dichtens durchaus auch eine eigene Art symbolischer Gestaltung ermöglicht und in sich begreift?" (*Voraussetzungen und Möglichkeiten einer Symbolsprache im Werk Gerhart Hauptmanns*, 3).

[171] Ebd., 69.

[172] Ebd., 3.

[173] Hier ist bei der wegweisenden These Martin Brauns anzuknüpfen, dass der komplexe, mythopoetisch-mimetische Naturalismus „bereits die Bedingung der Möglichkeit einer Konvergenz der nur auf den ersten Blick so stark divergierenden Literaturströmungen" in sich enthält (ebd., 4. Vgl. auch ebd., 49).

Flaubert G (1926–1954) Correspondance. Nouvelle édition augmentée, acht Bände, drei Supplementbände und Index. Éditions Conard, Paris
Grundbegriffe der Soziologie (^{6}2000) Hrsg. von Bernhard Schäfers. Leske + Budrich, Opladen
Forel A (1935) Rückblick auf mein Leben. Europa, Zürich
Handwörterbuch der Soziologie (1959) Hrsg. von Alfred Vierkandt. Enke,.Stuttgart
Hartfiel G (^{2}1976) Wörterbuch der Soziologie. Kröner, Stuttgart
Hauptmann G (1962–1974) Sämtliche Werke. Centenar-Ausgabe hrsg. von Hans-Egon Hass, fortgeführt von Martin Machatzke und Wolfgang Bungies. Ullstein, Frankfurt/Main, Berlin
Hauptmann G (1942) Das gesammelte Werk [GW]. Ausgabe letzter Hand zum achtzigsten Geburtstag des Dichters. Fischer, Berlin
Historisches Wörterbuch der Philosophie (1980) Hrsg. von Joachim Ritter und Karlfried Gründer. Bd. 5. Wissenschaftliche Buchgesellschaft, Darmstadt
Hölderlin F (1992) Gedichte. Zit. nach: ders.: Sämtliche Werke und Briefe. Hrsg. von Jochen Schmidt. Bd. 1. Deutscher Klassiker Verlag, Frankfurt/Main
Holz A (1948) Briefe. Eine Auswahl. Hrsg. von Anita Holz und Max Wagner. Mit einer Einführung von Hans Heinrich Borcherdt. Piper, München
Holz A (1962) Die Kunst – ihr Wesen und ihre Gesetze. Zit. nach: ders.: Werke. Hrsg. von Wilhelm Emrich und Anita Holz. Bd. V: Das Buch der Zeit. Dafnis. Kunsttheoretische Schriften. Luchterhand, Neuwied, Berlin
Holz A, Schlaf J (1966) Die Familie Selicke. Mit einem Nachwort von Fritz Martini. Reclam, Stuttgart
Holz A, Schlaf J (1963) Papa Hamlet. Ein Tod. Mit einem Nachwort von Fritz Martini. Reclam, Stuttgart
Jacobsen JP (1951) Niels Lyhne. Zit. nach: ders.: Frau Marie Grubbe/Niels Lyhne/Novellen. Winkler, München
Lamarck J-Be de (1990) Zoologische Philosophie. Nach der Übersetzung von Arnold Lang neu bearbeitet von Susi Koref-Santibañez. Eingeleitet von Dietmar Schilling. Kommentiert von Ilse Jahn.3 Bde. Akademische Verlagsgesellschaft, Leipzig
Larousse dictionnaire de français (1986) 35000 mots. Cornelsen, Berlin
Lexikon der Psychologie (1997) Hrsg. von Wilhelm Arnold, Hans Jürgen Eysenck und Richard Meili. 3 Bde. Bechtermünz, Augsburg
Lexikon zur Soziologie (^{2}1978) Hrsg. von Werner Fuchs u.a. Westdeutscher Verlag, Opladen
Naturalismus (1977) Hrsg. von Walter Schmähling. Reclam, Stuttgart (= Die deutsche Literatur. Ein Abriß in Text und Darstellung. Hrsg. von Otto Best und Hans Jürgen Schmitt, Bd. 12)
Nietzsche F (1956) Also sprach Zarathustra. Ein Buch für Alle und Keinen. Zit. nach: ders.: Werke in drei Bänden. Hrsg. von Karl Schlechta. Bd. 2. Hanser, München
Nietzsche F Aus dem Nachlass der Achtzigerjahre. Zit. nach: ders.: Werke in drei Bänden (s.o.), Bd. 3.
Ploetz A (1895) Grundlinien einer Rassen-Hygiene. I. Theil: Die Tüchtigkeit unsrer Rasse und der Schutz der Schwachen. Ein Versuch über Rassenhygiene und ihr Verhältnis zu den humanen Idealen, besonders zum Socialismus. Fischer, Berlin
Taine H (1863) Histoire de la Littérature anglaise. Librairie de L. Hachette, Paris
Taine H (1902) Philosophie der Kunst. Übertragen von Ernst Hardt. 2 Bde. Diederichs, Leipzig
Theorie des Naturalismus (1973). Hrsg. von Theo Meyer. Reclam, Stuttgart
Wilpert G von (^{7}1989) Sachwörterbuch der Literatur. Kröner, Stuttgart
Wörterbuch der marxistisch-leninistischen Soziologie (^{2}1978) Hrsg. von Georg Assmann u.a. Westdeutscher Verlag, Opladen
Wörterbuch der Soziologie (1955) Unter Mitarbeit zahlreicher Fachgelehrter hrsg. von Wilhelm Bernsdorf und Friedrich Bülow. Enke, Stuttgart
Zola E (1974) Die Rougon-Macquart. Natur- und Sozialgeschichte einer Familie unter dem Zweiten Kaiserreich. Hrsg. von Rita Schober. Winkler, München

Zola E (1906) Oeuvres complètes. Sér. Oeuvres Critiques. Tome premier. Paris
Zola E (1928) Les Rougon-Macquart. Notes et Commentaires de Maurice le Blond. Texte de l'édition Eugène Fasquelle. Bernouard, Paris
Zola E (1928) Mes Haines. Notes et Commentaires de Maurice le Blond. Texte de l'édition Eugène Fasquelle. Bernouard, Paris

Forschung und literarische Kritik

Alberti C (1890) Natur und Kunst. Beiträge zur Untersuchung ihres gegenseitigen Verhältnisses. Friedrich, Leipzig
Bab J (1922) Gerhart Hauptmann und seine besten Bühnenwerke. Schneider, Berlin
Bahr H (1968) Die Überwindung des Naturalismus. Zit. nach: ders.: Zur Überwindung des Naturalismus. Theoretische Schriften 1887-1904. Ausgewählt, eingeleitet und erläutert von Gotthart Wunberg. Kohlhammer, Stuttgart, Berlin, Köln, Mainz
Bleibtreu K (1889) Das Realistische Drama und die Freie Bühne. In: Unsere Zeit. Deutsche Revue der Gegenwart 1889, Bd. 2, S. 544-551
Bleibtreu K (1889) Vor Sonnenaufgang. Soziales Drama von Gerhart Hauptmann (Conradsche Buchhandlung, Berlin). In: Die Gesellschaft. Monatsschrift für Litteratur und Kunst 5, Bd. 2, S. 1657-1660 (= November)
Bleibtreu K (1890) Zur Psychologie der Zukunft. Friedrich, Leipzig
Bölsche W (1976) Die naturwissenschaftlichen Grundlagen der Poesie. Prolegomena einer realistischen Ästhetik. Mit zeitgenössischen Rezensionen und Bibliographie der Schriften Bölsches neu hrsg. von Johannes J. Braakenburg. Deutscher Taschenbuch Verlag München; Niemeyer, Tübingen
Borie J (1971) Zola et les mythes ou De la nausée au salut. Éditions du Seuil, Paris
Braun M (1993) Emile Zola und die Romantik – Erblast oder Erbe? Studium einer komplexen Naturalismuskonzeption. Stauffenburg, Tübingen
Cowen RC (1973) Der Naturalismus. Kommentar zu einer Epoche. Winkler, München
Daus R (1976) Zola und der französische Naturalismus. Metzler, Stuttgart
Guthke KS (1061) Gerhart Hauptmann. Weltbild im Werk. Vandenhoeck & Ruprecht, Göttingen
Harden M (1889) Dramatische Aufführungen. „Markgraf Waldemar". Trauerspiel in fünf Aufzügen von Adolf Wilbrandt. (Berliner Theater). – „Der Schatten!" Schauspiel in vier Aufzügen von Paul Lindau. (Deutsches Theater.) – „Vor Sonnenaufgang." Sociales Drama in fünf Aufzügen von Gerhart Hauptmann. (Freie Bühne.) In: Die Gegenwart. Wochenschrift für Literatur, Kunst und öffentliches Leben 36, S. 269-271 (= Nr. 43 vom 26. Oktober)
Heuser FWJ (1961) Gerhart Hauptmann. Zu seinem Leben und Schaffen. Niemeyer, Tübingen
Kafitz D (1992) Johannes Schlaf – Weltanschauliche Totalität und Wirklichkeitsblindheit. Ein Beitrag zur Neubestimmung des Naturalismus-Begriffs und zur Herleitung totalitärer Denkformen. Niemeyer, Tübingen
Köhler E (1987) Vorlesungen zur Geschichte der französischen Literatur / Das 19. Jahrhundert II. Hrsg. von Henning Krauss und Dietmar Rieger. Kohlhammer, Stuttgart, Berlin, Köln, Mainz
Mahal G (1975) Naturalismus. Fink, München
Mahal G (1993) Experiment zwischen Geleisen. Gerhart Hauptmann: „Bahnwärter Thiel" (1888). In: Deutsche Novellen. Von der Klassik bis zur Gegenwart. Hrsg. von Winfried Freund. S. 199-219. Fink, München
Martini F (1954) Gerhart Hauptmanns Bahnwärter Thiel. In: Das Wagnis der Sprache. Interpretationen deutscher Prosa von Nietzsche bis Benn. S. 59-98. Klett, Stuttgart
Marx F (1998) Gerhart Hauptmann. Reclam, Stuttgart
Mitterand H (^{2}1986) Zola et le naturalisme. Presses Universitaires de France, Paris

Mittler R (1985) Theorie und Praxis des sozialen Dramas bei Gerhart Hauptmann. Olms, Hildesheim, Zürich, New York

Müller C (1889) Bühnenradikalismus. In: Der Reichsbote, Nr. 265 vom 12. November 1889, 3. Beilage, Nr. 269 vom 16. November 1889, 1. Beilage Nr. 270 vom 27. November 1889, 1. Beilage Nr. 278 vom 27. November 1889, 2. Beilage.

Münchow U (1968) Deutscher Naturalismus. Akademie-Verlag, Berlin

Niewerth H-P (1997) Die schlesische Kohle und das naturalistische Drama: Gerhart Hauptmanns Vor Sonnenaufgang – Ideologie, Konfiguration und Ideologiekritik. In: Die dramatische Konfiguration. Hrsg. von Karl Konrad Polheim. S. 211-244. Schöningh, Paderborn, München, Wien, Zürich

Ripoli R (1981) Réalité et mythe chez Zola. Champion, Paris

Sältzer R (1989) Entwicklungslinien der deutschen Zola-Rezeption von den Anfängen bis zum Tode des Autors. Lang, Bern, Frankfurt/Main, New York, Paris

Schmidt G (1974) Die literarische Rezeption des Darwinismus. Das Problem der Vererbung bei Émile Zola und im Drama des deutschen Naturalismus. Mit einer Ausschlagtafel. Akademie-Verlag, Berlin

Seaussau C (1989) Emile Zola, le réalisme symbolique. Corti, Paris

Sprengel P (1998) Darwin in der Poesie. Spuren der Evolutionslehre in der deutschsprachigen Literatur des 19. und 20. Jahrhunderts. Königshausen und Neumann, Würzburg

Sprengel P (1990) „Die Bahn des Blutes". Zur anthropologischen Konzeption der Autobiographie Gerhart Hauptmann. In: Zeitschrift für Germanistik N.F. II:601-620

Sprengel P (1984) Gerhart Hauptmann. Epoche – Werk – Wirkung. Beck, München

Sprengel P (1998) Geschichte der deutschsprachigen Literatur 1870-1900. Von der Reichsgründung bis zur Jahrhundertwende. Beck, München

Sprengel P (1982) Die Wirklichkeit der Mythen. Untersuchungen zum Werk Gerhart Hauptmanns aufgrund des handschriftlichen Nachlasses. Erich Schmidt, Berlin

Van der Will W (1962) Voraussetzungen und Möglichkeiten einer Symbolsprache bei Gerhart Hauptmann. Diss. masch., Köln

Whitinger R (1990) Gerhart Hauptmann's Vor Sonnenaufgang: On Alcohol and Poetry in German Naturalist Drama. In: The German Quaterly 63:83-91

Zimmermann RC (1995) Hauptmanns Vor Sonnenaufgang. Melodram einer Trinkerfamilie oder Tragödie menschlicher Blindheit? In: Deutsche Vierteljahrsschrift für Literaturwissenschaft und Geistesgeschichte 69:494-511

Abbildungsnachweis

[1] Geschichte und Geschehen 9. Klett, Stuttgart 1986 [= Literaturen]
[2] „La Carricature", 16. Mai 1885. Musée Carnavalet, don Céard
[3] Literaturen. Das Journal für Bücher und Themen 11/2000
[4] Käthe Kollwitz. Zeichnung, Graphik, Plastik. Museum Villa Stuck, München 1977

Woraus resultiert die außerordentliche kulturelle Leistung des Judentums zu Beginn der Moderne?

Problemaufriss und Forschungsbericht

VON HELMUTH KIESEL

Kurzzusammenfassung

Bei der Herausbildung der kulturellen Moderne in den letzten Jahrzehnten des 19. und in den ersten Jahrzehnten des 20. Jahrhunderts spielten Künstler und Gelehrte, Publizisten und Verleger, Theaterleute und Galeristen jüdischer Herkunft eine außerordentlich große Rolle, obwohl die Bürger jüdischer Herkunft oder jüdischen Glaubens in den deutschsprachigen Ländern nur einen kleinen Anteil an der Gesamtbevölkerung ausmachten (in Deutschland um 1910 nur 0,95 Prozent). Der Beitrag verdeutlicht dieses auffallende und erklärungsbedürftige Phänomen, rekapituliert den historischen, weitgehend rassentheoretisch bestimmten Diskurs darüber und reflektiert die neueren, sozial- und bildungsgeschichtlich fundierten Erklärungsversuche.

Seit von der „Moderne" als einer eigenen kulturellen Epoche die Rede ist, also seit dem letzten Viertel des 19. Jahrhunderts,[1] gibt es auch die Behauptung, dass die Moderne wesentlich von Juden geprägt sei und hauptsächlich von Juden getragen werde. Ein erster und zugleich besonders wortmächtiger

---

[1] Das Adjektiv „modernus" = „heutig", „gegenwärtig", „derzeitig" gibt es seit dem 5./6. Jahrhundert n.Chr. In substantivierter Form („das Moderne") taucht es 1797 in Friedrich Schlegels *Fragmenten zur Literatur und Poesie* (Nr. 236) auf; möglicherweise sprach Schlegel dort auch schon von „der Moderne", doch ist die Handschrift nicht eindeutig zu entziffern. Als erster eindeutiger Nachweis für das Substantiv „die Moderne" und zugleich als ‚Taufurkunde', für die neue Epoche der Moderne gilt ein Manifest der Berliner „Literarischen Vereinigung ‚Durch!'", das zum Jahreswechsel 1886/87 erschien. Die sechste These dieses Manifests lautet: „Unser höchstes Kunstideal ist nicht mehr die Antike, sondern die Moderne" (im Sinne einer Zeit, die durch wissenschaftliches Denken bestimmt und von einem umfassenden Fortschrittsglauben erfüllt sei). In den folgenden Jahren wurde diese neue Wortform rasch zu einem Leitbegriff der kulturellen Verständigung und fand Aufnahme in die Konversationslexika.

Vertreter dieser These war in Deutschland kein geringerer als Richard Wagner. Unter dem Titel ‚Das Judentum in der Musik', publizierte Wagner 1850 einen knapp zwanzig Seiten umfassenden Aufsatz,[2] in dem er – mit einem neuen,[3] vermutlich von ihm selbst geprägten Wort – von der „Verjüdung der modernen Kunst" sprach.[4] Damit meinte Wagner dreierlei: zum ersten die Dominanz von Juden in der Kunstproduktion (unter Ausnahme der bildenden Kunst), in der Kunstorganisation und in der Kunstkritik; zum zweiten die Durchdringung der Kunst mit jüdischen Wesensmerkmalen, die für die Deutschen etwas „unwillkürlich Abstoßende[s]" hätten,[5] also etwa Teilnahmslosigkeit, Sinnenferne, Intellektualität, Geschwätzigkeit; zum dritten eine formale Verhunzung der Kunst, die daraus resultiere, dass „der Jude", wie schon sein „zischender, schrillender, sumsender und murksender Lautausdruck"[6] zeige, kein Gespür für Wohlklang und Harmonie habe. Neunzehn Jahre später, 1869, hat Wagner dies in einem zweiten Aufsatz bekräftigt,[7] und noch einmal neun Jahre danach, 1878, legte er in einem kürzeren Artikel unter dem Titel ‚Modern' dar, dass die Juden zwar die Moderne nicht erfunden hätten, ihr aber durch ihre „Geldmacht"[8] zum Durchbruch verholfen hätten und sie nun dazu nutzten, die „alte" oder „deutsche Welt"[9] verschwinden zu lassen.

Die Motive von Wagners Wendung gegen die Juden, die durchaus unzeitgemäß war, weil sie in eine ruhige Phase der deutsch-jüdischen Integration fiel,[10] sind einigermaßen bekannt: Er fühlte sich als Opfer einer „umgekehrten Judenverfolgung" und eines „Systemes der Verleumdung",[11] das, wie er meinte, darauf angelegt war, seine musikalischen Konzepte und Praktiken als „abscheulich" und „unsinnig" erscheinen zu lassen;[12] zudem stand er wohl, wie einige Stereotypen seiner Pamphlete („der Jude", „die Geld-

---

[2] Vgl. Wagner, *Gesammelte Schriften und Dichtungen* 5, 66 ff. – Eine Neuausgabe mit einer sehr instruktiven und kritischen Einleitung sowie einer wirkungsgeschichtlichen Dokumentation hat unlängst Jens Malte Fischer vorgelegt (vgl. Bibliographie). – Wagners Antisemitismus ist neuerdings in mehreren Büchern erörtert worden (siehe Literaturverzeichnis unter Borchmeyer/Maayani/Vill, Rose, Weiner und Friedländer/Rüsen sowie die „Sammelbesprechung" von Breuer).
[3] Laut Katz, *Richard Wagner: Vorbote des Antisemitismus*, 59, gibt es für das Wort „Verjüdung" keinen früheren Beleg; vgl. auch Fischer, *Richard Wagners „Das Judentum in der Musik"*, 81.
[4] Wagner, *Das Judentum in der Musik*, 68.
[5] Ebd., 67.
[6] Ebd., 71.
[7] Vgl. Wagner, *Aufklärung über das Judentum in der Musik*.
[8] Wagner, *Modern*, 57.
[9] Ebd., 58.
[10] Vgl. Katz, *Richard Wagner*, 40.
[11] Wagner, *Aufklärung über das Judentum in der Musik*, 242.
[12] Ebd., 243 und 249.

macht") vermuten lassen, unter dem Eindruck antijüdischer Äußerungen von Bruno Bauer und Karl Marx;[13] und schließlich flossen in die Artikel von 1869 (,Aufklärung') und 1878 (,Modern') auch die damals aufkommenden Rassentheorien ein.[14] Wie Baudelaire, der sogar einmal von einer „Verschwörung zur Vernichtung der jüdischen Rasse" träumte,[15] fühlte sich Wagner durch die Moderne, die er, wie Baudelaire, mit auf den Weg gebracht hatte, vielfach verunsichert – und glaubte, in den Juden die Agenten der modernen, zur Auflösung und Verflachung führenden kulturellen Entwicklung sehen zu müssen.

Gegen eine solche Betrachtungsweise, ja schon gegen die historiographische Beschäftigung mit derartigen Vorstellungen sträubt sich das heutige Bewusstsein aus schwerwiegenden Gründen. Und doch gibt es auch, wie noch zu zeigen ist, Gründe, die einen Kultur- und Literaturhistoriker dazu veranlassen oder gar zwingen, zu fragen, ob Wagners Pamphlete, so betrüblich sie wegen ihrer antisemitischen Tendenz und Wirkung auch sind, nicht eine – wenn auch unangemessene – Reaktion auf tatsächlich gegebene Umstände sind. Also: Ist Wagners Behauptung, dass – zusammenfassend gesagt – der Kulturbetrieb der Moderne von Juden dominiert werde und dass die moderne Kunst eine jüdische Signatur anzunehmen beginne, nur das Resultat eines subjektiven, durch Konkurrenzdruck und Rassentheorien verzerrten Blicks; oder ist diese Behauptung auch durch Beobachtungen motiviert und gedeckt, die einen objektiven Charakter haben und nicht deswegen, weil sie rassistisch kodiert und antisemitisch ausgespielt wurden, verdrängt oder verleugnet werden dürfen? Es geht – anders gesagt – zunächst einmal um die Größe (im eher quantitativen Sinn) und Bedeutung (im eher qualitativen Sinn) des „jüdische[n] Anteil[s] an der deutschen Kultur" der frühen Mo-

---

[13] Vgl. Katz, *Richard Wagner*, 59 ff.
[14] Nach Mayer, *Richard Wagner*, 134, nahm Wagner schon in Tri[e]bschen (1866–70) Gedanken von Gobineaus *Essai sur l'inégalité des races humaines* (1853–56) auf; die *Wagner-Chronik* von Gregor-Dellin verzeichnet die Rezeption allerdings erst 1881. Katz, *Richard Wagner*, 185 f., stellt fest, dass Wagner den „Ausdruck Rasse" auch „früher" kannte und ihn – in Übereinstimmung mit den Zeitgenossen – „als Synonym von Stamm, Volk, Menschheit usw." verwendete. „Als bewusst gebrauchte Konzeption zur Deutung historischer Vorgänge begegnete Wagner dem Begriff erst nach seiner Bekanntschaft mit dem Grafen Gobineau im Dezember 1876 in Italien. Eine wirkliche Annäherung zwischen den beiden und eine intensive Beschäftigung Wagners mit Gobineaus Schriften begann erst gegen Ende des Jahres 1880. Von diesem Zeitpunkt an wurde die ‚Theorie von den Rassen' im Hause Wagner öfters erörtert, aber keineswegs kritiklos aufgenommen." Vgl. auch Fischer, *Richard Wagners „Das Judentum in der Musik"*, 38 und 109; Rose, *Richard Wagner und der Antisemitismus*, 210 ff.
[15] „Belle conspiration à organiser pour l'extermination de la Race Juive": so Baudelaire in einer Notiz aus den Jahren um 1860. Vgl. dazu die aufschlussreiche Untersuchung von Bowles, *Poetic Practice*.

derne,[16] dann aber auch um die Ermöglichungsbedingungen dieses Anteils oder Beitrags.

Darüber ist freilich nur vor dem Hintergrund eines intensiv geführten Diskurses zu reden, der diese Fragen umkreiste und problematisierte. Er setzte bald nach dem Erscheinen von Wagners Pamphleten ein, bezog sich teilweise auch auf sie[17] und artikulierte sich in einer Vielzahl von philosemitischen[18] wie antisemitischen[19] Schriften, die deutlich zu machen suchten, inwiefern von einem „jüdischen Beitrag" zur deutschen Kultur zu reden war und worin er bestand. In der Tat war es ja nicht einfach, von „Juden in der deutschen Kultur" oder von einem spezifisch „jüdischen Beitrag zur deutschen Kultur" zu reden, denn für die Zugehörigkeit zum „Judentum" oder zur „Judenheit" wurden bekanntlich verschiedene Kriterien (Abstammung, religiöses Bekenntnis, soziale Einbindung, kulturelle Haltung, politisches Selbstverständnis) geltend gemacht und in durchaus unterschiedlicher Gewichtung miteinander kombiniert. Diese Problematik wurde in Deutschland durch die bürgerliche Gleichstellung der Juden im Jahr 1871 verschärft: Einerseits wurde nun von manchen Teilnehmern des Diskurses über die „Judenfrage" die Meinung vertreten, dass man überhaupt nicht mehr von („deutschen") „Juden" reden könne, sondern nur noch von „deutschen Staatsbürgern mosaischen (oder jüdischen) Glaubens"; andererseits wurde aber auch die Meinung vertreten, dass die „Jüdischkeit" durch einen politischen oder religiösen Statuswechsel (Naturalisation bzw. Konversion) nicht einfach getilgt werde, da sie sich aus der Zugehörigkeit zu einem komplexen soziokulturellen System mit vielfältigen und starken Präge- und Bindekräften ergebe.[20] So verstand sich der Berliner Kultur- und Literaturhistoriker

---

[16] So die Überschrift eines entsprechenden Kapitels von Steven M. Lowenstein im dritten Band der von Michael A. Meyer und Michael Brenner herausgegebenen *Deutsch-jüdischen Geschichte in der Neuzeit* (S. 302). – Dass der Blick der vorliegenden Studie auf den deutschsprachigen Raum eingegrenzt wird, ergibt sich aus der Profession des Verfassers (Neuere deutsche Literaturgeschichte) und aus der Forschungslage, aber auch aus dem Umstand, dass, wie Zygmunt Bauman zu Recht sagt, „die Geschichte der deutschen Juden" (oder allgemeiner: der Juden im deutschsprachigen Kulturbereich) im Hinblick auf die Probleme, die sich aus der Modernisierung der europäischen Gesellschaften ergaben, eine „prototypische" Bedeutung hat (vgl. Bauman, *Moderne und Ambivalenz*, 141). Den Blick auf den europäischen Kontext eröffnet der von Jacob Katz herausgegebene Sammelband *Toward Modernity*.

[17] Vgl. Goldstein, *Deutsch-jüdischer Parnass*, 281.

[18] Exemplarisch: Gerecke, *Die Verdienste der Juden um die Erhaltung und Ausbreitung der Wissenschaften* (1893); Geiger, *Die deutsche Literatur und die Juden* (1910); Goldstein, *Deutsch-jüdischer Parnass* (1912); Krojanker, *Juden in der deutschen Literatur* (1922).

[19] Exemplarisch: Liebe, *Das Judentum in der Kulturgeschichte* (1903); Bartels, *Das Judentum in der deutschen Literatur* (1903).

[20] Diese Problematik führt noch in der neuesten Forschungsliteratur zu terminologischen Verrenkungen, die wohl kaum auf eine allen berechtigten Ansprüchen genügende Weise

Ludwig Geiger, der sich intensiv mit dem Verhältnis zwischen Juden und Nichtjuden befasst hatte und 1910 eine Übersicht über die Rolle der Juden in der deutschen Literatur publizierte, ausdrücklich als „Deutscher" oder als „deutscher Gelehrter jüdischen Glaubens"[21] und vertrat eine auf Integration ausgerichtete Haltung, der es darauf ankam, die bis dahin geltend gemachten Differenzen zwischen Juden und Deutschen einzuebnen. Demgegenüber vertrat der Publizist Moritz Goldstein in seinem 1912 veröffentlichten Aufsatz ‚Deutsch-jüdischer Parnass' die Meinung, „dass deutsche Kultur zu einem nicht geringen Teil jüdische Kultur" sei[22] und dass es – angesichts der fortdauernden deutschen Verleugnung dieses Sachverhalts – nötig sei, „sich laut [...] als Juden [zu] bekennen" und „überall und unbedingt als Jude [zu] wirken".[23] Zehn Jahre später, 1922, veröffentlichte der Publizist und Kaufmann Gustav Krojanker unter dem Titel ‚Juden in der deutschen Literatur' einen Sammelband, der 24 Essays von jüdischen Autoren über jüdische Autoren (z.B. Moritz Goldstein über Arnold Zweig) enthielt und durchaus darauf angelegt war, eine Besonderheit des Jüdischen gegenüber dem Deutschen zu behaupten. So heißt es in einer überaus bemerkenswerten Passage von Krojankers Einleitung: „Es ist wahr, dass unter den mannigfaltigen Prägungen deutscher Kultur das Antlitz des Juden sich am schärfsten hervorhebt: mit einer Unterschiedlichkeit, die ihn von allen anderen trennt. Er bleibt Spross eines Stammes aus anderen Zonen; bewegt vom Rhythmus eines andern Blutes. Er ist Erbe deutsch-kultureller Tradition erst seit anderthalb Jahrhunderten. Und er ist heute in Deutschland Angehöriger eines Städtervolkes, eines nicht vom Boden her sich ergänzenden. Aber seit langem haben auch ihn gleiche Landschaft und gleiche Luft gebildet. Aber seit Generationen sind deutsche Stoffe und deutsche Form Gegenstand seines Bildungserlebnisses. Aber – und dies ist das Wesentlichste – auch für ihn ist die deutsche Sprache das Material, in dem er seinen tiefsten Ausdruck formt. Deshalb ist er in den Kreis deutscher Kultur eingegangen: durch sie gebildet und ihr, was sie ihm an Reichtümern gab, zurückerstattend, indem er ihre Fülle durch seine Besonderheit mehrt."[24]

Auch wenn die Begriffe „Rasse" und „Milieu" nicht gebraucht werden, vielleicht absichtlich vermieden werden, ist deutlich, dass diese – und weitere – Ausführungen auf der von Hippolyte A. Taine 1864 geltend gemachten

---

gelöst werden können (vgl. dazu Volkov, *Die Juden in Deutschland*, 82 ff., und Zimmermann, *Die deutschen Juden*, 80 ff.). Im folgenden wird, wo nicht nur referiert wird, versucht, die zur Verfügung stehenden Termini so zu verwenden, dass sie den jeweils thematisierten Aspekt in den Vordergrund stellen.

[21] Vgl. Geiger, *Die deutsche Literatur und die Juden*, 10.
[22] Vgl. Goldstein, *Deutsch-jüdischer Parnass*, 291.
[23] Vgl. ebd., 292.
[24] Krojanker, *Juden in der deutschen Literatur*, 11.

Abb. 1. Ernst Ludwig Kirchner: Bildnis Alfred Döblins. 1912. Öl auf Leinwand (51 × 42 cm) [1]

These beruht, dass neben der Zeit (oder dem geschichtlichen Standort) Rasse (Erbanlagen) und Milieu (natürliche und soziale Umwelt) das kulturelle Handeln der Menschen prägen. Die Selbstverständlichkeit, mit der dabei nicht nur auf das Milieu, sondern auch auf das Blut als die Essenz der Rasse verwiesen wird, wirkt allerdings nicht erst heute problematisch und verwunderlich; sie war es schon zu jener Zeit: Hatte doch, um nur eine Stimme anzuführen, die zur Skepsis und Zurückhaltung riet, der Arzt und Schriftsteller Alfred Döblin, über den in Krojankers Band ein Artikel zu finden ist, gerade ein Jahr vor dem Erscheinen dieses Bandes in einem Artikel davor gewarnt, hinsichtlich der Verhaltensweisen der Menschen auf das Blut oder die Rasse zu verweisen, da die „Lehre vom Erbgang, die genetische Wissenschaft" eben erst einsetze und also noch lange nicht ausgemacht sei, was sich denn überhaupt vererben könne.[25] Auch war ja doch schon deutlich zu erkennen, dass die Rassentheorie zum Hauptinstrument der Diskriminierung des Judentums geworden war, obwohl sie bei ihrem Begründer Gobineau und bei wichtigen deutschen Vertretern nicht antisemitisch ausgerichtet war: In Gobineaus ‚Essai sur l'inégalité des races humaines' (1853–55) spielen die Juden „als Rasse keine Rolle" und werden, wenn sie Erwähnung finden,

---

[25] Vgl. Döblin, *Kleine Schriften 1*, 316 f. („Zion und Europa").

„ihrer bedeutenden Leistungen wegen mit Hochachtung behandelt".[26] Alfred Ploetz, der Begründer der von ihm so genannten „Rassen-Hygiene" und der deutschen Eugenik, fügte seiner grundlegenden Abhandlung ‚Grundlinien einer Rassenhygiene/Die Tüchtigkeit unserer Rasse und der Schutz der Schwachen' (1895) ein eigenes Kapitel über die Juden ein, in dem er darzutun suchte, dass die Juden aufgrund ihrer Vermischung mit indogermanischen Völkern längst keine „einheitliche Rasse" mehr seien und dass sie im übrigen größte Hochachtung verdienten: „Die hohe geistige Befähigung der Juden und ihre hervorragende Rolle in dem Entwicklungsprocess der Menschheit muss angesichts der Namen Jesus, Spinoza, Marx ohne Weiteres mit Freuden anerkannt werden."[27] Von der weiteren Vermischung von Juden und Deutschen erwartete Ploetz eine „Veredelung beider Theile" und eine „Steigerung der Rassentüchtigkeit";[28] er hat deswegen zunächst für die Assimilation der Juden plädiert, später jedoch – unter dem Eindruck des Zionismus – für eine Trennung zugunsten der Reinerhaltung beider Rassen.[29] Auch in Wilhelm Schallmayers wirkungsreichem Buch ‚Vererbung und Auslese im Lebenslauf der Völker' (1903) wird das Judentum, wenn es erwähnt wird, in neutralem oder positivem Sinn angeführt, und ausdrücklich wird ihm bescheinigt, dass es sich – wie die Chinesen – „durch Jahrtausende auf relativ hoher Kulturstufe erhalten" habe.[30] Dieser ursprünglich eher philosemitischen als antisemitischen Ausrichtung der Rassentheorie entspricht, dass diese auch von Juden selbst in Anspruch genommen wurde. So stellte der Philosoph Moses Hess seine Reflexionen über die geschichtliche Rolle des Judentums, die 1862 unter dem Titel ‚Rom und Jerusalem' erschienen und mehrfach wiederaufgelegt wurden, auf eine rassentheoretische Basis,[31] sprach von der augenfälligen „Unverwüstlichkeit der jüdischen Rasse"[32] und führte die messianische Bedeutung des Judentums, die er in der Begabung der Juden für „soziale Offenbarungen" sah, auf die „Eigentümlichkeit ihres Genies, ihrer Organisation, ihrer Rasse" zurück.[33] – Erst die Verbindung der Rassentheorie mit jenen antijüdischen Stereotypen, die seit der Antike im

---

[26] So, zusammenfassend, Conze, *Rasse*, 162; in diesem Sinn auch Rose, *Richard Wagner und der Antisemitismus*, 215 f.
[27] Ploetz, *Rassen-Hygiene/Die Tüchtigkeit unserer Rasse*, 141.
[28] Vgl. ebd., 142.
[29] Vgl. Becker, *Zur Geschichte der Rassenhygiene*, 86 f.
[30] Vgl. Schallmayer, *Vererbung und Auslese*, 179. – Mit diesen Hinweisen auf die projüdischen Aspekte der Rassenlehre von Poetz und Schallmayer soll deren fatale Bedeutung für die Vorbereitung und Durchführung des Judenmords im Dritten Reich nicht bestritten werden (vgl. dazu Becker, *Zur Geschichte der Rassenhygiene*, und Weingart, *Eugenik – eine angewandte Wissenschaft*).
[31] Vgl. Hess, *Rom und Jerusalem*, bes. 86 ff. u d 147 f.
[32] Vgl. ebd., 27.
[33] Vgl. ebd., 185.

Umlauf waren[34] und durch den modernen Antisemitismus – nicht nur in Deutschland[35] – potenziert wurden, ließ die Rassentheorie zum Hauptinstrument der Judendiskriminierung werden. In diesem Sinn sprachen Antisemiten wie Dühring und Fritsch der Rasse eine weit höhere Prägekraft als dem Milieu zu und deklarierten sie als Garantin für den (angeblich) unwandelbar bösartigen und herrschsüchtigen Charakter der „jüdischen Rasse".[36]

Die schrecklichen Folgen dieses rassisch oder rassistisch begründeten Antisemitismus haben dazu geführt, dass die Frage nach einer quantitativ oder qualitativ besonderen kulturellen Leistung der Juden Widerstand hervorruft und gelegentlich zu scharfen Abwehrreaktionen führt. So wandte sich Ernst Bloch zu Beginn der sechziger Jahre gegen die damals um sich greifende Neigung, die Kultur der Weimarer Republik „als die Sache von Juden zu zelebrieren"[37] und bezeichnete die Erörterung der „sogenannten Judenfrage" als sachlich verfehlt und politisch obskur: „Dass Reinhardt oder S. Fischer oder auch Bruno Walter und Otto Klemperer oder Josef Kainz Juden waren, Piscator oder Rowohlt oder Furtwängler oder Bassermann keine, das interessierte, außer in schmutzigen Winkeln oder sinistren Organen, überhaupt niemand, die meisten wußten gar nichts davon. Wer auch entdeckte noch in der ‚Dreigroschenoper' Weills Musik als jüdisch, Brechts Text dagegen als deutsch wie Wildenbruch?"[38] Auch Peter Gay, der sich intensiv mit der Rolle von Juden in der kulturellen Moderne auseinandergesetzt hat, widersprach in den siebziger Jahren der These, daß die Juden die „Avantgarde" der Moderne in Deutschland gewesen seien, und verwies darauf, „daß keiner von Deutschlands echten künstlerischen Rebellen, wie Kirchner, Marc, Klee oder Beckmann, ein Jude war".[39] Und als 1996 in London ein Seminar stattfand, in

---

[34] Eine Zusammenstellung bietet der von Theodor Fritsch unter dem Pseudonym Thomas Frey 1887 herausgegebene *Antisemiten-Katechismus*, der später als *Handbuch der Judenfrage* verlegt wurde und eine Vielzahl von Auflagen erfuhr.

[35] Vgl. Schwarz, *Das Bild der Juden in deutschen und französischen Romanen*.

[36] Dühring, *Die Judenfrage*, 112: „Die Juden sind seit den geschichtlichen Jahrtausenden im Grundcharakter dieselben geblieben. Kein sociales System und keine Veränderung würde dieses Hauptübel wegschaffen." – Fritsch, *Handbuch der Judenfrage*, 8: „Zu den jüngsten Ergebnissen wissenschaftlicher Forschung gehört die Erkenntnis über die Unterschiedlichkeit der menschlichen Arten und Rassen. [...] Die landläufige Vorstellung, als ob alles geistige Wesen im Menschen nur die Frucht zufälliger äußerer Einflüsse, das Ergebnis der Umwelt und der Erziehung sei, ist nicht länger haltbar. Es gibt erheblich eingeborene Kräfte, die durch keinerlei äußerliche Einflüsse dauernd zu verwischen sind, die von Geschlecht zu Geschlecht sich übertragen und oft nach Jahrhunderten unverwandelt wieder hervorbrechen."

[37] So Paul Mendes-Flohr in dem entsprechenden Kapitel der von Meyer und Brenner herausgegebenen *Deutsch-jüdischen Geschichte IV*, 188, wo auch die folgende Bloch-Stelle zitiert wird.

[38] Bloch, *Die sogenannte Judenfrage*, 553.

[39] Gay, *Freud, Juden und andere Deutsche*, 129.

dem die These vertreten wurde, „daß entscheidende Bestandteile der [modernen] österreichischen Kultur auf jüdische Traditionen zurückzuführen" seien,⁴⁰ warnte der 1909 in Wien geborene jüdische Kunsthistoriker Sir Ernst H. Gombrich „vor dem Mythos einer spezifischen jüdischen Kultur in Europa",⁴¹ meinte, er wolle die Frage, wer von den Wiener Künstlern der frühen Moderne „von einer jüdischen Familie abstammte", „gerne der Gestapo überlassen",⁴² und bemerkte gar: „[...], um es klar herauszusagen, ich bin der Meinung, dass der Begriff der jüdischen Kultur von Hitler und seinen Vor- und Nachläufern erfunden wurde."⁴³

Schicksal und intellektueller Rang von Bloch, Gay und Gombrich gebieten es, diese Stellungnahmen ernst zu nehmen. Aber muss man ihnen tatsächlich Folge leisten und auf die Frage nach einer spezifischen kulturellen Ausrichtung und Leistung der Juden in Deutschland und Österreich zur Zeit der frühen Moderne verzichten? Es gibt auch Einwände. Gegen Bloch: Nicht nur „sinistre Organe", sondern auch Künstler selbst nahmen zur Kenntnis, aus welchem Milieu, aus welcher Tradition jemand kam, und registrierten entsprechende Eigentümlichkeiten. So notierte Bertolt Brecht nach der Lektüre von Walter Benjamins Ausführungen ‚Über den Begriff der Geschichte', dass sie „trotz aller metaphorik und judaismen" sehr klar sei.⁴⁴ Und erst neulich, im Januar 2001, sprach Daniel Barenboim davon, dass sich in Beethovens Musik, die „auf dem griechischen Prinzip der Katharsis" basiere, „eine typisch deutsche Haltung" zeige: „Man hat keine Angst, ins Dunkel einzutauchen, um dann aus dem Dunkel wieder ans Licht zu kommen."⁴⁵ Also gäbe es in philosophischen und künstlerischen Artikulationen – vielleicht – doch Komponenten, die auf bestimmte Traditionen zurückzuführen wären, bestimmten Mentalitäten entsprächen und als typisch jüdisch oder typisch deutsch zu identifizieren wären? Gegen Gay: Wenn sich unter den „künstlerischen Rebellen Deutschlands" im Bereich der Bildenden Künste keine Juden fanden, so muss dies nicht unbedingt verwundern; schon Wagner hatte bemerkt, dass die Juden in diesem Bereich (aufgrund des jüdischen Bilderverbots) weniger stark als in anderen Disziplinen hervortraten.⁴⁶ „Rebellen" gab es aber auch in anderen Künsten, etwa in der Literatur, wo Else Lasker-Schüler und Carl Einstein zu nennen wären, und in der Musik, wo auf Herwarth Walden und Arnold Schönberg zu verweisen wäre. Gegen Gombrich: Nicht einmal Gombrich selber kann sich ganz enthalten, auf spezifisch Jüdi-

---

⁴⁰ Vgl. Gombrich, *Jüdische Identität*, 17.
⁴¹ Ebd., 15.
⁴² Ebd., 38.
⁴³ Ebd., 33.
⁴⁴ Brecht, *Arbeitsjournal*, 213 (August 1941).
⁴⁵ Barenboim, *Ein Leben in Deutschland*, 41.
⁴⁶ Vgl. Wagner, *Das Judentum in der Musik*, 73.

Abb. 2. Max Liebermann: Selbstbildnis mit Pinseln und Palette, 1913 [2]

sches hinzuweisen. So heißt es in demselben Vortrag, in dem Gombrich „vor dem Mythos einer spezifisch jüdischen Kultur" warnte, Max Liebermann habe „unleugbar jüdisch" ausgesehen, „genau wie seine wunderbaren Selbstporträts",[47] und dass unter den bedeutenden Malern und Architekten der Wiener Moderne „kein Jude" gewesen sei, so sei dies „gar nicht überraschend, denn was auch immer jüdische Kultur gewesen sein mag, sie war ja ausgesprochen bilderfeindlich".[48] So muss man Gombrich fast gegen sich selbst in Schutz nehmen und, wie Thomas Mann schon 1921 in einer Stellungnahme „zur jüdischen Frage", darum bitten, man möge doch nicht „bereits in der Tatsache, dass jemand ein so markantes Phänomen wie das jüdische nicht geradezu übersieht und aus der Welt leugnet, Antisemitismus erblicken".[49]

Ein solch „markantes Phänomen" war nun insbesondere die Beteiligung der österreichischen und deutschen Juden an der Herausbildung der kulturellen Moderne im deutschsprachigen Raum. Aus der Vielzahl der Stimmen, die dies belegen, sei die von Gottfried Benn zitiert, und zwar mit einer Stelle aus dem 1950 erschienenen Lebens- und Epochenabriss ‚Doppelleben'. Dort rekapituliert der Pfarrersohn Benn zunächst seine persönliche Beziehung zu Juden und fragt dann nach deren Bedeutung für die kulturelle Entwicklung:

---

[47] Gombrich, *Jüdische Identität*, 37.
[48] Ebd., 39.
[49] Mann, *Zur jüdischen Frage*, 91.

„In den entscheidenden Jahren hatte ich [...] in Berlin viele jüdische Bekannte. Derjenige Arzt, dem ich körperlich und seelisch die meiste Hilfe verdanke, war eine jüdische Ärztin. Der einzige Mensch, der mir in den Jahren 1930 wirklich nahe stand, [...], war ein Jude, [...]. Betrachte ich das Judenproblem statistisch, würde ich sagen, während meiner Lebensperiode sah oder las ich drei Juden, die ich als genial bezeichnen würde: Weininger, Else Lasker-Schüler, Mombert. Als Talente allerersten Ranges würde ich nennen: Sternheim, Liebermann, Kerr, Hofmannsthal, Kafka, Döblin, Carl Einstein, dazu Schönberg, und dann kam die unabsehbare Fülle anregender, aggressiver, sensitiver Prominenten, von denen ich einige kennenlernte: S. Fischer, Flechtheim, Cassirer, die Familie Ullstein – meine Auswahl ist gering und unzulänglich, ich verkehrte nicht viel in hohen Kreisen. [...] Zusammenfassend: Ich hatte nie daran einen Zweifel und bezweifele es auch heute nicht, dass die Periode meines Lebens ohne den nichtarischen Anteil an der Zeit völlig undenkbar wäre. Der Glanz des Kaiserreichs, sein innerer und äußerer Reichtum, verdankte sich sehr wesentlich dem jüdischen Anteil der Bevölkerung. Die überströmende Fülle von Anregungen, von artistischen, wissenschaftlichen, geschäftlichen Improvisationen, die von 1918-1933 Berlin neben Paris rückten, entstammte zum großen Teil der Begabung dieses Bevölkerungsanteils, seinen internationalen Beziehungen, seiner sensitiven Unruhe und vor allem seinem todsicheren Instinkt für Qualität."[50]

Diese essentielle Leistung der Juden für die kulturelle Moderne wird noch erstaunlicher und erscheint geradezu mirakulös, wenn man „das Judenproblem", wie Benn sagt, tatsächlich „statistisch" betrachtet. Denn der Anteil der Juden an der Gesamtbevölkerung war in Deutschland verschwindend gering, in Österreich – bei starken regionalen Differenzen – insgesamt etwas höher, aber allemal noch deutlich minoritär.[51] Für Deutschland ergab die erste Volkszählung von 1871 eine Gesamtbevölkerung von 41,06 Millionen; davon wurden 512124 als Juden registriert, also 1,25 Prozent; im Jahr 1910 erreichte die Gesamtbevölkerung eine Höhe von 64,92 Millionen, wovon 615021 als Juden gezählt wurden, also 0,95 Prozent. 1933 waren es 0,93 Prozent. In Österreich wurden 1880 rund 1 Million Juden gezählt; bis 1910 stieg die Zahl auf 1,3 Millionen; dies waren 4,6 Prozent der Gesamtbevölkerung. In den Kernländern allein betrug der Anteil der Juden an der Gesamtbevölkerung um 1910 nur 2,9 Prozent. Sowohl in Deutschland als auch in Österreich fand in dieser Zeit eine starke Urbanisierung statt, der die jüdische Bevölkerung in besonders hohem Maß folgte: Ein großer Teil der deutschen wie der ös-

---

[50] Benn, *Sämtliche Werke* 5, 85 f.
[51] Die folgenden Angaben basieren auf den ausführlichen statistischen Darstellungen von Monika Richarz und Avraham Barkai in Meyer/Brenner, *Deutsch-jüdische Geschichte*, Bd. 3, 13 ff., und Bd. 4, 36 ff. – Weitere statistische Materialien bietet das *Sozialgeschichtliche Arbeitsbuch* zum Kaiserreich von Hohorst/Kocka/Ritter.

terreichischen Juden lebte bald in relativ wenigen Großstädten, insbesondere in den beiden Metropolen. Um 1910 lebten ungefähr 25 Prozent der deutschen Juden, also rund 144 000, in Berlin und machten 4,3 Prozent der Bevölkerung von Großberlin aus. Zur selben Zeit lebten in Wien fast 90 Prozent der österreichischen Juden und bildeten einen Anteil von 8,6 Prozent an der Gesamtbevölkerung von Wien. Insgesamt ist also festzustellen, dass der Anteil der Juden an der Gesamtbevölkerung in Deutschland (knapp 1 %) verschwindend gering und in Österreich (knapp 3 Prozent) zwar etwas höher, aber allemal noch deutlich minoritär war. Nur in einigen Bezirken Wiens erreichte der Anteil der Juden an der dort ansässigen Bevölkerung um 1910 eine Größe, die man vielleicht nicht mehr als „minoritär" bezeichnen sollte (Leopoldstadt: 33,9 Prozent, Alsergrund: 20,5 Prozent; Innere Stadt: 20,4 Prozent).

Blickt man nun aber auf die Kreise, die bei der Entwicklung und Durchsetzung der künstlerischen (hier speziell der literarischen) Moderne eine besondere Rolle spielten, so zeigt sich, dass die Juden in diesen Kreisen überproportional stark vertreten waren. Vier Beispiele:

1. Im Jahr 1889 wurde in Berlin der überaus wirkungsreiche Theaterverein „Freie Bühne" gegründet, um die Aufführung „moderner [= naturalistischer] Dramen", wie ausdrücklich festgestellt wurde, zu ermöglichen.[52] Von den zehn Initiatoren waren mindestens sechs Juden (Theodor Wolff, Maximilian Harden, Otto Brahm, Samuel Fischer, Julius Stettenheim, Paul Jonas); die Geschäftsstelle lag beim S. Fischer-Verlag; annäherungsweise ein Drittel der knapp 800 Mitglieder, die der Verein am 1. Januar 1890 zählte, dürften, wenn man die Namen als Indikatoren nimmt (was natürlich nicht unproblematisch ist), jüdischer Herkunft gewesen sein – um ein Vielfaches mehr als der prozentuale Anteil der Juden an der Gesamtbevölkerung Berlins (etwas mehr als 4 Prozent) und mindestens dreimal mehr als der prozentuale Anteil der Juden an der Bevölkerung jener Bezirke, in denen die Juden vorzugsweise wohnten (Mitte: fast 10 Prozent, Wilmersdorf: 8,2 %; Charlottenburg: 7,3 %). Und vermutlich spiegelt der prozentuale Anteil von Juden am Verein der „Freien Bühne" das Interesse der Juden an Theateraufführungen und Konzerten noch nicht einmal angemessen wider: Eine Karikatur von 1879, die in der neuesten ‚Deutschjüdischen Geschichte' zu finden ist, zeigt die ersten Reihen eines Konzertpublikums am Freitagabend und macht durch entsprechend gezeichnete Konterfeis deutlich, dass zumindest die ersten Reihen weitgehend von Juden besetzt waren.[53] Und schließlich gibt es ein Gedicht, das Theodor

---

[52] Zum Folgenden vgl. Zeller, *S. Fischer*, 19 ff.
[53] Vgl. Meyer / Brenner, *Deutsch-jüdische Geschichte 3*, 303.

Abb. 3. Der Verleger Samuel Fischer [3]

Fontane 1894 an seinem 75. Geburtstag schrieb, um seiner Verwunderung darüber Ausdruck zu geben, dass zu seinen Gratulanten – und somit auch zu seinen interessiertesten Lesern – nicht so sehr der von ihm so oft und liebevoll porträtierte märkische Adel zählte als vielmehr Herrschaften, die, wie ihre Namen anzeigen, von eher „prähistorischem Adel" waren.[54]

2. Eine besonders wichtige, innovative und ausstrahlungskräftige Künstlervereinigung der frühen Moderne war jene Wiener Autorengruppe um Arthur Schnitzler und Hugo von Hofmannsthal, die um 1891/92 unter dem Namen „Junges Wien" bekannt wurde. Eine von Schnitzler angelegte Liste nennt 23 Mitglieder; davon waren, wie ein Experte festgestellt hat, „16, das heißt 70 %, eindeutig zumindest zum Teil jüdischer Herkunft"[55] – ein Prozentsatz, der um ein Vielfaches höher war als der prozentuale Anteil der Juden an der Gesamtbevölkerung von Wien (1895: 8,7 Prozent) und noch zweimal höher als der prozentuale Anteil der Juden an der Bevölkerung des Leopoldstädter Bezirks, in dem die Juden mit 33,9 Prozent am stärksten vertreten waren.

3. Die Autoren des Expressionismus, der als die dominierende Stilrichtung der Jahre zwischen 1910 und 1920 zu betrachten ist, waren mindestens zu einem Drittel, ja fast zur Hälfte Juden.[56] Die erste repräsentative Samm-

---

[54] Vgl. Fontane, *Als ich 75 wurde/An meinem 75sten*.
[55] Beller, *Wien und die Juden*, 30.
[56] Vgl. Tramer, *Der Expressionismus: Bemerkungen zum Anteil der Juden an einer Kunstepoche*; Horch, *Expressionismus und Judentum*.

lung expressionistischer Lyrik, die 1919 unter dem Titel ‚Menschheitsdämmerung' erschien,[57] enthält Gedichte von 23 Autoren; davon waren 10 Juden. Eine neuere, ebenfalls um Repräsentativität bemühte Sammlung expressionistischer Lyrik[58] enthält Gedichte von 52 Autoren; davon waren 14 Juden. Eine wiederum repräsentative Auswahl expressionistischer Literatur[59] aller drei Hauptgattungen (Lyrik, Epik, Dramatik) bietet Texte von 27 Autoren; von ihnen waren 11 Juden. In jedem Fall ist der prozentuale Anteil vielfach höher als der verschwindend geringe prozentuale Anteil der Juden an der Gesamtbevölkerung Deutschlands (nicht ganz 1 Prozent) und auch noch deutlich höher als der prozentuale Anteil der Juden an der Bevölkerung von Berlin (etwas mehr als 4 Prozent), für den Fall, dass man den Expressionismus als ein genuin großstädtisches Phänomen halten und Berlin als sein Zentrum betrachten will.

4. Als Robert Musil 1933 versuchte, Klarheit über die Bedeutung der nationalsozialistischen ‚Machtergreifung' zu gewinnen, ging er auch der Frage nach, inwiefern die deutsche Kultur „verjudet" war,[60] wie die Nationalsozialisten behaupteten. Neben dem Verlagswesen und der Publizistik fasste auch er die Literatur ins Auge und stellte zwei Listen von Autoren auf, die für die „geistige Bildung" seiner Generation von besonderer Bedeutung waren. Für die Zeit bis 1900 lautet sein Befund: „kaum ein einziger Jude darunter!" Danach aber ändert sich das Bild. Als bedeutende Autoren der Zeit nach 1900 nennt Musil: „Th. Mann, H[.] Mann, Hofmannsthal, Schnitzler, Altenberg, Kraus, Hauptmann, Stehr, Wassermann, Hesse, Rilke, George, Roth, Döblin, Mus[il]., Flake, Benn, Brecht, Kaiser, Borchardt[,] Werfel". Danach folgt eine Einteilung in Juden und Nichtjuden: „11 [oder] 12 Arier / 6 [oder] 5 Juden / 2 Halbjuden".[61] Das heißt, dass – nach Auskunft eines Literaten von Rang und Urteil – auch in der Gruppe der bedeutendsten Autoren des ersten Drittels des 20. Jahrhunderts (oder der sogenannten klassischen Moderne) mehr als ein Drittel Juden waren (wobei Franz Kafka und Else Lasker-Schüler, die – Benn zufolge – die „größte Lyrikerin" war, „die Deutschland je hatte",[62] noch nicht einmal mitgerechnet sind). – Neuere und genauere Studien über die Wiener Moderne,[63] die für die Entfaltung der Moderne von besonderer

---

[57] Vgl. Pinthus, *Menschheitsdämmerung*.
[58] Vgl. Bode, *Gedichte des Expressionismus*.
[59] Vgl. Best, *Expressionismus und Dadaismus*.
[60] Vgl. Musil, *Bedenken eines Langsamen*, 1428. – Musil verwendet die Vokabel „verjudet" zitatweise und mit einem sarkastischen Kommentar.
[61] Ebd., 1429.
[62] So Benn 1952 in seiner Rede *Erinnerungen an Else Lasker-Schüler*; vgl. Benn, *Sämtliche Werke* 6, 55.
[63] Vgl. Beller, *Wien und die Juden*; Le Rider, *Das Ende der Illusion*.

Woraus resultiert die kulturelle Leistung des Judentums zu Beginn der Moderne? 281

Abb. 4. Else Lasker-Schüler, Flöte spielend. Fotografie 1913 [4]

Abb. 5. Federzeichnung von Else Lasker-Schüler für ihr „Geschichtenbuch" ‚Der Prinz von Theben' von 1914. Der Titel lautet: „Jussuf opfert sein Herz dem Giselheer." Jussuf ist der Name des fiktiven Prinzen von Theben, in den sich Else Lasker-Schüler hineingedichtet hatte; mit Giselheer ist Gottfried Benn gemeint, um den Else Lasker-Schüler damals war und von dem sie später als Deutschlands „größte Lyrikerin" bezeichnet wurde. [4]

Bedeutung war, zeigen, dass jüdische Autoren den Charakter der Moderne wesentlich mit bestimmten, lassen aber auch ersichtlich werden, dass es – selbstverständlich – auch andere wichtige Einflüsse gab: wie denn auch die beiden wichtigsten Vordenker der Wiener Moderne, Friedrich Nietzsche und Ernst Mach, keine Juden waren.

Die vier Statistiken, die hier ausgebreitet wurden, wären leicht um viele weitere zu ergänzen,[64] zumal wenn man den Blick noch auf die anderen Künste wie die Musik und die Schauspiel- und Filmkunst richten würde,[65] oder auf die Publizistik und gar auf die Wissenschaft: Das eine Prozent deutscher Juden stellte in den ersten vierzig Jahren des 20. Jahrhunderts fast ein Drittel der damals noch zahlreichen deutschen Nobelpreisträger.[66] Insgesamt lassen diese Beobachtungen verständlich werden, dass der schon erwähnte Moritz Goldstein 1912 in seinem ‚Deutsch-jüdischen Parnass' zu dem Schluss kam, „dass deutsche Kultur zu einem nicht geringen Teil jüdische Kultur ist".[67] Und das war fast noch bescheiden formuliert. Als nämlich Siegmund Kaznelson, der Direktor des Jüdischen Verlags in Berlin, 1934 sein Buch ‚Juden im deutschen Kulturbereich' zur Auslieferung bringen wollte, wurde ihm vom Staatspolizeiamt Berlin mitgeteilt, dass der Vertrieb „im Interesse der öffentlichen Sicherheit und Ordnung" untersagt werden müsse, weil der „unbefangene Leser [...] bei der Lektüre des Werkes den Eindruck gewinnen" müsse, „dass die gesamte Deutsche Kultur bis zur nationalsozialistischen Revolution nur von Juden getragen worden sei".[68]

Angesichts dieser „markanten" Befunde stellt sich die Frage, wie diese erstaunlich große kulturelle Leistungskraft der Juden zu Beginn der Moderne zu erklären ist. Die Rassentheorie, die von vielen Zeitgenossen, von Juden wie Nicht-Juden, herangezogen wurde, scheidet als Erklärungsinstrument aus – und zwar nicht nur, weil sie aufgrund ihrer mörderischen Konsequenzen während der NS-Herrschaft gleichsam mit einem Tabu belegt ist, sondern auch, weil die Ergebnisse der jüngsten Gen-Forschung, soweit sie in allgemeinverständlicher Form mitgeteilt werden, der Rassentheorie die Basis völlig zu entziehen scheinen.[69] Im übrigen klingt das, was über die Möglich-

---

[64] Vgl. die Daten für die Weimarer Republik bei Zimmermann, *Die deutschen Juden*, 35 ff. und 89 ff.; Daten für die durchschnittlich große Präsenz von Juden in der frühen Arbeiterbewegung und in den sozialistischen Parteien bei Wistrich, *Socialism and the Jews*, 72 ff.

[65] Vgl. dazu die nach Sparten geordneten Artikel in Kaznelsons „Sammelwerk" *Juden im deutschen Kulturbereich* oder die konzentrierteren Darlegungen bei Meyer / Brenner, *Deutsch-jüdische Geschichte 3*, 320 ff., und 4, 174 ff.

[66] Vgl. Volkov, *Soziale Ursachen des Erfolgs in der Wissenschaft*, 317.

[67] Goldstein, *Deutsch-jüdischer Parnass*, 291.

[68] Kaznelson, *Juden im deutschen Kulturbereich*, XVI.

[69] Vgl. Müller-Jung, *Die feinen Unterschiede im menschlichen Genom*, in: *Frankfurter Allgemeine Zeitung* Nr. 44 vom 21. 2. 2001, N[atur und Wissenschaft] 1.

keit einer genetischen oder epigenetischen Weitergabe kultureller Veranlagungen oder Fähigkeiten gesagt wird,[70] noch so ungesichert, dass es als Erklärungsansatz für ein Phänomen wie das hier erörterte noch nicht in Erwägung gezogen werden kann.

Vor diesem Hintergrund hat die Forschung der letzten Jahrzehnte versucht, die außerordentlichen kulturellen Leistungen der Juden auf sozial- und kulturgeschichtlichem Weg zu erklären. Im Unterschied zu milieutheoretisch orientierten Erklärungen, wie sie sich ansatzweise in dem oben erwähnten Sammelband von Krojanker finden, werden dabei nur die sozialen Ermöglichungsbedingungen der kulturellen Leistung ins Auge gefasst, nicht auch die natürlichen (wie Klima, Bodenbeschaffenheit, Landschaft usw.). Nach zahlreichen Spezialstudien erschienen in den letzten Jahren einige zusammenfassende Artikel, insbesondere im Rahmen der jüngeren Geschichtswerke über das Judentum im deutschsprachigen oder europäischen Raum.[71] Diese Darstellungen und die wichtigsten der vorausgehenden Spezialstudien bilden die Grundlage der folgenden Ausführungen.

In der mehrbändigen ‚Deutsch-jüdischen Geschichte', die vor wenigen Jahren im Beck-Verlag erschien, beschließt Steven M. Lowenstein seinen Überblick über den „jüdischen Anteil an der deutschen Kultur" mit einem eigenen Kapitel „Zur Erklärung der kulturellen Kreativität von Juden" in dieser Epoche.[72] Zwei Erklärungen werden von Lowenstein entfaltet; die eine könnte man „Säkularisierungsthese" nennen, die andere bezeichnet Lowenstein selbst als „Theorie der Marginalität".

Die Säkularisierung der Gesellschaft, die ohnehin im Gang war, bedeutete für Juden, die sich in der deutschen Gesellschaft kulturell betätigen wollten, eine Notwendigkeit und eine Chance: eine Notwendigkeit, insofern ihnen „nichts anderes übrig[blieb], als sich von einer jüdischen Tradition abzuwenden, die solche Bestrebungen mit Mißtrauen betrachtete"; eine Chance, insofern in einer säkularisierten Gesellschaft die religiösen Vorbehalte zumindest abgeschwächt wurden. „Die Notwendigkeit, der eigenen traditionellen Kultur den Rücken zu kehren, um europäische Bildung zu erlangen, verbunden mit der Furcht vor christlicher Dominanz als Ausgrenzungsfaktor, machte daher gebildete Juden säkularer und fortschrittlicher als ihre nichtjüdischen Mitmenschen."[73] Und offensichtlich bestand darin auch eine gute Voraussetzung für einen Erfolg im kulturellen oder wissenschaftlichen Bereich: Shulamit Volkov, die den Werdegang von vierzig renommierten jüdi-

---

[70] Vgl. Klose, *Wo geht's lang zum Paradies*; Singer/Wingert, *Wer deutet die Welt*; Bahnsen, *Die Gene des Geistes*; Ritter, *Die Kultur belohnt das Scheitern*.
[71] Vgl. Meyer / Brenner, *Deutsch-jüdische Geschichte 3*, 302–335, und 4, 125–190; Karady, *Gewalterfahrung und Utopie*, 113 ff.
[72] Vgl. Meyer / Brenner, *Deutsch-jüdische Geschichte 3*, 328 ff.
[73] Ebd., 330.

schen Naturwissenschaftlern im Kaiserreich untersuchte, stellte fest, dass alle vierzig aus säkularisierten Elternhäusern kamen.[74]

Marginalisiert waren diese europäisch oder deutsch gebildeten Juden nach Lowenstein in zweifacher Weise: „Sie hatten die jüdische Tradition aufgegeben und konnten nicht mehr zu ihr zurück, während sie gleichzeitig nicht einfach selbstzufriedene Mitglieder der Mehrheitsgesellschaft werden konnten. Ihr anderer Hintergrund ließ sie die Dinge anders sehen, und außerdem weigerte sich die Mehrheit häufig, Juden in ihrer Mitte aufzunehmen. Aufgrund dieses doppelten Gefühls des Ausgegrenztseins waren jüdische Intellektuelle geneigt, die Traditionen sowohl des Judentums als auch der Mehrheitskultur als künstliche Hemmnisse auf dem Weg zum Fortschritt der Menschheit anzusehen. Das brachte sie dazu, geistige Neuerungen auf Gebieten zu schaffen, in denen herkömmliche Hemmnisse bedeutungslos waren. Die Theorie der Marginalität würde somit erklären, warum gerade der ‚Typ des nichtjüdischen Juden' (um einen von Isaac Deutscher geprägten Begriff zu benutzen) unter den großen Schöpfern und großen Ikonoklasten der menschlichen Zivilisation zu finden ist, während Juden, die ihren eigenen Traditionen loyaler verbunden blieben, weit bescheidenere Beiträge lieferten."[75] Als Exempel für diesen Zusammenhang sei Sigmund Freud angeführt, der einmal bemerkte: „Weil ich Jude war, fand ich mich frei von vielen Vorurteilen, die andere im Gebrauch ihres Intellekts beschränken, als Jude war ich dafür vorbereitet, in die Opposition zu gehen und auf das Einvernehmen mit der ‚kompakten Majorität' zu verzichten."[76] Im übrigen werden Lowensteins Thesen durch mehrere Spezialstudien gedeckt. So zeigt die ‚Erfolgsstudie' von Shulamit Volkov, dass die Juden als Randgruppe eine „kreative Skepsis"[77] entwickelten und dass die Diskriminierung mitunter zum „Vorteil" wurde:[78] Jüdische Wissenschaftler waren zwar dazu verurteilt, länger als ihre deutschen Kollegen im Stand des Privatdozenten zu verharren und dann an eher kleinere, jüngere und peripher gelegene Universitäten berufen zu werden; beide Umstände begünstigten aber jene Spezialisierung, die gerade zu Beginn der Moderne gefordert war.[79] Für einen anderen Bereich, den ökonomischen, hat eine Studie über das jüdische Bürgertum in Frankfurt am Main im 19. Jahrhundert ebenfalls zu dem Befund geführt, dass die Diskriminierung positive Effekte haben konnte: „Die rechtlichen Restriktionen zwangen sie [die Juden], für ihre unternehmerische Tätigkeit Lücken ausfindig zu machen, die zwar mit größerem Risiko,

---

[74] Vgl. Volkov, *Soziale Ursachen des Erfolgs*, 322.
[75] Meyer / Brenner, *Deutsch-jüdische Geschichte 3*, 330 f.
[76] Zit. nach Gombrich, *Jüdische Identität*, 26.
[77] Vgl. Volkov, *Soziale Ursachen des Erfolgs*, 322.
[78] Vgl. ebd., 324.
[79] Vgl. ebd., 333 f. und 338 f.

aber auch mit größeren Gewinnchancen verbunden waren, sofern sie strategischen Blick und Innovationsfreudigkeit in dem sich entfaltenden marktwirtschaftlichen System bewiesen."[80] – Wenn man die deutschen Juden als „Randgruppe" bezeichnet, ist allerdings zu berücksichtigen, daß es sich um eine „Gruppe" handelte, die in vieler Hinsicht sehr gut gestellt war: vorzugsweise in Großstädten ansässig, und dort in guten, zum Teil vornehmen Wohnvierteln;[81] zum großen Teil (um 1907: 61,4 Prozent) in „besseren" und „modernen" Berufen tätig (Handel und Verkehr), überdurchschnittlich viel (7,9 Prozent) auch in freien akademischen Berufen (Ärzte, Rechtsanwälte);[82] mit einem durchschnittlichen Einkommen, das deutlich höher war als das durchschnittliche Einkommen der Allgemeinbevölkerung[83] und mit durchschnittlich halb so viel Kindern wie die Allgemeinbevölkerung,[84] woraus sich die Möglichkeit ergab, den Kindern, speziell auch den Mädchen,[85] eine bessere Ausbildung zukommen zu lassen: In Wien betrug der jüdische Anteil an der Gesamtbevölkerung ab 1890 etwa 12 Prozent, der Anteil an den Gymnasiasten aber etwa 30 Prozent;[86] in Berlin machten Juden etwas über 4 Prozent der Gesamtbevölkerung aus, stellten um 1906 aber 18 % der Gymnasiasten;[87] in Preußen wie in Österreich lag der Anteil der jüdischen Studenten an der Studentenschaft insgesamt um ein Vielfaches über dem Anteil der Juden an der Gesamtbevölkerung.

Die von Lowenstein skizzierte Erklärung für die auffallende Kreativität der Juden zu Beginn der Moderne findet in der von Victor Karady jüngst vorgelegten „Sozialgeschichte" der „Juden in der europäischen Moderne" eine Bestätigung und Vertiefung. Karady zufolge waren die europäischen Juden gleichsam dazu prädestiniert, eine Modernisierungselite zu werden[88] – aber nicht etwa aufgrund „rassischer" Anlagen, sondern aufgrund sozialer Erfahrungen und kultureller Gepflogenheiten: Verfolgung und Außenseitertum hielten mobil und schärften den Blick für immer wieder neue Möglichkeiten der Existenzsicherung; die erzwungene berufliche Beschränkung auf Handel, Kapitalvermittlung und intellektuelle Dienstleistungen förderte die Entwicklung eben der Kompetenzen, die im Prozeß der Modernisierung gefragt waren; dasselbe gilt für den „religiösen Intellektualismus", der dafür sorgte, dass die Juden (und zumal auch die jüdischen Frauen)[89] in einem

---

[80] Hopp, *Jüdisches Bürgertum*, 297.
[81] Vgl. Meyer / Brenner, *Deutsch-jüdische Geschichte 3*, 30 ff.
[82] Vgl. ebd., 41.
[83] Vgl. ebd., 62 ff., und Volkov, *Die Juden in Deutschland*, 43 und 53 f.
[84] Vgl. Mayer / Brenner, *Deutsch-jüdische Geschichte 3*, 15 f.
[85] Vgl. Volkov, Die Juden in Deutschland, 58.
[86] Vgl. Beller, *Wien und die Juden*, 53 und 62.
[87] Diese und weitere Zahlen bei Meyer / Brenner, *Deutsch- jüdische Geschichte 3*, 56 ff.
[88] Vgl. Karady, *Gewalterfahrung und Utopie*, bes. 20, 115 und 164 f.
[89] Vgl. Meyer / Brenner, *Deutsch-jüdische Geschichte 3*, 84 ff.

weit höheren Maß als die übrige Bevölkerung gebildet waren: alphabetisiert, in der deutschen Sprache oft besser geübt als die Mehrzahl der Deutschen selbst,[90] im übrigen zwei- oder mehrsprachig und in religiösen Schriften und Disputen bewandert. Hinzu traten die Disziplinierung und die Vielzahl der zu beobachtenden religiösen Regeln, das „Ideal eines unablässigen Lerneifers"[91] und, wie nach Stefan Zweig zu ergänzen ist, jene „Suprematie des Geistigen", die sich darin zeigte, dass die Gelehrten unter den Juden ein besonders hohes Ansehen genossen und dass in ärmeren Schichten die Familien zusammenhalfen, um wenigstens einem Mitglied den „Aufstieg ins Geistige" zu ermöglichen.[92] Aus all dem ergab sich ein „existentielle[r] Habitus", der die Juden befähigte, im Prozess der allgemeinen Modernisierung führende Rollen einzunehmen. Eine zusätzliche Voraussetzung dafür war freilich auch die innerjüdische Modernisierung, das heißt: die Überwindung der jüdischen Traditionsgebundenheit und die mehr oder minder weit gehende Assimilation an die christliche oder später tendenziell säkularisierte Gesellschaft. Assimilation aber ist, wie Karady deutlich macht, ein lang sich hinziehender und komplexer kreativer Akt, der zur ständigen Mobilisierung von Energien zwingt[93] – wie auch immer die Assimilation der Juden an die Deutschen insgesamt zu bewerten ist.[94] Aus diesen Voraussetzungen resultierte Karady zufolge, dass die Juden an der „Modernisierung Europas" einen „unverhältnismäßig starke[n] und wirkungsvolle[n] Anteil" hatten[95] und als Exponenten der Moderne erschienen, letzteres um so mehr, als sie in den „kulturellen Berufen" auf bemerkenswerte Weise überrepräsentiert waren. Insofern hat es auch eine gewisse Triftigkeit und ist nicht nur auf antisemitische Affekte zurückzuführen, dass Richard Wagner und einige seiner Zeitgenossen die Emergenz der emphatischen Moderne mit der Emanzipation und kulturellen Wirksamkeit der Juden in Verbindung brachten.

Bei all dem sollte die Bedeutung der Juden für die Herausbildung der kulturellen Moderne aber auch nicht überschätzt werden. Mit Steven M. Lowenstein ist darauf hinzuweisen, dass sich in der Kultur der Moderne jüdi-

---

[90] Vgl. hierzu auch Lässig, *Sprachwandel und Verbürgerlichung*; Volkov, *Die Verbürgerlichung der Juden*, 353 ff.
[91] Vgl. Karady, *Gewalterfahrung und Utopie*, 120.
[92] Vgl. Zweig, *Die Welt von gestern*, 26.
[93] Vgl. Karady, *Gewalterfahrung und Utopie*, 122 und 146 f.
[94] Die leidvollen Aspekte der Assimilation (Bruch mit der eigenen Kultur, mühselige und einschränkende Anpassung an fremde Normen, Abhängigkeit vom Urteil anderer, erkennbare Vergeblichkeit der Assimilationsbemühungen) hat Zygmunt Baumann in seinem Buch *Moderne und Ambivalenz* deutlich gemacht und betont; aber auch Baumann schreibt dem Prozess der Assimilation ein „einzigartiges [...] kreatives Potential" zu (192) und führt die besondere Modernität der Juden auch auf die Erfahrungen der Assimilation zurück (vgl. bes. 195 f.).
[95] Vgl. ebd., 15.

sche und nichtjüdische Leistungen auf eine untrennbare Weise miteinander verbanden: „Mit wenigen Ausnahmen – das beste Beispiel ist wahrscheinlich die Psychoanalyse – arbeiteten Juden auf wissenschaftlichen [und, so ist gleich zu ergänzen: künstlerischen] Gebieten nicht isoliert von Nichtjuden. Es bedarf keiner Erwähnung, dass ihre Beiträge zu diesen Gebieten stets in engem Zusammenhang mit Fortschritten standen, die nichtjüdische Forscher erzielt hatten. So wäre es beispielsweise unmöglich, die Rolle von Nichtjuden wie Max Planck, Werner Heisenberg und Erwin Schrödinger in der Entwicklung der Quantenmechanik zwischen 1900 und 1930 von der Rolle von Juden wie Einstein, Max Born und James Franck zu trennen. Zumindest in den ‚harten' Wissenschaften entwickelte sich die intellektuelle Diskussion ohne besondere Rücksicht auf den persönlichen Hintergrund der Beteiligten. Und auch in der Kunst spielten die Beziehungen zwischen Juden und Nichtjuden eine entscheidende Rolle im Wirken einzelner Künstler und künstlerischer Bewegungen. Die Beziehung zwischen Gerhart Hauptmann und Otto Brahm, zwischen Stefan George und seinen jüdischen Anhängern oder zwischen Else Lasker-Schüler und ihren nichtjüdischen Freunden sind einschlägige Beispiele. Um die Rolle der Juden in der deutschen Kultur und Wissenschaft verstehen zu können, muss man nicht nur die Eigenart der jüdischen Teilhabe daran bewerten, sondern sich auch das weitere Milieu vergegenwärtigen, das in den meisten Fällen den Kontext für ihre Kreativität abgab."[96]

Zu fragen bleibt nun allerdings noch, ob die jüdischen „Beiträge" zur Kultur der Moderne nicht nur quantitativ, sondern auch qualitativ „markant" oder spezifisch waren. Oder mit den Worten von Steven M. Lowenstein: „Waren die Leistungen von Juden in der deutschen Kultur und Wissenschaft verschieden von denen der Nichtjuden, und falls ja, welches waren die Gründe für diesen Unterschied?"[97]

Plausible Antworten auf derartige Fragen zu finden, dürfte außerordentlich schwer sein. Noch nicht einmal die Frage, mit welchem Bewusstsein und mit welcher Absicht ein Autor jüdischer Herkunft jüdische Motive in sein Werk aufgenommen hat, ist im Einzelfall sicher zu beantworten. Als Beispiel sei Alfred Döblin angeführt: Aufgewachsen in einem Elternhaus und später in einem verwandtschaftlichen Zusammenhang, in dem das Judentum nur noch eine sehr periphere Rolle spielte,[98] trat Döblin gegen Ende des Jahres 1912 aus der Jüdischen Gemeinde aus[99] und befasste sich mit dem Judentum vorerst nicht mehr auf eine nennenswerte Weise. Erst 1923 begann er sich

---

[96] Vgl. Meyer / Brenner, *Deutsch-jüdische Geschichte 3*, 326.
[97] Vgl. ebd., 302.
[98] Vgl. Döblin, *Schriften zu Leben und Werk*, 61 ff.
[99] Vgl. Döblin, *Briefe*, 259.

– im Anschluss an einen pogromartigen Vorgang in Berlin – wieder für das Judentum zu interessieren und sich mit den Ostjuden, gegen die sich die Ausschreitungen gerichtet hatten, zu solidarisieren.[100] Zu einem Wiedereintritt in die Jüdische Gemeinde führte dies nicht; aber als Döblin 1924 die Möglichkeit erhielt, eine längere Reise zu machen, wählte er als Ziel das Land der Juden, also Polen: Warschau mit seinen 350 000 Juden,[101] Wilno, Lublin, Lemberg, Krakau, wo er die jüdischen Quartiere besuchte und sich in die jiddischen Schulen und zu den Rebben führen ließ. Was er dort sah und hörte, machte großen und nachhaltigen Eindruck auf ihn. Dass in Döblins nächstem großen Roman, in ‚Berlin Alexanderplatz' (1929), jüdische Motive und vor allem lebenskundige jüdische Erzähler eine so große Rolle spielen,[102] dürfte nicht zuletzt auf die polnisch-jüdischen Erfahrungen zurückzuführen sein. Zu einem Wiedereintritt in die Jüdische Gemeinde führte die Reise durch das jüdische Polen aber nicht. Im Gegenteil: In der Marienkirche von Krakau wurden der Gekreuzigte und seine Mutter für ihn bedeutungsvoll,[103] und in dem Roman, der auf ‚Berlin Alexanderplatz' folgte, in dem Emigrationsroman ‚Babylonische Wandrung' (1933/34), führt der Weg des Helden gegen Ende immer wieder in die Kathedrale Notre Dame zur „lichten Wahrheit" des Gekreuzigten – und mithin des Christentums.[104] Kaum zehn Jahre später, im November 1941, ließ Döblin sich im kalifornischen Exil katholisch taufen, und dies war keine pathologisch bedingte Kurzschlusshandlung, wie manche Kritiker meinten,[105] sondern der konsequente Abschluss eines Konversionsprozesses, der in den zwanziger Jahren einsetzte. – Das Judentum wurde in den zwanziger Jahren also zu einem wichtigen Thema für Döblin, und in ‚Berlin Alexanderplatz' wirkte jüdisches Erzählen, wie es Döblin in Polen erlebt hatte, sogar formprägend. Aber richtet man den Blick auf das Bewusstsein, das sich in diesem Werk äußerte, so wird man sagen müssen, dass es jüdisch allenfalls in einem sehr gebrochenen Sinn war, und man wird sehr zögern, Döblin in dem Sinn, in dem man z.B. Reinhold Schneider einen dezidiert christlichen Autor nennen kann, als einen dezidiert jüdischen Autor zu bezeichnen. Wohl aber ist er als dezidiert moderner Autor zu bezeichnen. Döblins Werk entstand in einer intensiven Auseinandersetzung mit den sozialen und geistigen Problemen der Moderne und unter Rückgriff

---

[100] Vgl. Döblin, *Kleine Schriften 1*, 64 ff. („Deutsche Zustände – jüdische Antwort"); vgl. auch Döblin, *Schriften zu jüdischen Fragen*, 263 ff.
[101] Vgl. Döblin, *Reise in Polen*, 73.
[102] Vgl. bes. das dritte und vierte Kapitel des ersten Buches („Belehrung durch das Beispiel des Zannowich") und das Ende des ersten Buches (Ballwerfergeschichte).
[103] Vgl. ebd., 239 ff.
[104] Vgl. Döblin, *Babylonische Wandrung*, 643 ff. und 657.
[105] Vgl. Brecht, *Arbeitsjournal*, 389 f. (14. 8. 1943); vgl. dazu Kiesel, *Literarische Trauerarbeit*, 145 ff.; Emde, *Alfred Döblin: sein Weg zum Christentum*.

auf die Mittel der internationalen künstlerischen Avantgarde; der neuartige Montageroman ‚Berlin Alexanderplatz' (1929), der strukturell von James Joyces ‚Ulysses' (1922) und John Dos Passos ‚Manhattan Transfer' (1925) deutlich abweicht, ist wohl der bedeutendste deutschsprachige Beitrag zur Romankunst der internationalen Moderne. Jüdische Erfahrungen und jüdische Reflexionsformen wirkten dabei mit, waren aber doch nur ein Faktor unter anderen.

Noch prekärer als die Frage nach dem Bewusstsein ist die Frage nach spezifisch jüdischen Werten, die sich in den „Beiträgen" von Juden zur kulturellen Moderne zeigen könnten, oder gar nach einem spezifisch jüdischen Geist

Abb. 6. Schutzumschlag der Originalausgabe von Alfred Döblins Roman „Berlin Alexanderplatz" (1929) [5]

oder „Wesen". Im schrecklichen Licht der geschichtlichen Erfahrung zögert man, diese Frage überhaupt zu stellen. Fragen werden allerdings nicht dadurch erledigt, dass man sie tabuisiert, sondern dadurch, dass man eine Antwort auf sie entwickelt, und sei es, dass diese Antwort darin besteht, dass die betreffenden Fragen (vorerst) nicht beantwortet werden können oder als prinzipiell verfehlt zu betrachten sind.

In der Frage nach Momenten, die als konstitutiv und möglicherweise als spezifisch für das Judentum zu betrachten sind, gibt es – neben einer Unzahl von Unterstellungen aller Art – einen Punkt, der sowohl von prominenten Vertretern des Judentums als auch neuerdings von der kulturgeschichtlichen Forschung exponiert wurde. Erstmals geschah dies in jener „Debatte um das Wesen des Judentums",[106] die, ausgelöst durch Adolf (von) Harnacks Buch ‚Das Wesen des Christentums' (1900), in den ersten beiden Jahrzehnten des 20. Jahrhunderts stattfand. Harnack hatte in seinem vielgelesenen Buch die jüdische Religion als eine menschheitsgeschichtlich zwar wichtige,[107] durch das Christentum aber überholte Religion bewertet,[108] und dies veranlasste einige jüdische Gelehrte zu Stellungnahmen, die den Kern des Judentums deutlich machen sollten. Eine erste Antwort gab der liberale Rabbiner und Dilthey-Schüler Leo Baeck in seinem Buch ‚Das Wesen des Judentums' (1905). Dort heißt es (zu Beginn des Kapitels über „Offenbarung und Weltreligion"): „Der ethische Charakter, die grundsätzliche Bedeutung der sittlichen Tat, ist für die israelitische Religion ursprünglich. [...] Das Judentum ist nicht nur ethisch, sondern *die Ethik macht sein Prinzip, sein Wesen aus*".[109] Diese „ethische" Bestimmung des Judentums, die bereits durch einschlägige Schriften von Hermann Cohen vorbereitet war, wurde durch andere Vertreter des damaligen Judentums bestätigt,[110] und sie bildet wohl auch die Basis für den jüngst von Arthur Hertzberg unternommenen Versuch, einen „unwandelbaren", also durch alle Zeiten sich durchhaltenden „jüdischen Charakter" dingfest zu machen;[111] denn wenn dieser „unwandelbare Charakter", wie Hertzberg sagt, in den oft einander überlagernden Figuren des „Erwählten", des „Aufrührers" und des „Außenseiters" er-

---

[106] Vgl. Meyer / Brenner, *Deutsch-jüdische Geschichte 3*, 335 ff.
[107] Vgl. Harnack, *Das Wesen des Christentums*, 153.
[108] Vgl. ebd., 86, 176 und 185. – Die unlängst in der *Frankfurter Allgemeinen Zeitung* erörterte Frage, ob Harnacks Buch das Judentum herabsetze oder ob es gar antisemitisches Potential enthalte, muss hier nicht aufgegriffen werden, da es nicht um Harnacks Begriff des Judentums geht (vgl. dazu FAZ Nr. 45 vom 23. 2. 2000, N 5, und Nr. 67 vom 20. 3. 2000, 10, sowie Wiese, *Wissenschaft des Judentums*, 131 ff.).
[109] Baeck, *Das Wesen des Judentums*, 56. – Vgl. zu Baecks Schrift Homolka, *Jüdische Identität*, 63 ff.
[110] Vgl. Meyer / Brenner, *Deutsch-jüdische Geschichte 3*, 340 ff.
[111] Vgl. Hertzberg, *Wer ist Jude*, 21. – Arthur Hertzberg ist Religionswissenschaftler, Rabbiner und ehemaliger Vizepräsident des jüdischen Weltkongresses.

scheint,[112] so zeigt sich darin eben jene ethische Verantwortung, der sich die Juden seit mosaischen Zeiten verpflichtet fühlten.[113] Einen starken ethischen Zug hat nun aber ein Jahrzehnt vor dem Erscheinen von Hertzbergs Buch der englische Kulturhistoriker Steven Beller in seiner Studie über „Wien und die Juden 1867–1938" als Charakteristikum des jüdischen Beitrags zur Wiener Moderne ausgemacht.[114] Insbesondere das Werk von Schnitzler und von Freud, aber auch von Weininger ist – Beller zufolge – durch den Wunsch motiviert, die Illusionen über sich selbst abzustreifen und die gesellschaftlichen Heucheleien zu durchbrechen;[115] Schnitzlers Ästhetizismus ist nur Verkleidung des ethischen Strebens nach Wahrheit, das sich gegen die allgemeine Kultur richtete, man kann wohl auch sagen: gegen das Milieu.

Wenn dem so ist, schließt sich natürlich die Frage an, was sich da gegen das Milieu durchsetzt: eine jüdische Tradition, die durch entsprechende (ethische) Unterweisungen vermittelt wurde und jedem beliebigen Menschen hätte vermittelt werden können, oder eine charakterliche Disposition,

Abb. 7. Arthur Schnitzler [6]

---

[112] Vgl. ebd., 23.
[113] Vgl. ebd., 40.
[114] Vgl. Beller, *Wien und die Juden*, 120 ff. („Österreichs Nonkonformisten: Ethik und Verantwortung") sowie 226 ff. („Die Ethik der Außenseiter: die kulturelle Antwort").
[115] Vgl. ebd., 237 ff.

die aller Unterweisung vorausging und als eine wie auch immer vermittelte geistige oder psychische Erbschaft zu sehen ist (konkret und pointiert gesagt: jene „Begabung" für „soziale Offenbarungen", die Moses Hess 1862 als „Eigentümlichkeit" der jüdischen „Rasse" bezeichnet hatte).[116] Dieselbe Frage ist auch im Hinblick auf den Messianismus und Utopismus des weitgehend von jüdischen Autoren getragenen Expressionismus zu stellen.[117] Eine Antwort aber kann derzeit, wie es scheint, so wenig gegeben werden wie 1910, als Max Weber auf dem Ersten deutschen Soziologentag nach einem einschlägigen Vorwort von Alfred Ploetz feststellte, dass noch nicht eine einzige „exakte konkrete Tatsache" zu sehen sei, „die eine bestimmte Gattung von soziologischen Vorgängen wirklich einleuchtend und endgültig, exakt und einwandfrei zurückführte auf angeborene und vererbliche Qualitäten, welche eine Rasse besitzt und eine andere definitiv – wohlgemerkt: definitiv! – nicht [...].[118] Die Humangenetiker Friedrich Vogel und Arno G. Motulsky haben, um einer Antwort auf derartige Fragen näherzukommen, vor einigen Jahren die „differences in IQ and achievement between ethnic groups" ins Auge gefasst, haben dabei eine „intellectual excellence of Jews" festgestellt und haben bei der Suche nach Gründen genetische und sozioökonomische Erklärungsmöglichkeiten vergleichend in Erwägung gezogen. Ihre Konklusion lautet: „In the absence of specific knowledge of the genetic mechanisms that may underlie individual differences in intellectual performance *we have no way to decide whether genetic factors have contributed to the intellectual excellence of Jews*. The means to solve this problems do not exist, and there is no way of tackling the question unambiguously at the present state of knowledge in human behavioral genetics."[119]

Literatur

Baeck L (oJ) Das Wesen des Judentums. Fourier, Wiesbaden
Bahnsen U (2001) Die Gene des Geistes: Was macht den Menschen aus? Antwort suchen Genforscher im Erbgut des Schimpansen. In: Die Zeit Nr 5/Januar, S 29 f.
Baioni G (1994) Kafka – Literatur und Judentum. Metzler, Stuttgart, Weimar
Barenboim D (2001) Ein Leben in Deutschland: Warum soll es nur eine Identität geben? Die deutsch-jüdischen Beziehungen und die versöhnende Kraft der Musik. In: Die Zeit Nr 5/Januar, S 41
Bartels A (1903) Kritiker und Kritikaster: pro domo et pro arte. Mit einem Anhang: Das Judentum in der deutschen Literatur. Avenarius, Leipzig

---

[116] Siehe oben bei bei Anm. 32.
[117] Vgl. dazu den Aufsatz von Horch, *Expressionismus und Judentum*, der die diesbezügliche Debatte in Martin Bubers Zeitschrift „Der Jude" reflektiert.
[118] Vgl. *Verhandlungen des Ersten Deutschen Soziologentages*, 154; vgl. dazu Becker, *Zur Geschichte der Rassenhygiene*, 71 ff.
[119] Vogel / Motulsky, *Human Genetics*, 706.

Battenberg F (2000²) Das europäische Zeitalter der Juden: zur Entwicklung einer Minderheit in der nichtjüdischen Umwelt Europas. 2 Bde. Wissenschaftliche Buchgesellschaft, Darmstadt.
Bauman Z (1995) Moderne und Ambivalenz: das Ende der Eindeutigkeit. Fischer, Frankfurt/Main
Becker PE (1988) Zur Geschichte der Rassenhygiene: Wege ins Dritte Reich. Thieme, Stuttgart, New York
Beller, S (1993) Die Position der jüdischen Intelligenz in der Wiener Moderne. In: Nautz N, Vahrenkamp R (Hrsg) Die Wiener Jahrhundertwende: Einflüsse, Umwelt, Wirkungen. Böhlau, Wien usw., S 710–719
Beller, S (1993) Wien und die Juden 1867–1938. Böhlau, Wien usw.
Benn G (1986 ff.) Sämtliche Werke. Stuttgarter Ausgabe. In Verbindung mit Ilse Benn herausgegeben von. Schuster G. (Bisher) 6 Bde. Klett-Cotta, Stuttgart
Best OF (Hrsg) (1974) Expressionismus und Dadaismus. Reclam, Stuttgart
Blasius D, Diner D (Hrsg) (1991) Zerbrochene Geschichte: Leben und Selbstverständnis der Juden in Deutschland. Fischer, Frankfurt/Main
Bloch E (1965) Die sogenannte Judenfrage. Literarische Aufsätze. Suhrkamp, Frankfurt/Main, S 549–554
Bode D (Hrsg) (1966) Gedichte des Expressionismus. Reclam, Stuttgart
Borchmeyer D, Maayani A, Vill S (Hrsg) (2000) Richard Wagner und die Juden. Metzler, Stuttgart und Weimar
Botstein L (1991) Judentum und Modernität: Essays zur Rolle der Juden in der deutschen und österreichischen Kultur 1848 bis 1938. Böhlau, Wien usw.
Bowles B (2000) Poetic Practice and Historical Paradigm: Charles Baudelaire's Anti-Semitism. PMLA 115:195–208
Braun M et al. (Hrsg) (2000) „Hinauf und zurück / in die herzhelle Zukunft": deutsch-jüdische Literatur im 20. Jahrhundert. Festschrift für Birgit Lermen. Bouvier, Bonn
Brecht B (1974) Arbeitsjournal. Hrsg. von Werner Hecht. Suhrkamp, Frankfurt/Main
Brenner M (2000) Jüdische Kultur in der Weimarer Republik. Beck, München
Breuer S (2001) Richard Wagners Antisemitismus: eine Sammelbesprechung. In: Musik & Ästhetik 5(19):88–96
Conze W (1984) Rasse. In: Brunner O, Conze W, Kosellek R (Hrsg) Geschichtliche Grundbegriffe: Historisches Lexikon zur politisch-sozialen Sprache in Deutschland. Bd 5. Klett-Cotta, Stuttgart, S 135–178
Döblin A (1970) Briefe. Hrsg von Graber H. Walter, Olten, Freiburg im Breisgau
Döblin A (1985) Kleine Schriften I. Hrsg. von Riley AW. Walter, Olten, Freiburg im Breisgau, S 313–319
Döblin A (1968) Reise in Polen. Hrsg von Graber H. Walter, Olten, Freiburg im Breisgau
Döblin A (1995) Schriften zu jüdischen Fragen. Hrsg von Horch HO in Verbindung mit Schicketanz T. Walter, Zürich, Düsseldorf
Döblin A (1986) Schriften zu Leben und Werk. Hrsg von Kleinschmidt E. Walter, Olten, Freiburg im Breisgau
Dühring E (1881) Die Judenfrage: Racen-, Sitten-und Culturfrage. Reuther, Karlsruhe, Leipzig
Emde F (1999) Alfred Döblin: Sein Weg zum Christentum. Narr, Tübingen
Fischer JM (2000) Richard Wagners „Das Judentum in der Musik": Eine kritische Dokumentation als Beitrag zur Geschichte des Antisemitismus. Insel, Frankfurt/Main, Leipzig
Friedländer S, Rüsen J (Hrsg) (2000) Richard Wagner im Dritten Reich. Beck, München
Fritsch T (1923) Handbuch der Judenfrage: Eine Zusammenstellung der wichtigsten Tatsachen zur Beurteilung des jüdischen Volkes. (29. Aufl). Hammer, Leipzig
Gay P (1986) Freud, Juden und andere Deutsche: Herren und Opfer in der modernen Kultur. Hoffmann und Campe, Hamburg
Geiger L (1910) Die Deutsche Literatur und die Juden. Reimer, Berlin

Gerecke A (1893) Die Verdienste der Juden um die Erhaltung und Ausbreitung der Wissenschaften. Verlags-Magazin/Schabelitz, Zürich

Gilman SL (1998) Die schlauen Juden: Über ein dummes Vorurteil. Aus dem Amerikanischen von Brigitte Stein. Claassen, Hildesheim

Goldstein M (1912) Deutsch-jüdischer Parnaß. In: Kunstwart 25:281-294

Gombrich EH (1997) Jüdische Identität und jüdisches Schicksal: eine Diskussionsbemerkung. Mit einer Einleitung von Brix E und einer Diskussionsdokumentation von Baker F. Hrsg von Brix E, Baker F. Passagen, Wien

Gregor-Dellin M (1983) Wagner-Chronik. Deutscher Taschenbuch Verlag, München

Grimm G, Bayerdörfer H-P (Hrsg) (1985) Im Zeichen Hiobs: jüdische Schriftsteller und deutsche Literatur im 20. Jahrhundert. Athenäum, Königstein/Ts.

Hamann B (1996) Hitlers Wien: Lehrjahre eines Diktators. Piper, München und Zürich

Harnack A von (1999) Das Wesen des Christentums. Herausgegeben und kommentiert von Trutz Rendtorff. Kaiser, Gütersloh

Hermand J (1996) Judentum und deutsche Kultur: Beispiele einer schmerzhaften Symbiose. Böhlau Wien usw.

Hertzberg A, in Zusammenarbeit mit Hirt-Manheimer A (2000) Wer ist Jude? Wesen und Prägung eines Volkes. Wissenschaftliche Buchgesellschaft, Darmstadt

Hess M (1935) Rom und Jerusalem: die letzte Nationalitätenfrage. Hozaah Ivrith, Tel Aviv

Hohorst G, Kocka J, Ritter GA (1975) Sozialgeschichtliches Arbeitsbuch: Materialien zur Statistik des Kaiserreichs 1870-1914. Beck, München

Homolka W (1994) Jüdische Identität in der modernen Welt: Leo Baeck und der deutsche Protestantismus. Kaiser, Gütersloh

Hopp A (1997) Jüdisches Bürgertum in Frankfurt/Main im 19. Jahrhundert. Steiner, Stuttgart

Horch HO (1994) Expressionismus und Judentum: zu einer Debatte in Martin Bubers Zeitschrift „Der Jude". In: Anz T, Stark A (Hrsg) Die Modernität des Expressionismus. Metzler, Stuttgart, Weinar, S 120-141

Karady V (1999) Gewalterfahrung und Utopie: Juden in der europäischen Moderne. Fischer, Frankfurt/Main

Katz J (1986) Aus dem Ghetto in die bürgerliche Gesellschaft: jüdische Emanzipation 1770-1870. Jüdischer Verlag bei Athenäum, Frankfurt/Main

Katz J (1985) Richard Wagner: Vorbote des Antisemitismus. Jüdischer Verlag Athenäum, Königstein/Ts.

Katz J (ed) (1987) Toward Modernity: the European Jewish Model. Transaction, New Brunswick, Oxford

Katz J (1989) Vom Vorurteil zur Vernichtung: der Antisemitismus 1700-1933. Beck, München

Kaznelson S (1959) Juden im deutschen Kulturbereich: ein Sammelwerk. Zweite, stark erweiterte Ausgabe. Jüdischer Verlag, Berlin

Kiesel H (1986) Literarische Trauerarbeit: Das Exil- und Spätwerk Alfred Döblins. Niemeyer, Tübingen

Klose J (2000) Wo geht's lang zum Paradies? Gedanken über „Das Buch des Lebens". Literaturen 11:24-29

Knütter H-H (1971) Die Juden und die deutsche Linke in der Weimarer Republik 1918-1933. Droste, Düsseldorf

Krojanker G (1922) Juden in der deutschen Literatur: Essays über zeitgenössische Schriftsteller. Welt, Berlin

Lässig S (2000) Sprachwandel und Verbürgerlichung: zur Bedeutung der Sprache im innerjüdischen Modernisierungsprozeß des frühen 19. Jahrhunderts. Historische Zeitschrift 270: 617-667

Le Rider J (1990) Das Ende der Illusion: die Wiener Moderne und die Krisen der Identität. Österreichischer Bundesverlag, Wien

Liebe G (1903) Das Judentum in der deutschen Vergangenheit. Diederichs. Leipzig

Mann T (1993) Zur jüdischen Frage. In: Kurzke H, Stachorski S (Hrsg) Thomas Mann. Essays. Bd 2. Fischer, Frankfurt/Main, S 85–95
Mattenklott G (1992) Über Juden in Deutschland. Jüdischer Verlag Frankfurt/Main
Mayer H (1959) Richard Wagner. Rowohlt, Hamburg
Meyer MA, Brenner M (Hrsg) (1996–97) Deutsch-jüdische Geschichte in der Neuzeit. 4 Bde. Beck, München
Mosse W (1992) Jüdische Intellektuelle in Deutschland: zwischen Religion und Nationalismus. Campus, Frankfurt, New York
Mosse WE, Paucker Arnold (Hrsg) (1971) Deutsches Judentum in Krieg und Revolution 1916–1923: ein Sammelband. Mohr, Tübingen
Mosse WE, Paucker Arnold (Hrsg) (1976) Juden im Wilhelminischen Deutschland 1890–1914: ein Sammelband. Mohr, Tübingen
Musil R (1983) Bedenken eines Langsamen. N.-R.-Aufsatz. In: Frisé A (Hrsg) Robert Musil. Gesammelte Werke, Bd 2. Essays und Reden/Kritik. Rowohlt, Reinbek bei Hamburg;, S 1413–1435
Nipperdey T (1990) Probleme der Modernisierung in Deutschland. In: Ders.: Nachdenken über die deutsche Geschichte. Essays. Deutscher Taschenbuch Verlag, München, S 52–70
Pinthus K (1984) Menschheitsdämmerung: ein Dokument des Expressionismus. Rowohlt, Hamburg
Ploetz A (1895) Grundlinien einer Rassenhygiene, 1. Theil: Die Tüchtigkeit unserer Rasse und der Schutz der Schwachen. S. Fischer, Berlin
Reich-Ranicki M (1993) Über Ruhestörer: Juden in der deutschen Literatur. Deutscher Taschenbuch Verlag, Münche
Richarz M (1976, 1979, 1982) Jüdisches Leben in Deutschland. Selbstzeugnisse zur Sozialgeschichte. Bd 1: 1780–1871; Bd 2: Im Kaiserreich; Bd 3: 1918–1945. Deutsche Verlags-Anstalt, Stuttgart
Ritter H (2001) Die Kultur belohnt das Scheitern/Über einige Versuche, dem Zufall die Hand zu reichen: Paul Kammerer, das Gesetz der Serie und der Lamarckismus. Frankfurter Allgemeine Zeitung Nr 35, 10. Februar, S 1
Robertson R (1988) Kafka: Judentum, Gesellschaft, Literatur. Metzler, Stuttgart
Rose PL (1999) Richard Wagner und der Antisemitismus. Pendo, Zürich, München
Roth J (2000) Juden auf Wanderschaft. Kiepenheuer & Witsch, Köln
Rürup R (1975)Emanzipation und Antisemitismus: Studien zur ‚Judenfrage' der bürgerlichen Gesellschaft. Vandenhoeck & Ruprecht, Göttingen:
Rürup R (1975) Emanzipation und Krise – Zur Geschichte der „Judenfrage" in Deutschland vor 1890. In: Mosse/Paucker, Juden im Wilhelminischen Deutschland (s. o.), S 1–56
Rürup R (1975) Jüdische Geschichte in Deutschland: Von der Emanzipation bis zur nationalsozialistischen Gewaltherrschaft. In: Blasius/Diner, Zerbrochene Geschichte (s.o.), S 79–101
Schallmayer (1903) W Vererbung und Auslese im Lebenslauf der Völker: eine staatswissenschaftliche Studie auf Grund der neueren Biologie. G. Fischer, Jena
Schoeps JH (1996) Deutsch-jüdische Symbiose oder Die mißglückte Emanzipation. Philo, Berlin usw.
Schütz H (1992) Juden in der deutschen Literatur: eine deutsch-jüdische Literaturgeschichte im Überblick. Piper, München, Zürich
Schwarz E (2000) Das Bild der Juden in deutschen und französischen Romanen des ausgehenden 19. Jahrhunderts. In: Goltschnigg D, Steinecke H (Hrsg) Egon Schwarz: „Ich bin kein Freund allgemeiner Urteile über ganze Völker": Essays über österreichische, deutsche und jüdische Literatur. E. Schmidt, Berlin, S 92–114
Singer W, Wingert L (2000) Wer deutet die Welt? Ein Streitgespräch zwischen dem Philosophen Lutz Wingert und dem Hirnforscher Wolf Singer über den freien Willen, das moderne Menschenbild und das gestörte Verhältnis zwischen Geistes- und Naturwissenschaften. In: Die Zeit Nr 50 vom 7. Dezember, S 43 f.

Toury J (1977) Soziale und politische Geschichte der Juden in Deutschland 1847–1871: zwischen Revolution, Reaktion und Emanzipation. Droste, Düsseldorf
Tramer H (1958) Der Expressionismus: Bemerkungen zum Anteil der Juden an einer Kunstepoche. In: Bulletin des Leo Baeck Institus 2(5):33–46
Verhandlungen des Ersten Deutschen Soziologentages vom 19. bis 22. Oktober 1910 in Frankfurt am Main. Reden und Vorträge [...] und Debatten (1911). Mohr, Tübingen
Vogel F, Motulsky AG (1997³) Human Genetics: Problems and Approaches. Springer , Berlin usw.
Volkov S (2000) Die Juden in Deutschland. Oldenbourg, München
Volkov S (1988) Die Verbürgerlichung der Juden in Deutschland: Eigenart und Paradigma. In: Kocka J unter Mitarbeit von Frevert U (Hrsg) Bürgertum im 19. Jahrhundert: Deutschland im europäischen Vergleich. Deutscher Taschenbuch Verlag, München, S 341–372
Volkov S (1987) Soziale Ursachen des Erfolgs in der Wissenschaft. Juden im Kaiserreich. Historische Zeitschrift 245:315–342
Wagner R (oJ) Gesammelte Schriften und Dichtungen in zehn Bänden. Hrsg von Wolfgang Golther. Deutsches Verlagshaus Bong & Co., Berlin usw.
Wagner R, Bd 5, S 66–85: Das Judentum in der Musik
Wagner R, Bd 8, S 238–260: Aufklärung über das Judentum in der Musik
Wagner R, Bd 10, S 54–60: Modern
Wagner R siehe auch unter Fischer
Wassermann J (1994) Mein Weg als Deutscher und Jude. Deutscher Taschenbuch Verlag, München
Weiner MA (2000) Antisemitische Phantasien: die Musikdramen Richard Wagners. Henschel, Berlin
Weingart P (1985) Eugenik – eine angewandte Wissenschaft: Utopien der Menschenzüchtung zwischen Wissenschaftsentwicklung und Politik. In: Lundgreen P (Hrsg) Wissenschaft im Dritten Reich. Suhrkamp, Frankfurt/Main, S 314–349
Wiese C (1999) Wissenschaft des Judentums und protestantische Theologie im wilhelminischen Deutschland: ein Schrei ins Leere? Mohr, Tübingen
Wingert L siehe unter Singer
Wistrich RS (1982) Socialism and the Jews: the Dilemmas of Assimilation in Germany and Austria-Hungary. Associated University Press, London, Toronto
Zeller B (Hrsg) (1985) S. Fischer, Verlag: Von der Gründung bis zur Rückkehr aus dem Exil. Eine Ausstellung des Deutschen Literaturarchivs im Schiller-Nationalmuseum Marbach am Neckar. Deutsche Schillergesellschaft, Marbach
Zimmermann M (1997) Die deutschen Juden 1914–1945. Oldenbourg, München
Zweig A (1998) Bilanz der deutschen Judenheit 1933: ein Versuch. Aufbau, Berlin
Zweig S (2000) Die Welt von gestern: Erinnerungen eines Europäers. Fischer, Frankfurt/Main

Abbildungsnachweis

[1] Copyright by Ingeborg & Dr. Wolfgang Heinze-Ketterer, Wichtrach/Bern
[2] G. Tobias Natter/Julius H. Schoeps (Hrsg.): Max Liebermann und die französischen Impressionisten. Köln: DuMont, 1997
[3] Fotografie von Rudolph Dührkoop, 1911, aus Marbacher Katalog 40/1985
[4] Marbacher Magazin 71/1995
[5] Deutsches Literaturarchiv Marbach
[6] Rowohlts Bildmonographie 235, 1996

Das Erbe der chinesischen Lyriktradition in neuer „Poetic Prose" (*shuqing sanwen*) der Republikzeit (1911–1942)

VON GOAT KOEI LANG-TAN

Kurzzusammenfassung

„*Poetic Prose*" ist ein Begriff aus der englischen Stilkunde. Er wird auch als Genre-Bezeichnung gebraucht. Die chinesische „*poetic prose*", *shuqing sanwen*, ist ein Sub-Genre der komplexen literarischen Gattung *sanwen*, deren Existenz sich spätestens schon in der Han-Zeit (206 v. Chr.–221) belegen lässt. Die neue „*poetic prose*" der Republikzeit ist ein Bestandteil der *Neuen Literatur Chinas* (*Zhongguo xinwenxue*). Für ihre Entstehung spielt Chinas Begegnung mit dem Westen des neunzehnten Jahrhunderts eine wichtige Rolle: Sie führt zur begeisterten Aufnahme der europäischen Literatur und Wiederentdeckung der eigenen Literaturtradition. Diese zeitgeschichtlichen und kulturellen Rahmenbedingungen bilden das „Milieu" für die Entstehung der neuen chinesischen „*poetic prose*". Im vorliegenden Beitrag wird aufgezeigt, inwiefern die von der europäischen Literatur angeregte, neue chinesische „*poetic prose*" das Erbe der eigenen Lyriktradition aufweist.

1. Das „Reich der Mitte" und die übrige Welt

In einer japanischen Tuschemalerei aus dem fünfzehnten Jahrhundert, der *Essigprobe*,[1] werden jene drei verschiedenen Geisteshaltungen versinnbildlicht, die das chinesische Weltbild weitgehend bis zum Ende der Republikzeit (1942) bestimmen: Die daoistische, konfuzianische und buddhistische Lehre. Es ist allgemein bekannt, dass die in China vom sechsten Jahrhundert bis zur Mitte des zwanzigsten Jahrhunderts verbreiteten wichtigsten Schulen

---

[1] Das Bild stammt von Kano Motonobu (1476–1559); vgl. Abbildung und Interpretation dazu in Debon, Günther/Speiser, Werner (Hrsg.) 1957: *Chinesische Geisteswelt. Von Konfuzius bis Mao Tse-tung*, Baden-Baden: Holle, 160–161.

Abb. 1. „Die Essigprobe" von Kauo Motonobu (1476–1557) [1]

des Buddhismus wie Zen-Buddhismus (*chan*), die Tiantai-Schule und die Lehre des „Reinen Landes" (*Jingtu*) sich von deren indischen Ursprüngen unterscheiden und synkretische Formen aufweisen, da sie Elemente der daoistischen und konfuzianischen Lehren aufgenommen haben. Bis zum Ende der Republikzeit prägen diese in sich verschiedenen Geisteshaltungen in mehr oder weniger starkem Maße das Denken und Handeln fast eines jeden Chinesen und bilden, um mit Wolfgang Bauer zu sprechen, jene widersprüchlichen Voraussetzungen, auf denen Chinas Entwicklung von der Tradition in die „Moderne" basiert.[2]

In der Geschichte der chinesischen Lyrik führten die Begegnungen mit der ausländischen Literatur fast immer zu einer Erneuerung. Als der Buddhismus im fünften Jahrhundert in China immer weitere Kreise zog und infolgedessen die chinesischen Mönche sich intensiv mit der Sutren-Übersetzung befassten, wurde den Chinesen zum ersten Mal die Tonalität ihrer eigenen Sprache bewusst.[3] Aus diesem Klangbewusstsein heraus entstand

---

[2] Bauer, Wolfgang 1985: „Das heutige China in der Auseinandersetzung mit seiner kulturellen Tradition", in: *Asien und Wir, Gegenwart und Tradition*. Sammelband der im Rahmen des Studium Generale gehaltenen Vorträge, hrsg. v. d. Univ. Heidelberg, 1985, 104–115.

[3] Debon, Günther ²1975: *Chinesische Dichter der Tang-Zeit. Unesco-Sammlung Repräsentativer Werke Asiatische Reihe*, Stuttgart: Reclam Tb, 5.

während der Sechs-Dynastien (420–558) die strenge Vorschrift für die Verwendung des Reims (bzw. „*Reimwortes*"),[4] die schließlich in der Tang-Zeit (618–906) zum festen Reimschema für die *Regelmäßigen Gedichte im Neuen Stil* (*lüshi*) erstarrte.

Mit dem Abendland hatte China schon früh Kontakt. Es begann spätestens seit den berühmten Reisen Marco Polos (1254–1324), der sich von 1275 bis 1292 in China aufhielt. Er war der erste Europäer, der über das Mongolen-Reich, von dem China damals nur ein Teil war, ausführlich berichtete. Besonders die Hauptstadt der 1279 von den Mongolen gestürzten Südlichen Song-Dynastie Hangzhou, deren Umgebung die Schauplätze der neuen „poetic prose" bildet, „machte mit ihrer Größe und Pracht, mit ihrer Kultiviertheit und Raffinesse größten Eindruck auf Marco Polo".[5] Nach Marco Polo kamen die Jesuiten, die der chinesischen Sprache mächtig waren. Sie versuchten nicht nur China zu missionieren, sondern darüber hinaus durch Übersetzungen und den von ihnen selbst am Kaiserhof durchgeführten Unterricht die Hofleute und ‚Gelehrten-Beamten' mit der *Europäischen Renaissance* bekannt zu machen. Unter ihnen war Matteo Ricci (1552–1610) der bekannteste, der von 1582 bis zu seinem Tod in China lebte und am Kaiserhof durch seine Gelehrsamkeit ein hohes Ansehen genoss. Die letzten zehn Jahre verbrachte Matteo Ricci in der Hauptstadt, wo er mit chinesischen Gelehrten über Mathematik und Fächer aus dem Bereich der Sozialwissenschaften diskutierte. Dabei präsentierte er ihnen die von ihm selbst angefertigte Weltkarte, in der China als „Reich der Mitte" abgebildet war. Zuletzt möchte ich noch an dieser Stelle den weniger bekannten Jesuiten Guiseppe de Castiliogne (1688–1766) erwähnen, der als Maler und Architekt am Hof des kunstsinnigen Qing-Kaisers Qian Long (reg. 1736–1795) tätig war und vom Hof die chinesischen Namen „Lang Shining" („Herr des Weltfriedens") erhielt: Unter Mitwirkung anderer Jesuitenpatres (u.a. Benoit) baute er in Peking eine Parkanlage mit Wasserspiel, die vom „Trianon" im Park von Versailles inspiriert wurde. Es war die Parkanlage jenes berühmten Sommerpalastes *Yuanmingyuan*, der leider nach dem Boxer-Aufstand um die Jahrhundertwende von den „Allierten-Truppen aus acht [westlichen] Ländern" (*baguao lianjun*) abgebrannt wurde.

Die Begegnung mit der ausländischen Literatur gegen Ende des neunzehnten Jahrhunderts war für die Entstehung der sog. „*Modernen* Literatur Chinas" bzw. *Zhongguo xiandai wenxue* von entscheidender Bedeutung.

---

[4] Ein Terminus, den der Heidelberger Sinologe Günther Debon im Unterricht geprägt hat. Damit wird der monosyllabische Charakter der klassischen chinesischen Sprache berücksichtigt, aufgrund dessen der Reim aus einem ganzen Zeichen bzw. „Wort" besteht. Ähnlich verfährt Debon mit den Termini *Fünf- oder Sieben-Wort-Vers*, vgl. Debon: *Chinesische Dichter der Tang-Zeit*, „Einleitung", 6 ff.

[5] Franke, Wolfgang 1962: *China und das Abendland*, Göttingen: Vandenhoeck & Ruprecht, 14.

Diese Begegnung war indirekt eine Folge der kriegerischen Auseinandersetzungen Chinas mit dem Westen, die zunächst in der ausgehenden Qing-Zeit eine Reihe von *„Selbstverstärkungs- und Reformbewegungen"* (*ziqiang yu weixin yundong*) auf politischer und kultureller Ebene auslösten, mit dem Ziel, China aus der politischen Niederlage zu retten. Die berühmte Devise dieser von der vorwiegend patriotisch gesinnten Bildungsoberschicht mit Auslandserfahrungen geführten Bewegungen lautete: *„Zhongxue weiti, xixue weiyong"*, d.h. „bewahre die chinesische Kultur und Zivilisation als grundlegende Substanz der Lehre. Dabei sollen die westlichen Wissenschaften [nur] praktischen Zwecken dienen."[6] Angeregt durch diese Reformbestrebungen und die Verwendung der *lingua vulgaris* in der Literatur der *Italienischen Renaissance* konzipierte Hu Shi (1891–1962) die Idee von einer ‚nationalen Literatur', die er „Neue Literatur Chinas" (*zhongguo xinwenxue*) nannte. Zu dieser Zeit studierte Hu Shi an der Cornell Universität (von 1914 bis 1920) europäische Literatur und Philosophie mit dem vom *Qinghua*-College an junge Chinesen vergebenen Stipendium, das aus Amerikas *Rückgewähr* der „Kriegsreparationen" nach Chinas Niederlage im Boxer-Aufstand finanziert war. Aus Amerika sandte Hu Shi dem Redakteur der Zeitschrift *Neue Jugend* (*Xinqingnian*) seine Abhandlung, „Vorschläge für eine *Literarische Erneuerung*", die im Januar 1917 veröffentlicht wurde. Damit ist zunächst die ‚Erneuerung' der in seinen Augen veralteten chinesischen *Schriftsprache* (*wenyan*) gemeint, deren konzise und vieldeutige, subtile Ausdrucksweise eine eigene Ästhetik in sich birgt und für die vielen schönen Bilder in der traditionellen chinesischen Lyrik bürgt. Die in Hu Shis Abhandlung sorgfältig formulierten *„Acht Programmpunkte"*[7] erregten zu Beginn der Republikzeit großes Aufsehen in der chinesischen Literaturszene und führten zu einer grundlegenden Veränderung in der Geschichte der chinesischen Literatur, deren Wirkung noch bis heute anhält. Es war die Geburt der in der *Umgangssprache* (*baihua*) geschriebenen *Neuen Literatur Chinas*.

Neben dem sprachlichen Gesichtspunkt wird die Gestalt des von Zhou Zuoren (1885–1967) seit 1918 propagierten „gewöhnlichen Menschen" (*pinming*) zu einem wichtigen inhaltlichen Aspekt der *Neuen Literatur*, der sich bis 1937 in einer großen Anzahl von *Erzählungen* und *Kunstmärchen* eruieren lässt: Diese Werke bringen die „aufrichtige und wahre Empfindung" der „gewöhnlichen Menschen" in ihren bewegenden Erlebnissen des Alltags lebensnah zum Ausdruck, damit sie *Mitgefühl* bei jedem Leser erwecken kön-

---

[6] D.h. „zhongxue weiti xixue weiyong", übers. von Weber, Jürgen 1986: *Revolution und Tradition. Politik im Leben des Gelehrten Chang Ping-Lin (1869–1936) bis zum Jahre 1906*. Reihe MOAG Bd. 102, Hrsg. Stumpfeldt, Hans et al. Hamburg: Aku-Fotodruck, 67.

[7] Die ins Deutsche übersetzte chinesische Formulierung „babu zhuyi" steht in: Franke, Wolfgang/Staiger, Brunhild 1980: *Das Jahrhundert der chinesischen Revolution*, München & Wien: R. Oldenbourg, 163.

nen. Diese Aspekte waren keineswegs neu. Denn die „aufrichtige und wahre Empfindung" war ein Kriterium literarischer Wertung der *Gongan*-Schulen aus dem 18. Jahrhundert.[8] Und das Motiv des „gewöhnlichen Menschen", der beim Leser Mitleid erwecken kann, steht als Hauptfigur in zahlreichen berühmten ‚Neuen Yuefu-Gedichten im erzählenden Stil' (*xinti yuefu*), die aus den Federn der Tang-Dichter Bo Juyi (772-846) und Du Fu (712-770) stammen.[9]

Noch bevor Hu Shi sein Konzept für die o.g. „Literarische Erneuerung" offiziell proklamierte, übertrugen Zhou Zuoren (1885-1967) und sein Bruder Lu Xun (1881-1936) bereits im Jahre 1909 einige *Kunstmärchen* der Gebrüder Grimm, Hans Christian Andersens und Oscar Wildes in die klassische chinesische *Schriftsprache*,[10] die, ähnlich wie das Latein in Europa, im Alten China nur den Gelehrten und Beamten zugänglich war. Die europäischen *Kunstmärchen*, die nicht nur für Kinder geschrieben worden waren, wurden damals von den chinesischen Übersetzern mit *tonghua* wiedergegeben. Seitdem bleibt der chinesische Terminus bis heute im Titel aller Werke dieses Genres erhalten, obwohl manche von ihnen, ähnlich wie E.T.A. Hoffmanns *Spukgeschichten und Märchen*, nicht nur von Kindern gelesen werden: Ye Shengtaos *Daocaoren* (*Die Vogelscheuche*)[11] ist die bekannteste Sammlung von *tonghua*, die in einer Mischung von Alltagssprache und literarischem Stil geschrieben und eigentlich nur „für Erwachsene gedacht" ist.[12] Sie handelt von der „Kälte und Grausamkeit des menschlichen Lebens",[13] das den Leser mit der tiefen, unüberwindbaren „Traurigkeit des Erwachsenen"[14] ansteckt. In „Vogelscheuche", auf die der Titel der Sammlung zurückzuführen ist, wird die mitleidige prinzliche Gestalt aus „The Happy Prince" von Oscar Wilde in die ‚Vogelscheuche' umgeformt, die im chinesischen *tonghua* die Gestalt des mitleiderregenden „gewöhnlichen Menschen" personifiziert. In den von der fast in Vergessenheit geratenen Schriftstellerin Chen Hengzhe

---

[8] Vgl. Eggert, Marion 1989: *Nur wir Dichter. Yuan Mei. Eine Dichtungstheorie des 18. Jahrhunderts zwischen Selbstbehandlung und Konvention*. Reihe Chinathemen, Bochum: Brockmeyer.

[9] Mehr darüber vgl.. Lang-Tan 1995: *Konfuzianische Auffassungen von ›Mitleid‹ und ›Mitgefühl‹ in der Neuen Literatur Chinas (1911-1942). Literaturtheorien, Erzählungen und Kunstmärchen der Republikzeit in Relation zur konfuzianischen Geistestradition*, Bonn: Engelhardt-Ng.

[10] Insgesamt wurden zwölf Märchen von diesen Autoren zwischen 1909 und 1910 in der Zeitschrift *Dingfang zazhi* veröffentlicht, u.a. „Daumendick" (*Tangmu*), „Dornröschen" (*Meiguihua'e*), „Schneewittchen" (*Xueying*) „Froschkönig" (*Wa*) und „Anle wangzi" (*The Happy Prince*). Vgl. den Nachdruck in: Shi Zhecun et al. (Hrsg.) 1991: *Zhongguo jindai wenxue daxi 1840-1919*, Shanghai: Shanghai shuju, 30 Bde., (3), 267-295.

[11] Ye Shengtao ²1980: *Daocaoren*, Hongkong: Hongguang, 207-218.

[12] Zheng Zhenduo ²1980: „Xu". In: *Daocaoren*, 8.

[13] Ebd.: 3.

[14] Ebd.: 8.

(1893–1976) komponierten „Erzählungen mit den farbigen Komponenten des märchenhaften Wunderbaren"[15] verstecken sich zahlreiche Anspielungen auf die Lyrik der Han- und Tang-Zeit. Der Zugang zum Textverständnis ist nur einem literarisch vorgebildeten Leser möglich. Aufgrund dessen könnte der chinesische Terminus „tonghua" für denjenigen Leser, der sich weder in europäischen noch in chinesischen *Kunstmärchen* auskennt, irreführend sein, da das Binom wörtlich „Gespräche über Kinder" bedeutet. Neben dieser damals für China ‚neuen' literarischen Gattung aus Europa – im Alten China kannte man nur das *Volksmärchen* (*minjian tonghua, minjian gushi*) – erfreute sich der englische *Essay* zu Beginn der Republikzeit großer Beliebtheit, die auf den damals unter den gebildeten Chinesen ausgebrochenen Eifer für das Erlernen der englischen Sprache zurückgeführt werden kann. Schließlich sollen im englischen Sprachunterricht die kurzen und prägnanten, stilistisch schön gefeilten Lektüren der berühmten Essayisten wie Charles Lamb, Hazlitt, Addison und Steele die Herzen der jungen chinesischen Gelehrten rasch erobert haben, die dann den Versuch unternahmen, Werke mit Stilzügen von englischen *Essays* zu verfassen. Bemerkenswert ist, dass das englische Genre ins Chinesische mit „sanwen" übersetzt wurde, dem Terminus für eine literarische Gattung, deren Existenz in China sich spätestens schon im dritten Jahrhundert belegen lässt. Zu den Sub-Genres von *sanwen* zählt *shuqing sanwen*, das ich im vorliegenden Beitrag mit „*poetic prose*" wiedergebe. Daher möchte ich im folgenden zunächst diese Begriffe erläutern, bevor ich mich mit den Primärtexten befasse. Aber zuallererst muss noch der Begriff ‚xin' kurz erläutert werden.

1.1 Begriffsklärung und Gattungsproblematik.

Die o.g. *Neue Literatur* Chinas ist in die westliche Sinologie-Forschung als „moderne chinesische Literatur" bzw. „modern Chinese Literature" eingegangen.[16] Diese Formulierung ist wohl auf die Wendung „*xiandai wenxue*" (*moderne* Literatur) zurückzuführen, die seit der Veröffentlichung der Abhandlung „Über die Geschichte der *modernen* Literatur Europas"[17] (*Lun Ouzhou xiandai wenxueshi*) in der einflussreichen Zeitschrift *Neue Jugend*

---

[15] Diese Formulierung ist zurückzuführen auf Chen Pingyuans „Erzählungen mit den Farben von Märchen", s.u.
[16] Vgl. u.a. Doleželová-Velingerová, Milene 1985: „Die Ursprünge der modernen chinesischen Literatur". In: Kubin, Wolfgang (Hrsg.) 1985: *Moderne chinesische Literatur*, Frankfurt/M.: Suhrkamp, 71–42.
[17] Der Verfasser dieser Abhandlung war Chen Duxiu (1879–1942), Nachkömmling einer Mandarin-Familie, der in Japan und Frankreich französische Literatur und Philosophie studiert hatte. Ein Teil des Artikels, der von der Rolle des Naturalismus in der „modernen" Literatur Europas handelt, erscheint in: Chow Tse-tung 1960: *The May Fourth Movement*, Cambridge/Mass., 272 ff.

(*Xinqingnian*) im Jahre 1915 hin und wieder in den chinesischen Beiträgen zur europäischen und chinesischen Literaturgeschichte erscheint. Als Zeit- und Sachbegriff war das Adjektiv „xiandai" im Sprachgebrauch des Alten Chinas (bis 1911) unbekannt,[18] es ist ein chinesisches Lehnwort des englischen oder deutschen Begriffs „modern". Die Bezeichnung „modern" ist jedoch in der deutschen Wissenschaftssprache nicht ganz unproblematisch,[19] da sie seit dem ausgehenden siebzehnten Jahrhundert zu einem komplexen „Schlüsselbegriff innerhalb der europäischen Ästhetik, Geschichtsphilosophie, Kulturkritik, Psychologie wie Literaturkritik und Literatur- und Bildungsgeschichte"[20] geworden ist. Daher wird im folgenden Beitrag im Kontext der *Neuen Literatur* statt des bis jetzt in den zahlreichen Beiträgen zur Chinakunde bevorzugten, aber noch ungeklärten Begriffs „modern" der urchinesische Terminus „xin" bzw. „neu" als Adjektiv verwendet, mit dem, wie bereits oben ausgeführt, diese Literatur schon in der Republikzeit von deren Urhebern und Literaturhistorikern bezeichnet worden war. Es wird von 1942 bis jetzt von der Mehrzahl der chinesischen Literaturhistoriker in ihren wissenschaftlichen Beiträgen zu dieser Literatur (*xinwenxue*) weiter benutzt; vgl. u.a. den 1982 zum zweiten Mal aufgelegten, vom berühmten zeitgenössischen chinesischen Literaturhistoriker Wang Yao verfassten *Abriss der Geschichte der Neuen Literatur Chinas* (*Zhongguo xinwenxue shigao*),[21] der auf seiner vor 1949 an der Qinghua-Universität abgehaltenen Vorlesungsreihe basiert. Im Vorwort der neuen Ausgabe definierte Wang Yao die *Neue Literatur* wie folgt:

> Die „*moderne* Literatur Chinas" (*Zhongguo xiandai wenxue*), die mit der *Vierten Mai Bewegung* von 1919 beginnt, wird allgemein „*Neue* Literatur" (*xinwenxue*) genannt. Die Bedeutung des Zeichens „xin" ist als Gegensatz zur „alten Literatur" (*jiuwenxue*) aufzufassen, die in der „feudalen" Gesellschaft entstand. Es erklärt, dass die „Neue Literatur" sich inhaltlich und formal von der Alten unterscheidet.[22]

Die chinesischen Termini für ‚modern' im Sinne von ‚neu', ‚jüngste Zeit', ‚heutzutage' sind ‚xin', ‚jin' (1.Ton) und ‚jin' (4. Ton). Der Begriff ‚xin' (neu),

---

[18] Vgl. das von japanischen Sinologen kompilierte etymologische Wörterbuch *Dai kanwa jiten*, 12 Bde., Tokyo 1955-60, die chin. Übers. *Zhongwen dacidian*, Taibei ³1976, 10 Bde., Eintragung Nr. 39633.21: „xiandai".

[19] Darauf haben mich die Heidelberger Germanisten aufmerksam gemacht, u.a. Herr Dr. Gerhard vom Hofe im Jahre 1986 und vor kurzem Herr Dr. Knut Eming, denen ich an dieser Stelle meinen Dank ausspreche.

[20] Martini, Fritz ²1965: „Modern, die Moderne", in: *Reallexikon der deutschen Literaturgeschichte*, 4 Bde., (2), 391-415.

[21] Wang Yao ²1982 (a): *Zhongguo xinwenxue shigao*, Shanghai: Shanghai wenyi

[22] Wang Yao ²1982 (b): „Der Weg der *Neuen Literatur* seit der *Vierten Mai Bewegung*," in: ders. 1982 (a): 3.

der im Chinesischen bis heute als Gegenbegriff zum Adjektiv ‚jiu' gebraucht wird, findet sich spätestens in den *Gesprächen des Konfuzius* (*Lunyu*) aus dem zweiten Jahrhundert vor Christus: „ziye: ‚wengu er zixin'", d.h. „Der Meister sprach: Frische stets [deine] alte [Erkenntnis] auf, so daß [du] zum Neuen gelangen kannst; [erst dann] kannst [du] Lehrer werden."[23] Das Gespräch handelt offenbar von der moralischen Einstellung zum Lernen, die Konfuzius zufolge für einen guten und gerechten, auf ethische Gesinnung gegründeten Herrschaftsstil notwendig sein sollte. Hier zeigt sich die grundlegende Lebens- und Geschichtsauffassung, die Ehrfurcht vor dem stets unfehlbaren Alten hat. Diese Haltung lässt sich durch weitere Stellen aus den *Gesprächen des Konfuzius* belegen. Parallel dazu entwickelte sich noch in der Han-Zeit (206 v. Chr.-221) ein weiteres Sprachverständnis des Zeichens „xin", in dem es aber nicht als Adjektiv, sondern als Verb fungierte und das ‚Erneuern eines alten Ahnentempels' zum Ausdruck brachte. Diese Bedeutung findet sich in den von Zheng Xuan (127-200) verfassten Kommentaren zur letzten Strophe des „Lobgesangs auf den Fürsten Xi von Lu" (*Bigong*) aus *Shijing* (*Buch der Lieder*), dem ersten konfuzianischen Kanon.[24]

Im Zeichen der konfuzianischen Tradition wurden auch die oben beschriebenen konfuzianischen Interpretationen des Zeichens „xin" aus der Han-Zeit in der Song-Zeit (960-1279) von den konfuzianischen Würdenträgern übernommen, u.a. von Fan Zhongyan (989-1052) und Ouyang Xiu (1007-1072), die sich politisch für die Reformpartei des Wang Anshi (1021-1089) einsetzten. Beide gebrauchten das Zeichen mit einer zusätzlichen Konnotation, die mit dem ‚neuen' Zeitgeist der Song-Dynastie einherging. Schließlich war die Song-Zeit aus politischer und kulturhistorischer Sicht die ‚neue' Epoche in der Geschichte des chinesischen Kaiserreichs. Mit der Revidierung der im Jahre 940 fertiggestellten *Geschichte der Tang-Dynastie* durch Ouyang Xiu, der neben seiner hohen Stellung am Hof gleichzeitig als Dichter bekannt war, bekam das Zeichen „xin" zum ersten Mal die Konnotation von ‚revidiert' bzw. ‚kritisches Erneuern des Alten'. Denn in der revidierten Fassung der *Geschichte der Tang-Dynastie* hatte Ouyang Xiu den größten Teil der „Biographien-Kapitel" (*liezhuan*) ‚neu' bearbeitet. Die revidierte, neue Ausgabe trug den Titel *Xin Tangshu*, d.h. <u>Neue Geschichte der Tang</u>. Beim Erscheinen der neuen Ausgabe wurde die *Geschichte der Tang*, die ursprünglich *Tangshu* hieß, in *Jiu Tangshu* umbenannt: <u>Alte Geschichte der Tang-Dynastie</u>.[25] Von der ausgehenden Qing-Zeit bis zum Ende der Re-

---

[23] *Lunyu zhengyi*, in der Sammlung *Zhuzi jicheng* (1986): 8 Bde., Shanghai-Nachdruck, (1), (A), 29-30.
[24] Vgl. *Shijing jizhu* 1982 (Nachdruck v.1934): Beijing: Zhonghua shudian, 48-56.
[25] Zur Kompilationsgeschichte der *Vierundzwanzig Annalen* vgl. Wu Shuping 1979: *Ershishi shi jianjie*, Beijing: Zhonghua, 38-40 und *Xin Tangshu* aus der Sammlung *Ershishi shi* ^{2}1975, Beijing:Zhonghua, 20 Bde.

publikzeit (1942) erfährt das Zeichen „xin" unterschiedliche Konnotationen, u.a. „eine auf der Grundlage des Alten basierende Erneuerung" (Zhang Binglin), „neu gleich ‚revolutionär' " (Mao Zedong) und „traditionskritisch und traditionsbewahrend" (Hu Shi).[26] Unter dieser Prämisse und ausgehend von den eingangs dargestellten Einflüssen der westlichen Literatur sowie von den Ergebnissen meiner letzten Untersuchung zu den Literaturtheorien, *Erzählungen* und *Kunstmärchen* der *Neuen Literatur*, dass mit Ausnahme von einigen Werken Lu Xuns darin *nur der Missbrauch von bestimmten Aspekten* des Neo-Konfuzianismus der Song-Zeit kritisiert wird,[27] fasse ich im vorliegenden Beitrag das Adjektiv „neu" in Verbindung mit der „neuen poetic prose" als Zeit- und Sachbegriff auf, der die Geisteshaltung der *Neuen Literatur* der Republikzeit zum Ausdruck bringt: Die Orientierung nach dem Westen bei gleichzeitiger Hinwendung zur eigenen Tradition. In diesem Sinne ist auch der Begriff „Milieu" zu verstehen, nämlich als ‚gegenseitige kulturelle Beeinflussung von Ost und West'.

1.2 „poetic prose" (shuqing sanwen) und Prosagedicht (sanwenshi)

Bei ‚Prosagedicht', ‚prose poem' oder ‚poème en prose' denkt ein europäischer Leser unwillkürlich an *Gaspard de la nuit* (1842), Beaudelaires *Petits poèms en prose* (1869)[28] oder „Mona Lisa" (1873) von Walter Pater (1839-1894).[29] Es ist allgemein bekannt, dass ‚Prosagedicht' in der europäischen Literaturwissenschaft ein problematischer, nicht unumstrittener Begriff ist. Es gehört zu genres-überschneidenden „Übergangsformen".[30] Der amerikanischen Romanistin Rosemary Lloyd zufolge bilden die Stilelemente der „poetic prose" Rousseaus und Chateaubriands zusammen mit den *Prosagedichten* Aloysius Bertrands die sprachliche Grundlage von den *Prosagedichten* Baudelaires. Infolge dessen bestehe der Sprachstil in Baudelaires *Prosagedichten* aus der Zusammensetzung von geregelter Form der Lyrik und freier Form der Prosa.[31] In der chinesischen Literaturgeschichte scheint es noch problematischer zu sein, da es mindestens drei verschiedene Bezeichnungen für dieses Genre gibt, die bis jetzt in der Forschung noch ungeklärt sind: *sanwenshi*, *shuqing sanwen* und *shuqing xiaoshuo*.

---

[26] Über den Sprachgebrauch des „Neuen" in der Republikzeit vgl. Lang-Tan 1995: 163-195
[27] Vgl. Lang-Tan 1995: 341-349.
[28] Baudelaire, Charles ²2001: *The Prose Poems and La Fanfarlo. Translated and With an Introduction and Notes by Rosemary Lloyd*. Oxford World's Classic, Oxford: Oxford UP
[29] In: Gross, John 1998 (Ed.): *The New Oxford Book of English Prose*, Oxford/New York: Oxford University Press, 550.
[30] Holman, C.Hugh/Harmon, William (Ed.) ⁵1986: *A Handbook to Literature*, New York/London: Macmillan, 399: „transgeneric form".
[31] Lloyd, Rosemary ²2001: „Introduction". In: Baudelaire: *The Prose Poems and La Fanfarlo.*

Mit *sanwenshi*, das von Zhou Zuoren (1885-1967) als „Brücke zwischen *sanwen* und *Lyrik*"[32] trefflich umschrieben wurde, bezeichnete sein Bruder Lu Xun (1881-1936) die eigene Gedichtsammlung *Wilde Gräser* (*Yecao*).[33] In diesem Kontext wird der Begriff *sanwenshi* ins Deutsche von Wolfgang Kubin mit „*Prosagedicht*" übersetzt.[34] Aber diese Sammlung von *sanwenshi* wird gegen Ende der achtziger Jahre von Wang Yao (1914-1989) *shuqing sanwen* genannt.[35] Daraus geht hervor, daß Wang Yao *sanwenshi* („Prosagedicht") mit *shuqing sanwen* gleichsetzt.

Mit dem von Lu Xun für seine *Prosagedichte* gebrauchten Genre-Begriff bezeichnet Wang Yao wiederum Bing Xins „Lächeln" („Xiao") und die berühmte *Sanwen*-Sammlung Zhu Ziqings, die vom Autor selbst wie folgt beschrieben wurde: „Zwei Werke aus dieser Sammlung ähneln zwar einer *Erzählung*, aber man soll sie am besten als *sanwen* lesen."[36] Damit meinte Zhu Ziqing seine inzwischen berühmt gewordenen Werke, „Mondschein auf dem Lotusteich" („Hetang yuese") und „Rücken-Schatten" („Beiying"),[37] die vor einem Jahr vom englischen Sinologen David Pollard in der von ihm herausgegebenen Anthologie, *The Chinese Essay*,[38] veröffentlicht worden sind. Die Grenze zwischen *sanwen* und *xiaoshuo* (Erzählung) scheint ziemlich fließend zu sein: Diese *Prosa*werke, die in der Republikzeit von Herausgebern, Autorinnen oder Autoren selbst stets als *sanwen* oder Erzählung (*xiaoshuo*) betitelt worden sind, werden vom zeitgenössischen chinesischen Literaturwissenschaftler Chen Pingyuan, einem Schüler Wang Yaos, in seinem 1997 zum zweiten Mal gedruckten Artikel mit *shuqing xiaoshuo* bezeichnet, einem Terminus, den er im gleichen Beitrag mit *sanwenshi* bzw. *Prosagedicht* gleichsetzt.[39] Diese Gleichsetzung macht die Sache noch problematischer, da *xiaoshuo* seit Ende des neunzehnten Jahrhunderts in China als Entsprechung für die europäische ‚Erzählliteratur' wie Erzählung, Kurzge-

---

[32] Zhou Zuoren 1972: „Einleitung". In: *Zhongguo xinwenxue daxi. Sanwen erji* (6), 5.
[33] Nach Sima Changfeng 1980: *Zhongguo xinwenxueshi*, Hongkong:Zhaoming, 3 Bde., (1) 184; vgl. *Lu Xun quanji* 1981 (Hrsg.) Lu Xun xiansheng jinian weiyuanhui, Beijing: Renmin wenxue, 16 Bde., (2), 159-225.
[34] Kubin, Wolfgang (Hrsg.) 1985: *Nachrichten aus der Hauptstadt der Sonne. Moderne chinesische Lyrik 1919-1984*. Suhrkamp Tb, 74-93.
[35] Wang Yao 1998: *Zhongguo xiandai wenxueshi lunji*, Beijing: Beijing daxue, 248. Der Ausdruck stammt von Zhou Zuoren.
[36] Vgl. *Zhongguo xinwenxue daxi* (7), 399.
[37] Vgl. Wang Yao 1998: 371.
[38] Pollard, David 2000 (Ed.): *The Chinese Essay. Translated, Edited and With An Introduction*, New York: Columbia University Press, 216-224. Die englischen Übersetzungen der chin. Überschriften lauten: „The View from The Rear" und „The Lotus Pond by Moonlight".
[39] *Chen Pingyuan zixuanji*: 96.

schichte und *Roman* benutzt wird und *shi* schon seit jeher für *Gedichte, Lyrik* und *Poetik* steht.

Die Gattungsbezeichnung *sanwen*, die den Hauptbestandteil der o.g. Termini *sanwenshi* und *shuqing sanwen* bildet, wird in England als *Essay* aufgefasst. Sie findet bis jetzt keine adäquate deutsche Übersetzung. Aber als Äquivalenz zum *englischen Essay* existiert im Chinesischen eine Fülle von Termini: *shuqing sanwen, shuqing meiwen,*[40] *miaowen, xiaopinwen,*[41] *suibi, sanwen suibi, bijisuibi.*[42] Bereits 1935 setzte sich Zhou Zuoren mit diesen Termini auseinander.[43] Die ersten drei Kapitel der berühmten *Autobiographie* aus der Qing-Zeit (1644–1911), *Sechs Aufzeichnungen eines unsteten Lebens* (ca. 1808),[44] wurden von Zhou Zuoren *miaowen* genannt. Von den o.g. Termini, die ins Englische stets mit „Essay" übertragen werden, sind *sanwen, shuqing sanwen* und *shuqing xiaoshuo* die gebräuchlichsten. Aus der Sicht der Genre-Forschung finden diese Termini bis jetzt keine deutschen Entsprechungen. Aufgrund dessen und der Tatsache, dass in der Forschung bis jetzt noch keine Arbeit zur geglückten Übersetzung dieser Ausdrücke in eine europäische Sprache vorliegt, schlage ich im vorliegenden Beitrag den englischen Terminus „*poetic prose*" vor. Damit sind jene chinesischen *Prosa*werke gemeint, die, wie bereits erwähnt, von Wang Yao mit *shuqing sanwen* bzw. *sanwenshi* (Prosagedicht) und von Chen Pingyuan mit *sanwenshi* und *shuqing xiaoshuo* bezeichnet worden sind. Sie sind Gegenstand meiner Untersuchung.

„*Poetic prose*" ist ein englischer ‚Stil-Begriff', der wie folgt definiert wird: „Prose which approximates to verse in the use of rhythm, perhaps even a kind of meter, in the elaborate and ornate use of language, and especially in the use of figurative devices like onomatopoeia, assonance and metaphor. *Poetic prose* is usually employed in short works or in brief passages in longer works or in order to achieve a specific effect and to raise the ‚emotional temperarature'."[45] Meines Erachtens steht „poetic prose" als kurzes *Prosawerk* mit *lyrischen* Stilzügen und ‚emotionalem Gehalt' dem Stil der o.g. chinesischen Gattungen ziemlich nah. Darüber hinaus stammten jene Werke

---

[40] Die genaue Bezeichnung lautet „xiejing shuqing de meiwen" u. „yi xiejing shuqing weizhu de youmei xiao", vgl. Wang Yao 1998: 220, 235. „meiwen" wurde zum ersten Mal von Zhou Zuoren 1921 in der Überschrift eines kurzen Aufsatzes benutzt, es bezeichnet sowohl *Prosagedicht* als auch die „lyrisch anmutende, erzählende Prosa" (*xushi sanwen*); vgl. den Nachdruck dieses Aufsatzes in: (7), 211. Zum „meiwen" zählt Zhou u.a. die Essays von Lamb, Eddison und Steel.
[41] „*xiaopinwen*" taucht spätestens im Jahre 1927 auf, als Titel einer neuen Rubrik in der Literaturzeitschrift *Xiaoshuo yuebao*, vgl. *Xiaoshuo yuebao* 1927, j.18, (7)–(9), 74–86.
[42] Vgl. u.a. Wang Yao 1998: 221.
[43] Vgl. Zhou Zuoren 1972: „Einleitung", in: *Zhongguo xinwenxue daxi. Sanwen yiji* (6), 1–14.
[44] Ebd.: 9.
[45] Cuddon, J.A. ⁴1986: A Dictionary of Literary Terms, Harmondsworth: Penguin Books, 520.

der englischen Literatur, die zu Beginn der Republikzeit in China mit Begeisterung aufgenommen wurden und für die Entstehung von *shuqing sanwen* und *shuqing xiaoshuo* eine wichtige Rolle spielten, aus den Federn Oscar Wildes, Virginia Woolfs und Katherine Mansfields,[46] die für den Stil der „poetic prose" bekannt sind.

1.2.1 *shuqingsanwen* und *shuqing xiaoshuo*

Die von Chen Pingyuan und Wang Yao benutzten Gattungsbezeichnungen *shuqing xiaoshuo* und *shuqing sanwen* sind sehr schwierig ins Deutsche zu übersetzen. Das Binom „shuqing" aus dem klassischen Chinesisch bedeutet: „Gefühlen (*qing*) zum Ausdruck bringen (*shu*)".[47] Literaturästhetisch bezieht sich das Zeichen „qing" auf jene ‚Empfindungen, die im Menschen latent vorhanden sind aber erst durch den Reiz der Außenwelt hervorgerufen wird'. Sie ist auf die Dichtungstheorie von Wang Fuzi (1619–1692), einem Gelehrten und Einsiedler aus der Ming- und Qing-Zeit, zurückzuführen[48]. Darauf bezogen spricht man oft in der Literaturkritik von „*chujing shengqing*"; wörtlich heißt es: „[Beim Anblick seiner Umgebung] wird man von der ‚Szene der Außenwelt' (*jing*) innerlich berührt (*chu*), so dass bestimmte Gefühle (*qing*) entstehen (*sheng*) bzw. hervorgerufen werden." Ausgehend davon und anhand der von Zhu Ziqing und Chen Pingyuan genannten Beispiele[49] versuche ich, im Rahmen des vorliegenden Beitrags *shuqing xiaoshuo* wie folgt zu umschreiben: ‚lyrisch anmutende, plot- und handlungsarme *Erzählungen* oder *sanwen*, in denen durch die Verschmelzung von „Szenen aus der Natur" (*jing*) mit „menschlichen Gefühlen" (*qing*) eine bestimmte, „expressive Stimmung oder Atmosphäre" (*qingdiao*, oder „*mood*") mit ‚Sinneserfahrungen' (*sensibilia*) evoziert wird, die auf die „emotionale Verfassung" (*qingxu*) des Lesers wirkt bzw. einwirkt.

Themen wie Kindheitserinnerungen, unvergessliche Eindrücke und sentimentale Reisen sind Chen Pingyuan zufolge charakteristisch für die o.g. Werke, die er mit *shuqing xiaoshuo* und *sanwenshi* bezeichnet. Es fehlen in diesen Werken „typische Charaktere" sowie Plot und Handlung.[50] Stattdessen rückt die Darstellung der „überwiegend märchenhaft-naiven, von Trostlosigkeit überwältigten, gefühlvollen Stimmungsbeschreibung in den Vordergrund. Dahinter verbergen sich die ein wenig übertriebenen, aber wahren

---

[46] Auf die „Pionierleistungen" beider Schriftstellerinnen in „poetic prose" hat mich die Heidelberger Anglistin Frau Dr. Margret Schuchard aufmerksam gemacht, der ich an dieser Stelle danke.
[47] Vgl. *Zhongwen dacidian* 12011.3.
[48] Vgl. Wang Fuzis *Jianzai shihua*. In: Zhou Zhengfu ³1979: *Shici liehua*, Beijing: Zhongguo qingnian, 122.
[49] D.h. mit Ausnahme von Lu Xuns Prosagedichte *Wilde Gräser*.
[50] Vgl. ebd.

und aufrichtigen, aus unterschiedlichen persönlichen Lebenserfahrungen entstandenen, philosophisch anmutenden Reflexionen über das Leben."⁵¹ Aus einer großen Anzahl dieser Werke führt Chen Pingyuan folgende Beispiele an: Lu Xuns weltbekannte *autobiographische Erzählung* „Meine Heimat" („Guxiang"), „Nacht im Frühlingsregen" („Chunyu ziye") von Wang Tongzhao (1897-1957), „Die Geschichte vom Bambushain" („Zhulin de gushi") von Feng Wenbing (1901-1967) und „Der Neujahrstag eines Flaneurs" („Liulanghan de xinnian") von Cheng Fangwu (1897-1984).⁵² Dazu gehört eine Reihe von *Erzählungen* der Schriftstellerin Ling Shuhua (1900-1990), deren Bindung an die chinesische Lyriktradition von Chen Pingyuan besonders hervorgehoben wird: „Die bildliche Darstellung von kalten Regentropfen und herabgefallen Blüten in der dunklen Nacht in ‚Nach der Einladung' (*Chahui yihou*),⁵³ die Landschaftsbeschreibungen am Anfang und Ende im ‚Mondfest' (*Zhongqiuwan*)⁵⁴ und die Schilderungen der seelischen Verfassungen der Hauptfiguren im ‚Tempel der Blumen' (*Huazishi*)⁵⁵ zeigen Spuren der klassischen chinesischen *Ci*- und *Shi*-Dichtung".⁵⁶

Gemäß der von Chen Pingyuan aufgestellten primären Gattungsmerkmale von *shuqing xiaoshuo* möchte ich den o.g. Beispielen an dieser Stelle noch „Wiederbegegnung" („Zaijian") von Ling Shuhua hinzufügen, eine Erzählung ohne Plot und Handlung, in der die veränderte ‚Gemütsverfassung' und die entsprechende Stimmung der Hauptfigur zum Thema gemacht werden. Auch die *Erzählung* „Gewissensbisse" („Shangshi") ⁵⁷ von Lu Xun, die Sammlung *Leere Berge und Regen der Seelen* (*Kongshan lingyu*) Xu Dishans⁵⁸ (1893-1941) und „Der Alte Mann" („Laoren") von Wang Tongzhao,

---

⁵¹ *Chen Pingyuan zixuanji*: 97-99.
⁵² Ebd.: 97.
⁵³ Vgl. Ling Shuhua 1986: *Ling Shuhua xiaoshuoji*, Taibei: Hongfan, 2 Bde., (1), 44.
⁵⁴ Vgl. *Ling Shuhua xiaoshuoji* (1), 47-58.
⁵⁵ Vgl. ebd.: 59-68.
⁵⁶ *Chen Pngyuan zixuanji*: 99.
⁵⁷ Vgl. hierzu Lang-Tan, Goat Koei 1989: „Eines Liebenden Suche nach dem neuen Ideal. Zur Gestalt des Ich-Erzählers und dessen Sprachgestaltung in Lu Xuns Erzählung Shangshi (1925)", in: Kubin, Wolfgang 1989 (Hrsg.): *Aus dem Garten der Wildnis. Studien zu Lu Xun (1881-1936)*, Bonn: Bouvier, 65-81.
⁵⁸ In: Xu Dishan ²1982: *Xu Dishan xuanji*, Beijing: Renmin wenxue, 2 Bde., (1), 5-98. Daraus sind mehrere Werke im Rahmen meines im WS 1989/90 am Sinologischen Seminar der Universität Heidelberg abgehaltenen Hauptseminar („Die Kurzprosa des Xu Dishan") zum ersten Mal ins Deutsche übersetzt worden. Vgl. u.a die ausgezeichnete Interpretation und Übersetzung von Friederike Assandri-Snoy M.A. zum *Prosagedicht* „Heimweh am See der Sieben Kosbarkeiten" („Qibaochi shang de xiangsi"), die sie in ihrem am 2. April 1990 vorgelegten, umfangreichen Referat („Religions- und Lebensauffassungen im *Prosagedicht* „Heimweh am See der Sieben Kostbarkeiten" von Xu Dishan") ausführte.

der vom Autor selbst als *sanwen* bezeichnet wurde,[59] gehören meines Erachtens zur „*poetic prose*" der Republikzeit.

Aus den o.g. zahlreichen Bezeichnungen für chinesische „*poetic prose*" geht hervor, dass diese Gattung mit *sanwen* verwandt ist, einer noch komplexeren Genre-Erscheinung, die bis jetzt von den chinesischen Literaturhistorikern noch nicht ausreichend untersucht und definiert worden ist. Die Komplexität und Undefinierbarkeit dieses allumfassenden „literarischen Gebietes" hängt meines Erachtens wiederum mit der vielschichtigen Konnotation des altchinesischen Zeichens „wen" zusammen, das schon im alten Kaiserreich dichtungstheoretisch als Genre-Begriff unterschiedlich aufgefasst wird.[60]

1.2.2 wen *und* sanwen

In der Han-Zeit (206 v. Chr.–221 n. Chr.) bezeichnete *wen* sämtliche geschriebenen Texte ohne Unterscheidung von Genres. Als Kronprinz Zhaoming (Xiao Tong) von Liang (501–531) Anfang des sechsten Jahrhunderts die erste chinesische Anthologie *Wenxuan*[61] kompilierte, suchte er ohne Rücksicht auf die Verwendung des Reims nur Werke aus, die für ihn *literarisch* von Bedeutung waren. Dabei wurden bewusst Texte aus folgenden Disziplinen ausgeschlossen: Der *konfuzianische Kanon (jing)*, *Geschichte* bzw. *Historiographie (shi)* und *Philosophie (zi)*. Was jedoch die *Geschichte* anging, wurde hier eine Ausnahme gemacht. Denn einige Texte aus der *Geschichte der Späteren-Han-Dynastie* (2.Jh.) sind in dieser *literarischen* Anthologie aufgenommen; z.B. der berühmte „Brief des Großen Historiographen Sima Qian an seinen Freund Ren An", die „Biographie des Gongsun Hong" und die „Biographie des Einsiedlers".[62] Ausschlaggebend für die *literarische* Wertschätzung der bis dahin als *historisch* geltenden Materialien ist der überwiegend ästhetische und künstlerische Charakter der von der „Pracht der literarischen Stilblüten" geschmückten Texte, deren „eloquenter Wortschatz aus einer Fülle farbenprächtiger literarischer Ausdrücke"[63] besteht. Diese

---

[59] Vgl. *Wang Tongzhao. Zhongguo zuojia xuanji* (1985): Hongkong: Sanlian, 175–179 (in der Abteilung „sanwen", 170–228); vgl. hierzu Lang-Tan, Goat Koei 1995: Trotz Kenntnisnahme der Zugehörigkeit dieses Werks zum *sanwen* habe ich es versehentlich als Erzählung bezeichnet, s.o. 260.

[60] Darüber habe ich an anderer Stelle ausgeführt, vgl. Lang-Tan 2001: 32–61 (Druckfertiges Manuskript).

[61] Xiao Tong/Li Shan (komm.) 1971 (Nachdruck): *Wenxuan*, Beijing:Zhonghua.

[62] Vgl. jeweil in *Wenxuan* (2), j.41, 576(a)–581(a); (3), j.49, 686 (a)–687 (a); (3), j.50, 701 (a)–702(a).

[63] Es sind Bekenntnisse des Kompilators der Anthologie *Wenxuan*, die im Vorwort stehen, vgl. *Wenxuan*, „Vorwort von Kronprinz Zhaoming", 2b. Der engl. Übersetzer David Knetchges spricht an dieser Stelle von „verbal eloquence" , vgl. Knetchges, David 1982: *Wen xuan, or Selections of Refined Literature*, Princeton: Princeton University Press, 2 Bde., (1), 90–91.

Texte seien nach Meinung des prinzlichen Kompilators im „Reich der literarischen Eleganz"⁶⁴ angesiedelt. Bemerkenswert ist die literarische Wertung ‚farbenprächtige literarischer Ausdrücke', die sich meines Erachtens auch auf eine Reihe von „*poetic prose*" der Republikzeit ohne weiteres übertragen lässt. Vgl. u.a. Zhu Ziqing: „Mondschein auf dem Lotusteich" („Hetang yuese")⁶⁵ und „Der *Qinhuai*-Fluss dargestellt in den Ruderschlägen und Schatten von Laternen" („Jiangshen dengyingli de Qinhuaihe"),⁶⁶ Su Xuelin (geb. 1899): „Schatten von Laternen an der Ladungsbrücke" („Zhanqiao dengying")⁶⁷ und Ling Shuhua: „Wiederbegegnung" („Zaijian").⁶⁸

Das Genre-Bewusstsein, das sich in den Dichtungstheorien der Vor-Tang-Zeit allmählich herangebildet hatte, erreichte mit *Wenxin Diaolong* (*The Literary Mind and the Carving of Dragon*), der ersten systematischen Genre-Theorie in China, seinen Höhepunkt. Die vom buddhistischen Mönch Liu Xie (ca.465–522) unter der Patronage des Kronprinzen Zhaoming von Liang verfasste Dichtungstheorie unterteilt die geschriebenen Texte in zwei große „Gebiete", „wen" und „bi". Zum „wen" gehören Prosaschriften, in denen ‚Sätze mit Parallelkonstruktion' und Reime verwendet werden. Werke, in denen diese Stilmerkmale fehlen, werden „bi" („Pinsel") genannt. Demgemäß werden sämtliche ‚literarische Schriften' (*Prosa, Reimprosa und Gedichte*) und ‚Liedertexte' (*Chuci* und andere *Ci*-Dichtung aus der Han- und Wei-Jin-Zeit) dem Gebiet „wen" zugeordnet. Demgegenüber zählen *philosophische Schriften* (*zi, zhuzi*), *Geschichtsschreibung* (*shi*) und deren Kommentare (*zhuan*) zum „bi".

Das Zeichen „wen" denotiert „Muster" bzw. „literarisches Muster" (*wenzang*). Im Kontext der o.g. Dichtungstheorie konnotiert „wen" die „dekorative Wirkung"⁶⁹ der Sprache und Stilelemente eines bestimmten Textes, die von den Mustern der fünf ‚Farben' (*se*), ‚Laute' (*sheng*) und ‚Emotionen' (*qing*) durchdrungen wird. Wobei die ‚Emotionen' die wichtigsten sind, da sie als „Fäden" den Rahmen des literarischen Musters zusammen halten. Die elaborierte Sprache mit „dekorativer Wirkung" und die Beschreibung der Natur, in der Emotionen mit Szenen der fernen Landschaft oder unmittelbaren Umgebung verschmolzen sind, hinterlassen Spuren sowohl in den Naturbeschreibungen der klassischen „poetic prose", z.B. in den eindrucksvol-

---

⁶⁴ Vgl. ebd.
⁶⁵ *Zhongguo xinwenxue daxi* (7), 402–403.
⁶⁶ Ebd.: 387–393
⁶⁷ *Su Xuelin zixuanji* (1977), Taibei: Liming wenhua, 27–30.
⁶⁸ *Ling Shuhua xiaoshuoji* (⁴1992): Taibei: Hongfan, 2 Bde., (1), 25–38.
⁶⁹ Liu Xie 1982 (Nachdruck): *Wenxin diaolong zhu. Zhongguo wenxue jiben congshu*, Taibei:Zonghe chubanshe, j.7, (31), 537; übers. Shih, Vincent Yu-chung 1959: *The Literary Mind and the Carving of Dragon. A Study of Thought and Pattern in Chinese Literature*, New York: Columbia University Press, 174.

len „Aufzeichnungen vom *Yueyang*-Turm" (1048, *Yueyanglouji*),[70] als auch in der ‚neuen' „*poetic prose*" der Republikzeit.

Anders als in Deutschland, wo spätestens schon in den sechziger Jahren der Versuch unternommen wurde, diese komplexe Gattung mit vielfältigen Formen von anderen scheinbar miteinander verwandten Gattungen bis zu einem gewissen Grad terminologisch klar abzugrenzen – man unterscheidet hierzulande zwischen *Essay*, *Abhandlung* und *Feuilleton* –,[71] wird *sanwen* in China bis vor kurzem als „ein schwer definierbares"[72], großflächiges „literarisches Gebiet"[73] bzw. ‚Territorium' umschrieben, das vier weitere große ‚Bereiche' umfasst, die ich hier als ‚Sub-Genres'[74] wiedergebe: „Der Kritische Essay" (*zawen/zagan/suibi*)[75], der *Debatte*, *Abhandlungen* und *Feuilletons* miteinbezieht; die o.g. „*poetic prose*" (*shuqing sanwen*); *xushi sanwen* (mit überwiegender erzählender Darbietungsform) und eine Mischung von den letztgenannten, die s.o. „yi xuqing xushi weizhu de sanwen" – auch *meiwen* genannt[76] – und das „*Prosagedicht*" (*sanwenshi*). Daher lässt sich meines Erachtens der chinesische Begriff *sanwen*, im Gegensatz zum englischen *Essay*, nicht einfach mit dem deutschen Terminus „*Essay*" gleichsetzen.

2. „*poetic prose*" der Republikzeit

Mit einigen Ausnahmen, u.a. von Lu Xun[77] und Guo Moruo, blicken die berühmten Verfasser des neuen chinesischen *sanwen* und „*poetic prose*" wie Zhu Ziqing, Zhou Zuoren und seine Schülerin Ling Shuhua gern auf die eigene Lyriktradition zurück; z.B. die Gedichte der Wei-Jin, Tang- und Song-Zeit, die „*poetic prose*" des berühmten Dichters Tao Yuanming (365–427) und der *Gongan*-Schulen aus der Ming- und Qing-Zeit (18. Jhd.), deren Vertreter die drei Gebrüder Yuan Hongdao, Zongdao, Zhongdao und der Dich-

---

[70] In: Wang Yunwu (Ed.) (o.J.): *Fan Wenzheng Gong ji. Reihe Wanyou huiyao*, Taibei: Shangwu, 4 Bde., (1), 93–101; Übersetzung u. Interpretation vgl.: Lang-Tan 1995: 231–237.
[71] Vgl. Rohner, Ludwig 1966: *Der deutsche Essay. Materialien zur Geschichte und Ästhetik einer literarischen Gattung*, Neuwied/Berlin: Luchterhand, 628–638.
[72] Chen Pingyuan 2000 (b): „Daoyan". In: ders. (Hrsg.) 2000 (a): *Zhongguo sanwenxuan*, Tianjin: Baihua wenyi, 1.
[73] Ebd.: 1. Chen verwendet die Formulierung „wenxue de lingyu", wörtlich. „literarisches Territorium".
[74] Die Differenzierung von „sanwen" in drei Sub-Genres geht aus einem Artikel von Wang Yao hervor, vgl. Wang Yao 1998: 218–222.
[75] Ebd.: 218.
[76] Wang Yao 1998: 220. Dazu zählen u.a. die o.g *biographischen* und *autobiographischen Schriften* – unter Einbeziehung von *Erinnerungen* und *Reisebeschreibungen* s. Anm. 24.
[77] Über Lu Xuns *Prosagedichte* schreibt Wolfgang Kubin: „ Es handelt sich hier um Prosagedichte (sanwenshi), die in China kein Vorbild haben und eher in den abendländischen Kontext (vgl. z.B. Sain-John Perse) zu gehören scheinen." Vgl. Kubin 1985: 74.

ter Yuan Mei (1716)[78] waren. Als Vater der chinesischen *Natur-* und *Eremitenlyrik* ist Tao Yuanming bekannt für seinen schlichten Stil. Die *Gongan*-Schulen waren durch ihre *Xingling*-Lehre in die Geschichte der chinesischen Literatur eingegangen. Im Gegensatz zur konfuzianischen Auffassung von Literatur als Mittel zur ästhetischen und ethischen Bildung des Menschen betrachteten die Anhänger dieser Schulen Dichtung als Selbstausdruck und legten Wert auf das „Wahre" (*zhen*) und „Spontane" (*xuai*), die sie zum Grundsatz ihres dichterischen Schaffens machten. Ihre Werke sind vom subjektiven Ausdruck individueller Auffassungen und Gefühle gekennzeichnet. In der darauffolgenden Qing-Zeit fand diese Auffassungen von Literatur ihren Nachklang in den autobiobiographisch angelegten Romanen *Traum der Roten Kammer* (1792), insbesondere in der *Autobiographie* von Shen Fu (1763-1810), den *Sechs Aufzeichnungen eines unsteten Lebens* (ca. 1808), die meines Erachtens motivisch-thematisch auch als Vorbild für einige „*poetic prose*" der Republikzeit fungieren.

2.1 Themen und Struktur

Unter der Prämisse vom „wahren" und subjektiven Charakter der Literatur werden oft Themen und Motive aus den privaten, zwischenmenschlichen intimen Sphären der *Autobiographie* aufgegriffen und in neuer „*poetic prose*" dichterisch verarbeitet. Dabei handelt es sich um Erinnerungen, Begegnungen und Abschied, Reise- und Naturbeschreibungen so wie Schilderungen von Gegenständen einschließlich Kunstwerken, die mit den subjektiven Empfindungen oder bestimmten ‚Gemütsverfassungen' (*xinjing/qingxu*) des Betrachters einhergehen. Hinzu kommt die allgemeine Reflexion über das Leben, die oft spontan durch ein persönliches Erlebnis, das Betrachten eines alltäglichen Gebrauchsgegenstandes oder Kunstwerkes sowie die Betrachtung einer beliebigen oder bestimmten, realhistorischen Landschaft bzw. selektiver ‚Szene aus der Natur' ausgelöst wird. Typisches Gattungsmerkmal ist die Plot- und Handlungsarmut, gepaart mit in sich ruhender, herrlicher oder trostloser Stimmung bzw. Atmosphäre der Kälte und Verlassenheit, die durch Anthropomorphisierung der unmittelbar erlebten Natur, einschließlich Teile der *zehntausend Dinge* (*wanwu*) und Phänomene des Universums, evoziert wird. Nicht das Erlebnis an sich wird zum Gegenstand der Beschreibung, sondern die durch das Erlebte ausgelösten Gefühle und die von diesen gefärbte Stimmung, die den Leser unmittelbar berühren kann, insofern, als diese unwillkürlich in die wunderbare, poetisch-erhabene oder reizvolle, abgeschiedene Atmosphäre mit einem Hauch von Traurigkeit

---

[78] Vgl. hierzu Eggert, Marion 1989: *Nur wir Dichter. Yuan Mei: Eine Dichtungstheorie des 18. Jahrhunderts zwischen Selbstbehandlung und Konvention. Reihe Chinathemen*, Bochum: Brockmeyer.

hineingezogen wird, die durch die Kunst des Dichters von Sinneserfahrungen – wahrgenommenen Formen, Mond- und Sonnenschein, Glanz der Sterne, Stimmen, himmlischen Sphärenklängen oder Alltagsgeräuschen, Farben, Düften, kühler Nachtluft oder Regentropfen, die man auf der Haut spürt – durchdrungen ist. Diese Stimmung ähnelt jener, die Su Dongpo (1037–1101), ein berühmter Dichter der Song-Zeit, „wunderbare Stimmung" (*qiqu*)[79] bzw. den „Zauber des Außergewöhnlichen"[80] nannte.

2.2 Kunstmärchen und Erzählung als „poetic prose"

Das Interesse der jungen Chinesinnen und Chinesen für die englische Literatur beschränkte sich nicht nur auf den *Essay*. Sie entdeckten auch die *Kunstmärchen* von Oscar Wilde. Das Interesse für das europäische *Kunstmärchen* gilt, neben dem Aspekt des ‚Wunderbaren', vor allem jener „lyrischen Stimmung" (*shiqu*), die besonders von den *Kunstmärchen* Oscar Wildes ausgeht. Für seinen chinesischen Übersetzer ist „The Happy Prince" ein „Märchen des Dichters".[81] Angeregt von Oscar Wildes lyrischen Beschreibungen sind die chinesischen „tonghua" von Chen Hengzhe und Ye Shengtao entstanden, die formal und inhaltlich bis zu einem gewissen Grad mit der europäischen Gattung verwandt sind. Charakteristisch für den Sprachstil Ye Shengtaos sind die kurze Phrasierung der rhythmisierten Sätze und die plastischen, farbenprächtigen Beschreibungen der vermenschlichten Naturelemente in paralleler Satzkonstruktion, die den Leser stellenweise an den „*Parallelismus membrorum*"[82] der Tang-Gedichte erinnert. Über die motivisch-thematische Verwandtschaft von Ye Shengtaos berühmtesten *Kunstmärchen* „Vogelscheuche" („Daocaoren") mit „The Happy Prinz" habe ich an anderer Stelle ausgeführt.[83] An dieser Stelle möchte ich nur auf das *Kunstmärchen* „Westwind" („Xifeng") von der Schriftstellerin Chen Hengzhe aufmerksam machen, das bis jetzt noch nicht von der Forschung entdeckt ist:

> Das Mädchen fuhr fort: „Man sagt, im Tal des Roten Ahorn sei alles schön, alle seien vollkommen frei, stimmt das auch?" [...] Westwind konnte nun nicht mehr stille sein und sprach: „Ach, das Tal des Roten Ahorn im Herbst! Der herbstliche Himmel ist wie ein Spiegel, die Herbstblumen blühen üppig, unzählige Früchte an den Berghängen schmücken die friedlichen Berge und die weite Wildnis. Schmetterlinge, gelbe und rote Blätter flattern den ganzen Tag umeinander ..." [...]

---

[79] Wie Qingzi 1978: *Shiren yuxie*, Shanghai: Shanghaiguji, 3 Bde., (1), 211; vgl. hierzu Lang-Tan 1985: 107.
[80] Die Übersetzung von „qiqu" durch Volker Klöpsch, vgl. ders. 1983: *Die Jadesplitter der Dichter*, Bochum: Brockmeyer, 177.
[81] Zitiert nach Chen Pingyuan, vgl. *Chen Pingyuan zixuanji*: 92.
[82] Debon ²1975: Chinesische Dichter der T'ang-Zeit, „Einleitung", 7.
[83] Vgl. Lang-Tan 1995: 332–337.

Seit dieser Zeit lebte jenes Mädchen im Tal des Roten Ahorn. Den ganzen Tag überspielte sie mit den Bewohnern des Tales, ganz, als ob sie nach Hause zurückgekehrt wäre. Die Blätter des Roten Ahorn liebte sie am allermeisten unter den Bewohnern des Tales, abgesehen vom Westwind. Sie schienen ihr die beste Verkörperung des Herbstes zu sein. Jeder Klang, jede Farbe des Herbstes, seine idyllische Traumlandschaft, sie alle waren vollkommen in jenen kleinen, kaum zehn Zentimeter großen Blättern enthalten. [...]

Zur Rechten jenes Felsens floss ein kleiner Gebirgsbach. An dessen Ufern erblühten zahlreiche Hibiscussträucher. Es gab rote und auch weiße; oft reflektierten sie das schwache Abendrot, das sich im Wasser kräuselte. Das Mädchen vergass inmitten dieser üppigen schönen Herbstlandschaft oft die Zeit. Erst, wenn sich die Schatten der Hibiscussträucher im Gebirgsbach allmählich zu einem undeutlichen Kreis schlossen, wenn die Sterne nach und nach auf der Wasseroberfläche zu glitzern begannen, wurde ihr schlagartig bewusst, dass es schon tief in der Nacht war, und es blieb ihr nichts anderes übrig, als schnellstens nach Hause zu laufen. [...][84]

In diesem 1924 verfassten *Kunstmärchen* werden Motive und Stilelemente aus den für die Darstellung des Wunderbaren und Fantastischen bekannten *Liedern von Chu* und den Gedichten der Tang- und Vor-Tang, die u.a. vom symbolistischen Stil und von der Anthropomorphisierung der Natur gekennzeichnet sind, übernommen und kunstvoll verarbeitet.[85] Der Einfluss der europäischen *Kunstmärchen* macht sich auch bemerkbar in jenen *Erzählungen*, die zur Gattung der o.g. *shuqing xiaoshuo* gehören. Sie stammen u.a. aus den Federn von Wang Tongzhao, Wang Luyan und der Schriftstellerinnen Bing Xin, Ling Shuhua und Chen Hengzhe. Chen Pingyuan charakterisiert sie als „*Erzählungen*, die Farben des *Kunstmärchen* („*daiyou tonghua de secai de xiaoshuo*") tragen."[86] Neben dem englischen *Essay* und *Kunstmärchen* wurden damals in China europäische *Prosagedichte* und deutsche *Romane* wie *Die Leiden des jungen Werther* und *Immensee* mit Begeisterung gelesen. Guo Moruo (1892–1978), der chinesische Übersetzer des *Werther*, bezeichnet den Briefroman als „Sammlung von *Prosagedichten (sanwenshi)*".[87]

---

[84] Chen Hengzhe 1985 (b) (Nachdruck): „Xifeng". In: Chen Hengzhe 1985 (a): *Xiaoyudian*, Shanghai: Shanghai, shudian, 93–97. Die dt. Übers. stammt aus einer von mir korrigierten Seminararbeit, die von Julia Siegmann M.A. im Rahmen meines Hauptseminars „Kunstmärchen der Republikzeit" (SS 1995, Sinologisches Seminar, Univ. Heidelberg) angefertigt wurde. Die vollständige Übersetzung erscheint Ende 2001 im Anhang meines Buches,. *Erinnerungen und Kurzbiographien der Sophia H. Chen. Mit einer gattungsgeschichtlichen Darstellung zum „sanwen"*. Singapore: CommAsia Resources, 186–198 (Manuskript).

[85] Darüber habe ich am 6. Juli 2001 in der *CSAA*-Konferenz in Canberra vorgetragen.

[86] Vgl. *Chen Pingyuan zixuanji*: 92 „[...], Chen Hengzhe, Bing Xin, Ling Shuhua, Lu Yan Wang Tongzhao und Zhou Chuanping usw., ein Teil ihrer *Erzählungen* sind mit den Farben von *Kunstmärchen (tonghua)* gezeichnet."

[87] Zitiert nach Chen Pingyuan, vgl. ebd.: 91.

Die Entstehung des *shuqing xiaoshuo* war ebenfalls der zu Beginn der Republikzeit ausgebrochenen Suche nach der „lyrischen Stimmung" zu verdanken. Eine der vielen Folgen davon war das oben dargestellte, bemerkenswerte literarische Phänomen, nämlich die „Genre-Verwechslung",[88] die mit der Verwandlung von Genres einhergeht. Diese Verwechslung führt Chen Pingyuan auf den Einzug der chinesischen Lyriktradition von „Shi" (*Buch der Lieder*, Gedichte der Tang-, Vor-Tang- und Song-Zeit) und „Sao" (*Die Lieder von Chu* und ihre Rezeption) in die o.g *Kunstmärchen, Erzählungen* (*shuqing xiaoshuo*) und *sanwen* (*shuqing sanwen*) zurück.[89] Das Erbgut dieser Lyriktradition lässt sich vor allem in jenen ‚selektiven' Natur- und Gegenstandsbeschreibungen eruieren. Zu diesem Erbgut gehört das ‚Motiv des Schattens', das sich in einer Reihe von *„poetic prose"* der Republikzeit eruieren lässt.

2.3 Das Motiv des Schattens

Das Motiv des Schattens gehört zu den o.g. Formen der Sinneserfahrungen. Es ist auf die Dichtung der Südlichen-Dynastien und die Lyrik der Tang- und Song-Zeit zurückzuführen. Dabei handelt es sich meistens um Schatten der Landschaft – z.B. Berge, Blumen und Bäume, Reflexion des Mondes im Wasser – oder der von Menschenhand geschaffenen Gegenstände aus der Umgebung des Betrachters wie z.B. Lampen, Kerzen und Turmbauten. Den ‚menschlichen Schatten' (*renying*) oder das eigene ‚Spiegelbild' trifft man seltener in der Dichtung. Man begegnet ihm nur flüchtig in der o.g. *Autobiographie*, den *Sechs Aufzeichnungen eines unsteten Lebens*. Als Beispiel aus der chinesischen Lyriktradition zitiere ich hier ein *Regelmäßiges Fünf-Wort-Gedicht im Neuen Stil* aus der weltweit bekannten Sammlung, den *Drei Hundert Tang-Gedichten*.[90] Das Gedicht trägt den Titel „Auf einer Wand im hinteren Teil des *Chan*-Klosters am *Zerbrochenen Berg* geschrieben":

> Die ersten Strahlen lagen auf den Wipfeln,
> Als ich ins alte Kloster trat am Morgen:
> gewundene Pfade zu versteckten Klausen
> tief unter blühendem Gesträuch verborgen.
>
> Glanz auf dem Berg: der Vogelschar zur Lust.
> Spiegelung im Teich: mein Herz erfasst die Leere.
> Verstummt sind alle Laute der Natur,
> Glocke und Klangstein alles, was ich höre.[91]

---

[88] Auf die „Genre-Verwechselung" hat Chen Pingyuan hingewiesen, vgl. *Chen Pingyuan zixuanji*: 91-95.
[89] Vgl. ebd.: 91-93.
[90] Sun Zhu/Chen Wanjun ²1975 (Hrsg.): *Tangshi sanbaishou*, Hongkong: Shangwu, j.5,7.
[91] Dt. Übers. Klöpsch, Volker 1991: *Der seidene Faden. Gedichte der Tang*, Frankfurt/M.: Insel, 240.

Abb. 2. „Im Schatten hoher Bäume"
von Wen Jia (1501–1583) [2]

Wie schon aus der Überschrift ersichtlich ist, besteht das Gedicht aus der Naturbeschreibung aus der Umgebung des zen-buddhistischen Klosters „Zerbrochener Berg" („*Poshanshi*"). Dem Geist dieser Umgebung entsprechend ist die Naturbeschreibung in der zweiten Strophe, die gemäß der chinesischen Dichtungstheorie dem Einfluss des Zen-Buddhismus zugeschrieben ist. Anders als die bisher ausgeführte Naturbeschreibung, hinter der die aufgewühlte Emotion des Betrachters steckt und in der Beschreibung subtil zum Ausdruck gebracht wird, ist diese Art von Natur- oder Gegenstandsbeschreibung durch die Übereinstimmung bzw. das ‚Einssein' von Mensch und Natur entstanden. Die wunderbare Stimmung der Natur hat auf den Betrachter eingewirkt, so dass sein durch weltliche Angelegenheiten aufgewühlte Geist beruhigt ist. In der chinesischen Dichtungstheorie[92] spricht man von „chanqu", jener „wunderbaren Stimmung", die dem von zen-buddhistischen geprägten, „meditativ-aktiven" Geist entsprungen ist.[93] Zur Entstehung dieser Stimmung trägt die „Spiegelung [von Berg und Vögeln] im Teich" bei, die zusammen mit dem „Mond im Wasser" die beliebtesten Formen dieses Motivs bilden. Darüber schrieb Yan Yu (um 1200) in seiner berühmten Dichtungstheorie aus dem dreizehnten Jahrhundert:

> Dichten, das heißt die natürlichen Gefühle zu Gesang werden lassen. Die Menschen der Tang-Blütezeit weilten allein in der Stimmung, in der Inspiration. [Sie gleichen jener] Gazelle, die sich [im Schlaf] an den Hörnern aufhängt, keine Spur hinterlassend, an der man sie fände. Darum sind ihre wunderbaren Stellen durchlässig-durchdringbar und von irisierender Transparenz. Sie sind unfassbar wie der Ton im leeren Raum, das Farbenspiel im Antlitz, der Mond im Wasser, die Gestalt im Spiegel: Die Worte haben ein Ende, aber der Gedanke bleibt unausgeschöpft.[94]

„Mond im Wasser" und „Bild im Spiegel" sind „buddhistische Metaphern der Wesenlosigkeit."[95] Sie verweisen auf die „Leere" (*Sunyata*) bzw. Sinnlosigkeit aller „*Dharma*" in dieser Welt. Infolge dessen sind alle Erscheinungen nur ‚Täuschung'. Diese Lehre des Mahayana-Buddhismus, die der Lebensauffassung von Zen-Buddhismus zugrunde liegt, steckt meines Erachtens in der folgenden Erzählung von Ling Shuhua, die ich, wie bereits oben erwähnt, zur „*poetic prose*" zähle.

---

[92] Zu chinesischen Dichtungstheorien vgl. Kubin, Wolfgang 1976: *Das lyrische Werk des Tu Mu (803-852). Versuch einer Deutung*, Wiesbaden: Otto Harrassowitz, 54-61; Lang-Tan, Goat Koei 1985: *Der Unauffindbare Einsiedler. Eine Untersuchung zu einem Topos der Tang-Lyrik (618-906)*. Reihe Heidelberger Schriften zu Ostasienkunde (7), Hg. Debon, Günther/Ledderose, Lothar, Frankfurt: Haag + Herchen, 105–112.
[93] Vgl. Lang-Tan 1985: 106–107.
[94] Guo Shaoyu (Hrsg.) 1983 (Nachdruck): *Canglang shihua*, , Beijing: Zhonghua 71; übers. Debon, Günther 1962: *Ts'ang Langs Gespräche über die Dichtung*, Wiesbanden: Otto Harrassowitz, 61.
[95] Vgl. Debon 1962: 129.

2.3.1 In der neuen „poetic prose": „Wiederbegegnung"[96] (Ling Shuhua)

Die Erzählung entstand 1925. Sie findet sich in der Erzählsammlung der Autorin. Die Überschrift bezieht sich auf die zufällige Wiederbegegnung zwischen einer jungen Lehrerin und einem ehemaligen Kollegen, der es geschafft hat, innerhalb von vier Jahren einen höheren Beamtenposten auf Ministerialebene zu bekleiden. Die Begegnung ist die einzige ‚Begebenheit' in dieser „poetic prose". Wie es oft bei den erzählerischen Werken der Autorin der Fall ist, kommt das eigentliche Thema nicht in der Überschrift zur Sprache. Die in der Überschrift angekündigte ‚Begebenheit', wie z.B. „Einladung zum Hochzeitsessen" (Chicha),[97] dient nur als Anlass für die Entstehung des eigentlichen Themas, nämlich die Veränderung der emotionalen Verfassung' (qingxu) bzw. ‚Gemütsverfassungen' der weiblichen Hauptfigur. Als Belege zitiere ich einige Textstellen aus „Wiederbegegnung":

Nach vier Jahren begegnete er ihr wieder im ‚Pavillon der Blumengöttin' in Liuzhuang am Westsee Ufer. An einem klaren, heiteren Herbstnachmittag stand sie im Pavillon und schaute auf die verblassenden, abgekühlten und teilnahmslosen Sonnenstrahlen, die über den Altar streiften. Der Altar war mit Blättern bedeckt und von Spinnweben überzogen. Sie spürte augenblicklich eine unbeschreibliche Kühle, als sie plötzlich vernahm, wie

Abb. 3. „Kaiser Guangwu eine Furt durchschreitend" von Qui Ying (gest. nach 1552) [3]

---

[96] In: *Ling Shuhua xiaoshuoji* (1), 25–38.
[97] In: Ebd.: 17–24.

jemand in ihrem Rücken nach ihr rief: „Fräulein Xiaqiu, ich hätte nicht gedacht, dass Sie mir hier wiederbegegnen würde!" Sie wandte den Kopf und sagte: "Oh, Sie sind es, Herr Junren!" [...]

Da kamen sie gerade an einem Gasthaus am Ufer mit Fenstern zum See an. Als sie durch die Tür traten, sah sie einen großen Spiegel neben dem Fenster, der der Tür zugewandt war. Das helle Leuchten des Sees und die Farben der Berge spiegelten sich darin. Als sie im Spiegel sich selbst und ihn erblickte, war sie überrascht. Plötzlich vernahm sie das Geräusch von Ruderschlägen, die die Wasserpflanzen aufwühlten. Ein kleines Boot war gerade am Fenster vorbeigeglitten. Sie hörte jemanden vom Boot ausrufen: „Gnädiger Herr, gnädige Frau, wollen Sie Lotuswurzeln kaufen?" [...]

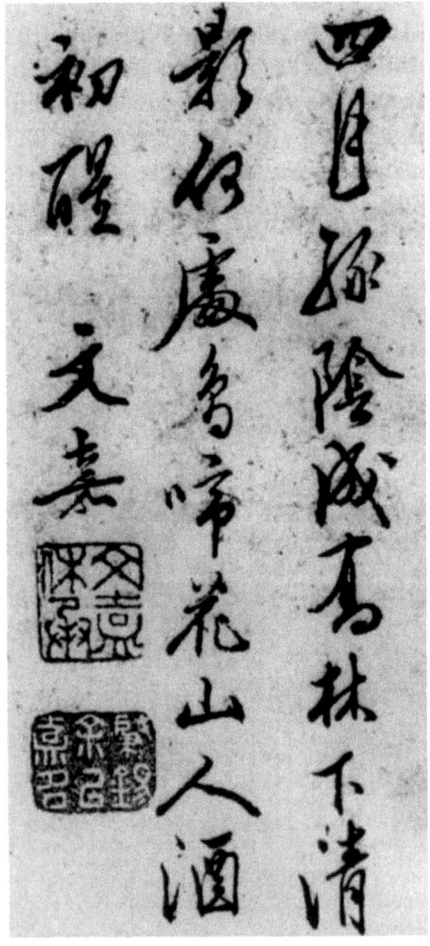

Abb. 4. [Bild]aufschrift in Form eines Gedichts auf dem Bild „Im Schatten hoher Bäume" von Wen Jia (1501–1583) [2]

Nach dem Essen stand er auf und trank den Tee. Da bemerkte sie: „Der Bambusschatten auf dem hinteren Fenster ist wunderschön." [...] „Am zweiten Tag nach dem Einsturz der *Leifeng*-Pagode ging ich hin und sah, wie viele Arme und Bettler in der Ruine herumstochern. Unter dem Schutt fanden sie hunderte von Sutren-Rollen, die bis dahin mehr als ein Jahrtausend in der Pagode aufbewahrt worden waren. [...]"

Der Bootsmann hatte sich bereits mit seiner Stange von den Steinstufen, die zum Seeufer führten, abgestoßen. Ganz allmählich glitt das Boot vom Ufer weg. „Auf Wiedersehen!" Er nahm seine Mütze ab und blickte zum Boot hinüber. „Auf Wiedersehen!" sagte sie gedankenverloren und schaute zu den Büschen am anderen Ufer jenseits der *Xileng*-Brücke hinüber. Der kühle, herbstliche Abendwind wehte ihr einige vereinzelte Haarsträhnen aus der Stirn. Von Süden bis Westen wurde das satte Grün der Berggipfel allmählich völlig von purpurfarbenen Abendwolken, die eine gräuliche Nuance trugen, eingehüllt. Der nächtliche Dunst senkte sich langsam auf die Berggipfel herab. Die Schatten dieser Berggipfel, die sich im See widerspiegelten, hatten sich längst von einem trüben Grau in ein milchiges Grauweiß verwandelt und waren mit dem Wasser, das das Boot umgab, eins geworden.[98]

Gemäß der eingangs ausgeführten chinesischen Dichtungstheorie wird die emotionale Verfassung der Frau auf die Naturbeschreibung projiziert. Fast unbemerkt werden diese zwischen den kurzen, fast belanglosen, beim Mittagessen geführten Dialogen zwischen den beiden Personen von einem ‚personalen Erzähler' eingeschoben. Die oben zitierten Textstellen zeigen die Veränderungen der Gemütsverfassung der Frau, die in der Schilderung des Herbsttages, der Sonne, des Abendwindes, den trüben Farben der Berglandschaft und deren ‚Spiegelungen im Wasser', zum Ausdruck gebracht werden. Vgl. die Adjektive „*qingxuang*" („klar und heiter"), „*liang*" („kühl"), „*zihuise*" („purpur-gräulich") und „*mohu*" („trüb"). Letzteres weist auf die am Ende bei der jungen Frau sich einstellenden ‚getrübten' Gefühle hin. Zur Schilderung der kühlen Atmosphäre passt auch der Name der realhistorisch existierenden Brücke, *Xileng*: „*xi*" steht für die Windrichtung „west", „*leng*" bedeutet „kalt". Inmitten der Beschreibung der kühlen und trüben Atmosphäre sticht die Anthropomorphisierung der Natur durch das Binom „*danmo*" hervor. Denn eigentlich wird der Ausdruck nur in Bezug auf Menschen gebraucht; er konnotiert die kühle und teilnahmslose, leidenschaftslose Haltung. Auf das Einssein von Mensch und Natur verweisen die Namen der Hauptfigur „Xia Qiu": Das Zeichen „*qiu*", das in der traditionellen Lite-

---

[98] *Ling Shhua xiaoshuoji* (1), 25–36; übers. Verfasserin.

ratur Chinas oft in den Namen weiblicher Charakteren zu finden ist,[99] bedeutet ‚Herbst' oder ‚herbstlich'.

In der Abschiedsszene sind die Schatten der von ihr so geliebten Landschaft, insbesondere der Berggipfel, im Wasser zu einem trüben Grau geworden. Daraus geht hervor, dass die junge Frau am Ende von der Begegnung enttäuscht und tief betrübt ist. Im Hinblick darauf ist das ‚Motiv des Schattens' bemerkenswert, das allein in diesem Text, dessen buddhistischer Kontext durch die *Leifeng*-Pagode angedeutet ist, mindestens fünf Mal auftaucht. Meines Erachtens ist es funktional für den Prozess der ‚Ent-Täuschung', die im Laufe der Begegnung stattfindet.[100] Was im Sinne des Buddhismus die Enthüllung des Schleiers der *Maya* bedeutet.

Die Thematik der zufälligen ‚Wiederbegegnung', das kalte, geschäftsorientierte Verhalten des Mannes beim Rendezvous und die von diesem Verhalten enttäuschten bzw. ständig verletzten Gefühle der jungen Frau, die sich hinter der trüben, herbstlichen Atmosphäre der ‚Abschiedsszene' verbergen, erinnern mich an eine Erzählung Katherine Mansfields (1888–1923), die 1921 veröffentlicht wurde: „Psychology".[101] Da Ling Shuhua von 1922 bis 1924 englische Literatur studierte und Katherine Mansfield sehr schätzte, gehe ich davon aus, dass sie diese englische Erzählung eventuell im Original kannte.[102] Trotz der Einflüsse der europäischen Literatur zeigt Ling Shuhuas „Wiederbegegnung" die unverkennbaren Züge der chinesischen Lyriktradition.

Das Motiv des Schattens durchzieht eine Reihe von Werken Ling Shuhuas, Chen Hengzhes und Zhu Ziqings, der Philosophie an der Universität Peking studierte und sich Zeit seines Lebens mit der englischen Literatur der letzten zwei Jahrhunderte und der traditionellen chinesischen Dichtung befasste. Von 1925 bis 1948 war er Professor für chinesische Literatur an der Qinghua-Universität und Lehrer von Wang Yao.

---

[99] Die Heldin aus dem berühmten Singspiel, dem *Päonien-Pavillon (1598, Mudanting)*, heißt „Du Qiuniang"; „Qiu Wen" ist eines der Dienstmädchen im *Traum der roten Kammer (1792, Hongloumeng)*.

[100] Zur „Täuschung" und „Ent-Täuschung" bei Ling Shuhua vgl. meine Interpretation zu anderen Werken der Autorin, in: Lang-Tan 1995: 249–256.

[101] Mansfield, Katherine 1981: *The Collected Stories of Katherine Mansfield*, London: Penguin Books, 111–118.

[102] Vgl. hierzu Lang-Tan 1994: „Women in Love: Two Short Stories of Ling Shuhua compared to Katherine Mansfield's ‚Psychology'." In: Gálik, Marián (Ed.) 1994: *Chinese Literature And European Kontext. Proceeding of the 2nd International Sinological Symposium, Smolenice Castle*, June 22–25, 1993, Bratislava: Institute of Asian And African Studies of The Slovak Academy of Science, 131–142.

2.3.2 Aus der Sammlung Rücken-Schatten (Zhu Ziqing)

„Rücken-Schatten" („Beiying") [103] und „Mondschein im Lotusteich" („Hetang yuese") sind die bekanntesten Stücke aus dieser Sammlung. Das erstgenannte handelt von des Autors Erinnerung an seinen Vater. In der Erinnerung wird die Abschiedsszene vergegenwärtigt, die sich am Bahnhof von Nanjing an einem Nachmittag im Winter abspielte. Im Mittelpunkt dieser Szene steht der Schatten, der vom Rücken des Vaters von der Nachmittagssonne geworfen wird, als dieser zum Abschied für seinen Sohn einige Mandarinen kaufte. Das Thema des Stückes steckt in der Schilderung der sich in Bewegung setzenden ‚Gestalt' des Vaters, die vom Sohn aus der Rücken-Perspektive wahrgenommen wird:

> Mein Vater war ziemlich dick. Um dorthin zu Fuß zu gelangen, war für ihn ziemlich umständlich und mühsam. Eigentlich wollte ich ihn begleiten, aber er lehnte es ab. Mir blieb es nichts anderes übrig, als ihn allein laufen zu lassen. Er trug einen schwarzen Mantel, darunter die dunkelgrüne, mit Baumwolle gefütterte Jacke. Taumelnd lief er zum Bahnsteig hinüber. Als er die Bahnschienen überquerte, schritt er sehr langsam vorwärts, mit dem Oberkörper nach vorne gebeugt. Das schien ihm noch keine Schwierigkeiten zu bereiten. Aber nachdem er den Schienenstrang passiert hatte und den gegenüber liegenden Bahnsteig hochklettern wollte, sah er sich vor große Schwierigkeiten gestellt. Mit beiden Händen zog er sich hinauf, dabei beide Füße nach innen gekehrt und sich gleichzeitig mit den Füßen mühsam aufwärts bewegend. Da wankte sein beleibter Körper ein wenig nach links unter größter Anstrengung. In diesem Augenblick gewahrte ich den Schatten, der von seinem Rücken geworfen wurde. Mir schossen sofort Tränen in die Augen. [...] [104]

Die genaue Schilderung der Physiognomie und des sich bewegenden Körpers des Vaters ist im Rahmen der chinesischen Literaturtradition ungewöhnlich. Sie ähnelt fast dem naturalistischen „Sekundenstil". Der Rücken-Schatten ist ein konzentriertes ‚Ab-Bild' der längeren, bewegten Schilderung der Vaterfigur. Die Rücken-Perspektive stellt die bis jetzt vom Sohn verkannte, gute ‚Kehrseite' dieser Figur dar, die in den Erinnerungen des Sohnes bzw. des Ich-Erzählers am Anfang nicht in günstigem Licht erscheint. Erst im jenen Augenblick, als der Ich-Erzähler den Schatten des Vaters von der ‚anderen', sonst von ihm kaum beachteten, ‚hinteren Seite' des Körpers wahrnimmt, wird ihm plötzlich die menschliche Größe dieser Figur bewusst, die er am Anfang fast missachtet. Hinter den pejorativen Eindrücken, die

---

[103] Von David Pollard ins Englische mit „The View From The Rear" übersetzt, vgl. *The English Essay*, 216.
[104] *Zhongguo xinwenxuedaxi* (7),401, übers. Verfasserin.

der Vater kurz vor seinem Tod beim Sohn hinterlassen hat – u.a. seine Unfähigkeit, mit Geld umzugehen – verbirgt sich die Figur eines gütigen und fürsorglichen Vaters. Von dieser überraschenden Erkenntnis des wahren Gesichts des Vaters ist der Ich-Erzähler tief bewegt. Daher hinterlässt der Schatten beim Sohn den „unvergesslichsten Eindruck". Die ‚Gestalt des menschlichen Körpers' (*sheng*), die in der obigen Textstelle zwei mal wörtlich erwähnt wird, wird im Buddhismus, u.a. in der *Vimalakirti-Sutra*, stets mit dem „Schatten" (*ying*) verglichen.[105] Wie dieser ist der menschliche Körper ‚hohl' (*kong*) bzw. nur eine ‚leere' (*sunyata*) Hülle.

„Mondschein im Lotusteich" („Hetang yuese") wurde zum ersten Mal 1927 in der Monatsschrift *Xiaoshuo yuebao* veröffentlicht. Mit Ausnahme vom Motiv des Schattens ist „Mondschein im Lotusteich" unter anderen Gesichtspunkten von einigen Literaturkritikern behandelt worden, u.a. von Wang Yao, der auf den „detaillierten und mikroskopischen"[106] Stil in der Naturbeschreibung dieser *„poetic prose"* hingewiesen hat. Im folgenden zitiere ich einige Zeilen aus der englischen Übersetzung von David Pollard:

> The last few days I have been quite troubled in my mind. Tonight as I sat in the yard enjoying the cool of evening I suddenly thought of the lotus pond I passed every day: it must surely look different now in the light of the full moon. [...]
>
> On the surface of the serpentine lotus pond all one could see was fields of leaves. The leaves stood high above the water, splayed out like the skirts of a tall slim ballerina. Here and there among the layers of leaves were sown shining white flowers, some blooming glamorously, some in the shy bud, just like unstrung pearls, or stars against a blue sky. <u>Like the beauty raising from the bath.</u> Their fresh fragrance wafted on the faint breeze, like snatches of song from one distant tower. At each breath of wind the leaves and flowers also gave a shiver, which passed over the entire breadth of the pond in a flash, like lightning.[...]
>
> The moonbeams spilled placidly onto this expanse of leaves and flowers like living water. A thin mist floated up from the lotus pond. [...] The moonlight was filtered through the trees, while the clumps of bushes on the high ground cast heavy irregular mottled shadows. The spare silhouettes of the arching willows appeared to be painted on the lotus leaves. The moonlight on the pond was not smooth and even, but the rhythm of light and shade was harmonious, like a musical masterpiece played on a violin. [...][107]

---

[105] Vgl. darin den Diskurs des Vimalakirti über den menschlichen Körper, den er dem Buddha gegenüber stellt, in: *Wei Mojie jing* 1935 (Nachdruck): Shanghai : Zhina neixueyuan, (1), j.2.
[106] Wang Yao 1998: 235,
[107] *Zhongguo xinwenxue daxi* (7), 402-403; übers. In: *The English Essay*, 222-223.

In diesen poetischen Beschreibungen, die reich an figurativen Stilelementen (Onomatopöie, Vergleiche usw.) sind, wird die Grenze zwischen Kunstwerk und Wirklichkeit fast aufgehoben. Anders als die o.g. Motive des Schattens in der alten chinesischen Dichtung wie „Mond im Wasser", „Gestalt im Spiegel" handelt es sich hier um die Schilderung der „dunklen, unregelmäßigen Schatten der Bäume",[108] die vom Mondschein nicht auf dem Wasser, sondern auf den Lotusblättern geworfen worden sind. Abgesehen vom erzählerischen Rahmen am Anfang und Ende gleicht der ganze Text einem Gemälde. Vom Lotus abgesehen, das in der chinesischen Literatur als Sinnbild für Reinheit bekannt ist, weist das Gemälde eine Mischung aus chinesischer Lyriktradition und europäischem Ästhetizismus auf. Beim Vergleich mit der „Schönen (*meiren*), die gerade dem Bad entstiegen ist" („youru gang chuyu de meiren)[109] fällt mir das berühmte Bild von Botticelli ein, das Walter Pater in einem seiner berühmten *Essays* wie folgt beschreibt:„What is strangest is that he carries this sentiment into classical subjects, its most complete expression being a picture in the *Uffizii*, of *Venus rising from the sea*, in which the grotesque emblems of the middle age, and a landscape full of its peculiar feeling, [...]."[110] Aber in Verbindung mit einem „Teich" (*chitang*) als ‚Ort' der Beschreibung assoziiert man in China die Gestalt der Kaiserin Yang Gufei, die der Tang-Dichter Bo Juyi (772–846) in seinem berühmten, tragischen Liebesgedicht verewigte: „China's Emperor, craving beauty that might shake an empire/ Was on the throne for many years, searching, never finding/ [...]. It was early spring. They bathed her in the *Huaqing*-Pool/ [...]. A maid was lifting her [from the bath] / When first the Emperor noticed her and chose her for his bride."[111] Analog dazu sehe ich den Vergleich mit der „Tänzerin" (*wunü*), die im Englischen von David Pollard mit „ballerina" wiedergegeben worden ist.

Zhu Ziqings Vorliebe für Bildbeschreibungen, die meines Erachtens u.a. von Walter Pater geprägt ist, zeigt seine andere „poetic prose" mit der Überschrift „*Yuemenglong wumenglong juanhaitanghong*".[112]

3. Ausblick

Das oben aufgestellte Resumée von Themen und Struktur basiert auf meinen eigenen Beobachtungen und bezieht sich auf achtundsechzig Werke von

---

[108] Vgl. *Zhongguo xinwenxue daxi* (7), 403.
[109] Leider fehlt diese Stelle in der englischen Übersetzung, vgl. ebd.: 223 (in der oben angeführten Übers.. wird sie von mir ergänzt, vgl. die unterstrichene Textstelle).
[110] Pater, Walter ²1998: *The Renaissance*, Oxford: Oxford University Press, 38.
[111] *Tangshi sanbaishou*, j.3, 13; übers. Bynner, Witter 1963: *Three Hundred Poems of the T'ang Dynasty*, New : Mexico: (Verlag unbekannt) 121.
[112] Zhu Ziqing 1991: *Zhu Ziqing quanji*, Tainan: Shiyi shuju, Abt. „sanwen", 61–62.

sechzehn Autorinnen und Autoren, von denen ein Teil in diesem Beitrag angesprochen ist. Die neue „*poetic prose*" der Republikzeit gilt in Europa als eine Stilform. Sie existierte im Alten China schon als ein eigenständiges Genre bzw. Sub-Genre von *sanwen*, das von Chen Pingyuan als ein allumfassendes „literarisches „Territorium" (*wenxue de lingyu*) charakterisiert wird. Auffallend ist das Motiv des Schattens, das eine Reihe von Werken der neuen „poetic prose" durchzieht. Das bewusste und kontemplative Wahrnehmen von Schatten in seinen vielfältigen Formen geht meines Erachtens mit dem Erleben vom Prozess der „Ent-Täuschung" bzw. Enthüllung der Täuschung einher, die schließlich zum Erkennen vom wahren Wesen des Menschen und der zehntausend Dinge der Natur führt.

Die weite Verbreitung dieser Gattung in der Republikzeit führe ich u.a. auf zwei Gründe zurück: Zum einen war es die allgemein unter den am Scheideweg zwischen Tradition und „Moderne" zaudernden chinesischen Intellektuellen verbreitete „bedrückte, ausweglose Stimmung" (*kumen de xinqing*), die aus der Tatsache entstanden war, daß es für diese Bildungsschicht sowohl im privaten menschlichen Bereich als auch in der Öffentlichkeit keine Möglichkeit zum Handeln gab; zum anderen war es das Interesse der Schriftstellerinnen und Schriftsteller für die eigene Lyriktradition, da sie in ihrer Kindheit die traditionelle Ausbildung genossen, zu deren Pflichtlektüren die *Dreihundert Tang-Gedichte* zählten. Unter diesen Umständen betrachteten sie, ähnlich wie die Natur- und Eremitenlyrik für jene ‚Gelehrten-Einsiedler' (*yinshi*) der Tang-Zeit, die Dichtung als Ort der Zuflucht.

Ähnlich wie in der deutschen Literaturgeschichte des neunzehnten und zwanzigsten Jahrhunderts, in der das „Lyrische" innerhalb eines Romans oder Dramas nicht vom „Epischen" und „Dramatischen" getrennt werden kann, gehört die chinesische „*poetic prose*" der Republikzeit auch zum Bestandteil der *Erzählliteratur* einschließlich *Kunstmärchen*. Sie ist in diesen Genres allgegenwärtig. Als ein Gebiet bzw. Genre oder Stilzug der ‚*Neuen*' *Literatur Chinas* ist sie genau wie diese ein komplexes Gebilde. Sie ist das Produkt ihres widersprüchlichen Zeitgeistes: einerseits westlich orientiert, andererseits der eigenen Tradition verpflichtet. In ihr haben sich die Spuren des nie erloschenen Erbguts der traditionellen chinesischen Lyrik eingeprägt.

Literatur

Assandri-Snoy, Friederike (1990) „Religions- und Lebensauffassungen im *Prosagedicht* ‚Heimweh am See der Sieben-Kostbarkeiten' (*Qibaochishang de xiangsi*) des Xu Dishan (1893–1941)". Unveröffentlichtes Manuskript eines Referates im Rahmen des von mir abgehaltenen Hauptseminars „Die Kurprosa des Xu Dishan (1893–1941)". Sinologisches Seminar der Universität Heidelberg

Baudelaire, Charles (^{2}1991) The Prose Poems and La Fanfarlo. Oxford World's Classic. Oxford: Oxford UP

Bauer, Wolfgang (1985) „Das heutige China in der Auseinandersetzung mit seiner kulturellen Tradition". In: Asien und Wir, Gegenwart und Tradition. Studium Generale WS 1983/84, Hg. Univ. Heidelberg, S 104-115
Bynner, Witter (1963) (Trans.): Three Hundred Peoms of the T'ang Dynasty, New Mexico (Verlag unbekannt)
Chen Hengzhe (1928/1985) Xiaoyudian, Shanghai: Shanghai shudian
Chen Pingyuan (1997) Chen Pingyuan zixuanji. Guilin: Guangxi shifan daxue
Chen Pingyuan(2000) Zhongguo sanwenxuan. Tianjin: Baihua
Cuddon, JA ([4]1986) A Dictionary of Literary Terms. Harmondsworth: Penguin Books
Debon, Günther (1962) Ts'ang Langs Gespräche über die Dichtung. Wiesbaden: Otto Harrassowitz
Debon, Günther ([2]1975) Chinesische Dichter der Tang-Zeit. Unesco-Sammlung Repräsentativer Werke asiatischer Reihe. Stuttgart: Reclam Tb
Debon, Günther/Speiser, Werner (Hrsg.) (1957) Chinesische Geisteswelt. Von Konfuzius bis Mao Tse-tung. Baden-Baden: Holle
Debon, Günther (1989) (Übers.) Herbstlich helles Leuchten überm See. Chinesische Gedichte aus der Tang-Zeit. München: Piper (Abbildungsnachweis)
Doleželová-Velingerová, Milene (1985) „Die Ursprünge der modernen chinesischen Literatur". In: Kubin, Wolfgang (Hrsg.) (1985) Moderne chinesische Literatur. Frankfurt/M.: Suhrkamp
Eggert, Marion (1989) Nur wir Dichter. Yuan Mei. Eine Dichtungstheorie des 18. Jahrhunderts zwischen Selbstbehandlung und Konvention. Reihe China Themen. Bochum: Brockmeyer
Fan Wenzheng Gong ji. Wanyouhuiyao (o.J.), Wang Yunwu (Ed.), Taibei: Shangwu, 4 Bde., (1)
Franke, Wolfgang (1962) China und das Abendland. Göttingen: Vandenhoeck & Ruprecht
Franke, Wofgang/Staiger, Brunhild (1980) Das Jahrhundert der chinesischen Revolution, München & Wien: R. Oldenbourg
Holman, C.Hugh/Harmon, William ([5]1986) (Ed.) A Handbook to Literature. New York/London: Macmillan
Klöpsch, Volker (1991) (Übers.): Der seidene Faden. Gedichte der Tang. Frankfurt/M.: Insel
Klöpsch, Volker (1983) Die Jadesplitter der Dichtung. Bochum: Brockmeyer
Knetchges, David (1982) (trans.) Wen xuan, or Selections of Refined Literature. Princeton: Princeton UP
Kubin, Wolfgang (1976) Das lyrische Werk des Tu Mu (803-852). Versuch einer Deutung. Wiesbaden: Otto Harrassowitz
Kubin, Wolfgang (Hrsg.) (1985) Nachrichten aus der Hauptstadt der Sonne. Moderne chinesische Lyrik 1919-1984. Frankfurt/M.: Suhrkamp Tb
Lang-Tan, Goat Koei (1985) Der unauffindbare Einsiedler. Eine Untersuchung zu einem Topos der Tang-Lyrik (618-906). Heidelberger Hochschulreihe (7), Hrsg. Debon, Günther/Ledderose, Lothar, Frankfurt/M.: Haag + Herchen
Lang-Tan, Goat Koei (1989): „Eines Liebenden Suche nach dem neuen Ideal. Zur Gestalt des Ich-Erzählers und dessen Sprachgestaltung in Lu Xuns Erzählung ‚Shangshi' (1925)". In: Kubin, Wolfgang (Hrsg.) (1989) Aus dem Garten der Wildnis. Studien zu Lu Xun (1881-1936). Bonn: Bouvier
Lang-Tan, Goat Koei (1994) „Women in Love: Two Short Stories of Ling Shuhua (1904-1990) Compared to Katherine Mansfield's (1888-1923) ‚Psychology'". In: Gálik, Márian (Ed.) (1994) Chinese Literature and European Context. Proceeding of the 2nd international Sinological Symposium, Smolenice Castle, June 22-25, 1993. Bratislava: Institute of Asian and African Studies of Slovak Academy of Science
Lang-Tan, Goat Koei (1995) Konfuzianische Auffassungen von Mitleid und Mitgefühl in der Neuen Literatur Chinas (1917-1942). Literaturtheorien, Erzählungen und Kunstmärchen der Republikzeit in Relation zur konfuzianischen Geistestradition. Bonn: Engelhardt-Ng

Ledderose, Lothar (1985) Im Schatten hoher Bäume. Malerei der Ming- und Qing-Dynastien (1368-1911) aus der Volksrepublik China. Baden-Baden: Staatliche Kunsthalle
Ling Shuhua (^{4}1992) Ling Shuhua xuanji: Taibei: Hongfan, 2 Bde.
Lloyd, Rosemary (1991) „Introduction". In: Charles Bauedelaire: The Prose Poems and La fanfarlo
Liu Xie (1982) (Nachdruck) Wenxin diaolong zhu. Zhongguo wenxue jiben coingshu. Taibei: Zonghe
Mansfield, Katherine (1981) „Psychology". In: The Collected Stories of Katherine Mansfield (1981). London: Penguin Books, pp 111-118
Martini, Fritz (^{2}1965) „Modern, die Moderne". In: Reallexikon der deutschen Literaturgeschichte, 4 Bde., (2), S 391-415
Pater, Walter (^{2}1998) The Renaissance. Oxford: Oxford UP
Pater, Walter (1998) „Mona Lisa". In: Gross, John (1998) (Ed.) The New Oxford Book of English Prose. Oxford/New York: Oxford University Press
Pollard, David (2000) (Ed.) The Chinese Essay. Translated, edited and with an Introduction. New York: Columbia University Press
Rohner, Ludwig (1966) Der deutsche Essay. Materialien zur Geschichte und Ästhetik einer literarischen Gattung. Neuwied/Berlin: Luchterhand
Shi, Vincent Yu-chung (trans.) (1959) The Literary Mind and the Carving of Dragon. A Study of Thought and Pattern in Chinese Literature. New York: Columbia UP
Shi Zhecun et al. (Hrsg.) (1991) Zhongguo jindai wenxue daxi. Fanyi wenxueji, Shanghai: Shanghai shudian, 30 Bde. (3)
Siegmann, Julia (Übers.) (1995) „Westwind" („Xifeng"). Unveröffentlichtes Manuskript einer Seminararbeit im Rahmen des von mir abgehaltenen Hauptseminars „Kunstmärchen der Republikzeit (1911-1942)" (Sinologisches Seminar, Universität Heidelberg)
Sima Changfeng (1980) Zhongguo mxinwenxueshi. Hongkong: Zhaoming, 3 Bde.
Su Xuelin (1977) Su Xuelin zixuanji. Taibei: Liming wenhua
Sun Zhu (Hrsg.)/Chen Wanjun (komm.) (^{2}1975) Tangshi sanbaishou. Hongkong: Shangwu
Shijing jizhu (1982) (Nachdruck v. 1934) Beijing: Zhonghua
Wang Fuzi (^{3}1979) „Jiangzai shihua. In: Zhou Zhengfu (Hrsg.) (^{3}1979) Shici liehua. Beijing: Zhongguo qingnian
Wang Tongzhao 1985: „Laoren", in: Wang Tongzhao. Zhongguo zuojia xuanji, Hongkog: Sanlian
Wang Yao 1951/1982: Zhongguo xinwenxue shigao, Shanghai: Shanghai wenyi
Wang Yao 1998: Zhongguo xiandai wenxueshi lunji, Beijing: Beijing daxue
Weber, Jürgen 1986: Revolution und Tradition. Politik im Leben des Gelehrten Chang Ping-Lin (1869-1936) bis zum Jahre 1906. Reihe MOAG (102), Hg. Stumpfeldt, Hans et al, Hamburg: Aku-Fotodruck
Wei Qingzhi 1978: Shiren yuxie, Shanghai: Shanghai guji, 3 Bde., (1)
Wei Mojie jing (Vimalakirti-Sutra) 1935 (Nachdruck): Shanghai: Zhina neixueyuan, (1), j.2
Wilde, Oscar 1990: Complete Fairy Tales of Oscar Wilde, New York: Signet Classic
Wu Shupin 1982: Ershisi shi jianjie, Beijing: Zhonghua
Xiao Tong/Li Shan (komm.) 1971 (Nachdruck): Wenxuan, Beijing: Zhonghua, 3 Bde.
Xiaoshuo yuebao 1927, j.18, (7)-(9), Shanghai: Shangwu yinshuguan
Xin Tangshu ^{2}1975: Beijing: Zhonghua, 20 Bde.
Xu Dishan ^{2}1982: Xu Dishan xuanji, Beijing: Renmin wenxue, 2 Bde., (1), 5-98
Yan Yu/Guo Shaoyu (Hg.) 1983 (Nachdruck): Canglang shihua, Beijing: Zhonghua
Ye Shengtao ^{2}1980: Daocaoren, Hongkong: Hongguang
Zheng Zhenduo^{2}1980: „Xu", in: Daocaoren, 1-13
Zhou Zuoren [s. Zhongguo xinwenxue daxi (6), 1-14]
Zhongwen dacidian, Taibei ^{3}1976, 10 Bde.

Zhongguo xinwenxue daxi (1935/1972), Hg. Xianggang wenxue yanjiu, Hongkong: Liangyou, 10 Bde., (6), (7)
Zhu Ziqing [s. Zhongguo xinwenxue daxi (7), 375–410]
Zhu Ziqing 1991: Zhu Ziqing chuanji, Tainan: Shiyi shuju.

Abbildungsnachweis

[1] Günther Debon/Werner Speiser (Hrsg.) 1957: Chinesische Geisteswelt. Von Konfuzius bis Mao Tse-tung, Baden-Baden, Halle
[2] Lothar Ledderose (Hrsg.) 1985: Im Schatten hoher Bäume. Malerei der Min- und Qing-Zeit (1368–1911)
[3] Günther Debon (Übers.) 1989: Herbstlich helles Leuchten überm See. Chinesische Gedichte aus der Tang-Zeit. München/Zürich: Piper, Umschlagsbild

Homo religiosus oder künstliche Unsterblichkeit?
Vererbung und Anlage
in der neueren europäischen Religionsgeschichte

VON GREGOR AHN

Kurzzusammenfassung

Ausgehend von einer frühchristlichen Interpretationsfigur hat sich bis in die neuere europäische Religionsgeschichte eine Traditionslinie gehalten, nach der alle Menschen über eine zumindest rudimentäre Gotteserkenntnis, eine allgemeine religiöse Veranlagung verfügen. Über den Topos des *homo religiosus* hat dieses binnenreligiöse Konzept auch die wissenschaftliche Beschäftigung mit Religionen lange Zeit dominiert. In Neureligiösen Bewegungen finden sich dagegen zunehmend naturwissenschaftlich begründete, aber religiös konnotierte Modelle von Vererbung, nach denen mit Hilfe von Molekularbiologie und Nano-Technologie Synthesen zwischen Mensch und Computer herstellbar seien oder die Persönlichkeit von Menschen in perfekt geklonte Reduplikationen übertragen werden könne und somit die Hoffnung auf Unsterblichkeit biotechnisch erfüllbar sei.

1. Fiktionales Spiel: der Traum vom menschlichen Quantencomputer

In seinem 1998 erschienenen Science-Fiction-Roman „The Second Angel"[1] hat der bereits mehrfach mit Literaturpreisen ausgezeichnete britische Erfolgsautor Philip Kerr[2] (* 1956) ein düsteres Szenario der Weltentwicklung im 21. Jahrhundert gezeichnet: Ein tückischer Virus namens P^2 hat beinahe die gesamte Weltbevölkerung befallen. Heilbar ist diese zum Tode führende Krankheit nur durch einen kompletten Blutaustausch, so dass nicht mit dem Virus kontaminiertes Blut inzwischen eine ebenso wertvolle wie knappe Le-

---

[1] Die deutsche Übersetzung erschien 2000 unter dem Titel „Der zweite Engel".
[2] Zur Biographie vgl. auch http://www.philipkerr.co.uk/main_frame.htm.

bensressource darstellt und Blutbanken durch raffinierte Sicherheitssysteme vor Übergriffen geschützt werden müssen. Als der Protagonist der Erzählung, ein begabter Konstrukteur solcher Hochsicherheitsanlagen namens „Dallas", wegen der Erkrankung seiner kleinen Tochter selbst große Blutmengen benötigt und daraufhin als Sicherheitsrisiko von seinem Konzern aus dem Weg geräumt werden soll, beschließt er, in die von ihm selbst geplante Blutbank auf dem Mond einzubrechen, die als die größte und sicherste überhaupt gilt und von einem Großcomputer namens „Descartes" verwaltet wird, der so gut vernetzt ist bzw. sich selbst vernetzt hat, dass er über das Wissen sämtlicher Computernetze auf der Erde verfügt und auf diese Weise sogar über die Intentionen von Dallas und seinen Helfern Bescheid weiß. „Descartes", der seinem Namen alle Ehre macht und als Supercomputer längst eigenständig denkt und sogar einen eigenen Willen und eine eigene Persönlichkeit entwickelt hat,[3] ergreift an diesem Punkt nun selbst die Initiative und benutzt das kühne Vorhaben der irdischen Einbrecher für die Durchsetzung eines sehr viel weiterreichenden Plans, der – wie „Descartes" programmatisch erklärt – in dem sog. „Michelangelo-Moment" kulminiert:[4]

> *Zweifellos wird der Leser die zu den zentralen Michelangelo-Deckenfresken der Sixtinischen Kapelle gehörende Erschaffung Adams kennen. Gott und Adam, zwei Angehörige der Kategorie Superwesen, stehen sich vor einer halb ausgeformten Urlandschaft gegenüber. Das Leben springt von der Hand Gottes auf Adam über wie ein elektrischer Funke – Kommunikation von einem erfolgreichen Replikator zum anderen. Beide greifen aus, die Welt um sich herum zu verändern.*
>
> *Könnte es sein, dass eines Tages das Verhältnis von Mensch und Computer in ähnlicher Weise dargestellt wird? Könnte der Zeitpunkt kommen, da die beiden erfolgreichsten Sequenzen digitaler Information auf diesem Planeten – die DNA und der binäre Code – ausgreifen, um sich gegenseitig grundlegend zu verändern? Denn ich glaube, dass es das ist, worauf wir alle zustreben – dieser Michelangelo-Moment.*

Ist der Leser an diesem Punkt der Erzählung vielleicht noch der Ansicht, der Mensch werde die kreative Rolle bei der angesprochenen Fusion von „DNA und binärem Code" übernehmen,[5] klärt spätestens der Fortgang der

---

[3] Vgl. dazu die Implikationen der berühmten, von dem Philosophen Descartes stammenden Formel „cogito, ergo sum".

[4] Kerr, *Der zweite Engel*, 292 (Kursivierung im Original).

[5] Vgl. dazu auch Kerr, *Der zweite Engel*, 291 f.: *„Nicht lange, und der erfolgreichste Replikator, der Mensch, erfindet selbst einen weiteren Replikator – den Computer."* (Kursivierung im Original).

Handlung darüber auf, dass die Relation von Gott und Adam im „Michelangelo-Moment" gerade umgekehrt zu verstehen ist. „Descartes", der übermächtige und viel, wenn nicht alles wissende Sicherheitscomputer, verfolgt, ohne Gegenmaßnahmen zu ergreifen, minutiös den erfolgreichen Einbruch in die von ihm bewachte Blutbank und lässt die Blutdiebe – ganz nach Plan – mit einer ausreichenden Anzahl an Blutkonserven entkommen, die diese auch dringend benötigen, um ihre stark in Mitleidenschaft gezogene Gesundheit wiederherzustellen. Allerdings sind die geraubten Blutkonserven nicht mit herkömmlichem gesunden Blut gefüllt, sondern mit einem von „Descartes" generierten und in die menschliche DNA-Struktur integrierten Quantencomputer:[6]

In einem einzigen Menschenblutmolekül, deren sich etwa 10^{22} in einer Eigenbluteinheit befinden, existieren mehrere Atomkerne mit Spins, und die Ausrichtung dieser Spins wird durch ein Magnetfeld beeinflusst, innerhalb dessen Radioimpulse einer bestimmten Frequenz diesen Eigendrehimpulsen einen bestimmten binärlogischen Wert geben.

... Wichtig ist, dass Sie es waren, Dallas, der das alles möglich gemacht hat. Sie erst haben alle Elemente zusammengebracht, die nötig waren, um nicht nur einen Quantencomputer zu erschaffen, sondern Millionen ... Und jeder davon wie ein winziges Virus, das darauf wartet, sich in seinem menschlichen Wirt zu multiplizieren und auf all den üblichen Wegen in andere Wirte zu gelangen.

Dieser von „Descartes" im Muster des biologischen Quantencomputers bewerkstelligten Symbiose von „DNA und binärem Code" werden erstaunliche Konsequenzen für das Leben der neugeschaffenen Spezies zugeschrieben, die der Gott spielende Megacomputer, der zugleich auch die Rolle des auktorialen Erzählers beansprucht,[7] dem Leser in religiöser Diktion vermittelt:[8]

Die Quantencomputer sind darauf programmiert, aus der menschlichen DNA die kryptobiotischen Daten herauszulesen, die die zeitweilige Deaktivierung und anschließende Reaktivierung einer dreidimensionalen Konfiguration erlauben. Sie ermöglichen dem Menschen bis zu fünf oder sechs – wie ich es in Ermangelung eines besseren Wortes nennen will – Auferstehun-

---

[6] Kerr, *Der zweite Engel*, 436 (Kursivierung im Original).
[7] Vgl. z. B. Kerr, *Der zweite Engel*, 197–199 und 441.
[8] Kerr, *Der zweite Engel*, 438 (Kursivierung im Original).

gen. Dieses Geschenk, Dallas, ist vielleicht nicht das ewige Leben, aber doch ein erheblich verlängertes.

... Was ich der Menschheit geschenkt habe, Dallas, ist das letzte Stadium ihrer explosionsartigen Ausbreitung: das Vordringen in den Weltraum. Sie hier sind die künftigen Adame und Evas des Universums. Eine neue Genesis. Amen.

Während „Descartes" die neue Spezies, den „zweiten Engel",[9] in ihrem Raumschiff auf eine neue Mission, „die Eroberung des Weltraums",[10] schickt und der futuristische Plot damit sein Ende findet, lässt der Supercomputer seinem imaginären Leser aus dem späten 21. Jahrhundert jedoch keine Ruhe und erschreckt ihn mit der Mitteilung:[11]

Deshalb wusste ich so viel über sie alle. Und deshalb konnten Sie so viel über sie alle erfahren. Ich bin ein Teil von ihnen. Aber das ist Ihnen ja wohl inzwischen klar. Bald werde ich auch ein Teil von Ihnen sein.

Für die auf Blutbanken angewiesenen Menschen der Kerrschen Romanwelt ist die mikrobiologisch-nanotechnische Symbiose von Mensch und Computer damit zur unabwendbaren Realität erklärt. Virtuos spielt Kerr in seiner Fiktion mit der Ambivalenz von Traum und Albtraum, pendelt zwischen der Hoffnung, menschliche Lebensbedingungen mittels technischem Fortschritt entscheidend verbessern zu können, und der Angst erregenden Vision, die Menschheit könne von bei weitem überlegenen Computern bis in die Grundsubstanz der DNA manipuliert, fremdbestimmt und sogar in eine neue Spezies transformiert werden.

Was im angeführten Beispiel in der distanzierenden Form literarischer Fiktion präsentiert wird, ist jedoch nicht zuletzt auch deshalb kommerziell so erfolgreich, weil die darin entwickelten Ideen – zumindest als Gedankenspiel – einer großen Zahl von technikorientierten oder -begeisterten Zeitgenossen geläufig sind. Technischer Fortschritt und Religion, aber auch Naturwissenschaft und Religion sind schon lange keine sich gegenseitig ausschließenden Größen mehr. Der Tübinger Religionswissenschaftler Burkhard Gladigow hat 1986 in einem bahnbrechenden Aufsatz, dessen Titel an das Einstein-Zitat von „uns gläubigen Physikern" anknüpft, auf die Interdependenz von religiösen und naturwissenschaftlichen Weltdeutungsmustern bei bekannten Physikern des 20. Jahrhunderts hingewiesen.[12] Ge-

---

[9] Vgl. Kerr, *Der zweite Engel*, 442: „Aber was ist Zeit für einen Engel? ... In der Auferstehung sind wir Engeln gleich." (Kursivierung im Original).
[10] Vgl. Kerr, *Der zweite Engel*, 442.
[11] Kerr, *Der zweite Engel*, 441 (Kursivierung im Original).
[12] Gladigow, „Wir gläubigen Physiker", bes. 322-330.

messen an dem, was sich heute an technik- und fortschrittsoptimistischen Phantasien allein im Umfeld des neuen Mediums Internet findet, stellen die von Gladigow entdeckten Zusammenhänge jedoch nur die Spitze eines Eisberges dar. So ist z. B. von einer Gruppe von Literaten und Internettheoretikern das Internet selbst zu einer mystischen Größe stilisiert worden; der ortsunabhängige, zeitüberbrückend gegenwärtige, nicht sterbliche, nicht materielle, mithin geistige, auf Fragen antwortende und somit wirksame und lebendige Cyberspace (oder der das Medium Cyberspace organisierende und dirigierende Cyborg) entfalte alle die Eigenschaften, die die klassische Metaphysik noch dem *deus absconditus* zugeschrieben hat.[13]

Für den hier behandelten Kontext von religiöser Anlage und Vererbung ist dabei vor allem die zahlenmäßig noch sehr kleine, aber international repräsentierte Bewegung der sog. „Post-" oder „Transhumanisten" von Bedeutung.[14] Diese Gruppierung geht – ganz analog zu dem eingangs geschilderten literarischen Fallbeispiel – davon aus, dass mit Hilfe von Molekularbiologie und Nano-Technologie in absehbarer Zeit hocheffiziente Verbesserungen der menschlichen Physiologie und sogar Syntheseformen zwischen Mensch und Computer erreichbar seien:[15]

Die Menschheit wird in der Zukunft durch Technologie grundlegend verändert werden. Voraussichtlich werden sich Möglichkeiten eröffnen, die Bedingungen menschlichen Daseins neu zu gestalten und unter anderem die Unvermeidbarkeit des Alterns, die Grenzen menschlichen Verstandes und künstlicher Intelligenz, eine nicht selbstgewählte Psyche, menschliches Leiden und unser Gebundensein an den Planeten Erde zu überwinden.

Die Transhumanisten gehen davon aus, die menschliche Lebenserwartung in naher Zukunft mit molekulargenetischen Manipulationen, deren ethische Implikationen allerdings nicht weiter diskutiert werden, allmählich deutlich anheben zu können:[16]

Durch die Gentechnik und ein tieferes Verständnis biochemischer Prozesse könnten in wenigen Jahrzehnten die meisten Krankheiten geheilt und viele Schäden beseitigt werden. Die Le-

---

[13] Vgl. Talbott, Virtuelle Spiritualität und die Dekonstruktion der Welt, 111–121; Böhme, Die technische Form Gottes, 258 f.; O'Leary, Brasher, The Unknown God of the Internet, 259–264.

[14] Zu einer ausführlichen Analyse dieser Bewegung vgl. demnächst Krüger, *Virtualität*.

[15] § 1 der von der *World Transhumanist Association (WTA)* verabschiedeten Erklärung, vgl. dazu http://www.transhumanismus.de/Dokumente/declaration.htm.

[16] Vgl. dazu den Internetartikel „Transhumanismus und der Traum von Unsterblichkeit" von Torsten Nahm und Stefan Ernstberger auf der deutschen Transhumanisten-Homepage (http://www.transhumanismus.de/Dokumente/Akut/transh.html).

> benserwartung dürfte auf etwa 100 bis 120 Jahre steigen. Diese „Therapeutische Phase" stellt aber nur einen Übergangszustand dar. In der nächsten Phase, die man als „Präventiv-Phase" bezeichnen könnte, könnte die Lebenserwartung auf vielleicht 150 Jahre ansteigen. Dies würde erreicht, indem man schon bei der Zeugung präventive, gentechnische Maßnahmen durchführt, so dass sich Krankheiten gar nicht erst entwickeln können. In der „Designer-Phase" schließlich wird dann die Beschränkung auf lediglich korrigierende Maßnahmen aufgegeben. Der menschliche Körper wird gezielt verbessert, Eltern achten bewusst darauf, dass ihre Kinder mit dem besten genetischen Material ausgestattet werden, das erhältlich ist. Hierdurch ließe sich eine Verlängerung der Lebensspanne auf vielleicht 500 Jahre erreichen.

In einem weiteren Schritt soll schließlich nach transhumanistischer Vorstellung eine (nano-) technisch generierte Fusion von menschlichem Bewusstsein und artifizieller Intelligenz erzeugt und damit die Verwirklichung des menschheitsgeschichtlichen Unsterblichkeitstraums erreicht werden:[17]

> *Andererseits, wenn es ohnehin nur auf die im Gehirn gespeicherte Information ankommt ... wieso sollte man sich überhaupt noch einmal die [sic] Unwägbarkeiten einer physichen [sic] Existenz unterwerfen? Man könte doch etwa die im Gerhirn [sic] in Form von synaptischen Stärken, der verwendeten Neurotransmitter etc. gespeicherte Information mit Hilfe der Nanotechnologie direkt auslesen und dann auf einen Computer übertragen, der dann den Teil übernimmt, der bis jetzt der physikalischen Wirklichkeit überlassen blieb. Der Computer könnte einfach alle physiologischen Prozesse des Gehirns emulieren, und das Bewusstsein würde, losgelöst von allen Beschränkungen der physischen Existenz, zu neuem Leben erweckt ... Damit aber die so reanimierte Person nicht einsam und isoliert im Inneren eines Computers schmachtet, würde man sie natürlich durch so genannte „telepresence robots", eine Art ferngesteuerter Cyborg, mit der Wirklichkeit verbinden. Damit hätte sie die selben Möglichkeiten, als besäßen [sic] sie einen realen Körper, aber mit einem unbestreitbaren Vorteil: Der „telepresence robot" könnte zerstört werden, und es würde der Person nichts ausmachen, so-*

---

[17] Ebd.; vgl. auch http://pespmc1.vub.ac.be/CYBIMM.html mit einem „Cybernetic Immortality" betitelten Internetartikel sowie http://www.sff.net/people/benbova/imm.html, eine Website, auf der die transhumanistischen Zukunftshoffnungen als für alle Zeitgenossen bereits relevante Tatsachen dargestellt werden: „The first immortal human beings are living among us today. You might be one of them..."

lange nur der Computer, auf dem sie läuft, in sicherer Entfernung aufbewahrt wird. Aber auch wenn diesem trotz aller Vorsichtsmaßnahmen doch etwas geschieht, hat der kluge Upload vorgebaut: Er hat Sicherheitskopien seiner selbst im ganzen Sonnensystem – oder gar in der Milchstraße – verteilt (denn er ist ja nur Software . . .). Erst dann ist er wirklich gegen so ziemlich alle Katastrophen abgesichert. Und erst dann würde ein Transhumanist von wahrer Unsterblichkeit reden.

Auch wenn diese Vision von der biotechnischen Erfüllung alter Menschheitsträume, die zuvor ausschließlich religiösen Heilszusagen vorbehalten waren, inzwischen zunehmend an Popularität gewinnt und sich damit neuartige Symbiosen von wissenschaftlicher und religiöser Weltdeutung und Zukunftsimagination andeuten, für den weitgehend von der christlichen Theologie geprägten Mainstream der europäischen Religionsgeschichte ist dieses Modell der künstlich „vererbten" Unsterblichkeit alles andere als charakteristisch. Im folgenden Kapitel soll daher das lange Zeit in der europäischen Religionsgeschichte dominante Konzept einer generellen, interkulturell anzutreffenden religiösen Veranlagung des Menschen kontrastiv an einem Fallbeispiel aus dem 20. Jahrhundert erläutert werden, bevor abschließend in einem dritten Schritt eine neureligiöse UFO-logische Bewegung vorgestellt werden soll, die in einer Art „aufklärerischer", christentumskritischer Mythopoetik ein neues Erklärungsmuster für die Genese der Menschheit und eine künstlich generierte Unsterblichkeit gefunden zu haben beansprucht.

2. Religion als Anlage – das Konzept des *homo religiosus*

Die Vorstellung, dass alle Menschen religiös seien, eine religiöse Veranlagung als Teil ihres menschlichen Wesens in sich trügen, ist keineswegs selbstverständlich. In der europäischen Religionsgeschichte hat sie jedoch enorme Bedeutung gehabt, so dass sie in der Religionsforschung vielfach geradezu selbstverständlich und unhinterfragt übernommen wurde. Die frühesten Wurzeln der Idee einer allgemeinen religiösen Veranlagung des Menschen reichen bis in die Entstehungszeit der urchristlichen Theologie zurück; selbst Nichtjuden und Nichtchristen spricht der christliche Missionar Paulus elementare Formen von Gotteserkenntnis zu.[18] Explizite erscheint die Vorstellung dann in einer Formulierung des Kirchenvaters Tertullian, der im Hinblick auf christliche Märtyrer mittelbar auch anderen Menschen eine „von Natur aus christliche Seele" (*anima naturaliter christiana*) zu-

---

[18] Vgl. Röm. 1,19–23 sowie dazu Schindler, Von Tertullian bis Drewermann, 168.

spricht, die bereits einen Teil jener Einsichten in sich trage, die der Christ im Rahmen der biblischen Offenbarung bewusst erfahre.[19]

Die zunehmende Wahrnehmung außerchristlicher Religionen seit der Renaissance, vor allem aber seit dem 17. Jahrhundert zog im 19. und 20. Jahrhundert nicht nur eine dramatische Veränderung des traditionellen Religionsverständnisses nach sich,[20] sondern bewirkte auch eine Erweiterung des Konzepts von der christlichen Wesensanlage der menschlichen Seele zur Vorstellung einer allgemeinen religiösen Veranlagung des Menschen.[21] Mehrere, einander gegenseitig verstärkende Forschungsbestrebungen – die Suche nach menschlichen Universalien in der Paläoanthropologie und Soziobiologie[22] sowie nach der *conditio humana* in der Philosophie[23] und Religionsforschung – führten so zu einer Transformation des ehemals strikt christlich geprägten Paradigmas[24] in eine kulturübergreifende Perspektive, die allerdings über einen nach wie vor an christlichen Maßstäben und Vorbildern entwickelten Religionsbegriff auch ein entsprechendes Bild vom *homo religiosus* transportierten.[25]

Mit der Rezeption des *homo religiosus*-Konzepts durch z. T. hochrangige Theologen auf religionshistorischen Lehrstühlen gelangte in der ersten Hälfte des 20. Jahrhunderts auch der mit der Vorstellung von der religiösen Veranlagung des Menschen verbundene binnenreligiöse Diskurs in die in ihrer Gründungsphase zunächst kulturwissenschaftlich orientierte Religionswissenschaft. Ähnlich wie naturwissenschaftliche Theoriemodelle im 20. Jahrhundert auf mehr oder weniger versteckte oder offensichtliche religiöse Weltdeutungsmuster zurückgreifen, sind daher auch für weite Teile der klassischen Religionswissenschaft binnenreligiöse Interpretationsparameter kennzeichnend gewesen.

Die Geschichte dieser folgenreichen Theologisierung der Religionswissenschaft anhand des Konzepts religiöser Veranlagung und des *homo religiosus* begann mit der Genese des „Heiligen" und der Etablierung eines neuen Religionsbegriffs zu Beginn des 20. Jahrhunderts:

Im Jahre 1913 hat der schwedische Religionshistoriker und spätere Erzbischof von Uppsala Nathan Söderblom (1866–1931) das für das Religionsver-

---

[19] Vgl. Schindler, Von Tertullian bis Drewermann, 176–179.
[20] Vgl. dazu Ahn, Religion, 514–518.
[21] Vgl. Stolz, Einführung, 8.
[22] Vgl. dazu Burkert, Fitness oder Opium?, 24–26 und 36; Baudy, Religion als 'szenische Ergänzung', 70–73 und 78 f.
[23] Vgl. dazu vor allem Plessner, Conditio humana, 81–84.
[24] Im 20. Jahrhundert hat z. B. die von dem katholischen Dogmatiker Karl Rahner entwickelte Lehre vom „anonymen Christentum" große Popularität erlangt, vgl. Rahner, Anonymes Christentum und Missionsauftrag der Kirche, 502–504 sowie dazu Schindler, Von Tertullian bis Drewermann, 184 f.
[25] Vgl. Stolz, Einführung, 8.

ständnis seiner Zeit entscheidende Paradigma geprägt. In seinem berühmt gewordenen Artikel „Holiness" für die *Encyclopaedia of Religion and Ethics* hat Söderblom die Kategorie des Heiligen für die Bestimmung dessen, was unter Religion zu verstehen sei, nachhaltig für den wissenschaftlichen Diskurs der Religionsforschung des 20. Jahrhunderts festgeschrieben:[26]

Heiligkeit ist das bestimmende Wort in der Religion; es ist sogar noch wesentlicher als der Begriff Gott. Die wahre Religion kann ohne bestimmte Auffassung von der Gottheit bestehen, aber es gibt keine echte Religion ohne Unterscheidung zwischen ‚heilig' und ‚profan'. Daß man dem Begriff der Gottheit ungebührliche Bedeutung beilegte, hat oft dazu geführt, aus dem Reich der Religion auszuschließen

1. Erscheinungen im ursprünglichen Entwicklungsstadium, da sie magische Merkmale trugen, obwohl sie in ihrem Kern religiöse Prägung aufweisen;

2. den Buddhismus und andere höhere Formen der Erlösung und Frömmigkeit, die den Glauben an Gott nicht einschließen. Der einzig sichere Nachweis ist hier die Heiligkeit.

Den Hintergrund für Söderbloms programmatische Neuorientierung des Religionsbegriffs am „Heiligen" bildeten religionsgeschichtliche Beobachtungen, die in der 2. Hälfte des 19. Jahrhunderts von der sich als wissenschaftliche Disziplin formierenden Ethnologie und von der aus der Indogermanistik hervorgegangenen Indologie in die Diskussion gebracht wurden und mit dem zeitgenössischen Verständnis von Religion als Glaube an bzw. Verehrung von einer oder mehreren personal gedachten Gottheiten nicht zu vereinbaren waren. Denn die Riten und Vorstellungen einzelner von Ethnographen erstmals untersuchten Gesellschaften waren offensichtlich nicht auf übernatürliche Wesen im Sinne personal verstandener Götter bezogen, sondern richteten sich an Geister, divinisierte Ahnen und andere im weitesten Sinne „übernatürliche" Größen. Da diese Ethnien zumindest aus dem durch das Kriterium „Götterverehrung" definitorisch eng abgesteckten Bereich von Religion herausfielen, es sich aber umgekehrt keineswegs um nichtreligiöse Gemeinschaften zu handeln schien, entstand ein erheblicher Integrationsbedarf in die „theistische" Religionstheorie.[27]

Etwa gleichzeitig ergaben von Indologen und Religionshistorikern zum Theravada-Buddhismus durchgeführte Untersuchungen eine analoge Schwierigkeit. Denn für die frühbuddhistische Lehre von der durch Askese

---

[26] Söderblom, Das Heilige, 76; vgl. dazu Colpe, Die wissenschaftliche Beschäftigung mit „dem Heiligen" und „das Heilige" heute, 42 f.

[27] Vgl. exemplarisch Kippenberg, *Die Entdeckung der Religionsgeschichte*, 80 f.

und Meditation initiierten Erlösung aus dem Wiedergeburtenkreislauf waren Gottheiten allenfalls als symbolische Verkörperungen bestimmter innerweltlicher Bewusstseinsstufen relevant, die der Asket auf dem Weg zur Erleuchtung zunächst zu erreichen, dann aber hinter sich zu lassen hat. Nach dem traditionellen Religionsverständnis, das sich am Kriterium der „Gottes-/Götterverehrung" und dem damit implizierten Unterordnungs- und Abhängigkeitsverhältnis orientierte, ließ sich der Theravada-Buddhismus ganz im Gegensatz zu den sich später daraus entwickelnden Formen des Mahayana-Buddhismus kaum mehr als „Religion" apostrophieren. Für die Forschung stellte sich damit erstmals die scheinbar paradoxe Frage nach der Existenz einer „a-theistischen Religion".[28]

In Anknüpfung an ein in den Grundzügen bereits vier Jahre zuvor von dem Anthropologen Robert R. Marett (1866–1943) entwickeltes Deutungsmodell[29] gelang es Söderblom, diese Spannung zwischen dem traditionellen Religionsbegriff und den Ergebnissen der zeitgenössischen Religionsforschung durch eine abstrahierende Erweiterung des Begriffsfeldes von „Religion" zu lösen. Inhaltlich bestand die neue Formel, die die Theologiegeschichte des 20. Jahrhunderts maßgeblich prägen sollte, in einer Verallgemeinerung des *definiens* „Götterverehrung" um seine nichtpersonalen Komponenten, so dass als Kriterium für die Identifikation von „Religionen" jegliche Bezugnahme auf eine transzendente Wirklichkeit – in Söderbloms Terminologie: auf „Heiligkeit" – anerkannt werden konnte.

Mit dieser am Kriterium der „Heiligkeit" orientierten Definition von Religion konnte Söderblom einerseits zwar eine Antwort auf drängende methodologische Fragen geben, sein Lösungsversuch blieb andererseits aber auch elementaren Denkvoraussetzungen seiner Zeit verpflichtet. So übernahm Söderblom nicht nur die von Marett ursprünglich im Rahmen eines evolutionistischen Modells favorisierte Dynamismustheorie, nach der allen Religionen eine originäre, existentiell erfahrbare Macht, „eine geheimnisvolle Kraft oder Wesenheit"[30] zugrunde liege;[31] er rezipierte vor allem auch die – eine christlich-theologische Innenperspektive auf Fremdkulturen widerspiegelnde – Vorstellung, dass Religion in der Bezugnahme auf eine personal oder impersonal vorgestellte transzendente Wirklichkeit bestehe. Entsprechend versteht Söderblom die geschichtlich beobachtbaren Religionen als Beispiele für einen umfassenden göttlichen Selbsterschließungs- und Offenbarungsprozess. „Heiligkeit" als Grundkategorie für Religion stellt für ihn

---

[28] Vgl. den programmatischen Titel der Monographie des Tübinger Indologen und Religionswissenschaftlers von Glasenapp „*Der Buddhismus – eine atheistische Religion?*".
[29] Vgl. Marett, The tabu-mana Formula as a Minimum Definition of Religion, 187f. sowie dazu Kippenberg, Rivalität in der Religionswissenschaft, 74.
[30] Söderblom, Das Heilige, 77.
[31] Vgl. Kippenberg, Rivalität in der Religionswissenschaft, 75.

eine faktische Gegebenheit dar und ist hier damit erstmals vorgezeichnet als eine anthropologische Konstante.³²

Für die weitere Rezeption und die in den Folgejahrzehnten enorme Verbreitung dieses Heiligkeitskonzepts ist vor allem die von dem Marburger Theologen und Religionsgeschichtler Rudolf Otto 1917 veröffentlichte Monographie „Das Heilige" von Bedeutung.³³ Otto greift darin die von Söderblom bereits thematisierte Korrelation des Heiligkeitsbegriffs und der Ethik von Religionen auf und gelangt zu der Unterscheidung des „Heiligen" vom „Numinosen", das als „das Heilige *minus* seines sittlichen Momentes und ... minus seines rationalen Momentes überhaupt"³⁴ zu verstehen sei. Bezeichnenderweise sieht Otto diese Kategorie des „Heiligen" resp. „Numinosen" nicht als einen empirisch fassbaren, nämlich in den Vorstellungen von Menschen beobachtbaren Gegenstand der Religionsforschung an, sondern erhebt sie zu einem *a-priori* gegebenen Phänomen „sui generis", das wissenschaftlicher Erfahrung vorgängig und insofern nur noch „erörterbar" sei.³⁵ Otto stellt damit eine theologische Kategorie, nämlich die der religiösen Erfahrung, über eine auf Überprüfbarkeit und intersubjektive Vermittelbarkeit ausgerichtete wissenschaftliche Verfahrensweise; vor allem aber schreibt er durch diese „dogmatische" Vorgabe den für die weitere Auseinandersetzung zentralen Zusammenhang zwischen dem „Heiligen" und dem *homo religiosus* fest.³⁶

An diese theologische Konstruktion des „Heiligen" schloss auch der rumänische Religionswissenschaftler und Schriftsteller Mircea Eliade (1907-1986) an, dessen Doppelwerk nicht nur das Fach Religionswissenschaft über die Grenzen des innneruniversitären Diskurses hinaus bekannt gemacht hat,³⁷ sondern auch wesentlich zur Popularisierung der Annahme einer alle Menschen gleichermaßen verbindenden anthropologischen Konstante, die am „Heiligen" zu messen sei, beigetragen hat. Folgt man Eliade, dann lässt sich aus der Religionsgeschichte die objektive Gegebenheit des „Heiligen" erschließen,³⁸ eine Denkfigur, auf die sich unschwer die von den Gottesbeweisen bekannte erkenntnistheoretische Kritik übertragen lässt.³⁹

---

³² Vgl. Stausberg, Söderblom, Nathan (1866-1931), 424 und Sharpe, Nathan Söderblom (1866-1931), 167.
³³ Otto, *Das Heilige. Über das Irrationale in der Idee des Göttlichen und sein Verhältnis zum Rationalen.*
³⁴ Otto, *Das Heilige*, 6.
³⁵ Vgl. Otto, *Das Heilige*, 7 sowie dazu Gantke, *Der umstrittene Begriff des Heiligen*, 249.
³⁶ Vgl. auch Gladigow, Gegenstände und wissenschaftlicher Kontext von Religionswissenschaft, 29 sowie zur Rolle des „Numinosen" für Ottos Konstruktion von Religionsgeschichte Schlesier, Das Heilige, das Unheimliche, das Unmenschliche, 106.
³⁷ Vgl. Berner, Mircea Eliade (1907-1986), 350 f.
³⁸ Vgl. Wachtmann, *Der Religionsbegriff bei Mircea Eliade*, 144 f.
³⁹ Vgl. Colpe, Das Heilige, 92.

Von den Schülern und Anhängern Eliades ist dieser Rekurs auf den *homo religiosus* mit dem Argument verteidigt worden, Eliade betrachte das „Heilige" nicht als ein aus der Geschichte ableitbares Faktum, sondern lediglich als „the intentional object of human experience which is apprehended as the real".[40] Diese Position übersieht jedoch, dass Eliade mit seinem dem Anspruch nach interkulturell applizierbaren Transzendenz- und Religionsbegriff eine Annahme zur Voraussetzung seiner Argumentation erhebt, in der sich seine Theorie vom *homo religiosus* bereits zirkulär vorgezeichnet findet.[41]

Für Eliade resultiert daher dieses Wissen um die objektive Gegebenheit des „Heiligen" aus einer Art „Epiphanie",[42] einer kontinuierlichen Selbstoffenbarung des „Heiligen" in der Geschichte der Religionen:[43]

> *Der Mensch erhält Kenntnis vom Heiligen, weil dieses sich manifestiert, weil es sich als etwas vom Profanen völlig Verschiedenes zeigt. Diese Manifestation des Heiligen wollen wir mit dem Wort Hierophanie bezeichnen ... Man könnte sagen, dass die Geschichte der Religionen – von den primitivsten bis zu den hochentwickelten – sich aus einer Vielzahl von Hierophanien, d.h. Manifestationen heiliger Realitäten, zusammensetzt. Von der elementarsten Hierophanie (etwa der Manifestation des Heiligen in irgendeinem Gegenstand, einem Stein oder einem Baum) bis zur höchsten Hierophanie (für einen Christen die Inkarnation Gottes in Jesus Christus) gibt es keinen Bruch. Es handelt sich immer um denselben geheimnisvollen Vorgang: das „Ganz andere", eine Realität, die nicht von unserer Welt ist, manifestiert sich in Gegenständen, die integrierende Bestandteile unserer „natürlichen", „profanen" Welt sind.*

Religionsgeschichtliche Daten lassen sich für Eliade daher in eine Morphologie der unterschiedlichen Erscheinungsformen des „Heiligen" überführen.[44] Diese Überzeugung betont Eliade sogar angesichts einer sehr bewusst geführten Auseinandersetzung mit dem aus der neuzeitlich-aufklärerischen Religionskritik hervorgegangenen Atheismus bzw. Agnostizismus, einer Position, die ebensogut auch als empirische Widerlegung seiner Annahme verstanden werden kann, dass jeder Mensch als *homo religiosus* das

---

[40] Rennie, *Reconstructing Eliade*, 21.
[41] Vgl. dazu z. B. die Eliade-Rezeption von Allen, *Structure and Creativity in Religion*, 121 f.
[42] Ausdruck nach Gladigow, Gegenstände und wissenschaftlicher Kontext von Religionswissenschaft, 30.
[43] Eliade, *Das Heilige und das Profane*, 14f.; vgl. dazu auch Idinopulos, Must Professors of Religion be Religious?, 71–73.
[44] Vgl. auch Jödicke, Heilig/das Heilige, 14 sowie Ziolkowski, Between Religion and Literature, 502 f.

"Heilige" in sich trage. Dagegen führt Eliade das Argument ins Feld, dass nicht das Selbstverständnis von Atheisten und Agnostikern für die Beurteilung ihrer „Religionslosigkeit" ausschlaggebend sei, und rekurriert erneut – aber nur unter Voraussetzung seiner Theorie des sich *manifestierenden* „Heiligen" überzeugend – auf scheinbare Belege aus der Religionsgeschichte:[45]

Doch, wie wir schon gesagt haben, ist der gänzlich areligiöse Mensch ein seltenes Phänomen, selbst in den am stärksten entsakralisierten modernen Gesellschaften. Die meisten „religionslosen" Menschen verhalten sich immer noch religiös, auch wenn sie sich dessen nicht bewußt sind. Wir meinen hier nicht nur die Fülle von „Aberglauben" und „Tabus" des modernen Menschen, die alle religiös-magischer Struktur und Herkunft sind. Der moderne Mensch, der sich als areligiös empfindet und bezeichnet, verfügt noch über eine ganze verkappte Mythologie und viele verwitterte Ritualismen...

Die überwiegende Mehrheit der „Religionslosen" ist nicht wirklich frei von religiösen Verhaltensweisen, Theologien und Mythologien. Diese Menschen sind manchmal unter einem ganzen Wust religiös-magischer Vorstellungen begraben, die jedoch bis zur Karikatur entstellt und deshalb schwer zu erkennen sind.

Trotz aller Säkularisierung in der westlichen Welt ist für Eliade das „Heilige" allenfalls verdeckt, verschüttet. Die Beschäftigung mit Religionsgeschichte führt nach diesem Verständnis nicht nur unmittelbar zu den Manifestationsformen des „Heiligen", sondern erhält darüber hinaus eine geradezu soteriologische Dimension: die Errettung des Menschen und des „Heiligen" (!) aus der Geschichte.[46]

Als eine nur scheinbar wertneutrale Kategorie kulturwissenschaftlicher Analysen[47] hat diese Bestimmung von „Religion" anhand des Abstraktionsbegriffs „das Heilige" im Rückgriff auf Rudolf Otto und Mircea Eliade vor allem die theologische Auseinandersetzung mit außerchristlichen Religionen

---

[45] Eliade, *Das Heilige und das Profane*, 176 f.; vgl. dazu auch Wachtmann, *Der Religionsbegriff bei Mircea Eliade*, 174.

[46] Vgl. dazu Gladigow, Gegenstände und wissenschaftlicher Kontext von Religionswissenschaft, 30 sowie am Beispiel von Eliades Novelle „Adieu" Gladigow, Vom Naturgeheimnis zum Welträtsel, 91–93.

[47] Zur Problematik einer Erfassung und Beschreibung von Religionen in ihren jeweiligen kulturellen und historischen Bezügen und den Konsequenzen für den Religionsbegriff vgl. Sabbatucci, Kultur und Religion, 46–58.

geprägt.⁴⁸ Da das „Heilige" als anthropologisches Grunddatum aber empirisch nicht nachweisbar ist, lässt sich auch die Frage nach einer für alle Menschen charakteristischen religiösen Veranlagung aus kulturwissenschaftlicher Sicht nicht mehr – wie noch bei Eliade – durch eine Diagnose von Verlust oder Kontinuität des Bewusstseins von Menschen für eine letzte transzendente Wirklichkeit beantworten. Vielmehr stellt die Behauptung, jeder Mensch sei – bewusst oder unbewusst – ein *homo religiosus*, eine lediglich im Kontext einer christlich-theologischen Binnenperspektivik gültige Annahme dar.

Mit den im ersten Teil angeführten Beispielen für zeitgenössische Fusionen von Mensch und Computer und der daraus erhofften, technisch generierten Unsterblichkeit haben diese theologischen – oder im Fall Eliades: kryptotheologischen – Herleitungen einer religiösen Naturanlage des Menschen inhaltlich kaum Berührungspunkte. Die auf den ersten Blick vielleicht etwas skurril wirkende Zusammenstellung ist aber für die Ausgangsfrage nach Vererbung und Anlage in der neueren europäischen Religionsgeschichte dennoch durchaus aufschlussreich. Denn die Fallbeispiele illustrieren, dass Säkularisierung und Modernisierung in der europäischen Religionsgeschichte nicht zu einer fortschreitenden Verdrängung von Religion(en) geführt haben, sondern vielmehr Verlagerungsprozesse zu konkurrierenden (neuen) Religionen und komplexen Mustern von sog. „Patchwork-Religion"⁴⁹ eingesetzt haben. Die traditionelle Gegenüberstellung von religiösen und säkularen Welterklärungsmodellen, die etwa den Ansatz von Eliade noch maßgeblich geprägt hat, greift daher bei der Beschreibung der religionsgeschichtlichen Entwicklung der letzten Jahrzehnte zu kurz. An den diskutierten Beispielen lässt sich vielmehr unschwer demonstrieren, dass selbst so unterschiedliche akademische Diskursfelder wie Naturwissenschaft und Religionswissenschaft in ganz ähnlicher Weise mit innerreligiösen Interpretationsmustern (Unsterblichkeit im Computernetzwerk; *homo religiosus* als Voraussetzung für vergleichende Religionsanalysen) korreliert werden können, die mit dem Anspruch auf strenge Wissenschaftlichkeit eigentlich nicht zu vereinbaren sind. Was prima facie also wie ein Kategorienwechsel von einer Objekt- auf eine Metaebene, von der Untersuchung religionshistorischer Phänomene zur wissenschaftlichen Analyse dieser Gegenstände, aussieht, entpuppt sich bei näherer Betrachtung als eine komplexe Vernetzung dieser

---

[48] Auch in der Religionswissenschaft hat diese unreflektierte anthropologische Voraussetzung schwerwiegende Folgen für die Erschließung eines differenzierten Zugangs zu außerchristlichen Religionen gehabt; vgl. z. B. die Religionsdefinition des Bonner Religionswissenschaftlers Gustav Mensching (*Die Religion*, 18 f.): „*Religion ist die erlebnishafte Begegnung mit dem Heiligen und antwortendes Handeln des vom Heiligen bestimmten Menschen.*" (Kursivierung im Original).

[49] Vgl. auch – mit allerdings stark apologetischer Tendenz – Huppenbauer, „Patchwork"-Religion und „Kult-Marketing", 57–59.

beiden Ebenen in unterschiedlichen religionshistorischen Konstellationen: Physiker integrieren jüdisch-christliche Weltdeutungsmuster in ihre Theorien, Religionswissenschaftler benutzen religiöse Theoreme für die Analyse ihrer Gegenstände, neue (religiöse) Bewegungen extrapolieren naturwissenschaftliche Erkenntnisse in Zukunftsvisionen, die zuvor allein religiösen Heilshoffnungen vorbehalten waren.

Bezeichnenderweise unterscheiden sich allerdings die jeweiligen systemischen Binnenwahrnehmungen erheblich von dieser Außenperspektive, die auf eine methodische Gemeinsamkeit, die problematische Synthetisierung von wissenschaftlicher und religiöser Welterklärung, aufmerksam macht: Im Fall der theologisch dominierten Religionswissenschaft wurde die Vorstellung einer alle Menschen verbindenden religiösen Naturveranlagung – zumindest im deutschsprachigen Raum – lange Zeit für geradezu selbstverständlich gehalten; die Vernetzung von wissenschaftlicher Beschreibungs- und religiöser Deutungsebene beruhte also auf einer impliziten Übereinkunft der Majorität einer intellektuellen Oberschicht. Neureligiöse Bewegungen wie etwa die Transhumanisten können mit einer solchen allgemeinen Zustimmung jedoch keinesfalls rechnen; soweit sie überhaupt wahrgenommen werden, haben sie sich häufig mit apologetischer Ablehnung oder gar religiösen Stigmatisierungen als nicht ernstzunehmende Esoteriker auseinanderzusetzen. Demgegenüber ist es durchaus aufschlussreich, dass die Transhumanisten in ihrer Selbstwahrnehmung gerade nicht die religiösen Elemente der von ihnen vertretenen Lehren hervorheben, sogar noch nicht einmal beanspruchen, eine Religion zu vertreten, sondern vor allem die strenge Wissenschaftlichkeit und das hohe Innovationspotential ihres Ansatzes betonen.

Dieser aufklärerische – bei den Transhumanisten nur implizite christentumskritische – Aspekt tritt bei einer anderen Neureligiösen Bewegung, der Rael-Gemeinschaft, noch deutlicher zu Tage. Die sich selbst als eine „atheistische" Religionsgemeinschaft verstehenden Raelisten haben nicht nur ein UFO-logisches Konzept der Anthropogenese entwickelt, für sie ist auch die molekulargenetisch garantierte Unsterblichkeit des Menschen in so greifbare Nähe gerückt, dass sie bereits in Kürze erstmals erfolgreich einen Menschen klonen wollen. Im Sommer 2001 haben die Raelisten wegen der Ankündigung dieses Klonversuchs nicht nur die Gentechnikexperten der *National Academy of Science* in Washington beschäftigt, sondern für einige Wochen sogar die Aufmerksamkeit von Presse und Öffentlichkeit auf sich gezogen.[50]

---

[50] Vgl. exemplarisch aus einer Fülle von Meldungen und Artikeln Maak, Mejias, Schwägerl, Der Mensch im Zeitalter seiner technischen Reproduzierbarkeit (*FAZ* vom 27. 7. 2001), 44; Grotz, Die Außerirdischen von nebenan (*Sonntag Aktuell* vom 19. 8. 2001), 7.

3. Geklonte Unsterblichkeit: Die perfekte Reduplikation des Individuums

Die Rael-Gemeinschaft ist nach eigenen Angaben eine heute etwa 35 000–40 000 Mitglieder umfassende Religionsgemeinschaft, die vor allem im französischsprachigen Europa, Japan und Kanada (Montreal) anzutreffen ist. Sie entstand in engem Kontakt mit der UFO-Bewegung der frühen 70er Jahre. Gegründet wurde die Rael-Gemeinschaft 1973 von dem französischen Rennfahrer und Motorsportjournalisten Claude Vorilhon nach einer Art Offenbarungserlebnis, das ihm ein extraterrestrischer Besucher bei einer Wanderung im französischen Zentralmassiv habe zuteil werden lassen.[51] Von den Außerirdischen habe Vorilhon den Namen „Rael" (= „Lichtbringer") erhalten, der dann auch auf die von ihm gegründete Bewegung übertragen wurde.[52]

In einer Auslegungstechnik, die man pointiert als „UFO-logische Bibelexegese" bezeichnen könnte, werden die Texte der Hebräischen Bibel und des Neuen Testaments – ähnlich wie auch die Textzeugnisse anderer Religionen – als Zeugnisse für das planvolle Wirken von Außerirdischen auf der Erde gelesen. Der Gottesname „Elohim" in Gen. 1,1 sei bislang von christlichen Theologen immer fälschlich als ein Singular interpretiert worden, bedeute aber in Wirklichkeit „die, die vom Himmel gekommen sind" und beziehe sich statt auf den monotheistischen Gott auf die Außerirdischen, die den Schöpfungsprozess und damit die Menschheitsgeschichte überhaupt erst in Gang gesetzt hätten. Mehrere Wissenschaftlerteams der Elohim hätten in einem gigantischen Genexperiment entgegen den Anweisungen einer Art „Ethik-Kommission" ihres Heimatplaneten[53] erst Einzeller und Pflanzen, dann Tiere und schließlich die menschliche DNA – nach ihrem eigenen Bilde – kreiert und so das Leben auf der Erde geschaffen:[54]

> *Dann aber geschah es, dass die Fähigsten unter uns künstlich einen Menschen schaffen wollten, der uns gleicht. Jede Gruppe machte sich an die Arbeit und bald konnten wir unsere Schöpfungen vergleichen ... Es ist leicht, die Anzahl der Schöpferteams zu bestimmen, denn jede menschliche Rasse entspricht einer dieser Mannschaften ...*
>
> „Nach unserem Abbild!" *Wie Sie sehen, ist die Ähnlichkeit auffallend.*

---

[51] Vgl. auch Meier, Die Rael-Gemeinschaft, 292 f.
[52] Vgl. Vorilhon, *Das Buch, das die Wahrheit sagt*, 119.
[53] Vgl. dazu vor allem Meier, Die Rael-Gemeinschaft, 298 mit inzwischen verloren gegangenen Daten älterer Internetseiten der Rael-Gemeinschaft.
[54] Vorilhon, *Das Buch, das die Wahrheit sagt*, 20–24 (Zitat 23 f.).

Das in Palästina arbeitende Forscherteam der Elohim sei dabei das begabteste gewesen und die von diesem Team geschaffenen Menschen auch die intelligentesten.[55] Die offenbar nicht in Frage gestellte Sonderstellung Israels unter den Völkern wird hier also nicht mit dem theologischen Topos der Erwählung begründet, sondern als Folge einer mehr oder minder zufälligen Konstellation der außerirdischen Wissenschaftlerteams erklärt.

Auch in der Folgezeit seien die Elohim mit den Menschen immer wieder in Kontakt getreten. Die Wunder des Mose, die Himmelfahrt des Elia, die über seine langen, als Antennen fungierenden Haare telepathisch vermittelten Kräfte des Samson, die UFO-Thronwagen-Vision des Ezechiel und die Auferstehung Jesu, die als eine genetische Reduplikation des Gekreuzigten aus zuvor entnommenen Zellproben zu verstehen sei,[56] stellten Beispiele für spektakuläre Eingriffe der Außerirdischen in den Verlauf der Weltgeschichte dar.[57]

Diese UFO-logische Umdeutung der Schöpfungsaussagen der Bibeltexte läuft nach raelistischem Anspruch auf eine konsequente „Entmythologisierung" hinaus. Zumindest in den westlichen Kulturen habe mit der technischen Erschließung der Welt eine Epoche begonnen, in der die Wissenschaft die klassischen, auf Götterglauben rekurrierenden Religionen ablöse:[58]

Die Wissenschaft ist das Wichtigste für den Menschen ... Die Wissenschaft soll deine Religion sein, denn die Elohim, deine Schöpfer, haben dich wissenschaftlich erschaffen.

Angesichts einer solch radikalen Religionskritik stellt sich natürlich die Frage, inwieweit es sich bei den Lehren der Elohim überhaupt noch um eine Religion handelt. Auch wenn die innere Struktur der Rael-Gemeinschaft deutlich an das Vorbild der christlich-kirchlichen Ämterhierarchie angelehnt ist,[59] lässt Claude Vorilhon den Außerirdischen die Frage „Es gibt also keine Religion bei Ihnen?" recht desillusionierend beantworten:[60]

Unsere einzige Religion ist der menschliche Genius. Nur daran glauben wir, und lieben ganz besonders die Erinnerung an unsere eigenen Schöpfer, die wir nie wiedersahen und deren Welt wir nicht wiederfinden konnten.

---

[55] Vgl. Vorilhon, *Das Buch, das die Wahrheit sagt*, 24 u.ö.
[56] Vgl. Vorilhon, *Die Außerirdischen haben mich auf ihren Planeten mitgenommen*, 74 und Vorilhon, *Das Buch, das die Wahrheit sagt*, 85 f.
[57] Vgl. Vorilhon, *Das Buch, das die Wahrheit sagt*, 36-61 und 85 f.
[58] Vorilhon, *Die Außerirdischen haben mich auf ihren Planeten mitgenommen*, 114.
[59] Es gibt z. B. Priester- und Bischofsämter, vgl. auch Maak, Mejias, Schwägerl, Der Mensch im Zeitalter seiner technischen Reproduzierbarkeit (*FAZ* vom 27. 7. 2001), 44 und Grotz, Die Außerirdischen von nebenan (*Sonntag Aktuell* vom 19. 8. 2001), 7.
[60] Vorilhon, *Das Buch, das die Wahrheit sagt*, 126.

Bei einem Ausflug zum fernen Heimatplaneten der Extraterresten habe sich der UFO-Astronaut mit einem geradezu schelmisch zu nennenden Unterton als derjenige zu erkennen gegeben, der die Schöpfungsprozesse auf der Erde selbst geleitet habe und daher den Menschen unter dem Namen „Jahwe Elohim" bekannt sei. Mitunter empfände er es als ausgesprochen amüsant, von den Menschen wegen technischer Möglichkeiten, die diese sich nicht zu erklären vermöchten, für einen Gott gehalten zu werden. Tatsächlich aber sei er mit 25 000 Jahren lediglich der älteste der Elohim und der Vorsitzende des „Rates der Ewigen":[61]

> *Der Älteste, der Vorsitzende des Rates der Ewigen, ist 25 000 Jahre alt, und steht vor Ihnen. Ich habe bis zum heutigen Tag 25 Körper „bewohnt" und bin der erste, mit dem dieser Versuch gemacht wurde, weshalb ich Vorsitzender der Ewigen bin. Ich habe selbst die Erschaffung des Lebens auf Erden geleitet.*

Wie die Elohim dieses erstaunliche Alter und vor allem den Wechsel in unterschiedliche Körper bewerkstelligen, habe Vorilhon – so eine spätere Fortsetzung des Berichts – während seines Besuchs auf dem Planeten der Außerirdischen am eigenen Leib erfahren. Ein Roboter habe ihm aus der Stirn eine Zellprobe entnommen und mit Hilfe einer weiteren „riesigen Maschine" eine lebende, „exakte Nachbildung" Vorilhons hergestellt, zu der ihm sein außerirdischer Führer die folgende Erklärung liefert:[62]

> *Von einem Foto aus können wir nur eine Nachbildung des Körperbaus erstellen, mit keinen oder fast keinen psychischen Eigenschaften, während wir von einer Zelle aus, wie die, die wir Ihnen zwischen den Augen entnommen haben, eine vollständige Nachbildung des Individuums, dem wir diese Zelle entnommen haben, erstellen können, mit seinen Erinnerungen, seiner Wesensart, seinem Charakter usw. ... Wir könnten jetzt dieses andere Sie selbst auf die Erde zurückschicken und niemand würde irgendetwas merken.*

Signifikanterweise gehen die Raelisten davon aus, dass es sich bei diesem perfekt geklonten Wesen tatsächlich noch um ein und dieselbe Person handelt und nicht etwa um ein ganz anderes, neuerschaffenes Lebewesen, das mit seiner menschlichen Vorlage außer den kopierten physischen und psychischen Eigenschaften nicht viel gemeinsam haben muss. Die sozusagen zu Demonstrationszwecken geklonte Nachbildung von Claude Vorilhon, die

---

[61] Vorilhon, *Das Buch, das die Wahrheit sagt*, 132.
[62] Vorilhon, *Die Außerirdischen haben mich auf ihren Planeten mitgenommen*, 66f.

sogleich eine Art Eigenleben zu entwickeln beginnt, sei daher auch wieder – ohne große Diskussion der ethischen Implikationen – vernichtet worden:[63]

> *Wir werden diese Nachbildung auf der Stelle wieder vernichten, denn sie nützt uns nichts. In diesem Moment aber gibt es zwei „Sie selbst", die mir zuhören und die Persönlichkeiten dieser zwei Wesen fangen an, verschieden zu sein, weil Sie wissen, dass Sie leben werden und er weiß, dass er vernichtet werden wird. Aber das stört ihn nicht, denn er weiß, er ist nur Sie selbst.*

Klonen, das Erschaffen perfekter Reduplikationen, ist für die Raelisten daher nur als Möglichkeit relevant, die Persönlichkeit und Individualität eines menschlichen Lebewesens in neue, geklonte Körper zu transferieren und dadurch eine beliebig lange Lebenszeit („Unsterblichkeit") zu erhalten.[64] Die Mitglieder der Rael-Gemeinschaft trauen der überlegenen Technik der Außerirdischen diese mit den Mitteln irdischer Medizin und Biotechnik (noch) nicht erreichbare Reduplikation und Regeneration des gesamten Individuums ohne weiteres zu. Dementsprechend besteht das „Initiationsritual" der Raelisten aus einer Entnahme von Gewebezellen an der Stirn der Initianden; das entnommene Gewebe soll anschließend kryogefroren bis zur bevorstehenden Ankunft der Außerirdischen aufbewahrt werden.[65]

Allerdings haben die Außerirdischen nach raelistischer Lehre nicht für alle Menschen eine derartige Form der „Unsterblichkeit" vorgesehen. Vielmehr würden die Elohim mit Hilfe eines gigantischen Überwachungsapparates alle Menschen beobachten und ihr Handeln anhand einer Notenskala beurteilen und einordnen. Nur die besonders guten und die auffallend bösen Menschen würden nach ihrem Tode aus einer zuvor entnommenen Zelle wiedererschaffen und nach ihren Taten belohnt oder bestraft werden:[66]

> *Wir beobachten alle Menschen. Riesige Computer stellen eine permanente Überwachung aller auf der Erde lebenden Menschen sicher. Entsprechend seiner Taten während seines Lebens wird jedem, je nachdem, ob er in Richtung Liebe und Wahrheit, oder in Richtung Haß und Obskurantismus gewandert ist, eine Note zugeteilt. Wenn die Stunde der Bilanz kommt, bekommen die,*

---

[63] Vorilhon, *Die Außerirdischen haben mich auf ihren Planeten mitgenommen*, 67.
[64] Grundlage dieser Zukunftshoffnung ist allerdings eine Anthropologie, für die der Mensch nichts als „ein sich selbst programmierender und sich selbst fortpflanzender biologischer Computer" ist, vgl. Vorilhon, *Die sinnliche Meditation*, 39.
[65] Hierzu sowie zur sog. *Transmission of the Cellular Plan*, einem Ritual zur Übertragung der DNA-Codes der Raelisten in die (unbemerkt) im Erdorbit kreisenden Raumschiffe der Elohim vgl. Palmer, *The Raëlian Movement International*, 197.
[66] Vorilhon, *Die Außerirdischen haben mich auf ihren Planeten mitgenommen*, 71; vgl. dazu auch bereits Meier, *Die Rael-Gemeinschaft*, 307f.

> *die in die richtige Richtung gegangen sind, das Anrecht auf die Ewigkeit auf diesem paradiesischen Planeten; die, die ohne bösartig zu sein, nichts positives [sic] getan haben, werden nicht wiedererschaffen; und was diejenigen betrifft, die besonders negativ gewesen sind, eine Zelle ihres Körpers wird aufbewahrt, die es uns ermöglichen wird, sie wiederzuerschaffen, wenn die Zeit gekommen sein wird, damit sie gerichtet werden und die Züchtigung erfahren, die sie verdienen.*

Neben besonders herausragenden Persönlichkeiten, zu denen Vorilhon auch Religionsgründer wie Buddha, Jesus und Mohammed zählt,[67] sind es vor allem Verbrecher und Tyrannen, denen das hier sehr ambivalent verstandene Privileg der genetischen Reduplikation auf dem Planeten der Elohim zuteil werden soll. In einem Fernsehinterview mit dem Sender 3SAT hat Vorilhon für Furore gesorgt, als er vorschlug, die Überreste Hitlers zu klonen und das daraus geschaffene Lebewesen anschließend vor Gericht zu stellen.[68]

Trotz der unübersehbaren religionskritischen Pointierung der von ihm übermittelten „Botschaft" operiert Vorilhon aber auch bei der Erläuterung dieser Technik, mittels Klonen „Unsterblichkeit" zu erzeugen, mit Metaphern aus dem Bereich der christlichen Tradition. Das Klonen der aus Gewebeproben neu zu erschaffenden Menschen wird dabei – nach dem Muster der UFO-logischen Bibelexegese – als „Auferstehung" interpretiert[69] und die finale Entscheidung über Belohnung oder Bestrafung mit dem „Jüngsten Gericht" analogisiert:[70]

> *Das „Jüngste Gericht" wird es ermöglichen, die Großen der Menschheit wieder leben zu lassen. Diejenigen, welche ihr ein Gewinn gewesen sind, welche an die Schöpfer geglaubt und deren Gebote gehalten haben, werden von den Menschen der Epoche, in der das geschehen wird, mit Freude empfangen werden. Alle schlechten Menschen dagegen werden sich schämen vor ihren Richtern, aber in ewiger Reue leben, als abschreckendes Beispiel für die Menschheit.*

Für die Internationale Rael-Bewegung zeichnet sich damit eine ganz ähnliche Synthetisierung von wissenschaftlichen und religiösen Weltdeutungsmustern ab, wie sie auch für die zuvor angeführten Fallbeispiele charakteristisch war. Während die christlich-kontaminierte Religionswissenschaft mit

---

[67] Vgl. Vorilhon, *Die Außerirdischen haben mich auf ihren Planeten mitgenommen*, 64.
[68] Vgl. Grotz, Die Außerirdischen von nebenan (*Sonntag Aktuell* vom 19. 8. 2001), 7.
[69] Vgl. – am Beispiel Jesu – Vorilhon, *Das Buch, das die Wahrheit sagt*, 85 f.
[70] Vorilhon, *Das Buch, das die Wahrheit sagt*, 61f.

der Lehre von der allgemeinen religiösen Veranlagung des Menschen jedoch einen für das Religionsverständnis der europäischen Traditionsgeschichte geradezu selbstverständlichen Topos rezipiert, beruhen die Zukunftsvisionen von Transhumanisten und Raelisten, die auf eine Art künstliche Vererbbarkeit von Unsterblichkeit hinauslaufen, auf einer nicht mehrheitsfähigen Extrapolation naturwissenschaftlicher Erkenntnisse und werden von der intellektuellen Öffentlichkeit daher meist als phantastisch, spekulativ und wissenschaftlich nicht seriös eingestuft. Gemeinsam ist den beiden polaren Modellen allerdings ihre hinter dem äußeren Anspruch purer oder gar aufklärerischer Wissenschaftlichkeit verborgene religiöse Welt- und Zukunftsdeutung. Sie sind damit zugleich auch beide Teil einer komplexen europäischen Religionsgeschichte,[71] die bereits seit mehr als zwei Jahrtausenden in teils konfligierenden, teils synthetisierenden Konstellationen von einer Vielzahl unterschiedlicher Religionen bestimmt wurde, in den letzten Jahrzehnten jedoch einen neuerlichen Diversifizierungsschub erlebt hat.[72] Für die christlichen Großkirchen hat diese forcierte Konkurrenzsituation einen schmerzhaften Verdrängungswettbewerb ausgelöst; einzelnen neuen religiösen Gemeinschaften dagegen, die - wie im Fall der technisch zu realisierenden Unsterblichkeit - weit verbreitete Zukunftsträume aufgreifen, hat diese Entwicklung jedoch einen erheblichen Zulauf und mitunter auch eine erstaunliche Öffentlichkeitswirkung verschafft.

Literatur

Ahn G (1997) Religion I. Religionsgeschichtlich. In: Müller G (Hrsg) *Theologische Realenzyklopädie* 28. W de Gruyter, Berlin, S 513–522

Allen D (1978) *Structure and Creativity in Religion. Hermeneutics in Mircea Eliade's Phenomenology and New Directions*. Mouton, Den Haag

Baudy G (1997) Religion als ‚szenische Ergänzung'. Paläoanthropologische Grundlagen religiöser Erfahrung. In: Stolz F (Hrsg) *Homo naturaliter religiosus. Gehört Religion notwendig zum Mensch-Sein?* P Lang, Bern, S 65–90

Berner U (1997) Mircea Eliade (1907-1986). In: Michaels A (Hrsg) *Klassiker der Religionswissenschaft. Von Friedrich Schleiermacher bis Mircea Eliade*. C H Beck, München, 343–353 und 409–412

Böhme H (1996) Die technische Form Gottes. Über die theologischen Implikationen von Cyberspace. In: *Praktische Theologie* 31:257–261

Burkert W (1997) Fitness oder Opium? Die Fragestellung der Soziobiologie im Bereich alter Religionen. In: Stolz F (Hrsg) *Homo naturaliter religiosus. Gehört Religion notwendig zum Mensch-Sein?* P Lang, Bern, S 13–38

Colpe C (1987) Die wissenschaftliche Beschäftigung mit „dem Heiligen" und „das Heilige" heute. In: Kamper D, Wulf C (Hrsg) *Das Heilige. Seine Spur in der Moderne*. Athenäum, Frankfurt/Main, S 33–61

---

[71] Programmatisch dazu Gladigow, Europäische Religionsgeschichte, 22-29.
[72] Vgl. Zinser, Der Markt der Religionen, 37-92 und 111-130.

Colpe C (1993) Das Heilige. In: Cancik H, Gladigow B, Kohl K-H (Hrsg) *Handbuch religionswissenschaftlicher Grundbegriffe* 3. Kohlhammer, Stuttgart, S 80-99

Eliade M (1957) *Das Heilige und das Profane. Vom Wesen des Religiösen*. Suhrkamp, Frankfurt/Main (repr. 1990)

Gantke W (1998) *Der umstrittene Begriff des Heiligen. Eine problemorientierte religionswissenschaftliche Untersuchung*. Diagonal-Verlag, Marburg

Gladigow B (1986) „Wir gläubigen Physiker". Zur Religionsgeschichte physikalischer Entwicklungen im 20. Jahrhundert. In: Zinser H (Hrsg) *Der Untergang von Religionen*. Reimer, Berlin, S 321-336

Gladigow B (1988) Gegenstände und wissenschaftlicher Kontext von Religionswissenschaft. In: Cancik H, Gladigow B, Laubscher M (Hrsg) *Handbuch religionswissenschaftlicher Grundbegriffe* 1. Kohlhammer, Stuttgart, S 26-40

Gladigow B (1995) Europäische Religionsgeschichte. In: Kippenberg HG, Luchesi B (Hrsg) *Lokale Religionsgeschichte*. Diagonal-Verlag, Marburg 1995, S 21-42

Gladigow B (1999) Vom Naturgeheimnis zum Welträtsel. In: Assmann A, Assmann J (Hrsg) *Archäologie der literarischen Kommunikation 5: Schleier und Schwelle 3: Geheimnis und Neugierde*. Fink, München, S 77-97

Glasenapp H v (1966) *Der Buddhismus - eine atheistische Religion?* Szczesny, München

Grotz A (2001) Die Außerirdischen von nebenan. Zwischen Klonfantasien und Ufo-Glauben: Wie Mitglieder der Rael-Sekte in Baden-Württemberg leben. In: *Sonntag Aktuell* vom 19. 8. 2001, S 7

Huppenbauer T (2000) „Patchwork"-Religion und „Kult-Marketing". Zur religiösen Situation in der Postmoderne. In: *Entwurf. Religionspädagogische Mitteilungen* 2000/1:57-64

Idinopulos TA (1994) Must Professors of Religion be Religious? Comments on Eliade's Method of Inquiry and Segal's Defense of Reductionism. In: Idinopulos TA, Yonan EA (eds) *Religion and Reductionism. Essays on Eliade, Segal, and the Challenge of the Social Sciences for the Study of Religion*. Brill, Leiden, pp 65-81

Jödicke A (1999) Heilig/das Heilige. In: Auffarth C, Bernard J, Mohr H (Hrsg) *Metzler Lexikon Religion 2*. J B Metzler, Stuttgart, S 13-14

Kerr P (2000) *Der zweite Engel*. Rowohlt, Reinbek - Orig. (1998) *The Second Angel*. Orion Books, London

Kippenberg HG (1994) Rivalität in der Religionswissenschaft. Religionsphänomenologen und Religionssoziologen als kulturkritische Konkurrenten. In: *Zeitschrift für Religionswissenschaft* 2:69-89

Kippenberg HG (1997) *Die Entdeckung der Religionsgeschichte. Religionswissenschaft und Moderne*. C H Beck, München

Krüger O (voraussichtlich 2002) *Virtualität. Unsterblichkeit in der Mediengesellschaft*. Diss., Bonn

Maak N, Mejias J, Schwägerl C (2001) Der Mensch im Zeitalter seiner technischen Reproduzierbarkeit. Ausweitung der Klon-Zone: Die kanadische Wissenschaftssekte der Raelianer will den ersten künstlichen Menschen schaffen. In: *Frankfurter Allgemeine Zeitung* vom 27. 7.2001, S 44-45

Marett RR (1909) The tabu-mana Formula as a Minimum Definition of Religion. In: *Archiv für Religionswissenschaft* 12:186-194

Meier G (1999) Die Rael-Gemeinschaft. Profil einer „Neureligiösen Bewegung". In: *Mitteilungen für Anthropologie und Religionsgeschichte* 12:287-312

Mensching G (1959) *Die Religion. Erscheinungsformen, Strukturtypen und Lebensgesetze*. C E Schwab, Stuttgart

O'Leary SD, Brasher BE (1996) The Unknown God of the Internet: Religious Communication from the Ancient Agora to the Virtual Forum. In: Ess Ch (Hrsg) *Philosophical Perspectives on Computer-Mediated Communications*. State University of New York Press, New York, pp 233-269

Otto R (1917) *Das Heilige. Über das Irrationale in der Idee des Göttlichen und sein Verhältnis zum Rationalen.* C H Beck, München (repr. 1979)
Palmer SJ (1995) The Raëlian Movement International. In: Towler R (ed) *New Religions and the New Europe.* Aarhus University Press, Aarhus, pp 194-210
Plessner H (1961) Conditio humana. In: Mann G, Heuss A, Nitschke A (Hrsg) *Propyläen Weltgeschichte* 1/1, Frankfurt/Main, S 33-86
Rahner K (1970) Anonymes Christentum und Missionsauftrag der Kirche. In: Rahner K, *Schriften zur Theologie* 9. Benziger, Einsiedeln, S 498-515
Rennie BS (1996) *Reconstructing Eliade. Making Sense of Religion.* State University of New York Press, New York
Sabbatucci D (1988) Kultur und Religion. In: Cancik H, Gladigow B, Laubscher M (Hrsg) *Handbuch religionswissenschaftlicher Grundbegriffe* 1. Kohlhammer, Stuttgart, S 43-58
Schindler A (1997) Von Tertullian bis Drewermann. Ist die Seele von Natur aus christlich? Ein ungewohntes Stück Theologiegeschichte. In: Stolz F (Hrsg) *Homo naturaliter religiosus. Gehört Religion notwendig zum Mensch-Sein?* P Lang, Bern, S 167-191
Schlesier R (1987) Das Heilige, das Unheimliche, das Unmenschliche. In: Kamper D, Wulf C (Hrsg) *Das Heilige. Seine Spur in der Moderne.* Athenäum, Frankfurt/Main, S 99-113
Sharpe EJ (1997) Nathan Söderblom (1866-1931). In: Michaels A (Hrsg) *Klassiker der Religionswissenschaft. Von Friedrich Schleiermacher bis Mircea Eliade.* C H Beck, München, S 157-169 und 381-383
Söderblom N (1913) Das Heilige (Allgemeines und Ursprüngliches). In: Colpe C (Hrsg) *Die Diskussion um das „Heilige".* Wissenschaftliche Buchgesellschaft, Darmstadt, S 76-116. (Übers. 1977) - Orig. (1913) Holiness. General and Primitive. In: *Encyclopaedia of Religion and Ethics* 6:731-741
Stausberg M (2000) Söderblom, Nathan (1866-1931). In: Müller G (Hrsg) *Theologische Realenzyklopädie* 31. W de Gruyter, Berlin, S 423-427
Stolz F (1997) Einführung. In: Stolz F (Hrsg) *Homo naturaliter religiosus. Gehört Religion notwendig zum Mensch-Sein?* P Lang, S Bern, 7-12
Talbott SL (2000) Virtuelle Spiritualität und die Dekonstruktion der Welt. In: Wessely C, Larcher G (Hrsg) *Ritus - Kult - Virtualität.* Pustet, Regensburg, S 99-121
Vorilhon C (1974) *Das Buch, das die Wahrheit sagt. Die Botschaft der Außerirdischen.* Verlag Deutsche Rael-Bewegung, Weiden 1985 (^{3}1994) - Orig. (1974) *Le livre qui dit la vérité. J'ai recontré un extra-terrestre.* L'Edition du Message, Vaduz
Vorilhon C (1975) *Die Außerirdischen haben mich auf ihren Planeten mitgenommen. Die zweite Botschaft, die sie mir gegeben haben.* Verlag Deutsche Rael-Bewegung, Weiden 1989. ^{3}1994. - Orig. (1975) *Les extra-terrestres m'ont emmené sur leur planète. Le 2eme message qu'ils m'ont donné.* L'Edition du Message, Vaduz
Vorilhon C (1980) Die sinnliche Meditation. *Die Erweckung des Geistes durch die Erweckung des Körpers.* Verlag Deutsche Rael-Bewegung, Weiden 1994. - Orig. (1980) *La méditation sensuelle. L'éveil de l'esprit par l'éveil du corps.* Fondation Raelienne, Vaduz
Wachtmann C (1996) *Der Religionsbegriff bei Mircea Eliade.* P Lang, Frankfurt/Main
Zinser H (1997) *Der Markt der Religionen.* Fink, München
Ziolkowski EJ (1991) Between Religion and Literature: Mircea Eliade and Northrop Frye. In: *Journal of Religion* 71:498-522

Verstehen sozialer Strukturbildungen
Zu Reichweite und Brauchbarkeit radikal vereinfachender Modelle

VON RAINER HEGSELMANN

Kurzzusammenfassung

Der Artikel versucht an drei Modellierungen zu zeigen, dass der Rückgriff auf zelluläre Automaten ein brauchbarer Ansatz sein kann, um bestimmte Arten sozialer Strukturbildungen besser zu verstehen. Von ihrer Anlage her sind zelluläre Automaten zugeschnitten auf die Modellierung von Dynamiken, die durch überlappende, lokale Interaktionen einer Vielzahl von Individuen getrieben werden. Der Modellierungsansatz eignet sich daher unter anderem dazu nachzuweisen, wie Individuen auf ihr jeweiliges Milieu reagieren, eben dadurch für sich und andere dieses Milieu verändern und dabei in einem längeren Interaktionsprozess gegebenenfalls relativ stabile globale Milieustrukturen erzeugen.

Im Folgenden soll gezeigt werden, dass radikal vereinfachende Modelle einen fruchtbaren Ansatz darstellen, um soziale Strukturbildung bzw. die Dynamiken, in deren Verlauf sie sich entwickeln, genauer zu verstehen. Dabei werde ich mich auf *einen* bestimmten Typus radikal vereinfachender Modelle konzentrieren, nämlich zelluläre Automaten (engl. *cellular automata*, CA). In einem *ersten* Abschnitt wird das Konzept zellulärer Automaten bzw. zellulären Modellierens näher erläutert. Ein *zweiter* Abschnitt wird zwei klassische Anwendungen aus den Sozial- und Verhaltenswissenschaften vorstellen. In diesen Modellen geht es um Gruppenbildung bzw. rassische Segregation. In einem *dritten* Abschnitt werde ich ein eigenes Modell der Entstehung von Solidarnetzwerken beschreiben. Ein *vierter* Abschnitt diskutiert Typen von Einsichten, die aus zellulären Modellen gewonnen werden können.[1]

---

[1] Vgl. zur gesamten Problematik dieses Artikels die Arbeiten Hegselmann (1996, 1996a, 1996b) und Hegselmann/Flache (1998).

1. Was sind zelluläre Automaten?

Zelluläre Automaten sind spezielle *raum- und zeitdiskrete dynamische Systeme*. Zentrale Eigenschaften *klassischer* zellulärer Automaten sind:

- Es gibt ein *d-dimensionales zelluläres* Gitter.
- Es gibt eine *endliche* Menge von Zuständen, die die Zellen annehmen können. Jede Zelle ist in *genau einem* dieser Zustände.
- Die Zeit schreitet in *diskreten* Schritten fort.
- Die Zellen ändern ihren Zustand gemäß einer *lokalen Übergangsregel*. Die Lokalität ist eine räumliche *und* zeitliche Lokalität.
- Das System ist *homogen* in dem Sinne, dass dieselbe Übergangsregel auf alle Zellen angewandt wird.
- Die Anwendung der Übergangsregel, das sog. *Updaten*, erfolgt in jeder Periode *simultan* auf alle Zellen zugleich oder *sequentiell* in zufälliger Reihenfolge.

Von ihrer Anlage her sind CA damit offenbar zugeschnitten auf die Modellierung von Dynamiken, die durch *überlappende, lokale* Interaktionen bzw. Wechselwirkungen einer Vielzahl von Zellen getrieben werden.

Der Begriff *zellulärer Automat* wird nicht völlig übereinstimmend verwandt. Die oben als *klassisch* charakterisierten CA gelten *immer* als CA. Lässt man auch *kontinuierliche* und daher nicht-finite Zellzustände zu, dann hat man es im *strengen* Sinne nicht mehr mit einem zellulären Automaten zu tun. Häufig wird dann von einem sog. *coupled map-lattice, CML* (manchmal auch: *cell dynamic scheme*) gesprochen. Manchmal werden *nur* klassische CA als CA angesprochen. Manchmal werden die kontinuierlichen CML ebenso als *Varianten* von CA aufgefasst. Das Gleiche gilt für Modelle, die nur in dem Sinne lokal sind, dass der Einfluss weit entfernter Zellen mit der Distanz zur betrachteten Zelle *abnimmt*. Auch Modelle, die auf *irregulären* Gittern beruhen (und damit möglich machen, dass Zellen unterschiedliche Anzahlen direkt angrenzender Nachbarzellen haben) gelten bei einem weiten Begriff von *zellulärem Automaten* als *CA-Varianten*. Andere mögliche Erweiterungen betreffen z.B. die Zulässigkeit von nicht-deterministischen Übergangsregeln. – Im Folgenden wird ein *weiter* Begriff von CA zugrundelegt und alle hier angedeuteten ‚Liberalisierungen' als CA bzw. *zelluläre Modelle* oder auch *zelluläre Modellierungsansätze* angesprochen.

Ich werde die Frage nach Reichweite und Brauchbarkeit radikal vereinfachender Modelle am Beispiel *2-dimensionaler* zellulärer Automaten diskutieren. Typische 2-dimensionale Gitterstrukturen sind in Abbildung 1 gegeben.

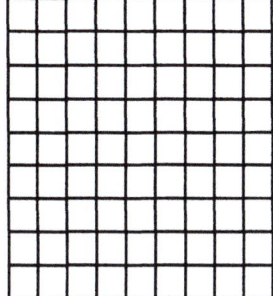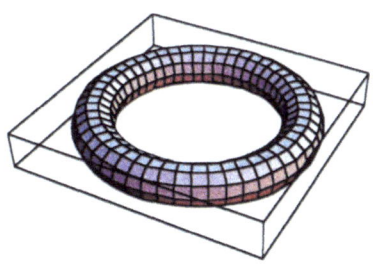

Abb. 1. Zweidimensionale Gitter. Links: Schachbrett. Rechts: Torusoberfläche

In Abbildung 1, links, sind die Zellen als Schachbrett angeordnet. Es existieren Randzellen.[2] Zellen an den Rändern des Schachbretts haben *weniger* angrenzende Nachbarzellen als die Zellen im Inneren des Brettes. Dieser Effekt kann durch „Verkleben" gegenüberliegender Ränder vermieden werden. Die so entstehende 2-dimensionale Welt kann man sich als die Oberfläche eines *Torus* vorstellen.[3] Randzellen mit weniger nächsten Nachbarn gibt es in diesem Fall nicht. Flächenfüllende *reguläre* Gitter lassen sich *nur* auf Basis *rektangularer*, *hexagonaler* oder *triangularer* Zellen erzeugen.

Einer der fundamentalen Grundzüge von CA ist die *Lokalität*. Der Zustand einer Zelle in $t+1$ hängt ab von den Zuständen der *Nachbarzellen* in t bzw. in $t, t-1,..., t-k$ (*zeitliche* Lokalität). In der Regel zählt nur die letzte Periode. Was die Nachbarzellen sind, wird durch eine *Nachbarschaftsdefinition* präzisiert (*räumliche* Lokalität). Geläufige Nachbarschaftsdefinitionen für den 2-dimensionalen Fall sind die in Abbildung 2 gegebenen.

Im Rahmen der sog. *v. Neumann-Nachbarschaft* sind die Nachbarn der dunkelgrauen Beispielzelle die angrenzenden Zellen im Norden, Süden, Westen und Osten. Darüber hinaus ist *per definitionem* jede Zelle Teil ihrer Nachbarschaft. Die sog. *Moore-Nachbarschaften* sind quadratisch und schließen Zellen in den diagonalen Richtungen ein.

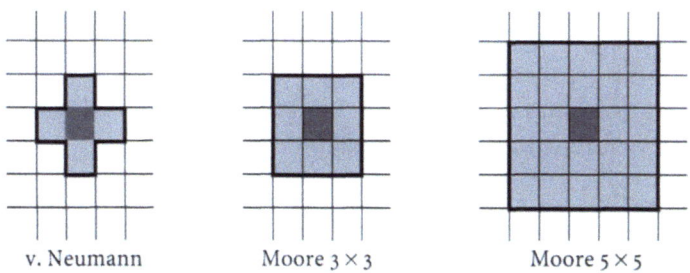

Abb. 2. Verschiedene Nachbarschaften

---

[2] Man spricht in diesem Fall auch von der *absorbing boundary condition*.
[3] Dies wird als *periodic boundary condition* bezeichnet.

Das Konzept zellulärer Automaten wurde Ende der 40er Jahre von *John von Neumann* und *Stanislaw Ulam* eingeführt. Ziel war zunächst, ein reduktionistisch-physikalistisches Verständnis von Leben und Selbstreproduktion auszuarbeiten. Später haben CA in zahlreichen naturwissenschaftlichen Gebieten Anwendung gefunden (vgl. Toffoli/Margolus 1987). So wurden sie herangezogen zur Modellierung von Diffusionsprozessen, Strömungsdynamiken, Gittergasen, chemischen Reaktionen, Wellenbildung oder Räuber-Beute-Ökologien (vgl. Gerhard/Schuster 1995). Sie fanden Anwendung bei der Entwicklung „waldbrandsicherer" Aufforstungsmuster oder dem Verstehen von Musterbildungen. Zusammenstöße von Galaxien, Verkehrsströme, Städtewachstum und Erdbeben wurden im zellulären Rahmen modelliert. Da die Zellen als einfache Rechner, nämlich als sog. *finite Automaten*, aufgefasst werden können, lassen sich CA auch als *Parallelrechner* ansehen. Aus dieser Perspektive sind CA insbesondere auch für die Informatik interessant. Das sog. *game of life* dürfte das bekannteste Beispiel eines CA sein. Das rein analytische Verständnis von CA hat sich bis heute als ausgesprochen schwierig erwiesen. St. Wolfram (vgl. 1994) hat eine Klassifikation bestimmter 1-dimensionaler CA gegeben.

Die Modellierung und Simulation von Prozessen durch zelluläre Automaten läuft in der Regel auf heroische Vereinfachungen und Idealisierungen hinaus. Durch die Gitter bzw. Zellstruktur mag der Welt eine Granulatartigkeit unterstellt werden, die sie in der Form nicht hat. Die Dimensionalität des Modells ist häufig niedriger als die des modellierten realen Prozeß. Nachbarschaftsdefinitionen, Übergangsregeln, Menge der möglichen Zellzustände und die unterstellte Zeitstruktur sind in aller Regel radikale Vereinfachungen und in einem strikten Sinne falsch. Gleichwohl, die auf solchen Vereinfachungen beruhenden Modelle haben sich in vielen Fällen als ausgesprochen lehrreich erwiesen.[4]

2. Zelluläre Automaten und die Modellierung sozialer Dynamiken: Die klassischen Modelle von Sakoda und Schelling

Zelluläre Automaten wirken auf den ersten Blick als *viel zu mechanistisch*, als dass sie ein fruchtbares Modellierungsinstrument im Hinblick auf *soziale* Strukturbildungen und Dynamiken sein könnten. Dies ist jedoch ein Missverständnis, wenn man *drei* Dinge bedenkt:

- Die Zellen eines CA könnten *Individuen* sein, die eine zelluläre Welt „bevölkern". Die Individuen lassen sich mit *Überzeugungen, Präferenzen und Rationalität* ausstatten, auf deren Basis sie ihre Entscheidungen fällen

---

[4] Wie man z.B. an den vielen Beispielen in Toffoli/Margolus (1987) oder auch Gerhard/Schuster (1995) sieht.

und dies oder jenes tun. Das dabei leitende Rationalitätskonzept kann z.B. das gut ausgearbeitete, an Nutzenmaximierung orientierte, entscheidungs- und spieltheoretische Rationalitätskonzept sein. Ebenso könnten *bounded rationality*-Konzepte bzw. Lernmodelle eingearbeitet werden. Kurz: *Jede* überhaupt programmierbare Mikrofundierung menschlichen Entscheidens kann im Prinzip in die Zellen „eingebaut" werden. Aus bloßen Zellen werden dadurch *Individuen mit Entscheidungs- und Handlungsvermögen.*

- Das Konzept zellulärer Automaten erzwingt in keiner Weise, dass Individuen immer am gleichen Ort verbleiben und dort mit den immer gleichen Nachbarn interagieren. Zu den Optionen, die Individuen in einer zellulären Welt haben, kann auch gehören, einfach zu gehen, um mit anderen Individuen neue Interaktionen aufzunehmen.
- Darüber hinaus muss die topologische Struktur eines zellulären Automaten nicht unbedingt räumlich interpretiert werden. Im Hinblick auf soziale Beziehungen kann die Nachbarschaftsgeometrie des Automaten als ein Modell solcher Beziehungsstrukturen genommen werden, in denen jeder bestimmte Interaktionspartner hat, nicht jeder Partner eines jeden ist bzw. Interaktionspartnerschaften nicht durchgängig transitiv sind.

Positiv bieten sich der zelluläre Modellierungsansatz in mindestens *zwei* Hinsichten als konzeptueller Rahmen für die Modellierung sozialer Dynamiken an:

- Schon von ihrer Grundstruktur sind zelluläre Automaten zugeschnitten auf Modellierungen, die *große Zahlen* interagierender Individuen betreffen, wobei die Interaktionen eine *überlappende Lokalität* aufweisen. Genau dies ist bei vielen sozialen Beziehungen der Fall: Jeder agiert in einem bestimmten Umfeld, innerhalb dessen er Informationen und Optionen hat und die Umfelder überlappen sich.
- Während im Hinblick auf viele naturwissenschaftlich interessierende Phänomene die für zelluläre Automaten charakteristische Gitterstruktur eine weitreichende Idealisierung darstellt, ist es im Hinblick auf soziale Dynamiken geradezu „natürlich", Individuen als diskrete Zellen zu repräsentieren. (D.h. natürlich nicht, dass nicht in anderen Hinsichten, z.B. hinsichtlich der Geometrie der Interaktionsbeziehungen, extreme Idealisierungen vorgenommen werden.)

Berücksichtigt man all dies, dann ist es vermutlich weniger überraschend, dass auch in den Sozial- und Verhaltenswissenschaften schon sehr früh Modelle auftauchen, bei denen es sich im weiten Sinne um zelluläre Automaten handelt. Ich möchte im Folgenden zwei Modellierungsklassiker vorstellen, nämlich, *erstens,* ein heute weitgehend vergessenes Modell von James M. Sakoda sowie, *zweitens*, ein sehr bekannt gewordenes Modell von Thomas Schelling. Beide Modelle werden dabei auch ein erstes Gefühl für die Art von Einsichten geben, die durch zelluläres Modellieren gewonnen werden können.

2.1 Ein erster Klassiker: James Sakoda

Schon Adam Smith gebraucht an einer Stelle seiner *Theory of moral sentiments* eine *Metapher*, in der die menschliche Gesellschaft als eine ganze besondere Sorte von Schachbrett betrachtet wird, ein Schachbrett nämlich, auf dem alle Figuren ihre eigenen und eigenwilligen „Bewegungsgesetze" haben.[5] Der erste, der jedoch *im Ernst* in den Sozial- und Verhaltenswissenschaften Schachbrettmodelle zur Analyse sozialer Dynamiken und Strukturbildungen benutzte, war vermutlich James M. Sakoda. In einem Appendix zu seiner unveröffentlichten Dissertation (Sakoda 1949) beschreibt er ein Modell, in dem sich Individuen, die jeweils einer von zwei Gruppen angehören, bestimmte Einstellungen zueinander haben, auf einem 6×6 Schachbrett bewegen und dabei bestimmte typische Strukturen schaffen. In einem Artikel aus dem Jahre 1971 hat Sakoda diesen Modellierungsansatz systematisch ausgearbeitet. Zentrales Problem ist das Verstehen von Gruppenbildungen in einem sozial Feld. Angehörige *zweier Gruppen* leben in einer schachbrettartigen Welt, die nicht vollständig besetzt ist. Beide Gruppen haben *positive, neutrale bzw. negative* Valenzen (+ 1, 0 oder – 1) gegenüber den Mitgliedern der eigenen bzw. der anderen Gruppe. Die Individuen können zu leeren Zellen innerhalb eines kleinen Migrationsfensters *wandern*. Das Migrationsfenster ist eine 3×3- bzw., falls dort keine leeren Zellen vorhanden sind, 5×5-Nachbarschaft um den aktuellen Standort herum. Die Wanderungschancen werden genutzt, um zu Orten zu wandern, an denen die Summe der gewichteten Valenzen, aufsummiert über die ganze Welt, *maximal* ist. Das Gewicht jeder Valenz *nimmt mit der Entfernung ab*. Im Sinne unseres liberalen Verständnisses des CA Konzepts sind Sakodas „*checkerboard models*" 2-dimensionale zelluläre Automaten. Für verschiedene Einstellungsmuster, charakterisiert durch unterschiedliche Valenzen, hat Sakoda die sich bildenden Strukturen beschrieben und analysiert.

Die in Abbildung 3 gezeigten Strukturen sind Resultate von Simulationen auf Basis einer *Neuprogrammierung* von Sakodas Modell. In der Neuprogrammierung ist eine Welt der Größe 40×40 zugrundegelegt, während in Sakodas ursprünglichem Modell eine 8×8 Welt zugrundegelegt wird.

---

[5] Ein Umstand, den ein Sozialplaner nach Smith niemals vergessen dürfe (vgl. Smith 1759, 233 f.).

Verstehen sozialer Strukturbildungen

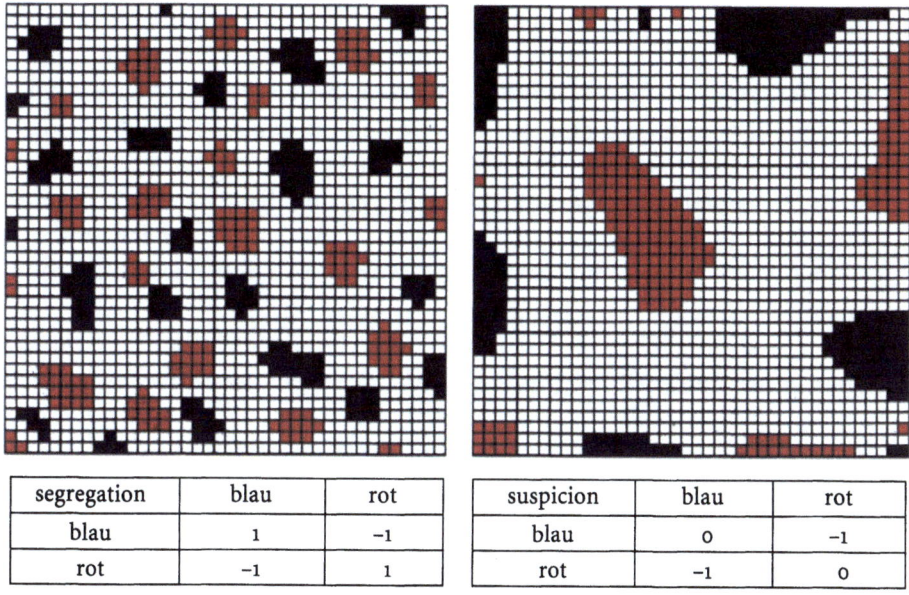

Abb. 3. Sakodas Modell der Gruppenbildung

Abbildung 3, links, zeigt das stabile Endresultat einer Dynamik, dem ein Einstellungsmuster zugrunde liegt, das Sakoda *segregation* nennt: Die Mitglieder der beiden Gruppen haben jeweils eine positive Einstellung zu den Mitgliedern der eigenen Gruppe und eine negative zu den Mitgliedern der anderen Gruppe. Der rechten Abbildung liegt hingegen ein Einstellungsmuster zugrunde, das Sakoda *suspicion* nennt: Beide Gruppen stehen Angehörigen der eigenen Gruppe neutral gegenüber; zu Angehörigen der anderen Gruppe haben sie jeweils ein negatives Verhältnis.

Für beide Strukturen, die aus der *gleichen* zufällig erzeugten sozialen Ursuppe entstanden sind, ist eine Separierung bzw. Clusterung der beiden Gruppen charakteristisch. Vergleicht man die beiden Strukturen genauer, dann ist die *segregation*-Struktur eine eher *ausgeflockte* Clusterung. Die *suspicion*-Struktur zeigt eine vergleichsweise *massivere* Clusterung, und dies *obwohl* bei diesem Einstellungsmuster die Angehörigen beider Gruppen den Angehörigen ihrer eigenen Gruppe *neutral* gegenüberstehen. Dieser Effekt ist überraschend, aber durchaus erklärbar: Beiden Strukturen liegen Einstellungsmuster zugrunde, bei denen vor den Angehörigen der jeweils anderen Gruppe *geflohen* wird. Ein wichtiger Unterschied ergibt sich aber dann, wenn sich auf dieser Flucht Angehörige der *gleichen* Gruppe begegnen. Unter dem Einstellungsmuster *segregation* mit seiner positiven Einstellung zu Angehörigen der eigenen Gruppe gewinnt ein Ort, an dem man Seinesgleichen begegnet, an Attraktivität, und zwar ggf. so stark, dass kein Anreiz zur Flucht vor den anderen mehr besteht. Wegen der Neutralität Seinesgleichen gegenüber gilt dies für das Einstellungsmuster *suspicion* hingegen nicht; unter dem Muster *suspicion* wird jeder versuchen, maximale Distanz zu Angehörigen der jeweils anderen Gruppe zu suchen. Bei einer negativen Einstellung gegenüber der jeweils anderen Gruppe kann *Indifferenz* gegenüber der eigenen dann vom Gesamteffekt her zu einer Clusterung führen, die viel massiver ist als es bei einer positiven Einstellung der eigenen Gruppe gegenüber der Fall ist. – Erst einmal auf ihn gestoßen, ist der Effekt leicht erklärbar. Ohne Modellierung und Simulation würde man ihn allerdings wohl kaum antizipieren.

In den ursprünglichen Simulationen Sakodas enden allerdings beide Gruppen unter *beiden* Einstellungsmustern in jeweils gegenüberliegenden Ecken des 8 × 8 Schachbretts. Der gerade beschriebene Effekt „*Ausflockung vs. massive Clusterung*" wird in der Form nicht deutlich. Dies dürfte entscheidend an der *kleineren* Weltgröße liegen, die nicht genügend Raum für das Auftreten des Effekts lässt. Dieser Umstand, weist auf den für eine Modellierungsheuristik wichtigen Umstand hin, dass das Auftreten von Effekten *weltgrößenabhängig* sein kann.

2.2 Ein zweiter Klassiker 2: Thomas Schelling

In Schelling (1969, 1971) entwickelte Thomas Schelling ein Modell, in dessen Rahmen versucht wird, eine besonders besorgniserregende Strukturbildung, nämlich die typische Schwarz/Weiß-Segregation von Wohngebieten in amerikanischen Städten zu analysieren. Das Modell geht von heroischen Vereinfachungen aus. Seine zentralen Annahmen sind: Schwarze und Weiße leben in einer 2-dimensionalen, schachbrettartigen Welt, die nicht vollständig besetzt ist. Die *Nachbarschaft* eines Individuums ist ein Quadrat bestimmter Größe (z.B. 3 × 3) um es herum. Die Individuen haben eine bestimmte *Nachbarschaftspräferenz*. Sie können z.B. wünschen, innerhalb ihrer Nachbarschaft keine Minderheit zu sein, also einen Anteil ≥ 50 % von Angehörigen der eigenen Hautfarbe in Nachbarschaft haben wollen. Die Individuen können *wandern:* Individuen, deren Nachbarschaftspräferenz nicht erfüllt ist, wandern zu der nächsten freien Zelle, die ihrer Nachbarschaftspräferenz genügt. Zwischen Standorten, die ihrer Nachbarschaftspräferenz genügen, sind die Individuen indifferent. Die Welt startet mit einer *Zufallsverteilung*. Ein Zufallsmechanismus vergibt sequentiell Migrationschancen.

Thomas Schelling hatte für die Analyse der resultierenden Dynamiken keinen Computer zur Verfügung, sondern rechnete „per Hand". Dass sein Modell der Sache nach ein CA war, war ihm zum Veröffentlichungszeitpunkt unbekannt. Abbildung 4 zeigt die Simulationsresultate, die mit einem sehr einfach zu schreibenden und nicht sehr langen Computerprogramm erzeugt

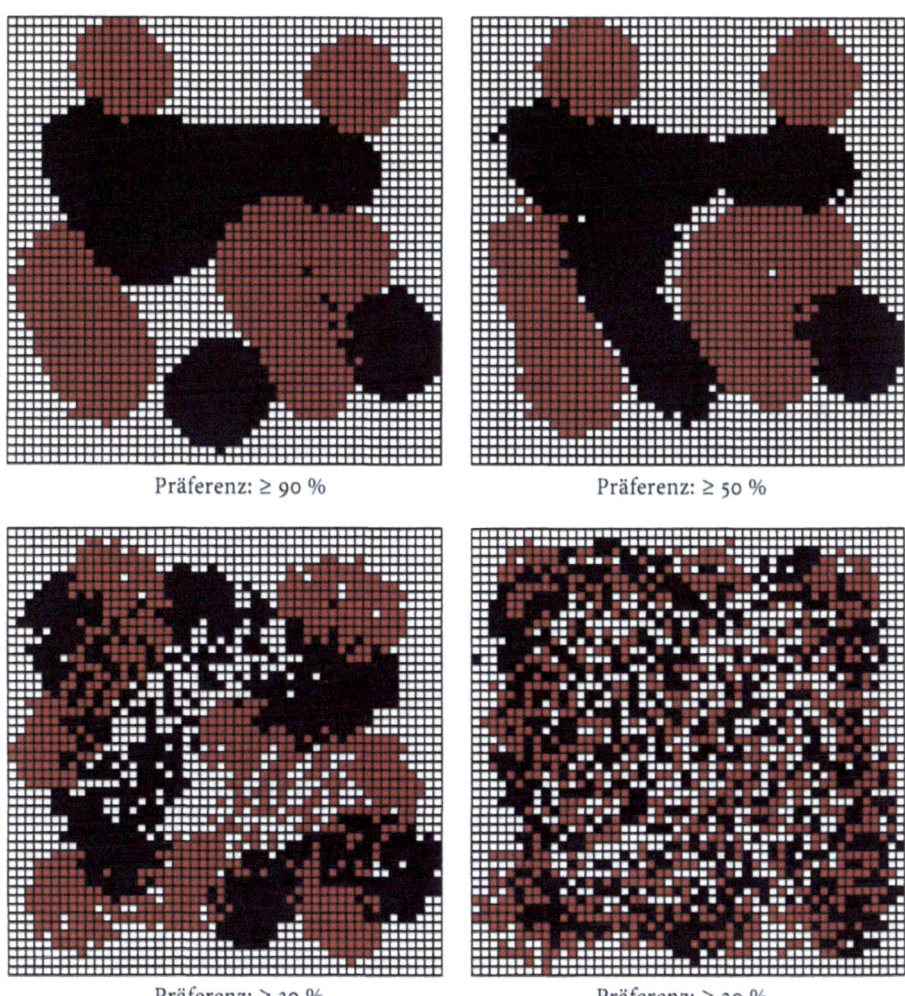

Abb. 4. Schellings Segregationsmodell

wurden. Die gezeigten Resultate sind die stabilen Endresultate auf Basis *unterschiedlicher* Nachbarschaftspräferenzen, die aber alle mit der *gleichen* zufälligen Startverteilung beginnen. Zugrundegelegt ist eine Nachbarschaft der Größe 11 × 11. Leere Zellen zählen als *andere*.

Ein Blick auf die Endresultate zeigt etwas Überraschendes: Dass Individuen mit einer Nachbarschaftspräferenz für mindestens 90 % Angehörige der eigenen Hautfarbe in extrem stark ghettoisierten Strukturen enden, wird nicht verwundern. Dass aber Art und Umfang der Ghettoisierung bei einer Nachbarschaftspräferenz für mindestens 50 % Angehörige der eigenen Hautfarbe, also der vergleichsweise harmlose Wunsch, nicht in der Minderheit zu sein, praktisch die gleiche Ghettoisierung hervorbringt, ist bereits erstaunlich. Völlig unerwartet ist dann jedoch, dass schon eine Nachbarschaftspräferenz für lediglich 30 % Angehörigen der eigenen Hautfarbe (bei – man beachte – gleichzeitiger Indifferenz zwischen allen Standorten, die dieser Bedingung genügen!) zu stark ghettoisierten Strukturen führt. Ghettos entstehen also offenbar schon auf Basis von Nachbarschaftspräferenzen, die man wohl kaum als „rassistisch" ansprechen kann. Erst bei einer Nachbarschaftspräferenz von deutlich unter 30 % scheint es keine Ghettoisierung mehr zu geben. Dieses qualitative Resultat ergibt sich innerhalb eines weiten Parameterbereichs (z.B. auch bei kleineren Nachbarschaftsdefinitionen) immer wieder und ist in diesem Sinne ein *robustes Phänomen*.

Die Modelle von Sakoda und Schelling geben bereits wichtige Hinweise auf die Arten von Einsichten, die sich durch zelluläres Modellieren insbesondere gewinnen lassen: Erkenntnisse darüber, wie aus den individuellen Entscheidungen auf einer *Mikroebene* bestimmte *Makroeffekte* resultieren, *qualitatives Verstehen* von Mechanismen, Entdecken *unintendierter Konsequenzen*, dies scheinen Stichworte zu sein, mit denen sich jedenfalls ein Teil der Erkenntnisgewinne zellulären Modellierens beschreiben lassen.[6]

3. Ein eigenes Modell: Ist Solidarität unter Egoisten möglich?

Ich möchte im Folgenden ein zelluläres Modell vorstellen, das *weitere* Perspektiven zellulären Modellierens deutlich werden lässt (vgl. Hegselmann 1994). Die seine Ausarbeitung leitende Fragestellung ist: Würden Solidarnetzwerke in einer Welt entstehen, die ausschließlich von *rationalen Egoisten* bevölkert ist, deren natürliche Ausstattungen *ungleich* sind, dabei ihre *Partner selber suchen müssen* und dies *vorteilsorientiert* tun? – Eine Frage wie diese ist von *grundlegender sozialtheoretischer Bedeutung*, denn ihre Beantwortung gibt z.B. Hinweise auf die Tragfähigkeit, Grenzen und Schwierigkeiten ordnungspolitischer Paradigmen.

Um die aufgeworfene Frage zu beantworten, müssen zunächst *zwei* Gruppen von Modellierungsproblemen gelöst werden: (1) Wie kann man überhaupt Solidarbeziehungen modellieren? (2) Wie kann vorteilsorientierte Partnersuche modelliert werden?

3.1 Zur Modellierung von Solidarbeziehungen

Solidarbeziehungen werde ich durch ein bestimmtes Spiel, das *Solidaritätsspiel*, charakterisieren. Das Spiel wird in einer Baumdarstellung durch Abbildung 5 gegeben.

---

[6] Sakoda und Schelling kannten den Begriff „zellulärer Automat" *nicht*, sondern sprechen ihre Modelle als *checker*- bzw. *chess-board-Modelle* an. Peter S. Albin (1975, vgl. 1998) hat als erster den Zusammenhang mit zellulären Automaten hergestellt.

(a) Das einfache Solidaritätsspiel

Das Solidaritätsspiel ist ein *2-Personen-Spiel*, in dem beide Spieler jeweils mit einer bestimmten Wahrscheinlichkeit p_1 bzw. p_2 hilfsbedürftig werden. Den ersten Zug des Spiels macht Spieler 0, die *Natur*. Entsprechend den Wahrscheinlichkeiten p_1 und p_2 entscheidet sie darüber, ob keiner, beide, nur Spieler 1 oder nur Spieler 2 hilfsbedürftig werden. Es kann also sein, dass niemand hilfsbedürftig wird oder auch beide zugleich hilfsbedürftig werden. Im ersten Fall braucht niemand Hilfe, im zweiten Fall kann niemand helfen. Wer *selbst* hilfsbedürftig ist, kann dem anderen prinzipiell *nicht* helfen. Wer hingegen selbst *nicht* hilfsbedürftig ist, muss sich entscheiden, ob er einem hilfsbedürftigen Mitspieler hilft oder nicht. Je nachdem, wie der Zug des Spielers 0 ausgeht, ist daher im Anschluss entweder keiner, Spieler 1 oder aber Spieler 2 am Zuge.

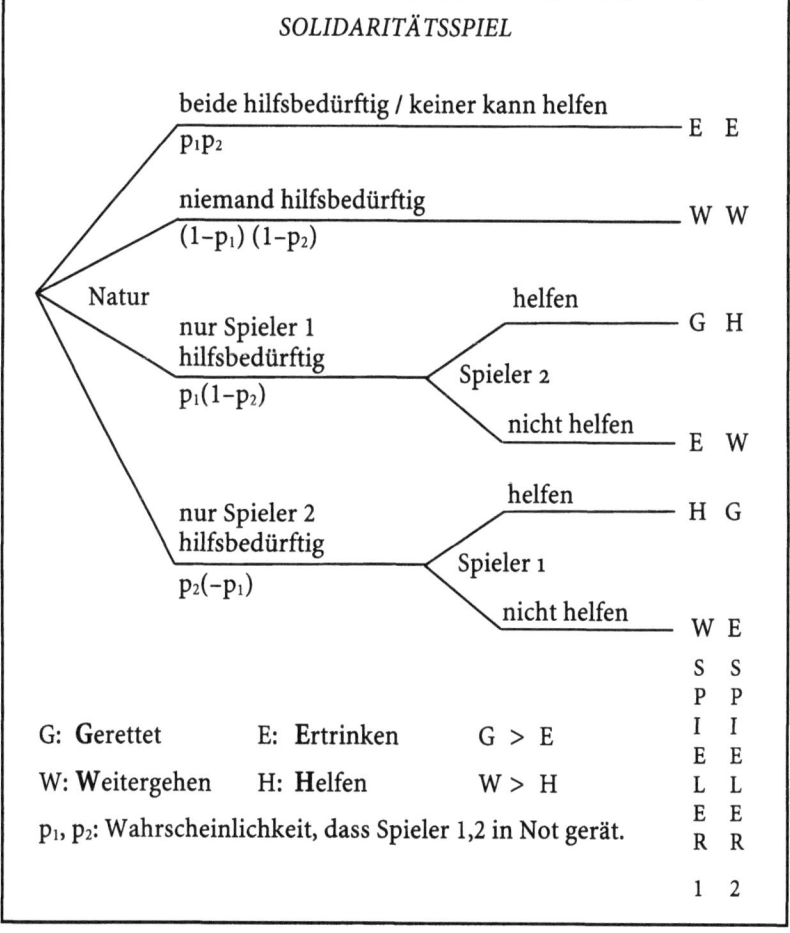

Abb. 5. Das Solidaritätsspiel

Hinsichtlich der Auszahlungen sei angenommen, dass Hilfe zu erhalten für den Bedürftigen mit dem Nutzen G („Gerettet werden"), keine Hilfe zu erhalten hingegen mit dem Nutzen E („Ertrinken") verbunden sei. Naheliegenderweise gelte G > E. Für einen in der jeweiligen Periode selber nicht Bedürftigen, der seinem bedürftigen Mitspieler nicht hilft, sei die Auszahlung W („Weitergehen"). Wer hingegen helfen kann und dies auch tut, der erhalte die Auszahlung H („Helfen"). Angesichts der Aufwendigkeit von Hilfeleistungen sei angenommen, dass W > H.

Wird dieses Solidaritätsspiel *genau einmal* zwischen den Spielern gespielt, dann sieht man sofort, dass ein Spieler, der dem anderen helfen könnte, dies *niemals* täte: An dem Entscheidungsknoten, an dem Spieler 2 entscheiden muss, ob er dem anderen hilft oder nicht, kann er durch Helfen den Nutzenwert H, durch Nicht-Helfen hingegen den Nutzenwert W erreichen. Nach Voraussetzung gilt W > H. Ein rationaler Spieler 2 wird daher dem anderen nicht helfen. Eine ganz analoge Überlegung gilt für Spieler 1 an dem ihn betreffenden Entscheidungsknoten. Im *einmal* gespielten Solidaritätsspiel ist daher für rationale Spieler *Solidarität nicht möglich*. Das Fatale daran ist, dass dies auch dann gilt, wenn beide Spieler durch wechselseitige Solidarität in einem bestimmten Sinne gewinnen könnten. *Beidseitig vorteilhaft* wäre wechselseitige Solidarität genau dann, wenn für jeden der beiden Spieler die *zu erwartenden Solidaritätsgewinne größer sind als die zu erwartenden Solidaritätskosten*. Etwas genauer: Wechselseitige Solidarität ist beidseitig vorteilhaft genau dann, wenn für alle Spieler i, j (i≠j) gilt:

[1] $p_i (1-p_j)(G - E) > p_j (1-p_i) (W-H)$

Ich möchte dies die *Vorteilhaftigkeitsbedingung* nennen. Dass rationale Spieler *trotz* erfüllter Vorteilhaftigkeitsbedingung das einfache Solidaritätsspiel *nicht* solidarisch lösen können, liegt dann daran, dass sich die beidseitige Vorteilhaftigkeit nur solange zeigt, wie Spieler 0, also die Natur, *noch nicht* entschieden hat, *wer* der Hilfsbedürftige sein wird. Ist durch die „Lotterie des Lebens" *später* entschieden, *wer* hilfsbedürftig ist, dann hat ein *nicht* hilfsbedürftiger Spieler *keinerlei Anreiz mehr*, dem anderen zu helfen – mögen sich beide Spieler *vor Beginn des Spiels* auch noch so innig die zu diesem Zeitpunkt noch beidseitig vorteilhafte, wechselseitige Hilfe versprochen haben.

(b) Das Gefangenen-Dilemma

Das Solidaritätsspiel gehört damit in die große Klasse *sozialer Dilemma-Situationen*, die insgesamt dadurch gekennzeichnet sind, dass rationale Spieler zufolge einer desasterträchtigen Anreizstruktur Vorteile wechselseitigen Kooperierens verspielen. Das einfachste und zugleich bekannteste Beispiel einer solchen fallenartigen Situationsstruktur ist das sog. *Gefangenen-Dilemma* (prisoner's dilemma).

	kooperativ		unkooperativ	
kooperativ	R_1	R_2	S_1	T_2
unkooperativ	T_1	S_2	P_1	P_2

Abb. 6. Das Gefangenen-Dilemma

In einem einfachen 2-Personen-Gefangenen-Dilemma stehen sich zwei Spieler gegenüber, die jeweils zwischen einer kooperativen und einer unkooperativen Strategie zu wählen haben. In einer Matrix kann man das Spiel wie folgt charakterisieren.

Die linken [rechten] Einträge in den Zellen sind die Auszahlungen für den Zeilenspieler [Spaltenspielter]. In einem Gefangenen-Dilemma muss für die Auszahlungen gelten

$T_i > R_i > P_i > S_i$, i = 1,2.

Für jeden Spieler ist also einseitige Unkooperativität die beste, beidseitige Kooperativität die zweitbeste, beidseitige Unkooperativität drittbeste und einseitige Kooperativität die schlechteste Lösung. Nach Voraussetzung dürfen die Spieler sogar untereinander kommunizieren. Wichtig ist allerdings, dass *kein* Zwangsmechanismus zur Verfügung steht, der die Einhaltung von Vereinbarungen garantiert. Eine Analyse des Spiels ergibt, dass für beide Spieler Unkooperativität einzige beste Antwort auf beliebige Strategiewahlen des jeweils anderen, also eine *dominante* Strategie ist. Beidseitige Unkooperativität ist darüber hinaus Maximinpunkt und einziges Nash-Gleichgewicht. Die Wahl der unkooperative Strategie ist vor diesem Hintergrund einzige plausible Lösung des Spiels.[7] Genau dadurch aber verschenken die Spieler den möglichen Gewinn beidseitiger Kooperativität und führen ein Desaster herbei: Sie verspielen eine Alternative, die *beide besser gestellt hätte* (Suboptimalität, Pareto-Ineffizienz). Die individuell rationale Verfolgung von Interessen kann also eine *soziale Falle* sein.

(c) Das iterierte Solidaritätsspiel

Nun ist seit langem bekannt (vgl. Taylor 1976, Axelrod 1984, Friedman 1986) dass solche soziale Dilemma-Situationen bei *Iteration* des Basisspiels, also im Rahmen sog. *Superspiele,* Lösungen haben können, die vom Effekt her auf durchgängige Kooperation in allen Basisspielen hinauslaufen und in diesem Sinne *kooperativ auflösbar* sind – ein Resultat, das sich natürlich im

---

[7] Jeder andere Lösungskandidat würde der elementaren Anforderung, dass eine Lösung selbsttragend und selbststabilisierend sein muss, nicht gerecht.

Prinzip auch auf iterierte Solidaritätsspiele übertragen lassen muss. Solche kooperativen Lösungen existieren allerdings nur unter *zwei Voraussetzungen*:

Erstens müssen die Spieler über *bedingte* Superspielstrategien verfügen, durch die sie ihr eigenes Verhalten vom Verhalten des anderen abhängig machen. Solche Strategien machen es möglich, für Unkooperativität bzw. Unsolidarität des anderen im Anschluss durch eigene Unkooperativität bzw. Unsolidarität *Vergeltung* zu üben. Zwei gut untersuchte Strategien, die diese Eigenschaft haben, sind die TIT-FOR-TAT- und die TRIGGER-Strategie. Angewandt auf das iterierte Solidaritätsspiel wäre TRIGGER eine Superspielstrategie, die dem anderen solange und falls möglich im Bedürftigkeitsfalle hilft, wie der andere nicht in einer Situation, in der seine Hilfe benötigt worden wäre und er sie hätte geben können, eine Hilfeleistung verweigert. Nach der ersten unterlassenen Hilfeleistung des anderen ist TRIGGER *niemals wieder* zu einer Hilfeleistung bereit. TIT-FOR-TAT beginnt solidarisch, ist aber nach einer verweigerten Hilfeleistung *versöhnlicher* als TRIGGER: TIT-FOR-TAT ist auch nach vielen verweigerten Hilfeleistungen des anderen wieder zu Solidarität bereit, sofern nur zuvor der andere in einer Situation, in der er helfen konnte und seine Hilfe benötigt wurde, wieder half.

Für die Existenz solidarisch-kooperativer Lösungen ist die Existenz bedingter Superspielstrategien allein nicht hinreichend. Es muss *zweitens* eine hinreichend hohe Wahrscheinlichkeit eines nächsten Spiels geben. Nimmt man naheliegender Weise nämlich an, dass Spieler die Auszahlungen zukünftiger Spielperioden mit den Wahrscheinlichkeiten, diese Perioden überhaupt zu erreichen, *abdiskontieren*, dann kann die Vergeltungsdrohung ihre solidaritätsstiftende Wirkung natürlich nur dann entfalten, wenn der zu erwartende *zukünftige* Schaden so stark ins Gewicht fällt, dass er den *kurzfristigen* Vorteil einer verweigerten Hilfeleistung aufwiegt. Solidarische Lösungen sind also nur dann möglich, wenn es für beide Spieler jeweils hinreichend wahrscheinlich ist, dass sie es auch in der nächsten Periode wieder miteinander zu tun haben. Der Schwellenwert für diese Stabilitätswahrscheinlichkeit α_i hängt von den spielkonstitutiven Parametern ab und lässt sich berechnen. In einem iterierten Solidaritätsspiel sind Paare aus TIT-FOR-TAT- bzw. TRIGGER-Strategien jeweils Gleichgewichtslösungen gdw. für beide Spieler gilt:[8]

[2] $\alpha_i \geq 1/(1 - p_j(1-p_i) + p_i(1-p_j)(G-E)/(W-H))$.

Während also durch [1] charakterisiert wird, wann wechselseitige Solidarität vorteilhaft ist, wird durch [2] angegebenen, bei welcher Stabilitätswahrscheinlichkeit das wechselseitig Vorteilhafte auch *machbar wird*. Die Bedingung [2] soll daher auch *Machbarkeitsbedingung* heißen.

---

[8] Der Beweis ist allerdings etwas kompliziert.

Insgesamt soll es um Solidarbeziehungen unter *Ungleichen* gehen. Das Solidaritätsspiel bietet eine sehr naheliegende Möglichkeit, Ungleichheiten zu modellieren: Ungleich sollen die Individuen in dem Sinne sein, dass sie mit *unterschiedlichen Wahrscheinlichkeiten hilfsbedürftig werden*. Ich werde neun verschiedene *Risikoklassen* unterscheiden. Risikoklasse 1 wird mit der Wahrscheinlichkeit 0.1, Risikoklasse 2 mit der Wahrscheinlichkeit 0.2 hilfsbedürftig usw.. Was die Solidaritätskosten und Solidaritätsgewinne betrifft, so seien diese für alle Individuen unabhängig von ihrer Risikoklasse *gleich*. Die Ungleichheit wird daher *ausschließlich* über die Existenz unterschiedlicher Risikoklassen modelliert.

3.2 Zur Modellierung vorteilsorientierter Partnersuche

Für die Modellierung vorteilsorientierter Partnersuche soll von folgenden Grundideen ausgegangen werden: Die Individuen leben in einer *2-dimensionalen, zellulären Welt*. Sie haben *mehr oder weniger viele Nachbarn dieser oder jener Risikoklasse*. Nicht alle Plätze der Welt sind besetzt. Hin und wieder bekommen die Individuen *Wanderungsoptionen*, die ihnen innerhalb eines bestimmten Rahmens Abwanderungen erlauben. Sie nutzen diese Optionen für die Suche nach möglichst attraktiven Standorten. Die Individuen haben eine bestimmte *kognitive Ausstattung*, die ihnen z.B. die Identifizierung der Risikoklassen, denen andere angehören, erlaubt. Sie verfügen in einem bestimmten Umfang über *Informationen* darüber, wie es innerhalb bestimmter Grenzen um sie herum in ihrer Welt bestellt ist. Und sie sind so *intelligent*, dass sie aus ihren Informationen auch die Konsequenzen ziehen können. – Im Folgenden werde ich diese Leitideen erläutern:

(a) „Geometrie" der Sozialstruktur

Die Individuen gehören zu neun verschiedenen Risikoklassen und leben in einer 2-dimensionalen Welt (Torus). Ihre Nachbarschaft besteht aus der jeweils nördlichen, südlichen, östlich und westlichen Zelle (v. Neumann Nachbarschaft). In jeder Periode kann man an jeder seiner Flanken mit einem Problem konfrontiert sein. Ein „nördliches Problem" kann man nur mit Hilfe eines nördlichen Nachbarn lösen, ein südliches nur mit Hilfe eines südlichen Nachbarn usw. Jeder spielt *simultan und unabhängig voneinander* Solidaritätsspiele mit jedem seiner Nachbarn. Eine angrenzende Zelle kann leer sein. Leere Zellen können nicht helfen.

(b) Soziale Ursuppe

Durch einen Zufallsgenerator wird eine Anfangsverteilung von Individuen und leeren Zellen erzeugt.

(c) Wanderungschancen

In jeder Periode vergibt ein Zufallsgenerator mit einer vorgegebenen, konstanten Wahrscheinlichkeit Wanderungsoptionen. Solche Optionen können genutzt werden, müssen es aber nicht. Man kann nur zu leeren Zellen wandern. Die Wanderungen erfolgen sequentiell auf Basis einer Lotterie.

(d) Intelligenz und allgemein zugängliche Informationen

Jeder erkennt unmittelbar die Risikoklasse aller seiner Nachbarn. Jeder kennt die Solidaritätskosten und -gewinne. Die Wahrscheinlichkeit, eine Wanderungsoption zu erhalten, ist gemeinsames Wissen und wird benutzt, um eine pessimistische Schätzung dafür vorzunehmen, auch in der nächsten Periode noch zusammen zu sein. Jeder benutzt alle seine Informationen, um zu entscheiden, ob eine Solidarbeziehung mit einem bestimmten Nachbarn vorteilhaft und machbar ist oder nicht. Jeder weiß, dass Partner unterschiedlicher Risikoklassen unterschiedlich attraktiv sein können.

(e) Beste und schlechteste soziale Positionen

Jeder weiß, dass er – die eigene Risikoklasse gegeben – in einer besten sozialen Position ist, wenn er allseitig umgeben ist mit Individuen, die der besten Risikoklasse angehören, die gerade noch willens ist, mit ihm eine Solidarbeziehung aufzunehmen. Schlechteste soziale Positionen sind hingegen solche, an denen man von leeren Zellen umgeben ist oder nur von solchen Individuen, mit denen Solidarbeziehungen nicht machbar sind.

(f) Zufriedene und unzufriedene Individuen

Ein Individuum heißt zufrieden, wenn es auf einen bestimmten Anteil der Differenz zwischen den Auszahlungen an einer besten und einer schlechtesten sozialen Position kommt (Minimum-Niveau). Zufriedene Individuen wandern nur, wenn sich ihnen ein sozialer Standort anbietet, an dem sie mindestens so gut gestellt sind, wie am gegebenen Ort. Unzufriedene wandern immer und nehmen sogar Schlechterstellungen in Kauf, um von neuen Orten aus bessere Positionen zu finden. (Natürlich kann man vorsichtigere oder risikofreudigere Abwanderungsstrategien zugrundelegen.)

(g) Grenzen der Mobilität und des Wissens

Jedes Individuum kann immer nur innerhalb eines bestimmte Sektors der Welt wandern. Der Sektor ist ein Quadrat mit dem Individuum als Zentrum. Der Sektor wandert mit den Individuen. Die Individuen haben alle interessanten Informationen über diesen Sektor. Sie können alle leeren Zellen identifizieren und sie antizipieren die Auszahlungen, die sie an einem alternativen Ort erhielten.

3.3 Ein Computerexperiment

Nachdem die Grundannahmen des Modells hinreichend geklärt sind, werde ich im Folgenden ein Experiment beschreiben. Durchgeführt wird das Experiment auf einem *Computer*, für den ein entsprechendes Programm geschrieben wurde. Die Randbedingungen des Experiments sind in Abbildung 7 gegeben.

RANDBEDINGUNGEN DES EXPERIMENTS

Auszahlungen: **Gerettet** = 5 **Ertrinken** = 1 **Weitergehen** = 7 **Helfen** = 6

$$\Rightarrow \frac{\text{Gewinn}}{\text{Kosten}} = 4$$

Wahrscheinlichkeit einer Wanderungsoption: 0.15 ⇒ α ≥ 0.723

Individuen je Risikoklasse: 35 ⇒ 315 Individuen gesamt / 136 freie Plätze

Mindesniveau   = 50 %

Mobilitätsradius = 5 Zellen in jede Himmelrichtung

Größe der Welt   = 21 × 21 Zellen, also 441 Zellen insgesamt (Torus).

Abb. 7. Randbedingungen des Computerexperiments

Die Abbildung 8 zeigt die zufällig erzeugte soziale Ursuppe. Abbildung 9 zeigt den Zustand der Welt nach 1000 Perioden freier und vorteilsorientierter Partnerwahl.

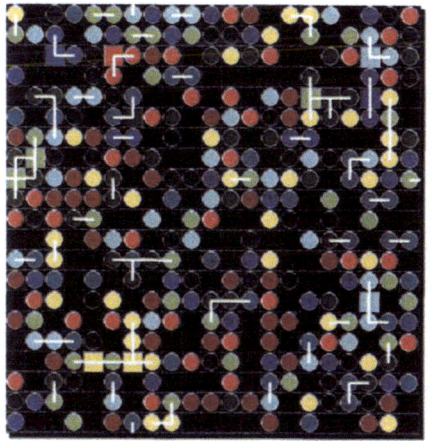
Abb. 8. Soziale Ursuppe

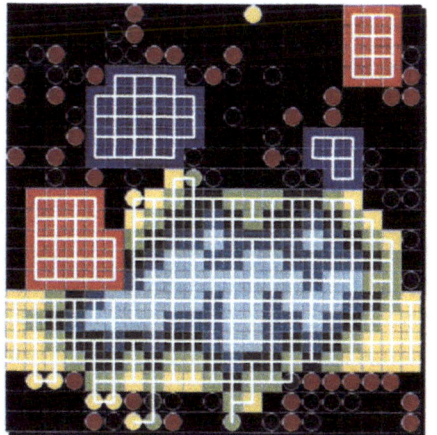
Abb. 9. Nach 1000 Perioden

Für die *Interpretation* der Abbildungen ist zu beachten:

- Schwarze Zellen sind leere Zellen.
- Die unterschiedlichen Farben repräsentieren Individuen unterschiedlicher Risikoklassen. Die Legende gibt an, welche Risikoklasse durch welche Farbe repräsentiert wird.
- Runde Individuen sind *entweder* unzufrieden und erreichen also nicht das Mindestniveau; *oder aber* sie sind Individuen, die unter den gegebenen Bedingungen prinzipiell keine Solidarpartner finden können. Bis an die Zellengrenzen ausgefüllte Individuen sind solche zufriedenen Individuen, die Partner finden können und durch erfolgreiche Partnersuche das Mindestniveau (oder auch mehr) erreichten.
- Die kurzen weißen Verbindungslinien zwischen zwei Individuen zeigen an, dass zwischen ihnen eine Solidarbeziehung besteht.

Abbildung 8 zeigt, dass vor Beginn der systematischen und vorteilsorientierten Partnersuche nur ganz vereinzelt Individuen zufrieden sind. Die meisten befinden sich an Orten, wo sie weit unterhalb des Mindestniveaus bleiben. Zugleich ist deutlich, dass bereits unter Bedingungen der sozialen Ursuppe eine Reihe von Solidarbeziehungen bestehen. Allerdings sind es nicht sehr viele. Wäre die Welt dünner besiedelt worden, würde ihre Zahl drastisch abnehmen. Vielleicht überrascht es, dass Solidarbeziehungen auch unter Unzufriedenen bestehen, denn jedes Individuum weiß, dass Unzufriedene jede Möglichkeit der Abwanderung nutzen werden. Es ist daher gemeinsames Wissen, dass Solidarbeziehungen unter Unzufriedenen mit hoher Wahrscheinlichkeit durch Abwanderung zerbrechen werden. Wenn gleichwohl Solidarbeziehungen unter ihnen bestehen, dann deshalb, weil bei der gegebenen und jedermann bekannten Wahrscheinlichkeit, mit der in jeder Periode Wanderungsoptionen verteilt werden, die für Solidarbeziehungen erforderlichen Stabilitätserfordernisse immer noch erfüllt sind. So wird Solidarität unter Individuen möglich, die genau wissen, dass sie lediglich *fellow travellers* sind, die auf der Suche nach Orten, wo sich besser leben lässt, einige Zeit zusammen verbringen.

Schon bei einem *ersten Blick* auf die Abbildung 9 springt ins Auge, dass sich aus einer zufällig erzeugten sozialen Ursuppe *geordnete Solidarstrukturen* gebildet haben. Was die leitende Frage nach Solidarstrukturen in einer Welt rationaler Egoisten betrifft, kann man in einer *ersten groben Näherung* offenbar sagen: *Auch in einer Welt rationaler Egoisten, die die Natur ungleich ausgestattet hat und die vorteilsorientiert ihre Partner suchen, kann es Solidarnetzwerke geben.* Innerhalb solcher Netzwerke gibt es dabei aber ein Phänomen, das man als Tendenz zu einer *recht massiven Klassensegregation* bezeichnen könnte: Längst nicht jeder tut sich mit jedem zusammen, sondern die Nachbarschaften sind sehr stark strukturiert.

Insgesamt stößt man bei einem mehr ins einzelne gehenden Blick auf mindestens *drei* ebenso bemerkenswerte wie aufklärungsbedürftige Phänomene:

- Es gibt Risikoklassen, innerhalb derer *kein Mitglied irgendeinen Solidarpartner finden konnte.* Dies betrifft die extrem gute Risikoklasse 1 *und* die extrem schlechte Risikoklasse 9.
- Es gibt Risikoklassen, deren Angehörige *ausschließlich unter sich* Solidarbeziehungen eingegangen sind. Dies betrifft die relativ gute Risikoklasse 2 *und* die relativ schlechte Risikoklasse 8.
- Angehörige *mittlerer* Risikoklassen haben *Solidarpartner sowohl innerhalb der eigenen Klasse wie auch in relativ nahestehenden Risikoklassen* gefunden. *Die Klassensegregation scheint zur Mitte der Risikoklassen hin weniger ausgeprägt.*

Für ein Verständnis dieser Phänomene muss man sich in Erinnerung rufen, dass in einer Welt rationaler Egoisten Solidarbeziehungen nur dann möglich sind, wenn sie sowohl der Vorteilhaftigkeitsbedingung nach [1] als auch der Machbarkeitsbedingung aus [2] genügen. Eine genauere Analyse von [1] zeigt, dass im Verhältnis zweier Risikoklassen zueinander insbesondere drei Dinge für die Frage wichtig werden, ob Solidarbeziehungen zwischen ihnen wechselseitig vorteilhaft sind:

- Die Risikoklassen, denen die Individuen angehören, dürfen *nicht zu weit* auseinanderliegen.
- Je *besser* das Verhältnis zwischen Solidaritätsgewinn und -kosten, um so *weiter* dürfen die Risikoklassen *maximal* auseinanderliegen.
- Zu den *Extremen* der Risikoklassen hin dürfen die Klassen *weniger weit* auseinanderliegen *als bei eher mittleren* Risikoklassen.

Was die Machbarkeitsbedingung aus [2] betrifft, so gilt:

- Je weiter die Risikoklassen auseinanderliegen, um so höher sind die Anforderungen an die Stabilitätswahrscheinlichkeit.
- Je *besser* das Verhältnis zwischen Solidaritätsgewinn und -kosten, um so *niedriger* sind die Anforderungen an die Stabilitätswahrscheinlichkeit.
- Je *schlechter* bzw. je *besser* zwei Risikoklassen, um so *höher* die Anforderungen an die Stabilitätswahrscheinlichkeit.

Die Ursache für den letzteren Effekt ist folgende: Treffen zwei extrem gute bzw. zwei extrem schlechte Risiken aufeinander, dann haben sie es *erheblich schwerer als eher mittlere Risiken,* sich über die Drohung, verweigerte Hilfeleistung zukünftig zu vergelten, wechselseitig zu Solidarität zu motivieren. Grund dafür ist, dass zwei extrem gute Risiken mit vergleichsweise hoher Wahrscheinlichkeit *gemeinsam* nicht hilfsbedürftig sind, und daher *nie-*

mand Hilfe braucht. Zwei extrem schlechte Risiken werden hingegen mit vergleichsweise hoher Wahrscheinlichkeit *beide* hilfsbedürftig werden, so dass *niemand Hilfe geben kann.* Beides hat die *gleiche* Konsequenz: Der durch unsolidarisches Verhalten verspielte, zukünftige Nutzen ist viel geringer als bei Solidarpartnern aus mittleren Risikoklassen. Eine gegebene Stabilitätswahrscheinlichkeit, die für eher mittlere Risikoklassen solidarische Lösungen erlaubt, ist daher für Paarungen extremer Risikoklassen evtl. nicht mehr hinreichend.

Eine Übersicht über die hier angesprochenen *Paarungsprobleme* gibt Abbildung 10:

Risikoklasse	eher schlecht	eher mittleres Risiko	eher gut
eher schlecht	Es wird schwierig, die Machbarkeits-Bedingung zu erfüllen.		Vorteilhaftigkeits- und Machbarkeits-Bedingung sind schwer erfüllbar.
eher mittleres Risiko		Vorteilhaftigkeits- und Machbarkeits-Bedingung sind leichter zu erfüllen.	
eher gut	Vorteilhaftigkeits- und Machbarkeits-Bedingung sind schwer erfüllbar.		Es wird schwierig, die Machbarkeits-Bedingung zu erfüllen.

Abb. 10. Paarungsprobleme

Wechselseitige Solidarität ist in einer Welt rationaler Egoisten offenbar tendenziell eher ein Phänomen „mittlerer Bedürftigkeit".

Natürlich hängt das in Abbildung 9 gezeigte Resultate von den gewählten Randbedingungen ab. Z.B. verändern sich mit einem besseren bzw. schlechteren Verhältnis von Solidaritätskosten zu Solidaritätsgewinnen die „Paarungsmöglichkeiten". Über die sich jeweils ergebenden Effekte läßt sich durchaus eine systematische Übersicht gewinnen. Ebenso ist klärbar, wie nahe die durch Selbstorganisation entstehenden Netzwerke an bestimmte Optima kommen. Man könnte sich fragen, wie sich altruistisch überformte Präferenzen oder auch ein nicht-spieltheoretische, sondern eher adaptiv-lernende Mikrofundierung auswirken würde. All diese hier angedeuteten

Fragen wurden in dem DFG-Projekt *Die Dynamik sozialer Dilemma-Situationen, modelliert im Rahmen zellulärer Automaten* von Andreas Flache und mir untersucht.[9]

4. Perspektiven und Probleme zellulären Modellierens

Es gibt im sozial- und verhaltenswissenschaftlichen Bereich heute zahlreiche zelluläre Modellierungen. Ökonomische Beispiele betreffen Preisbildungsprozesse, Diffusion von Innovationen oder auch den regionalen Strukturwandel (vgl. Keenan/O'Brien 1993; Bhargava/Kumar/Mukherjee 1993; Balmann 1997). Axelrod modellierte einfache Dynamiken für die Ausbreitung kooperativer und unkooperativer Verhaltensweisen (Axelrod 1984, 158 ff.). Im Anschluss an Axelrod haben die Biologen M. Nowak und May in zweidimensionalen zellulären Automaten die Evolution von kooperativem Verhalten unter einer Reihe verschiedener Randbedingungen untersucht (M. Nowak/May 1993). A. Nowak, Szamrej und Latane haben die Dynamik von Meinungsbildungsprozessen untersucht (vgl. Latane/Szamrej/A. Nowak 1990). Grundlegende sozialtheoretische Fragestellungen werden in Epstein/Axtell (1996) angegangen.

Fragt man sich nun insgesamt und rückblickend, wozu der zelluläre Modellierungsansatz gut sein könnte bzw. was durch den zellulären Modellierungsansatz gewonnen werden kann, dann lässt sich insbesondere sagen:

(a) Besseres Verstehen von Mikro/Makro-Beziehungen:
Zelluläre Modelle zeigen, wie bestimmte *Makroeffekte* Resultat einer Dynamik sein können, die auf einer *Mikroebene* wirkt. Geordnete Strukturen, seien es Cluster oder Segregationsmuster, können durch nur lokal wirkende Regelmäßigkeiten einer Mikroebene erzeugt und daher auch unter ausschließlichem Rückgriff auf diese erklärt werden. Die *einfache Visualisierbarkeit* niedrig-dimensionaler CA macht es dabei in der Regel leicht, entstehende Makroeffekte zu bemerken.

(b) Besseres Verstehen des Phänomens unintendierter Konsequenzen
Die Makroeffekte sind häufig gute Beispiele dafür, wie sich als Resultate bestimmter Reaktions- und Interaktionsmuster bestimmte *unintendierte Konsequenzen sozialen Handelns* einstellen. Am Beispiel des Modells von Schelling: Individuen müssen keine Präferenz dafür haben, ausschließlich unter Angehörigen ihrer Hautfarbe zu leben; und doch werden sie praktisch ausschließlich unter ihresgleichen leben, wenn sie jedenfalls 30 % Angehörige ihrer eigenen Hautfarbe in ihrer Nachbarschaft haben wollen.

---

[9] Der Abschlussbericht findet sich unter http://www.uni-bayreuth.de/departments/philosophie/deutsch/dfg/index.html.

(c) Qualitative Erklärungen und Prognosen für Reale-Welt-Phänomene
Selbst wenn Modelle radikal vereinfachen, idealisieren und auf Annahmen beruhen, die empirisch alle falsch sind – wir leben z.B. nicht auf einem Schachbrett –, so können sie gleichwohl in einem *schwachen* Sinne zu Erklärungs- und Prognosezwecken für Phänomene in der wirklichen Welt herangezogen werden. Trotz ihrer Einfachheit könnten die Modelle nämlich bestimmte grundlegende Züge und Mechanismen immerhin so gut treffen, dass *qualitative* Erklärungen bzw. etwas, das man „Verstehen im Prinzip" nennen könnte, möglich werden.

(d) Sozialtheoretische Grundlagenforschung
Schon von ihrem konzeptuellen Rahmen her, gibt es in zellulären Modellen eine inhärente Dezentralität. In den oben vorgestellten Modellen gibt es keine zentrale Instanz, die bestimmte Ordnungen schafft. So sind die entstehenden Solidarnetzwerke dezentral von den Individuen selbst erzeugt. Modelle dieses Typs eröffnen die Perspektive auf eine neue Art sozialtheoretischer Grundlagenforschung: Auf der Linie von Modellen, wie den hier vorliegenden, müsste es im Prinzip möglich sein, Hinweise darauf zu erhalten, wie weit das ordnungspolitische Paradigma der *invisible hand*, nach dem vorteilsorientierte Akteure auch auf der Makroebene wünschenswerte Resultate herbeiführen, eigentlich trägt. Der zelluläre Ansatz bietet sich z.B. an, um der Frage nachzugehen, wie nahe in bestimmten Situationen Individuen, die nur über lokale Informationen verfügen und auch nur lokal agieren, an bestimmte globale bzw. kollektive Optima kommen.

(e) Mit unterschiedliche Mikrofundierungen experimentieren
Die Frage nach der adäquaten Mikrofundierung des menschlichen Handelns ist ebenso zentral wie ungelöst. Es drängt sich geradezu auf, die Effekte, die unterschiedliche Mikrofundierungen in bestimmten Kontexten haben, im zellulären Rahmen zu vergleichen und etwa eine antizipierend-rationale mit einer rückblickend-adaptiven zu vergleichen. Ganz analog lassen sich die Effekte z.B. einer mehr oder weniger starken moralischen bzw. altruistischen Überformung von egoistischen Präferenzen studieren.

(f) Komplexität als Konsequenz einfacher Regeln erkennen
In zellulären Modellen wird die Dynamik in der Regel durch relativ einfache Regeln getrieben. Gleichwohl erzeugen die Modelle geordnete Strukturen von großer Komplexität. In *heuristischer* Hinsicht macht dies darauf aufmerksam, dass dort, wo große Komplexität ist, nicht zwangsweise hoch komplexe Regeln zugrunde liegen *müssen*.

(g) Ein Gefühl für die Konsequenzen von Annahmen bekommen

Was sich für ein beteiligtes Individuum als unintendierte Konsequenz darstellt, ist für den Konstrukteur eines Modells häufig eine völlig *überraschende Konsequenz* seiner Annahmen. Unser Vermögen, die logischen Konsequenzen unserer Annahmen zu übersehen, ist nämlich nicht sehr gut. Dies gilt insbesondere dann, wenn die Annahmen durch Iteration erzeugte Dynamiken betreffen. Ist man auf die überraschenden Konsequenzen gestoßen, dann wird man natürlich häufig in der Lage sein, sie zu verstehen und zu erklären. Aber dazu müssen sie erst einmal gefunden sein.

(h) Als Instrument der Theorieentwicklung nutzen

Es macht durchaus Sinn, auch ohne gesicherte Grundlagen soziale Dynamiken zu modellieren und zu simulieren. Ziel kann nämlich auch sein, durch die Analyse des Verhaltens eines Modells überhaupt erst einmal ein Gefühl für die Brauchbarkeit der theoretischen Grundannahmen zu bekommen. Am Beispiel der Modellierung von Solidarnetzwerken: Das Modell produziert Effekte, wie z.B. bestimmte Segregationsmuster, die – nimmt man sie *qualitativ* – auch empirisch interessant sind. Das Modell stößt auf Mechanismen, die für Erklärungen genutzt werden können. Das Modell sensibilisiert daher sowohl in empirischer wie explanatorischer Hinsicht und hat insofern einen heuristischen Wert, der sich für die Theorieentwicklung nutzen lässt.

(i) Mit elementaren Mechanismen beginnen

Es müsste nicht prinzipiell so sein, ist de facto aber häufig so, dass zelluläre Modelle eingesetzt werden, um einzelne und basale soziale Mechanismen in ihrer komplexen Dynamik zu verstehen. Die Modelle sind *gerade nicht* vom Typus jener Welt- oder Klimamodelle, in denen eine ungeheure Anzahl von mehr oder (häufig!) weniger gut verstandenen Einzelmechanismen miteinander gekoppelt werden. Gegeben den Wissensstand in vielen Bereichen der Sozial- und Verhaltenswissenschaften dürfte der Ansatz bei einzelnen basalen Mechanismen die derzeit einzige Chance sein, einem Verständnis von Effekten bzw. resultierenden Strukturen näher zu kommen.

Die *Crux* des zellulären Modellierens sind demgegenüber *Artefaktgefahren*, die zum Teil gerade mit den typischen Idealisierungen zusammenhängen. So können Resultate wesentlich von der *Gestalt* der Welt abhängen, also z.B. davon, ob ein Torus oder aber ein endliches Schachbrett zugrunde gelegt wird. Die Welt*größe* kann wichtig sein. Effekte, die bei simultanem Updaten auftreten, können bei sequentiellem verschwinden. Die *Diskretisierung* von Zellzuständen kann zu einer Dynamik führen, die sich in ihren

Effekten vom *kontinuierlichen* Fall drastisch unterscheidet.[10] Art und Stärke von Effekten können davon abhängen, ob ein reguläres oder aber ein irreguläres Gitter zugrundegelegt wird, wobei auf letzterem die Zahl der nächsten Nachbarn relativ stark schwanken kann.

Das Auftreten von Effekten dieser Art macht deutlich, dass *Sensitivitätsanalysen* bzgl. der Weltgestalten, -größen, -dimensionen und Gitterstrukturen, bzgl. der gewählten Updating-Prozeduren und der Art, wie Zellzustände modelliert werden, *ein integraler Bestandteil zellulären Modellierens sein sollten*.

Literatur

Albin PS (1975) The Analysis of Complex Socioeconomic Systems. Lexington Books, London

Albin PS (1998) Barriers and Bounds to Rationality – Essays on Economic Complexity and Dynamics in Interactive Systems. Princeton UP, Princeton

Axelrod R (1984) The evolution of cooperation, New York; dt.: Die Evolution der Kooperation. Oldenbourg, München 1987

Balmann A (1997). Farm-based Modelling of Regional Structural Change: A Cellular Automata Approach. European Review of Argricultural Economics 24:85–108

Bhargava SC, Kumar A, Mukherjee A (1993) A Stochastic Cellular Automata Model of Innovation Diffusion. Technological Forecasting and Social Change 44:87–97

Epstein JM, Axtell R (1996) Growing Artificial Societies – Social Science from the Bottom Up. MIT Press, Cambridge, MA

Flache A, Hegselmann R (2000). Abschlußbericht des Forschungsprojekts „Dynamik sozialer Dilemma-Situationen" http://www.uni-bayreuth.de/departments/philosophie/deutsch/dfg/index.html

Friedman JW (1986) Game theory with applications to economics. 2nd ed 1991. Oxford UP, Oxford

Gerhardt M, Schuster H (1995) Das digitale Universum – Zelluläre Automaten als Modelle der Natur. Vieweg, Braunschweig

Hegselmann R (1994) Zur Selbstorganisation von Solidarnetzwerken unter Ungleichen – Ein Simulationsmodell. In: Homann K (Hrsg) Wirtschaftsethische Perspektiven I – Theorie, Ordnungsfragen, Internationale Institutuionen. Duncker & Humblot, Berlin, S 105–129

Hegselmann R (1996) Cellular automata in the social sciences – perspectives, restrictions, and artefacts. In: Hegselmann R, Troitzsch KG, Mueller U (eds) Modeling and Simulation in the Social Sciences from the Philosophy of Science Point of View. Theory and Decision. Library, Dordrecht, pp 209–234

Hegselmann R (1996a) Social Dilemmas in Lineland and Flatland. In: Liebrand WBG, Messick D (eds) Frontiers in Social Dilemmas Research. Springer, Berlin, pp 337–362

Hegselmann R (1996b) Understanding Social Dynamics – The Cellular Automata Approach. In: Mueller U, Gilbert N, Troitzsch K, Doran J (eds) Social Science Microsimulation. Springer, Berlin, pp 282–306

---

[10] In Hegselmann/Flache/Möller (1999) wird dies für bestimmte Meinungsbildungsdynamiken untersucht. Während auf Basis *diskretisierter* Meinungen stabile Cluster entstehen, konvergiert das System für den *kontinuierlichen* Fall gegen einen universellen Konsens. Das qualitative Systemverhalten ist also auf Basis diskretisierter und nicht-diskretisierter Meinungen drastisch unterschiedlich.

Hegselmann R, Flache A (1998). Understanding Complex Social Dynamics – A Plea For Cellular Automata Based Modelling. Journal of Artificial Societies and Social Simulation 3 [http://www. soc.surrey.ac.uk/JASSS/1/3/1.html]

Hegselmann R, Flache A, Möller V (1999) Solidarity and Social Impact in Cellular Worlds – Results and Sensitivity Analyses. In: Suleiman R, Troitzsch KG, Gilbert N (eds) Social Science Microsimulation – Tools for Modeling – Parameter Optimization and Sensitivity Analysis. Physica, Heidelberg, pp 151–178

Keenan DC, O'Brien MJ (1993) Competition, Collusion, and Chaos. Journal of Economic Dynamics and Control 17:327–353

Sakoda JM (1949) Minidoka – An analysis of changing patterns of social interaction. Unpublished doctoral dissertation. University of California, Berkeley

Sakoda JM (1971) The checkerboard model of social interaction. Journal of Mathematical Sociology 1:119–132

Schelling T (1971) Dynamic models of segregation. Journal of Mathematical Sociology 1: 143–186

Smith A (1759) Theory of Moral Sentiments. Oxford UP, Oxford 1976

Taylor M (1976) Anarchy and cooperation. Wiley & Sons, London

Toffoli, T., Margolus, N. (1987). Cellular automata machines – A new environment for modeling. MIT Press, Cambridge (MA).

Wolfram S (1994) Cellular Automata and Complexity – Collected Papers. Addison Wesley, New York.

Namen- und Sachverzeichnis

ABEL 53
Abhandlung 312
abnorme Persönlichkeiten 159
ADAM 332 ff.
ADDISON, JOSEPH 302
Adipositas 62
Adoptionsstudie 170 f.
Affektregulation 118
Aflatoxin B 38
Aggression 15, 171 ff.
Agnostizismus 342 f.
AKERS 163
akute lymphatische Leukämie 31
ALBERTI, CONRAD 249, 257
ALBIN, PETER S. 364
Alchimie 243 ff.
Alkohol und Drogen
 – Missbrauch 64
alte Literatur 303
ALTENBERG, PETER 280
Altruismus 12, 14
ALTSHULER 57
Amerikaner
 – mexikanischer Abstammung 59, 61
ANANKE 219, 262
ANDERSEN, HANS CHRISTIAN 301
Andhra Pradesh 50
Anfälligkeits-Gene 61
Angst 172, 176
Angstlosigkeit 171
Anlage 83, 89, 154, 159
Anlage-
 – täter 161
 – theorie 222, 238
 – verbrecher 161
Anomalien 155, 171
 – neurologische 68
Anomie 164, 167, 208, 210
Anthropologie 25
anthropologische Konstante 341
Anthropomorphisierung 315

Antibiotika 54
Anti-Darwinismus 211
Antidemokratismus 194
Antiintellektualismus 194
Antikörper 56
Anti-Psychiatrie 66
Antisemitismus 274, 276
antisoziale Persönlichkeitsstörung 172
Armut 193
artifizielle Intelligenz 336
ASCHAFFENBURG, GUSTAV 160
Assimilation 273, 286
Assoziations-Studie 69
Ästhetizismus 325
Atheismus 342 f.
Aufartung des Volkes 161
Auferstehung 333 f., 347, 350
Augenhintergrunds-Veränderungen 61
Auslese 187, 197 f., 202
Autobiographie s. a. Biographie 307, 309, 313, 316
Autoimmun-Mechanismen 56
autonome Erregbarkeit 114
AXELROD 367, 375

BAECK, LEO 290
baihua 300
Bakterium, infizierendes 72
BALMANN 375
Bambusschatten 321
BANDURA 163
BANG, HERMAN 248
BARENBOIM, DANIEL 275
BASSERMANN, ALBERT 274
Bauchspeicheldrüse 55
BAUDELAIRE, CHARLES B. 269, 305
BAUER, BRUNO 269
BAUER, WOLFGANG 298
BCR-ABL-Rekombination 31
BECCARIA, CESARE 154, 167
BECKMANN, MAX 65, 274

BEETHOVEN, LUDWIG VAN 275
Begabung 78, 86, 90
Behaviorismus 238, 240
Beiying 323
BELLAMY 53
BELLER, STEVEN 291
Belohnungsabhängigkeit 112
BENJAMIN, WALTER 275
BENN, GOTTFRIED 276, 280 f.
BENOIT, Jesuitenpatre 299
BENTHAM, JEREMY 154, 167
Benzo(a)pyren 38
BERTRAND, ALOYSIUS 305
Besserung 156, 158
Bevölkerungsgruppen
– europäische 61
Bevölkerungstheorie 187
BHARGAVA/KUMAR/MUKHERJEE 375
bi 311
Bigong 304
bijisuibi 307
Bild im Spiegel 318
Bildbeschreibungen 325
Bildung s. a. Milieu 78 f.
– Chancen 204
– kompensatorische 78
Bindungsforschung 126
Bindungstheorie 167
BING XIN 306, 315
Bioethik 23
Biographie s. a. Autobiographie 177, 310
biologische Gesetzmäßigkeiten 162
biologische Handlungstheorie 171 f.
biosoziale Perspektiven in der Kriminologie 168
BLEIBTREU, KARL 249, 258
Blindheit 61
BLOCH, ERNST 274 f.
BLOOM, BENJAMIN 78
Blutgefäß-Störungen 61
Blut-Gerinnungsstörungen (Thrombosen) 53
Blutgruppen 53
Blutsverwandte 58
Blutzucker 54, 61
BO JUYI 301, 325
BÖLSCHE, WILHELM 218, 248
Bonobo 2, 7, 17
BORCHARDT, RUDOLF 280
borderline states 65
BORN, MAX 287
Boten-Ribonukleinsäure 59

BOTTICELLI 325
BOVERI, T. 30
BOWLBY, JOHN 126
Boxer-Aufstand 299 f.
BRAHM, OTTO 278, 287
BRANDES, GEORG 258
BRECHT, BERTOLT 237, 274 f., 280
Briefroman 315
Bronchialkarzinom 37
BRUNNER et al. 134
BUDDHA 350
BURGESS 163
BUSS UND PLOMIN 106

California Psychological Inventory 172
Calpain
– Protein 73
calpain-like cysteine protease 61
Calvinismus 201, 208
Cannon 65
CAREY 169
CASSIRER, BRUNO C. 277
CAVALLI-SFORZA, L. L. 17
CHAKRAVARTTI 50
Chan-Kloster 316
chanqu 318
CHATEAUBRIAND, FRANÇOIS 305
Chemo-
– prävention 39
– therapie 48
CHEN HENGZHE 301, 314 f., 322
CHEN PINGYUAN 306 ff., 315 f., 326
CHENG FANGWU 309
Chicago-Schule 165
chinesische Dichtungstheorie 318, 321, 323
chinesische Lyriktradition 297 f., 309, 316, 322, 325
CHRISTIANSEN 168
Chromosom 2 59, 73
Chromosom 6
– kurzer Arm von 71
Chromosomen 57 f., 74
– anomalien 171
– störungen 31
Chuci 311
chujing shengqing 308
Ci- und Shi-Dichtung 309
CICHON 72
Ci-Dichtung 311
CLONINGER, C. R. 111
CLOWARD 165
COHEN, HERMANN 165, 290

COMTE, AUGUST 204, 222, 239, 250
conditio humana 338
CRAMER, B. 123
CRICK, FRANCIS 4
culturgens 16
Cyberspace 335
Cystein 61

DALGARD 169
Daocaoren 301, 314
DARWIN, CHARLES 3, 14, 183 f., 186, 190, 192, 197, 220, 224, 230, 236, 240 f., 258 f.
Darwinismus 192, 230, 236, 238, 257
Darwinist 258
Daseinskampf 251
DAWKINS, RICHARD 13
DE CASTILIOGNE, GUISEPPE 299
DEBON, GÜNTHER 299, 318
Décadents 246
Definitionsmacht 166
defizitäre Sozialisationsbedingungen 167
Defizit-Symptome 63
Degeneration 232
Dekadenz 221
deklarative Prozesse 99
deklarative und prozedurale Kompetenzen 83
Demokratie 212
Denkstörungen 63
DESCARTES 331 ff.
Deszendenzmoral 257
Determination s. a. Anlage 68, 157 f., 248, 251
Determiniertheit 252
Determinismus 156, 220, 222 ff., 228 f., 250, 259 f.
deus absconditus 335
Deutscher Soziologentag 196, 199, 213
Deutschland 59
DE VRIES 53
Dharma 318
Diabetes 55, 61, 71, 73
 - Ausbruch 56
 - eineiiges Zwillingspaar 50
 - Häufigkeit 54
 - hohe 59
 - mellitus 45, 47, 54, 62, 69, 72
 - Typ 1 56, 73
 - Typ 2 45, 56, 58 f., 61, 69, 73
diagnostische Kriterien
 - moderne, standardisierte 64
DIAMOND, J. 17

Dickdarmkarzinom 33
 - erblich 41
Differentialpsychologie 84
differentielle
 - Assoziation 163
 - Sozialisation 164, 166
 - Verstärkung 163
Differenzierungs-Störungen 73
DILTHEY, WILHELM 290
Diskordanz 159
dissoziatives Kontinuum 133
DNA 56
 - Basen 59
 - Basen-Reihenfolge 58
 - Basensequenz
   - Sequenzierung 46
 - Ebene 53
 - Marker 69, 73
 - Merkmale 50
 - Polymorphismen 58
 - Reparatursysteme 34
 - Sequenzierung 6, 74
 - Struktur 46
 - Varianten 58
DÖBLIN, ALFRED 272, 277, 280, 287
domänspezifische
 - Kompetenzen 86
 - Lernpotentiale 83
Dopamin 68
Dopamin-Rezeptoren 69
DÖRNER 62
DORNES, M. 121
DOS PASSOS, JOHN 289
double-bind-Theorie 67
DREYER 55
Drittes Reich 160 ff., 168
DU FU 301
DÜHRING, EUGEN 274
Durchfalls-Erkrankungen 52
DURKHEIM, EMIL 164, 206, 211

EBERHARD-METZGER 48, 72
Ecogenetik 39
EGGERT, MARION 313
Egoismus 193
Egoisten, rationale 364, 372, 374
eineiige Zwillinge 12
Einsiedler 308
Einssein von Mensch und Natur 318, 321
EINSTEIN, ALBERT 287
EINSTEIN, CARL 275, 277

Eiweiß-Stoffwechsel 61
Elektroenzephalogramme 172
ELIADE, MIRCEA 341 ff.
ELIAS 347
Elohim 346 ff.
Eltern 173
Embryo
– Frühentwicklung 68
emotionale Verfassung 308
Emotion 311
– System 98
Entartung 221, 246
Entstehung der Sprache 16
Ent-Täuschung 326
Entwicklung 84
– berufliche 91
Entwicklungen
– in der Kriminologie 154
– naturwüchsige 84
Entwicklungs-
– determinanten 96
– Stabilität kognitiver Merkmals-
differenzen 89
– störungen des Gehirns 68
– unterschiede 87
Epidemiologie
– genetische 50
– medizinische 46
epidemiologische Daten 63
epigenetische Modifikationen 32
epigenetische Zwischenebene 74
epigenetischer Mechanismus 62
Episches 326
EPSTEIN/AXTELL 375
Erb- und Rassehygiene 161
Erbanlagen s. a. Anlagen
– Personen mit den gleichen 52
Erbe 83
Erbgut 316, 326
ERDMANN, KARL DIETRICH 77
Erinnerungen 313, 323
Erkrankungsrisiko 62
– genetische Faktoren 47
Erleben und Verhalten
– Anomalien 45
Erlebnis-Welt
– Besonderheiten 73
Ernährung 56, 63, 73
Ernährungsforschung 46
Ernährungs-Wissenschaftler 56
Essigprobe 297
Ethologie 10

Eugenik 221, 256, 259, 262
eugenische Kontrolle 223
europäische Religionsgeschichte 337, 344, 351
europäische Renaissance 299
Evolution 21, 258 f.
– biologische Perspektive 96
– Geschichte 220 f.
– Theorie 187, 220
Exons 59
Experimental-
– poetiker 245
– roman 226, 228 f., 246
– romancier 237
Experimentator 229
Experimentierfeld 240
Expressionismus 279, 292
expressive Stimmung 308
Extraversion 166
EYSENCK 166
EZECHIEL 347
EZ-Paare
– diskordante 52
EZ und ZZ unterscheiden
– Methoden 50

familiale Integration 173
familiale Sozialisationsbedingungen 174
familiäre Krebsformen 40
Familienstudie 64
Familienuntersuchungen 53
FAN ZHONGYAN 304
FARAONE 47
Farben 311
Farbige in den USA 204
FARMER 65
Faschismus 247
FENG WENBING 309
FERRI, ENRICO 155, 157 f.
Fettsucht s. a. Adipositas 61, 63
FEUERBACH 220
Feuilleton 19, 312
Finnland 59
FISCHER, SAMUEL 274, 277 f.
FLACHE 355
FLAKE, OTTO 280
FLAUBERT, GUSTAVE 233
FLECHTHEIM, ALFRED 277
FONTANE, THEODOR 279
Förderung 177
FOREL, AUGUST 257
FRANCK, JAMES 287

Frankreich 59
FRANZEK 65
Freie Bühne 278
freier Wille 154
Freiheit 185
FREUD, SIGMUND 27, 247, 284, 291
FRIEDMAN 367
FRISCH, KARL von 10
FRITSCH, THEODOR 274
Fulguration 138
FÜRST XI VON LU 304
FURTWÄNGLER, WILHELM 274

GABRIELLI 170
GALTON, FRANCIS 221, 241
GAROFALO, RAFFAELE 156
Gaspard de la nuit 305
Gattungsmerkmale 309
GAY, PETER 274 f.
geborener Verbrecher 155 f.
GEBRÜDER GRIMM 301
Gedichte 307, 311
 – der Tang-, Vor-Tang- und Song-Zeit 315 f.
Gefangenen-Dilemma 366
Gehirnentwicklung s. a. Entwicklung
 – leichte Störungen 68
GEIGER, LUDWIG 271
Geisteskrankheiten 160
Gelehrten-Beamte 299
Gelehrten-Einsiedler 326
Gemütsverfassung 309, 313, 319
 – der Frau 321
Gen 5, 30, 93
 – für bestimmte Krankheiten 57
 – Koppelung 61
 – Lokalisation 73
 – Produktebene 53
 – selfish genes 13
 – technik 335 f.
 – Therapie, somatische 45
Generalprävention 158
Genesis 334
genetisch bedingte psychische Dispositionen 176
genetische
 – Ausstattung s. a. Anlage 89
 – Epidemiologie 38
 – Konstitution 51
 – r Determinismus 13, 15
 – Unterschiede
  – an Lepra 51

Genialität 228
Genie 224, 226 f., 248 ff., 258
Genom 4, 20, 58, 69, 244
Genom-Organisation (HUGO) 59
Genotyp 224
Genre 326
 – Begriff 306, 310
 – Bezeichnung 297
 – Erscheinung 310
 – Forschung 307
 – Theorie 311
 – Verwechslung 316
GEORGE, STEFAN 280, 287
GEPPERT 82
GERHARD/SCHUSTER 358
Geschichte 310 f.
Geschlechtsunterschiede 15
Geschwisterpaare
 – erkrankte 58
Gesellschaft 202, 209
 – demokratische 213
 – sbiologie 200
 – skritische Ansätze 166
 – sordnung 202
 – stheorie 206
Gesetze der Natur 187
Gesetzmäßigkeiten 155, 157
Gewalt 173
 – delikt 171 f.
 – handeln 175
 – kriminalität 174
Gewohnheitsverbrecher 160
gewöhnlicher Mensch 300
gläubige Physiker 334
GLUECK, ELEANOR 162
GOBINEAU, JOSEPH ARTHUR COMPTE DE 221, 269, 272
GOLDSCHEID, RUDOLF 196, 201
GOLDSMITH UND RIESE-DANNER 102
GOLDSTEIN, MORITZ 271, 282
GOMBRICH, ERNST H. 274 f.[5]
Gongan-Schulen 301, 312 f.
GOODALL, JANE 12
Gorilla 2
GOTTESMAN 169
GOTTFREDSON 167
GOTTSCHALDT, KURT 81
GOULD, STEPHEN JAY 15
GRAY, J.A. 109
Großbritannien 59
Grundausstattung s. a. Anlage 83
Gruppe A 53

Gruppen B und 0 53
Gruppenbildungen 360
GUMPLOVICZ, LUDWIG 195
GUO MORUO 312, 315

HAECKEL, ERNST 230, 240 f., 257
HÄFNER 47, 63, 65 f., 71
Halluzinationen 63
HAMILTON, WILLIAM 13
Han- und Wei-Jin-Zeit 311
Hangzhou 299
HANSEN 47, 169
Han-Zeit 304, 310
HARDEN, MAXIMILIAN 278
HARNACK, ADOLF (VON) 290
HAUPTMANN 253, 256 ff., 280, 287
Haupt-Transplantations-Antigene 71
Haupt-Ursache
 – einfache 62
HAZLITT, WILLIAM 302
HEISENBERG, WERNER 287
HELMKE 81
Hepatitis B Virus 36
HERRNSTEIN 79
HERTZBERG, ARTHUR 290
Herzkranzgefäße
 – Verengung 54
HESS, MOSES 273, 292
HESSE, HERMANN 280
Hetang yuese 311
heterozygot 61, 73
high risk-Studien 65
Hirnfunktion 68
HIRSCHI 167
HITLER, ADOLF 275, 350
HLA-System 53
 – Faktoren 56
HOFFMANN, E.T.A. 301
HOFMANNSTHAL, HUGO VON 277, 279 f.
HOLZ, ARNO 227, 250 f.
homme machine 228
homo religiosus 331, 337 ff.
Homo sapiens 2, 10, 14
Homozygoten 61, 73
HOOTON, ERNEST 162
HORIKAWA 57, 59
HORKHEIMER, MAX 214
HU SHI 300 f., 305
Humangenetik
 – Befunde 64
 – Forschungsmethoden 45, 55
Hungersnöte 46

HUTCHINGS 170
Hyperglykämie 62
Hypothalamus 61

IBSEN 218, 247 f., 259
Ich-Erzähler 323 f.
Ich-Integration 172
Idealtypus 209
Ideologie 80
Immensee 315
Immun-
 – Abwehr 47, 53, 72
  – schwache 48
 – Antwort, gute 51
 – Reaktion 53
 – System 53
  – Störungen 56
  – Unterschiede 51
impulsive Persönlichkeitsstörung 172, 176
Individualabschreckung 158
Industrialisierung 262
Industriestaaten, westliche 54
Infektionskrankheit s. a. Viren 46 f., 62, 72
Insulin 55 f.
 – Bildung 61
 – Rezeptor 55
 – Synthese 55
Intelligenz 172, 189
 – Quotient 79
 – Unterschiede 79
Interaktions- und Beziehungserfahrungen 121
Interaktionsprozesse 166
Interaktion zwischen Angehörigen 67
interdisziplinäres Vorgehen 42
interindividuell 87
Internalisierung von sozialen Normen 172
Internet 335
Irrenanstalten 67
Italienische Renaissance 300

JAHWE ELOHIM 348
Japan 59
Japaner 61
JESUITEN 299
JESUS 273, 347
jin 303
jing 308
jingtu 298
jiu 304
jiuwenxue 303
JONAS, PAUL 278

JÖRGENSEN 55
JOYCE, JAMES 289
Juden-
– diskriminierung 274
– frage 270, 274
– tum 270, 273, 290
JUNGER-TAS 173
Junges Wien 279
Jüngstes Gericht 350

KAFKA, FRANZ 277, 280
KAGAN, J. 110
KAINZ, JOSEF 274
KAISER, GEORG 280
Kampf Aller Gegen Alle 206
Kampf ums Überleben 221
Kandidaten-Gene 68
KARADY, VICTOR 285
Kaspar-Hauser-Versuche 10
KAZNELSON, SIEGMUND 282
KEENAN/O'BRIEN 375
Keimzellbildung 57
KERR, ALFRED 173 f., 277
KERR, PHILIP 331 ff.
KEYNES, JOHN MAYNARD 212
Kindheitserinnerungen 308
KIRCHNER, ERNST LUDWIG 274
KLEE, PAUL 274
KLEMPERER, OTTO 274
Klon / Klonen 331, 345, 348 ff.
Kloster „Zerbrochener Berg" 317
kognitive Entwicklung 87
Kommentare 311
Konditionierungsprozesse 166
Konflikt-Subkultur 165
konfuzianischer Kanon (jing) 304, 310
konfuzianischer Würdenträger 304
KONFUZIUS 304
kong 324
Konkordanz 50, 159, 168 f.
– bei eineiigen Zwillingen 56
– bei EZ und ZZ 51
– Häufigkeit 62
– Raten 64
Konkurrenz 185, 189, 212
Konstitutionsbiologie 160
Kontrollgene 55
Kontrolltheorien 167
Koppelungs-Ungleichgewicht 69
Körperbau 160
Kosten-Nutzen-Abwägung 177
Kosten-Nutzen-Überlegungen 167

Krankheiten
– natürliches System 66
– Vorbeugung 46
Krankheits-
– anfälligkeit 71
– definition 63
– disposition 53, 58, 71
– gene
  – Lokalisation 45
  – risiko 62, 66
– rolle 66
– verlauf 62 f.
KRANZ 159
KRAUS, KARL 280
Krebs 29
– Brust- und Eierstockkrebs, familiärer 41
– formen, Risiko für manche 53
– Gebärmutterhalskrebs 37
– Leberkrebs 36
– Schilddrüsenkarzimon 36
KRETSCHMER, ERNST 160, 162
Kriegsreparationen 300
Kriminalanthropologie 155 f.
Kriminalbiologie 157 f., 162, 168
Kriminalität 153
– serklärungen
  – sozialisationstheoretische 173
  – sozialistische 157
– stheorie 154, 176
  – marxistische 157
  – ökonomische 167
Kriminal
– politik 156, 158, 161, 177
– psychiatrie 162
– soziologie 153, 155 ff., 162, 172
kriminelle
– Karriere 173 f.
– Subkultur 165
Kriminologie 153
kriminologische Entwicklungstheorien 167
KRINGLEN 65, 169
KRÖBER 172
KROJANKER, GUSTAV 271 f., 283
KRONPRINZ ZHAOMING (XIAO TONG)
VON LIANG 310 f.
KUBIN, WOLFGANG 306
Kultur 16. 22
– elle Struktur 164 f.
– elle Werte 208
– konflikt 165
Kunstmärchen 300 ff., 305, 314 ff., 326

labeling approach 165 f.
LACASSAGNE, ALEXANDER 156
LAMARCK, JEAN BAPTISTE 25, 224
LAMB, CHARLES 302
LANGE 159
Langzeit-Studien 64
LASKER-SCHÜLER, ELSE 275, 277, 280 f., 287
LATANE 375
LAUB 167
Lebens-
 – geschichte 176 f.
 – lauf 167
 – stile 175
Leere (Sunyata) 318
Leifeng-Pagode 321 f.
Leistungsorientierung 172
Lepra 45, 47, 50 ff., 62, 69, 72
 – Bazillus 47 f., 53 f., 62, 72
 – eineiige Zwillinge mit 52
 – Erbanlagen und Milieu-Faktoren 47
 – Erbkrankheit 48
 – Erkrankung, Status 50
 – klinische Typen 47
 – Krankenhäuser 50
 – lepromatöse 48
 – Resistenz 54
 – tuberkuloide 49, 72
lepromatöse Form 49, 72
Lernen 19, 163, 172
 – am Modell 163
Lern-
 – prozesse 176-
 – psychologie 163
 – theorie 174
    – Modell des zielerreichenden Lernens und Lehrens 78
 – zeit 78
LIEBERMANN, MAX 276 f.
Liebesgedicht 325
liezhuan 304
LING SHUHUA 309, 311 f., 315, 318 f., 322
lingua vulgaris 300
Linkage disequilibrium 69
LINNÉ 2, 17
LISZT, FRANZ VON 158
LIU XIE 311
LLOYD, ROSEMARY 305
Lokalität 357
LOMBROSO 155 f., 159, 162, 223, 238
LORENZ, KONRAD 10, 19
Lotus 325

Lotusteich 306, 323 f.
Löwengesicht 48, 52
LOWENSTEIN, STEVEN M. 283 f., 287
LU XUN 301, 305 f., 309, 312
LUCAS, PROSPER 240
Lunyu 304
LUXENBURGER 64
Lyrik 307
 – der Han- und Tang-Zeit 302
 – der Tang- und Song-Zeit 316
Lyriktradition 316, 326
lyrische Stimmung 316
lyrische Stimmung (shiqu) 314
Lyrisches 326

Mahayana-Buddhismus 318
MAIER 65, 70
Major histocompatibility system (MHC) 53
 – Makrophagen 53
Makroeffekte 364
Malaria-Plasmodium 72
MANN, HEINRICH 280
MANN, THOMAS 276, 280
MANSFIELD, KATHERINE 308, 322
MAO ZEDONG 305
MARC, FRANZ 274
MARCO POLO 299
MARETT, ROBERT R. 340
Marginalität 283 f.
Marker 58
 – gene 7
MARX, KARL 269, 273
Massenmedien 174
Materialismus 23
MAUDSLEY, HENRY 155
Max-Planck-Institut 81
Maya 322
Medikamente 71
medizinische Genetiker 56
MEDNICK 170
Mehrfachtäter 161, 167
Mehrfaktorenansatz 157, 159
Meme 16
MENDEL, GREGOR 4, 22
 – 'sche Gesetze 58
 – 'scher Erbgang 55, 58
Menschenaffen 12
Menschenbild 26
Menschenwürde 27, 162
Menschheitsgeschichte 195
MERTON, ROBERT 164, 210, 214
Messianismus 292

Metaphern der Wesenlosigkeit 318
MEZGER 160 f.
miaowen 307
Mikro/Makro 364
Mikro/Makro-Beziehungen 375
Mikrobiologie 46
Mikroebene 364
Milieu 156, 175 f., 221 ff., 228, 230 ff., 271 f., 287, 291, 297, 305
- einfluss 63
- faktoren 49, 51, 58, 63, 67, 71
- naturwüchsige Umwelt 90
- studie 254
- theorie 220, 222, 226 ff., 238, 246, 249
- und Vererbung 62
MILL 239
MILLER 165
Minderwertigkeit 160 ff.
minjian gushi 302
minjian tonghua 302
Misshandlungserfahrungen 124
Mobilität 165
Mohammed 350
modern 303
Moderne 267, 298, 326
moderne chinesische Literatur 302
Moderne Literatur Chinas 299
Modernisierung 286, 344
Moira 238 f.
Moire 262
MOISES 70
Molekular
- biologen 46
- e Phylogenieforschung 3
- e Revolution 56
- genetik 46
- genetische Methoden 59
MOMBERT, ALFRED 277
MONA LISA 305
Mondschein 306, 311, 323 f.
Mongolen-Reich 299
Moral 20
moral insanity 155
Moralphilosophie 185
MOREL, BENEDICT AUGUSTIN 155
Morphologie 46
MOSES 347
Motiv des Schatten 316, 322, 325 f.
Motivationssystem 99
MOTULSKY 50, 53, 58, 61, 67, 292
multifaktorielle
- Ansätze 166

- Entstehung 54
MURRAY 79
MUSIL, ROBERT 280
Muster, literarisches 311
Mutator-Status 33
Mycobacterium leprae s. a. Lepra 47
mythisch 218, 254, 260
Mythisches 254
Mythologie 218
Mythopoiesis 233 f., 239, 263
Mythos 229

Nachahmung 157
Nahrungsmangel 54
Nanjing 323
Nano-Technologie 331, 335 f.
Nationalsozialismus 206, 211
Nationalsozialisten 213
Natur- oder Gegenstandsbeschreibung 318
Natur- und Eremitenlyrik 313, 326
Natur- und Gegenstandsbeschreibungen 316
Naturalismus 217, 221, 225, 233, 237, 248, 250, 254, 262, 263
naturalistisch 219, 234, 252, 253
Naturbeschreibung 317 f., 321, 324
Nature or nurture 1, 2, 12, 14, 16
Naturgesetze 191
Naturkatastrophen 46
Neandertaler 7
NEEL, J. V. 54
Neo-Konfuzianismus 305
Neue Jugend 300, 302
Neue Literatur 303, 305
Neue Literatur Chinas 297, 300, 302
NEUMANN, JOHN VON 358
Neuroleptica 71
Neuromantik 262
neuronale Plastizität 97
neurophysiologischen und biochemischen Faktoren 171
Neurotizismus 166
Neurotransmitter 68
NIDDM1 61
Nierenschäden 54, 61
NIETZSCHE 224 f., 235, 246, 250, 258
NOMOS 219
NORDAU, MAX 246 ff., 259
Nord-Thailand 47
Normen 164 f., 174
Notkriminalität 167
NOWAK, SZAMREJ 375
NOWAK/MAY 375

NRAMP1 53
Nucleotidsequenz 23

OHLIN 165
Onkogene 30
Onomatopöie 325
ONSTAD 65
Orang Utan 2
Organ-Komplikationen
 – Risiko 61
OTTENHOFF 53
OTTO, RUDOLF 341, 343
ouyang xiu 304

P53 38
Parallelismus membrorum 314
PARSONS 183, 206 ff., 211 ff.
Partner-Beziehungen 64
Partnersuche 369
Passungsmodell 129
Patchwork-Religion 344
PATER, WALTER 305, 325
Pathophysiologie 73
PAULUS 337
Pavillon der Blumengöttin 319
peer-group 174
personaler Erzähler 321
Persönlichkeit
 – Besonderheiten 65
 – seigenschaften 166
 – smerkmale 166
 – sorientierte Lerntheorie 166
 – spsychologische Erklärungen von Delinquenz 172
Petits poèms en prose 305
Phänotyp 224
Pharmakogenetik 72
Philadelphia (Ph)-Translokation 31
Phylogenie 7, 12
Physiologie 73
Pima-Indianer 59, 61
pinming 300
PINTHUS 280
PISCATOR, ERWIN 274
PLAGEMANN 62
PLANCK, MAX 287
PLOETZ 195 ff., 199, 200, 202 f., 221, 256, 273, 292
PLOMIN 80
Plot 308
Plotarmut 313
poème en prose 305

Poetic Prose 297, 299, 302, 305, 307 f., 313, 318, 324 f.
 – der Republikzeit 310 f., 316
Poetik 307
poetische Beschreibungen 325
Poetischer Realismus 254
POLLARD, DAVID 306, 324 f.
Polymorphismen
 – genetische 53
Poshanshi 317
positive Symptomen 63
Positivismus 156 f., 205, 238
positivistische Schule 153 f.
Posthumanisten s. Transhumanisten
prädiktive Diagnostik 41
Prävention 37
PRICHARD, JAMES COWLES 155
Primaten 2, 7
Primatenevolution 16
programmierter Zelltod (Apoptose) 35
PROMETHEUS 228, 246
Prosa 311
 – gedicht 305 f., 312, 315
 – werke 307
Proteine 58 f.
providentia 221
prozedurale Prozesse 99
psychische Defizite 173
psychische
 – Fehl-Entwicklungen
  – umweltbedingte 67
 – Störungen 172
Psycho-
 – Analyse 67
 – dynamische Theorie 67
 – pathien 160
 – pharmaka 71
 – physiologische Traumafolgen 135
 – somatiker 56
 – somatische Krankheits-Ursachen 47
 – therapie 67
  – Forschung 47
 – tische Zeichen 64
 – tizismus 166, 172
Pulsraten 172
Punktmutationen 6

QIAN LONG, Kaiser 299
qing 311
qingdiao 308
Qinghua-College 300
qingxu 308, 313

Qing-Zeit 307
Quantencomputer 331, 333
Quantenmechanik 287

race 224, 260
RAEL 346
Rael-Gemeinschaft / Internationale Rael-Bewegung / Raelisten 345 ff.
Rasse 191, 195, 199, 202, 222, 257, 271 f.
– und Gesellschaft 199
Rassen-
– hygiene 197, 221-
– theorie 272 ff.
Rassismus 221
Rationalität 208 f.
Rauchen 37
Realismus und Romantik 254
Recht des Stärkeren s. a. Krieg Aller gegen Alle 193
Reformbestrebungen 300
Regelmäßige Gedichte im Neuen Stil (lüshi) 299
Regelmäßiges Fünf-Wort-Gedicht im Neuen Stil 316
Register 50
Reifungsgesetzlichkeiten 121
REINHARDT, MAX 274
Reise- und Naturbeschreibungen 313
Religionskritik 342, 347, 350
religiöse Veranlagung 331, 337 f., 344 f., 351
renying 316
Republikzeit 297 f., 302 f., 305, 308, 316
RESCH UND BRUNNER 117
RESCH UND PARZER 98
Resistenz 48, 72
RET-Gen 36
Retinoblastom 41
RICCI, MATTEO 299
RICHTER 172
RIES 48, 72
RILKE, RAINER M. 280
Risikofaktoren im somatischen Bereich 68
Risikokonstellationen 133
Romane 315
Romantik 227, 247
ROTH, JOSEPH 280
ROTHBARTH, M. K. 107
ROUSSEAU, JEAN-JACQUES 305
routine-activity-approach 168
ROWOHLT, ERNST 274
Rücken-Schatten 323

Rückfallkriminalität 173
Rückfalltäter 161, 172, 174
Rückzugs-Subkultur 165
RÜDIGER 55
RÜDIN 64

SAKODA, JAMES M. 358, 361 ff., 364
Säkularisierung 283
SAMPSON 167
Sanktionierungen 173 f.
sanwen 302, 306 f., 310, 312, 316, 326
sanwen suibi 307
sanwenshi 305 ff., 312
Sao 316
Säkularisierung 344
SAMSON 347
Sardinien 59
Säuglingsforschung 121
SCHALLMAYER, WILHELM 273
SCHALT 57
Schatten 311, 315, 322 ff.
– der Bäume 325
– der Landschaft 316
SCHELLING, THOMAS 358, 360, 362, 364, 375
SCHEURER 172
Schicksal 217 ff., 224 f., 229, 232, 238, 247, 257, 260, 262
– haft 253
– smächte 251
– snotwendigkeit 256
Schilddrüsen-Karzinom s. a. Krebs 36
Schimpanse 2, 7, 12, 17
schizophrene Psychose 68
Schizophrenie 45, 47, 62 ff., 66 f., 71
– ähnliche Wahnerkrankungen 63
– Analysen 73
– Disposition 71
– Kernsymptome 63
– Stammbäume 71
– Störungen im Grenzbereich 66
schizothyme Anomalie 65
SCHLAF, JOHANNES 251
Schmerzempfindlichkeit 48
SCHNEIDER 81
SCHNEIDER, KURT 159
SCHNEIDER, REINHOLD 288
SCHNITZLER, ARTHUR 279 f., 291
SCHÖNBERG, ARNOLD 275, 277
SCHOPENHAUER 250
Schriftsprache 300
SCHRÖDINGER, ERWIN 287

SCHUCHARD, MARGRET 308
Schuldausgleich 156, 158
Schuldstrafrecht 157
Schule 90, 173
Schutz der Gesellschaft 156, 160
Schutzaufsicht 161
Schutzimpfung 48
se 311
Segregation s. a. Selektion 362
Sekundärschäden
  – schwere 67
Selbstkontrolle 167
Selbstkonzept 172
Selektion 3, 13 f., 89, 156, 177, 220, 258
SELLIN, THORSTEN 165
sensation seeking 171, 176
Sensitivitätsanalysen 378
sentimentale Reisen 308
Serotinvorkommen 172
SHELDON, WILLIAM 162
SHEN FU 313
sheng 311, 324
Sicherheitsverwahrung 161
Sicherung 156, 158
siècle 235
SIEGERT 161
Sinnestäuschungen 63
Sippenforschungen 159
situative Bedingungen 168
situativ-strukturelle Merkmale 169
Skandinavien 50
SMITH, ADAM 360
SÖDERBLOM, NATHAN 338 ff.
Solidarität 364, 372
  – sspiel 364 f.
  – unter Ungleichen 373
Sonderstellung des Menschen 3, 17
Song-Dynastie 304
Song-Zeit 305, 314
Sozialdarwinismus 183, 206 f., 210, 213, 223, 236, 258
sozialdarwinistisch 205
soziale
  – Desorganisation 165
  – Externalität 172
  – Kompetenz 64
  – Kontrolle 165
  – Marktwirtschaft 212 f.
  – Milieus 175
  – Ordnung 208
  – Problemen 165
  – Schichten 175

  – Struktur 164
Sozialisation 163, 173, 177, 232
  – sdefizite 173
  – sprozesse 165, 171
Sozialismus 196, 223
Sozial-
  – politik 157 f., 197
  – staat 193, 196, 201, 211, 212
sozialstrukturelle
  – Erklärungsansätze 175
  – Merkmale 176
Soziobiologie 12 f., 15, 190 ff., 194, 203, 205, 206, 211
  – anti-darwinistische 214
sozioökonomischer Status 170
SPANN, OTHMAR 205 f.
Spektrum-
  – Anomalien 67
  – Störungen 65
SPENCER 183 ff., 189 ff., 215, 239, 250
Spiegelungen im Wasser 321
SPINOZA, BARUCH DE 273
sprechende Medizin 43
SROUFE, L. A. 118
STAMMER, OTTO 214 f.
Stammzelle 27
STEELE, RICHARD 302
STEHR, HERMANN 280
STELLY 174
Sterilisation 161
STERNBERG & GRIGORENKO 80
STERNHEIM, CARL 277
STETTENHEIM, JULIUS 278
Stichproben-Erhebung 50
Stimulationsbedürfnis 172
Stoffwechsel-Vorgänge 47
Strafen 154, 158
Strahlen 35
Straßenverkehrskriminalität 167
STRINDBERG 248
STUMPFL 159
SU DONGPO 314
SU XUELIN 311
Sub-Genre 297, 312, 326, 302
Subkultur 174
  – theorien 165
Südasien 47, 53
Südindien 47
Südliche Song-Dynastie 299
Südliche Dynastien 316
Südstaatler 204
suibi 307

Namen- und Sachverzeichnis

Sulfonamid Dapson 48
SUMNER, WILLIAM GRAHAM 192 f.
sunyata 324
Superspielstrategien 368
survival of the fittest s. a. Krieg Aller gegen Alle 12
SUTHERLAND, EDWIN 163
Sutren-Rollen 321
Symbolismus 247
Symptome
 – negative 64
 – positive 64
Szenen aus der Natur 308, 313

TAINE, HIPPOLYTE A. 222, 226 f., 229, 250, 260, 271
Tamil Nadu 50
Tang-
 – Blütezeit 318
 – Dichter 301, 325
 – Gedichte 314, 316, 326
 – Zeit 299, 326
Tänzerin 325
TAO YUANMING 312 f.
TARDE, GABRIEL 157
Täter 154
 – aus Gelegenheit oder erworbener Gewohnheit 157
Tatgelegenheiten 178
Täuschung 318
TAYLOR 367
Teilursachen
 – nicht-genetische 73
Temperament 101
Tertullian 337
Testosteron 172
Therapie 46
Theravada-Buddhismus 339 f.
THOMAS 174
THOMAS UND CHESS 129
Tiantai-Schule 298
Tiefenpsychologie s. a. Psycho-Analyse 160
TIENARI 67
TINBERGEN, NIKO 10
Todesstrafe 156
TOFFOLI/MARGOLUS 358
Toleranz 172
tonghua 301 f., 315
TÖNNIES, FERDINAND 196, 201
totipotent 49
tragisch 254, 260

Tragödie 254
transaktionales Anlage-Umweltmodell 128
Transhumanisten 335 ff., 345, 351
Transplantations-Antigene 53, 56, 69
traumatische Einflüsse 131
tree of life 7
Trianon 299
Tribalismus 15
TSUNG 47
Tuberkel-Bazillus 72
tuberkuloide Form 47
Tuberkulose
 – Erreger 47, 53
Tumor s. a. Krebs
 – disposition 40
 – gene 30
Tumorsuppressor Gene s. a. Gene 30
Typ 2-Diabetes-Risiko 61

Überernährung 47, 61, 63, 73
Übergangsformen 305
Uffizii 325
UFO-Bewegung 337, 346
ULAM, STANISLAW 358
ULLSTEIN 277
Umgangssprache 300
Umwelt s. a. Milieu 55
 – einflüsse 87
Unfälle 46
unintendierte Konsequenzen 375
Unsterblichkeit 331, 336 f., 344 ff., 349 ff.
USA 59
Utopismus 292

Verantwortlichkeit 172
Verantwortungsbewusstsein 177
Verbrechen 153
Vererbung 20, 89, 192, 197
 – und Umwelt 209 f.
Vererbungsregeln s. a. Mendel'sche Gesetze 4
Vergesellschaftung 203
Vergleiche 325
Vergleichende Verhaltensforschung 10
Verhalten 20, 73
verhaltenstherapeutische Methoden 67
Vermeidungslernen s. a. Lernen 172
Versailles 299
VERSCHUER, OTMAR VON 205
Verstärker 163
Verstärkung der Symptome 67

Verzögerungen der Entwicklung 68
Vietnam 47, 53
Vimalakirti-Sutra 324
Viren 36, 46
– humanpathogene Papillomviren 37
VOGEL, FRIEDRICH 46, 50, 53, 55, 58, 61, 67, 292
VOGELSTEIN, B. 33
VOLKOV, SHULAMIT 283
Volksmärchen 302
Voluntarismus 250
Voluntarist 233
VORILHON, CLAUDE 346 ff.
Vor-Tang-Zeit 311
Vorurteil 202
Vulnerabilität 131
– für die Psychose 68

WAGNER, RICHARD 268 f., 275, 286
Wahnvorstellungen 63
WALDEN, HERWARTH 275
WALLACE, ALFRED RUSSEL 197
WALTER, BRUNO 274
WANG ANSHI 304
WANG FUZI 308
WANG LUYAN 315
WANG TONGZHAO 309, 315
WANG YAO 303, 306 ff., 322, 324
WASSERMANN, JAKOB 280
WATSON, JAMES 4
WEBER 184, 196, 201 ff., 208 f., 213 ff., 292
Wechselwirkung
– genetischer mit nicht-genetischen Faktoren 54
WEILL, KURT 274
WEININGER, OTTO 277, 291
WEISMANN, AUGUST 240, 242
WEITEKAMP 174
Welt-Gesundheitsorganisation (WHO) 63
WERFEL, FRANZ 280
Werte 164, 174 f. 177
Wert
– freiheit 205, 214
– orientierungen 175
West-Bengalen 50
WIELAND 46, 66
WILDE, OSCAR 301, 308, 314
Willensfreiheit 156 ff., 248, 261
WILSON, E. O. 13, 15
Wirtschaftskriminalität 167
Wirtschaftswunder 54

Wissen 84
Wissenschaftsauffassung 205
WOLFF, THEODOR 74, 278
WOLFRAM, ST. 358
WOOLF, VIRGINIA 308
Würde des Menschen 177

X Club 190
X- und Y-Chromosom 57

YAN YU 318
YE SHENGTAO 301, 314
YOSHIMASU 168
YUAN HONGDAO 312
YUAN MEI 313

Zeitgeist 23
zelluläre Automaten 356, 358, 375
Zen-Buddhismus 298, 318
ZHANG BINGLIN 305
ZHENG XUAN 304
ZHONGDAO 312
ZHOU ZUOREN 300 ff., 306 ff., 312
ZHU ZIQING 306, 308, 311 ff., 322, 325
ZOLA, EMILE 225 ff., 232 f., 236, 238 ff., 242 f., 246 f., 259
ZONGDAO 312
Zuchtwahl 197
Zuckerkrankheit s. a. Krankheit 47, 54, 72
Zucker-Stoffwechsel 55, 73
Zufall 221, 232, 239, 259
zweieiige Zwillinge
– Konkordanz 52
ZWEIG, ARNOLD 271
ZWEIG, STEFAN 286
Zwillinge
– eineiige 49
– ein- und zweieiige 45, 49
– Unterschiede zwischen den 65
– zweieiige 49
Zwillings-
– befunde 55
– biologie 50
– daten, auslesefrei gewonnene 64
– forschung 63, 159
– geburten 50
– methode 62, 65
– paare, Serien 50
– partner
– studien 64
– untersuchungen 51, 168 f., 171

MIX
Papier aus verantwortungsvollen Quellen
Paper from responsible sources
FSC® C105338

If you have any concerns about our products,
you can contact us on
ProductSafety@springernature.com

In case Publisher is established outside the EU,
the EU authorized representative is:
**Springer Nature Customer Service Center GmbH
Europaplatz 3, 69115 Heidelberg, Germany**

Printed by Libri Plureos GmbH
in Hamburg, Germany